Taschenbuch für
Druckluftbetrieb

Herausgegeben von

FMA POKORNY

Frankfurter Maschinenbau AG
vormals Pokorny & Wittekind
Frankfurt/Main

9. neubearbeitete Auflage

Springer-Verlag
Berlin Heidelberg New York 1970

Neunte Auflage

Unter der Leitung von
Oberingenieur D. Marggraf

neu bearbeitet von
L. Kessler
H. Manten
J. Püschel
W. Rode
G. Wettengel

Mit 558 Bildern und Tabellen

ISBN 978-3-642-47445-3 ISBN 978-3-642-47443-9 (eBook)
DOI 10.1007/978-3-642-47443-9

Library of Congress Catalog Card Number: 70-114 207.

Titel-Nr. 1032

Mercedes-Druck, Berlin 61

Einleitung

Zum ersten Mal nach dem zweiten Weltkrieg erschien das „Taschenbuch für Druckluftbetrieb" im Sommer 1954 in seiner siebten Auflage und war schon zwei Jahre später restlos vergriffen. Inzwischen ist auch die 1959 herausgegebene achte Auflage verkauft, und der Markt fordert in Form von vielen hundert Anfragen und Zuschriften die nun vorliegende Neuerscheinung. Weil sich in der inzwischen verstrichenen Zeit Wesentliches geändert hat, weil ganz *neue* Anwendungsgebiete hinzugekommen sind und das Informationsbedürfnis entsprechend gewachsen ist, haben wir mit neuer, junger Mannschaft ein ganz neues Buch geschrieben und hoffen, damit eine Informationslücke zu schließen.
Unsere Zielsetzung ist unverändert die gleiche geblieben: dem Druckluftverbraucher quer durch die ganze Industrie ein Handbuch zu übermitteln, das ihn über die gängigen und neuesten Bauarten und Eigenschaften der Drucklufterzeuger und die vielschichtigen Anwendungsbereiche der Druckluft unterrichten will. Herauskommen sollte kein Universalwerk, weil dann Umfang und Eigenart des Taschenbuchs verloren gegangen wären. Auch mußten die Erörterungen der theoretischen Grundlagen zusammengedrängt und, wo immer angängig, in Form von Diagrammen dargeboten werden.
Der Zwang zur räumlichen Beschränkung bringt es auch mit sich, daß eine Reihe von Anwendungsgebieten nur gestreift und nicht erschöpfend dargestellt werden konnte. Wer mehr wissen will, ist höflich eingeladen, seine Probleme und Fragen dem Herausgeber vorzutragen, der gern für alle Druckluftfragen mit seinen Fachkräften zur Verfügung steht.
Es liegt im Wesen des Stoffes, daß wir das Buch in zwei Hauptteile gegliedert haben: *Drucklufterzeuger* und *Druckluftanwendungen*. Ein übersichtliches Inhaltsverzeichnis erleichtert das Auffinden der einzelnen Sachgebiete. Es wurde mit Eifer und fundiertem Fachwissen der Versuch unternommen, den Stand der Technik aufzuzeigen.
Um optisch erläutern zu können, wurde an der Bildausstattung nicht gespart.
Die Tabellen mit den Daten der vom Herausgeber hergestellten Typen sind für den Betriebsmann auch dort von großem Nutzen, wo sie ihm mit Anhaltswerten für Abmessungen, Gewichte, Leistungen und für Ver-

gleiche dienen können. Gleichzeitig bieten sie praktische Unterstützung bei Neuplanungen und Erweiterungen.
An anderer Stelle, auf S. 565, bedanken wir uns bei den Helfern und Informanten, nicht zuletzt aus Kreisen unserer Wettbewerber am Markt.
Ein kleiner Tabellenanhang erleichtert die Arbeit mit den verschiedenen Maßsystemen und erhöht den Wert des Nachschlag-Kompendiums.
Den Lesern und Freunden früherer Ausgaben überreichen wir guten Gewissens diese neue, überarbeitete und wesentlich erweiterte Auflage.
Wie auch bisher sind wir dankbar für Hinweise und Anregungen, die einer späteren Überarbeitung und damit einer nachwachsenden Lesergemeinde nützlich sein können.

Frankfurt a. M., im Mai 1970

Der Herausgeber

FMA POKORNY
im Spiegel der Werksgeschichte

Wer den Mut hat (und die Mittel frei macht), ein Taschenbuch für den Druckluftbetrieb herauszugeben, muß sich stark, ja kompetent fühlen. Nun könnte man natürlich allerlei Fremdes zusammenlesen und aus Papier noch ein Papier machen, aus vielen Prospekten ein Buch — das letztlich niemandem nützt. Wir betrachten das Taschenbuch für den Druckluftbetrieb aber zugleich als Spiegel unserer Leistungsbereitschaft, unseres aktiven „know how" und als Ansprache an alle, die mit uns arbeiten, bei uns kaufen und — auch ohne jeden Firmenbezug — Druckluftprobleme als eigene verstehen. Deshalb ist es wohl auch angezeigt, unseren Darstellungen ein Stückchen Werksgeschichte, eine kleine Visitenkarte, voranzustellen. Wer ist, was kann und was will in Zukunft FMA POKORNY, eine Mannschaft aus aktiven Druckluftspezialisten, Entwicklern, Konstrukteuren, Beratern, Verkäufern und — nicht zuletzt — Männern in der Fertigung, die in der Gegenwart bestehen, in der Vergangenheit sich einen Namen gemacht haben und die Zukunft nicht fürchten.

Vor 48 Jahren, im Sommer 1922, war in einem angesehenen Fachblatt zu lesen: „Untrennbar verbunden ist die Entwicklung des Kompressorenbaus und der Fabrikation von Druckluftwerkzeugen mit der Frankfurter Maschinenbau-Aktiengesellschaft, vormals Pokorny & Wittekind. Auf beiden Gebieten ... ist seit mehr als einem Jahrzehnt die FMA führend. Sowohl nach Güte wie Zahl der fabrizierten Kompressoren und Druckluftwerkzeuge wird die FMA von keinem Werk Europas übertroffen ...". Damals war die Firma FMA POKORNY gerade 50 Jahre alt, hatte u. a. (1902) anläßlich der Düsseldorfer Industrie- und Gewerbeausstellung eine goldene Ausstellungsmedaille und die Staatsmedaille für einen einzylindrigen Verbundkompressor mit Tandem-Dampfmaschine und erste in Deutschland hergestellte Druckluftwerkzeuge nach Patenten von W. Kühn, dem Schöpfer des Toleranzensystems im Maschinenbau, eingeheimst, acht Jahre später den Grand Prix, das Diplom d'honneur, die Goldmedaille und die goldene Staatsmedaille für gewerbliche Leistungen in der Herstellung von Druckluftwerkzeugen an ihre imaginäre Fahne geheftet und eine Reihe spektakulärer

Leistungen vollbracht, die mit dem Bau des ersten Elbtunnels in Hamburg, der neuen Rheinbrücke bei Köln, dem Bau des Kreuzers „Hindenburg", der Errichtung der Sitterbrücke bei St. Gallen Schweiz, bei der Schaffung pneumatischer Prüfvorrichtungen für Unterseeboote, der Zeppelinhalle in Friedrichshafen und der Wuppertaler Schwebebahn sinngemäß verbunden waren und sind.
1959 ging FMA POKORNY in den DEMAG-Firmenverband ein und zählt heute zu den hoffnungsvollen und wirtschaftlich erfolgreichen Beteiligungs- und Tochterfirmen der großen Muttergesellschaft an Ruhr und Rhein.

Perspektiven

Geschichte hat nur so lange einen Sinn, als sie über eine lebendige Gegenwart hinaus in eine klar konzipierte Zukunft einwirkt. Dieser Tatsache eingedenk, haben die Frankfurter Druckluftspezialisten das Druckluft-Serienmaschinen-Programm des DEMAG-Werks in Darmstadt ihrer Leistungspalette hinzugefügt (1967). Der Grundgedanke ist, in Beantwortung drängender Marktforderungen ab sofort mehr und Vollständigeres liefern zu können als isolierte Maschinen, perfekte Teile und erst zusammenzudenkende Ausrüstungen. Was hier im Baubereich klar ansprechbar sich abzeichnet, gilt sinngemäß für das Gesamtprogramm: Die FMA POKORNY-Druckluftingenieure haben den Vertreterstatus planmäßig überwunden und kommen als Berater und Träger jenes ingenieurmäßigen „know how", ohne das heute und in Zukunft nur noch Gelegenheitsgeschäfte zu machen sind.
Das drückt sich aus beispielsweise in der Installation und im Betrieb großer stationärer Kompressorenstationen, wie sie etwa an U-Bahn-Baustellen in Hamburg, Frankfurt, München und Brüssel innerhalb weniger Jahre bis herauf in die jüngste Gegenwart errichtet wurden. Hier kamen bei scharfem Wettbewerb nicht Maschinen und behauptete quantitative Leistungen zum Zuge, sondern entscheidende Kenntnisse, die sich schon im Vorverkaufsservice, in Konzeption und technischer Idee niederschlugen. In diesem Zusammenhang ist auch das Infrastrukturprojekt in Calabrien zu nennen, der Bau eines 15 km messenden Eisenbahntunnels, für den aus Frankfurt die Kompressorenstation und eine Vielzahl von Druckluftbauwerkzeugen beigestellt werden konnten.

Ins Kleine

Was sich hier im Großen zusammenhängend und an gewichtigen Projekten abzeichnet, gilt sinngemäß für die betriebsinternen Bemühungen, Maschinen und Ausrüstungen dem allgemeinen Trend anzupassen. So

wurden in den zurückliegenden drei Jahren die sogenannten Druckluftstern-Werkzeuge entwickelt, ein Programm miniaturisierter und nach dem Baukastenprinzip sich zusammenfügender Rationalisierungshelfer für den in weiten Bereichen unvermeidlichen Handbetrieb.
Auf der nächsten Ebene, im weiten Bereich der Automation, wurden Bohrvorschubeinheiten herausgebracht, die als Elemente zügig zu entwickelnder Arbeitseinheiten verstanden werden können.
Zu den soziologischen Qualitäten moderner Ausrüstungen gehört die leise Maschine. Hier hat FMA POKORNY Pionierleistungen vollbracht und der von Haus aus lauten Druckluft die Zügel angelegt. Als deutlichster Erfolg kann neben bemerkenswert herabgestimmten Baukompressoren und Werkzeugen ein auf der Hannover-Messe 1968 gezeigter Schallschluckkamin für Rammen nicht übersehen werden. Mit verhältnismäßig einfachen Mitteln ist es gelungen, den Schall von Druckluft-Rammen, deren Arbeitsgeräusch ohne zusätzliche Hilfen kaum zu dämmen ist, um 20 dB zu senken. Für moderne FMA POKORNY-Druckluftwerkzeuge gilt generell, daß das Maschinengeräusch inzwischen, verglichen mit dem Arbeitslärm, vernachlässigt werden kann.

Schritt in die Welt

Wirtschaft ist Geben und Nehmen, und wirkliche Bedeutung hat auf die Dauer nur, wer im großen multinationalen Geschäft seine Rolle zu spielen bereit und in der Lage ist. So hat auch FMA POKORNY, seit ihrer Gründung exportgeneigt, ihr internationales Marktgewicht durch planmäßige Expansion gefestigt. Eigene Niederlassungen bestehen in Belgien, Frankreich, Irland, Spanien, Südafrika und neuerlich auch in Holland, Österreich und der Schweiz. Nach dem Modell des Frankfurter Stammhauses wurden und werden auch in Zukunft Stützpunkte errichtet, die in optimaler Freiheit ihre Liefer- und Leistungsmöglichkeiten den jeweiligen nationalen Märkten anzupassen sich bemühen. Überall wird Kundendienst groß geschrieben, werden Beratung und Dienstleistungen dem eigentlichen Angebot amalgamiert. Daß heute schon mehr als 30% der Produktion in über 100 Länder, in denen fachkundige Vertretungsfirmen jeden FMA POKORNY-Service bieten, ausgeführt werden, bestätigt die Richtigkeit des eingeschlagenen Wegs.

Probleme von morgen

Die Zeit steht nicht still. Stärker als in anderen Bereichen bewegen sich Niveau und Anpassung der Technik nach oben und nach vorn. Sozusagen in einer zweiten Ebene ihrer Existenz denken die Druckluftspezialisten der Firma FMA POKORNY an das auf sie Zukommende, an noch kleinere, noch leistungsfähigere und noch robustere Druckluftwerkzeuge, an zugleich maßgeschneiderte und standardisierte Kompressoren, an pneumatische Logikelemente, an Steuerungen und an Druckluft-Bauausrüstungen, die mit den Erfordernissen des Markts ständig Schritt halten. Mit den Maschinen und Ausrüstungen wird das „know how" vorgetrieben, werden Systeme und Verfahrensweisen antizipiert und praktisch erprobt, die beispielsweise im Kanalisationsbau, aber auch im U-Bahnbau und im weiten Feld der Fertigungsindustrie schon erste Niederschläge finden. Hilfreich und wohltuend ist in diesem Zusammenhang die Anlehnung an die große Mutter in Duisburg, die DEMAG-Gruppe, die seit ihrer Gründung im Anlagengeschäft pneumatische Problemlösungen nicht vergessen hat. Welche Möglichkeiten einer konzerninternen Kooperation ergeben sich hier in nächster Zukunft, die alle den Wünschen der Leser und Freunde in der weiten Welt dienen!

R. K.

Inhaltsverzeichnis

I. Teil: Drucklufterzeugung

II. Teil: Druckluftverwendung

Hinweis

Das Handbuch ist in erster Linie für die Praxis geschaffen worden. Dieser Zweck wäre verfehlt, wollte man die Größen in einer Dimension eines praxisfremden Maßsystems angeben. Als Einheiten wurden daher hauptsächlich die des technischen Maßsystems verwendet. Es ließ sich jedoch nicht vermeiden, in verschiedenen Kapiteln auch Einheiten anderer Maßsysteme wie z. B. das Volt, das Ampere oder das Bar zu gebrauchen. Auch ist das Kilogramm (kg) als Einheit der Masse aus dem internationalen Maßsystem so praktisch, daß es auch in Verbindung mit den Einheiten des technischen Maßsystems verwendet wurde. In diesem sogenannten „gemischten Vierersystem" wird die Kraft in Kilopond (kp) und die Masse in Kilogramm (kg) angegeben.
Das Gewicht wird in den einzelnen Abschnitten meist als Gewichtskraft in kp verstanden. Dort, wo es jedoch eine Baugrößenbedeutung hat, wurde es im Text meist als die Masse in kg angegeben. Um Irrtümer zu vermeiden, wurden für die in den verschiedenen Kapiteln verwendeten Formelzeichen stets die Dimensionen mit angeführt.

I. Teil: Drucklufterzeugung

1. Thermodynamischer Teil

1.1. Die verwendeten Formelzeichen

Erläuterung der Formelzeichen zu Teil 1.2.1 bis 1.7.7

A	1/427 kcal/mkp	Mechanisches Wärmeäquivalent
c_p	kcal/kg grd	Spez. Wärme bei konst. Druck
c_v	kcal/kg grd	Spez. Wärme bei konst. Volumen
$\varkappa$	c_p/c_v	Adiabatenexponent
G, G_1, G_2	kp	Gewichte
γ	kp/m³	Spez. Gewicht
ϱ	kg/m³	Dichte
μ		Molekulargewicht
H	km	Höhe über dem Meeresspiegel
I, I_1, I_2	kcal, i... kcal/kg	Enthalpie
L, L_{ad}, L_{is}	mkp	Arbeit, Energie
m	%	Schädlicher Raum
N, N_{ad}, N_{is}	PS	Leistung
N_{sp}, N_{spad}, N_{spis}	PS/m³/min	Spez. Leistung
P, P_0, P_1, P_2, P_a	kp/m²	Druck
p, p_1, p_2	kp/cm²	Druck
η		Leistungswirkungsgrad
Q	kcal	Wärmemenge
R, R_f	mkp/kg grd	Gaskonstante
S	kcal/grd, s... kcal/grd kg	Entropie
T, T_1, T_2	grd C + 273	Absolute Temperatur in °Kelvin
t, t_1, t_2	grd C	Temperatur in °C
U, U_1, U_2	kcal, u... kcal/kg	Innere Energie
V, V_1, V_2	m³	Volumen
V_l	m³/min	Volumenstrom oder Liefermenge

V_H	m^3/min	Durchlaufendes Hubvolumen
v	m^3/kg	Spezifischer Rauminhalt
$\lambda, \lambda_A, \lambda_p, \lambda_l, \lambda_v$		Liefergrade
x		Relative Luftfeuchte
ζ, ζ_1, ζ_2		Verdichtbarkeitszahlen

Formelzeichen zu Kühlerberechnung (Teil 4.1)

$\alpha, \alpha_1, \alpha_2$	$kcal/h \cdot °C \cdot m^2$	Wärmeübergangszahl
δ	m	Dicke der Wärmeleitschicht
F	m^2	Kühlfläche
λ	$kcal/h \cdot °C \cdot m$	Wärmeleitzahl
$\Delta t, \Delta t_{gr}, \Delta t_{kl}$	$°C$	Temperaturdifferenz
Δt_m	$°C$	Mittlere Temperaturdifferenz
k	$kcal/h \cdot °C \cdot m^2$	Wärmedurchgangszahl

Formelzeichen zu Ventilberechnung (Teil 6.2)

F	m^2	Kolbenfläche
f	m^2	Freier Ventilquerschnitt
n	U/min	Drehzahl
r'	m	Hydraulischer Radius
s	m	Kolbenhub
U	m	Umfang
v_k	m/s	Mittlere Kolbengeschwindigkeit
v_m	m/s	Mittlere Ventilspaltgeschwindigkeit
ν	m^2/s	Kinematische Zähigkeit
ζ		Widerstandszahl
Re		Reynoldsche Kennzahl

Formelzeichen zu Antrieb durch Elektromotoren (Teil 7.2.3.1 u. 7.2.3.5)

f		Frequenz
GD^2	kpm^2	Trägheitsmoment
I	A	Phasen- oder Klemmenstrom
I_l	A	Leiterstrom
M_b	mkp	Beschleunigungsmoment
M_g	mkp	Moment der getriebenen Maschine
M_p		Mittelpunkt-(Null-)Leiter
M_{Δ}		Moment in Dreieckschaltung
M_Y		Moment in Sternschaltung
p		Polpaarzahl

U .... V — Phasen- oder Strangspannung
U_l .... V — Leiterspannung

Formelzeichen zu Erwärmung des Maschinenraums (Teil 8.1.3)

c_p .... kcal/kp — Spezifische Wärme der Luft
G_1 .... kp — Gewicht der geförderten Luft
G_W .... kp — Gewicht des durchlaufenden Wassers
t_1 .... °C — Raumtemperatur
t_2 .... °C — Drucklufttemperatur beim Austritt aus dem Maschinenraum
t_{W1} .... °C — Kühlwasser-Eintrittstemperatur
t_{W2} .... °C — Kühlwasser-Austrittstemperatur

Formelzeichen zu Druckluftbehälter (Teil 9.1.1)

δ_{PA} .... kp/cm² — Druckdifferenz zwischen den Ausschaltpunkten verschiedener Relais
δ_{PE} .... kp/cm² — Druckdifferenz zwischen den Einschaltpunkten verschiedener Relais
Δp .... kp/cm² — Druckdifferenz eines Relais zwischen Ein- und Ausschalten
$\Delta p'$ .... kp/cm² — Druckabfall, der durch die Regelverzugszeit t_v entsteht
t_v .... s — Regelverzugszeit
Q .... m³ — Druckbehälter-Inhalt
V_e .... m³/min — Liefermenge
x .... — Tatsächlicher Luftverbrauch in Anteilen von der Liefermenge
Z .... 1/h — Schalthäufigkeit

Formelzeichen zu Messungen an Verdichtern (Teil 10.1.2, 10.2.1, 10.3.1, 10.3.2.1, 10.4.1.1, 10.4.5.1 und 10.4.5.2)

A .... — Wicklungswiderstand, warm
α .... — Durchflußzahl
B .... — Wicklungswiderstand, kalt
C .... °C — Raumtemperatur bei Beginn der Messung
D .... °C — Raumtemperaturdifferenz zwischen Anfang und Ende der Messung
D_t .... mm — Rohrdurchmesser bei Betriebstemperatur
d .... mm — Öffnungsdurchmesser des Drosselgerätes bei Betriebstemperatur

E	V	Spannung
ε		Expansionszahl
F	cm^2	Öffnungs-Ausströmfläche
φ		Phasenverschiebungswinkel
G	kp/min	Durchfluß
$\gamma, \gamma_1, \gamma_N$	kp/m^3	Wichte
Δh	m	Höhendifferenz der Sperrflüssigkeit
η		Wirkungsgrad
I	A	Strom
$\varkappa$		Exponent der Adiabate
M_d	mkp	Drehmoment
m		Öffnungsverhältnis
μ		Durchflußbeiwert
N	PS	Leistung
ν	m^2/s	Kinematische Zähigkeit
n, n_1, n_2	U/min	Drehzahl
P_1, P_2, P_A, P_N	kp/m^2	Luftdruck
p, p_A, p_D	ata	Druck
Q	m^3/min	Volumendurchfluß
Q_D	m^3	Druckbehälterinhalt
R	mkp/kg °C	Gaskonstante
Re		Reynoldsche Kennzahl
T_1, T_2, T_A, T_D, T_N	°K	Absolute Temperatur
τ	min	Zeit
V	m^3/min	Fördermenge, bezogen auf 1 ata
V_A	m^3/min	Liefermenge, bezogen auf den Ansaugzustand
V_N	Nm^3/min	Liefermenge in Nm^3
W	m/s	Geschwindigkeit

Formelzeichen zu Lärmabwehr (Teil 11.2)

L	dB	Schallpegel
P_0	$2 \cdot 10^{-4}$ μbar	Schalldruck der Hörschwelle
P_x	μbar	Gemessener Schalldruck

1.2. Einleitende Betrachtung

Die Aufgabe aller Verdichter ist es, Gas von einem niederen auf einen höheren Druck zu verdichten. Obwohl bei Gasverdichtern die verschiedensten Anfangs- und Enddrücke vorkommen, wird bei den meisten Luftverdichtern mit atmosphärischem Druck angesaugt. Aber auch dieser ist nicht immer der gleiche. Er ändert sich mit dem Standort auf der Erde, mit der Höhenlage und mit dem jeweiligen Barometerstand. Das gleiche gilt auch für die Temperatur.

1.2.1. Die Normalatmosphäre

Mittleren Bedingungen trägt man Rechnung, wenn man die Normalatmosphäre nach DIN 5450 zugrunde legt. Die Normalatmosphäre beginnt am Meeresspiegel mit einem Druck von 760 Torr (1,0332 ata) bei 15 °C. Der Temperaturabfall beträgt für je 1000 m 6,5 °C. Die Dichte ist am Meeresspiegel 1,226 kg/m³.
Der Druck in Höhenlagen errechnet sich aus der Gleichung:

$$P = P_0 \left(1 - \frac{6,5}{288} H\right)^{5,25} \tag{1}$$

Die Dichte aus der Gleichung:

$$\varrho = \varrho_0 \left(1 - \frac{6,5}{288} H\right)^{4,255} \tag{2}$$

Die Höhe H ist dabei in km einzusetzen.

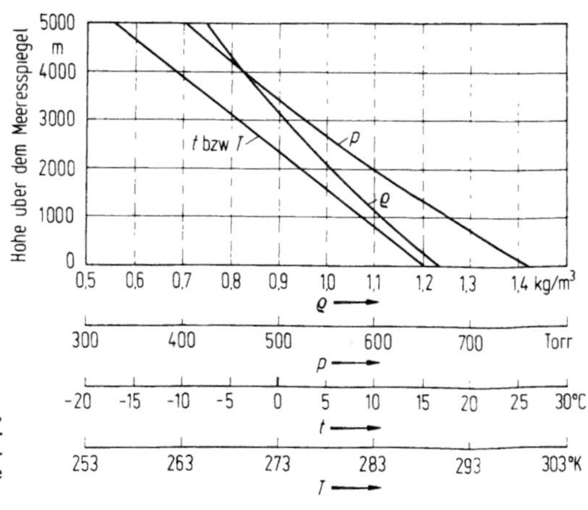

1. Abhängigkeit des Drucks, der Dichte und der Temperatur der Luft von der Höhenlage (Normalatmosphäre DIN 5450)

Der Gültigkeitsbereich dieser beiden Gleichungen erstreckt sich bis etwa 11 km Höhe. Durch Wettereinflüsse schwankt der Luftdruck um etwa 5%, die Dichte sogar um etwa 20% um die Mittelwerte. Aus Bild 1 kann man die Werte der Normalatmosphäre bis 5 km Höhe ablesen.

1.2.2. **Der Gaszustand**

Wenn ein Kompressor anstatt in Meeresspiegelnähe in größeren Höhenlagen aufgestellt wird, ändern sich seine Leistungsdaten stark, weil sein Ansaugzustand sich verändert hat. Jeder Gaszustand ist nämlich durch drei seiner Zustandsgrößen bestimmt, und zwar durch den Druck P (kp/m²), das Volumen v eines kg (in m³/kg) und die Temperatur T (in °K ... = t °C + 273).

Der Ausdruck $$\frac{P_1 \cdot v_1}{T_1} = \frac{P_2 \cdot v_2}{T_2} = R = \text{unveränderlich} \tag{3}$$

heißt die Zustandsgleichung.

1.2.3. **Die Gaskonstante**

Der unveränderliche Ausdruck R heißt Gaskonstante. Sie hat für das gleiche Gas immer denselben Wert, nimmt jedoch für unterschiedliche Gase verschiedene Werte an. Sie stellt das Arbeitsvermögen eines kg Gases bei einem °C Temperaturunterschied in mkp/°C dar. Für trockene Luft hat die Gaskonstante den Wert 29,27 mkp/kg °C.
Für beliebige Gasvolumen lautet die Zustandsgleichung:

$$\frac{P \cdot V}{T} = G \cdot R \tag{4}$$

G ist das Gewicht des Gases in kp und V das Volumen in m³.
Zwischen dem Molekulargewicht μ des Gases und der Gaskonstanten besteht die Beziehung:

$$R = \frac{848}{\mu} \tag{5}$$

Die Gaskonstante läßt sich deshalb leicht aus dem Molekulargewicht errechnen.

1.2.4. **Die Gaskonstante eines Gemisches**

Die Gaskonstante einer Gasmischung kann sowohl aus den Gewichtsanteilen der Einzelgase,

$$R = \frac{G_1}{G} \cdot R_1 + \frac{G_1}{G} \cdot R_2 + \cdots, \tag{6}$$

aus den Volumen oder Raumteilen,

$$\frac{1}{R} = \frac{V_1}{V}\frac{1}{R_1} + \frac{V_2}{V}\frac{1}{R_2} + \cdots, \tag{7}$$

als auch aus den Raumteilen mal Molekulargewicht berechnet werden. Die letzgenannte Art ist in Tab. 2 aufgezeichnet. Die Tab. 3 enthält eine Zusammenstellung von Molekulargewichten, Gaskonstanten und spezifischen Gewichten von einigen Gasen.

Beispiel für Luft

Gasart	Raumteil · μ
Sauerstoff	0,2090 · 32,00 = 6,688
Stickstoff	0,7813 · 28,02 = 21,892
Argon	0,0094 · 39,90 = 0,375
Kohlensäure	0,0003 · 44,00 = 0,013
Luft	μ = 28,968
	$R = \frac{848}{28{,}968} = 29{,}27$

2. Berechnung der Gaskonstante für Luft aus den Raumteilen und den Molekulargewichten der Bestandteile

1.2.5. Spezifisches Gewicht und spezifisches Volumen

Zwischen dem spezifischen Gewicht, dem spezifischen Volumen und den bereits bekannten Größen besteht die Beziehung:

$$\gamma = \frac{1}{v} = \frac{G}{V} = \frac{P}{R \cdot T} \tag{8}$$

Die Tab. 4 gibt die spezifischen Volumen der Luft bei verschiedenen Drücken und Temperaturen an, die Tab. 5 gibt die spezifischen Gewichte der Luft bei verschiedenen Drücken und Temperaturen wieder.

1.3. Teildrücke eines Gemisches von Gasen

Nach dem Gesetz von Dalton verhält sich jedes Gas eines Gemisches so, als ob es allein vorhanden wäre. Jedes Gas hat daher in der Mischung seinen eigenen Teildruck. Die Teildrücke der einzelnen Gase bilden zusammen den Gasdruck des Gemisches.

Auch der Wasserdampfgehalt der Luft hat seinen eigenen Teildruck. Dieser steigt um so höher, je höher die Temperatur ist. Er ist jedoch

Gasart		Molekulargewicht	Gaskonstante	Spez. Rauminhalt v in m^3/kg bei		Spez. Raumgewicht γ in kp/m^3 bei		Spezifisches Gewicht, bezogen auf Luft
Name	Zeichen	μ	R	1 ata und 15 °C	760 mm QS = 1,0333 ata u. 0 °C	1 ata und 15 °C	760 mm QS = 1,0333 ata u. 0 °C	
Sauerstoff	O_2	32,000	26,50	0,763	0,700	1,310	1,428	1,104
Stickstoff	N_2	28,020	30,26	0,871	0,799	1,147	1,251	0,967
Wasserstoff	H_2	2,016	420,6	12,11	11,11	0,0826	0,0900	0,0696
Kohlenoxyd	CO	28,000	30,29	0,872	0,800	1,146	1,250	0,966
Kohlensäure	CO_2	44,000	19,27	0,555	0,509	1,802	1,964	1,518
Schwefl. Säure	SO_2	64,070	13,24	0,381	0,350	2,622	2,857	2,221
Ammoniak	NH_3	17,034	49,78	1,433	1,315	0,698	0,760	0,588
Azetylen	C_2H_2	26,016	32,60	0,939	0,862	1,065	1,161	0,898
Methan (Sumpfgas)	CH_4	16,032	52,89	1,523	1,398	0,657	0,715	0,553
Äthylen	C_2H_4	28,032	30,25	0,871	0,799	1,148	1,251	0,968
Wasserdampf	H_2O	18,016	47,07	—	—	—	—	—
Luft	—	28,968	29,27	0,843	0,773	1,186	1,293	1,0

3. Molekulargewichte, Gaskonstanten, spez. Rauminhalte, spez. Raumgewichte und spez. Gewichte bezogen auf Luft 1

Lufttemperatur in °C		−30	−20	−10	0	10	15	20	30	50	100	150	200	300
Absoluter Luftdruck	0,1	7,113	7,405	7,698	7,991	8,283	8,430	8,576	8,869	9,454	10,92	12,38	13,84	16,77
	0,2	3,556	3,703	3,849	3,995	4,142	4,215	4,288	4,434	4,727	5,458	6,191	6,922	8,386
	0,5	1,423	1,481	1,540	1,600	1,657	1,686	1,715	1,774	1,891	2,184	2,476	2,769	3,354
	1,0	0,711	0,741	0,770	0 799	0,828	0,843	0,858	0,887	0,945	1,092	1,238	1,384	1,677
	1,0333	0,688	0,717	0,745	0,773	0,802	0,816	0,830	0,858	0,915	1,057	1,198	1,340	1,623
	2	0,356	0,370	0,385	0,400	0,414	0,421	0,429	0,443	0,473	0,546	0,619	0,692	0,839
	4	0,178	0,185	0,192	0,200	0,207	0,211	0,214	0,222	0,236	0,273	0,310	0,346	0,419
	6	0,119	0,123	0,128	0,133	0,138	0,140	0,143	0,148	0,157	0,182	0,206	0,231	0,280
	8	0,089	0,093	0,096	0,100	0,104	0,105	0,107	0,111	0,118	0,136	0,155	0,173	0,210
	10	0,071	0,074	0,077	0,080	0,083	0,084	0,086	0,089	0,094	0,109	0,124	0,138	0,168

4. Spez. Rauminhalt der Luft in m^3/kg bei verschiedenen Drücken und Temperaturen

Lufttemperatur in °C		−30	−20	−10	±0	10	15	20	30	50	100	150	200	300
Absoluter Luftdruck in ata	0,1	0,141	0,135	0,130	0,125	0,121	0,119	0,117	0,113	0,106	0,092	0,081	0,072	0,060
	0,2	0,281	0,270	0,260	0,250	0,241	0,237	0,233	0,226	0,212	0,183	0,162	0,144	0,119
	0,5	0,703	0,675	0,650	0,625	0,604	0,593	0,583	0,564	0,529	0,458	0,404	0,361	0,298
	1,0	1,406	1,350	1,299	1,251	1,207	1,186	1,166	1,128	1,058	0,916	0,808	0,722	0,596
	1,0333	1,453	1,395	1,342	1,293	1,247	1,226	1,204	1,166	1,093	0,946	0,385	0,746	0,616
	2	2,812	2,701	2,589	2,503	2,414	2,373	2,332	2,255	2,115	1,832	1,615	1,445	1,192
	4	5,624	5,402	5,196	5,006	4,829	4,745	4,664	4,510	4,232	3,664	3,231	2,889	2,385
	6	8,436	8,102	7,794	7,509	7,244	7,118	6,996	6,765	6,346	5,496	4,846	4,334	3,577
	8	11,25	10,80	10,39	10,01	9,658	9,490	9,328	9,020	8,464	7,328	6,461	5,778	4,570
	10	14,06	13,50	12,99	12,51	12,07	11,86	11,66	11,28	10,58	9,159	8,077	7,223	5,962

5. Spez. Gewicht der Luft in kp/m^3 bei verschiedenen Drücken und Temperaturen

völlig unabhängig von der Höhe des Luftdruckes. Die Skalenreihen des Bildes 6 geben den Sättigungsdruck des Dampfes in mm QS und in ata neben den dazugehörigen Lufttemperaturen an. Außerdem zeigt die Skala den Wassergehalt in g/m³ des Raumes an. 100% mit Feuchtigkeit gesättigte Luft ist nur kurz vor der Nebelbildung vorhanden und ganz trockene Luft gibt es nur in der Wüste. Meist liegt die Luftfeuchtigkeit zwischen den beiden Grenzfällen.

1.3.1. Die relative Luftfeuchte

Die relative Luftfeuchte x wird in Anteilen oder Prozenten des der betreffenden Temperatur zugehörigen Sättigungsdruckes angegeben. Der Dampfgehalt als Mischungsbestandteil beeinflußt auch die Gaskonstante der feuchten Luft, die sich mit steigendem Dampfgehalt vergrößert. Man macht keinen großen Fehler, wenn man die Gaskonstante für Wasserdampf zwischen 0 und 100 °C mit $R_d = 47$ annimmt (der Fehler beträgt bei 100 °C erst 1,5%).

1.3.2. Die Gaskonstante für feuchte Luft

Für die Berechnung der Gaskonstante für feuchte Luft sei folgende Gleichung angegeben:

$$R_f = \frac{29{,}27}{1 - 0{,}377 \cdot x \cdot \dfrac{P_d}{P_g}} \tag{9}$$

R_f = Gaskonstante für feuchte Luft
P_g = Gesamtdruck der feuchten Luft
P_d = Druck des gesättigten Dampfes

Auf Bild 7 sind auf der Abszisse die Lufttemperatur und auf der Ordinate die Gaskonstanten für die verschiedenen Feuchtigkeiten der Luft aufgetragen.

Beispiel: Lufttemperatur 30 °C
Luftfeuchte 80%
Gaskonstante $R_f = 29{,}66$

1.3.3. Kondenswasserbestimmung

Bei der Verdichtung wird durch Erhöhung des Druckes das Volumen verkleinert. Dadurch nimmt der Wassergehalt, bezogen auf die Raumeinheit in dem Maße zu, wie sich das Volumen verkleinert. Weil bei der Verdichtung Temperaturerhöhung stattfindet, fällt beim Verdichtungsvorgang trotz der Volumensverkleinerung jedoch noch kein Wasser aus. In den Nachkühlern und Leitungen sinkt die Temperatur aber so

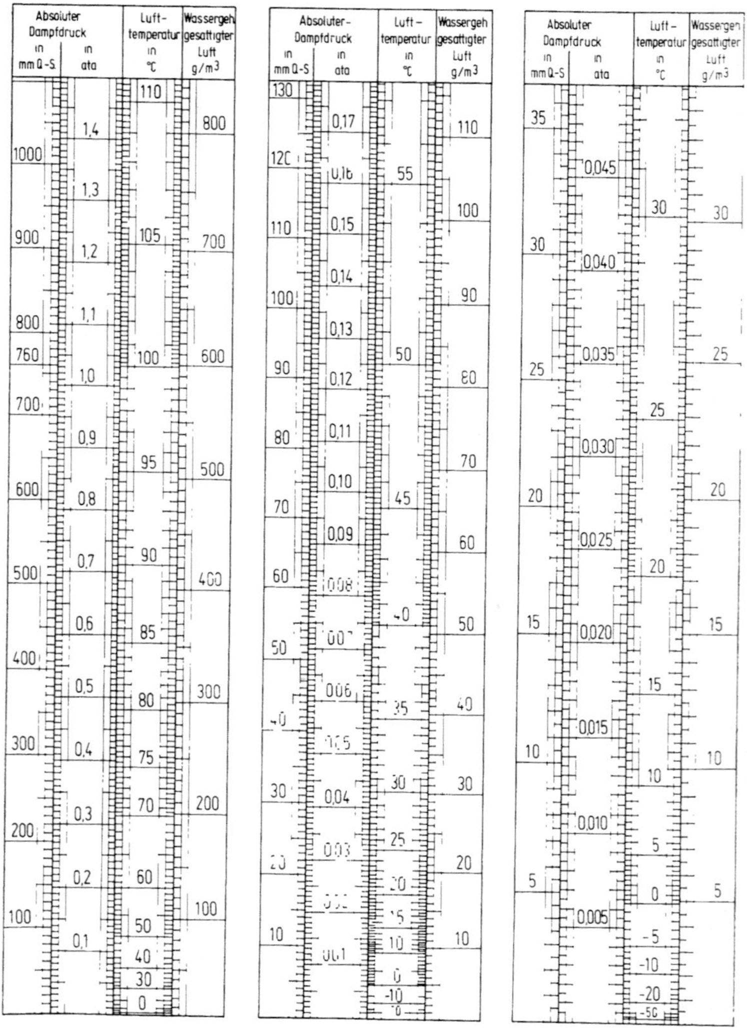

6. Teildruck des Wasserdampfes in der Luft und Feuchtigkeitsgehalt im dampfgesättigten Raum

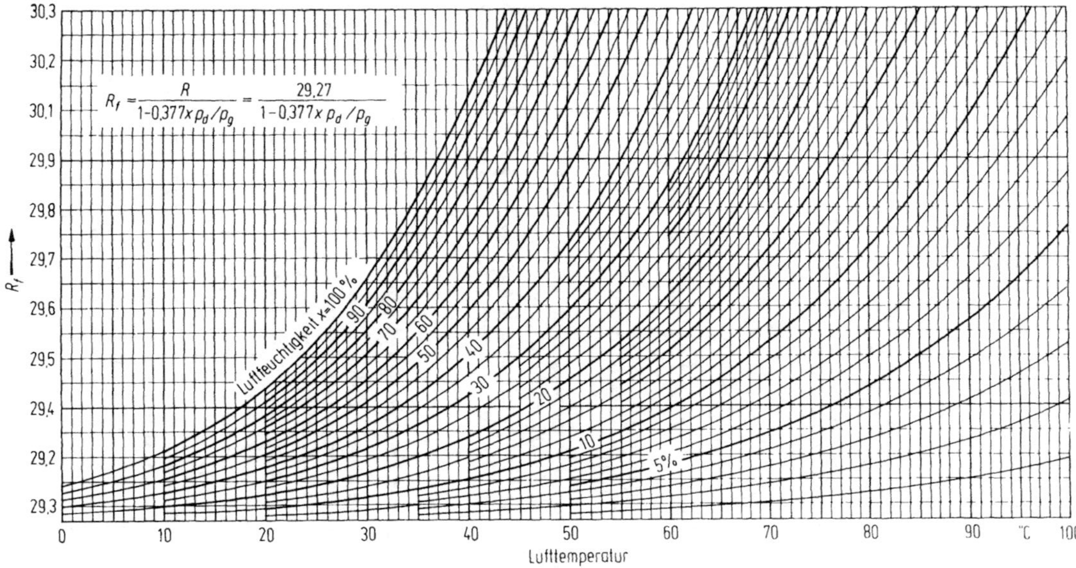

7. Gaskonstanten für feuchte Luft

stark ab, daß der Sättigungszustand bald unterschritten wird und sich Kondensat bildet.
Das folgende Beispiel zeigt, wie der Kondensatanfall berechnet wird.

Beispiel:

Angesaugte Luft:

$t_1 = 25\ °C, T_1 = 273 + 25 = 298\ °K$
Luftfeuchte $x = 0{,}7$, $V_1 = 480\ m^3/h$
Wassergehalt bei 100% Sättigung aus Bild 6 22,8 g/m³
Luftdruck 760 mm QS entspricht 1,033 ata

Luft am Verwendungsort:

$t_2 = 30\ °C, T_2 = 273 + 30 = 303\ °K$
Druck am Verwendungsort 8 ata

$$\frac{P_1 \cdot V_1}{T_1} = \frac{P_2 \cdot V_2}{T_2} \qquad V_2 = \frac{P_1 \cdot V_1 \cdot T_2}{P_2 \cdot T_1} = \frac{p_1}{p_2} \cdot \frac{V_1 \cdot T_2}{T_1}$$

$$= \frac{1{,}033 \cdot 480 \cdot 303}{8 \cdot 298} = 63\ m^3/h$$

Feuchtigkeitsgehalt der angesaugten Luftmenge:
$22{,}8 \cdot x \cdot V_1 = 22{,}8 \cdot 0{,}7 \cdot 480 = 7650\ g/h$

63 m³/h können jedoch nach Bild 6 nur $30{,}1 \cdot 63 = 1900$ g/h in Dampfform halten. *Es fallen daher 7650—1900 = 5750 g/h an Kondensat an.*

1.3.4. Bestimmung des Feuchtigkeitsgehaltes der Luft

Zur Bestimmung der relativen Luftfeuchte x in % braucht man ein Trocken- und ein Feuchtthermometer. (Das Feuchtthermometer unterscheidet sich von dem Trockenthermometer dadurch, daß die Quecksilberkugel mit einem angefeuchteten Wattebausch umhüllt ist.) Durch die Verdunstungswärme sinkt die Temperatur am Naßthermometer und würde ständig weiter sinken, wenn die Luft nicht ihrerseits mit steigender Temperaturdifferenz Wärme an den Wattebausch abgeben würde. Dadurch wird bald ein gewisses Gleichgewicht zwischen Wärmeentzug durch Verdunstung und Wärmezufuhr wegen des entstandenen Temperaturgefälles und dadurch ein Beharrungszustand mit konstanter Temperatur erreicht. Mit Hilfe der Ablesungen am Feucht- und Trockenthermometer kann man aus Bild 8 die relative Feuchtigkeit x in % ablesen.
Beispiel:

$t_{tr} = 20\ °C \ldots t_f = 15\ C \ldots x = 59\%$

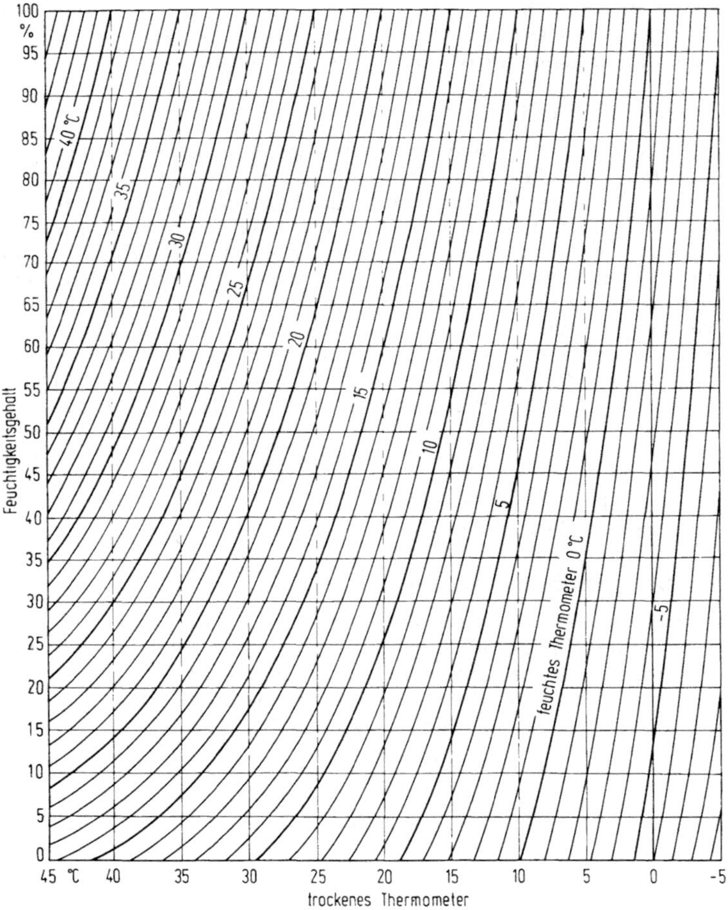

8. Tafel zur Bestimmung der relativen Luftfeuchte

Für von 1 ata abweichenden Luftdruck muß für je 0,01 at höheren Luftdruck 2% vom Ablesewert der relativen Feuchte abgezogen werden, bei geringerem Luftdruck ist der gleiche Prozentsatz zu addieren.

1.4. Das Wärmeäquivalent

Jeder Kompressor ist eine Wärmemaschine. Er ist eine Maschine, bei welcher der Haupteffekt, die Verdichtung des Gases, durch eine Wechselwirkung zwischen mechanischer Arbeit, Bewegungs- oder kinetischer Energie und Wärme bewirkt wird. Alle diese Energieformen sind gleichwertig und werden im internationalen Maßsystem einheitlich in Ws oder kWh angegeben. In dem gewohnten technischen Maßsystem werden jedoch die mechanischen Energien in m · kp und die Wärmeenergie in kcal ausgedrückt. Aus diesem Grunde muß, wenn das technische Maßsystem verwendet wird, bei der Berechnung die mechanische Energie L (mkp) durch einen Umrechnungsfaktor A, den man Wärmeäquivalent nennt, an die Wärmeenergie Q (kcal) angepaßt werden.

$$A = \frac{1}{427} \qquad Q = A \cdot L \text{ [kcal]} \tag{10}$$

oder 1 kcal entspricht 427 mkp (genau 426,78)
(1 PSh = 632 kcal und 1 kWh = 860 kcal).

1.4.1. Die spezifische Wärme c_v und c_p

Die spezifische Wärme ist die Wärmemenge, die 1 kg einer Substanz um 1 °C in ihrer Temperatur erhöht. Bei Gasen ist es nicht gleichgültig, ob die Wärme bei konstantem Volumen, oder bei konstantem Druck zu- bzw. abgeführt wird. Die spezifische Wärme bei konstantem Druck ist nämlich um die Volumensänderungsarbeit

$$\frac{P \cdot v}{T} = A \cdot R \tag{11}$$

größer, als die bei konstantem Volumen

$$c_p = c_v + A \cdot R \tag{12}$$

Für Luft ist

$$c_p = c_v + \frac{29,27}{427} = c_v + 0,0685 \tag{13}$$

Das Verhältnis

$$\frac{c_p}{c_v} = \varkappa \tag{14}$$

hat für verschiedene Gase verschiedene Werte. Für zweiatomige Gase und ihre Mischungen ist es angenähert 1,4. Zu diesen Mischungen gehört auch Luft. Tab. 9 zeigt Werte von c_p, c_v und $\varkappa$ für verschiedene Gase.

Gasart		Spezifische Wärme		
		bei unverändertem Druck	bei unverändertem Rauminhalt	$\varkappa = \frac{c_p}{c_v}$
Name	Zeichen	c_p	c_v	
Sauerstoff	O_2	0,217	0,155	1,40
Stickstoff	N_2	0,247	0,176	1,40
Wasserstoff	H_2	3,41	2,42	1,41
Kohlenoxyd	CO	0,242	0,172	1,40
Kohlensäure	CO_2	0,21	0,16	1,31
Schweflige Säure	SO_2	0,15	0,12	1,25
Ammoniak	NH_3	0,53	0,41	1,29
Azetylen	C_2H_2	0,35	0,27	1,29
Methan (Sumpfgas)	CH_4	0,59	0,46	1,28
Äthylen	C_2H_4	0,40	0,33	1,21
Wasserdampf	H_2O	0,48	0,37	1,30
Luft	—	0,238	0,170	1,40

9. Die spez. Wärme c_p und c_v und das Verhältnis $c_p\ c_v = \varkappa$

Werden G kp eines Gases von der Temperatur t_1 auf t_2 erwärmt, ohne daß sich dabei der Druck ändert, so sind dazu

$$Q = c_p \cdot G \cdot (t_2 - t_1) \text{ kcal erforderlich.}$$

Wird das Volumen jedoch konstant gehalten, so werden nur

$$Q = c_v \cdot G \cdot (t_2 - t_1) \text{ kcal aufgewendet.}$$

1.4.2. **Die innere Energie U eines Gases**

Bei einer allgemeinen Zustandsänderung wird durch die von außen zugeführte Wärme dQ die innere Energie dU erhöht und außerdem noch der Wärmewert $A \cdot P\mathrm{d}V$ in Arbeit umgesetzt.

$$\mathrm{d}Q = \mathrm{d}U + A \cdot P \cdot \mathrm{d}V, \text{ somit ist } Q = U_2 - U_1 + A\int_{V_1}^{V_2} P \cdot \mathrm{d}V \qquad (15)$$

Bei unverändertem Volumen des Gases wird d$V = 0$ und somit

$$\mathrm{d}Q = \mathrm{d}U \qquad (16)$$

Der innere Energiezuwachs dU eines Gases ist also gleich der Wärmemenge dQ, die dem Gas bei unverändertem Volumen zugeführt werden muß, damit die Temperatur um den Betrag dT erhöht wird.

Deshalb ist $dU = dQ = G \cdot c_v \cdot dT$ (17)

und $U_2 - U_1 = G \cdot c_v \cdot (T_2 - T_1)$ (18)

1.4.3. Das *PV*-Diagramm

Bild 10 zeigt ein Druck-Volumen-Diagramm, wie man es sich bei einem idealen schadraumfreien Verdichter vorstellen kann. Die Flächen im Diagramm sind Arbeit proportional.

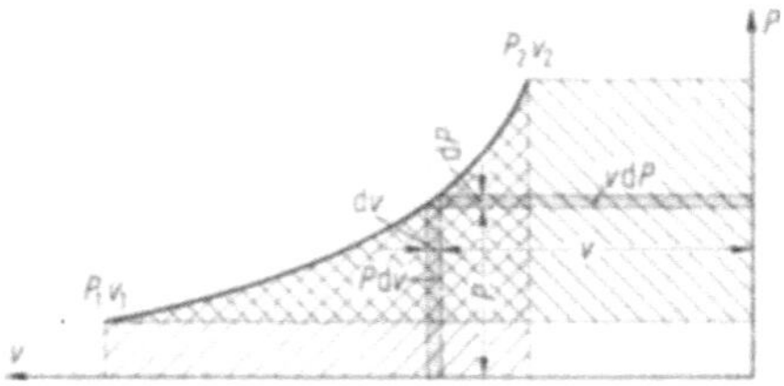

10. Das *PV*-Diagramm, die theoretische und die technische Verdichtungsarbeit

Wenn ein Gas keine Arbeit verrichtet (Dehnung), sondern Arbeit aufnimmt (Verdichtung), so wird die äußere Arbeit negativ.

$$Q = (U_2 - U_1) - A \int_{V_1}^{V_2} P \cdot dV \tag{19}$$

Im $P \cdot V$ Diagramm stellt die Fläche $\int_{V_1}^{V_2} P \cdot dV$ die theoretische Verdichtungsarbeit dar, während die Fläche $\int_{P_1}^{P_2} V \cdot dP$ die tatsächliche technische Verdichtungsarbeit bedeutet. Mit den Wärmewerten derselben ist

$$Q = (U_2 - U_1) - A \int_{V_1}^{V_2} P \cdot dV = (U_2 - U_1) - (A \int_{P_1}^{P_2} V \cdot dP + A \cdot P_1 V_1 - A \cdot P_2 V_2)$$

$$Q = (U_2 + A \cdot P_2 V_2) - (U_1 + A \cdot P_1 V_1) - A \int_{P_1}^{P_2} V \cdot dP \tag{20}$$

1.4.4. Der Wärmeinhalt oder die Enthalpie

Die Klammerausdrücke $(U_2 + A \cdot P_2 V_2)$ und $(U_1 + A \cdot P_1 V_1)$ sind nur vom End- bzw. Anfangszustand abhängig und stellen den Wärmeinhalt oder die Enthalpie I_1 und I_2 der beiden Zustände dar.

$I = U + A \cdot P \cdot V$ und mit $P \cdot V = G \cdot R \cdot T \ldots I = U + A \cdot G \cdot R \cdot T$

oder $dI = dU + A \cdot R \cdot G \cdot dT = G \cdot c_v \cdot dT + A \cdot R \cdot G \cdot dT$

$$= G \cdot dT \cdot (c_v + A\,R) = \underline{G \cdot c_p \cdot dT} \qquad (21)$$

Das bedeutet, daß der Enthalpiezuwachs der Wärme entspricht, die bei konstantem Druck zugeführt werden muß, damit die Temperatur um dT steigt.

1.4.5. **Die Entropie**

Die Entropie oder das Wärmegewicht zählt neben der inneren Energie und der Enthalpie zu den kalorischen Zustandsgrößen.

Der Entropieanstieg stellt die zugeführte Wärme pro Temperatureinheit dar,

$$dS = \frac{dQ}{T} \qquad (22)$$

ihr Abfall jedoch die abgeführte.

Wenn ein Gas verdichtet und daher Verdichtungsarbeit geleistet wird, ohne daß Wärme dabei zu- oder abgeführt wird, ändert sich die Entropie nicht. Das gleiche gilt auch für die Expansionsarbeit. Die Aufzeichnung von Wärmediagrammen, in denen die einzelnen Punkte durch die Zustandsgrößen P, V und T bestimmt sind, würde ohne den Begriff Entropie räumliche Ausdehnung annehmen müssen. Durch das sogenannte „*TS* Diagramm“ ist es jedoch möglich, alle drei Zustandsgrößen in einer Fläche aufzuzeichnen. Die Entropie S wird dabei als Abszisse und die Temperatur T als Ordinate aufgetragen. p und v erscheinen dann als mehr oder weniger geneigte Kurven. Die zu oder abgeführte Wärme wird durch die Fläche dargestellt, die ein Kurventeil, welcher der entsprechenden Zustandsänderung entspricht, mit der Entropieachse einschließt.

1.5. **Zustandsänderungen**

Die allgemeinste Zustandsänderung ist die, bei der sich alle Zustandsgrößen gleichzeitig ändern. Das ist bei Kompressoren in Wirklichkeit auch stets mehr oder weniger ausgeprägt der Fall. Will man dennoch einigermaßen Ordnung in dieses Gewirr von möglichen Änderungen bringen, muß man Sonderfälle einzeln betrachten. Zu diesem Zweck wird von vier Zustandsgrößen, dem Druck, der Temperatur, dem spezifischen Volumen und der Entropie, jeweils eine konstant gehalten, während sich die anderen verändern.

1.5.1. **Darstellung der Zustandsänderungen im *PV*- und *TS*-Diagramm**

Während bei dem *PV*-Diagramm die aufgewandte oder auch die gewonnene mechanische Arbeit als Fläche unter der Kurve erscheint, welche die Zustandsänderung versinnbildlicht, kann man im *TS*-Diagramm die zur Erreichung der Zustandsänderung zu- oder abzuführende Wärme als Fläche bestimmen.

Bild 11 zeigt vier Zustandsänderungen im *PV*-Diagramm.

Es sind das: Die Isochore bei konstantem Volumen,
die Isobare bei konstantem Druck,
die Adiabate bei konstanter Entropie (ohne Wärmezu- oder -abfuhr)
und die Isotherme bei konstanter Temperatur.

Bild 12 zeigt die gleichen Zustandsänderungen im *TS*-Diagramm.

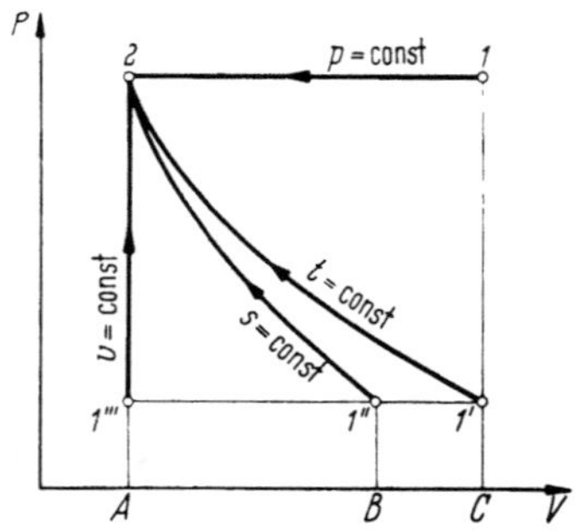

11. Zustandsänderungen der Isochore, Adiabate, Isotherme und Isobare im *PV*-Diagramm

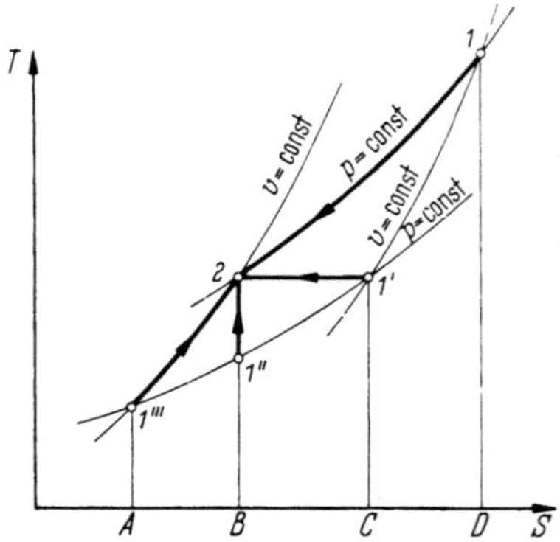

12. Zustandsänderungen der Isochore, Adiabate, Isotherme und Isobare im *TS*-Diagramm

Die Tab. 13 bringt eine Gegenüberstellung dieser vier Zustandsänderungen mit allen wichtigen Merkmalen.

Zwei dieser Zustandsänderungen haben für den Verdichterbau besondere Bedeutung. Es handelt sich dabei um die adiabatische und die isothermische Zustandsänderung. Die adiabatische deshalb, weil die Verdichtung in einem Kompressor meist fast nach einer Adiabate verläuft, und die isothermische, weil sie die Zustandsänderung mit dem niedrigsten Arbeitsaufwand ist. Sie wird deshalb zu Vergleichszwecken gebraucht.

	Isochore	Isobare	Adiabate	Isotherme
Definition	$dv = 0$	$dp = 0$	$dq = ds = 0$	$dT = di = du = 0$
Gleichung der Zustandsänderung	$\frac{p}{T} = \text{const}$	$\frac{v}{T} = \text{const}$	$pv^{\varkappa} = \text{const}$ $Tv^{\varkappa-1} = \text{const}$ $\frac{T}{p^{\frac{\varkappa-1}{\varkappa}}} = \text{const}$	$pv = \text{const}$
Exponent	∞	0	$\varkappa$	1
Mechanische Arbeit $L = \int p\,dv$	0	$p(v_2 - v_1)$	$= C_v(T_1 - T_2)$ $= \frac{1}{\varkappa-1}(p_1 v_1 - p_2 v_2)$ $= \frac{p_1 v_1}{\varkappa - 1}\left(1 - \frac{T_2}{T_1}\right)$ $= \frac{p_1 v_1}{\varkappa - 1} \times$ $\times \left[1 - \left(\frac{p_2}{p_1}\right)^{\frac{\varkappa-1}{\varkappa}}\right]$	$= p_1 v_1 \ln \frac{v_2}{v_1}$ $= p_1 v_1 \ln \frac{p_1}{p_2}$
Flächen bedeuten in Bild 14 die mechanische Arbeit	0	A21C	A21″B	A21′C
Flächen bedeuten in Bild 15 die zu- bzw. abgeführte Wärmemenge	+ A1‴2B	−B21D	0	−B21′C
Während der Zustandsänderung zu- bzw. abgeführte Wärmemenge dq	$dq = du = c_v\,dT$	$dq = di = c_p\,dT$	$dq = 0$	$dq = p\,dv = v\,dp$
Aufgewendete Arbeit dL	$dL = 0$	$dL = p\,dv$ $= dq - du$	$dL = v\,dp = di$	$dL = dq$

13. Gegenüberstellung der wesentlichen Merkmale von vier Zustandsänderungen

1.5.2. **Die adiabatische Zustandsänderung**

Aus Bild 13 kann man ersehen, daß bei jeder Zustandsänderung, bei der weder Wärme zu- noch abgeführt wird, also bei der Adiabate, das Produkt $P_1 \cdot v_1^\varkappa = P_2 \cdot v_2^\varkappa \ldots$ konstant bleibt. (23)

Setzt man für $P = \dfrac{R \cdot T}{v}$, so erhält man:

$$\frac{R \cdot T_1 \cdot v_1^\varkappa}{v_1} = \frac{R \cdot T_2 \cdot v_2^\varkappa}{v_2} = \underline{T \cdot v^{\varkappa-1} = \text{konstant.}} \qquad (24)$$

Wenn man statt $v = \dfrac{R \cdot P}{T}$ setzt, erhält man:

$$P_1 \left(\frac{R \cdot T_1}{P_1}\right)^\varkappa = P_2 \left(\frac{R \cdot T_2}{P_2}\right)^\varkappa \text{ und}$$

$$\frac{T_1}{P_1^{\frac{\varkappa-1}{\varkappa}}} = \frac{T_2}{P_2^{\frac{\varkappa-1}{\varkappa}}} = \text{konstant und } \underline{T_2 = T_1 \left(\frac{P_2}{P_1}\right)^{\frac{\varkappa-1}{\varkappa}}} \qquad (25)$$

was die Errechnung der adiabatischen Verdichtungstemperatur aus dem Druckverhältnis gestattet.
Die Tab. 14 enthält die Volumen bei adiabatischer Verdichtung und Entspannung. Sie werden zur Aufzeichnung theoretischer *PV*-Diagramme gebraucht.

1.5.3. **Der technische Arbeitsaufwand bei adiabatischer Verdichtung**

Der technische Arbeitsaufwand läßt sich aus der Differenz der Enthalpie vor und nach der Verdichtung errechnen.
Der Wärmewert der Arbeit ist:

$$\begin{aligned} A \cdot L_{ad} &= I_2 - I_1 = (U_2 + A \cdot P_2 V_2) - (U_1 + A \cdot P_1 V_1) \\ &= A \cdot \int V \cdot dP = c_p \cdot G \cdot (T_2 - T_1) \end{aligned} \qquad (26)$$

Setzt man für $c_p = \dfrac{\varkappa \cdot A \cdot R}{\varkappa - 1}$ in den letzten Ausdruck ein, so erhält man die Gleichung:

$$L_{ad} = \frac{\varkappa \cdot R \cdot G}{\varkappa - 1} \cdot (T_2 - T_1) = \frac{\varkappa}{\varkappa - 1} \cdot (P_2 \cdot V_2 - P_1 \cdot V_1) \qquad (27)$$

Aus $P \cdot V^\varkappa$ = konstant erhält man die folgende nur vom Anfangszustand P_1 und V_1 und vom Druckverhältnis abhängige Gleichung:

Druckverhältnis $\frac{P_2}{P_1}$	Volumen nach der	
	Verdichtung Anfangsvolumen $V_1 = 100$ $V_2 = 100\left(\frac{P_1}{P_2}\right)^{1/\varkappa}$	Entspannung Anfangsvolumen $V_2 = 100$ $V_1 = 100\left(\frac{P_2}{P_1}\right)^{1/\varkappa}$
1,1	93,5	107,0
1,2	87,7	113,9
1,3	74,7	119,8
1,4	78,7	127,1
1,5	74,8	133,6
1,6	71,4	139,9
1,7	68,5	146,1
1,8	65,7	152,2
1,9	63,3	158,2
2,0	60,9	164,1
2,2	56,9	175,6
2,4	53,5	186,9
2,6	50,5	197,9
2,8	47,9	209
3,0	45,6	219
3,2	43,6	230
3,4	41,7	240
3,6	40,0	250
3,8	38,5	260
4,0	37,3	269
4,5	34,2	293
5,0	31,7	316
5,5	29,6	338
6,0	27,8	360
6,5	26,3	381
7,0	24,9	401
7,5	23,6	422
8,0	22,6	442
8,5	21,7	461
9,0	20,8	480
9,5	20,0	499
10,0	19,3	519

14. Volumenänderung bei der adiabatischen Verdichtung von zweiatomigen Gasen und Luft, mit einem Exponenten $\varkappa = 1,4$

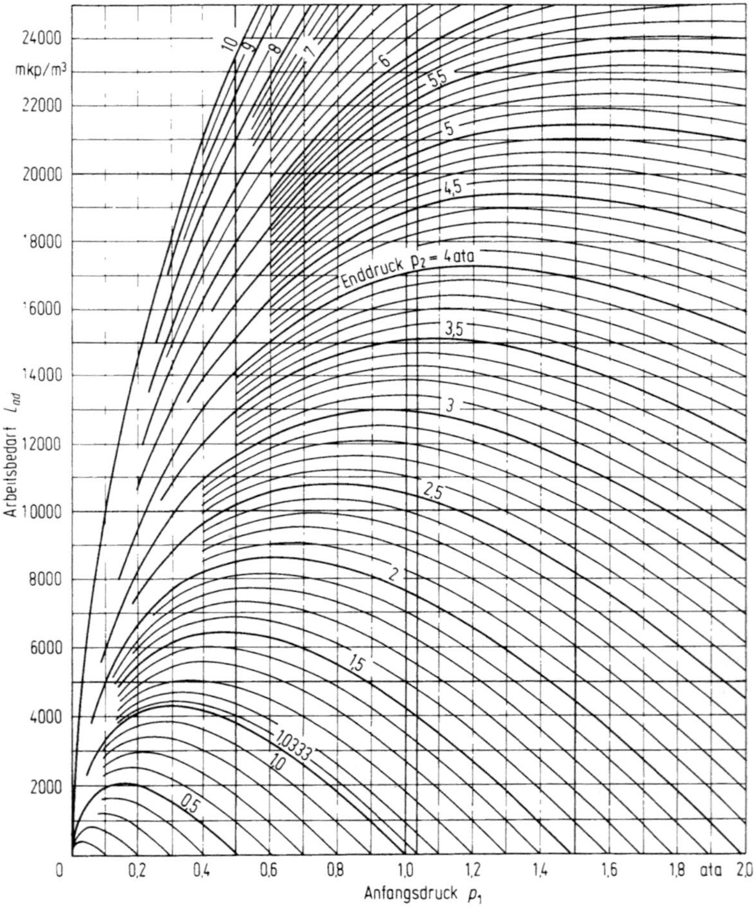

$$L_{ad} = \int V dP = P_1 V_1 \frac{\varkappa}{\varkappa-1}\left[\left(\frac{p_2}{p_1}\right)^{\frac{\varkappa-1}{\varkappa}} - 1\right] \text{ mkp}, \quad L_{ad} = 35000\, p_1 \left[\left(\frac{p_2}{p_1}\right)^{0,286} - 1\right] \text{ mkp/m}^3$$

15. Arbeitsbedarf bei einstufiger adiabatischer Verdichtung

$$L_{ad} = \frac{\varkappa}{\varkappa - 1} \cdot P_1 \cdot V_1 \left[\left(\frac{P_2}{P_1} \right)^{\frac{\varkappa - 1}{\varkappa}} - 1 \right] \tag{28}$$

Für $\varkappa = 1{,}4$ und $V = 1\ m^3$ und der Druck in ata eingesetzt erhält man:

$$L_{ad} = 35000 \cdot p_1 \left[\left(\frac{p_2}{p_1} \right)^{0{,}286} - 1 \right] \ [mkp/m^3] \tag{29}$$

Bild 15 gestattet die rasche Ermittlung von L_{ad} in mkp/m^3.

1.5.4. Die *Pv*-Abweichung bei realen Gasen

Die bisher aufgestellten Gleichungen gelten für ideale Gase. Bei Luft trifft dies bis etwa 50 ata zu. Bei höheren Drücken muß die Abweichung des realen Gases berücksichtigt werden.

Die Zustandsgleichung ändert sich dann von $\frac{P \cdot v}{R \cdot T} = 1$ in $\frac{P \cdot v}{R \cdot T} = \zeta$. (30)

ζ nennt man kurz „die *Pv*-Abweichung“.

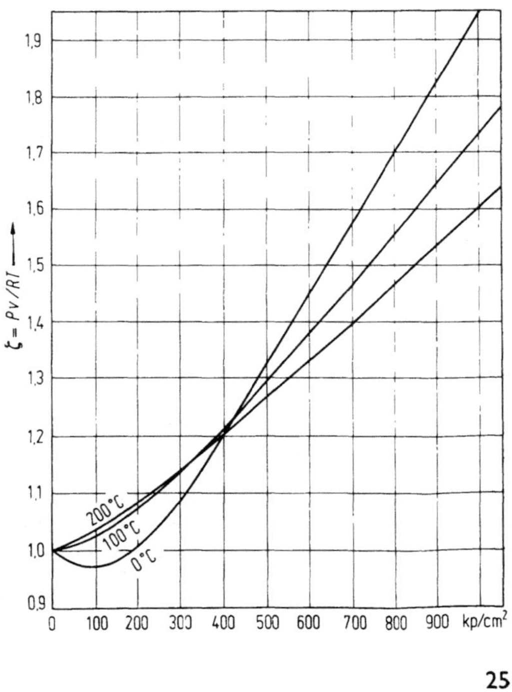

16. *Pv*-Abweichung für Luft

Sie ist abhängig von der Art des Gases, dem Druck und der Temperatur. Die Kurven in Bild 16 zeigen diese Abhängigkeit für Luft. Die adiabatische Arbeit für ein reales Gas erhält man durch Multiplikation der Arbeit für ein ideales Gas mit einem Faktor.

$$L_{ad_{real}} = L_{ad_{ideal}} \cdot \sqrt{Z_1 \cdot Z_2} \tag{31}$$

1.5.5. Die isotherme Zustandsänderung

Dadurch, daß die isothermische Zustandsänderung bei unveränderter Temperatur stattfindet, wird das Produkt $\underline{P_1 \cdot V_1 = P_2 \cdot V_2 = \text{konstant}}$. (32).

Diese PV-Abhängigkeit ergibt, daß die Verdichtungs- und auch die Entspannungslinie im PV-Diagramm gleichseitige Parabeln sind. Daraus geht hervor, daß die theoretische Verdichtungsarbeit

$\int P \cdot dV$, gleich der technischen Arbeit $\int V \cdot dP$ ist.

$$L_{is_{verd}} = \int_{V_1}^{V_2} \frac{dV}{V} = P \cdot V \cdot \ln \frac{V_1}{V_2} = P \cdot V \cdot \ln \frac{P_2}{P_1} \text{ [mkp]} \tag{33}$$

Bild 17 gestattet das Ablesen des Arbeitsbedarfes bei isothermischer Verdichtung, bei verschiedenen Anfangs- und Enddrücken.

1.5.6. Darstellung der Wärmewerte $A \cdot L$ des Arbeitsbedarfes bei isothermischer und adiabatischer Verdichtung im TS-Diagramm

Bild 18 stellt das Schema eines TS-Diagrammes dar. Die Verdichtung erfolgt isothermisch von P_1 auf P_2.
Der Wärmewert dieser Zustandsänderung wird für die aufgewendete Arbeit durch die Fläche *0—1—2—3—0* symbolisiert. Der adiabatische Arbeitsaufwand ist größer, weil die Temperatur sich während der Verdichtung auf T_2 erhöht. Der Arbeitsaufwand entspricht mit seinem Wärmewert der Fläche *0—4—2—3—0*.

1.5.7. Das TS-Diagramm

Das Bild 19 zeigt ein TS-Diagramm für Luft. Es eignet sich besonders zur Ablesung der adiabatischen Verdichtungstemperaturen. Da die Adiabate die Zustandsänderung ohne Entropieänderung ist, braucht man zur Auffindung der Verdichtungstemperatur nur den Anfangszustand, der als Schnittpunkt der waagrechten Temperaturlinie mit der schräg laufenden Drucklinie bestimmt wird aufzufinden, um dann den

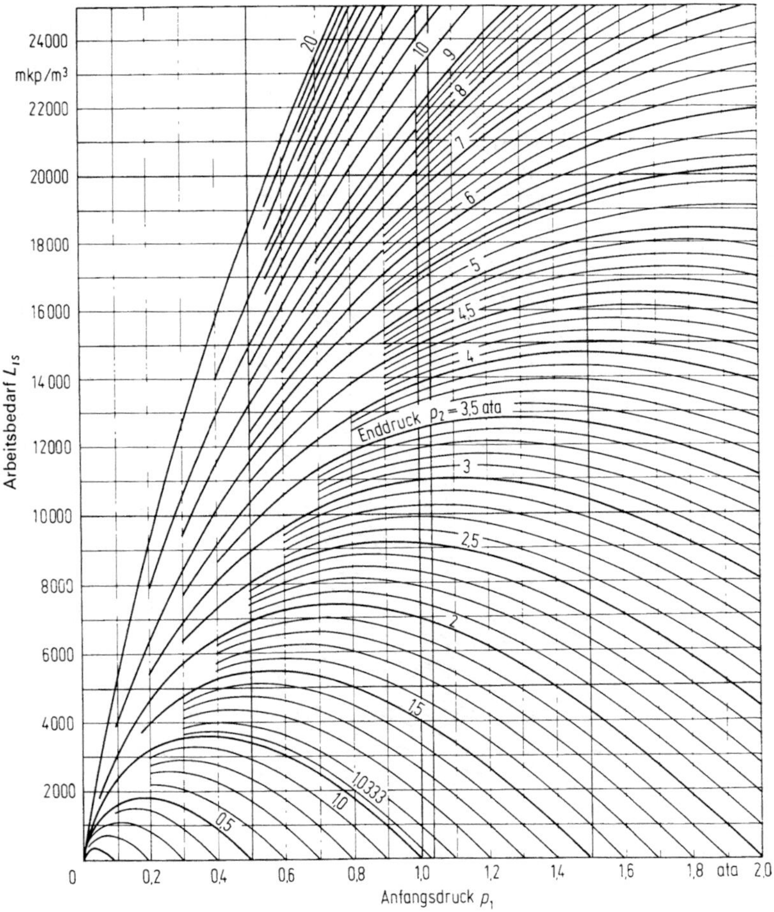

$$L_{is} = \int V\,dP = \int P\,dV = P_1 V_1 \ln \frac{p_2}{p_1} \text{ mkp}, \quad L_{is} = 10000\, p_1 \ln \frac{p_2}{p_1} \text{ mkp/m}^3$$

17. Arbeitsbedarf bei isothermer Verdichtung

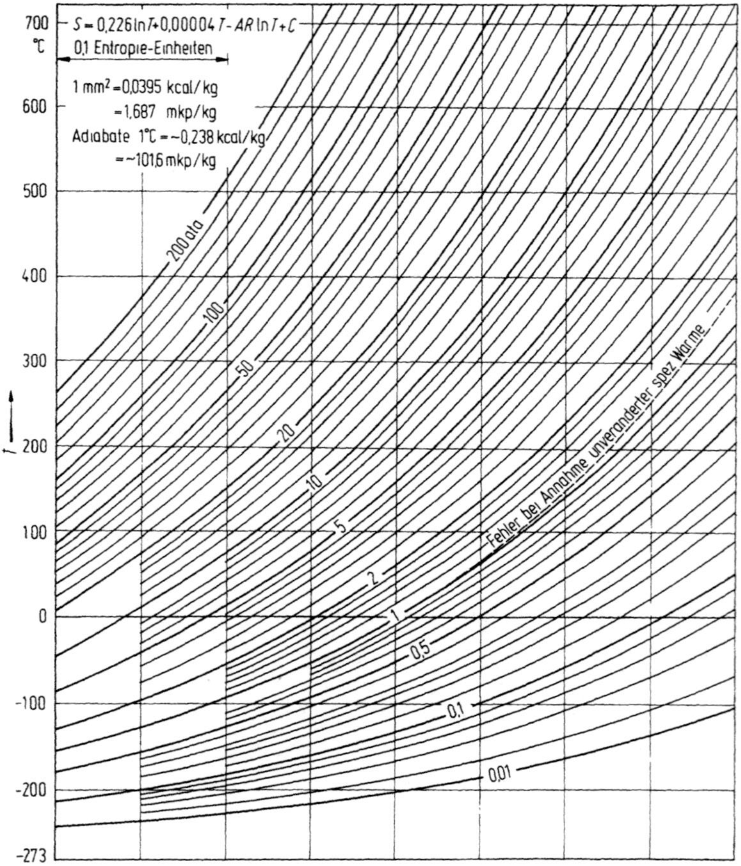

19. *TS*-Diagramm für Luft

Bild 18 siehe S. 29

senkrecht darüber liegenden Verdichtungsenddruck aufzusuchen. Die durch diesen Punkt gehende Waagrechte gibt dann die Verdichtungsendtemperatur an.

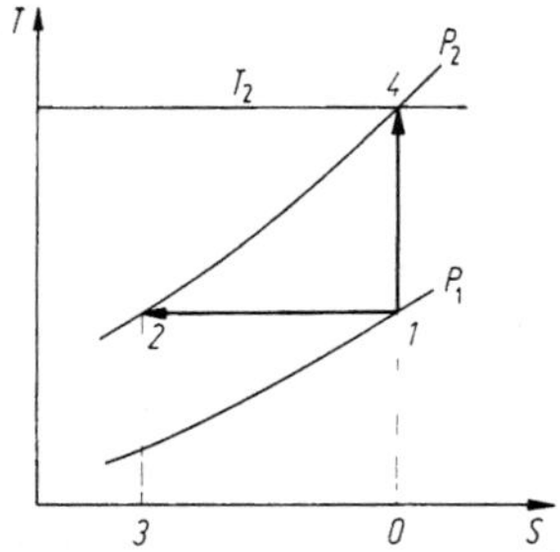

18. Wärmewert der Arbeit im *TS*-Diagramm

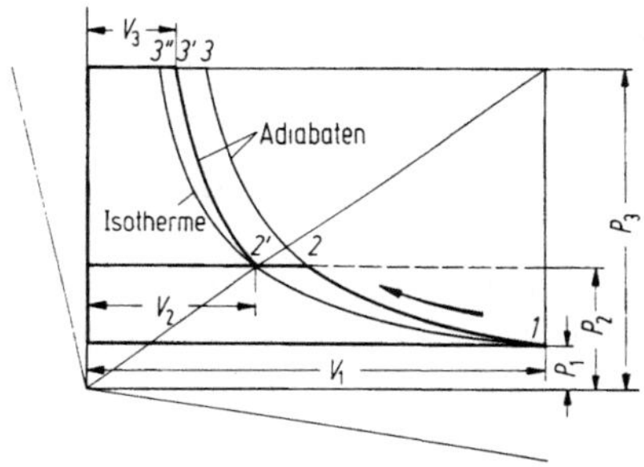

20. *PV*-Diagramm einer theoretischen zweistufigen Verdichtung

1.6. Der ideale Kolbenverdichter und die mehrstufige Verdichtung

Die isothermische Verdichtung mit dem kleinsten Arbeitsaufwand läßt sich praktisch nicht durchführen. Jedoch ist durch eine stufenweise Verdichtung eine Annäherung an die isothermische Verdichtung möglich. Eine mehrstufige Verdichtung bedeutet, daß das Verdichtungsverhältnis

$$\frac{P_e}{P_a} \tag{34}$$

nicht in einem Zylinder, sondern in mehreren Zylindern nacheinander mit Kühlung des verdichteten Gases zwischen den Stufen erreicht wird. Wenn die Kühlung bis auf die Anfangstemperatur erfolgt, erhält man das in Bild 20 wiedergegebene *PV*-Diagramm einer zweistufigen Verdichtung. Darin bedeuten *1—3* die Verdichtungslinie bei einstufiger adiabatischer Verdichtung, *1—3'* die isothermische Verdichtung, *1—2—2'—3'* die zweistufige adiabatische Verdichtung. Die Fläche *2—3—3'—2'* bedeutet die Arbeitsersparnis gegenüber der einstufigen adiabatischen Verdichtung. Die Stufenauslegung wird so vorgenommen, daß größtmögliche Annäherung an die Isotherme und gleicher Arbeitsaufwand in den einzelnen Stufen erreicht wird.

$$\frac{P_2}{P_1} = \frac{P_3}{P_2} = \frac{P_4}{P_3} = \ldots, \text{ und } \frac{P_2}{P_1} = \sqrt[z]{\frac{P_e}{P_a}} \tag{35}$$

z = Anzahl der Stufen.

Die Kolbenflächen oder die Quadrate der Kolbendurchmesser verhalten sich umgekehrt proportional den Drücken, wenn gleicher Kolbenhub in den einzelnen Stufen vorausgesetzt wird.

$$\frac{P_2}{P_1} = \frac{P_3}{P_2} = \frac{P_4}{P_3} = \frac{D_1^2}{D_2^2} = \frac{D_2^2}{D_3^2} = \frac{D_3^2}{D_4^2} \tag{36}$$

1.7. Der wirkliche Kolbenverdichter

Bei dem wirklichen Kolbenverdichter kommt es in erster Linie darauf an, seine Liefermenge mit dem durchlaufenden Volumen oder dem minutlichen Hubvolumen zu vergleichen, um damit eine Beziehung zwischen der tatsächlichen Liefermenge und seinen Abmessungen herzustellen.
Nicht minder wichtig ist es jedoch auch, die Leistungsaufnahme zu bestimmen und zu beurteilen. Um das zu ermöglichen, ist es nötig, die einzelnen Einflußfaktoren kennenzulernen.

1.7.1. Die Liefermenge

Als Liefermenge wird das in der Zeiteinheit, Stunde oder Minute, am Druckstutzen abgegebene Gasvolumen verstanden, welches auf den Druck und die Temperatur am Saugstutzen umgerechnet wurde. Früher, als die Kompressoren noch verhältnismäßig niedrige Drehzahlen hatten, wurde zur Bestimmung der Liefermenge oft das Indikatordiagramm herangezogen. Die so erhaltenen Werte waren aber deshalb nicht verläßlich, weil es nie möglich war, den genauen Unterschied zwischen der Temperatur am Saugstutzen und der Anfangstemperatur im Zylinder zu bestimmen. Auch die genaue Endtemperatur im Zylinder war und ist bis heute nicht meßbar, weil es keine Temperaturmeßgeräte gibt, welche imstande sind, Momentanwerte zu messen. Dadurch bleibt sowohl der Anfangs- als auch der Endzustand der Verdichtungslinie unbekannt, weil das *PV*-Diagramm nur den Druck und das Volumen aufzeichnet. Zur Bestimmung des Zustandes gehört aber auch die genaue Temperatur. Zur Bestimmung der Liefermenge werden heute genormte Prüf- und Meßverfahren verwendet, die in den Verdichterregeln DIN 1945 und in den Durchflußregeln DIN 1952 verankert sind.

1.7.2. Die verschiedenen Liefergrade

Ist die Liefermenge V_l bestimmt, so kann man das Verhältnis zum durchlaufenden Volumen V_H berechnen.

$$\lambda_A = \frac{V_l}{V_H} \tag{37}$$

Dieses Verhältnis wird mit „Ausnützungsgrad" bezeichnet. Der Ausnützungsgrad besteht wiederum aus einer Reihe von Einflußfaktoren. Es sind dies im einzelnen:

- λ_p, der den Druckunterschied zwischen Ansaugstutzen und Zylinderinnerem berücksichtigt,
- λ_t, der die Temperatur, d. h. die Aufheizung durch die warmen Ansaugkanäle berücksichtigt,
- λ_d, der die Undichtigkeiten der Kolbenringe und Ventile berücksichtigt, und der Rückexpansionsgrad
- λ_v. Der Rückexpansionsgrad ist der einzige Faktor, der genau bestimmbar ist. Er ist nämlich außer vom Exponenten $\varkappa$ nur vom schädlichen Raum und vom Verdichtungsverhältnis abhängig.

$$\lambda_v = 100 - m\left[\left(\frac{P_2}{P_1}\right)^{\frac{1}{\varkappa}} - 1\right] \tag{38}$$

m ist dabei der schädliche Raum in % vom Hubraum.
Bild 21 gestattet das leichte Ablesen des Rückexpansionsgrades.

Beispiel: Schädlicher Raum = 5%
Verdichtungsverhältnis $P_2/P_1 = 7$
Rückexpansionsgrad $\lambda_v = 85\%$

Die drei anderen Komponenten sind zwar einzeln nicht bestimmbar, als Produkt $\lambda_p \cdot \lambda_t \cdot \lambda_d$ ergeben sie jedoch einen Sammelliefergrad λ_l, den man aus $\lambda_A / \lambda_v = \lambda_l$ errechnet. (39)

Diese Teilung des Ausnützungsgrades in einen unbestimmten und in einen errechenbaren Faktor hat einen besonderen Sinn.
Während nämlich der Rückexpansionsgrad lediglich von der Auslegung und Dimensionierung des Kompressors abhängt und keinen ungünstigen Einfluß auf den Leistungswirkungsgrad ausübt, faßt der Sammelliefergrad nahezu alle Umstände zusammen, die die Leistungsaufnahme ungünstig beeinflussen. Der Leistungsaufwand im Verhältnis zur Liefermenge wird nämlich größer, wenn das innere Verdichtungsverhältnis im Zylinder größer ist als das äußere vom Druckstutzen zum Saugstutzen. Er steigt auch, wenn die Bezugstemperatur der Liefermenge niedriger ist als die Anfangstemperatur im Zylinder. Auch Undichtigkeiten, sei es durch Rückströmen aus den Ventilen oder durch undichte Kolbenringe, bringen Verschlechterungen mit sich.

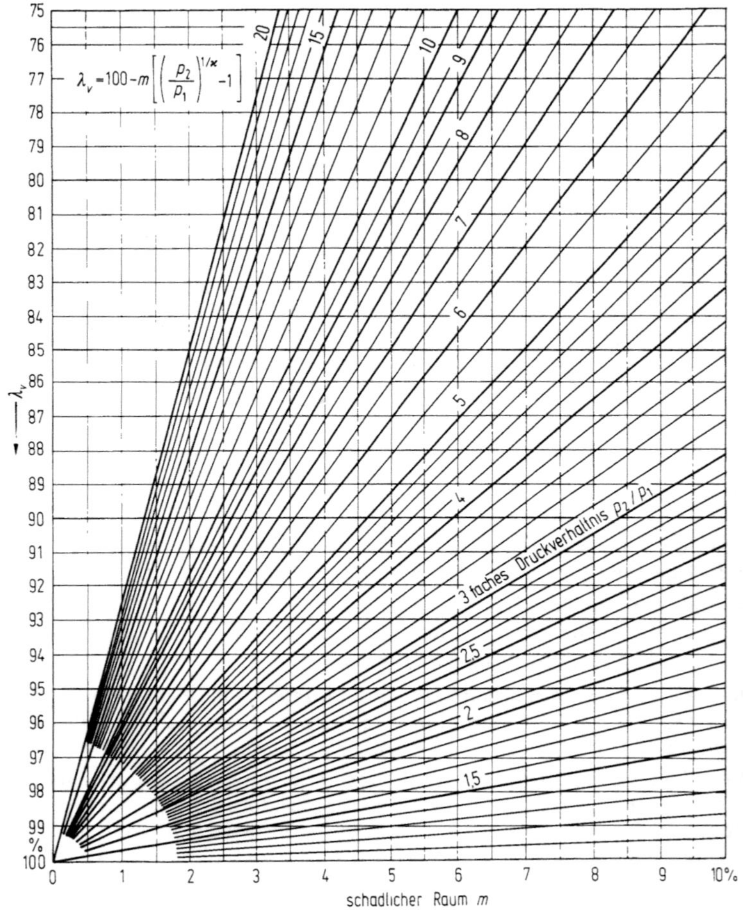

21. Rückexpansionsgrad bei adiabatischer Entspannung ($\varkappa = 1{,}4$)

Aus dem eben Dargelegten geht hervor, daß nicht der Ausnützungsgrad, sondern seine Zusammensetzung etwas über die Güte eines Kompressors auszusagen vermag.
Bezeichnet man mit V_H das Hubvolumen in m³ und mit n die Drehzahl in U/min, so errechnet sich die Liefermenge

$$V_l = V_H \cdot \lambda_A \cdot n \; [\text{m}^3/\text{min}] \tag{40}$$

1.7.3. Die Leistungsaufnahme

Obwohl die Verdichtung im Zylinder eines Kompressors fast genau nach einer Adiabate erfolgt, geht schon aus dem bereits Gesagten hervor, daß die wirkliche Leistungsaufnahme stets größer sein wird als die bei theoretischer adiabatischer Verdichtung erforderliche. Diese Tendenz wird noch durch die mechanische Reibung der Maschine verstärkt. Leider ist es auch hier unmöglich, die einzelnen Verluste gesondert zu bestimmen, deshalb sei im folgenden nur auf Begriffe hingewiesen, die eine praktische Bedeutung haben und die Beurteilung des Kompressors erleichtern.

1.7.4. Die spezifische Leistungsaufnahme

Sie ist das Verhältnis der Leistungsaufnahme zur Liefermenge.

$$N_{sp} = \frac{N}{V_l} \tag{41}$$

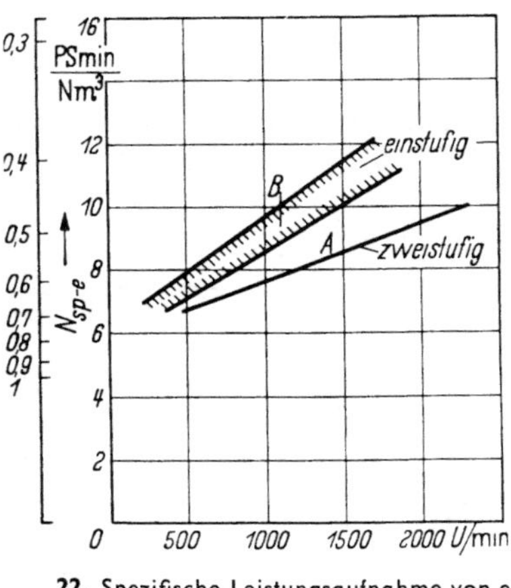

22. Spezifische Leistungsaufnahme von ein- und zweistufigen Verdichtern mit einem Anfangsdruck von 1 ata und einem Enddruck von 8 ata bei verschiedenen Drehzahlen

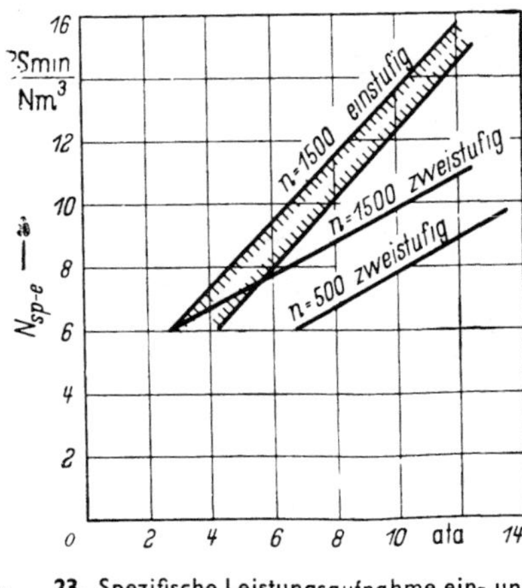

23. Spezifische Leistungsaufnahme ein- und zweistufiger Verdichter mit einem Anfangsdruck von 1 ata bei verschiedenen Enddrücken

Wird die Leistungsaufnahme in PS und die Liefermenge in m³/min eingesetzt, so erhält man die spezifische Leistungsaufnahme, welche die Dimension PS/m³/min hat.

Sie eignet sich gut zum Vergleich von Verdichtern mit gleichem Anfangs- und Enddruck. Sie ist nämlich von beidem und der Drehzahl abhängig. Bild 22 zeigt diese Abhängigkeit von der Drehzahl bei ein- und zweistufigen Verdichtern, welche von 1 auf 8 ata verdichten. Bild 23 zeigt diese Abhängigkeit bei Anfangsdrücken von 1 ata und verschiedenen Enddrücken. Und schließlich zeigt Bild 24 die spezifische Leistungsaufnahme eines einstufigen Verdichters bei verschiedenen Anfangs- und Enddrücken, jedoch bei konstanter Drehzahl. Bild 25

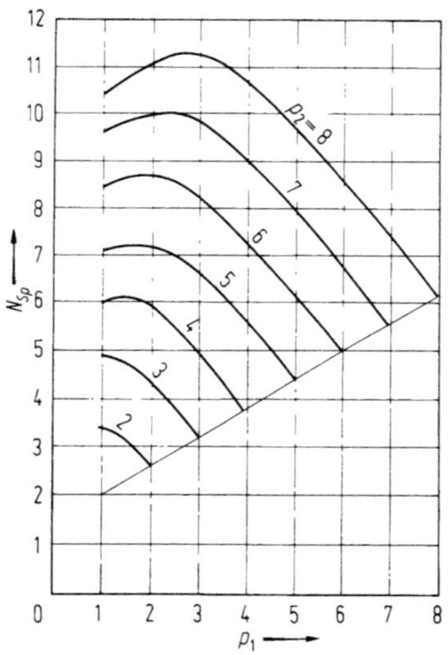

24. Spezifische Leistungsaufnahme eines einstufigen Verdichters

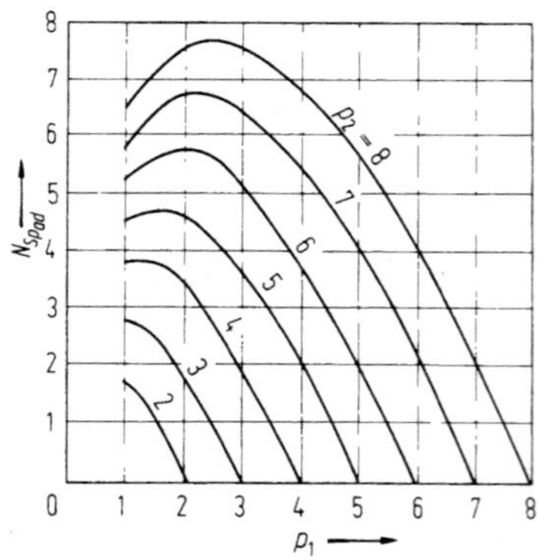

25. Spezifische Leistungsaufnahme des einstufigen Verdichters bei theoretischer adiabatischer Verdichtung

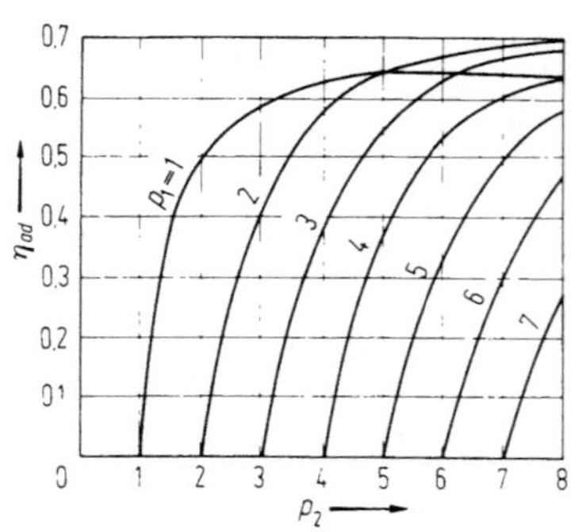

26. Adiabatischer Wirkungsgrad des einstufigen Verdichters

erhält man, wenn man nicht die gesamte Leistungsaufnahme in $\frac{\text{PS} \cdot \text{min}}{\text{m}^3}$, sondern nur ihren adiabatischen Anteil einträgt. Im Gegensatz zu Bild 24 beginnen die Kurven dann auf der Abszisse.

1.7.5. **Die Leistungswirkungsgrade**

Obwohl die spezifische Leistungsaufnahme eine wichtige Angabe ist, sagt sie ohne Vergleich mit anderen Werten nichts darüber aus, ob der Verdichter in einem günstigen Arbeitsbereich arbeitet oder nicht. Für so eine Aussage sind die dimensionslosen Leistungswirkungsgrade besser geeignet. Sie stellen das Verhältnis zwischen einer errechenbaren Arbeits- oder Leistungsaufnahme und der tatsächlichen dar.

1.7.6. **Der adiabatische Wirkungsgrad**

$$\eta_{ad} = \frac{L_{ad}}{L} = \frac{N_{ad}}{N} = \frac{N_{sp_{ad}}}{N_{sp}} \tag{42}$$

$$\text{Für Luft ist } L_{ad} = 35000 \cdot p_1 \left[\left(\frac{p_2}{p_1} \right)^{\frac{\varkappa - 1}{\varkappa}} - 1 \right] \; [\text{mkp/m}^3] \tag{43}$$

$$N_{sp_{ad}} = \frac{L_{ad}}{60 \cdot 75} = 7{,}78 \cdot p_1 \left[\left(\frac{p_2}{p_1} \right)^{0{,}286} - 1 \right] \left[\frac{\text{PS} \cdot \text{min}}{\text{m}^3} \right] \tag{44}$$

Bild 26 zeigt die adiabatischen Wirkungsgrade des einstufigen Verdichters, dessen spezifische Leistungsaufnahme in Bild 24 gezeigt wurde. Sie ist durch Division der Werte Bild 25 durch die entsprechenden von Bild 24 entstanden. Man erkennt daraus, daß der Verdichter nicht für alle Druckverhältnisse und Druckbereiche, die hier aufgezeichnet wurden, gleich gut geeignet ist.

Bei zweistufigen Verdichtern wird man zur Berechnung des adiabatischen Wirkungsgrades die adiabatische Leistungsaufnahme bei zweistufiger Verdichtung heranziehen. Für Luft berechnet sich diese:

$$N_{sp_{ad}} = 15{,}56 \cdot p_1 \left[\left(\frac{p_2}{p_1} \right)^{0{,}143} - 1 \right] \left[\frac{\text{PS} \cdot \text{min}}{\text{m}^3} \right] \tag{45}$$

Diese Werte können aus Bild 27 entnommen werden. Die adiabatische zweistufige Verdichtung ergibt kleinere Werte als die einstufige. Einstufige und zweistufige Kompressoren mit gleichem adiabatischen Wirkungsgrad haben verschiedene spezifische Leistungsaufnahmen, weil die Bezugsgrundlagen unterschiedlich sind.

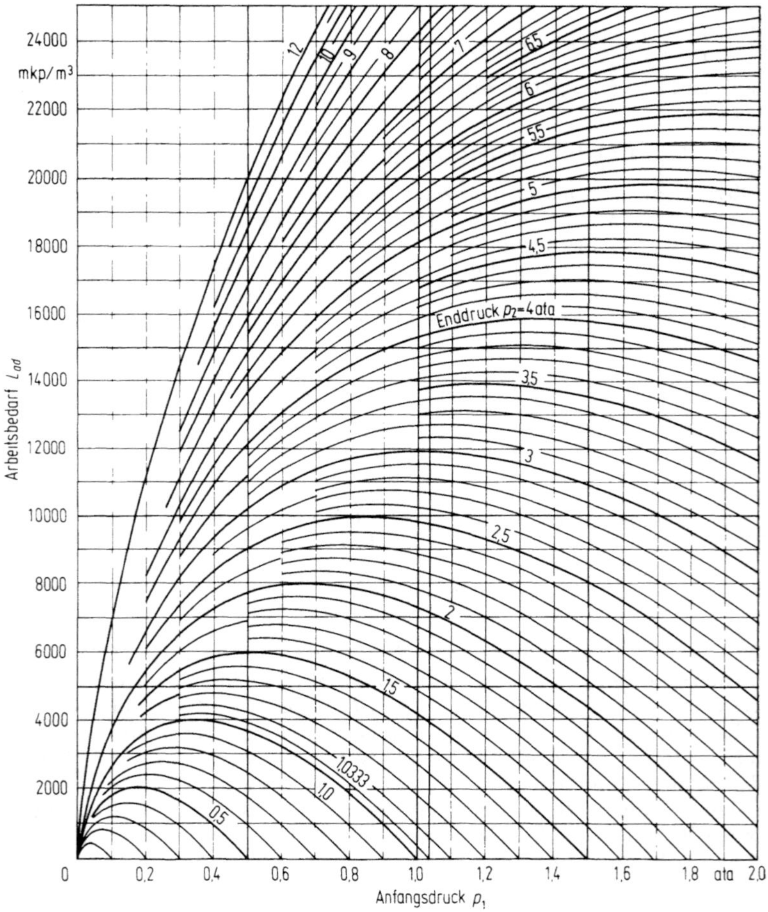

$$L_{2ad} = 2 P_1 V_1 \frac{\varkappa}{\varkappa-1}\left[\sqrt{\left(\frac{p_2}{p_1}\right)^{\frac{\varkappa-1}{\varkappa}}}-1\right] \text{ mkp}\,, \quad L_{2ad} = 70000\, p_1\left[\left(\frac{p_2}{p_1}\right)^{0{,}143}-1\right] \text{ mkp/m}^3$$

27. Arbeitsbedarf bei zweistufiger adiabatischer Verdichtung

1.7.7. **Der isothermische Wirkungsgrad**

Um die verschiedenartigsten Verdichter ohne Rücksicht auf Bauart und Stufenzahl bewerten zu können, wird deshalb meist der isothermische Wirkungsgrad bevorzugt. Die isothermische Leistungsaufnahme hat gegenüber der adiabatischen den Vorteil, daß sie für die verschiedenartigsten Verdichter, einerlei ob ein- oder mehrstufig, stets die gleiche ist. Dadurch erhalten alle Verdichter eine einheitliche Bewertungsgrundlage. Der isothermische Arbeits- und Leistungsaufwand berechnet sich wie folgt:

$$L_{is} = 10000 \cdot p_1 \cdot \ln \frac{p_2}{p_1} \quad [\mathrm{mkp/m^3}] \tag{46}$$

$$N_{sp_{is}} = \frac{L_{is}}{60 \cdot 75} = 2{,}22 \cdot p_1 \cdot \ln \frac{p_2}{p_1} \left[\frac{\mathrm{PS \cdot min}}{\mathrm{m^3}}\right] \tag{47}$$

Bild 17 gibt den Arbeitsbedarf in mkp/m³ bei isothermischer Verdichtung an und erleichtert dadurch die Bestimmung des isothermischen Wirkungsgrades.

$$\eta_{is} = \frac{L_{is}}{L} = \frac{N_{is}}{N} = \frac{N_{sp_{is}}}{N_{sp}} \tag{48}$$

1.7.8. **Der mechanische Wirkungsgrad**

Die in 1.7.6. und 1.7.7. behandelten Wirkungsgrade sind adiabatische bzw. isothermische Gesamtwirkungsgrade. Sie beinhalten daher den mechanischen Wirkungsgrad des Kompressors. Wollte man die Gesamtwirkungsgrade in einen mechanischen und einen thermischen Wirkungsgrad zerlegen, so würden die Werte für die Teilwirkungsgrade natürlich größer sein als die Gesamtwirkungsgrade. Weil jedoch die Größe der einzelnen Faktoren praktisch nicht bestimmt werden kann, ist auf ihre gesonderte Behandlung verzichtet worden.

2. **Verdichter**

Verdichter sind keine Maschinen, die eine Daseinsberechtigung an sich haben. Sie sind stets nur Hilfsmaschinen für Arbeitsvorgänge oder bestimmte Verfahren. Dafür sind sie dann am besten geeignet, wenn sie diesen Verwendungszwecken, bei denen Druckluft oder Druckgas benötigt wird, am besten angepaßt sind. Bei der außerordentlichen Vielfältigkeit der Verwendungszwecke unterscheiden sich auch die Bauarten der geeignetsten Kompressoren stark voneinander.

Eine solche bedingt nicht nur Bauarten mit verschiedenen Liefermengen und Druckbereichen, sondern auch mit verschiedenen Sondereigenschaften. Während oft ein guter Leistungswirkungsgrad für die Wahl eines Verdichters maßgebend ist, können in einem anderen Falle Eigenschaften wie völlige Ölfreiheit des verdichteten Gases, besonders niedriges Gewicht des Kompressors, Eignung für das Verdichten von aggressiven, giftigen oder explosiven Gasen wichtiger sein. Früher unterschied man außerdem nach der Höhe des Betriebsdruckes und nannte nur Verdichter mit einem Betriebsdruck über 2,5 atü Kompressoren, während man die darunter als Gebläse bezeichnete.
Infolge der vielen Anwendungsgebiete, die in den letzten Jahren entstanden sind, bei denen mit den verschiedensten Anfangs- und Enddrücken gearbeitet wird, hat sich dieser Unterschied mehr und mehr verwischt. Deshalb ist es gut, daß man heute alle einheitlich mit Kompressoren bezeichnet. Diese vom Anfangs- und Enddruck unabhängige Bezeichnung hat dazu geführt, daß man sogar eine im Vakuumgebiet arbeitende Dampfstrahlpumpe Strahlkompressor nennt.
Kompressoren werden sowohl im Überdruckgebiet als auch im Unterdruckbereich verwendet. Im Überdruckgebiet werden sogar Drücke von mehreren tausend atü erzeugt. Kompressoren werden gebraucht zur Erzeugung von Kälte in Millionen Kühlschränken und Gefriertruhen sowie für Kühl- und Klimaanlagen aller Größen. Sie werden verwendet zum Verdichten der verschiedensten Gase wie Methan, Propan, Buthan, Äthylen, Propylen, Buthylen, Acetylen, Stickstoff, Sauerstoff und viele andere. Sie werden verwendet zum Verdichten von Erdgas, Leuchtgas, Gichtgas, Faulgas und vor allem auch von Luft. Aber selbst für Luft sind die Bauprinzipien nicht einheitlich. Es unterscheiden sich zwei Bauprinzipien besonders voneinander. Das erste arbeitet nach dem Verdrängerprinzip. Bei ihm wird die Verdichtung dadurch erreicht, daß das Gas in Räume eingeschlossen wird, die sich verkleinern. Dazu gehören alle Hubkolben- und Drehkolbenverdichter. Das zweite ist ein dynamisch wirkendes Prinzip. Zu ihm gehören alle Turbokompressoren der radialen und auch der axialen Bauweise und auch die Strahlkompressoren.
Nicht nur jedes der beiden Verdichterprinzipien, sondern auch jede Bauart des gleichen Prinzips hat ihre besonderen Anwendungsgebiete erschlossen, für die sie sich am besten eignet.

2.1. Bauarten der Verdichter

Bild 28 zeigt eine schematische Darstellung der wichtigsten Bauarten. Die Kompressoren 1 bis 13 gehören zur Gruppe der Verdichter, die nach dem Verdrängerprinzip arbeiten, während die Kompressoren 14

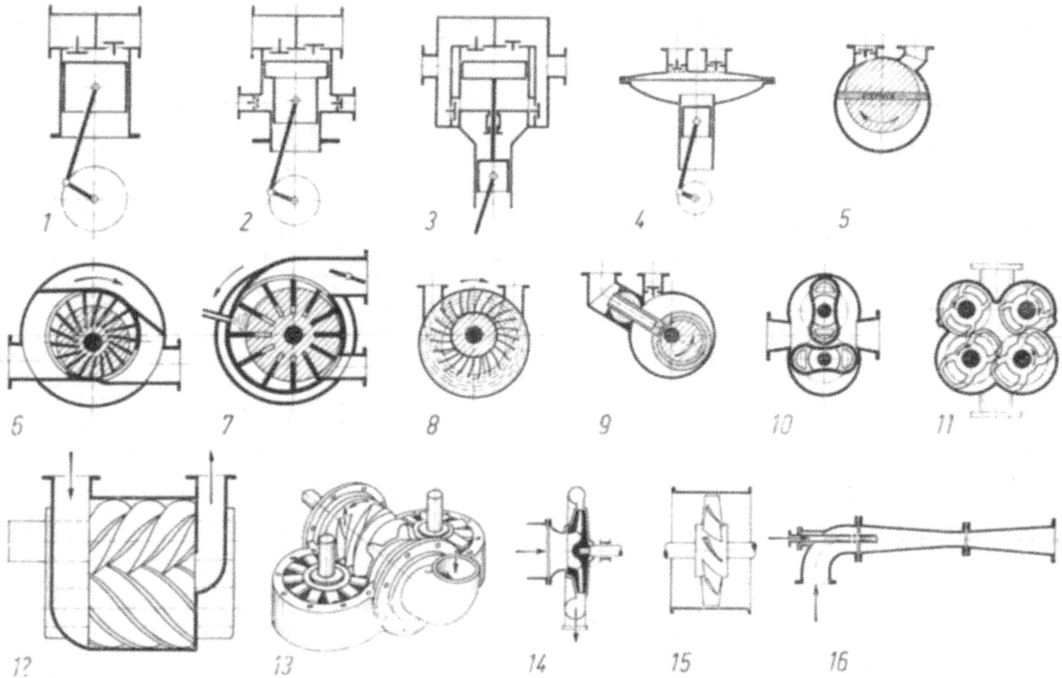

28. Sechzehn verschiedene Verdichterprinzipien

bis 16 zu den dynamisch wirkenden zählen. Fig. 1 versinnbildlicht alle einfach wirkenden, die Fig. 2 und 3 alle doppelt wirkenden Hubkolbenverdichter. Fig. 2 ist symbolisch für alle Kompressoren mit Stufenkolben, Fig. 3 hingegen für solche mit Scheibenkolben und Kreuzkopf. Auch der in Fig. 4 dargestellte Kompressor gehört zu den Hubkolbenverdichtern. Der Kolben wird jedoch in diesem Falle durch eine hydraulisch betätigte Membrane ersetzt. Solche Verdichter werden deshalb Membrane-Kolbenverdichter genannt. Während die Kompressoren Fig. 1 bis 3 zu den meist verwendeten Verdichtern zählen, werden Kompressoren nach Fig. 4 nur für Sonderzwecke verwendet. Membrane-Kolbenverdichter eignen sich z. B. zum Verdichten von stark giftigen Gasen, bei deren Verdichtung die kleinste Leckage verhindert werden muß und bei denen keine Berührung mit einem Schmiermittel zulässig ist. Membrane-Kolbenverdichter werden zwar meist nur für kleine Liefermengen gebaut, sie bewältigen jedoch niedrige wie hohe Drücke.
Die Figuren 5 bis 13 zeigen verschiedene Arten von Drehkolbenverdichtern. Drehkolbenverdichter werden meist nur für niedrige Drücke verwendet. Das gilt auch für die Gruppe der Vielzellenverdichter, deren oberste Druckgrenze meist 10 atü nicht überschreitet. Vielzellenverdichter zeigen die Figuren 5 bis 8. Bei dem Verdichter Fig. 5 sind nur zwei Lamellen vorhanden, weshalb nur zwei Zellen gebildet werden können. Er wird ausschließlich im Vakuumgebiet verwendet. Der Verdichter Fig. 6 ist derjenige, dem die ganze Gruppe ihren Namen zu verdanken hat. Bei ihm wird die Verdichtung in vielen sich räumlich verändernden Zellen bewirkt. Die Zellen werden durch in einem geschlitzten Rotor sitzende, verschiebbare Lamellen gebildet, welche am Umfang des zylindrischen Gehäuses dichten. Das gleiche gilt für den Kompressor Fig. 7. Der Unterschied liegt darin, daß der Kompressor Fig. 6 viele dünne Stahllamellen besitzt, während der Kompressor Fig. 7 wenige, aber dickere Lamellen aus Kunststoff hat. Ein weiterer Unterschied besteht darin, daß die Lamellen der ersten Bauart zur Verminderung des Reibungseinflusses auf die Rotorschlitze leicht nach vorwärts schräg gestellt, während die der zweiten Bauart radial angeordnet sind. Kompressoren nach Fig. 7 eignen sich hauptsächlich für die Verdichtung mit Einspritzkühlung, aber auch als Trockenläufer ohne jede Schmierung sind sie für Drücke bis etwa 2 atü in Betrieb. In dem in Fig. 8 gezeigten Verdichter wird die Verdichtung in Zellen bewirkt, die durch einen rotierenden Flüssigkeitsring und den schaufelradförmigen Läufer gebildet werden. Wegen der großen Wärmekapazität des Flüssigkeitsringes und der dichten Berührung mit dem zu komprimierenden Gas findet während der Verdichtung nur eine geringe Erwärmung statt. Solche Verdichter eignen sich deshalb für bestimmte explosionsgefährdete Gase, für die die Verdichtung mit einer anderen Bauart

nicht ratsam ist. Auch aggressive Gase können bei entsprechender Wahl der Substanz für den Flüssigkeitsring verdichtet werden. So besteht z. B. bei der Verdichtung von Chlorgas der Flüssigkeitsring aus konzentrierter Schwefelsäure. Über 3 atü wird diese Bauart jedoch kaum eingesetzt.

Fig. 9 zeigt das Prinzip eines Rollkolbenverdichters. Ein Exzenter bewegt den Rollkolben, der zwei veränderliche Räume begrenzt, den Saugraum und den Druckraum. Die beiden Räume werden außer durch den Rollkolben durch einen Schieber voneinander getrennt. Das Ansaugen erfolgt bei dem abgebildeten Kompressor durch den hohlen Schieber, während das Ausschieben über ein Druckventil in den Druckstutzen vor sich geht. Kompressoren dieser Bauart verwendet man fast ausschließlich im Vakuumbereich.

Bei dem in Fig. 10 dargestellten Rootsverdichter handelt es sich um keinen Verdichter im üblichen Sinne. Denn das Gas wird innerhalb der Maschine gar nicht verdichtet, sondern lediglich von einer Seite auf die andere gefördert, ohne daß sich dabei das Volumen ändert. Die Verdichtung wird durch das auf der Druckseite zurückfallende Gas bewirkt. Verdichter dieses Typs werden im Vakuumgebiet, aber auch zur Erzeugung kleiner Drücke um 0,5 atü verwendet. Für etwas höhere Drücke bis etwa 1,8 atü eignet sich die in Fig. 11 abgebildete vierflügelige Abart des Rootsverdichters. Die beiden größeren Rotoren fördern das Gasvolumen auf die andere Seite, wo es durch die kleineren Rotoren vor dem Austritt verdichtet wird.

Fig. 12 zeigt das Prinzip eines Schraubenkompressors. Er besitzt zwei Läufer. Die Verdichtung findet in axialer Richtung statt. Das zu komprimierende Medium wird links angesaugt und gegen die rechte Wand verdichtet.

Bei dem in Fig. 13 gezeigten Verdichter handelt es sich um einen Einwellen-Schraubenverdichter. In die kreisförmig auslaufenden Schraubengänge greifen beidseitig die dichtenden Zähne zweier mitlaufender Spezialräder ein. Das Ansaugen erfolgt axial von vorn, während die Verdichtung in dem auslaufenden Schraubengang stattfindet. Der Schraubengang wird hierbei von dem Zylinder, in dem sich der Rotor befindet, und von jeweils einem Zahn eines der beiden Spezialräder begrenzt. Dieser Verdichter ist doppeltwirkend, weil das eine Laufrad die Verdichtung auf der oberen Hälfte der Schraube besorgt, während das zweite Rad die Verdichtung auf der unteren Hälfte übernimmt.

Die Figuren 14 bis 16 zeigen dynamisch wirkende Kompressoren. Wenn ihnen auch die Wirkungsweise, das Beschleunigen des zu verdichtenden Gases auf eine hohe Geschwindigkeit und die Druckerzeugung durch Abbremsen der Strömung gemeinsam ist, ist ihr Aufbau doch sehr verschieden. Während bei den in Fig. 14 und 15 dargestellten Bau-

arten die Beschleunigung durch mechanische, schnell rotierende Teile erfolgt, besitzt der in Fig. 16 dargestellte Strahlkompressor keinerlei mechanisch bewegte Teile.
Fig. 14 zeigt das Prinzip eines radialen Turboverdichters, während die Fig. 15 den axialen Typ veranschaulicht. Beide Arten finden sowohl als Gas-, als auch als Luftkompressoren für große und größte Liefermengen ein weites Anwendungsgebiet. Der in Fig. 16 dargestellte Strahlkompressor hat jedoch sein Anwendungsgebiet fast ausschließlich im Vakuumgebiet.

2.1.1. Kompressoren für pneumatische Zwecke

Nicht alle der dargestellten Kompressoren eignen sich zur Drucklufterzeugung. Das liegt einmal an den zu niedrigen Enddrücken, für welche sich manche Kompressoren nur eignen — hauptsächlich diejenigen, welche ausschließlich im Vakuumbereich arbeiten, nämlich die Kompressoren der Figuren 5, 9 und 16 —, zum anderen aber auch an manchen Spezialeigenschaften, welche für pneumatische Zwecke überflüssig sind. Da solche Sondereigenschaften entweder den Wirkungsgrad verschlechtern oder die Maschine verteuern, verhindern sie, daß diese Typen im Normalfall zur Erzeugung von Druckluft verwendet werden. Das gilt vor allem für die Typen der Figuren 4 und 8, in beschränktem Maße für die Figuren 10 und 11. In diesem Taschenbuch, welches hauptsächlich für den Druckluftbetrieb geschrieben wurde, werden in der weiteren Abhandlung deshalb nur die Typen 1, 2, 3, 6, 7, 12, 13, 14 und 15 näher behandelt.

2.2. Hubkolbenkompressoren

Die meisten Kompressoren sind Hubkolbenverdichter. Mit diesem Prinzip lassen sich Kompressoren mit so gutem Wirkungsgrad bauen, daß es schwer ist, solche Wirkungsgrade mit irgend einem anderen Bauprinzip zu erreichen. Sie eignen sich nicht nur zum Verdichten auf niedere und mittlere Drücke, sondern man kann mit ihnen so hohe Drücke erreichen, wie es mit keinem anderen Kompressorprinzip möglich ist. Die Druckbereiche für Hubkolbenkompressoren reichen von etwa 1 atü bis zu mehreren tausend atü. Aber auch ihre Baugrößen variieren ungemein. Hubkolbenverdichter gibt es mit Liefermengen von wenigen Litern pro Minute bis zu etwa 400 m^3/min. Sie werden für mannigfaltige Zwecke eingesetzt. Man braucht immer mehr Kompressoren für bestimmte Arbeitsvorgänge und Verfahren in Fertigungsbetrieben, in der Bauindustrie, ja selbst in Kraftwerken. Ein jedermann sichtbares Anwendungsgebiet ist die Verwendung von kleinen Hubkolbenverdichtern in Kundendienststationen und Tankstellen für Kraftfahrzeuge, wo die Druckluft für Hebevorrichtungen, Abschmier- und Fettpressen, Vernebelungspistolen, Schlagschrauber, zum Aufpumpen von Reifen und für manches andere gebraucht wird. Bild 29 zeigt einen Tankstellenkompressor, wie er allgemein verwendet wird.

29. Tankstellenkompressor
Typ VA 185/50 DF

Andere bekannte Anwendungsgebiete für Hubkolbenkompressoren sind in den Millionen Kühlschränken und Tiefkühltruhen sowie in Klimaanlagen vorhanden. Bei diesen Geräten und Anlagen wird die Wärmeaufnahme des expandierenden Gases oder der verdampfenden Flüssigkeit ausgenützt, um Wärme aus der Umgebung zu entziehen und dadurch zu kühlen. Die chemische und die petrochemische Industrie sind Großanwender von Hubkolbenkompressoren. Sie machen es möglich, daß Gase unter hohem Druck chemische Reaktionen vollführen, die unter atmosphärischem Druck nicht stattfinden könnten. Bild 30 zeigt einen Höchstdruckverdichter für Synthesegas. Auch die Trennung eines Gasgemisches in seine Komponenten wird mit Hilfe von Kompressoren erreicht. Normalerweise wird die Trennung bewirkt, wenn die Gasmischung auf den kritischen Druck des Gases mit der höchsten Verdampfungstemperatur gebracht wird. Wenn die Temperatur dann allmählich gesenkt wird, fallen nacheinander die einzelnen Komponenten in flüssiger Form aus. Flüssiger Sauerstoff, heute für den Antrieb von Raketen verwendet, wird auf diese Weise gewonnen. Bild 31 zeigt einen hierzu geeigneten sechsstufigen Hubkolbenkompressor. Eine andere Methode besteht darin, daß die gesamte Gasmischung verflüssigt und die Trennung durch fraktionierte Destillation bei den entsprechenden tiefen Temperaturen erreicht wird.

30. Höchstdruckverdichter für Synthesegas, $p_1 = 11$ ata, $p_2 = 851$ ata, $n = 210$ U/min

31. Sechsstufige Hochdruck-Luftverdichter in L-Form für 2100 m³/h von 1 auf 226 ata, $n = 296$ U/min, zweikurbelig. Die großen Niederdruckzylinder stehen oben, Zwischenkühler und Abscheider nach der 1. und 2. Stufe sind im geschweißten Rahmen untergebracht, daher keine Luftrohrleitungen. Hochdruckteil liegend, Zwischenkühler in der Grube

32. Zwei einstufige Ferngas-Nachschaltverdichter in Boxer-Form mit vier Kurbeln für je 50000 Nm^3/h von 10 auf 21 ata, $n = 370$ U/min. Die Motoranker sind fliegend (ohne Außenlager) an die Kurbelwellen angeflanscht

33. Fahrbare luftgekühlte Dieselkompressoren mit Liefermengen von 2 bis 9,9 m^3/min

Die Erdölindustrie verwendet eine Vielzahl von Hubkolbenverdichtern, um flüchtige Kohlenwasserstoffe zu verdichten und Erdgas bzw. Ferngas durch die Leitungen zu drücken. Bild 32 zeigt zwei einstufige Ferngas-Nachverdichter.

Hubkolbenverdichter für die Erzeugung von Druckluft werden gebraucht zum Anlassen von Großdieselmotoren auf Schiffen und zu Lande. Die Bauindustrie verwendet fahrbare Hubkolbenverdichter zum Betrieb von Bohr- und Aufreißhämmern, Rammen, Pfahlziehern, Niethämmern, Schlagschraubern, Schleif- und Bohrmaschinen, Druckluftsägen, Stampfern und Rüttlern und sonstigen Druckluftwerkzeugen und -geräten. Bild 33 zeigt eine Reihe fahrbarer Dieselkompressoren dieser Gattung.

Es gibt heute kaum einen Industriezweig, in dem nicht Druckluft benötigt wird. Hierzu werden vorwiegend stationäre Verdichter eingesetzt. Während Betriebe mit kleinem Luftbedarf meist luftgekühlte Kompres-

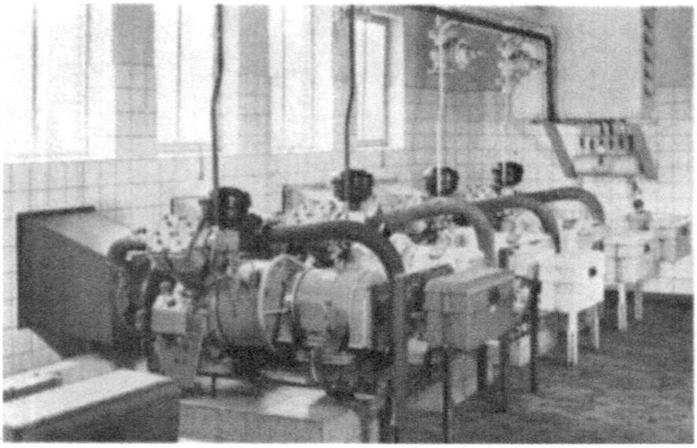

34. Kompressorstation mit vier luftgekühlten Kompressoren in fundamentloser Aufstellung auf Schwingmetallfüßen. Jeder Maschinensatz ist zur Schwingungsisolierung auf drei Gummipuffern gelagert

35. Kompressorstation mit drei wassergekühlten Kompressoren. Alle Maschinensätze sind schwingungsisoliert aufgestellt

soren einsetzen, finden sich in solchen mit mittlerem und großem Bedarf auch wassergekühlte Kompressoren. Bild 34 zeigt eine Station mit luftgekühlten, Bild 35 eine mit wassergekühlten Kompressoren.

2.2.1. Die Zylinderanordnung

Bei der Betrachtung des bisher Gesagten wird dem Leser aufgefallen sein, daß sich die verschiedenen Hubkolbenkompressoren in vielerlei Hinsicht unterscheiden, ja daß sich Kompressoren dieser Gruppe äußerlich manchmal ganz und gar nicht ähneln. Das liegt an den vielen Varianten, die für die verschiedenen Zwecke eingesetzt werden. Hubkolbenkompressoren variieren nicht nur in der Baugröße und in der Stufenzahl gemäß den verlangten Enddrücken, sie variieren auch in der Zylinderzahl und in der Zylinderanordnung. Anstelle der früher für kleine und mittlere Kompressoren üblichen Reihenanordnung der Zylinder ist die V-, W-, Doppel-V- und Doppel-W-Anordnung getreten. Auch die L-Anordnung findet man zuweilen. Diese stellt übrigens nichts anderes als eine um 45° gedrehte V-Anordnung dar. Daß sich diese eben genannten Bauweisen dominierend durchsetzen konnten, hat mehrere Ursachen. V- und W-Maschinen haben einfache Triebwerke. Massenausgleich 1. Ordnung ist hierbei bereits mit einer einkurbeligen Welle möglich.

2.2.2. Das Hub/Bohrungsverhältnis

Der Wunsch, Kompressoren mit der Drehzahl den meist schneller laufenden Antriebsmotoren anzupassen, so daß ein direkter Antrieb ohne Übersetzung durch Riemen oder Getriebe möglich wird, hat dazu geführt, daß das Verhältnis des Zylinderdurchmessers zum Hub immer größer wurde. Dies war notwendig, um ausreichend große Ventile in den Zylinderköpfen unterbringen zu können. Größere Ventile sind bei höheren Drehzahlen notwendig, weil sich die Gasgeschwindigkeiten in den Ventilen nicht so erhöhen lassen wie die Drehzahlen. Das wird sofort verständlich, wenn man bedenkt, daß sich die Ventilwiderstände mit dem Quadrat dieser Geschwindigkeiten ändern. Zu hohe Ventilgeschwindigkeiten bringen Wirkungsgradverschlechterungen mit sich, die nicht in Kauf genommen werden können. Man findet heute deshalb nicht selten Kompressoren, die besonders in der ersten Stufe Zylinderdurchmesser aufweisen, die oft mehr als dreimal so groß sind als der Hub. Solche Maschinen eignen sich nicht besonders gut für die Reihenbauweise. Die Zylinder mit ihren großen Durchmessern nebeneinandergestellt, ergeben zu lange Kurbelwellen und zu große Gehäuse. Diesem Bauaufwand wird ausgewichen, indem man zwei oder mehrere Zylinder um eine Kurbel anordnet.

2.2.3. Ausführungsbeispiele zweistufiger Kompressoren, Naß- und Trockenläufer

Bild 36 zeigt einen Schnitt durch einen luftgekühlten V-Kompressor, Bild 37 einen durch eine W-Maschine. In beiden Fällen kann man erkennen, wie die Gegengewichte angeordnet sind, welche den Massenausgleich bewirken. Bild 38 und Bild 39 zeigen wassergekühlte, doppeltwirkende Kompressoren im Schnitt. Der im Bild 40 dargestellte Kompressor ist eine in Doppel-V-Bauweise hergestellte Maschine. Sowohl der Kompressor Bild 38 als auch der im Bild 40 gezeigte sind mit Stufenkolben ausgerüstet. Dadurch wird es möglich, in jedem Zylinder zwei Stufen unterzubringen. Der in Bild 39 gezeigte Kompressor ist jedoch eine typische Kreuzkopfmaschine. Diese doppeltwirkende Maschine ist zum Unterschied zu den vorher genannten mit Scheibenkolben ausgerüstet. Jeder der beiden Zylinder ist für eine andere Stufe vorgesehen. Die Zylinderräume können entweder mit Öl geschmiert werden oder völlig trocken laufen. Als Trockenläufer ist dieser Kompressor mit Spezialkolbenringen ausgerüstet, bei denen der Werkstoff Teflon eine besondere Rolle spielt. Verdichter mit Trockenlaufeigenschaften eignen sich besonders für Betriebe der Lebensmittelindustrie, die völlig ölfreie Druckluft fordern. Auch in der pharmazeutischen Industrie, in vielen Chemiewerken und in manchen anderen Zweigen der Wirtschaft sind Trockenläufer gefragt.

2.2.4. Einstufige Kompressoren und deren Anwendungsgebiete

Die meisten Betriebe, die Druckluft verwenden, arbeiten mit Betriebsdrücken zwischen 6 und 12 atü. Hierfür sind die eben beschriebenen zweistufigen Kompressoren bestens geeignet. Es gibt jedoch eine Anzahl von Verwendungszwecken, bei denen niedrigere Drücke gebraucht werden. Verschiedene Werke der textilveredelnden Industrie unterhalten Druckluftnetze mit 2 atü. Die Glasindustrie braucht Druckluft mit 3 atü Betriebsdruck für ihre Brenner und für die Blasautomaten. Große Werke der chemischen Industrie haben ausgedehnte Druckluftnetze mit einem Betriebsdruck von 4 atü. Die Druckluft wird hier hauptsächlich zum Fördern von allen möglichen Flüssigkeiten verwendet, indem abwechselnd Behälter unter Druck gesetzt werden. Zum Druckfördern von Zement und anderen staubförmigen und feinkörnigen Stoffen wird Druckluft von meist nicht über 4 atü benötigt. Zum Bau von Dükern und Unterwassertunneln wird Atemluft von niederem Druck, meist unter 3 atü, gebraucht. Für alle Verwendungszwecke unter 4 atü werden zweistufige Kompressoren nicht mehr eingesetzt. Hier ist die

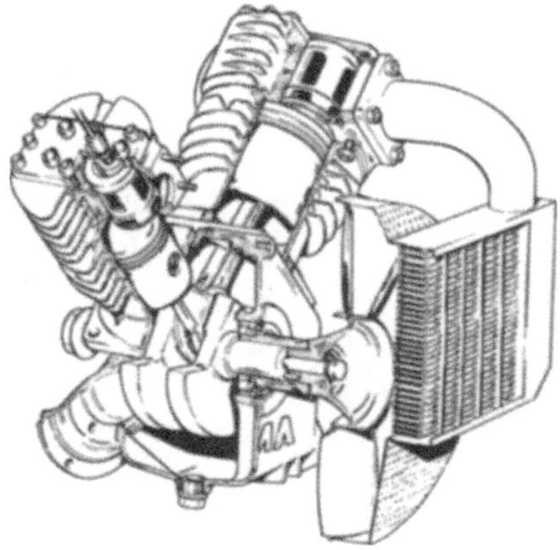

36. Schnitt durch einen luftgekühlten V-Kompressor

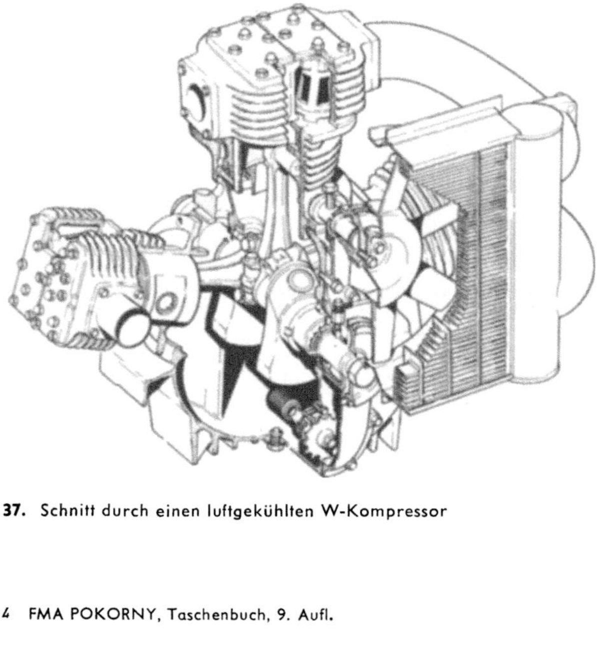

37. Schnitt durch einen luftgekühlten W-Kompressor

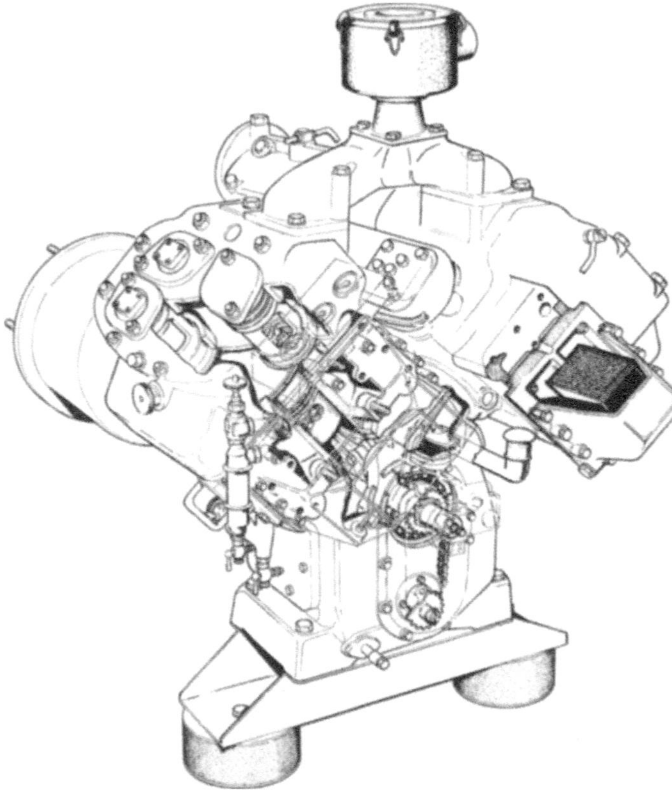

38. Schnitt durch einen wassergekühlten doppeltwirkenden Kompressor mit zwei Zylindern in V-Anordnung und Stufenkolben

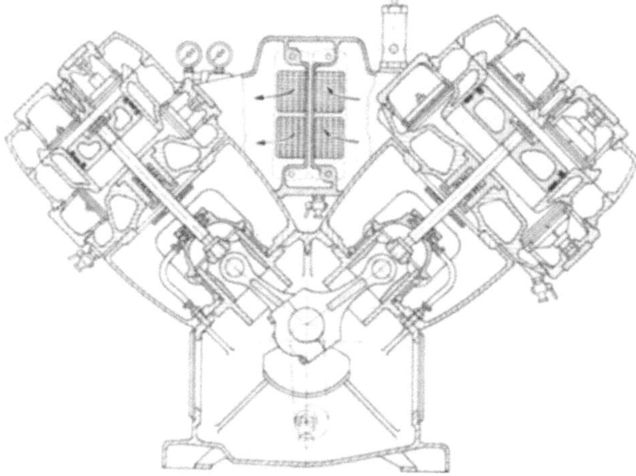

39. Schnitt durch einen doppeltwirkenden Kompressor mit Scheibenkolben

40. Kompressor in Doppel-V-Bauweise.

Alle vier wassergekühlten Zylinder sind doppeltwirkend. Mit Stufenkolben ausgerüstet, hat jeder Zylinder zwei Stufen

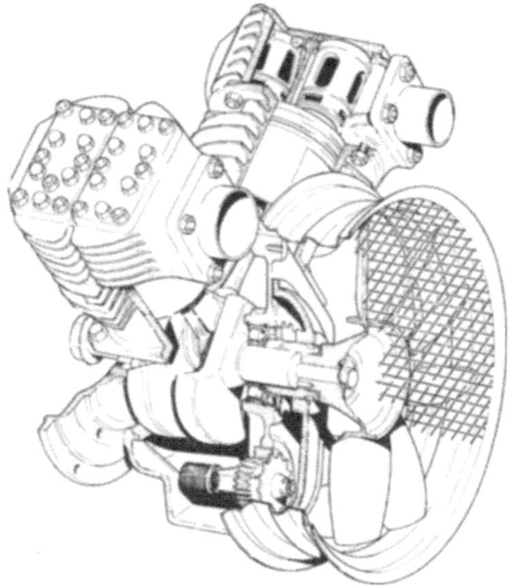

41. Luftgekühlter einstufiger Kompressor

42. Kompressorstation mit 10 wassergekühlten einstufigen Kompressoren. Die Kompressoren erzeugen die zum Bau eines U-Bahntunnels notwendige Atemluft

einstufige Verdichtung am Platze. Einstufige Kompressoren werden sowohl in luftgekühlter als auch in wassergekühlter Bauart hergestellt. Sie sind sehr ähnlich aufgebaut wie die zweistufigen, nur fehlen Zwischenkühler und die Zylinder der 2. Stufe. Bild 41 zeigt einen luftgekühlten einstufigen Kompressor. Bild 42 zeigt eine Kompressorstation, die aus wassergekühlten einstufigen Kompressoren besteht. Diese Kompressorstation wurde zum Bau eines Unterwasser-U-Bahnschachtes errichtet.

2.2.5. Dreistufige Luftkompressoren und deren Anwendungsgebiete

Außer den genannten Beispielen gibt es auch eine Reihe von Verwendungszwecken von Druckluft, für welche höhere Drücke benötigt werden.

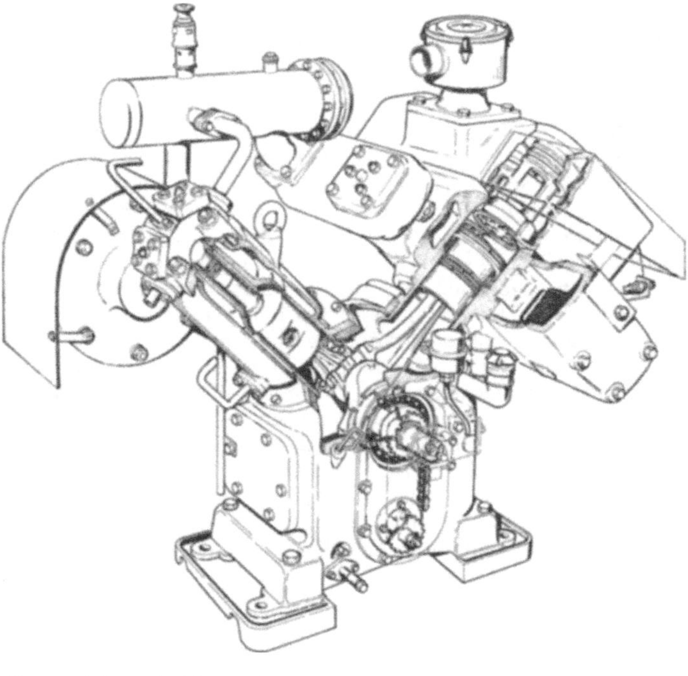

43. Wassergekühlter dreistufiger Kompressor

Bei Drücken über 15 atü kommt man wegen der zu hohen Verdichtungstemperatur mit der zweistufigen Verdichtung nicht mehr aus. Höhere Drücke werden z. B. gebraucht zum Aufladen von Flaschen für Druckluftanlasser von Dieselmotoren, für den Betrieb von bestimmten druckbetätigten Pressen, für die Betätigung von Spannvorrichtungen an bestimmten Werkzeugmaschinen und Automaten und für gewisse Spezialwerkzeuge. Hierfür kommt die dreistufige Ausführung in Frage. Auch dreistufige Kompressoren gibt es sowohl in luftgekühlter als auch in wassergekühlter Ausführung. Dem in diesem Druckbereich meist kleineren Luftbedarf sind auch die Kompressorbaugrößen entsprechend angepaßt. Bild 43 zeigt einen wassergekühlten dreistufigen Kompressor mit einer Liefermenge von 2,5 m^3/min bei einem Betriebsdruck von 35 atü. Die erste und die zweite Stufe sind bei diesem Kompressor in einem mit Stufenkolben ausgerüsteten Zylinder untergebracht, während die dritte Stufe sich in einem separaten Zylinder befindet.

2.3. **Drehkolbenverdichter nach dem Vielzellenprinzip**

Zum Verdichten von Druckluft werden auch manchmal Drehkolbenverdichter eingesetzt, die nach dem Vielzellenprinzip arbeiten. Bild 44 zeigt das Innere eines solchen Verdichters. In einem zylindrischen Gehäuse ist exzentrisch ein axial geschlitzter Rotor gelagert. In den Schlitzen befinden sich Schieber, welche bei Drehung des Rotors durch die Fliehkräfte an die zylindrische Bohrung des Gehäuses gedrückt werden. Es entstehen so ständig sich verändernde Zellen. Der Saugstutzen des Kompressors befindet sich an der Hälfte des Umfanges, an der sich die Zellen erweitern, während der Austrittsstutzen auf der gegenüberliegenden Seite liegt. Der Kompressor hat eine Steuerkante, die sich an dem Punkte befindet, an dem die Zelle ihren Nenndruck erreicht hat. Für Abweichungen vom Nenndruck gibt es Drucksprünge, die mit Wirkungsgradverschlechterungen verbunden sind. Zum Abfangen der Fliehkräfte und der damit verbundenen hohen Reibung besitzt dieser Kompressor Laufringe. Sie sind in das Gehäuse eingelassen und tragen gehäuseseitig eine große Anzahl axialer Dichtleisten. Diese grenzen zwischen Gehäuse und Laufringrücken kleine Räume ab, die zum Druckausgleich mit den Zellenräumen durch kleine Bohrungen verbunden sind. Das verhindert, daß die Laufringe wegen des Druckunterschiedes am Umfang einseitig angedrückt werden können. Solche Kompressoren werden sowohl in einstufiger als auch in zweistufiger Ausführung hergestellt. Sie werden für Liefermengen von 4 bis etwa 100 m^3/min gebaut. Ihre Vorzüge sind der erschütterungsfreie, ruhige Lauf; nachteilig sind die zur Erreichung eines guten Wirkungsgrades

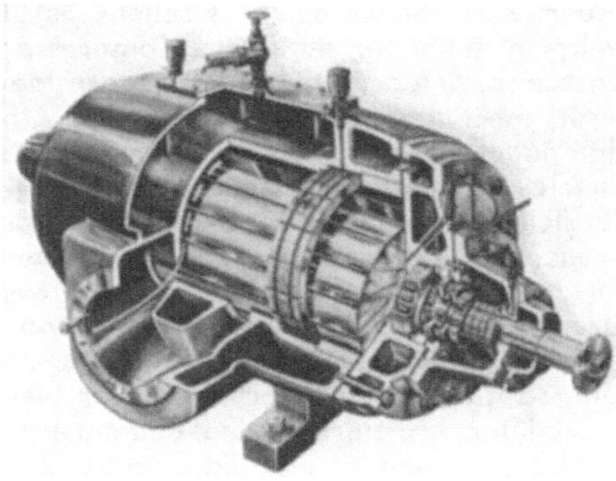

44. Schnitt durch einen Vielzellenverdichter

notwendige große Präzision und die engen Spiele, wodurch eine verhältnismäßig große Empfindlichkeit gegen Temperatureinflüsse entsteht. Auch ist der Ölverbrauch bedeutend höher, als ihn vergleichbare Kolbenkompressoren aufweisen. Trotz engster Spiele läßt sich die gute spezifische Leistungsaufnahme bester Hubkolbenverdichter nicht ganz erreichen. Der eben beschriebene Vielzellenverdichter hat noch eine Abart, welche bereits in Bild 28 Fig. 7 gezeigt wurde. Bei diesem Kompressor mit Öleinspritzkühlung kann auf die hohe Präzision der Fertigung verzichtet werden, und alle Laufspiele können weiter gehalten werden, weil das in großen Mengen in den Verdichtungsraum eingespritzte Öl nicht nur die Kühlung, sondern auch die Dichtung und Schmierung mit übernimmt. Es werden bei der Verdichtung so niedrige Temperaturen erreicht, daß der Kompressor statt der schweren Stahlschieber leichte aus Kunststoff erhält. Dadurch werden die Fliehkräfte soweit verkleinert, daß auf Laufringe verzichtet werden kann. Da auch die Wasserkühlung entfällt, wird der Kompressor sehr einfach. Es benötigen jedoch die Einrichtungen zur Rückgewinnung des Öls aus der Druckluft größeren Raum und besondere Anordnung. Das Öl muß in besonderen Abscheidern und Filtern zurückgehalten und gereinigt werden. In einem speziellen Ölkühler erfolgt dann die Rückkühlung, so daß das Öl erneut eingespritzt werden kann. Obwohl das Ausscheiden des Kühlöls aus der Druckluft weitgehend erreicht wird, ist der Ölverbrauch doch wesentlich höher als bei Hubkolbenkompressoren, weil die Ölaustauschmenge während der Ölwechselperioden bedeutend größer ist.
Die mit diesem Verdichterprinzip erreichten Leistungswirkungsgrade liegen unter denen, die mit Vielzellenverdichtern in konventioneller

Bauart erreicht werden. Vielzellenverdichter mit Öleinspritzkühlung kommen daher für stationäre Kompressoranlagen kaum in Frage. In fahrbaren Anlagen werden sie jedoch mancherorts wegen ihrer größeren mechanischen und thermischen Unempfindlichkeit verwendet. Man findet manchmal die Meinung vertreten, daß Vielzellenverdichter, einerlei, ob in konventioneller Ausführung oder mit Öleinspritzung, im Vergleich zu Kolbenkompressoren den Vorzug aufweisen, mit höheren Drehzahlen betrieben werden zu können. Das sei so, weil sie fast nur rotierende Teile haben und keine wesentlichen Massenkräfte besitzen. Diese Ansicht ist aber irrig, denn die Fliehkräfte, welche die Schieber an die Wand drücken, wachsen mit dem Quadrat der Drehzahl, so daß beim Überschreiten der Nenndrehzahl trotz Laufringen die Reibung sehr stark ansteigt und daher weitere Drehzahlerhöhungen unmöglich macht. Es gibt jedoch einen Drehkolbenverdichter, der besonders gut für hohe Drehzahlen geeignet ist, es ist der Zweiwellen-Schraubenkompressor.

2.4. Schraubenkompressoren

2.4.1. Der Zweiwellen-Schraubenkompressor

Diesem Kompressor kommt eine besondere Bedeutung zu. Die Umfangsgeschwindigkeit ist ziemlich hoch und beträgt etwa 90 m/s. Daraus ergeben sich je nach den gewählten Durchmessern der Läufer Drehzahlen für den Hauptläufer von etwa 3000 bis 25000 U/min.

Bild 45 zeigt einen Schraubenkompressor mit abgenommenem Oberteil. Die beiden sich berührungsfrei drehenden Läufer haben ein enges Laufspiel, welches durch die beiden am Ende der Wellen sitzenden Synchrongetrieberäder gehalten wird. Der vordere Läufer mit dem konvexen Profil wird Hauptläufer genannt, während der hintere mit dem konkaven Profil Nebenläufer heißt. Die ineinandergreifenden Schraubengänge verdichten dabei die auf der linken Seite axial eintretende Luft, indem sie diese nach der anderen Seite herausdrängen. Der beste Wirkungsgrad wird bei so hoher Drehzahl erreicht, bei der die Rückströmverluste durch die berührungsfrei laufenden Schrauben im Verhältnis zur Liefermenge gering sind. Andererseits muß die Drehzahl niedrig genug sein, um die Strömungsverluste in erträglichen Grenzen zu halten. Schraubenkompressoren werden deshalb so ausgelegt, daß sie ihren besten Wirkungsgrad bei der Nenndrehzahl haben. Trotz bester Auslegung bleiben jedoch die erreichten Wirkungsgrade unter denen bester Kolbenkompressoren. Schraubenkompresso-

ren finden aber wegen anderweitiger Vorzüge besondere Anwendungsgebiete.
Weil der Verdichtungsraum keiner Schmierung bedarf, hat der Schraubenkompressor überall dort Bedeutung, wo Ölfreiheit der Druckluft

45. Schraubenkompressor mit abgenommenem Oberteil

von erstrangiger Bedeutung ist und wo größere Mengen dieser Luft benötigt werden. Verdichter, deren Verdichtungsraum nicht mit Öl in Berührung kommt, unterliegen nicht den Temperaturvorschriften der Unfallverhütungsvorschrift VBG 16. Nachkühler sind daher nicht vorgeschrieben. Deshalb eignen sich diese Kompressoren besonders dort, wo heiße Druckluft gebraucht wird, wie z. B. in Schmiedebetrieben. Schraubenverdichter werden sowohl in ein- als auch in zweistufiger Ausführung hergestellt. Bei höheren Drücken über 10 atü kommen sie jedoch kaum in Frage.

Auch bei Schraubenverdichtern gibt es eine Variante mit Öleinspritzung. Durch die Dichtwirkung des Öles ist es möglich, die Umfangsgeschwindigkeit der Läufer erheblich zu reduzieren. Solche Verdichter finden für fahrbare Kompressoranlagen Anwendung. Der eigentliche Verdichter ist hierbei sehr klein, jedoch benötigen die Ölabscheideeinrichtungen größeren Raum und besondere Anordnung. Das Prinzip einer öleingespritzten Schraubenkompressoranlage mit Ölbehälter, Abscheidern, Ölkühler, Ölpumpen und Ölfilter zeigt Bild 46. Das Prinzip für die Trennung des Öles von der Druckluft sowie die Rückkühlung und Filterung gilt übrigens auch für Vielzellenverdichter mit Öleinspritzung. Trotz der niedrigeren Umfangsgeschwindigkeit und der besseren Dichtwirkung sind die erzielten Wirkungsgrade der Schraubenverdichter mit Öleinspritzung nicht besser, sondern eher niedriger als bei den vorher beschriebenen. Während Schraubenkompressoren mit ölfreier Verdichtung kaum unter 10 m³/min gebaut werden, können solche mit Öleinspritzung auch für kleinere Liefermengen (etwa ab 4 m³/min und noch darunter) hergestellt werden. Als stationäre Verdichter werden sie jedoch kaum verwendet, weil ihnen andere Bauarten, sei es wegen der geringeren Leistungsaufnahme, sei es wegen ihrer ölfreien Verdichtung, überlegen sind.

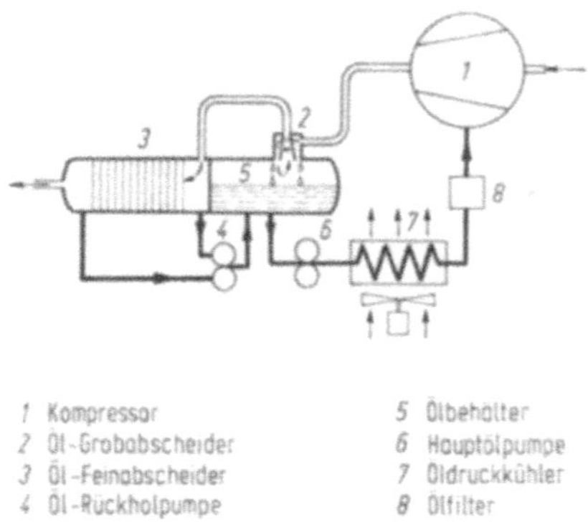

46. Prinzip einer Kompressoranlage mit Öleinspritzung

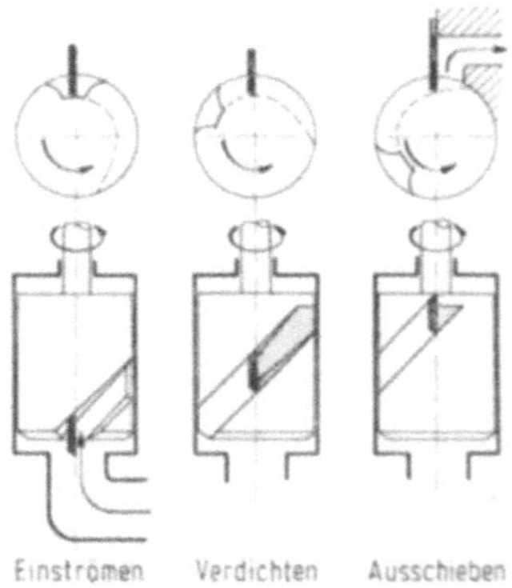

47. Verdichtungsprinzip des Einwellen-Schraubenkompressors

2.4.2. **Der Einwellen-Schraubenkompressor**

Der in Bild 28 Fig. 13 gezeigte Einwellen-Schraubenkompressor ist eine neuere französische Entwicklung, die fast ausschließlich für fahrbare Kompressoranlagen verwendet wird. Die Verdichtung ist einstufig und eignet sich für Drücke bis etwa 7 atü. Das Anwendungsgebiet liegt bei kleinen und mittleren Liefermengen. Da der Kompressor mit Öleinspritzkühlung betrieben wird, muß der Filter-, Ölrückgewinnungs- und Kühleinrichtung besondere Aufmerksamkeit geschenkt werden.
Das Verdichtungsprinzip wird deutlich, wenn man Bild 47 betrachtet.

2.5. **Turboverdichter**

Vielzellenverdichter werden nur bis zu Liefermengen von etwa 100 m³/min je Einheit gebaut, Kolbenkompressoren können bei niedrigen Drücken bis 400 m³/min gebaut werden. Sie haben dann allerdings sehr niedrige Drehzahlen und sind sehr groß und teuer. Schraubenkompressoren werden bis etwa 700 m³/min gebaut. Bei Turbokompressoren galt früher 400 m³/min als die unterste Grenze, denn sie sind für große Liefermengen besonders gut geeignet. Sie sind aber strömungstechnisch bedeutend schwerer zu beherrschen als Dampf- oder Gasturbinen, denn hier muß zum Unterschied zu den Turbinen durch Verzögerung der Geschwindigkeit Strömung in Druck umgesetzt werden. Ein an sich geringer Auslegungs- oder Ausführungsfehler kann zu Wirkungsgradabfall führen, indem sich durch Grenzschichtablösung Wirbel bilden. Bei der beschleunigten Strömung in der Turbine glätten sich solche Störungsstellen hingegen von selbst. Auch die Verbindungswege zwischen den einzelnen Stufen und den Zwischenkühlern müssen sehr sorgfältig ausgeführt werden, damit sie ihre Aufgabe zur Druckgewinnung mit erfüllen können. Zur Ausbildung als Diffusoren benötigen sie daher auch einen gewissen Raum. Zu den Turboverdichtern zählen sowohl die der radialen, als auch die der axialen Bauweise.

2.5.1. **Radialverdichter**

Bei den Radialverdichtern wurden in den letzten Jahren die Wirkungsgrade so verbessert, daß noch Liefermengen unter 170 m³/min bei 8 bis 10 atü Enddruck wirtschaftlich verdichtet werden können. Auch bei den ungekühlten Radialgebläsen hat die Entwicklung nicht haltgemacht. Die Erfolge wurden in hohem Maße durch Drehzahlsteigerung erreicht. In welchem Maße sie die Auslegung von Maschinen beeinflußt, ist aus Bild 48 zu ersehen. Alle hier dargestellten vier Läufer erzeugen die gleiche Liefermenge bei gleichem Druckverhältnis. Die Drehzahlen hingegen sind unterschiedlich. Durch Drehzahlerhöhung wurde erreicht, daß statt drei Laufrädern nur noch eins erforderlich ist, das weniger als den halben Durchmesser besitzt. Das rechte Rad unter-

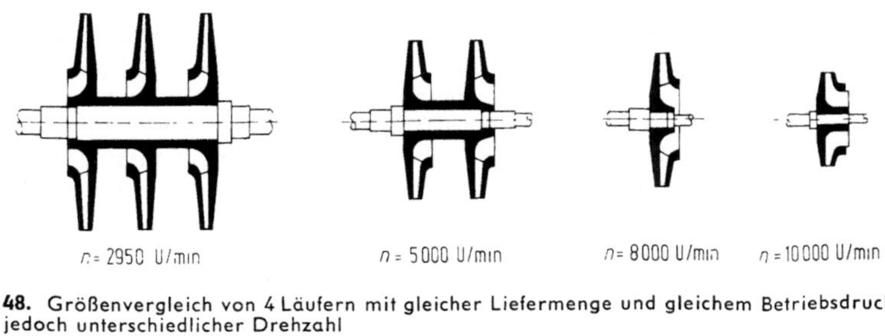

48. Größenvergleich von 4 Läufern mit gleicher Liefermenge und gleichem Betriebsdruck, jedoch unterschiedlicher Drehzahl

scheidet sich von den danebenstehenden auch dadurch, daß es radiale Schaufeln besitzt, die bis zum Radeinlauf und Nabenrand reichen. Die Drehzahlerhöhung wurde erreicht durch besseres Material, andere Herstellmethoden und andere Formgebung. Übrigens setzen die Fliehkräfte der Drehzahl Grenzen. Diese sind aber von der Umfangsgeschwindigkeit und nicht nur von der Drehzahl abhängig. Die Umfangsgeschwindigkeit wurde aber bei weitem nicht in dem Maße gesteigert wie die Drehzahl, weil die Läuferdurchmesser kleiner geworden sind. Raschlaufende Radialverdichter haben einen bedeutend besseren Wirkungsgrad als langsamlaufende und sind insgesamt wesentlich kleiner. Ihre kleinen, schnellaufenden Läufer haben noch einen weiteren Vorzug. Man kann sie so steif ausführen, daß die Maschine im Gegensatz zu früheren keine kritischen Drehzahlen mehr besitzt.

Läufer für hohe Ansprüche und Beanspruchungen können allerdings nicht mehr mit eingenieteten Blechschaufeln hergestellt werden. Zur Erzielung einer besseren Festigkeit werden die Schaufeln entweder aus dem vollen Material herausgearbeitet oder wenigstens zwischen die Lauf- und Deckscheiben geschweißt. Eine Maschine, die frei von kritischen Drehzahlen ist, kann in ihren Laufspielen enger bemessen werden; Wirkungsgradverbesserungen sind die Folge. Bei dem Antrieb mit konstanter Drehzahl, wie es bei elektrischem Antrieb der Fall ist, und bei kleinen Stufenzahlen kann auch die sogenannte „Dralldrossel" zur Regelung vorteilhaft angewendet werden. Dieser Leitapparat gibt der Luft oder dem Gas vor dem Eintritt in das Laufrad einen Drall, welcher kontinuierlich veränderlich einstellbar ist. Hierdurch werden im Teillastgebiet bessere Wirkungsgrade erreicht als bei der sonst üblichen Saugdrosselung. Man kann so bei konstanter Drehzahl die Kennlinien verschieben.

Bild 49 zeigt ein einstufiges Radialgebläse. Im Saugstutzen kann man die Dralldrossel erkennen. Bild 50 zeigt einen Getriebe-Radialverdichter, in dessen Saugstutzen man ebenfalls die Dralldrossel erkennen kann. Diese Verdichter sind für den heute überwiegend vorkommenden Elektromotorenantrieb entwickelt worden. Die Laufräder der ersten und zweiten Stufe haben eine andere Drehzahl als die Räder der dritten und vierten Stufe. Sie sind so übersetzt, daß die kleinen Räder der beiden letzten Stufen die gleiche Umfangsgeschwindigkeit wie die größeren Räder der beiden ersten Stufen haben. Dadurch werden alle Stufen gleichmäßiger ausgenützt, als es bei einwelligen Verdichtern möglich ist. Höhere Druckverhältnisse und bessere Wirkungsgrade sind die Folge. Verdichter dieser Art werden für Durchsatzmengen von 130 bis 1700 m^3/min gebaut.

Bild 51 zeigt die Kennlinien eines solchen vierstufigen Verdichters für 470 m^3/min Luft auf 6,5 ata.

49. Einstufiger Radialkompressor mit Dralldrosselregler und Antriebsgetriebe

50. Vierstufiger zweiwelliger Getriebe-Radialverdichter

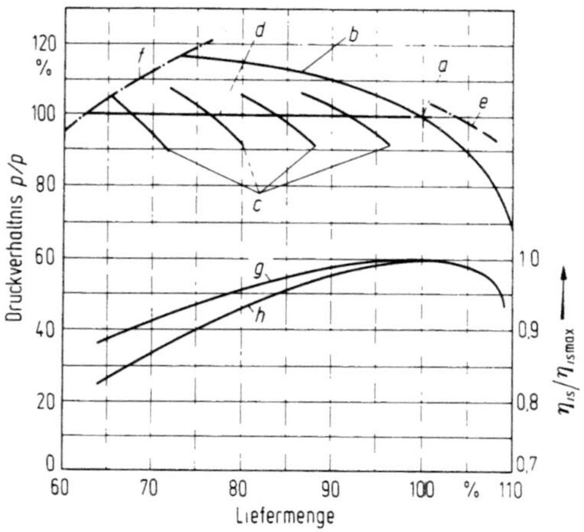

51. Kennlinien des Verdichters Bild 50

In dem Diagramm bedeuten:

- *a* Auslegungspunkt
- *b* Kennlinien bei Drallstellung 0
- *c* Kennlinien unterschiedlicher Drallstellung
- *d* Konstanter Enddruck durch Drallregelung
- *e* Kennlinie bei maximalem Gegendrall
- *f* Pumpgrenze
- *g* Isothermischer Wirkungsgrad entlang der Kennlinie und für p/p = konstant durch Drallregelung
- *h* Isothermischer Wirkungsgrad bei Regelung p/p = konstant durch Drosselklappe auf der Saugseite

Alle Turboverdichter können nicht bis auf Liefermenge 0 geregelt werden. Die Regelung muß vor der sogenannten Pumpgrenze haltmachen, weil hier der Kompressor unstabil wird und die Luft zu lebhaften Schwingungen erregt wird. In diesem Bereich verbietet sich der Betrieb.

In Bild 51 ist sowohl das Druckverhältnis als auch die Liefermenge in % von den Auslegungswerten angegeben. Bei einer Ansaugtemperatur von 20 °C und einer Kühlwassertemperatur von 27 °C wurde ein isothermer Kupplungswirkungsgrad von 70% erreicht. Die Verschiebung der Kennlinien durch Verstellung des Drallreglers ist erkennbar. Wird der Drallregler auf Gegendrall gestellt, kann die Kennlinie auch nach rechts verschoben und der Kompressor überlastet werden. Die

Laufräder werden dabei nicht höher belastet, weil die Drehzahl konstant bleibt. Bemerkenswert ist der flache Verlauf der Wirkungsgradkurve, welche selbst bei 70% der Fördermenge noch Wirkungsgrade von 64% erreichen läßt.
Die Schaufeln der Laufräder werden entweder in gekrümmter oder in radialer Form ausgeführt. Die Kennlinie für Radialräder verläuft flacher als die für Räder mit gekrümmten Schaufeln. Durch wahlweise Verwendung von Laufrädern mit unterschiedlichen Schaufelformen können die verschiedensten Wünsche in bezug auf Kennlinienform, Pumpgrenze und Regelbereich erfüllt werden.
Bei einer anderen Bauart sitzen die Laufräder auf einer Welle (Bild 52). Kompressoren dieser Art werden, falls nicht durch Dampf- oder Gasturbine, von Elektromotoren angetrieben. Da Turbokompressoren heute meist schneller laufen als die Elektromotoren, muß die Drehzahl durch Getriebe erhöht werden. Wegen ihres kleinen Raumbedarfs und guten Wirkungsgrades (98,8%) haben besondere Planetengetriebe für den Turboverdichter eine große Bedeutung erreicht. Bei der Verdichtung von Gas ist ein Hauptproblem die Abdichtung der schnellaufenden Wellen. Die Abdichtung wird noch erschwert, wenn es sich um Maschi-

52. Vierstufiger Einwellen-Radialkompressor mit angeflanschtem Stoeckicht-Getriebe unter Gasdruck, Dichtung auf der langsamen Getriebe-Eingangswelle, Ansaugdruck 0,38 ata, Enddruck 1,3 ata, Ansaugmenge 12000 m^3/h, Verdichtungsmedium NH_3

nen für hohe Drücke oder um Nachverdichter handelt. Für solche Verwendungszwecke sind die Einwellenverdichter den vorher beschriebenen Mehrwellenverdichtern überlegen.

2.5.2. **Axialverdichter**

Verdichter dieser Art, deren Druckbereiche von wenigen mm Wassersäule bis zu einigen Atmosphären reichen, sind hauptsächlich für große und größte Luftmengen geeignet. Ihre Vor- und Nachteile bringen es mit sich, daß sie sich für ganz bestimmte Verwendungszwecke einsetzen lassen. Die Liefermenge überdeckt heute in weiten Grenzen die der vorher beschriebenen Radialverdichter. Die Wahl fällt deshalb oft auf einen Axialverdichter, weil er eine steilere Kennlinie als der Radialverdichter hat. Das bedeutet, daß sich die Liefermenge bedeutend weniger ändert, wenn sich der Widerstand und somit das Druckverhältnis ändert. Diese Eigenschaft hat dazu geführt, daß im Bergbau zur Grubenbewetterung heute oft an Stelle des Radiallüfters eine Axialmaschine eingesetzt wird, die die Eigenschaft hat, bei Störungen und Vergrößerung des Widerstandes fast die volle Luftmenge zu fördern. Aber auch als Stahlwerks- und Hochofengebläse hat der Axialverdichter seine Eignung bewiesen. Die hierbei benötigten Luftmengen übersteigen 2000 m^3/min. Als mehrstufige Maschine kann er 1,5 bzw. 3 atü bewältigen.
Die früher für diesen Zweck eingesetzten Großkolbenmaschinen, die durch Gasmotoren angetrieben wurden, hatten zwar eine vom Enddruck nahezu unabhängige Liefermenge und waren deshalb für schwankenden Betriebsdruck infolge ihrer fast senkrechten Charakteristik besonders gut geeignet, Störungen, wie das „Hängen" eines Hochofens, zu beseitigen. Ihre Zeit ist heute abgelaufen, ebenso wie die mancher Großkolbenmaschinen. Das wird man am besten verstehen können, wenn man das Bild 53 betrachtet, welches die Größenverhältnisse von drei verschiedenen Verdichtern mit gleicher Liefermenge und gleichem Betriebsdruck wiedergibt.
Bild 54 zeigt zum Vergleich die Kennlinien der drei Verdichter. Die steile Charakteristik des Axialverdichters liegt etwa in der Mitte zwischen der fast senkrechten des Hubkolbenkompressors und der flachen des Radialverdichters.
Axialverdichter haben nur einen kurzen stabilen Bereich und eine hoch liegende Pumpgrenze. Deshalb eignen sie sich nicht für den Betrieb im Teillastgebiet. Sie kommen daher nur als Grundlastmaschinen mit großen und größten Liefermengen in Frage. Ist man dennoch gezwungen, einmal im Teillastgebiet zu fahren, so muß die überschüssige Luftmenge

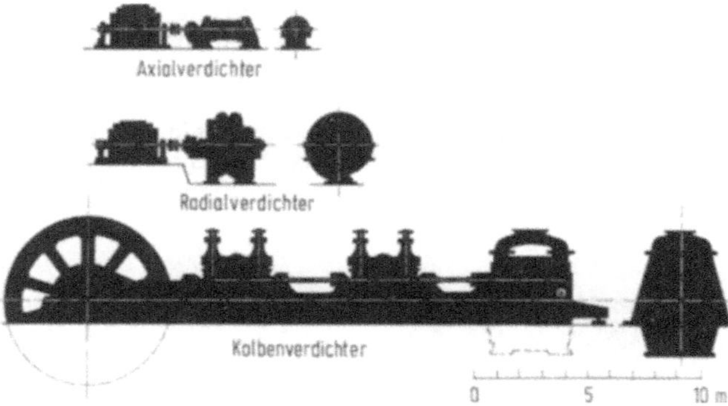

53. Größenvergleich von Kolbenverdichter mit Radial- und Axialverdichter

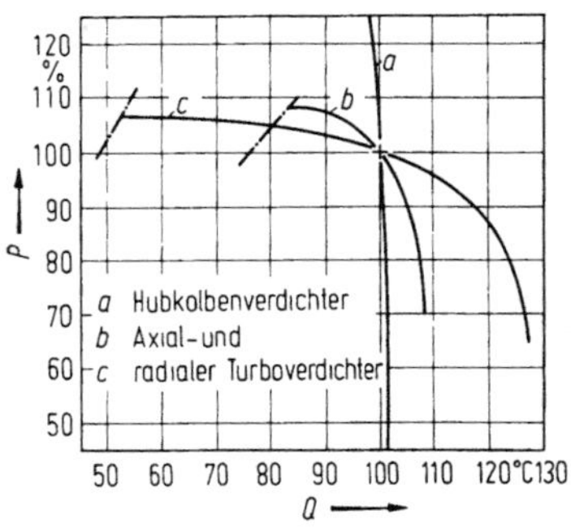

54. Vergleich von Kennlinien verschiedener Verdichterbauarten

55. Zweistufiger Axialverdichter mit drehbaren Schaufeln. Das Gehäuse-Oberteil ist abgenommen

einfach abgeblasen werden. Eine solche „Überströmregelung" ist natürlich unwirtschaftlich. Durch die Verwendung einer Expansionsturbine kann ein Teil der Energie wieder zurückgewonnen werden, wo sie durch einen Generator wieder in elektrische Energie umgewandelt wird. Daß ein solches Regelsystem sehr kostspielig ist, läßt sich leicht vorstellen. Einfacher ist es, eine Regelung über die Drehzahl vorzunehmen, wie es bei Gas- oder Dampfturbinenantrieb möglich ist. Auch bei konstanter Drehzahl, wie sie bei elektrischem Antrieb gegeben ist, kann der Regelbereich erweitert werden, wenn der Axialverdichterläufer mit drehbaren Schaufeln ausgestattet ist (Bild 55).

Höhere Betriebsdrücke und größere Liefermengen verlangen beste Wirkungsgrade. Dazu ist mehrmalige Zwischenkühlung während der Verdichtung erforderlich. Dies kann bei Axialverdichtern jedoch nur durch eine mehrgehäusige Ausführung erreicht werden. Bei sehr großen Liefermengen werden deshalb Verbundmaschinen gebaut, welche je nach den Gegebenheiten aus reinen Axialmaschinen oder auch aus einer Kombination von Axial- und Radialverdichtern mit jeweils mehrfacher Zwischenkühlung bestehen.

56. Axialverdichter, Liefermenge 635000 m^3/min, Betriebsdruck 0,65 atü, Antriebsleistung 110000 PS

Bild 56 zeigt den wohl bisher größten Axialverdichter, der in zweistufiger Ausführung für eine Luftforschungsanstalt von den Dinglerwerken AG, Zweibrücken, gebaut wurde. Die Maschine fördert 635000 m^3/min gegen 650 mm WS. Die gegenläufigen Laufräder haben einen Durchmesser von 15 m, die Nabe hat einen Durchmesser von 7,5 m. Zwei Pelton-Wasserturbinen mit zusammen 110000 PS werden für den Antrieb benötigt.

3. Saugluftfilter

Die atmosphärische Luft enthält stets schwebende feste Bestandteile, welche man am besten sehen kann, wenn ein Sonnenstrahl in den Raum fällt. Staub und Schwebeteilchen können sehr verschiedene Größe haben. Auch die Art des Staubes und die Menge, welche die Luft enthält, ist sehr unterschiedlich. Besonders in Industriestädten hat die Luft einen hohen Anteil an Staub. Er beträgt hier gewöhnlich zwischen 5 und 10 mg/m³, kann jedoch auch 20 mg/m³ erreichen. Im Baugewerbe und in staubigen Betrieben kann man auch einen Staubgehalt von 500 bis 2000 mg/m³ antreffen. Als Staub werden Körper bezeichnet, die eine Größe zwischen 1 und 200 μ haben. Ihre Sinkgeschwindigkeit in ruhender Luft beträgt 0,03 bis 100 cm/s. Bild 57 gibt Auskunft über die Gewichtsanteile der verschiedenen Korngrößen, aus denen Staub einiger Bodenarten zusammengesetzt ist.

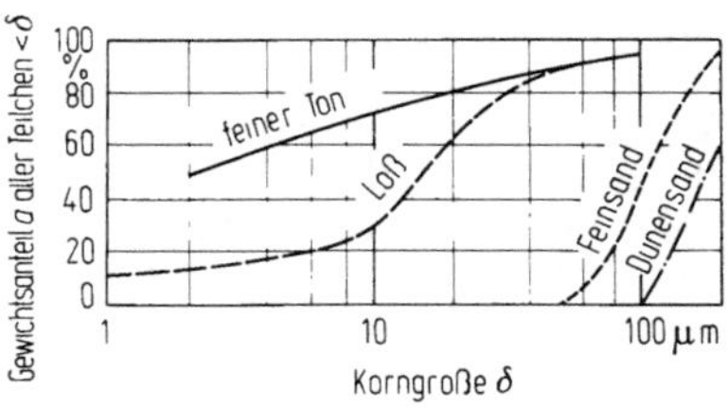

57. Korngrößen-Mischungslinien verschiedener Bodenarten

Staub kann zwar mehr oder weniger harmlos sein, nachteilig ist er jedoch immer. Besonders gefährlich ist ein stark schmirgelnder Staub, wie er in Steinbrüchen, Gießereien, Zementfabriken und in manchen anderen vergleichbaren Betrieben vorkommt. Kommt dieser mit dem Schmieröl, welches in den Verdichtungsraum eines Kompressors gelangt, in Berührung, so bildet sich eine stark schleifende Paste, welche rasch zu abnormem Verschleiß der Maschine führt. Zementstaub hat außerdem die unangenehme Eigenschaft, mit der Feuchtigkeit der Luft zu festen Ablagerungen zu führen, welche sich im Innern des Kompressors ansetzen können und die Maschine in kurzer Zeit unbrauchbar machen. Aber auch die harmloseren Verunreinigungen der Luft haben die unangenehme Eigenschaft, bereits mit sehr geringen Ölmengen Verkrustungen und feste Ablagerungen zu bilden. Um Schäden zu vermeiden, muß die angesaugte Luft gefiltert sein. Ansaugfilter werden weitestgehend den jeweiligen Verhältnissen angepaßt. Sie unterscheiden sich deshalb sowohl in der Bauart als auch in Größe und Form beträchtlich voneinander. Ihre Hauptprinzipien lassen sich wie folgt beschreiben:

1. Naßluftfilter: Der Staub wird durch eine Flüssigkeit gebunden.
2. Trockenfilter: Der Staub wird durch ein Sieb zurückgehalten, dessen Maschenweite kleiner ist als die Staubteilchen.
3. Elektrofilter: Die Filterwirkung beruht auf der Kraft, die ein elektrisches Feld auf ionisierte Staubteilchen ausübt.

Zur Beurteilung eines Filters dient der Filterabscheidungsgrad, welcher angibt, wieviel % des in der Luft enthaltenen Staubes zurückgehalten wird. Die Angabe ist jedoch wertlos, wenn nicht außerdem angegeben wird, bis zu welcher Teilchengröße herab dieser Abscheidungsgrad gilt. So kann selbst ein Filter mit einem Abscheidungsgrad von 99,9% unbrauchbar sein, wenn sich die Prozentangabe nur auf Teilchen bezieht, die größer als 10 μ sind, aber ein feiner Tonstaub aus der Luft gefiltert werden muß, bei dem mehr als 70% aller Teilchen unter 10 μ liegt, so daß ein großer Teil des Staubes durch das Filter hindurch gehen kann. Luftfilter für Kompressoren sollten in der Regel so ausgewählt werden, daß der Restgehalt der Luft an Staub unter 5 mg/m³ liegt.

Korrekte Angaben beziehen sich auf „AFI"-Prüfstaub, bestehend aus: 72% Straßenstaub mit Korngrößen: 0—5 μ 39%, 5—10 μ 18%, 10—20 μ 16%, 20—40 μ 18%, 40—80 μ 9%, 25% Ruß Korngröße 0,08 μ und 3% Baumwoll-Linters.

Eine nicht minder wichtige Kenngröße als der Abscheidungsgrad ist der Filterwiderstand. Ein Filter soll so ausgelegt sein, daß dieser möglichst unter 150 mm WS liegt. Ein Filterwiderstand von 300 mm WS verursacht bei kontinuierlicher Strömung einen Liefermengenverlust von 3%, bei diskontinuierlicher Strömung, wie sie bei Kolbenkompressoren vorhanden ist, kann dieser Verlust sogar über 4,5% betragen.

Für die Beurteilung eines Filters ist auch seine Staubspeicherfähigkeit wichtig. Diese kann bei kleinen, an den Saugstutzen der Maschinen angebrachten Filtern nur gering sein. Durch Filterkombinationen, Vorfilter oder Vorabscheider, kann sowohl der Gesamtabscheidungsgrad als auch das Staubspeichervermögen erhöht werden. Letzteres bewegt sich jedoch stets in engen Grenzen. Anders ist es bei großen Filtern, wie sie für stationäre Kompressorstationen oft Verwendung finden. Diese haben vielfach fast unbegrenzte Staubspeichereigenschaften.

3.1. **Naßluftfilter**

Naßluftfilter besitzen ein Gestrick aus Metall oder Faserstoff, welches mit Öl oder anderen Flüssigkeiten benetzt ist. Beim Durchtritt der Luft bleiben die Staubteile an dem feuchten Material hängen. Die Wirkung besteht, solange Öl zur Bindung vorhanden ist Das Staubspeichervermögen ist gering weshalb die Reinigung durch Auswaschen und die

Wiederbenetzung mit Öl in verhältnismäßig kurzen Abständen erfolgen muß. Stark verschmutzte Naßluftfilter können ihren Saugwiderstand beträchtlich erhöhen, wodurch Verluste an Liefermenge und Wirkungsgradverschlechterungen entstehen. Bild 58 zeigt zwei solche Filter.

3.2. Schichtfilter

Eine besondere Art eines Naßluftfilters stellt das Schichtfilter dar. Bei diesem sind mehrere Schichten, die meist aus Metallgestrick und Kokosfasern bestehen, vorhanden. Sie haben einen etwas höheren Abscheidungsgrad als gewöhnliche Naßluftfilter. Ihre Staubkapazität und der Abscheidungsgrad wird noch verbessert, wenn man die in Abb. 59 gezeigte Kombination verwendet. Durch diese Anordnung, bei der sich das Schichtfilter in einem geschlossenen Gehäuse befindet, wird außerdem eine gute Dämpfung der Ansauggeräusche erreicht.

3.3. Ölbadluftfilter

Das Ölbadfilter ist eine Weiterentwicklung des Naßluftfilters. Unter ringförmig um die Saugleitung angeordneten Prallfiltern befindet sich das „Ölbad", über dem die durch die Saugleitung einströmende Luft um 180° umgelenkt wird, um dann durch die Prallfilter in die Maschine zu gelangen. Ein Teil des Staubes gelangt direkt in das Ölbad, der Rest wird in den Prallfiltern zurückgehalten. Das durch den Luftstrom mitgerissene Öl benetzt gleichzeitig die Filter und nimmt beim Wiederabtropfen den Staub mit ins Ölbad zurück. Das Filter ist erschöpft, wenn das Öl durch den aufgenommenen Staub dickflüssig geworden ist (1,5 g Staub je 1 g Öl). Der Filterabscheidungsgrad ist außer von der Zähigkeit des verwendeten Öles auch vom Luftdurchsatz abhängig. Ölbadfilter werden auch mit Vorabscheidern, Zyklon- oder Wirbelfiltern kombiniert und dadurch die Standzeit erhöht. Für Kompressoren mit Greiferleerlaufregelung ist ihre Eignung sehr umstritten, weil die während des Leerlaufs im Saugstutzen schwingende Luftsäule das Öl auswirft. Zwei Beispiele von Ölbadfiltern zeigt das Bild 60.

3.4. Wirbler oder Zyklonabscheider

Diese Art von Filtern werden meist als Grob- oder Vorabscheider in Verbindung mit anderen Hauptfiltern verwendet. Ihr Abscheidungsgrad wird um so besser, je größer die Luftgeschwindigkeit ist. Hohe Luftgeschwindigkeit bedingt aber großen Druckverlust, der mit dem Quadrat der Geschwindigkeit wächst. Man kann aber die Luftgeschwindigkeit nicht soweit erhöhen, daß auch bei feinem Staub gute Abscheidungs-

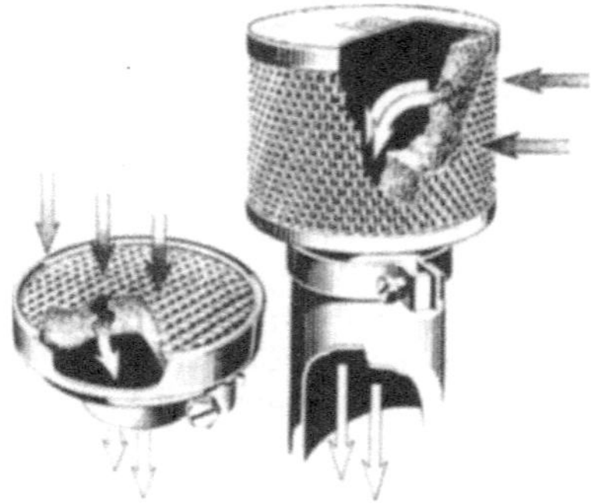

58. Naßluftfilter
(konische Bauart) (zylindrische Bauart)

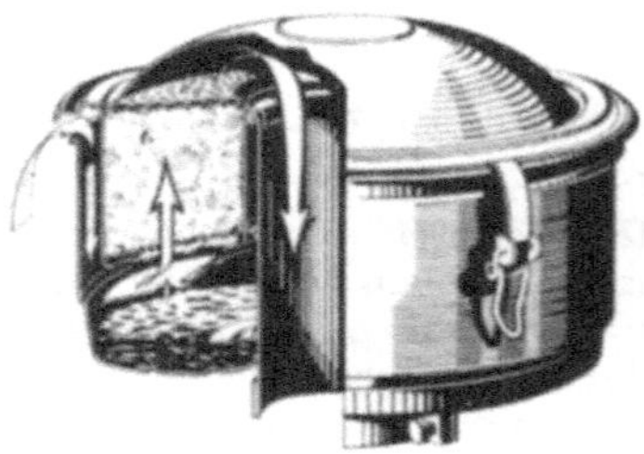

60a. Schnitt durch ein Ölbad-Luftfilter, flache Bauart

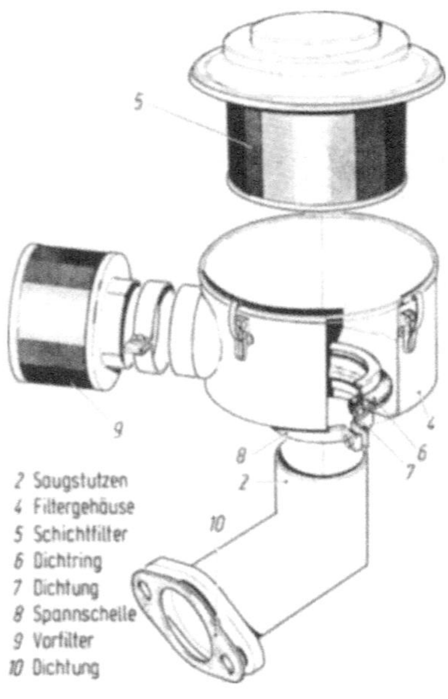

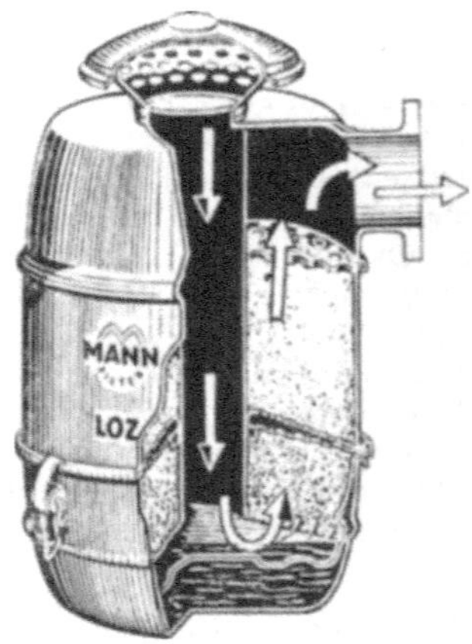

60b. Schnitt durch ein Ölbad-Luftfilter, hohe Bauart

59. Anordnung eines Schichtfilters mit Vorfilter

grade erreicht werden. Deshalb dienen sie fast nur als Grobabscheider. Das Bild 61 zeigt einen Zyklon mit angebautem Staubbehälter.

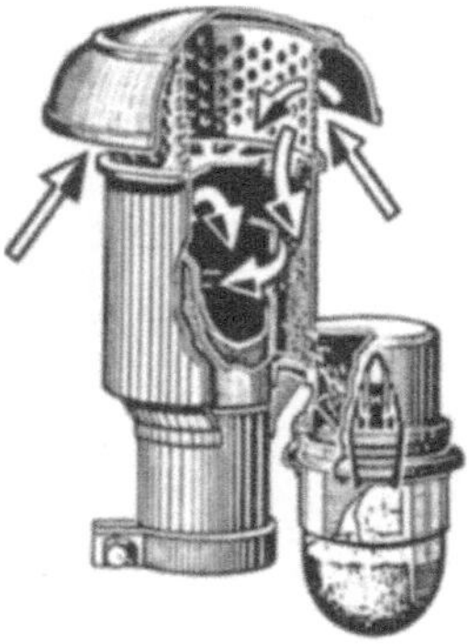

61. Schnitt durch einen Mann-Zyklon mit Staubbehälter

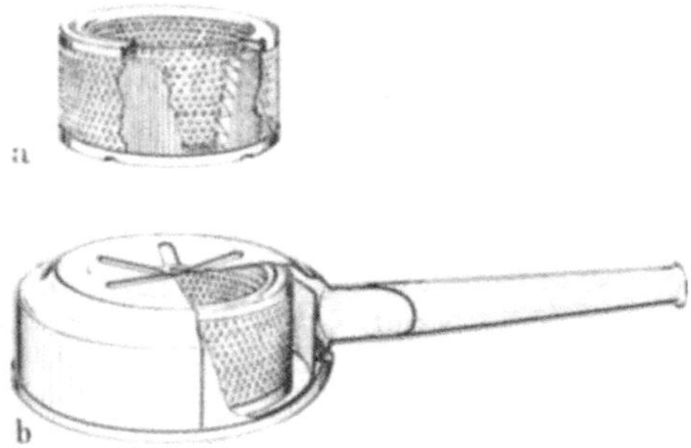

62. Papiersternfilter
a) Knecht-Filtereinsatz im Schnitt
b) Knecht-micro-star-Luftfilter, Blechgehäuse teilweise aufgeschnitten

3.5. **Papiersternfilter mit auswechselbaren Patronen**

Diese Filterbauart ist hinsichtlich Einbaulage und Betriebstemperatur ziemlich unempfindlich. Die auswechselbaren Patronen bestehen aus zu einem Stern gefalteten, porösen, kunststoffimprägnierten Filterpapier. Wegen des hohen Filterabscheidungsgrades selbst für feinsten Staub werden Papiersternfilter dort eingesetzt, wo es auf höchsten Abscheidungsgrad abkommt, wie er mit einer anderen Filterbauart kaum zu erreichen ist. Eine Eigenart dieser Filter ist, daß der Filterwiderstand bis zur Auswechslung der Patrone ständig steigt. Bei großem Staubgehalt der Luft mit 100 mg/m³ wird die Feinfilterstufe hinter Vorfiltern oder Zyklonen eingesetzt. Bild 62 zeigt ein Papiersternfilter mit Patrone und schalldämpfender Ummantelung.

3.6. **Filter mit Trockenschicht-Filtermatten**

Filter der im Bild 63 gezeigten Bauart haben einen besonders kleinen Saugwiderstand. Sie werden deshalb nicht nur für Kompressoren, sondern auch für Gebläse verwendet. Das Filter besteht aus mehreren parallelgeschalteten, ringförmigen Einzelfiltern, die je Filter aus drei Trockenschichtmatten zusammengesetzt sind. Die unterste Matte bildet das Grobfilter, die mittlere das Nachfilter und die oberste das Feinfilter. Durch diese schichtförmige Anordnung wird die Feinfilterschicht entlastet und damit die Standzeit erhöht. Das Filter ist mit einem Widerstandsanzeiger ausgerüstet, mit dem man erkennen kann, wann die Filtermatten ausgewechselt bzw. gereinigt werden müssen.

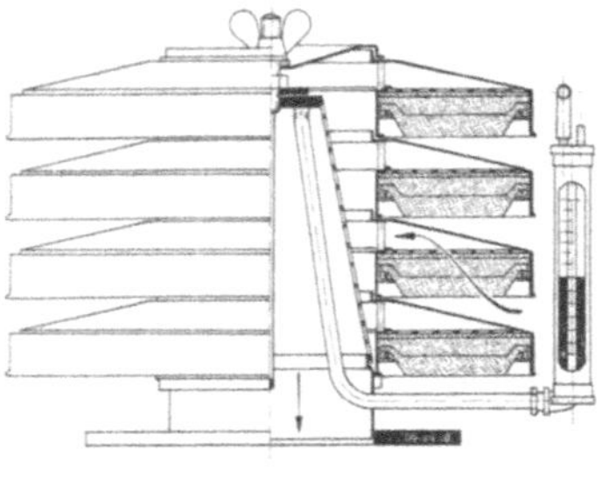

63. Trockenschichtfilter mit Widerstandsmesser

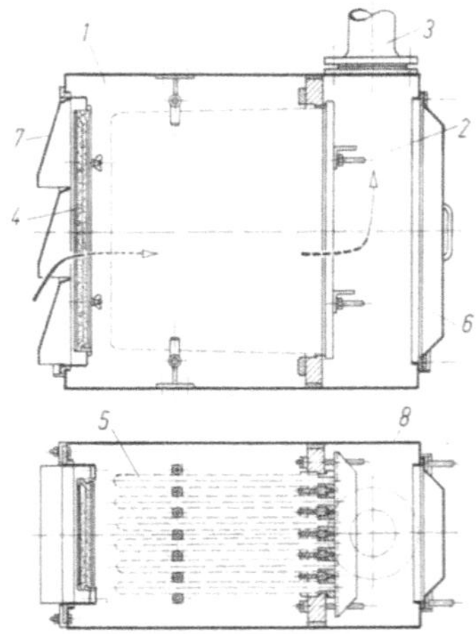

1 Rohluftkammer
2 Reinluftkammer
3 Saugstutzen
4 Vorfilter
5 Stofftaschen
6 Deckel zum Einsetzen der Stofftaschen
7 Regenschutz
8 Stahlblechgehäuse

64. Tuchtaschenfilter

3.7. Tuchtaschenfilter

Größere stationäre Kompressoranlagen läßt man nicht gern die warme Luft aus dem Maschinenhaus ansaugen, sondern führt die Saugleitungen ins Freie, wo die Maschinen dann oft über ein gemeinsames Filter gespeist werden. Dafür sind Tuchtaschenfilter nach Bild 64 besonders gut geeignet. Die Filter werden so ausgelegt, daß die maximale Luftgeschwindigkeit, bezogen auf die Tuchflächen, von 0,02 m/s nicht überschritten wird. So ausgelegt, ist die Wirksamkeit nahezu unabhängig vom Luftdurchsatz. Die Reinigung erfolgt in verhältnismäßig langen Zeiträumen durch Absaugen oder Ausklopfen. Bei Kompressoren mit pulsierender Ansaugluft reinigen sich die Tuchtaschen durch die Vibration oft von selbst.

3.8 **Elektrische Filter**

Der Staub wird beim Durchgang durch ein elektrisches Feld mit hoher Spannung ionisiert und dann durch Platten mit niederer Spannung geleitet. Der ionisierte Staub wird von den Platten angezogen und ausgefiltert. Der Wirkungsbereich umfaßt Teilchengrößen von 100 μ bis 0,001 μ. Die oberste Grenze der Staubbelastung bei gutem Abscheidungsgrad ist 100 mg/m³. Die Filtergrößen bewegen sich zwischen 500 und 100000 Nm³/h. Die elektrische Leistungsaufnahme liegt zwischen 20 und 200 W. Die Anlagekosten sind bedeutend höher als bei anderen Filterbauarten.

Die Wirkungsweise ist im Bild 65a schematisch dargestellt.

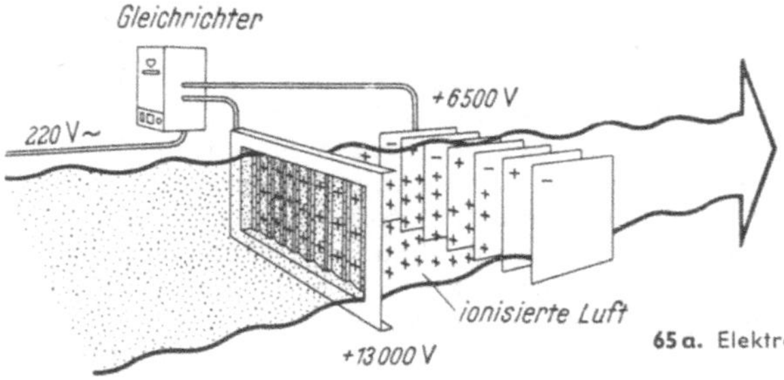

65 a. Elektro-Luftfilter

3.9. **Verschmutzungsanzeiger**

Um den Zustand der Filterverschmutzung anzuzeigen, werden manchmal spezielle Verschmutzungsanzeiger verwendet. Bild 65 b stellt einen solchen Anzeiger dar, bei dem ein grünes Sichtfeld *1* beim Überschreiten des zulässigen Unterdruckes auf der Reinluftseite auf rot wechselt. Nach dem Reinigen oder Wechseln des Filtereinsatzes wird durch Drücken auf einen Knopf *2* das Sichtfeld wieder auf grün gestellt. Prinzipiell kann dieser Indikator bei allen Saugfiltern angewendet werden, jedoch ist er besonders bei den Filterbauarten zu empfehlen, deren Einsätzen bei zu hohem Widerstand Zerstörung droht.

65 b. Verschmutzungsanzeiger
1 Sichtfeld wechselt bei Verschmutzung des Filters auf rot
2 Eindruckknopf, mit dem nach der Reinigung des Filters das Sichtfeld von rot auf grün gestellt wird
3 Luftanschluß an das Saugluftfilter

4. Kühlung

Heiße Druckluft hat zwar ein größeres Volumen als kalte — und somit auch ein größeres Arbeitsvermögen. Trotzdem ist man, von wenigen Ausnahmen abgesehen, bestrebt, den Kompressor so zu bauen und zu kühlen, daß möglichst niedrige Austrittstemperaturen zustande kommen. Die im Kompressor erzeugte Wärme kann meist nicht nutzbar gemacht werden. Sie geht während des Weges der Druckluft zum Verbraucher verloren. Der Bau von Luftkompressoren mit hoher Verdichtungstemperatur ist auch deshalb nicht möglich, weil die Unfallverhütungsvorschriften diese Temperatur begrenzen[1]. Um hohe Temperaturen zu vermeiden, muß gekühlt werden. Die Wärme kann durch Luft, Wasser oder auch ein anderes Kühlmittel abgeführt werden. Während sich die Kühlung bei der einstufigen Verdichtung auf den Zylinder und Ventilkopf beschränkt, wird bei zwei- oder mehrstufigen Verdichtern außerdem zwischen den einzelnen Stufen durch besondere Zwischenkühler die Temperatur gesenkt. Hinter der letzten Stufe eines jeden Luftkompressors muß sich, von wenigen Ausnahmen abgesehen[1], ein wirksamer Nachkühler befinden. Während die Zwischenkühlung eine Verringerung der Leistungsaufnahme bewirkt und eine Teilabscheidung von Öl und Wasser ermöglicht, ist der Nachkühler die Voraussetzung für die restliche Abscheidung des Kondensates in dem nachgeschalteten Abscheider. Auch wird die Bildung von Ölkohle und Verkrustungen in den folgenden Druckluftleitungen vermieden oder zumindest stark gehemmt. Dadurch wird Rohrbränden die durch Selbstzündung von Ölkohle entstehen können, vorgebeugt.

4.1. Kühlerberechnung

Bei einer Kompressoranlage mit nachgeschaltetem Rohrleitungsnetz kann man mit großer Annäherung annehmen, daß die Ansaugtemperatur gleich der Temperatur an der Verbraucherstelle ist. In diesem Falle geht auf dem Wege vom Ansaugstutzen bis zur Verbraucherstelle soviel Wärme verloren, wie der Antriebsenergie des Kompressors äquivalent ist. Das heißt, wenn z. B. 100 PS Antriebsleistung gebraucht werden, so gehen $100 \cdot 632 = 63200$ WE verloren oder müssen abgeführt werden. Für eine überschlägige Kühlerberechnung genügt es, wenn man annimmt, daß bei einstufigen Kompressoren 40% dieser Wärmemenge über die Zylinder und Ventilköpfe und 60% im Nachkühler abgeführt werden. Bei der zweistufigen Verdichtung kann man damit rechnen, daß in den Zylindern und Ventilköpfen 20%, im Zwischen- und Nach-

[1] Siehe UVV, Abschnitt 14.2.11.

kühler je 40% abgeführt werden. Für eine genaue Rechnung ist die Kenntnis der Temperaturen erforderlich. Es muß dann auch berücksichtigt werden, daß die Kondensationswärme des etwa anfallenden Wassers vom Kühler aufgenommen werden muß. Wasserdampf hat eine Kondensationswärme von 550 kcal/kg. Sie kann bis 20% der fühlbaren Wärme der Druckluft betragen.
Zur Kühlerberechnung sollen nur einige wenige Formeln, die zum Verständnis des Kühlerproblems nötig sind, angegeben werden.
Die stündlich durch eine Wand vom wärmeren an das kältere Medium übertragene Wärmemenge beträgt

$$Q = k \cdot F \cdot \Delta t_m \text{ [kcal/h]} \tag{48}$$

Die Wärmedurchgangszahl k berechnet sich für die aus einer Schicht bestehenden Wand nach folgender Beziehung:

$$k = \frac{1}{\frac{1}{\alpha_1} + \frac{\delta}{\lambda} + \frac{1}{\alpha_2}} \tag{49}$$

Der Ausdruck δ/λ bedeutet den Wärmewiderstand, den die Kühlwand hat. Er ist im allgemeinen so klein, daß man ihn vernachlässigen kann. α_1 und α_2 sind Wärmeübergangszahlen, bezogen auf je eine Wandseite. Jede Wärmeübergangszahl ist von der Strömungsgeschwindigkeit, den Stoffeigenschaften der strömenden Medien und den charakteristischen Abmessungen des Austauschelements abhängig, z. B. vom Rohrdurchmesser. Für genaue Berechnungen wird auf die einschlägige Literatur, z. B. den VDI Wärmeatlas, hingewiesen, wo in knapper, leicht verständlicher und übersichtlicher Form die Abhängigkeit der Wärmeübergangszahlen von dimensionslosen Kenngrößen dargestellt ist. Beim Wärmeübergang von Luft zur Wand und bei Strömungsgeschwindigkeiten zwischen 5 und 30 m/s werden 40 bis 100 kcal/m²h °C, beim Wärmeübergang zwischen Wasser und Wand und bei Strömungsgeschwindigkeiten von 0,5 bis 2 m/s werden 300 bis 6000 kcal/m²h °C erreicht. Wegen dieser unterschiedlichen Wärmeübergangszahlen wird bei Kühlern Luft gegen Wasser die luftseitige Austauschfläche durch Rippen vergrößert. Man setzt dadurch den Wärmedurchgang durch den Kühler wesentlich herauf. In der ersten Gleichung bedeutet Q die zu übertragende Wärmemenge in kcal/h, F die Austauschfläche in m² und t_m die mittlere Temperaturdifferenz zwischen beiden strömenden Medien in °C.
Die mittlere Temperaturdifferenz ist nicht ohne weiteres definiert, da sich ja die Temperaturen beider Medien beim Wärmeaustausch dauernd ändern. Man unterscheidet deshalb 3 Fälle:

1. Gleichstrom: Beide Medien fließen in der gleichen Richtung.
2. Gegenstrom: Beide Medien fließen entgegengesetzt.
3. Kreuzstrom: Beide Medien kreuzen sich.

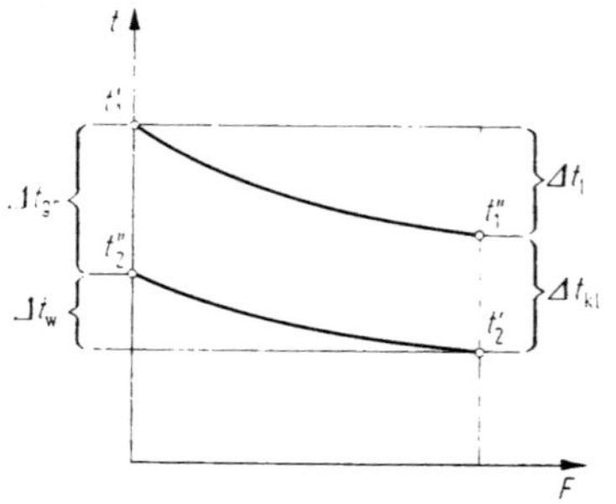

66. Temperaturverlauf eines Gegenstromkühlers

Bild 66 zeigt den Temperaturverlauf eines Gegenstromkühlers. Der Gegenstromkühler erfordert bei vorgegebener Wärmeübergangsleistung die kleinste Wärmeaustauschfläche. Für Gleich- und Gegenstrom gilt

$$\Delta t_m = \frac{\Delta t_{gr} - \Delta t_{kl}}{\ln\left(\frac{\Delta t_{gr}}{\Delta t_{kl}}\right)} \tag{50}$$

Der Gleichstromkühler erfordert die größte Austauschfläche, während die erforderliche Fläche des Kreuzstromkühlers dazwischen liegt. Die Berechnung von Δt_m für Kreuzstromkühler ist unübersichtlich. Im Wärmeatlas kann man an Hand von Diagrammen diese Temperaturdifferenz ablesen.

4.2. Kühlertemperaturen

Eine Frage, von der die Kühlergröße wesentlich abhängt, ist, wieweit man die Temperatur der Druckluft an die Temperatur des Kühlmittels annähern soll. Da Wärme von der Druckluft auf das Kühlmittel nur solange übergehen kann, solange ein Temperaturgefälle vorhanden ist, könnte die Temperatur des Kühlmittels nur mit einem unendlich großen Kühler erreicht werden. Um eine vertretbare Größe des Kühlers zu erhalten, muß man sich mit einer als wirtschaftlich geltenden Temperaturdifferenz zufriedengeben.
Diese kleinste Temperaturdifferenz Δt_{kl} beträgt bei Luftkühlern ca. 20 bis 25 °C, bei Wasserkühlern 10 bis 20 °C. Die Temperatur der aus dem Kühler austretenden Druckluft ist also vom Temperaturniveau des Kühlmittels abhängig.

4.3. Kühlmittel

Während Wasser wegen seiner hohen spezifischen Wärme ein ausgezeichnetes Kühlmittel ist, kann man das von Luft nicht behaupten. Ein Liter Wasser kann nämlich pro °C soviel Wärme aufnehmen wie 3300 Liter atmosphärische Luft. Mit Wasser kann man die Wärme in verhältnismäßig engen Leitungen abführen, ohne die Umgebung wesentlich zu erwärmen. Deshalb werden große Kompressoren auch heute noch mit Wasser gekühlt. Luft hingegen hat den Vorteil, daß sie überall in uneingeschränkter Menge zur Verfügung steht und nichts kostet. Außerdem sind die bei Wasserkühlung gefürchteten Frostschäden ausgeschlossen. Luftkühlung wird daher bei allen kleineren Kompressoren sowie bei fast allen Baustellenkompressoren gern angewendet.

4.4. Die Durchflußkühlung

Wird Wasserkühlung vorgesehen, so ist die einfachste Methode die Durchflußkühlung. Sie wird überall dort angewendet, wo genügend billiges Wasser aus Brunnen oder aus der Wasserleitung zur Verfügung steht. Dort, wo der Wasserpreis hoch ist oder wo die Ableitung des warmen Kühlwassers Schwierigkeiten bereitet, muß das Wasser rückgekühlt werden. Manchmal ist es möglich, einen Kühlteich anzulegen, aus dem die Kühler gespeist werden und in den das warme Kühlwasser wieder zurückgeleitet wird. Die Wärme wird dem Wasser zum Teil durch das Erdreich und zum Teil durch Verdunstung an der Oberfläche entzogen. Außerdem kann man die Temperatur durch Einspeisung von

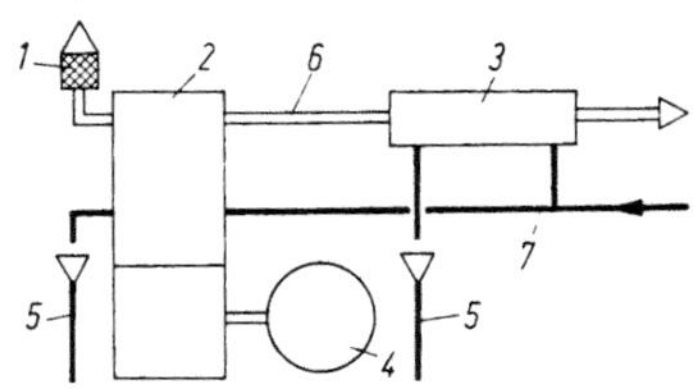

a Kompressor und Nachkühler parallelgeschaltet

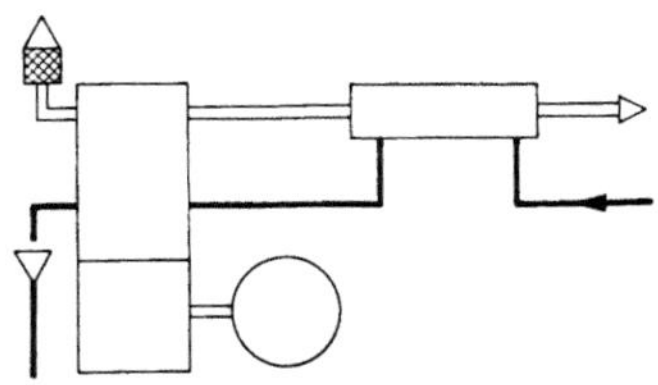

b Kompressor und Nachkühler in Serie geschaltet

1 Ansaugstutzen mit Filter
2 Kompressor
3 Nachkühler
4 Antriebsmotor
5 Abflußtrichter
6 Luftleitung
7 Wasserleitung

67. Kühlwasserführung

kaltem Wasser konstant halten. Voraussetzung für die Anlage eines Kühlteiches ist aber, daß das nötige Gelände dazu vorhanden ist. Überall dort, wo genügend billiges Kühlwasser zur Verfügung steht, kommt die Parallelschaltung von Nachkühler und Kompressor in Frage, wie sie schematisch das Bild 67a zeigt. Wo mit Wasser gespart werden muß und wo kaltes Leitungswasser verwendet werden soll, können Nachkühler und Kompressor auch hintereinander geschaltet werden, wie es Bild 67b zeigt.

4.5. Der offene Kühlwasserkreislauf, Verdunstungs- oder Kühlturmkühlung

Wo der nötige Platz fehlt, um einen Kühlteich anlegen zu können, besteht fast immer die Möglichkeit, einen Verdunstungskühler oder Kühlturm aufzustellen. Kühltürme brauchen nur sehr wenig Raum. Sie lassen sich überall im Freien, ja sogar auf einem Dach aufstellen. Bei Verdunstungskühlern wird dem erwärmten Kühlwasser die Wärme durch Verdunstung wieder entzogen. Deshalb ist für die Kühlung nicht so sehr die Außentemperatur des Trockenthermometers, sondern vielmehr die meist bedeutend niedrigere des Feuchtthermometers entscheidend. Ein Kühlturm kann daher unter Umständen sogar auf eine Temperatur herunterkühlen, die unter der Außentemperatur liegt. Eine schematische Darstellung einer einfachen Rückkühlanlage mit nur einem Kompressor zeigt das Bild 68. Eine Umwälzpumpe hält den Wasserkreislauf

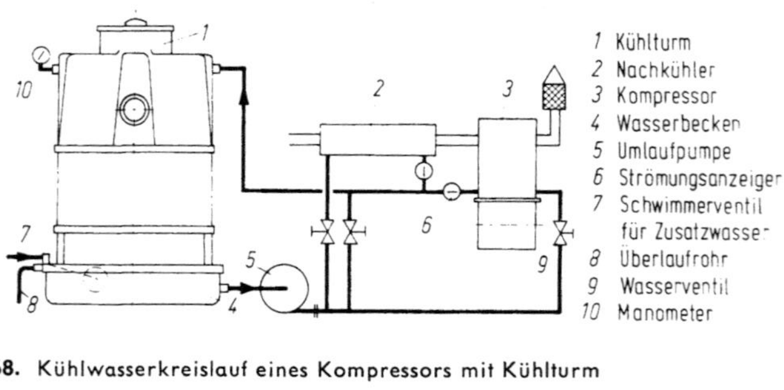

68. Kühlwasserkreislauf eines Kompressors mit Kühlturm

über den Kühlturm aufrecht. Bei dieser Anordnung darf der Kühlturm nicht beliebig hoch aufgestellt werden. Auch muß das Leitungssystem so ausgelegt sein, daß der Wasserdruck in den Kühlräumen des Kompressors und in den Zwischen- und Nachkühlern keine unzulässig hohen Werte annehmen kann. Dies wird sicher vermieden, wenn das

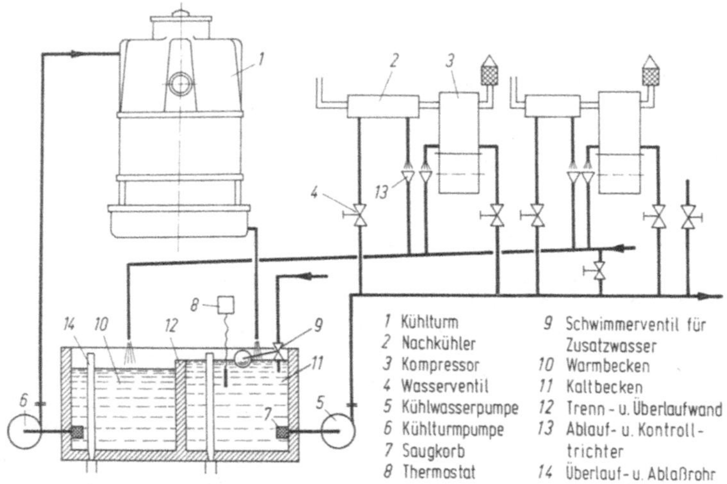

69. Kühlwasserkreislauf einer Kompressorstation mit Kühlturm, Kalt- und Warmwasserbecken, Pumpen und Armaturen

1 Axialventilator ist im Kühlturm-Oberteil montiert.
2 Die Wasserverteilrohre sind mit den aus Kunststoff hergestellten Vollkegeldüsen zu einer Einheit zusammengebaut. Die Düsen verteilen das erwärmte Wasser gleichmäßig über die Füllkörpereinbauten.
3 Der Wasserabschneider besteht aus Kunststoff Polystyrol 475 K. Er verhindert weitestgehend das Mitreißen der Wassertröpfchen im Luftstrom.
4 Die Füllkörpereinsätze dienen als Wärmeaustauschkörper, in denen der Wärmeübergang vom Wasser auf die anströmende Luft stattfindet. Sie bestehen aus Kunststoff oder kunststoffbeschichteten Waben. Die Öffnungen in den Rieseleinbauten betragen etwa 20 mm. Unerwünschte Ablagerungen an den Rieselflächen werden vermieden. Die Rieseleinbauten faulen nicht und können nicht rosten und nicht verrotten.
5 Die Kühlturmverkleidung besteht aus glasfaserverstärktem Polyester. Sie ist daher für aggressives Wasser geeignet. Als Spritzschutz werden Jalousien aus verzinktem Stahlblech geliefert.
6 Die Wassersammelschale kann als Auffangbecken und in geringem Maße auch als Speicher dienen. Sie ist ebenfalls aus glasfaserverstärktem Polyester hergestellt. In die Sammelschale werden auch Heizung, Siebkorb und das Schwimmerventil eingebaut.

70. Aufbau eines Verdunstungskühlers, System Escher Wyss

Kühlsystem zwei Pumpen, und zwar eine für den Kühlturm und eine für die zu kühlenden Maschinen hat, aus denen das Wasser frei auslaufen kann. Ein solches System wird meist mit Kalt- und Warmwasserbecken ausgerüstet, wie es schematisch das Bild 69 zeigt.
Bild 70 ist ein Schnitt durch einen Verdunstungskühler.

4.6. Der geschlossene Kühlwasserkreislauf

Bei jedem geschlossenen Kühlwasserkreislauf wird das erwärmte Kühlwasser über einen Rückkühler oder Wärmeaustauscher geleitet. Bei luftgekühlten Rückkühlern wird die Wärme an die Luft, bei wassergekühlten Rückkühlern wird sie an ein sekundäres Wasser abgegeben, mit welchem das Kreislaufwasser nicht in unmittelbare Berührung kommt. Bei Luftrückkühlern fließt das Kühlwasser durch Rohre oder lamellenförmig zusammengesetzte Waben, die mit einem Ventilator durch Luft gekühlt werden. Bild 71 zeigt, wie ein Wasser-Luftrückkühler in den Kreislauf des Kompressorkühlwassers eingeschaltet wird. Wasser-Wasserrückkühler werden verwendet, wenn See-, Brack- oder Schmutzwasser zur Verfügung steht. Bild 72 zeigt, wie der Wärmeaustauscher in den Kreislauf eingebaut wird.

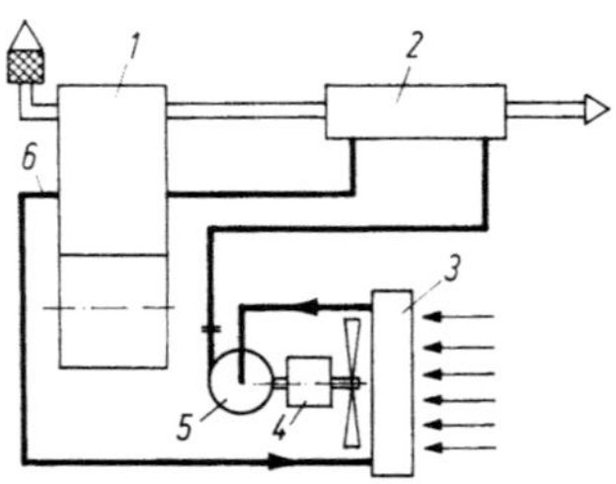

1 Kompressor
2 Nachkühler
3 Rückkühler
4 Ventilator mit Antrieb
5 Umlaufpumpe
6 Kühlwasserkreislauf

71. Kompressor mit Wasser-Luftkühler

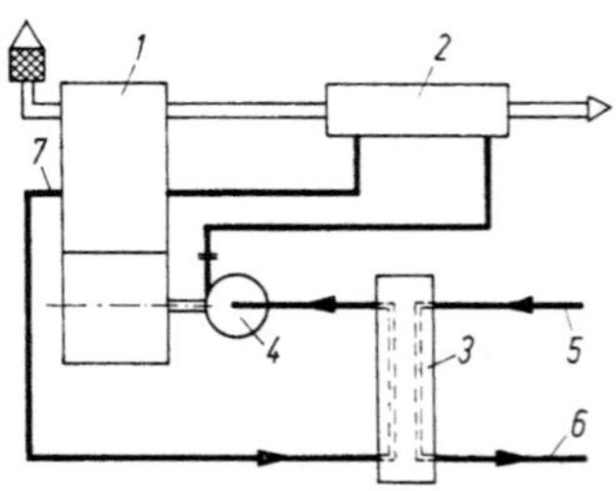

1 Kompressor
2 Nachkühler
3 Rückkühler
4 Kühlwasserpumpe
5 Rohwassereintritt
6 Rohwasseraustritt
7 Kühlwasserkreislauf

72. Kompressor mit Wärmeaustauscher als Kühlwasserrückkühler

4.7. Luftkühlung

Bei luftgekühlten Kompressoren gibt man sich in der Regel nicht zufrieden, wenn nur der Kompressor luftgekühlt ist, der Nachkühler jedoch mit Wasser gekühlt werden soll. Deshalb werden solche Kompressoren heute oft nicht nur mit luftgekühlten Zwischenkühlern, sondern auch mit ebensolchen Nachkühlern ausgerüstet. Bild 73 zeigt eine luftgekühlte W-Maschine mit vorgebautem Nach- und Zwischenkühler.

73. Luftgekühlter W-Kompressor mit vorgebautem Nach- und Zwischenkühler

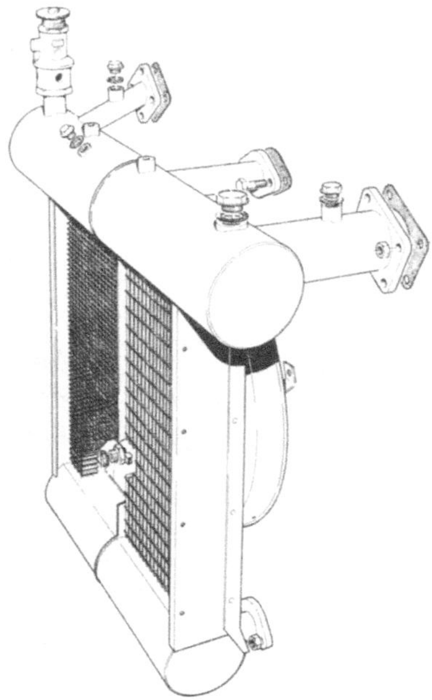

74. Zwei zu einem Kühlerblock zusammengebaute Flachrohrzwischenkühler eines dreistufigen luftgekühlten Kompressors

4.8. **Kühlerbauarten**

Für Kompressoren kommen sehr verschiedene Arten von Kühlern in Frage. Es handelt sich hierbei jedoch fast ausschließlich um Kreuzstrom-, Gegenstrom- oder um gemischte Kreuz-Gegenstromkühler. Das zu kühlende Medium und das Kühlmedium bedingen oft die Verwendung eines bestimmten Werkstoffes, aus dem die Kühlelemente gefertigt sein müssen. So werden z. B. bei Kühlern, die mit Seewasser arbeiten, die Rohre aus seewasserbeständigem Sondermessing hergestellt. Wenn aggressive Gase gekühlt werden sollen, muß das Kühlermaterial auch diesen standhalten. Für die Wahl eines bestimmten Kühlersystems ist jedoch der Betriebsdruck von besonderer Bedeutung. Darüber hinaus müssen Kühler, welche an stark vibrierenden Kompressoren angebracht sind, ausreichende Vibrationsverträglichkeit besitzen. Allen diesen Einflüssen ist es zuzuschreiben, daß bei Kompressoren ganz bestimmte Kühlerbauarten verwendet werden. Einige Beispiele zeigen die Bilder 73 bis 76.

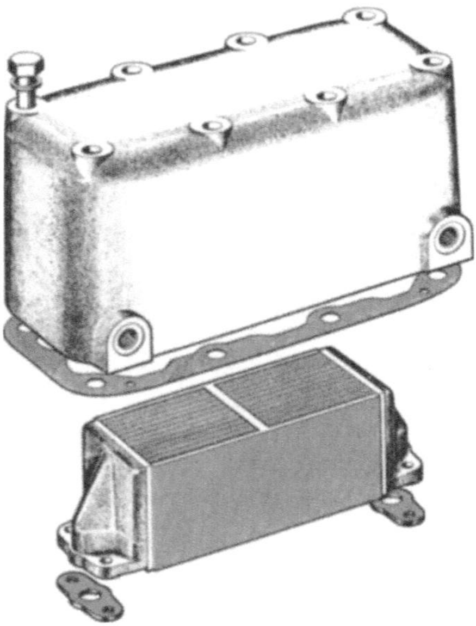

75. Zwischenkühler eines zweistufigen wassergekühlten Kompressors

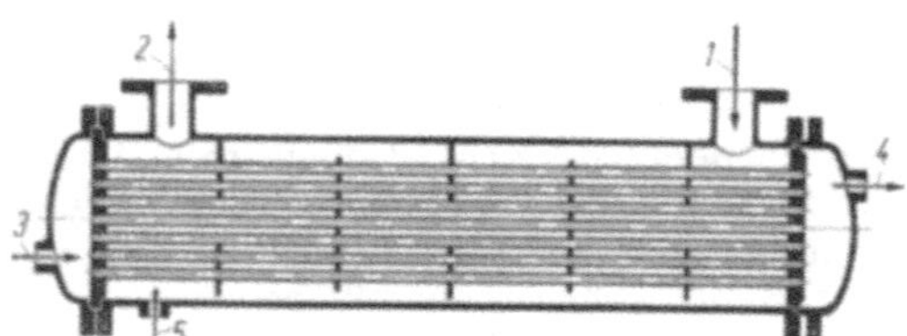

76. Schnittbild eines Kreuz-Gegenstromkühlers

4.9. Vermeidung von Kühlwasserschäden an Kompressoren und deren Kühleinrichtungen

Wasser hat die Eigenschaft, Gase in Lösung zu halten, welche bei Erwärmung ausperlen und Korrosionsschäden verursachen können. Korrosionsverursachende Gase sind Sauerstoff (O_2) und Kohlensäure (CO_2). Während sich Sauerstoffschäden durch punktförmige Anfressungen verraten, werden durch Kohlensäureangriff ganze Flächen zersetzt. Gefährdet sind alle praktisch zur Verwendung kommenden Metalle.
Eine andere Eigenschaft des Wassers ist es, Salze der Härtebildner, Kalzium und Magnesium, in Lösung zu halten, welche bei Erwärmung zur Wassersteinbildung führen. Wassersteinbildung verengt die Querschnitte und erschwert den Wärmeaustausch an den Kühlflächen. Bei den meisten Kühlwässern kann man sowohl Korrosion als auch Steinansatz durch Impfung des Kühlwassers mit Orthophosphaten und Silikaten verhindern. Kühlwasserimpfungen sind gewöhnlich bis zu Kühlwassertemperaturen von 75 °C voll wirksam. Letzten Aufschluß über die beste Rezeptur des Impfstoffes und das Impfverfahren erhält man durch eine Wasseruntersuchung, welche von einer Fachfirma richtig gedeutet und ausgewertet wird.
Bei Kühlturmrückkühlung, bei welcher die Sauerstoffanreicherung wegen der innigen Berührung des Wassers mit der Luft besonders groß ist, wird lediglich das Zusatzwasser geimpft. Eine zu starke Anreicherung des Salzgehalts wird bei Verdunstungskühlern vermieden, wenn man einen kleinen Teil des Wassers aus dem Becken ablaufen läßt. Bei Umlaufkühlung mit geschlossenem Kreislauf wird Korrosion und Steinansatz dadurch verhindert, daß die Impfsubstanz dem Wasser direkt beigemengt wird.

4.9.1. Beseitigung von Wasserstein in Kühlwasserräumen und Kühlern

Wenn vorbeugende Maßnahmen gegen Wassersteinansatz versäumt worden sind und sich Wasserstein abgesetzt hat, muß dieser beseitigt werden. Die Auflösung erfolgt durch das Auffüllen des Kühlsystems mit einem Entkalkungsmittel. Hierzu verwendet man spezielle Spüleinrichtungen mit elektrischer Pumpvorrichtung. Entkalkungsmittel sind stets Säuren, welche den Kalk lösen, bevor sie das Metall angreifen können. Salzsäure, Phosphorsäure oder auch Ameisensäure spielen dabei eine wichtige Rolle. Wassersteinentferner werden so gemischt, daß sie den jeweiligen Anforderungen am besten entsprechen. Zu empfehlen sind fertige Lösungen, die nach Gebrauchsanweisung zu verwenden sind.

5. Druckluftabscheider und -filter

Die erzeugte Druckluft ist beladen mit Feuchtigkeit, Schmierölresten und manchen Verunreinigungen wie abgelösten Verkrustungen aus den Leitungen, Rostpartikeln und manchem anderen. Von dem Verwendungszweck der Druckluft hängt es ab, wie rein die Druckluft sein muß und wie sie sonst noch beschaffen sein soll. Während die Grobabscheidung des Kondensates in dem hinter dem Nachkühler liegenden Abscheider erfolgt, wird die Feinabscheidung, Filterung und sonstige Nachbehandlung der Druckluft hinter dem Druckluftbehälter, möglichst nahe an der Verwendungsstelle, vorgenommen. In Grobabscheidern wird das Ausscheiden der Flüssigkeitströpfchen durch Verlangsamung der Geschwindigkeit, durch Prallwirkung, durch Umlenkung oder Zentrifugalwirkung oder durch eine Kombination dieser Merkmale erreicht. Bei Druckluftfiltern wird die Filterwirkung durch Siebe, poröse Filterkerzen, Watte- und Filzeinsätze und Füllungen mit Aktivkohle und auch andere Filtermassen bewirkt. Bei der Vielzahl der in Verwendung stehenden Filter und Abscheider und deren Kombinationen können nur einige markante Beispiele gebracht werden.

5.1. Kondensatabscheidung

Mit der Bestimmung der Kondenswassermenge und des Feuchtigkeitsgehaltes der Luft befassen sich die Abschnitte 1.10 und 1.11.
Die Voraussetzung für eine ausreichende Kondensatabscheidung ist die Kühlung der Druckluft auf eine Temperatur, bei welcher der Dampf-

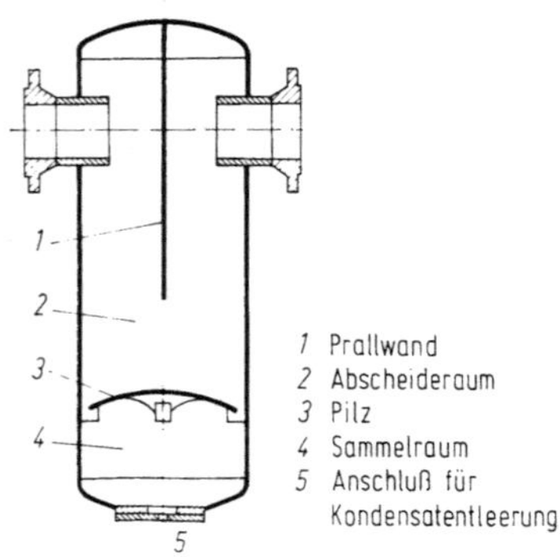

77. Grobabscheider mit Prallwand

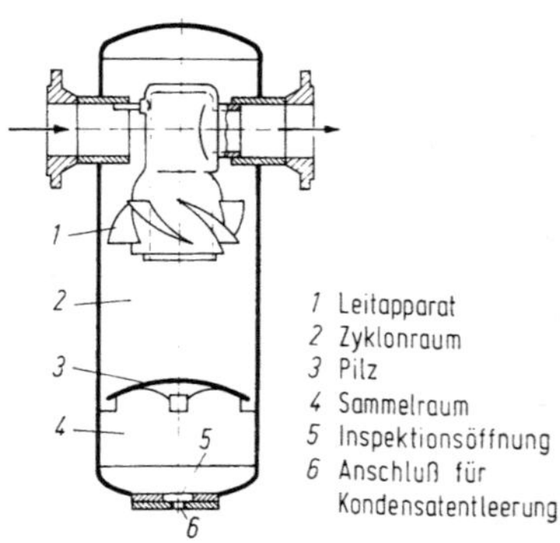

78. Zyklonabscheider

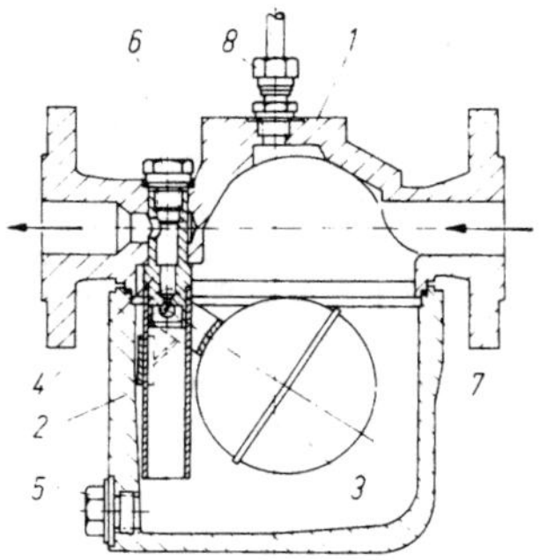

79. Automatischer Kondensatableiter

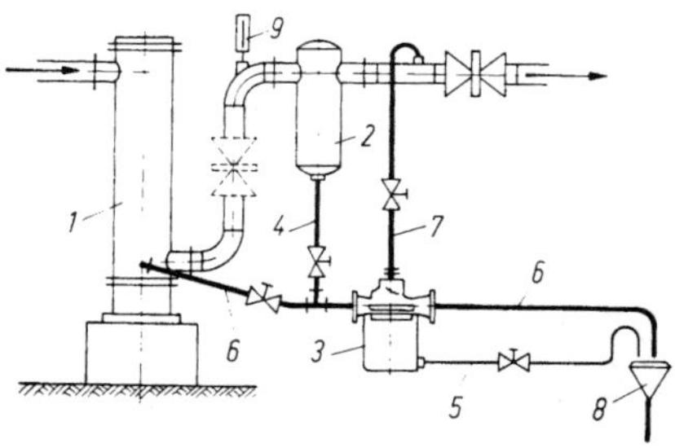

80. Anordnung eines stehenden Nachkühlers und eines Abscheiders mit automatischem Kondensatableiter

druck niedrig genug ist. Ausreichende Kühlung allein genügt jedoch noch nicht, um das nebelförmige Kondensat aus der Druckluft zu entfernen. Hierzu dienen die verschiedenen Kondensatabscheider.
Bild 77 zeigt einen Grobabscheider mit Prallwand, während Bild 78 einen Abscheider darstellt, bei dem die Abscheidung durch Zentrifugalwirkung erreicht wird. Die ausgeschiedene Flüssigkeit muß entweder durch einen Ablaßhahn von Zeit zu Zeit abgelassen werden, oder das Ableiten geschieht automatisch durch einen besonderen Ableiter. Bild 79 zeigt einen solchen automatischen Kondensatableiter im Schnitt. Bild 80 zeigt, wie Abscheider und Kondensatableiter hinter dem Nachkühler angeschlossen werden.

5.2. Druckluftnachbehandlung

Die Druckluftnachbehandlung setzt hinter dem Druckbehälter ein und verändert den Zustand der Luft je nach den gegebenen Erfordernissen. Obwohl Druckluft fast überall frei von mechanischen Verunreini-

gungen verlangt wird, gibt es eine Menge von Verwendungszwecken, für die mehr gefordert wird. Bild 81 zeigt ein Druckluftfilter, welches mit keramischen Filterkerzen arbeitet. Dieses Filter hält nicht nur feste Verunreinigungen zurück, sondern unterstützt auch die Kondensation des restlichen Wasser- und Ölgehaltes der Druckluft. Während Leitungsschmutz und Rost bereits auf der Oberfläche der Filterkerzen zurückgehalten werden, wird Öl- und Wassernebel beim Durchgang durch den porösen Filterstein zu Flüssigkeitstropfen verdichtet, die in den Kondensatsammelraum fließen. Zur Entölung der Druckluft dient das in Bild 82 gezeigte Absorptionsfilter. Bei diesem Feinfilter wird Öldunst durch Filz oder Wattescheiben aufgesaugt und festgehalten. Für besondere Ansprüche, wie sie z. B. die Lebensmittelindustrie stellt, werden nach einem Feinfilter noch besondere Adsorptionsfilter verwendet, welche meist mit Aktivkohle gefüllt sind. Ein solches Filter zeigt Bild 83.
An verschiedenen Abnahmestellen eines Druckluftnetzes werden oft sehr unterschiedliche Ansprüche an die Qualität der Druckluft gestellt. Während zum Betrieb der meisten Druckluftwerkzeuge und -geräte die

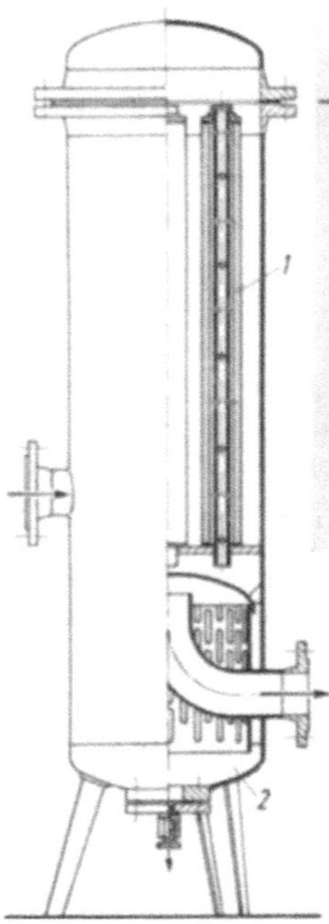

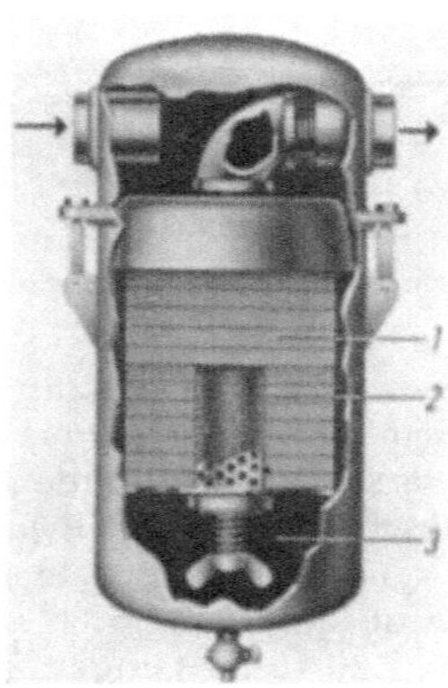

1 Filzscheiben
2 Filtersieb
3 Kondensatsammelraum

82. Absorptionsfilter

1 Filterkerzen
2 Kondensat-sammelraum

81. Druckluftfilter mit keramischen Filterkerzen

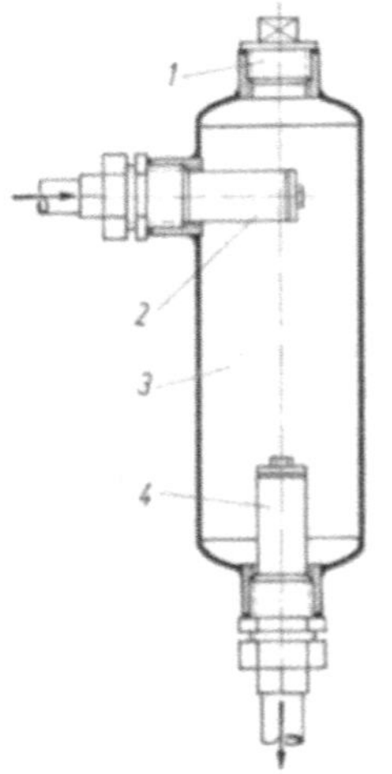

1 Einfüll- und Entleerungsstutzen für Adsorptionsmittel
2 Filterkerze
3 Behälter für Adsorptionsmittel
4 Filterkerze

83. Adsorptionsfilter

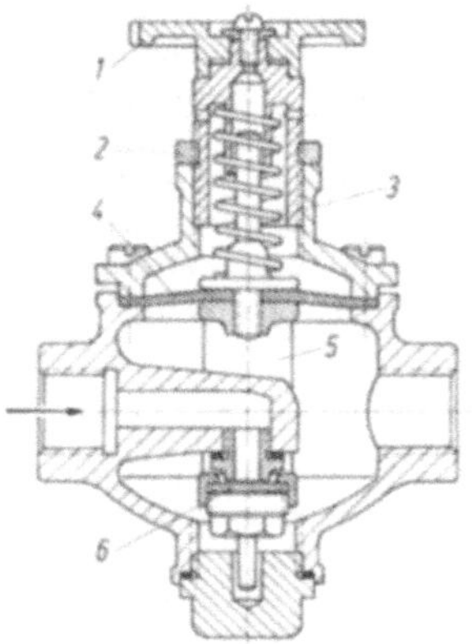

1 Handrad zur Druckeinstellung
2 Kontermutter zur Fixierung der Einstellung
3 Gegendruckfeder
4 Membrane
5 Verbindungsbügel zwischen Membrane und Ventilkegel
6 Ventilkegel

84. Druckminderer

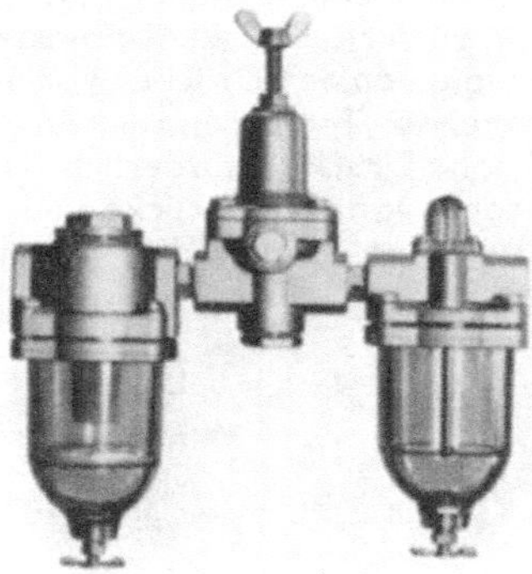

85. Wartungseinheit, bestehend aus Abscheider mit Filter, Druckreduzierventil und Druckluftöler

Druckluft ölhaltig sein muß, ist für eine Reihe anderer Verwendungszwecke Ölgehalt überflüssig, ja sogar schädlich. Auch kann an verschiedenen Stellen unterschiedlicher Betriebsdruck erforderlich sein. Die Einstellung des Betriebsdruckes erfolgt in solchen Fällen durch einen Druckminderer. Das Bild 84 zeigt einen Druckminderer im Schnitt. Die Anpassung der Druckluftqualität an den bestimmten Verwendungszweck wird durch sogenannte Wartungseinheiten erreicht, welche verschieden zusammengesetzt sein können. Bild 85 zeigt eine solche Wartungseinheit, die aus einem Abscheider mit Filter, einem Druckreduzierventil und einem Druckluftöler zusammengesetzt ist.

5.3. **Lufttrocknung**

Es kommen drei verschiedene Methoden zur Erzeugung trockener Luft in Frage.

1. Auf einen hohen Druck verdichten, kühlen und wasserabscheiden, auf den Betriebsdruck reduzieren.
2. Bereits vorentwässerte Druckluft durch einen Verdampfer einer Kältemaschine leiten, anschließend filtern und wieder erwärmen.
3. Vorentwässerte Druckluft durch eine Adsorptionsanlage leiten.

Die erste Methode findet automatisch überall dort Anwendung, wo vorentwässerte Druckluft druckreduziert wird. Die Restfeuchtigkeit ist abhängig von den Drücken vor und nach dem Reduzieren und den entsprechenden Temperaturen. Zur Erzielung eines niedrigen Taupunktes sind hohe Drücke erforderlich. Wegen des großen Aufwandes an Kompressoren für hohe Drücke und der dafür erforderlichen großen Antriebsenergie kommt diese Methode nur in Ausnahmefällen zur Anwendung.

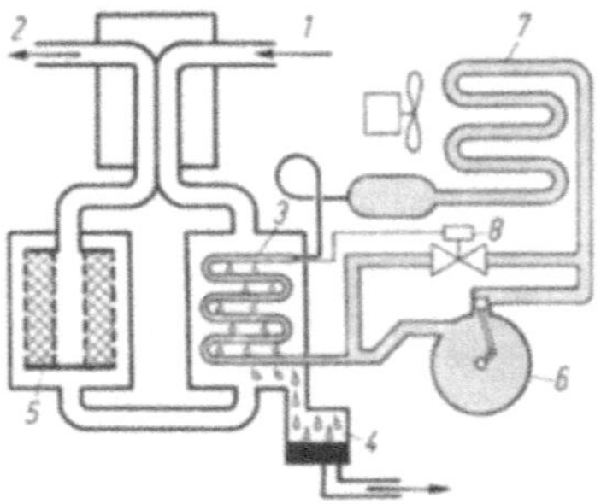

1 Eintritt der warmen, gesättigten Druckluft
2 Austritt der getrockneten und gefilterten Luft
3 Verdampfer der Kältemaschine
4 Kondensatsammeltopf
5 Feinfilter
6 Kältekompressor
7 Kondensator der Kältemaschine
8 durch den Kältemitteldruck gesteuerter Regler

86. Schema des Trocknungsvorganges in einer Kältetrocknungsanlage

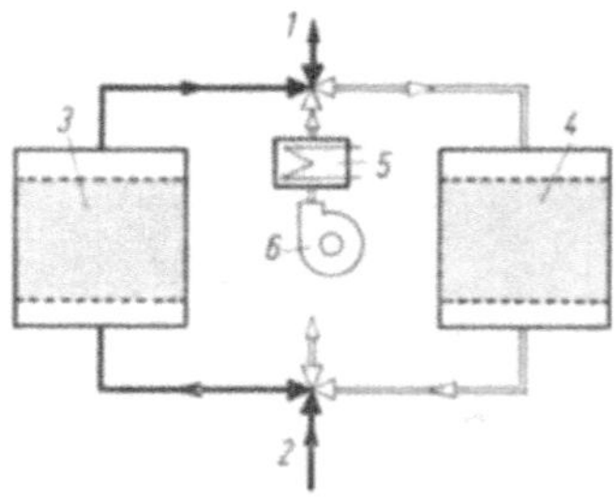

1 Trockenluft-Austritt
2 Naßluft-Eintritt
3 Trocknung
4 Regeneration
5 Lufterhitzer
6 Gebläse

87. Schema einer kontinuierlich arbeitenden Zwei-Adsorber-Trocknungsanlage

Die zweite Methode wird angewendet, wo keine sehr tiefen Taupunkte verlangt werden. Atmosphärische Taupunkte von — 23 °C sind jedoch durch Trocknung bei 7 atü zu erreichen. Bild 86 zeigt schematisch die Arbeitsweise einer solchen Trocknungsanlage.

Die dritte Methode arbeitet mit Adsorptionsmaterial, z. B. Trockenperlen, welche sich in einem Adsorberfilter, ähnlich des in Bild 83 gezeigten, befinden. Trockenperlen können mit einem Indikatorfarbstoff versehen sein, der nach Adsorption einer bestimmten Wassermenge die Farbe z. B. von blau in rosa ändert. Mit Wasser gesättigtes Adsorptionsmaterial muß regeneriert werden, was durch Einblasen von heißer Luft (ca. 200 °C) erfolgen kann[1]. Mit Trockenperlen sind selbst bei

[1] Bei einem anderen Regenerationsverfahren wird durch einen Teilstrom bereits getrockneter, kalter, entspannter Luft regeneriert.

Trocknung unter Atmosphärendruck Taupunkte unterhalb — 60 °C erreichbar. Bild 87 zeigt das Schema einer kontinuierlich arbeitenden Zwei-Adsorber-Trocknungsanlage.

6. Kompressorventile und Steuerung

Während bei Vielzellen-, Schrauben- und anderen Verdichtern mit rotierender Arbeitsweise die Steuerung meist ohne besondere Ventile erreicht wird, haben Hubkolbenkompressoren spezielle Saug- und Druckventile[1].

Aber auch die vorgenannten ventillosen Kompressoren kommen nicht ganz ohne Ventile aus. Diese dienen jedoch nicht zur Steuerung des Luftstroms wie beim Hubkolbenkompressor, sondern sie wirken lediglich als Rückschlagventile und verhindern, daß der Kompressor nach dem Abschalten von der Druckluftseite her rückwärts angetrieben werden kann.

Bei Kompressoren mit ölüberfluteten Verdichtungsräumen werden außerdem noch Druckhalteventile vorgesehen, welche die Aufgabe haben, einen gewissen Mindestdruck (z. B. 3 atü) zu halten, um die Luftgeschwindigkeit in der Ölrückgewinnungsanlage zu begrenzen. Mitreißen von Öl bei Druckabfall wird dadurch vermieden.

Früher wurden Hubkolbenkompressoren gelegentlich mit mechanischen Steuerungen ausgeführt, ähnlich wie sie Dampfmaschinen aufweisen. Dadurch sollte eine Drehzahlerhöhung möglich werden, der die damaligen selbsttätigen Kompressorventile nicht immer gewachsen waren. Die durch die Weiterentwicklung erzielten Verbesserungen haben aber dazu geführt, daß heute selbst bei hohen Kompressordrehzahlen ausschließlich selbsttätige Kompressorventile verwendet werden. Diese haben gegenüber allen Zwangssteuerungen den wichtigen Vorteil, daß sie automatisch zum richtigen Zeitpunkt öffnen und schließen.

Kompressorventile werden heute in großen Stückzahlen gebraucht und meist von Spezialfabriken hergestellt. Diese bieten verschiedene Typenreihen für alle vorkommenden Liefermengenbereiche, Drücke und Drehzahlen. Das zur Herstellung von Ventilen und deren Einzelteilen verwendete Material richtet sich außer nach den eben genannten Größen auch noch nach der Art des zu verdichtenden Mediums. So müssen z. B. bei feuchten Gasen und Kompressoren, die ohne Zylinderschmierung arbeiten, den sogenannten Trockenläufern, rostbeständige

[1] Lediglich bei Vielzellenverdichtern gibt es eine Bauart, die zur Anpassung an verschiedene Druckverhältnisse mit Zellenventilen ausgeführt wird.

Materialien verwendet werden. Auch bei der Verdichtung von aggressiven Gasen spielt die Auswahl des geeigneten Materials eine besondere Rolle.

6.1. **Ventilbauarten**

Ein typisches Bauelement aller Kompressorventile ist die federbelastete Ventilplatte, welche auf einem ebenen Sitz aufliegt. Ist der Druck auf der Federseite der Ventilplatte kleiner als auf der anderen Seite, so hebt sich die Ventilplatte, und die Luft oder das Gas kann an der Platte vorbei durch den Sitz streichen.
Ventilplatte, Sitz und Feder können die verschiedensten Formen haben. Bild 88 zeigt ein Kanalventil, bei dem der Ventilsitz mit geraden Schlitzen versehen ist und die Ventilplatten aus Blechstreifen mit U-förmigem Profil bestehen. Die Ventilfedern sind Plattenfedern. Bild 89 zeigt ein Vogelzungenventil in der Form, wie es bei verschiedenen kleinen Kompressoren Verwendung findet. Am häufigsten werden jedoch Ringventile benützt, bei denen die Ventilplatte entweder aus einem oder mehreren losen Ringen besteht (Bild 90) oder auch die Ventilplatte ringförmige Ausnehmungen aufweist, die durch Stege überbrückt werden, so daß die Platte eines Mehrringventils ein Stück bildet. Die Führung der Ventilplatten wird durch Stifte, Bolzen oder Rippen und Ausnehmungen am Ventilfänger oder Ventilkörper erreicht. Bei der Ventilplatte (Bild 91) handelt es sich um eine Platte mit „gelenkter" Führung. Diese Führung arbeitet reibungsfrei und besteht aus den zwei federnden Armen rechts und links von der zentralen Befestigungsöse. Bild 92 zeigt, aus welchen Teilen ein normales Mehrring-Druckventil besteht. Bild 93 zeigt ein Saugventil mit Sicherheitsfänger, der verhindert, daß Bruchstücke von Ventil- oder Federplatte in den Zylinder fallen können. Ventile nach Bild 92 und Bild 93 sind für höhere Drehzahlen besonders geeignet. Bild 94 zeigt ein Saug- und Druckventil mit konzentrischer Plattenanordnung. Im Rahmen dieser Abhandlung ist es nicht möglich, alle Bauarten und Kombinationen zu beschreiben. Es sind deshalb nur die wichtigsten gezeigt worden.

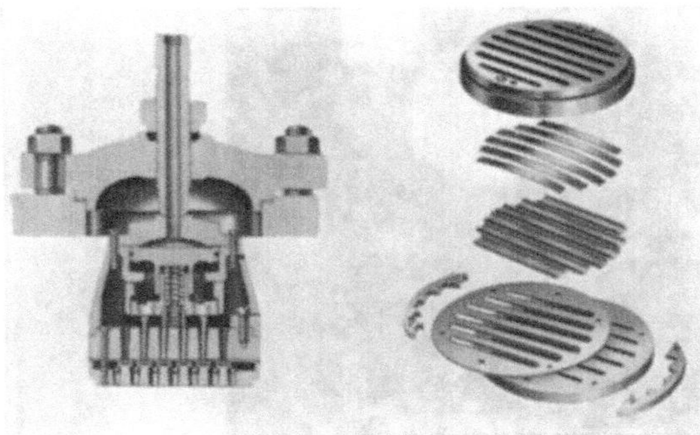

88. Kanalventil

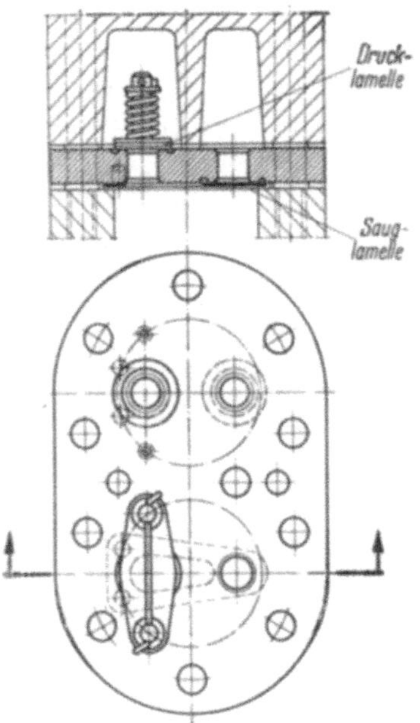

89. Vogelzungenventil

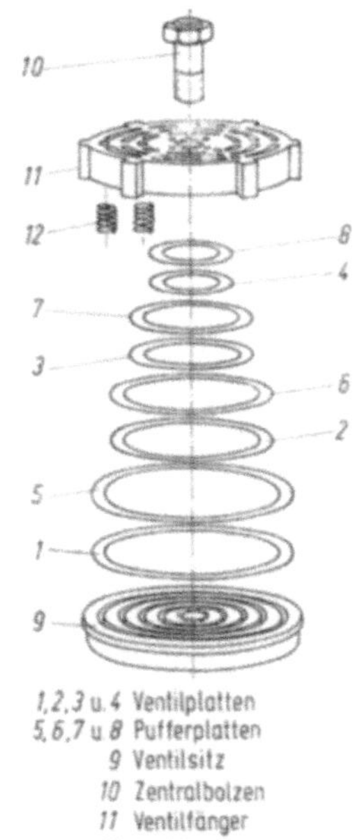

90. Ringventil mit Ventilplatten aus mehreren Einzelringen

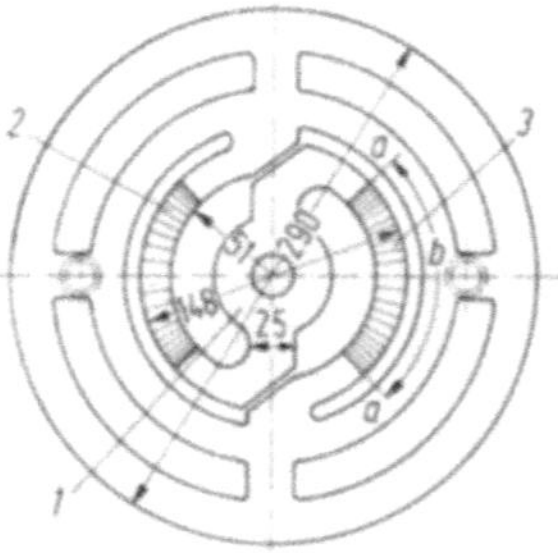

91. Reibungslos geführte Ventilplatte

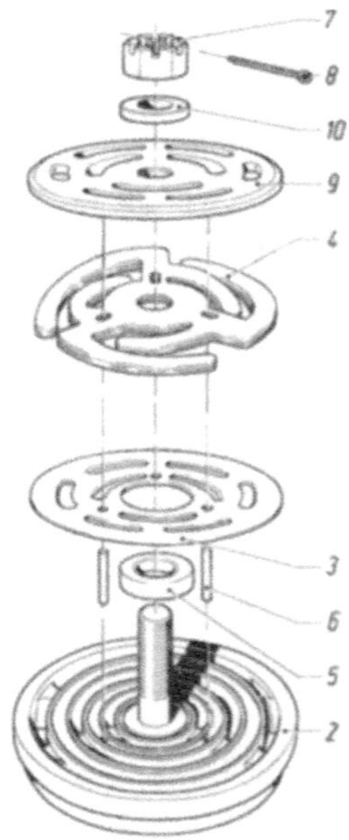

2 Ventilsitz mit Bolzen
3 Ventilplatte
4 Federpaket
5 Führungsring
6 Fixierstift
7 Mutter
8 Splint
9 Ventilfänger
10 Scheibe

92. Dreiring-Druckventil

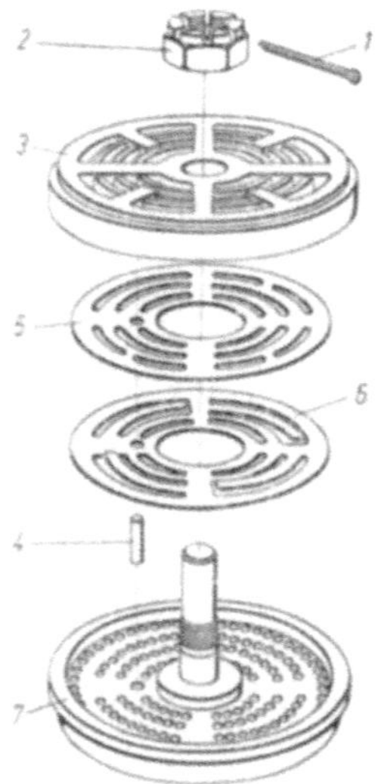

1 Splint
2 Kronenmutter
3 Ventilsitz
4 Fixierstift
5 Ventilplatte
6 Federplatte
7 Sicherheitsfänger mit Bolzen

93. Vierring-Saugventil mit Sicherheitsfanger

94. Konzentrische Anordnung von Saug- und Druckventil

6.2. Der Einfluß der Ventilspaltgeschwindigkeit auf die Auslegung der Ventile

Für die Auswahl eines Ventils ist die mittlere Ventilspaltgeschwindigkeit v_m von großer Bedeutung. Diese läßt sich aus der mittleren Kolbengeschwindigkeit $v_k = s \cdot n/30$ mit Hilfe der Kontinuitätsgleichung berechnen.

$$v_m = \frac{v_k \cdot F}{f} \tag{51}$$

Darin bedeuten:
- s = Kolbenhub [m]
- n = Drehzahl [U/min]
- v_m = mittlere Ventilspaltgeschwindigkeit [m/s]
- v_k = mittlere Kolbengeschwindigkeit [m/s]
- F = Kolbenfläche [m²]
- f = freier Ventilquerschnitt [m²]

Ventilgeschwindigkeiten dürfen nicht zu hoch gewählt werden, weil sich sonst die Leistungsaufnahme des Verdichters zu stark erhöht und auch die Endtemperatur abnormal stark ansteigt. Aber auch zu niedrige Ventilgeschwindigkeiten müssen vermieden werden, weil sonst das gefürchtete „Flattern“ der Ventilplatten eintreten kann, welches oft die Ursache von Plattenbrüchen ist.

Bei der Auslegung der Ventile richtet sich die Wahl der Ventilgeschwindigkeit nach dem Betriebsdruck und nach der Art des zu verdichtenden Gases. Bild 95 zeigt diese Abhängigkeit und gibt Richtwerte an. Diese Werte gelten jedoch nur bedingt, weil die Ventilspaltgeschwindigkeit nicht allein für den Druckverlust in Ventilen maßgebend ist. Außer der Ventilspaltgeschwindigkeit spielt nämlich die Bauart eine wichtige Rolle. Diese wird durch die Widerstandszahl ζ charakterisiert.

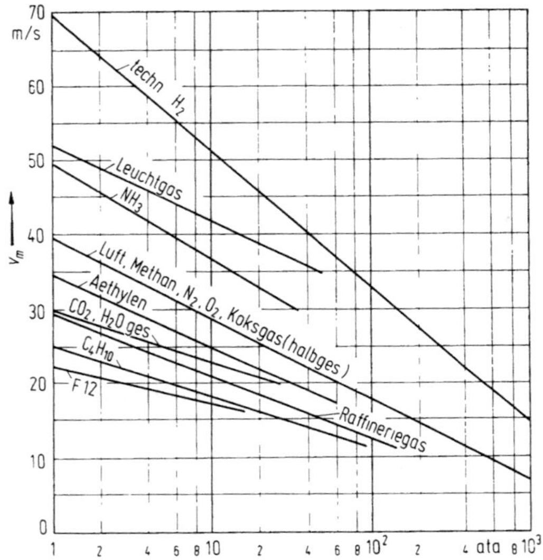

95. Richtwerte für die mittlere Ventilspaltgeschwindigkeit

$$\text{Der Druckverlust } \Delta P = \zeta \varrho v_m^2/2 \qquad (52)$$

$$\varrho = \text{Dichte } [\text{kg/m}^3]$$

Das Bild 96 zeigt Widerstandszahlen ζ einiger Ventilbauarten bei verschiedenen Plattenhüben h über der Reynoldsschen Kennzahl Re $[10^{-7}]$

$$Re = \frac{v_m \cdot r'}{\nu} \qquad (53)$$

ΔP = Druckverlust [kp/m²]

r' = hydraulischer Radius [m] $\quad r' = \dfrac{f}{U}$ (54)

U = Umfang [m]

ν = kinematische Zähigkeit $\left[\dfrac{m^2}{s} \cdot 10^7\right]$

Diese mit vier verschiedenen Ventilen durchgeführten Versuche zeigen, daß ihre Widerstandszahlen fast unabhängig von der Reynoldschen Kennzahl sind. Sie lassen auch erkennen, daß einfache Ventile niedrigere, Mehrringventile jedoch höhere Widerstandszahlen haben[1].

[1] *Fröhlich*, Kolbenverdichter, Widerstandszahlen ζ von Plattenventilen, Springer-Verlag, Berlin/Göttingen/Heidelberg, 1961.

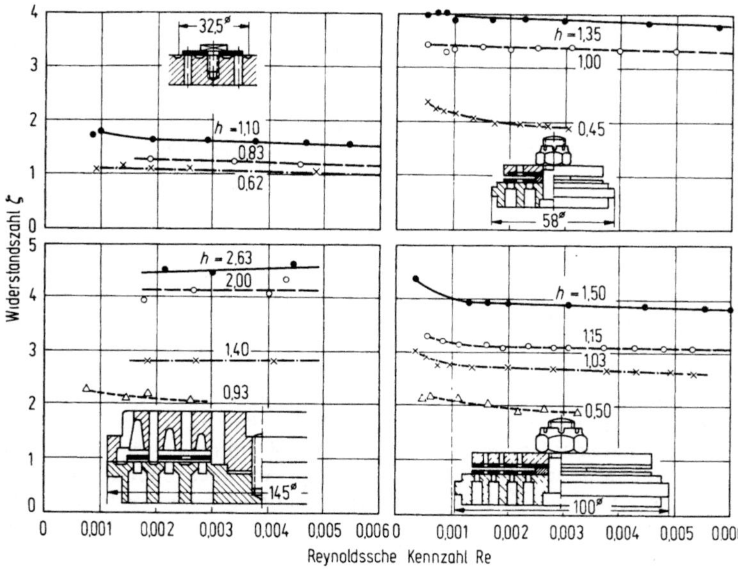

96. Widerstandszahlen ζ von Plattenventilen einiger Ventilbauarten

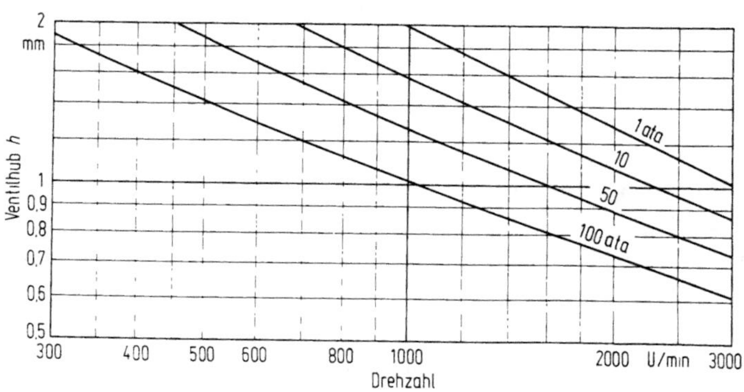

97. Ventilplattenhub in Abhängigkeit von Betriebsdruck und Drehzahl

Die Widerstandszahlen nehmen mit steigendem Ventilplattenhub *h* stark zu. In bezug auf den Widerstand ist es deshalb besser, einen Verdichter mit großen Ventilen und kleinem Ventilplattenhub auszurüsten als mit kleinen Ventilen und großem Hub.
Die Größe des Ventilplattenhubes richtet man im allgemeinen nach dem Betriebsdruck und der Drehzahl. Bild 97 zeigt diese Abhängigkeit.

6.3. Lebensdauer von Kompressorventilen

Ventilplatten und Federplatten sind hoch beanspruchte Teile. Sie unterliegen als solche daher auch dem Verschleiß. Für ihre Lebensdauer sind verschiedene Faktoren entscheidend.
Es sind dies im einzelnen die Drehzahl, der Betriebsdruck, der Plattenhub, die Befederung, die Art des zu verdichtenden Gases und dessen Verunreinigungsgrad, die Höhe der Temperatur und die Art des verwendeten Schmieröls. Auch die regelmäßige Kontrolle und die Reinigung von Verkrustungen spielt eine Rolle. Wegen der vielen Einflußmöglichkeiten lassen sich allgemein gültige Angaben über die Lebensdauer nicht machen. Obwohl die durchschnittliche Lebensdauer meist bedeutend höher ist, wird empfohlen, Ventilplatten, Federn und Federplatten etwa nach folgenden Zeiträumen zu erneuern:

Bei Verdichtern bis	600 U/min	nach 4000 Betriebsstunden
	1000 U/min	nach 2000 Betriebsstunden
	1500 U/min	nach 1200 Betriebsstunden
	2000 U/min	nach 800 Betriebsstunden
	3000 U/min	nach 600 Betriebsstunden

Im Interesse eines störfreien Betriebes wird die Auswechselung auch dann empfohlen, wenn sich nach der angegebenen Zeit noch keinerlei Abnützungserscheinungen bemerkbar machen. Diese Richtlinien gelten für Verdichter mit normalen Betriebsbedingungen bis etwa 25 atü.

6.4. Regelung der Liefermenge

Eine Kompressorregelung ist notwendig, um die Liefermenge des Kompressors dem schwankenden Bedarf anzupassen. Dafür sind verschiedene Möglichkeiten vorhanden. Jede dieser Regelungen hat ihre besonderen Anwendungsgebiete, welche sich sowohl nach der Kompressorbauart als auch nach dem Verwendungszweck der Druckluft unterscheiden. Während bei Kompressoren, die durch Verbrennungsmotoren angetrieben werden, eine Regelung durch Drehzahlverstellung angewendet werden kann, ist das bei Drehstrommotorenantrieb meist unmöglich. Hier wird die sogenannte Stillsetzerautomatik angewendet. Bei dieser sehr wirtschaftlich arbeitenden Automatik muß ein ausreichender Druckluftbehälter dafür sorgen, daß die Schalthäufigkeit nicht zu groß werden kann. Wird die Druckluft durch fahrbare oder transportable Kompressoren erzeugt, wie es auf Baustellen meist der Fall ist, können große Druckluftbehälter oft nicht untergebracht werden.

Hier und überall dort, wo ausreichende Druckbehälter nicht zur Verfügung stehen, werden Leerlaufregelungen angewendet. Der Kompressor behält dabei seine Drehzahl, während die Förderung aussetzt. In einigen Fällen kommen auch Regelungen zur Anwendung, welche die Förderung bei voller Drehzahl stufenlos oder in Stufen herabsetzen. Der Wert solcher oft komplizierter Regelungen ist jedoch stark umstritten, weil sich dabei ein Abfall des Wirkungsgrades im Teillastgebiet nicht vermeiden läßt. Außer den genannten Regelungen werden auch verschiedene Kombinationen angewendet. So wird z. B. eine Drehzahlverstellregelung oder auch eine Stillsetzerregelung fast immer mit einer Leerlaufregelung kombiniert.

6.4.1. Regelung durch Drehzahländerung

Bei dieser sehr wirtschaftlichen Regelung beeinflußt ein Verstellglied den Drehzahlregler des Verbrennungsmotors. Es wird jedoch die Drehzahl meist nur um etwa 30 bis 50% ermäßigt, weil noch kleinere Drehzahlen besonders große Schwungräder erfordern würden. Bei der Kraftübertragung durch eine Fliehkraftkupplung wird die niedrigste Drehzahl auch noch durch diese bestimmt. Die Drehzahlverstellung kann von Hand oder auch automatisch in Abhängigkeit vom Betriebsdruck erfolgen. Drehzahlverstellregler arbeiten entweder mit federbelasteten Kolben oder auch mit Membranen. Die Drehzahlverstellung erfolgt hierbei in Stufen oder stufenlos. Die Voraussetzung jeder Drehzahlverstellregelung ist eine ausreichende Beschleunigungsreserve des Motors im unteren Lastdrehzahlbereich. Bei elektrischem Antrieb ist eine Drehzahlregelung in Stufen durch die Verwendung von polumschaltbaren Motoren gegeben. Von dieser Möglichkeit wird jedoch selten Gebrauch gemacht, wohl wegen der oft niedrigeren Wirkungsgrade solcher Motoren.

6.4.2. Regelung durch Stillsetzen

Als wirtschaftlichste Regelung beim Antrieb durch Elektromotor gilt die Stillsetzerregelung. Diese schaltet den Motor nach Erreichen des maximalen Betriebsdruckes ab, um ihn nach Erreichen eines minimalen

Betriebsdruckes wieder einzuschalten. Die Druckdifferenz soll dabei nicht zu klein gewählt werden, damit die Schalthäufigkeit nicht zu groß wird. Man wählt Δp daher meist 15 bis 20% vom Enddruck. Zur Verkleinerung des Druckluftspeichervolumens wird die Stillsetzerregulierung manchmal mit einer Leerlaufregulierung derart kombiniert, daß das Stillsetzen erst nach Durchlaufen einer gewissen Leerlaufperiode eintritt. Die Stromkosten für die zusätzlichen Leerlaufperioden beeinträchtigen allerdings die Wirtschaftlichkeit ungünstig. Stillsetzerregelungen haben gewöhnlich eine Einrichtung, die für entlasteten Anlauf des Kompressors sorgt. Bei wassergekühlten Anlagen wird auch das Kühlwasser automatisch abgestellt und zugeschaltet.

6.4.3. Leerlaufregelungen

Die einfachste Regelung besteht darin, daß man einen Kompressor einfach gegen ein Sicherheitsventil laufen läßt, durch das beim Erreichen des Höchstdruckes die überschüssige Luftmenge ausgeblasen wird. Diese Art von Regelung ist aber unbefriedigend, weil der Kompressor während der Entnahmepausen mit voller Leistung weiter arbeitet. Sie wird daher nur bei den allerkleinsten Kompressoren angewendet.
Eine zweite Regelmöglichkeit besteht darin, daß nach Erreichen eines vorbestimmten Druckes über ein Relais ein Ventil am Druckstutzen des Kompressors geöffnet wird, so daß der Kompressor während der Entnahmepausen gegen die freie Atmosphäre fördert. Ein Rückschlagventil zwischen Druckbehälter und Kompressor verhindert dabei das Entweichen der Druckluft aus dem Druckbehälter. Die Leerlaufleistungsaufnahme ist jedoch auch bei dieser Regelung verhältnismäßig hoch, weil, obzwar der Kompressor gegen keinen Überdruck fördert, sich innere Drücke aufbauen, da durch das Fördermedium alle inneren Widerstände überwunden werden müssen.
Eine dritte Art besteht darin, daß man einfach die Saugleitung absperrt, so daß der Kompressor während des Leerlaufs im Vakuum läuft. Ihr Vorzug ist die geringe Leistungsaufnahme, weil sämtliche Strömungswiderstände fehlen. Diese Regelungsart wird besonders bei allen Arten von Rotationskompressoren angewendet[1]. Aber auch bei Kolbenkompressoren ist sie gebräuchlich. Wird sie bei Kolbenkompressoren mit Tauchkolben angewendet, so besteht durch die Saugwirkung des über dem Kolben befindlichen Vakuums die Gefahr eines erhöhten Ölverbrauches während der Regelperioden. Ist diese Regelung mit einer Stillsetzerautomatik und automatischem Stern-Dreieck-Anlasser kombiniert, so können dadurch Schwierigkeiten entstehen, daß während der Stillstandszeit das Vakuum aus den Zylindern entweicht. Beim

[1] Die Regelung von Turboverdichtern ist in Kapitel 2.13 und 2.14 behandelt worden.

Wiedereinschalten ist der Motor dann in der Sternstufe mit ihrem verminderten Anlauf- und Hochlaufmoment nicht in der Lage, den Kompressor durchzuziehen, weil dieser schon bei den ersten Umdrehungen gegen den vollen Betriebsdruck arbeiten muß. Eine Entlastungsvorrichtung am Druckstutzen, die aus einem Entlastungsventil und einem Rückschlagventil besteht, schafft Abhilfe. Wird bei Kompressoren mit Tauchkolben solch eine Stillsetzerautomatik mit einer Durchlaufautomatik kombiniert, ist es zweckmäßig, dafür zu sorgen, daß die Entlastungsvorrichtung nur im Stillsetzerbetrieb wirksam wird. Hierdurch wird die Gefahr des übermäßigen Ölverbrauchs während der Leerlaufperioden verringert. Dadurch, daß der Enddruck über den Druckventilen stehen bleibt, ist auch der mittlere Druck im Zylinder trotz abgesperrter Saugleitung höher als im entlasteten Zustand. Bild 98 zeigt schematisch eine solche Saugdrosselregelung mit Entlastungsvorrichtung. Vom elektrischen Teil der kombinierten Regelung sind nur der Druckschalter *A*, das Dreiwegemagnetventil *B* und ein einfaches Magnetventil *C* dargestellt.

Stromlos ist beim Dreiwegemagnetventil der Weg *1—3* geöffnet und *2* geschlossen. Unter Spannung ist *1—2* geöffnet und *3* geschlossen. Solange der Höchstdruck noch nicht erreicht ist, steht das Dreiwegemagnetventil *B* unter Spannung, wodurch die Regelleitung *D* entlüftet ist. In diesem Zustand ist der Saugdrosselregler *E* geöffnet. Das pneumatische Ventil *F* ist geschlossen. Wenn der Höchstdruck erreicht wird, öffnet sich der Kontakt des Druckschalters *A*, und das Ventil *B* schaltet um. Es gelangt Druckluft in die Steuerleitung *D*, der Saugdrosselregler *E* schließt, und der Kompressor läuft leer. Sinkt der Druck wieder ab, so schaltet beim Unterschreiten des Einschaltdruckes der Druckschalter *A* wieder ein, und durch das Ventil *B* wird die Steuerleitung *D* wieder entlüftet. Der Saugdrosselregler *E* öffnet, und der Kompressor kann wieder fördern. Das pneumatische Entlüftungsventil *F* öffnet unter Druck. Da

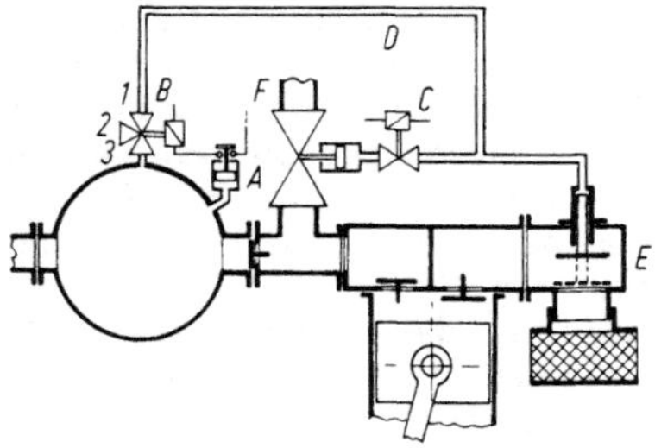

98. Saugdrosselregelung mit Entlastungsvorrichtung

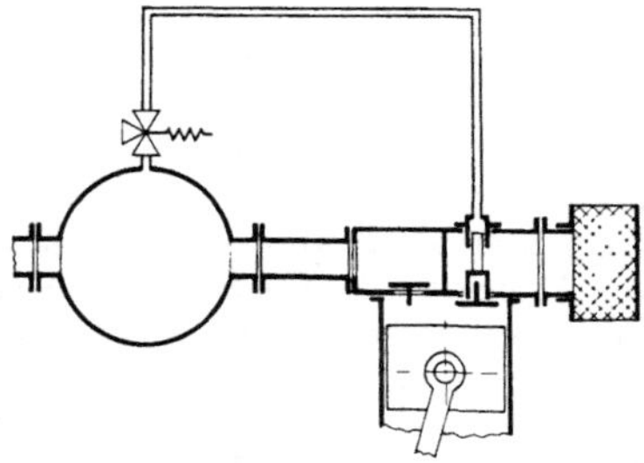

99. Greiferregelung

die Druckseite des Kompressors aber nur im Stillsetzerbetrieb und nicht im Durchlaufbetrieb druckentlastet werden soll, ist zwischen den Steuerkolben des Ventils *F* und der Regelleitung *D* das Magnetventil *C* geschaltet, das nur bei Stillstand der Maschine öffnet und deshalb auch eine Entlastung des Druckstutzens durch das Ventil *F* nur während des Stillstandes möglich macht.

Die bei Hubkolbenkompressoren meist angewendete Regelung ist die Greiferregelung. Bild 99 läßt die Wirkungsweise erkennen. Während der Betätigung fährt ein Greifer durch die meist ringförmigen Schlitze des Saugventils hindurch und hindert die Ventilplatte am Schließen. Das so künstlich offengehaltene Saugventil verhindert jede Verdichtung, weil die angesaugte Luft auf dem gleichen Wege, wie sie in den Zylinder gelangt ist, ihn wieder verläßt. Das Betätigen der Greifer erfolgt gewöhnlich durch druckluftbetätigte Kolben oder Membranen, die über ein Relais durch Steuerluft beaufschlagt werden. Die Greiferregelung gibt während der Leerlaufperioden keinen übermäßigen Ölverbrauch, weil sich im Gegensatz zur Saugdrosselregelung kein Vakuum über dem Kolben bildet. Auch besondere Entlastungseinrichtungen bei der Kombination mit einer Stillsetzerregelung erübrigen sich. Für die Verwendung von Ölbadluftfiltern am Saugstutzen des Kompressors ist sie jedoch weniger geeignet, weil durch die schwingende Luftsäule gewöhnlich auch ein Teil des Filteröls ausgeworfen wird. Mit Greiferregelung ausgerüstete Kompressoren werden deshalb meist mit anderen, jedoch nicht weniger wirksamen Filtern versehen. Für Drehkolbenverdichter aller Bauarten ist diese Regelung nicht anwendbar.

Bild 100 zeigt das theoretische Druckverhalten im Zylinder eines einstufigen Kompressors über dem Kolbenhub bei verschiedenen Regelarten. Wenn der Kompressor fördert, steigt der Druck während des Kompressionshubes nach der Kurve *a—b*; *b—c* ist der Ausschub und *c—d* die Rückexpansion beim Kolbenrücklauf; *d—a* ist der wirksame Saughub.

Bei abgesperrter Saugleitung steigt und sinkt der Druck auf der Linie *e—c*. Die schraffierten Flächen zeigen dafür die Über- und Unterdruckgebiete im Zylinder an. Bei entlüftetem Druckstutzen bewegt sich der Druck auf der Linie *f—g* und ist völlig im Unterdruckgebiet. Hier treten die verstärkte Saugwirkung und der höchste Ölverbrauch auf. Bei der Greiferregelung gibt es theoretisch keine Druckschwankungen, und der Druck bewegt sich auf der Strecke *a—g*.

Wenn keine elektrischen Steuerorgane verwendet werden, wird für alle Leerlaufregelungen gewöhnlich ein mechanisch wirkendes Relais verwendet, welches Bild 101 wiedergibt. Ein durch eine einstellbare Feder beaufschlagter Steuerkolben mit zwei Sitzen bildet ein Dreiwegeventil, das bei Erreichen des Höchstdruckes selbsttätig die Steuerluft zu den

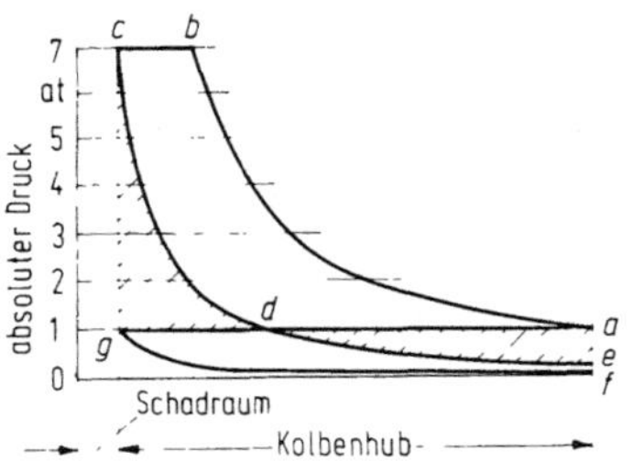

100. Theoretisches Druckverhalten im Zylinder bei verschiedenen Regelungen

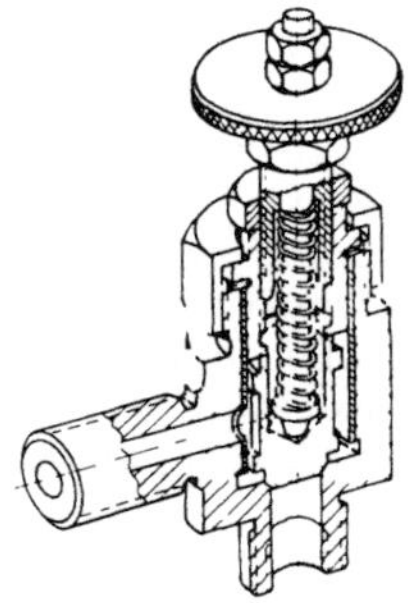

101. Mechanisches Relais für Leerlaufregelungen

Steuerorganen des Kompressors freigibt. Nach Unterschreiten des Mindestdruckes leitet es die Steuerluft wieder ab. Während die Druckhöhe durch Verstellen der Federspannung einreguliert werden kann, wird die Schaltdruckdifferenz zwischen Ein- und Ausschalten durch Verstellen des oberen Sitzes erreicht. Zu diesem Zweck werden gewöhnlich mehr oder weniger Scheiben beigelegt, die kalibriert sind. Bei elektrischen vollautomatischen Regelungen wird dieses Relais durch zwei im Bild 98 schematisch dargestellte elektrische Steuerorgane, durch den Druckschalter *A* und das Dreiwegeventil *B*, ersetzt.

Zu vollautomatischen Regelungen gehören neben den automatischen Anlaßgeräten auch die verschiedensten Kontrollgeräte, wie Kühlwasserwächter, Temperaturwächter, Öldruckwächter und vor allem ein Schalter. Dieser Schalter hat meist drei Stellungen: Durchlaufbetrieb, automatischer Stillsetzerbetrieb und Aus. Mit diesem Schalter kann dann jeder gewünschte Betriebszustand eingeschaltet werden.

6.4.4. Regelung durch Zuschalträume

Die meisten Kompressoren arbeiten mit einem konstanten Saugdruck, der Enddruck hingegen ist mehr oder weniger veränderlich. Bei diesen Kompressoren fällt die höchste Leistungsaufnahme stets mit dem höchsten Betriebsdruck zusammen. Eine Reihe von Verdichtern arbeitet jedoch mit veränderlichem Saugdruck und konstantem Enddruck. Außer bei Vakuumpumpen ist das z. B. bei bestimmten Erdgasverdichtern der Fall. Diese pumpen das Gas aus der Erde in eine Sammelleitung mit konstantem Druck (30 atü). Während einer Pumpperiode sinkt der Saugdruck ständig ab, bis bei einem gewissen Minimum der Betrieb unterbrochen wird. Das in der Erde zuströmende Gas erhöht den Saugdruck allmählich wieder, bis zum Beginn einer neuen Pumpperiode. Die maximale Leistungsaufnahme liegt hierbei jedoch weder bei dem höchsten Saugdruck, noch bei dem niedrigsten. Um nun einen auf die mittlere Leistungsaufnahme ausgelegten Antriebsmotor nicht zu überlasten, wird hier oft eine Zuschaltraumregelung vorgesehen. Ein richtig dimensionierter Zuschaltraum wird nach Erreichen eines mittleren Verdichtungsverhältnisses zugeschaltet und nach Überschreiten eines noch größeren wieder abgeschaltet. Durch diese Regelart wird die Leistungsaufnahme des Kompressors bei veränderlichem Saugdruck der Motorleistung angepaßt.

7. Der Kompressorantrieb

Während die meisten stationären Kolbenkompressoren durch Elektromotoren angetrieben werden, ist das bei transportablen und fahrbaren Kompressoren nicht der Fall. Diese Maschinensätze müssen meist unabhängig von der Stromversorgung arbeiten können, weil sie in Steinbrüchen, auf Baustellen oder zum Straßenbau eingesetzt werden, wo eine ausreichende Stromversorgung oft nicht möglich ist. Elektrisch angetriebene fahrbare Kompressoren sind deshalb in der Minderheit. Auch der Antrieb durch Benzinmotor ist selten anzutreffen; er beschränkt sich meist nur auf kleine Einheiten. Aus wirtschaftlichen Gründen hat sich hier der Dieselmotor durchgesetzt. Weil die Kompressordrehzahl nicht immer mit der Motordrehzahl übereinstimmt, werden Getriebe und auch Riementriebe verwendet. Zahnradgetriebe werden meist verwendet, wenn der Kompressor schneller laufen soll als der Antriebsmotor, wie es bei Schrauben- oder Turbokompressoren oft der Fall ist. Riemenantrieb wird angewendet, wenn ein langsamlaufender Kolbenkompressor durch einen schnellaufenden Antriebsmotor angetrieben werden soll. Es sind sowohl Keilriemen- als auch Flachriementriebe in Verwendung. Einfachwirkende Kolbenkompressoren werden heute jedoch meist so gebaut, daß sie mit ihrer Drehzahl zu den Antriebsmotoren passen, so daß direkte Kupplung möglich ist.
Übertragungsverluste werden dadurch vermieden und manchen Defekten oder auch Gefahren, die durch einen offenen Riementrieb gegeben sein können, vorgebeugt. Große Kompressoren von einigen hundert PS an werden oft durch Hochspannungselektromotoren angetrieben. Diese Art kann zweckmäßig sein, weil ein Transformator mit seinem Wirkungsgrad fortfällt. Bei Turbokompressoren mit größerer Leistung (mehrere tausend PS) wird der Dampfturbinenantrieb vorgezogen.
Bei kleineren und mittleren Kompressorgrößen wird auch manchmal ein kombinierter Antrieb vorgesehen. Elektro-Diesel- oder Elektro-

Benzinmotorenantrieb ist üblich. Bild 102 zeigt die Kombination Kompressor-Elektromotor-Volkswagenmotor.

102. Kombinierter Antrieb eines Kompressors durch Volkswagen-Motor und Elektromotor

7.1. **Antrieb durch Dieselmotor**

Wird leichte Ortsveränderlichkeit oder Unabhängigkeit vom Stromnetz gefordert, so verwendet man Dieselmotoren zum Antrieb. Bei den Maschinensätzen wird der Kompressor vielfach durch ein Kupplungsgehäuse mit dem Motor verblockt, so daß ein geschlossenes Aggregat entsteht (Bild 103). Dadurch entfällt das mühevolle Ausrichten der freien Wellenenden. Auch ist ein steifer Grundrahmen entbehrlich. In dem

103. Durch ein Kupplungsgehäuse verblocktes Diesel-Kompressoraggregat

Kupplungsgehäuse befindet sich entweder eine feste oder auch eine ausrückbare Kupplung. Letztere hat besonders im Winter den Vorteil, daß der Dieselmotor noch bei tiefen Temperaturen anspringt und auch sonst leichter angelassen werden kann. Empfehlenswert ist auch eine Fliehkraftkupplung. Diese hat darüber hinaus noch den Vorteil, daß das Einrücken nach Erreichen einer gewissen Drehzahl automatisch erfolgt. Von den früher wegen des einfachen Bauaufwandes oft verwendeten Motorkompressoren ist man heute vielerorts abgekommen. Motorkompressoren haben eine gemeinsame Kurbelwelle und für Motor und Kompressor ein gemeinsames Kurbelgehäuse. Sie wurden fast ausschließlich in einstufiger Ausführung gebaut. Höhere Drücke, wie sie zum Betrieb moderner Druckluftwerkzeuge erforderlich sind, erfordern jedoch zur Einhaltung der durch die Unfallverhütungsvorschriften VBG 16 vorgeschriebenen Temperaturgrenzen und zur wirtschaftlichen Erzeugung von Druckluft zweistufige Verdichtung mit Zwischenkühlung zwischen den Stufen. Eine andere Bauart, bei der Motor und Kompressor eine untrennbare Einheit bilden, ist die bekannte Gegenkolbenbauart. Dabei arbeiten zwei Dieselkolben in einer Laufbüchse. Die Dieselkolben tragen entweder direkt die Kompressorkolben, so daß ein Triebwerk im eigentlichen Sinne fehlt, oder das Triebwerk besteht aus gegenläufigen Pleueln. Während bei der ersten Bauart die Hubzahl nicht regelbar ist (eine Drehzahl gibt es hier nicht), weil sie durch die fliegenden Massen weitgehend bestimmt wird, ist die zweite Bauart bauaufwendiger.

7.1.1. Das Drehmomentenverhalten von Kompressor und Dieselmotor

Die Drehmomentencharakteristiken eines Dieselmotors und eines Kompressors weichen stark voneinander ab. Während der Kompressor ein mit der Drehzahl ständig zunehmendes Drehmoment benötigt, verläuft das Drehmoment des Dieselmotors sehr flach und fällt nach Überschreiten einer gewissen Drehzahl sogar wieder ab. Man kann deshalb die Drehzahl über die vom Hersteller angegebenen Grenzen nicht steigern, weil die vorhandene Leistungsreserve rasch aufgezehrt und dann keine Beschleunigungsreserve mehr vorhanden ist. Dieselmotoren sind so blockiert, daß die Rauchgrenze im normalen Betriebsbereich nicht erreicht werden kann und eine Überlastung von der Abtriebsseite her nur zu Drehzahlabfall, nicht aber zu Motorschaden führt.

7.1.2. Leistungsverhalten von Kompressor und Dieselmotor in Höhenlagen

Die atmosphärischen Bedingungen in Höhenlagen wurden im theoretischen Teil unter 1.2.1 behandelt. In Höhenlagen sinkt die Leistungsaufnahme des Kompressors. Sie sinkt jedoch nicht so stark, wie es dem abnehmenden Luftgewicht entsprechen würde, weil bei gleichem Verdichtungsenddruck und vermindertem Ansaugdruck ein höheres Verdichtungsverhältnis zu überwinden ist. Die Leistungsbedarfabnahme beträgt etwa 6% je 1000 m. Beim Betrieb unter Tage steigt der Leistungs-

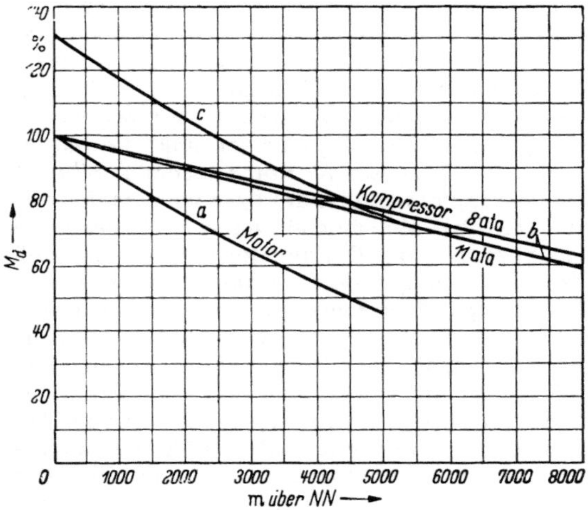

104. Leistungsverhalten eines Dieselmotors und eines zweistufigen Verdichters mit abnehmendem Ansaugdruck

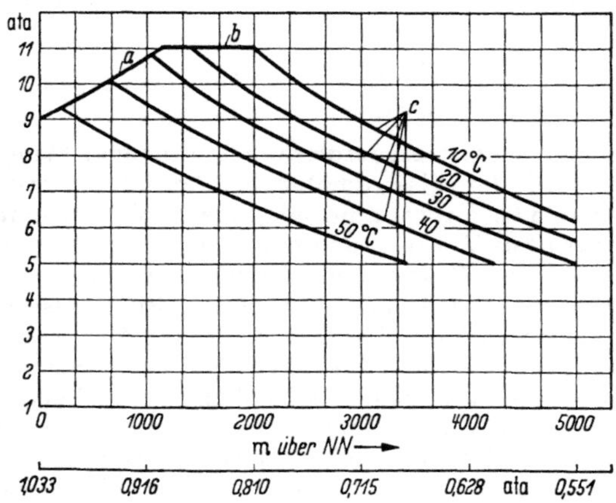

105. Betriebsbereich eines Verdichter-Aggregats mit Dieselantrieb

bedarf entsprechend. Der Dieselmotor verhält sich ähnlich, weil das Gewicht der angesaugten Verbrennungsluft sich entsprechend der Höhenlage verändert. Man berechnet den Leistungsabfall eines Motors mit steigender Aufstellungshöhe nach DIN 6270. In diesem DIN-Blatt sind die Leistungsangaben, der Kraftstoffverbrauch, der Schmierölverbrauch und der Bezugszustand festgelegt. Leider sinkt die Motorleistung stärker ab als der Leistungsbedarf des Kompressors. In Bild 104 ist das Leistungsverhalten des Motors (*a*) und des Kompressors (*b*) über der Meereshöhe NN aufgezeichnet. Will man ein Aggregat in größeren Höhen über NN betrieben, so muß der Dieselmotor so groß sein, daß er z. B. bei 5000 m den Kompressorbedarf decken kann (Kurve *c*). Bei 0 m NN ist dann die Leistung für den Kompressor zu groß. Während die Ansaugtemperatur theoretisch keinen Einfluß auf die Kompressorleistungsaufnahme hat[1], ist ein Einfluß beim Dieselmotor vorhanden. Aus dem DIN-Blatt 6270 kann man ersehen, daß die Steigerung der Ansaugtemperatur von 30° auf 50 °C eine Leistungsminderung von 11% verursacht. Auch die Luftfeuchtigkeit hat nach DIN 6270 Einfluß auf die Motorleistung, und zwar sinkt sie mit wachsender Luftfeuchte. So ist der Leistungsabfall bei 1 ata und 30 °C Ansaugzustand z. B. 2%, wenn die relative Feuchte 100% statt 60% beträgt. Der Betriebsbereich eines Diesel-Kompressoraggregates läßt sich anschaulich darstellen. In Bild 105 ist die Linie *a* durch die blockierte Leistung des Motors bedingt; *b* bezeichnet die thermische Grenze des Kompressors; *c* zeigt die Rauchgrenzenkurven für verschiedene Ansaugtemperaturen, die durch den Dieselmotor gegeben sind. Ein Betrieb oberhalb dieser Kurven ist nicht möglich.

7.2. **Antrieb durch Elektromotoren**

Überall dort, wo elektrische Antriebsenergie in ausreichender Menge zur Verfügung steht, wird der Elektromotor als Antriebsmaschine bevorzugt. Der Elektromotor ist nicht nur die billigste Antriebsmaschine, sie verlangt auch die geringste Wartung und hat kaum Verschleiß und daher eine lange Lebensdauer. Elektromotoren laufen erschütterungsfrei. Beim Kompressorantrieb soll möglichst eine Leistungsreserve von 10 bis 15% vorgesehen werden. Eine größere Reserve ist jedoch nicht erforderlich, denn Kompressoren vergrößern im Laufe der Zeit ihre Leistungsaufnahme nicht; im Gegenteil, sie sinkt nach dem Einlaufvorgang sogar noch. Bei richtig ausgelegten Stromnetzen ist auch ein größerer Spannungsabfall als 5% vom Sollwert nicht zu erwarten Bei zu hoher Leistungsreserve arbeitet der Motor mit einem ungünstigen

[1] Praktisch hat eine tiefere Temperatur Einfluß auf die Zähigkeit des Schmiermittels und somit auch auf den mechanischen Wirkungsgrad.

Leistungsfaktor. Wird der Elektromotor mit dem Kompressor auf einem gemeinsamen Fundament oder auch auf einem gemeinsamen Grundrahmen aufgestellt und durch eine Kupplung verbunden, so müssen die Wellenenden bei der Montage genau ausgerichtet werden. Diese Arbeit ist überflüssig, wenn der Motor an den Kompressor angeflanscht ist. In den meisten Fällen werden die Wellenenden durch elastische Kupplungen (Gummibolzenkupplungen) verbunden. Mancherorts findet man auch noch einen Antrieb über Flach- oder Keilriemen. Das wird hauptsächlich dann der Fall sein, wenn eine Drehzahlübersetzung zwischen Kompressor und Antriebsmotor notwendig ist. Kompressoren mit niedriger Drehzahl kann man so mit billigeren, hochtourigen Elektromotoren antreiben.

7.2.1. **Bauformen**

Bauform und Schutzart, Leistungsreihe und Drehzahl sind bei Elektromotoren genormt. Vorschriften über die Bauform findet man im DIN-Blatt 42 950 (Bild 106 zeigt einige Bauformbeispiele).

B 3 mit Motorfuß
B 5 Anflanschmotor
B 9 ohne Lager am wellenseitigen Ende
B 3/B 5 Anflanschmotor mit Fuß

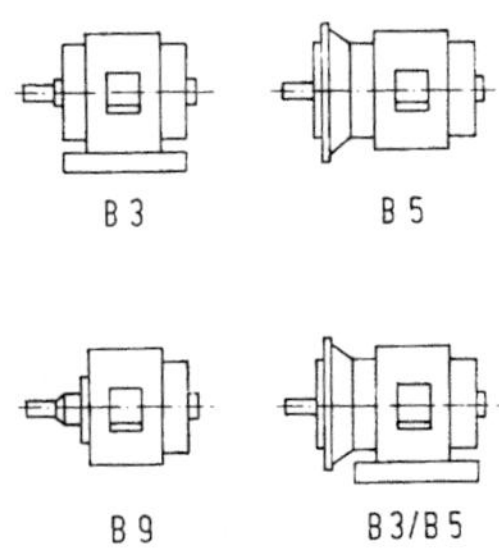

106. Einige für den Kompressorantrieb gebräuchliche Motorbauformen nach DIN 42 950

7.2.2. **Motorschutzart**

Die Kennzeichnung der Motorschutzart richtet sich nach DIN 40 050. Die allgemeine Kennzeichnung für Schutzarten wird durch den Buchstaben „P" ausgedrückt. Ebenso sind die Buchstaben „Sch" (Schlagwetterschutz) und „Ex" (Explosionsschutz) geläufig. Die Bedeutung der Kennbuchstaben ist der folgenden Übersicht zu entnehmen.

Erste Ziffer nach P:

In der ersten Ziffer nach „P" ist die Kennzeichnung für Schutzarten gegen Berührung spannungsführender oder beweglicher Teile und gegen das Eindringen fester Fremdkörper gegeben. Es bedeuten:

0 Kein Berührungsschutz und kein Schutz gegen feste Fremdkörper
1 Schutz gegen großflächige Berührung mit der Hand und gegen Eindringen großer fester Fremdkörper
2 Schutz gegen Berührung mit den Fingern und gegen mittelgroße feste Fremdkörper
3 Schutz gegen Berührung mit Werkzeug oder ähnlichem und gegen kleine feste Fremdkörper
4 Schutz gegen Berührung mit jeder Art von Mitteln und gegen Staubablagerung im Innern
5 Schutz gegen Berührung mit Mitteln jeder Art und vollkommener Schutz gegen Staub

Zweite Ziffer nach P:

In der zweiten Ziffer nach „P" ist die Kennzeichnung für Schutzarten gegeben. Es bedeuten:

0 Kein Wasserschutz
1 Schutz gegen Tropfwasser
2 Schutz gegen Spritzwasser aus senkrechter Richtung und schrägen Richtungen bis herunter zu 30° über der Waagerechten
3 Schutz gegen Schwallwasser aus allen Richtungen
4 Schutz gegen Strahlwasser

Für elektrische Maschinen kommen nicht alle o. g. Schutzarten in Betracht. Übliche Schutzarten sind:

P 00 Kein Berührungsschutz, kein Schutz gegen feste Fremdkörper, kein Wasserschutz

P 11 Schutz gegen großflächige Berührung mit der Hand und gegen große feste Fremdkörper, Schutz gegen Tropfwasser

P 22 Schutz gegen Berührung mit den Fingern und gegen mittelgroße feste Fremdkörper, Schutz gegen Spritzwasser aus senkrechter Richtung und schrägen Richtungen bis herunter zu 30° über der Waagerechten

P 33 Schutz gegen Berührung mit Werkzeugen oder ähnlichem und gegen kleine feste Fremdkörper, Schutz gegen Schwallwasser aus allen Richtungen

P 54 Schutz gegen Berührung jeglicher Art, vollkommener Schutz gegen Staub, Schutz gegen Strahlwasser

Für explosions- bzw. schlagwettergeschützte Maschinen gelten folgende Kennbuchstaben (VDE 0170/0171):

Sch: Allgemeiner Kennbuchstabe für Schlagwetterschutz, wobei der Zusatzbuchstabe bedeutet:

d Druckfeste Kapselung
o Ölkapselung
p Plattenschutzkapselung
f Fremdbelüftung
e Erhöhte Sicherheit
s Sonderschutz

Ex: Allgemeiner Kennbuchstabe für Explosionsschutz, wobei der kleine Zusatzbuchstabe die Schutzart, der große Zusatzbuchstabe die Zündgruppe, die Zusatzzahl die Explosionsklasse bedeuten:

d Druckfeste Kapselung
o Ölkapselung
f Fremdbelüftung
e Erhöhte Sicherheit
s Sonderschutzart
A Zündtemperatur über 450 °C
B Zündtemperatur über 300 °C
C Zündtemperatur über 175 °C
D Zündtemperatur über 120 °C
1 Spaltweite, bei der ein Zünddurchschlag bei 25 mm Spaltlänge erfolgt, über 0,8 mm
2 Spaltweite, bei der ein Zünddurchschlag bei 25 mm Spaltlänge erfolgt, 0,5 bis 0,8 mm
3 Spaltweite, bei der ein Zünddurchschlag bei 25 mm Spaltlänge erfolgt, 0,5 mm.

7.2.3. Schaltung und Anlauf der Motoren

Elektrische Energie zum Antrieb von Motoren wird heute fast ausschließlich als Dreiphasen-Wechselstrom erzeugt. Neben manchen anderen Motortypen, die man heute zum Antrieb der Kompressoren verwendet, herrscht der Asynchronläufer als Kurzschlußmotor vor.

7.2.3.1. Drehzahl

Die Polpaarzahl der Ständerwicklung und die Frequenz des Drehstromes bestimmen die Synchrondrehzahl. Der Zusammenhang zwischen Polzahl und Drehzahl bei 50 Hz Wechselstrom ist folgender:

2-polig: 3000 U/min
4-polig: 1500 U/min
6-polig: 1000 U/min
8-polig: 750 U/min
12-polig: 500 U/min

Nebenstehende Drehzahlen sind die „synchronen“ Drehzahlen. Die wirklichen Drehzahlen sind um den Schlupf (3 bis 5%) geringer.

$$\text{Synchrone Drehzahl} = \frac{f \cdot 60}{p} \qquad (55)$$

(f = Frequenz, p = Polpaarzahl).

Die Drehrichtungsumkehrung erfolgt bei allen Drehstrommotoren durch Umwechseln zweier Zuleitungen.

7.2.3.2. **Anschluß**

Der Anschluß an ein Drehstromnetz wird vorwiegend in Stern oder Dreieck vorgenommen. Bild 107 zeigt die Strom- und Spannungsverhältnisse bei beiden Schaltungen.

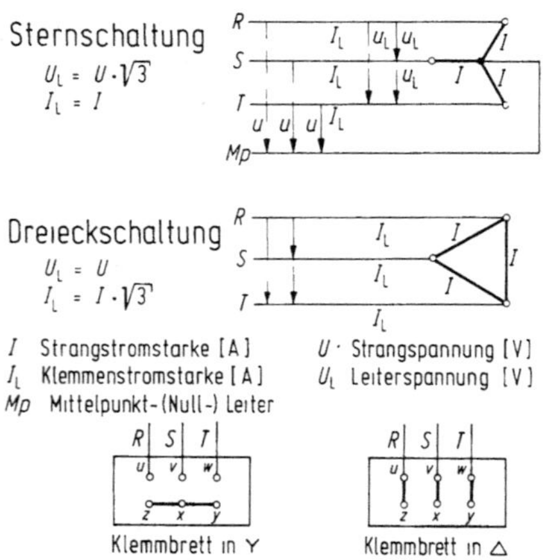

107. Anschlußarten bei Dreiphasenwechselstrom

7.2.3.3. **Typenschild**

Auf dem Typenschild des Motors sind Leistungs-, Strom- und Spannungswerte angegeben. Die Zeichen Δ und Y geben an, ob sie sich auf Dreieck- oder Sternschaltung beziehen. Die Stromwerte bezeichnen den zulässigen Leiterstrom.

7.2.3.4. **Leistungsverhalten**

Derselbe Motor gibt die gleiche Leistung ab
bei 220 V Δ-Schaltung,
bei 380 V Y-Schaltung.

Derselbe Motor hat bei gleicher Spannung
in Δ-Schaltung seine volle Leistung,
in Y-Schaltung 1/3 seiner vollen Leistung.

Auch Raumtemperatur und Aufstellungshöhe beeinflussen die zulässige Motorleistung. Bild 108 zeigt diese Abhängigkeit.

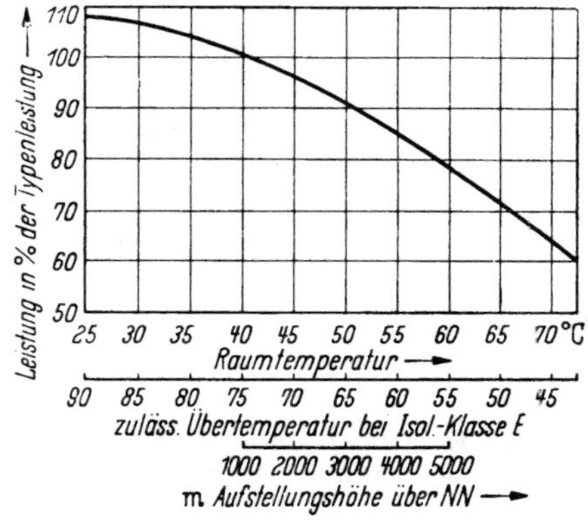

108. Leistungsverhalten eines Elektromotors in Abhängigkeit von Raumtemperatur, Aufstellungshöhe über NN und zulässiger Übertemperatur

7.2.3.5. **Starten (Anlauf) des Drehstrommotors**

Der einfachste Startvorgang wird durch direktes Einschalten erreicht und normal bis zur Leistung von 2 kW angewendet. Der Anlaufstrom ist etwa 5 mal höher als der Motornennstrom. Motorleistungen, die größer als 2 kW sind, werden oft mittels Hand-Stern-Dreieckschalter eingeschaltet. Bei großen Motoren, ab ca. 20 kW, wird jedoch meist eine automatische Stern-Dreieck-Kombination vorgesehen. Hierbei können keine manuellen Bedienungsfehler gemacht werden. Ein Motor, der laut Typenschild in Dreieckschaltung seine volle Leistung hat, nimmt bei der gleichen Spannung nur ca. 30% des Anlaufstroms in Sternschaltung auf. Wird zu schnell von Stern auf Dreieck umgeschaltet, so gibt es hohe Stromstöße. Bild 109 zeigt diese Verhältnisse deutlich. Damit die Stern-Dreieck-Anlassung ihren Zweck, die geringere Netzbelastung, erfüllt, ist es notwendig, daß der Motor bereits in Sternschaltung nahezu seine volle Drehzahl erreicht. Das Kompressordrehmoment M_g darf daher beim Anlauf an keiner Stelle größer sein als das Hochlaufmoment M_Y in Sternschaltung. Es muß sogar noch eine Beschleunigungsreserve vorhanden sein (Bild 109b). Kurzschlußläufermotoren haben in Sternschaltung oft ein Hochlaufmoment, das kaum über 50% des Nennmoments liegt. Es gibt jedoch auch Moto-

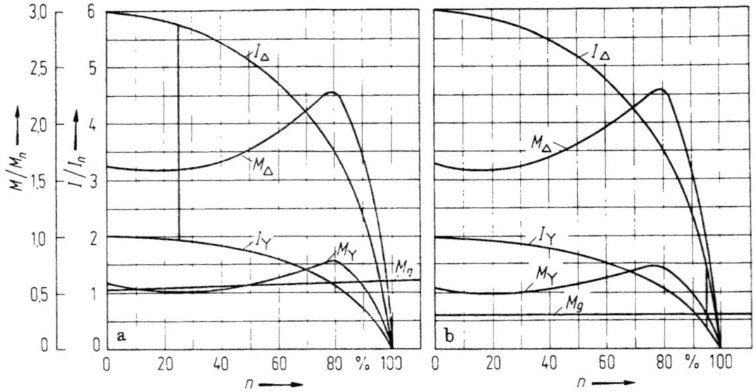

109. Umschaltströme

ren mit wesentlich höheren Hochlaufmomenten. Diese haben jedoch auch höhere Anlaufströme und manchmal auch Wirkungsgradnachteile. Wie hoch das Leerlauf- bzw. Anlaufmoment des Kompressors ist, hängt von seiner Regelung (siehe 6.4.2., 6.4.3. und 6.4.4.) und seinem Betriebsdruck ab. Kompressoren, die auf einen hohen Betriebsdruck verdichten, haben ein niedrigeres Leerlaufmoment im Verhältnis zum Lastmoment als Niederdruckkompressoren. Die Leerlaufmomente von Kompressoren liegen somit sehr verschieden und schwanken von etwa 20 bis 65% der Lastmomente.

Für die Anlaufzeit sind das Trägheitsmoment und das Beschleunigungsmoment maßgebend

$$t_a = \frac{GD^2 \cdot n}{375 \cdot M_b} \ [\mathrm{s}] \tag{56}$$

Für GD^2 ist das Trägheitsmoment in kp m² von Motor und Kompressor, für M_b ist das Beschleunigungsmoment in m kp, also die Differenz zwischen den im Bild 109b aufgezeichneten Momenten $M_Y - M_g$ zwischen Motor und Kompressor anzugeben. Die Anlaufzeit liegt meist unter 3 s. Das An- und Hochlaufmoment eines Motors ist von der Konstruktion des Läufers abhängig.

Durch besondere Anordnung der Stäbe im Läufer wird die Momentencharakteristik des Motors beeinflußt. Entsprechende Kurven sind in den Prospekten der Motorhersteller zu finden.

7.2.4. **Motorschutz**

Bei jeder Arbeitsmaschine treten Verluste auf, so auch beim Elektromotor. Sie entstehen zum kleinen Teil in den Lagern durch Reibung. Der Hauptverlust entsteht durch Stromwärmeverluste, die quadratisch mit dem Strom wachsen. Deshalb wird ein Elektromotor gekühlt. Die Kühlung muß verhindern, daß die Stromwärme in den Wicklungen unzulässig hoch wird. Bei Überlastung des Motors steigt der Strom und die damit anfallende Wärme. Bei zu großer Erwärmung verbrennen die Wicklungen. Die meisten Wicklungsschäden entstehen allerdings nicht durch gewöhnliche Überbelastung, sondern durch fehlerhafte Stromversorgung (Zweiphasenlauf).

7.2.4.1. **Schutz gegen Überstrom**

Der Schutz des Motors gegen zu hohe Stromaufnahme wird in den meisten Fällen durch Überstromrelais erreicht. Diese werden auf den Motornennstrom bzw. Wicklungsstrom = Motornennstrom · 0,58 eingestellt. Werden die eingestellten Stromwerte überschritten, dann schaltet das Schutzrelais den Motor ab. Befindet sich der Schutz an Stelle I (Bild 110), so ist der auf dem Typenschild des Motors angegebene

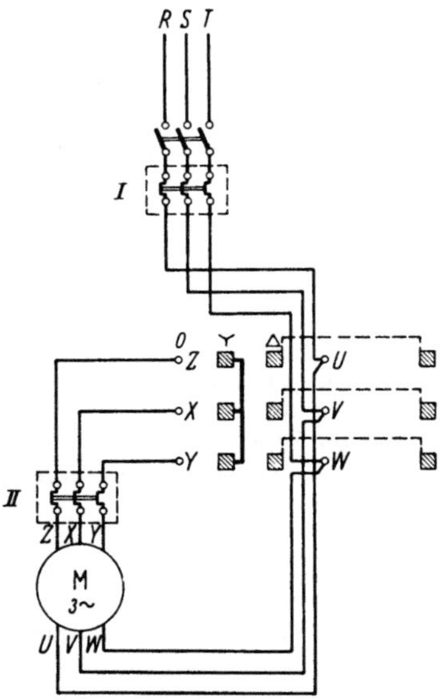

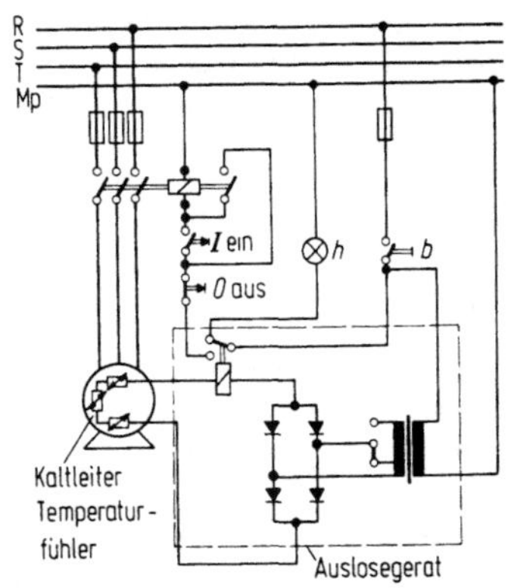

111. Motor-Vollschutz

110. Zwei Möglichkeiten zur Schaltung eines Motorschutzes

Nennstrom einzustellen. Ist er an Stelle II (Bild 110) eingeschaltet, dann ist der Wicklungsstrom zu wählen. Wird ein Motor in Stern-Dreieckschaltung gestartet, so wird der Schutz nach Bild 110 II vorgenommen. Ein thermischer Überstromschutz, der auf den Nennstrom geschaltet ist, bewahrt demnach einen auf Dreieck geschalteten Motor vor Überlast. Er bietet dagegen keinen Schutz, wenn man ihn ohne Verstellung des Motorschutzes in Sternschaltung betreibt oder wenn gar in Sternschaltung eine Phase ausfällt.

7.2.4.2. Motorvollschutz

Einen Motorvollschutz zeigt Bild 111.
Durch Motorvollschutz-Einrichtungen können Drehstrommotoren mit Käfigläufer gegen jede thermische Überlastung voll geschützt werden. Der Vollschutz erstreckt sich auf alle Arten von Überlastung, die eine überhöhte Temperatur der Motorwicklung zur Folge haben, wie z. B. durch Phasenausfall im Netz, Unter- oder Überspannung, behinderte Kühlung, Anlauf und Bremsvorgänge und hohe Schalthäufigkeit.
Der Motorvollschutz wird durch Temperaturfühler, welche in die Wicklung des Motors eingearbeitet sind, wie folgt erreicht:
Wird der Motor aus obengenannten Gründen überlastet, so erwärmt sich die Wicklung des Motors und mit ihr die eingebauten Temperaturfühler. Eine dadurch hervorgerufene Widerstandsänderung der Temperaturfühler (Kaltleiterfühler) hat zur Folge, daß das nachgeschaltete Auslösegerät den Motor abschaltet. Nachdem die Fühler sich um einige °C abgekühlt haben, schaltet das Auslösegerät wieder ein und der Motor ist wieder einschaltbereit.

7.2.5. Richtiges Schalten im Steuerstromkreis

In den folgenden Schaltbeispielen des Bildes 112 ist das Verhalten eines Steuerschützes im Falle eines Erdschlusses zu ersehen.

a) Bei richtiger Schaltung schmilzt die Sicherung e_1 ab.
b) Im Falle eines Erdschlusses ist es möglich, daß das Schütz weder durch die „Aus" Taste b_0, noch durch den Schutzschalter e_2 abgeschaltet werden kann. Es kann sich jedoch auch ohne Kommando einschalten.
c) Das Gleiche wie bei b) gilt auch für Fall c).
Das Schütz kann sich ohne Kommando einschalten und fällt durch Betätigung der Taste b_0 nicht mehr ab. Durch Unterspannung (z. B. 220 V statt 380 V) besteht Zerstörungsgefahr, da Schütze unkontrolliert schalten. Querkurzschlüsse und Verschweißungen sind die Folge.

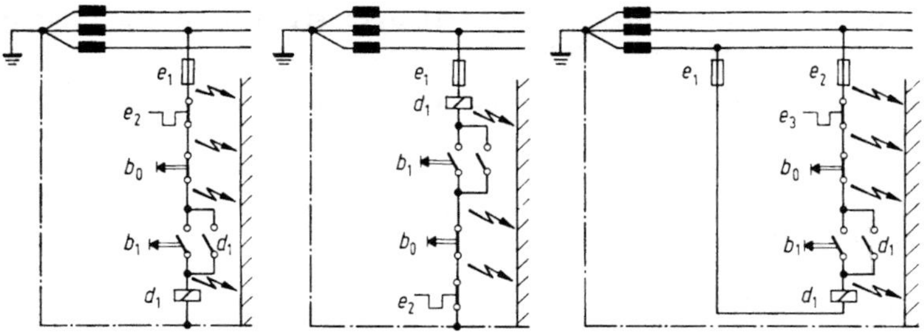

a richtig b falsch c falsch

112. Richtig und falsch geschaltete Steuerstromkreise

7.2.5.1. Steuertransformator

Wird eine Steuerung an ein offenes Netz (ungeerdet) angeschlossen, so sollte der Steuerstromkreis mit besonderer Sorgfalt geplant werden. Fehler wie im vorangegangenen Abschnitt 7.2.5. c) können durch Verwendung eines Steuertransformators vermieden werden. Sowohl bei offengeerdeten Netzen als auch bei Netzen mit von 220 V abweichenden Spannungen und bei Steuerungen für mehr als 2 Motoren sollten stets Steuertransformatoren verwendet werden. In den Bestimmungen nach VDE 0113/1.64 für elektrische Ausrüstung ist festgelegt, daß bei Spannungen bis zu 1000 V Steuerstromkreise sowohl geerdet als auch ungeerdet betrieben werden dürfen.

Bei ungeerdeten Steuerstromkreisen müssen mindestens zwei Isolationsschäden auftreten, um eine Anlage zu stören; hingegen genügt bei geerdeten Steuerstromkreisen nur ein Isolationsschaden.

Werden in einem geerdeten Netz Steuertransformatoren verwendet, so sollten sie stets an einen Außenleiter und an MP angeschlossen werden.

Bei Steuertransformatoren, die an zwei Außenleiter angeschlossen werden, besteht immer die Gefahr, daß nach Ausfall einer Phase eine gewisse Spannung erhalten bleibt. Durch unkontrollierte Spannungen kann es aber leicht zu Fehlschaltungen kommen.

Querkurzschlüsse und Verschweißungen, wie in Abschnitt 7.2.5. c) geschildert, können die Folge sein.

7.2.6. Vollautomatische Kompressorsteuerung mit selbsttätiger Stern-Dreieckschaltung

Der folgenden Beschreibung liegen Bild 113 und Bild 114 zugrunde.

7.2.6.1. Antriebsmotoren

Antriebsmotor *m*2, Lüftermotor *m*4, Motor für Kühlwasserpumpe *m*3 (nur in besonderen Fällen).

7.2.6.2. Ventile

Ventile sind: Kühlwasserventil *s*1, Kühlwasserventil *s*2, Dreiwege-Magnetventil s3 für die Leerlaufregelung (greifergesteuert), Dreiwege-Magnetventil *s*4 für Halblastregelung (greifergesteuert).

7.2.6.3. Überwachungs- und Sicherheitsgeräte

Druckschalter e1 für Leerlauf und Kompressor „aus". Kontaktmanometer e2 wird alternativ zu e1 verwendet. Es hat größere Schaltgenauigkeit. Die Schaltdifferenz zwischen dem maximalen und minimalen Druck ist von Null bis Skalenendwert einstellbar. Außerdem kann man den jeweils anstehenden Druck ablesen. Zu beachten ist, daß Kontaktmanometer nur kleine Ströme schalten können und ständige Druckbelastungen nur bis $^{2}/_{3}$ vom Skalenendwert auftreten dürfen.

Druckwächter für Öl

Öldruckwächter e3 ist in gewissen Grenzen gegen Erschütterungen unempfindlich und am Kompressor montiert.

Druckwächter für Wasser

Druckwächter e4 ist ein handelsüblicher Druckschalter und dient zur Überwachung des Kühlwassers.

Durchflußwächter für Wasser

Durchflußwächter e5 dient zur Überwachung der Kühlwasserströmung. Eine Ablesemöglichkeit der Durchflußmenge ist nicht erforderlich; jedoch kann schon bei geringer Strömung der Schaltkontakt betätigt werden. Eine Strömungsüberwachung hat gegenüber der Drucküberwachung den Vorteil, daß damit die Sicherheit gegeben ist, daß wirklich Wasser durch die Kühlwasserräume fließt. Bei Verstopfung bietet der Druckwächter keine Sicherheit.

Druckwächter für Luft

Druckschalter e11 und Kontaktmanometer e12 (wie e1 und e2, jedoch für Halblastregelung).

Temperaturwächter für Kühlwasser

Temperaturwächter e14 ist ein Thermostat mit Wärmefühler und Schaltkontakt. Innerhalb des gegebenen Einstellbereichs kann die gewünschte Temperatur eingestellt werden. Der Schaltkontakt wird betätigt, wenn die eingestellte Temperatur erreicht ist. Alternativ zu den einfachen Temperaturwächtern finden auch kombinierte Schaltgeräte Verwendung, welche außer der Schaltfunktion auch noch eine Durchflußregelung übernehmen. Hier wird analog den Temperaturschwankungen am Wärmefühler ein Ventilquerschnitt geöffnet oder geschlossen.

Betriebsstundenzähler

Der Betriebsstundenzähler *g*1 dient zum Erfassen der Betriebsstunden und ist deshalb wichtig für die termingerechte Wartung des Kompressors.

Meldeleuchte

Meldeleuchte *h*1 dient zur Kontrolle des Schmieröldruckes. Sie leuchtet auf bei Ölmangel (defekte Ölpumpe) und bei Stillstand des Kompressors bei automatischem Stillsetzerbetrieb.

Kontaktschutzrelais

Kontaktschutzrelais e10 ist ein Schaltverstärker mit einer Einschaltleistung von ca. 200 mW und einer Schaltleistung im Ausgang von 300 Watt.

Sicherungen

Sicherungen e7, e8, e9, e16 und e18 sind Vorschaltsicherungen, die im Falle eines Kurzschlusses abschmelzen.

Überstromrelais

Überstromrelais e6, e15 und e17 sind Schutzschaltgeräte, welche einen Verbraucher gegen eine unzulässige hohe Stromaufnahme schützen. Sie werden vorwiegend als Überstromschutz für elektromotorische Antriebe verwendet (Motorschutzschaltung).

7.2.6.4. **Schalt- und Steuergeräte**

Netzschütz *c*1, Sternschütz *c*2, Dreieckschütz *c*3, Schütz für Lüftermotor *c*4, Schütz für Kühlwasserpumpen-Motor *c*5 und Hilfsschütz *d*2 sind elektrische Schaltgeräte, welche zum automatischen Steuern der Motoren, die unter „Antriebsmotoren 7.2.6.1." genannt wurden, nötig sind. Zeitrelais *d*1 dient zur verzögerten Umschaltung von Stern auf Dreieck. Das Zeitrelais *d*3 bewirkt den in 7.2.6.10. beschriebenen verzögerten Stillsetzerbetrieb.

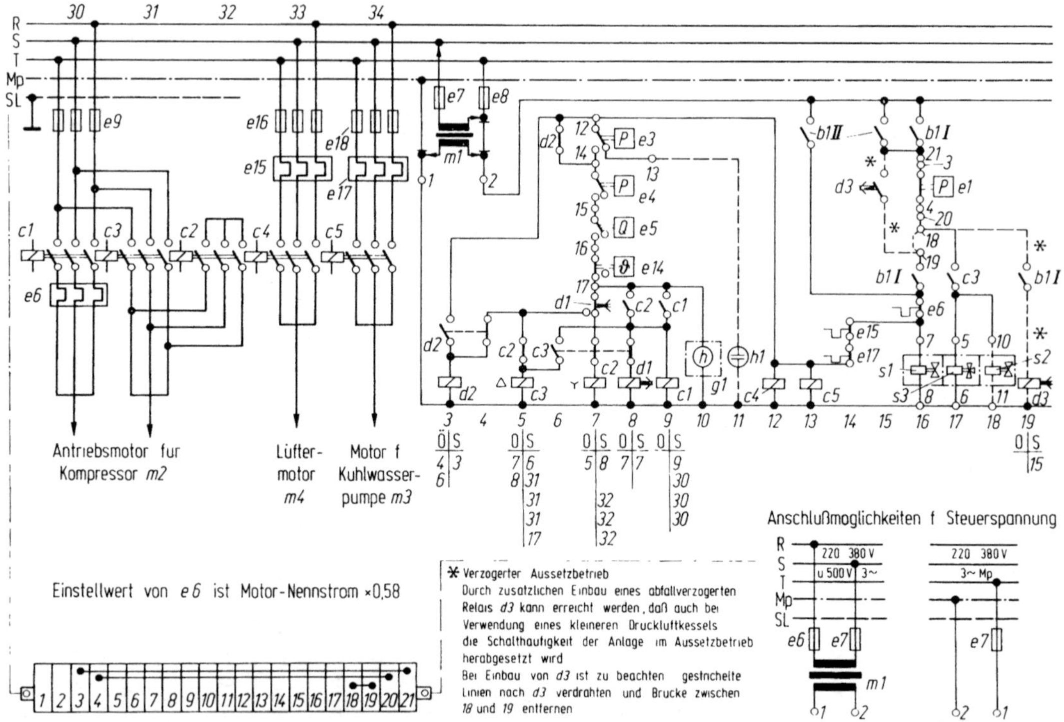

113. Stromlaufplan einer vollautomatischen Kompressorsteuerung

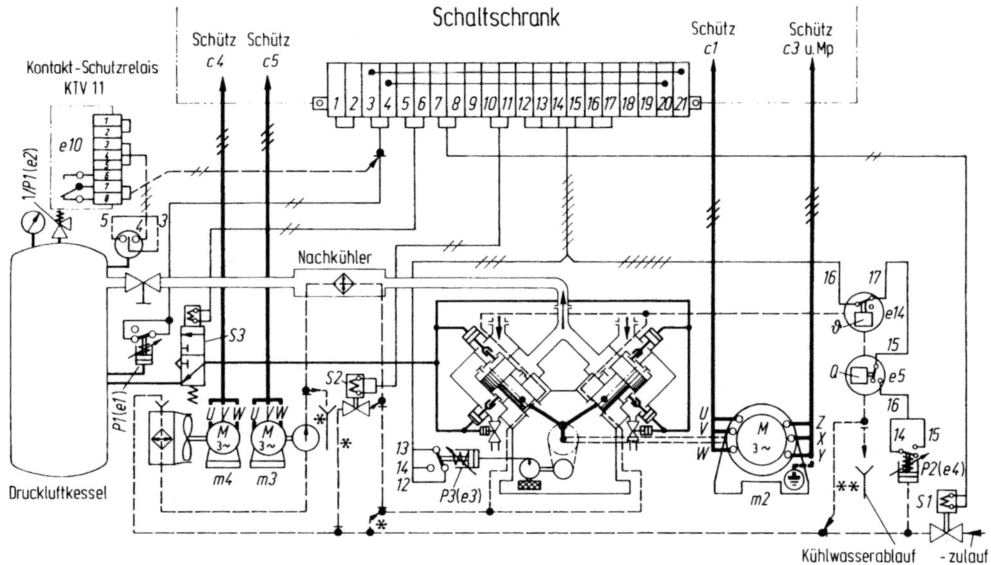

✱✱ Kühlwasserleitung bei Umlaufkühlung
✱ Nur bei Nachkühler mit Kühlwassersparschaltung

m2 Antriebsmotor
m3 Motor für Kühlwasserpumpe
m4 Lüftermotor

Die erforderlichen Installationsarbeiten zum Anschluß der Steuerung sind stets von einem Elekrounternehmen durchzuführen, welches vom zuständigen Elektroversorgungsunternehmen zugelassen ist

114. Anschlußplan der Kompressorsteuerung Bild 113

7.2.6.5. Betriebsarten

Die hier beschriebene Anlage hat zwei Betriebsarten. Schalterstellung I = Aussetzbetrieb, Stellung II = Durchlaufbetrieb. Der Antrieb erfolgt über einen Drehstrommotor *m*2. Die Betriebstemperatur wird über eine Wasser-Durchlaufkühlung geregelt.

7.2.6.6. Anlauf

Nach Betätigung des Wahlschalters *b*1 auf Stellung I bzw. Stellung II wird über den Druckschalter e1 das Magnetventil für Kühlwasser s1 geöffnet. Der nun einsetzende Kühlwasserstrom betätigt den Durchflußwächter e5 sowie den Druckwächter *e*4. Beide Schaltgeräte sind in Reihe geschaltet und betätigen über Steuerschütz *d*2 bzw. Öldruckschalter e3 die Stern-Dreieckkombination. Bis zum Aufbauen des Schmieröldruckes in der Sternphase wird der Druckschalter e3, welcher die Kontrolle der Kompressorschmierung übernimmt, durch das Steuerschütz *d*2 überbrückt. Mit dem Umschalten in die Dreieckphase wird das Steuerschütz *d*2 abgeschaltet.

7.2.6.7. Entlasteter Anlauf

Da der Anlauf nicht unter Belastung stattfinden darf, müssen — wenn am Druckluftbehälter Druck ansteht — die Greifer mit Steuerluft beaufschlagt werden. Die Steuerluft wird über das Dreiwegeventil s3 direkt aus dem Druckluftkessel entnommen. Wenn im Druckluftkessel kein Druck ansteht, so sind die Greifer nicht beaufschlagt und der Kompressor fördert schon während des Anlaufs. Auch in diesem Fall liegt ein entlasteter Anlauf vor, da der Kompressor nicht gegen Druck fördert. Das Dreiwegeventil s3 ist im stromlosen Zustand nach den Greifern hin geöffnet und belüftet diese. Eine elektrische Verriegelung ist durch das Dreieckschütz gegeben, welches das Magnetventil s3 erregt und somit die Greifer entlüftet (der Kompressor fördert).

7.2.6.8. Still- oder Aussetzerbetrieb

Nach erfolgtem Stern-Dreieckanlauf stellt sich durch ständige Förderung bald der Betriebsdruck ein. Der Kompressor wird beim Erreichen des Betriebsdruckes durch den Druckschalter e1 abgeschaltet und schaltet erst wieder ein, wenn der Druck auf einen bestimmten Mindestdruck gefallen ist. Der Anlauf erfolgt, wie unter 7.2.6.6. und 7.2.6.7. beschrieben. Mit dem Aussetzen des Kompressors wird auch der Kühlwasserstrom unterbrochen.

7.2.6.9. Durchlaufbetrieb

Wenn im Durchlaufbetrieb der maximale Betriebsdruck erreicht ist, wird nicht, wie im Aussetzerbetrieb, der Kompressor abgeschaltet, sondern hier werden über Druckschalter e1 und das Dreiwegeventil *s*3 nur die Greifer belastet, wodurch der Kompressor im Leerlauf arbeitet.

7.2.6.10. Verzögerter Stillsetzerbetrieb

Um eine zu große Schalthäufigkeit zu vermeiden, wird in besonderen Fällen, wenn der Kompressor in seiner Liefermenge zu groß im Verhältnis zum vorhandenen Druckbehälter ist, eine Regelung mit verzögertem Stillsetzbetrieb verwendet. Ein zu kleiner Druckluftbehälter wird von einem Kompressor großer Leistung sehr schnell aufgefüllt und bei entsprechender Abnahme der Verbraucher sehr schnell entleert. Der verzögerte Aussetzerbetrieb bewirkt, daß der Kompressor nach Erreichen des maximalen Betriebsdruckes erst eine gewisse Zeit leer läuft, bevor er abschaltet. Er wird erreicht, indem man dem Druckschalter e1 das Zeitwerk *d*3 nachschaltet.

Der verzögerte Stillsetzerbetrieb gestattet im Vergleich mit dem unverzögerten zwar die Verwendung eines kleineren Druckbehälters, jedoch wird durch ihn der Stromverbrauch durch die Leerlaufperioden vergrößert. Er stellt deshalb meist nur eine Behelfsmaßnahme dar.

8. Die Aufstellung und Installation stationärer Kompressoren

8.1. Maschinenraum

Maschinenräume, in denen Kompressoren aufgestellt werden, sollen trocken, staubfrei und gut belüftbar sein. Das gilt besonders dann, wenn die Kompressoren aus dem Maschinenraum ansaugen. Ist der Raum dicht verschließbar, kann durch das Ansaugen ein Unterdruck entstehen, der Fenster und Türen zertrümmert. In ungünstigen Fällen sind auch Wände und Decken in Gefahr. Im Interesse einer guten Wartung, die eine Voraussetzung für eine lange Lebensdauer ist, müssen noch eine Reihe weiterer Punkte berücksichtigt werden. Gute Transportmöglichkeit zum und vom Aufstellungsort, räumliche Freiheit um die Maschinen herum und eine sinnvolle Anordnung aller Leitungen und Armaturen erfüllen diese Forderung. Einen Eindruck von gut eingerichteten Maschinenräumen vermitteln die Bilder 34 und 35 des Abschnitts 2.2.

8.1.1. **Fundamentlose Aufstellung**

Fast alle Kolbenmaschinen haben freie Massenkräfte und Momente, die das Aggregat bewegen möchten. Durch besondere Anordnung der Zylinder [V- und W-Bauart (siehe 2.2.1, 2.2.2, 2.2.3, 2.2.4 und 2.2.5)] kann man die freien Massenkräfte klein halten, so daß in diesen Fällen eine fundamentlose Aufstellung auf Schwingmetallpuffern empfohlen wird. Diese modernen Maschinen sind meist so ausgeführt, daß der Kompressor mittels einer Laterne, in der die Kupplung untergebracht ist, mit dem Elektromotor fest zu einer Einheit verblockt ist (Bild 34, 35, 40, 42 und 73). Eine Aufstellung auf Schwingmetallpuffern ist auch dann möglich, wenn man Kompressor und Motor nicht fest miteinander verblockt, aber auf einen gemeinsamen Rahmen montiert (Bild 115). Die Aufstellung einer Kompressoreinheit auf Schwingmetallpuffern stellt die

115. Kompressor und Elektromotor auf einem Rahmen

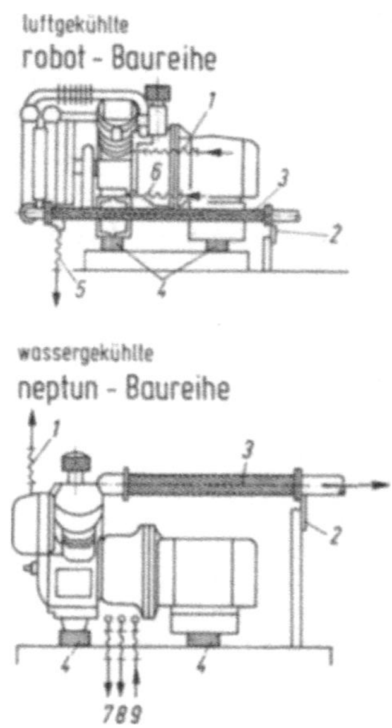

1 elastischer Anschluß für Steuerleitung
2 Festpunkt
3 elastische Stahlwellrohr-Druckleitung
4 Schwingmetallfüße für Dreipunktaufstellung
5 elastischer Anschluß für Kondensatabflußleitung am Sicherheits-Entlastungsventil
6 elastischer Anschluß für Manometerleitung
7 elastischer Anschluß für Kondensatabflußleitung
8 elastischer Anschluß für Kühlwasserabflußleitung
9 elastischer Anschluß für Kühlwasserzuflußleitung

116. Aufstellungsschemata für elastisch aufgestellte luft- und wassergekühlte Kolbenverdichter

einfachste und kostensparendste Art dar, da kein Fundament notwendig ist (siehe auch Bild 40, Abschnitt 2.2.3). Lediglich ein ausreichend fester Boden ist die Voraussetzung. Auch ist hierdurch rasches Aufstellen und eine leichte Versetzung der Einheit möglich. Bei elastisch aufgestellten Anlagen wird die Weiterleitung aller Schwingungen vom Kompressor vermieden.

Im Bild 116 sind Aufstellungsschemata für elastisch aufgestellte luft- und wassergekühlte Kolbenverdichter zu sehen. Alle vom und zum Kompressor führenden Leitungen sind spannungsfrei und elastisch auszuführen.

8.1.2. **Fundamentaufstellung**

Liegen irgendwelche Voraussetzungen vor, die eine elastische Aufstellung nicht möglich machen oder bei denen die elastische Aufstellung nicht erwünscht ist, so müssen Motor und Kompressor auf einem gemeinsamen Fundament fest montiert werden. Diese Voraussetzungen treffen vor allem bei sehr großen Kompressoren zu. Solche Kompressoren zeigen die Bilder 30, 31 und 32 des Abschnitts 2.2. Ein Fundament muß genügend Eigensteifigkeit besitzen, damit dauernde Fluchtung der beiden Wellenenden sichergestellt ist. Bei der festen Fundamentaufstellung bewegen die freien Massenkräfte und Momente nicht nur den Maschinensatz, sondern auch das Fundament. Dadurch werden die Schwingungsausschläge verkleinert.

Vor der Errichtung eines Fundaments müssen die Tragfähigkeit und evtl. auch andere Eigenschaften des Erdbodens untersucht werden. (Weitere wesentliche Eigenschaften sind die Elastizität und damit die Fähigkeit, Schwingungen weiterzuleiten, die Feuchtigkeit, der Grundwasserspiegel und die Zusammensetzung des Bodens).

Der Fundamentsockel (Bild 117) ist bis auf tragfähigen Baugrund zu führen und in einem ununterbrochenen Arbeitsgang herzustellen. Die Beschaffenheit des Baugrundes ist stets der Maßstab für die Gründungstiefe, wobei sehr gute Bodenverhältnisse eine geringere Gründungstiefe zulassen.

Die praktisch verwertbare Tragfähigkeit des Bodens liegt bei Maschinengründungen ab 1 kg/cm^2.

Eine Trennung des Fundamentsockels von benachbarten Bauteilen erfolgt durch eine das Maschinenfundament allseitig umgebende Trennfuge. Diese soll verhindern, daß Schwingungen des Fundaments im Fußboden an die benachbarten Bauteile weitergeleitet werden. Die Trennfuge gießt man mit Bitumen aus und verhindert dadurch ein nachträgliches Zuwachsen.

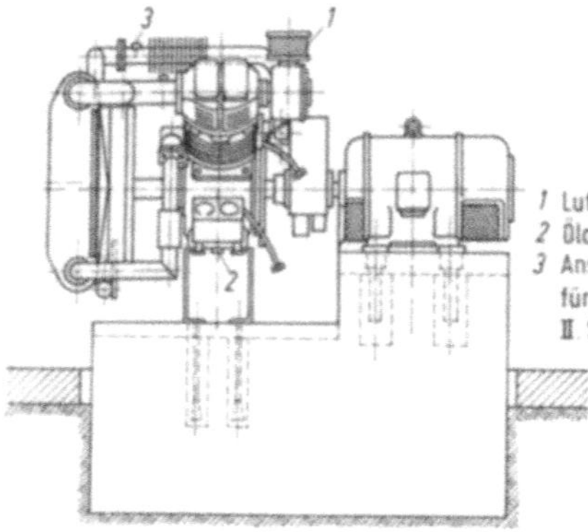

117. Fundamentaufstellung eines robot-Kompressors

Steinschrauben, Fußleisten und Motor-Fußklötze werden bei Erstellung montiert. Nach dem Ausrichten von Kompressor und Motor werden die Steinschrauben sowie die Fußleisten und Motor-Fußklötze mit Zementbrei vergossen. Der Fundamentkörper ist gegen das Eindringen von Öl zu schützen!

Betonmischung:

A. Für Fundamentsockel. Güteklasse B 80 mit einer Würfelfestigkeit von mindestens 80 kg/cm² nach DIN 1047. Im allgemeinen müssen 300 kg Zement auf 1 m³ fertigen Beton im Bauwerk enthalten sein.

B. Für Zementbrei. 1 Teil Zement, 2 Teile scharfer Sand.

Anleitung zur Aufstellung und Ausrichtung der Kompressoren findet man in den entsprechenden Fundamentplänen und Montageanweisungen.
In den Fällen, in denen ein Kompressor sowohl auf einem Fundament als auch schwingungsisoliert aufgestellt werden soll, kann ein Schwingfundament (Bild 118) verwendet werden. Die Maschine wird mit ihrem Fundamentblock auf Federn gesetzt. Falls die Federsteifigkeit zur Masse des Fundamentblocks im richtigen Verhältnis steht, sind die Amplituden von der Größenordnung 0,1 bis 0,3 mm und deren Übertragung auf den Boden nicht wahrnehmbar. Das Gewicht beträgt ca. 50% des festgegründeten. In Bild 119 sind Aufstellungsschemata für auf Fundament aufgestellte luft- und wassergekühlte Kolbenverdichter gezeigt und Hinweise für Leitungsanschlüsse gegeben. Die Aufstellung muß ein genaues Ausrichten des Kompressors mit dem Antriebsaggregat sichern. Wegen der Unfallverhütungsvorschriften muß ein Kupplungsschutz vorgesehen werden.

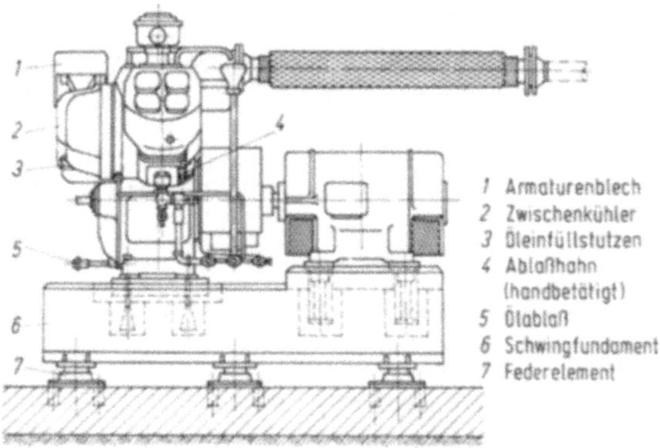

118. neptun-Kompressor auf einem Schwingfundament

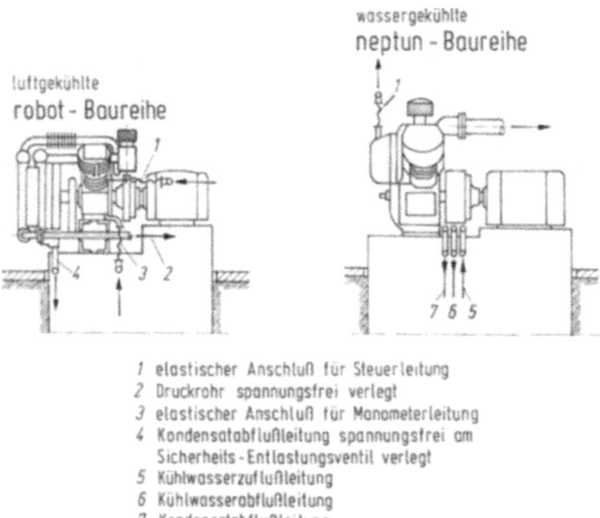

119. Aufstellungsschemata für auf Fundament aufgestellte luft- und wassergekühlte Kolbenverdichter

8.1.3. **Erwärmung des Maschinenraums**

Bei Verdichtern wird die aufgenommene Leistung voll in Wärme umgesetzt. Dabei wird nur der Wärmeanteil $G_1 \cdot c_p \cdot (t_2 - t_1)$ mit der Druckluft aus dem Maschinenraum herausgeleitet.
In das Kühlwasser geht der Betrag $G_W \cdot (t_{W2} - t_{W1})$ über.
Der Rest erwärmt den Maschinenraum, wenn nicht für eine ausreichende Belüftung gesorgt wird.

c_p = spez. Wärme der Luft
t_1 = Raumtemperatur
t_2 = Drucklufttemperatur beim Austritt aus dem Maschinenraum
G_1 = Gewicht der geförderten Luft
G_W = Gewicht des durchfließenden Kühlwassers
t_{W1} = Kühlwasser-Eintrittstemperatur
t_{W2} = Kühlwasser-Austrittstemperatur

8.1.3.1. **Belüftung bei luftgekühlten Kompressoren**

Für diese Bauart ist eine besonders wirkungsvolle Belüftung des Maschinenraums notwendig. Diese erfolgt zweckmäßig über Mauerdurchbrüche mit nachgeschalteter Wetterführung (Bild 120), wodurch kühle Luft an den Verdichter herangeführt wird. Die Luftmenge wird bestimmt durch den Lüfter, der am Kompressor angebaut und entsprechend ausgelegt ist. Die Abmessungen und Anordnungen der Wetterführungen für die einzelnen Kompressortypen sind vom Hersteller

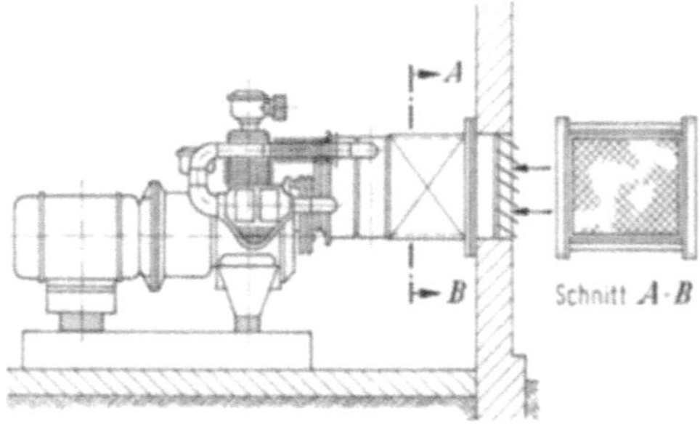

120. Mauerdurchbruch mit Kühlluftzuführung für luftgekühlten Kompressor

zu erfragen. Die Entlüftung des Kompressorraumes bzw. die Abführung der warmen Luft durch natürlichen Auftrieb über Dachreiter oder Fensteröffnungen ist meist unvollkommen, da Wärmestauungen durch diese Maßnahmen oft nicht wirkungsvoll abgebaut werden können. Es

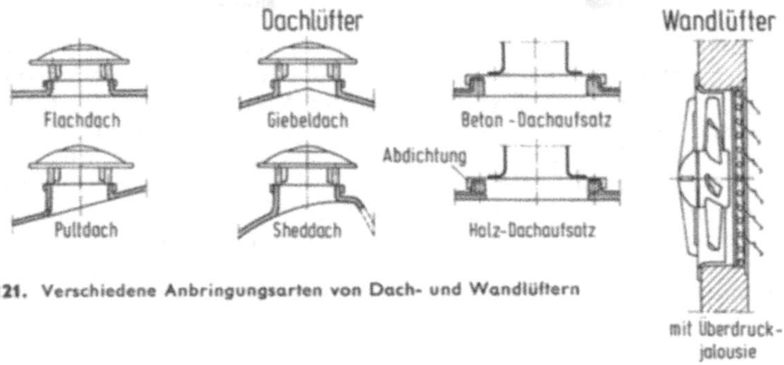

121. Verschiedene Anbringungsarten von Dach- und Wandlüftern

empfiehlt sich daher, die Abführung der warmen Luft mittels Zwangsentlüftung durch Dach- oder Wandlüfter vorzunehmen (Bild 121). Der Volumenstrom dieser Lüfter muß meist der Ansaugleistung des Lüfterrades im Kompressor, multipliziert mit dem Faktor 1,2, entsprechen. Hierdurch wird der Kompressorraum geringfügig in den Unterdruckbereich gebracht und jede Warmluftstauung vermieden.

8.1.3.2. Belüftung bei wassergekühlten Kompressoren

Obwohl bei wassergekühlten Kompressoren im Vergleich mit luftgekühlten bei gleicher Leistung bedeutend weniger Wärme an die Umgebung abgegeben wird, muß trotzdem für eine ausreichende Belüftung bzw. Entlüftung des Kompressorraums Sorge getragen werden. Da es nicht immer möglich ist, in der Decke reichlich bemessene Dachreiter vorzusehen oder die Fenster dergestalt auszubilden, daß die Warmluft zügig entweichen kann, ist es bei weniger günstigen örtlichen Verhältnissen ratsam, auch beim Betrieb der wassergekühlten Kompressoren eine Zwangsentlüftung über Dach- oder Wandlüfter vorzunehmen (Bild 121). Die Leistung dieser Lüfter ist meist ausreichend, wenn sie für einen 20-fachen Luftwechsel des Raumes in der Stunde ausgelegt sind. Im Winter darf die Raumtemperatur möglichst nicht unter + 5 °C sinken! Bei Frostgefahr ist daher eine leichte Beheizung des Raumes vorzusehen.

8.2. Saugleitungen

Einen wesentlichen Einfluß auf Lebensdauer und Betriebssicherheit des Verdichters hat der Reinheitsgrad der angesaugten Luft. Örtliche Staubverhältnisse, aber auch hohe Lufttemperatur können dazu zwingen, eine längere Ansaugleitung zu verlegen, um zu einem Ort, der günstigere Verhältnisse bietet, zu gelangen. Der Ansaugleitung wird ein gut wirksamer Ansaugfilter vorgeschaltet (Filter-Bauarten sind im Abschnitt 3. unter Saugfilter beschrieben). Der Durchmesser der Leitung sollte mindestens so groß sein wie der am Anschlußstutzen des Kompressors. Saugleitungen über 10 m Länge erfordern einen größeren Durchmesser. Die Leitung selbst ist in einem einwandfreien Zustand, besonders innen (frei von Schweißperlen, Schweißzunder, Flugrost, Blattrost und Sand), einzubauen. Es ist zu empfehlen, die Rohrleitungsteile vor dem Einbau von innen zu sandstrahlen und anschließend gut auszuwaschen. Geschieht dies nicht, können Verunreinigungen in den Kompressor gelangen, welche dann zwangsläufig zu hohem Verschleiß und Störungen führen. Die Flansche sind so anzupassen, daß die Rohre im eingebauten Zustand spannungsfrei verlegt sind. Für die spätere Inspektion sollte die Ansaugleitung leicht demontierbar sein. Da in der Ansaugleitung Luftschwingungen durch Resonanzen auftreten können, die schädliche Einwirkungen auf die Leitungen, deren Befestigungen oder auf die Luftfilter haben, sowie u. U. auch störende Geräusche verursachen, müssen gelegentlich Maßnahmen getroffen werden, diese zu beseitigen. Alle diese Schwingungen lassen sich unterbinden durch Einbau von Drosseln oder Zwischenschalten von bestimmten Schwingungs- und Ansaugschalldämpfern.

8.3. **Druckleitungen**

Die Druckleitungen führen die verdichtete Luft vom Austrittsstutzen des Kompressors über einen Nachkühler mit nachgeschaltetem Abscheider (Nachkühler und Abscheider sind vor dem Druckbehälter durch die VBG 16 vorgeschrieben) zum Druckluftbehälter und weiter in das Verteilungsnetz. Der Durchmesser der Leitungen muß dem Querschnitt entsprechen, den der Hersteller angibt. Die Verlegung soll mit einer Neigung von ca. 1% (1 cm/100 cm) fallend vorgenommen werden, um zu vermeiden, daß Kondensat dem Kompressor zufließt. Die Ausführung der Druckleitung muß den Vorschriften der VBG 16 und 17 entsprechen. Ein wesentlicher Punkt dieser Vorschrift ist, daß das Leitungsstück zwischen dem Druckstutzen des Verdichters und dem Nachkühler leicht ausgebaut werden kann zur Überprüfung und Reinigung von Ablagerungen. Auszüge aus der VBG 16 und 17 enthält Abschnitt 14.1. und 14.2.

Arbeiten mehrere Verdichter auf einen Druckluftbehälter, empfiehlt es sich, die einzelnen Druckleitungen vor dem Eintritt in den Druckluftbehälter in ein reichlich bemessenes Drucksammelrohr zu führen. Der Eintritt in das Drucksammelrohr soll stets tangential erfolgen (Bild 122); damit werden Druckstoß-Beeinflussungen und Resonanzerscheinungen

vermieden. Treten trotzdem störende Schwingungen oder Geräusche auf, so können diese noch durch Schwingungs- und Schalldämpfer beseitigt werden. Als Rohrleitungsmaterial für Kondensat- und nichtdruckführende Leitungen verwendet man Rohre nach DIN 2448, als Material für druckführende Leitungen bis 100 atü Rohre nach DIN 2450 (Auswahl aus DIN 2448, St. 35). (Auswahl bis 40 atü siehe Tabelle 13 des Tabellenanhangs.)
Alle Druckleitungen benötigen Rohre mit Werkszeugnis nach DIN 50049/2 und Kennzeichnung der Rohre.

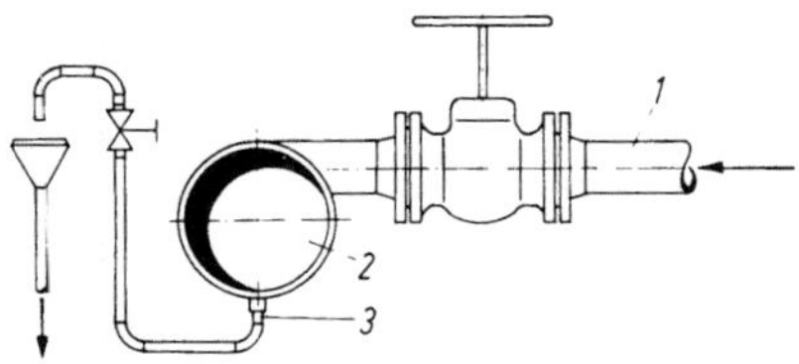

1 Druckleitung vom Kompressor
2 Drucksammelrohr
3 Kondensatablaß an der tiefsten Stelle der Druckleitung

122. Tangentialer Eintritt in eine Drucksammelleitung

8.3.1. **Druckleitungen hinter dem Druckluftbehälter**

Außer den unter 6.5. gebrachten allgemeinen Hinweisen besteht noch ein wesentlicher Unterschied, ob es sich um Leitungen vor dem Druckbehälter, hinter dem Kompressor oder um solche hinter dem Druckbehälter handelt. Bei letzteren ist die durch den Kolbenkompressor erzeugte pulsierende Strömung weitgehend geglättet. Die Strömung wird hier nur durch die Entnahme beeinflußt. Für die Abmessungen der Haupt- und Nebenleitungen ist der Druckverlust, der durch die Strömung entsteht, bestimmend. Außer der Entnahme und dem Querschnitt beeinflussen Bauelemente wie Rohrkrümmer, Ventile, Schieber usw., aber auch die Beschaffenheit der Innenwände den Widerstand. Dieser

Lichter Rohr-∅ in mm	25	50	80	100	125	150	200	250	300	400	500
Durchgangsventil	6	15	25	35	50	60	85	110	140	200	260
Eckventil	3	7	11	15	20	25	35	50	60	85	110
Schieber	0,3	0,7	1	1,5	2	2,5	3,5	5	6	8,5	11
Normalkrümmer	0,2	0,4	0,7	1	1,4	1,7	2,4	3,2	4	6	7
T-Stück	2	4	7	10	14	17	24	32	40	60	70
Plötzl. Verengung	0,5	1	2	2,5	3,5	4	6	8	10	15	18

123. Widerstandslänge von Leitungszubehörteilen in m

kann durch die Widerstandslängen (Tabelle 123) ermittelt werden. Mit dem Nomogramm (Bild 124) lassen sich bei bestimmten Forderungen und Gegebenheiten der Rohrdurchmesser oder der Druckverlust oder beides zusammen ermitteln.

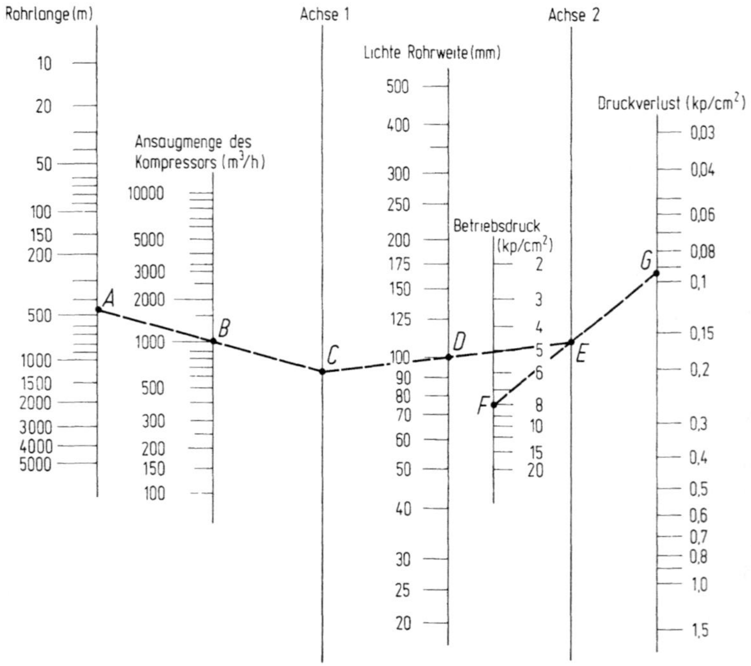

124. Nomogramm zur Ermittlung des Druckverlustes in Rohrleitungen

Beispiel

Gegeben:	Die Rohrlänge im Betrieb	400 m
	Vorgesehener Rohrdurchmesser	100 mmlW
	8 Schieber	NW 100
	20 Normalkrümmer	NW 100
	4 T-Stücke	NW 100
	Ansaugluftmenge des Kompressors	1000 m³/h
	Betriebsdruck	8 atü

Gesucht: Druckverlust bei voller Entnahme

Lösung:	Ermittlung der rechnerischen Rohrgesamtlänge	
	Vorgesehene Länge	400 m
	8 Schieber NW 100, äquivalente Rohrlänge	12 m
	20 Normalkrümmer NW 100, äquivalente Rohrlänge	20 m
	4 T-Stücke NW 100, äquivalente Rohrlänge	40 m
	Gesamtlänge	472 m

Verbinde im Nomogramm (Bild 124) A (= 472 m Rohrlänge) mit B (= 1000 m³/h Ansaugmenge) und verlängere bis C. Verbinde C mit D (= 100 mm Rohrdurchmesser) und verlängere bis E. Verbinde F (= 8 atü) mit E und verlängere bis G. Somit ergibt sich ein Druckverlust von 0,09 kp/cm².

Um einen wirtschaftlichen Betrieb zu gewährleisten, soll der Druckverlust vom Druckbehälter bis zum Verbraucher 0,1 kp/cm² möglichst nicht überschreiten. Mit Rücksicht auf eine später mögliche Erweiterung der Kompressorstation sollte man von vornherein die Rohrleitung (gemeint ist der Querschnitt) großzügig auslegen. Eine Ringleitung (Bild 125) bietet für Versorgung, Wartung und Reparaturarbeiten große Vorteile. Sind Verbraucher mit stoßweisen großen Entnahmen angeschlossen, so empfiehlt es sich, zur Erhaltung des Betriebsdruckes einen Druckausgleichbehälter, wie in Bild 125 gezeigt, vorzusehen. Alle Ent-

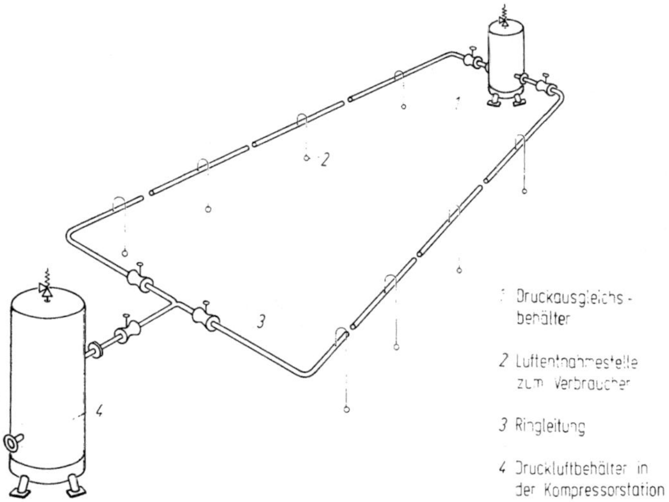

125. Ein als Ringleitung ausgebildetes Versorgungssystem mit Hauptdruckluftbehälter und Druckausgleichsbehälter am entgegengesetzten Ende

nahmestellen sind grundsätzlich oben an der Druckleitung anzubringen um zu vermeiden, daß Kondensat zum Verbraucher fließt. Bei großem Kondensatanfall sind vor den Verbrauchern Abscheider vorzusehen. In manchen Fällen besteht die Forderung nach Druckluft mit geringerem Enddruck, z. B. bei Farbspritzanlagen, Regeleinrichtungen usw. Um nicht hierfür eine eigene Kompressorstation vorsehen zu müssen, kann die Versorgung über einen Druckminderer und ein besonderes Leitungsnetz erreicht werden. In diesem Falle muß für das zweite Netz ein entsprechend tief eingestelltes Sicherheitsventil vorgesehen werden.

8.3.2. Inspektion des Druckluftnetzes

Eine Inspektion des Druckluftnetzes sollte wenigstens zweimal im Jahr durchgeführt werden. Einer der wichtigsten Punkte ist hierbei die Überprüfung, ob die Entwässerung des Rohrnetzes noch gesichert ist. Hierzu gehört die Überprüfung der Nachkühler, Abscheider, Druckluftbehälter, Rohrleitungen und der Abscheider vor den Verbrauchern. Alle Leitungen sind auf Undichtigkeit an den Anschlüssen und auf Risse zu überprüfen. Die Überprüfung des Innenzustandes auf Korrosion, Verkrustung der Rohrleitungen ist für die Sicherheit von größter Wichtigkeit. Die Undichtheit des gesamten Luftnetzes läßt sich mit der Auffüllmethode (Behältermessung 10.4.1.) ermitteln. Hierbei wird das Absinken des Luftdruckes um ein bestimmtes Maß und das Auffüllen um den gleichen Betrag durch die genau bekannte Fördermenge eines Kompressors über der Zeit bestimmt.
Zunächst stellt man die effektive Liefermenge des Kompressors fest. Am einfachsten und mit genügender Genauigkeit kann dies durch Feststellung der Auffüllzeit des Windkessels geschehen.
Arbeiten mehrere Kompressoren auf ein Netz, so benutzt man zur Messung den Kompressor, der mit Sicherheit die Lässigkeitsverluste deckt. Den Kompressor mit der bekannten Liefermenge läßt man gegen das geschlossene Netz arbeiten und kann aus den Schaltzeiten die Verluste errechnen. Man stellt für diese Messung den Druckabfall des Steuerrelais möglichst klein ein (ca. 1 at), damit der Fehler durch die Abhängigkeit des Rückexpansionsgrades vom Enddruck vernachlässigbar bleibt. Der genaue Vorgang ist dabei wie folgt:
Zunächst schließt man alle Entnahmehähne am Netz ab, so daß das Netz theoretisch vollkommen dicht sein müßte. Dann läßt man den Kompressor, dessen Liefermenge man vorher mit z. B. 30 m^3/min festgestellt hat, auf das Netz arbeiten. Der Kompressor wird nun Netz und Druckbehälter auf z. B. 7 atü aufpumpen und dann ausschalten. Durch die Undichtigkeiten wird innerhalb einer gewissen Zeit der Druck auf 6 atü absinken, so daß das Relais den Kompressor wieder in Betrieb

setzt. Diesen Vorgang läßt man längere Zeit wiederholen, bis sich nach etwa 1 bis 2 Stunden Beharrung eingestellt hat. Erst dann mißt man die Stillstands- und die Förderzeit. Hätte man für die Laufzeit im Mittel 6 Minuten und für die Stillstandszeit 20 Minuten festgestellt, so wäre die Lässigkeit des Netzes $6 \cdot 30 : (20 + 6) = 6{,}92\ m^3/min$, das wären ca. 23%. Begnügte man sich bei dieser Messung mit einer Prozentangabe, so könnte man auf die Feststellung der Liefermenge des Kompressors ganz verzichten, denn es ist $6 \cdot 100 : (20 + 6) = 23\%$. Das bedeutet, daß das Verhältnis der Laufzeit mal 100 geteilt durch Laufzeit und Stillstandszeit die Verluste in Prozenten ergeben. Mit dieser Methode läßt sich sowohl das gesamte Leitungsnetz, als auch einzelne Zweige desselben untersuchen. Die oberste Grenze der zulässigen Leckage bewegt sich im allgemeinen zwischen 5 und 10%.

8.3.3. **Kennzeichnung der Rohrleitungen**

Die Kennzeichnung der Rohrleitungen ist nicht nur eine Angelegenheit der besseren Übersicht, sondern auch der Sicherheit. Das Normblatt DIN 2403 gibt über den Geltungsbereich, die Kennzeichnung, die Einteilung, den Durchflußstoff, die Anordnung der Schilder, deren Form und Abmessungen sowie die sinngemäße Zusammensetzung von Kennzahl und Stoffgattung ausführliche Hinweise.

8.4. **Relaisleitung**

Die Verbindungsleitung zum Relais (Druckregler) darf grundsätzlich nur an den Druckbehälter angeschlossen werden, damit eine stoßfreie Belastung des Relaiskolbens gesichert ist. Ein Anschluß an die Druckleitung des Kompressors führt zu Störungen. Bei einer Länge von 5 m genügt im allgemeinen ein Rohr mit einem lichten Durchmesser von $^1/_2$″, während für eine Rohrlänge von über 5 m ein lichter Durchmesser von $^3/_4$″ erforderlich ist. Bei Vorhandensein einer automatischen An- und Abstellvorrichtung ist der oben erwähnte Durchmesser der Anschlußleitungen einzuhalten, während für die Abgangsleitungen von den Dreiwegeventilen zu den Steuerorganen des Kompressors die Durchmesser der Anschlußgewinde maßgebend sind. Der Einbau eines Absperrorgans in die Relaisleitung soll vermieden werden, damit die Regulierung des Betriebsdruckes nicht aus Versehen außer Tätigkeit gesetzt werden kann. Arbeiten mehrere Kompressoren auf einen Kessel, so sind jedoch zur Behebung eventueller Störungen Absperrorgane in der Relaisleitung notwendig. Ihre Handräder oder Schlüssel sind abzunehmen, damit Bedienungsfehler vermieden werden. Um zu vermeiden, daß sich Kondenswasser im Relais und im Umschaltventil ansammelt, ist an der tiefsten Stelle der Relaisleitung, möglichst nahe an der Maschine, ein kleiner Sammelbehälter oder Abscheider anzubringen. Es ist zweckmäßig, die Kondensatablaßleitung von diesem Sammelbehälter oder Abscheider in den gemeinsamen Kühlwasser-Abflußtrichter zu führen.

8.5. **Kühlwasserleitung**

Die notwendigen Durchmesser der Zuleitungs- und Ableitungsrohre werden vom Hersteller angegeben[1]. Bei außergewöhnlich langen Zuleitungen ist jedoch ein entsprechend größerer Durchmesser zu wählen, damit zu große Druckverluste vermieden werden. Die Kühlwasser-Zuführungsleitung ist bei mehreren oder größeren Maschineneinheiten nicht an eine der vorhandenen Nebenleitungen, sondern direkt an die Hauptwasserleitung anzuschließen, damit der Kühlwasserdruck bei Zuschaltung von Maschinen nicht schwankt. Um immer die gleiche Kühlwassermenge zu erhalten, ist es zweckmäßig, neben dem Hauptabsperrventil in die Zuleitung ein fest eingestelltes Regulierventil einzubauen. Es ist dann nicht nötig, die erforderliche Kühlwassermenge bei jeder Inbetriebnahme erneut einzustellen. Nach der Einstellung sollte das Handrad des Regulierventils abgezogen und an einem gesicherten Ort als Schutz gegen unbefugte Benutzung aufbewahrt werden. Auch in die Kühlwasserzuleitung gehört ein Ablaßhahn, damit bei Frostgefahr das Kühlwasser sowohl aus dem Kompressor als auch aus der Leitung restlos abgelassen werden kann. Vielfach fließt das Kühlwasser nach Verlassen der Maschine in einen Ablauftrichter. Das vereinfacht die Überwachung der Kühlung sehr, denn etwa auftretende Fehler wie Ausbleiben des Kühlwassers überhaupt, Drucklufteintritt in den Kühlwassermantel des Kompressors und dadurch Luft im Kühlwasser werden sofort augenscheinlich. Es werden auch vielfach automatische Kühlwasser-Kontrollschalter eingebaut, die auf die Kühlwassertemperatur oder den Kühlwasserdruck ansprechen. Sie setzen bei gefährlichen Werten das Aggregat still oder lösen ein akustisches Signal aus, um das Bedienungspersonal aufmerksam zu machen.

Bei Maschinen mit Kühlwasser-Rückkühlanlage wird zur Steuerung der Kühlwasserkontrolle oft die Temperatur herangezogen.

Besonderes Augenmerk ist auf die Reinheit des Kühlwassers zu richten, um eine Verschlammung der Leitungen (insbesondere vor den Absperrorganen), der Bogen und Kühlwasserräume des Verdichters zu vermeiden. Stark verschmutzte Kühlwasserräume haben eine übermäßige Erwärmung der Zylinder und Ventilköpfe zur Folge, was sich un-

[1] Mittelschwere Gewinderohre siehe Tabelle 14 des Tabellenanhangs.

günstig auf die Betriebssicherheit der Maschine auswirkt. Der Kühlwasserdruck muß kurz vor dem Eintritt in den Kompressor mindestens 0,8 bis 1 atü betragen, da sonst eine einwandfreie Kühlung nicht gewährleistet ist.

9. Druckluftbehälter

Der Druckluftbehälter in einer Drucklufterzeugungsanlage hat weniger die Aufgabe, die pulsierende Strömung, die eine Kolbenmaschine verursacht, auszugleichen, denn dazu ist schon das 10- bis 50-fache des Hubvolumens der Endstufe des Kompressors ausreichend. Er dient vielmehr dazu, in Verbindung mit der Regelung die Liefermenge des Kompressors an den Luftverbrauch des Netzes anzupassen. Ist die Liefermenge größer als der Luftbedarf, schaltet die Regulierung den Kompressor für bestimmte Zeitintervalle auf Leerlauf oder ganz ab. In diesen Zeiträumen soll der Druckluftbehälter mit seiner Speichermenge das Netz versorgen. Wenn möglich, soll der Druckluftbehälter nicht im Maschinenraum, sondern im Freien aufgestellt werden. Er ist dort besser gekühlt.
Über die Form des Druckluftbehälters und seine Ausrüstung bestehen amtliche Vorschriften in Gestalt der sogenannten AD-Merkblätter. Die für den Hersteller bestimmten Blätter beinhalten

A) die Ausrüstung,
B) die Berechnung,
C) die Herstellung,
und W) den Werkstoff von Druckbehältern.

Für die Betriebssicherheit sind die Unfallverhütungsvorschriften VBG 17 verbindlich, welche im Auszug im Abschnitt 14.1. wiedergegeben sind.

9.1. Berechnung von Größe und Kostenanteil des Druckluftbehälters

Die für eine Kompressoranlage notwendige Druckbehältergröße läßt sich gut berechnen. Trotzdem wird der Behälter, angeblich zur Kosteneinsparung, manchmal zu klein gewählt. Man bedenkt dabei jedoch die Folgen nicht, die darin liegen, daß infolge zu kurzer Schaltperioden die Schaltgeräte zu oft schalten müssen und daher rasch verschleißen oder daß ein Stillsetzerbetrieb überhaupt unmöglich werden kann.
Wenn der Kompressor dauernd im Durchlaufbetrieb laufen muß, verursachen die Leerlaufperioden mit der Zeit erhebliche Strom-Mehrkosten.

Der Kostenanteil des Druckluftbehälters an der gesamten Kompressoranlage, die den Kompressor selbst sowie Steuerung, Nachkühler, Abscheider und Filter umfaßt, beträgt ca. 10 bis 20%. Bild 126 zeigt den prozentualen Anstieg der Druckluftbehälterkosten, bezogen auf einen 1-m³-Druckluftbehälter. Ein 6,3-m³-Druckluftbehälter kostet demnach nur das Vierfache (400%) eines 1-m³-Druckluftbehälters. Macht man z. B. den Druckluftbehälter nur halb so groß, wie es notwendig wäre, so würde er ca. 33% billiger sein, d. h. im Hinblick auf die genannte Kompressoranlage würde dadurch eine Kosteneinsparung von lediglich 3 bis 6% erzielt. In den meisten Fällen wiegt diese geringe Einsparung die durch sie verursachte mangelnde Betriebssicherheit nicht auf.

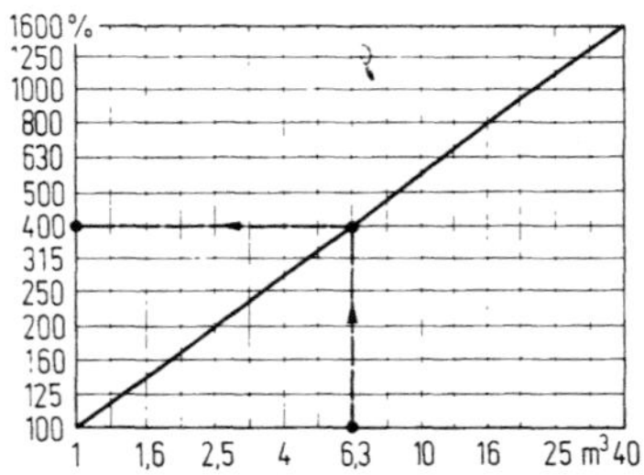

126. Prozentualer Anstieg der Druckbehälterkosten, bezogen auf einen 1-m³-Kessel

9.1.1. Faustformeln für die Größenberechnung von Druckluftbehältern

Ausschlaggebend für die Größenberechnung ist die Art der verwendeten Regelung. Man unterscheidet grundsätzlich zwischen der automatischen elektrischen Aussetzregelung und der Leerlaufregelung.
Bei der automatischen Aussetzregelung bestimmt die zugelassene Schalthäufigkeit der elektrischen Schalter die Druckluftbehältergröße. Bei mittleren Verhältnissen, also maximal zulässiger Schalthäufigkeit von 15 Schaltungen pro Stunde und einer Schaltdruckdifferenz von 1 at, kann der Druckluftbehälter-Inhalt nach der Faustformel bestimmt werden

$$Q = 0{,}9\, V_e \; [\mathrm{m^3}], \tag{59}$$

wobei Q = Druckluftbehälterinhalt in m³ und V_e die Liefermenge des Kompressors in m³/min beim Ansaugezustand bedeuten.
Bei der Leerlaufregulierung bestimmt die Regelverzugszeit der Regelorgane die Druckluftbehältergröße. Man wählt hier nach der Faustregel

$$Q = 0{,}4\, V_e \; [\mathrm{m^3}] \tag{60}$$

Arbeiten mehrere Kompressoren auf einen Druckluftbehälter, so ist seine Größe nach der größten Maschine auszulegen. Dabei ist zu beachten, daß der Staffelung der Einschaltpunkte der Relais besondere Bedeutung zukommt.
Die Ausschaltpunkte mehrerer Relais untereinander sollen so weit auseinander liegen, wie es deren Empfindlichkeit erlaubt (ca. 0,1 kp/cm²). Die Einschaltpunkte sollten mindestens 0,2 kp/cm² auseinanderliegen.

9.1.2. Druckluftbehältergröße bei Aussetzregelung

Bei der elektrischen vollautomatischen Aussetzregelung ist die maximal mögliche Schalthäufigkeit der elektrischen Schalter maßgebend für die Druckluftbehältergröße. Die in der Regel verwendeten automatischen Schalter vertragen eine maximale Schalthäufigkeit von ca. 12 bis 15 Schaltungen pro Stunde. Aus Bild 127 läßt sich ohne Mühe die Druckluftbehältergröße ablesen, wenn man von folgenden, in der Regel bekannten Größen ausgeht:

1. der Liefermenge des Kompressors V_e (in m³/min oder m³/h),
2. der Druckdifferenz Δp (in kp/cm²), die am Relais eingestellt wird und durch das Ein- und Ausschalten des Relais bezeichnet ist,
3. der maximal zulässigen Schalthäufigkeit Z (je h),
4. der Kompressorbelastung x, die das Verhältnis von Luftverbrauch zur Liefermenge des Kompressors darstellt.

Die dem Diagramm zugrunde liegende Gleichung ist aus der einfachen Isothermengleichung $v \cdot dp = p \cdot dv$ entstanden unter der Voraussetzung, daß die Regelspiele im Windkessel durch dessen Wärmeaustausch mit der Umgebung isotherm verlaufen. Außerdem wurde unterstellt, daß die Druckluft auf Ansaugtemperatur zurückgekühlt in den Druckluftbehälter eintritt. Wollte man den Einfluß der Lufttemperatur berücksichtigen, wäre ein Zuschlag von ca. 10% auf die Druckluftbehältergröße für je 50 °C Differenz Ansaug- zu Druckluftbehältertemperatur richtig. Die maximale Schalthäufigkeit tritt stets bei 50%iger Kompressorbelastung auf, also bei $x = 0{,}5$, die ja in jedem Falle auftreten kann. Dieser Wert $x = 0{,}5$ ist also für jede Berechnung einzusetzen, denn die anderen x-Werte sind nur der Anschaulichkeit wegen eingezeichnet.
Wählt man den Druckluftbehälter kleiner als in diesem Diagramm angegeben, so können sich größere Schalthäufigkeiten einstellen, wodurch die Lebensdauer der Schalter gefährdet ist. Arbeiten mehrere Kompressoren auf einen Druckluftbehälter oder eine Druckluftgruppe, so ist nicht die Summe der Liefermengen aller Kompressoren maßgebend für die Druckluftbehältergröße, sondern nur die der größten Maschine, sofern die Relais nach folgenden Gesichtspunkten eingestellt werden:

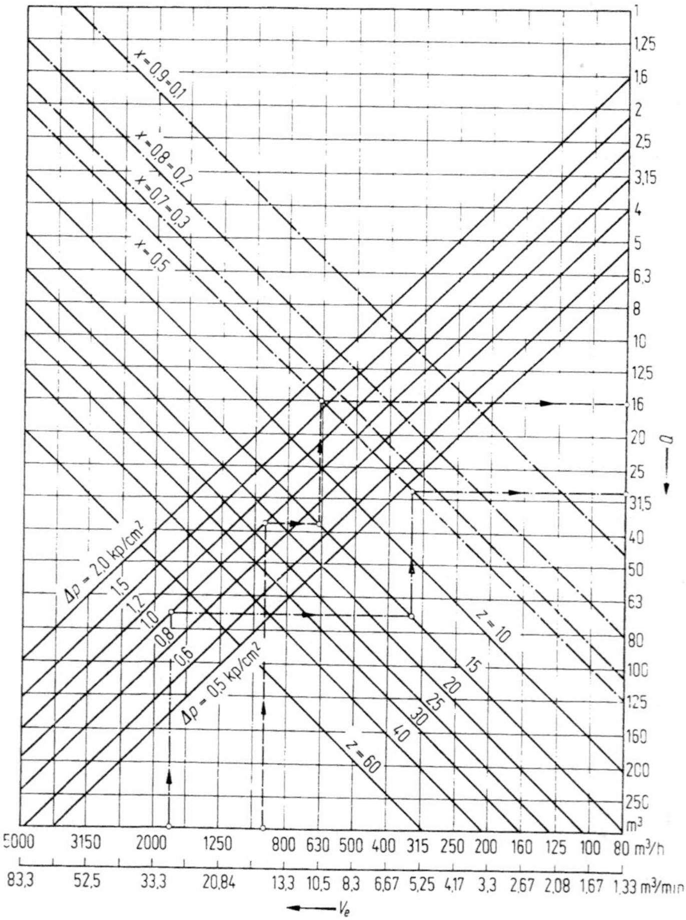

127. Diagramm zur Auswahl der Druckbehältergröße Q für Verdichter mit automatischer elektrischer Aussetzregelung

Die Ein- und Ausschaltpunkte mehrerer Maschinen, die mit einem Druckluftbehälter verbunden sind, werden so gestaffelt, daß eine Maschine Grundlast und die anderen die Spitzenlast haben. Die Grundlast-Maschine schaltet beim höchsten Druck aus, die anderen entsprechend früher. Die Druckdifferenz eines Relais, die zwischen Ein- und Ausschalten liegt, wird mit Δp bezeichnet und beträgt in den meisten Fällen ca. 1 kp/cm². Die Druckdifferenz, die zwischen den Ausschaltpunkten liegt, soll mit δ_{PA} und die, die zwischen den Einschaltpunkten liegt, mit δ_{PE} benannt werden. Bild 128 zeigt das Beispiel einer Relaiseinstellung

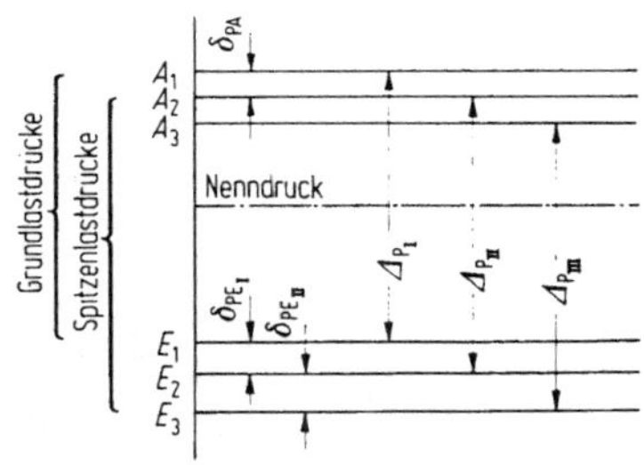

128. Beispiel einer Relaiseinstellung für eine Station mit drei Verdichtern

für eine Kompressorstation mit drei Kompressoren. δ_{PA} soll so groß gewählt werden, wie es die Empfindlichkeit des Relais zuläßt, also nicht wesentlich kleiner als 0,1 kp/cm². δ_{PE} muß auf die Druckluftbehältergröße abgestimmt werden. Man geht dabei folgendermaßen vor:

Für eine Kompressorstation wird der Druckluftbehälter nach Bild 127 (nach der größten Maschine) ausgewählt. Den Abstand der Einschaltpunkte der einzelnen Relais, also δ_{PE} zeigt Bild 129. Dazu braucht man die Druckluftbehältergröße Q, die Liefermenge V_e und die Regelverzugszeit t_v. (Die Regelverzugszeit bedeutet dasjenige Zeitintervall, welches zwischen Ansprechen des Relais und tatsächlich einsetzender Förderung verstreicht. In der Regelverzugszeit werden also die Steuerleitungen mit Druckluft aufgefüllt, der elektrische automatische Sterndreieckschalter von Stern auf Dreieck geschaltet und bei zweistufigen Maschinen der Zwischenkühler aufgefüllt).

Der durch das Diagramm Bild 129 dargestellten Gleichung zur Bemessung der Einschaltdifferenz δ_{PE} zweier „benachbarter" Relais liegt folgender Ansatz zugrunde:

Es seien z. B. an einem Druckluftbehälter zwei Maschinen angeschlossen, von denen Maschine I die Grundlast und Maschine II die Spitzenlast übernehmen soll.

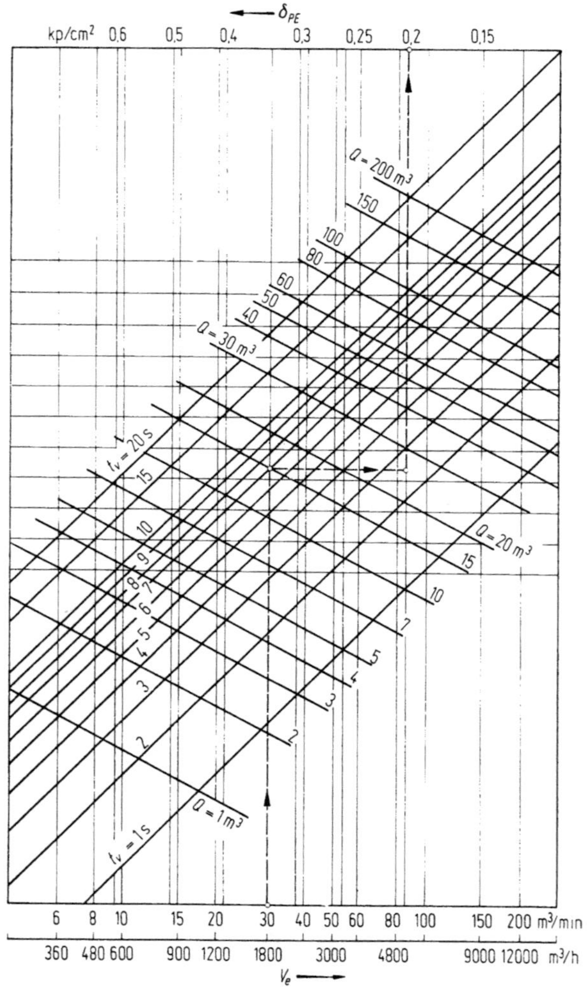

129. Diagramm zur Berechnung von δ_{PE} für Verdichter mit automatischer Aussetzregelung

Es schaltet Maschine I bei 7,2 atü aus und
bei 6 5 atü ein;

es schaltet Maschine II bei 7 atü aus und
bei 6,2 atü ein.

Das δ_{PE} der Maschine I ist demnach 0,3 kp/cm². Es muß so groß sein, daß der Druckabfall im Druckluftbehälter während der Zeit t_v kleiner als 0,3 kp/cm² bleibt, auch wenn die Luftentnahme aus dem Behälter die Liefermenge der Maschine I gerade erreicht. Hierfür wurde die Adiabaten-Gleichung angesetzt, weil ja Vorgänge betrachtet werden, die innerhalb weniger Sekunden vor sich gehen (t_v).

Beispiele

1. Für einen Kompressor mit einer Liefermenge von 16 m³/min, der mit elektrisch gesteuerter automatischer Aussetzregelung versehen ist, soll ein Druckluftbehälter ausgesucht werden. Die maximale Schalthäufigkeit der elektrischen Schalter darf 15 Schaltungen pro Stunde betragen und die Druckschwankung im Druckluftbehälter soll 1 kp/cm² nicht überschreiten (der Enddruck ist für die Auswahl der Druckluftbehältergröße nicht maßgebend). Aus Bild 127 liest man einen Druckluftbehälterinhalt $Q = 16$ m³ ab, wovon man noch das in der Nähe liegende Druckleitungsvolumen mit ca. 10% abziehen darf, so daß ein Druckluftbehälter von ca. 14 m³ Inhalt in diesem Falle vorzusehen wäre.

2. Drei 30-m³-Maschinen arbeiten auf einen Druckluftbehälter. Frage: Wie groß muß der Behälter sein? Wie müssen die Relais eingestellt werden?
Druckluftbehältergröße: Aus Bild 127 liest man für $V_e = 30$ m³ bei einer maximalen Schalthäufigkeit von 15 pro Stunde und mit einem zugelassenen Δp im Behälter von 1 kp/cm² 28 m³ Druckluftbehältergröße ab; davon sollen wieder 10% für die Drucksammelrohre und die Druckleitung nach dem Behälter eingesetzt werden, so daß für den Druckluftbehälter 25 m³ vorzusehen sind.
Einstellung der Relais: Eine Maschine soll die Grundlast übernehmen, die anderen sollen sich danach einschalten. Die Ausschaltpunkte der Relais sind damit für die Maschine I bei 7,1 atü, für die Maschine II bei 7 atü und für die Maschine III bei 6,9 atü vorzusehen. Der Einschaltpunkt ist für die Maschine I auf 6,1 atü einzustellen; die Einschaltpunkte für die beiden anderen Maschinen werden aus Bild 128 wie folgt abgelesen: Für die Liefermenge V_e von 30 m³/min, für die hier angesetzte Verzögerungszeit t_v von 7 s und die Druckluftbehältergröße $Q = 25$ m³ liest man ein δ_{PE} von ca. 0,20 kp/cm² ab. Der Einschaltpunkt der Maschine II müßte demnach bei 5,9 atü und der der Maschine III bei 5,7 atü liegen.
Wünscht man, daß zwei 30-m³-Maschinen die Grundlast übernehmen, also zwei zu gleicher Zeit schalten, dann müßte der Behälter doppelt so groß sein, also 50 m³. δ_{PE} würde sich demzufolge auf die Hälfte verringern. Die Relais müßten folgendermaßen eingestellt werden: Die

Ausschaltpunkte von Maschine I und II bei 7,1 atü, Maschine III bei 7 atü und die Einschaltpunkte Maschine I und II bei 6,1 atü und Maschine III bei 6 atü.

3. Eine 30-m³-, eine 20-m³- und eine 10-m³-Maschine arbeiten auf einen Druckluftbehälter. Die zugelassene maximale Schalthäufigkeit soll wieder 15 Schaltungen pro Stunde nicht überschreiten. Die Verzögerungszeiten t_v der 30-m³-Maschine liegen bei 7 s, die der 20-m³-Maschine und der 10-m³-Maschine nur bei 4 s, weil sie direkt eingeschaltet werden. Der Druckluftbehälter muß entsprechend Beispiel 2 die Größe von 25 m³ haben. Die Ausschaltpunkte sind für die 30-m³-Maschine auf 7,1 atü, für die 20-m³-Maschine auf 7 atü und für die 10-m³-Maschine auf 6,9 atü einzustellen. Soll die 30-m³-Maschine die Grundlast übernehmen, so liegt ihr Einschaltpunkt bei 6,1 atü. Die Einschaltpunkte der 20-m³- und 10-m³-Maschine sind nach Bild 129 festzustellen. Es ergibt sich daraus für die Einschaltdifferenz zwischen den Maschinen mit 30 und 20 m³/min Liefermenge bei den Werten $V_e = 30$ m³/min, $t_v = 7$ s und $Q = 25$ m³ ein $\delta_{PE\,I}$ von 0,2 kp/cm². Für die Einschaltdifferenzen der beiden Maschinen mit 20 und 10 m³/min Liefermenge ist $\delta_{PE\,II\text{-}III}$ bei den Werten $V_e = 20$ m³/min, $t_v = 4$ s und $Q = 25$ m³ kleiner als 0,1 kp/cm².

Die Einschaltpunkte der Maschinen liegen für

Maschine I mit 30 m³/min bei 6,1 atü,
Maschine II mit 20 m³/min bei 5,9 atü und
Maschine III mit 10 m³/min bei 5,8 atü.

9.1.3. Druckluftbehältergröße bei Leerlaufregelung

Hierbei laufen Kompressor und Antriebsmotor ohne Unterbrechung, und die Angleichung der Liefermenge des Kompressors an den Luftbedarf wird durch eine Leerlaufeinrichtung bewerkstelligt. Während einer Regelperiode werden also die elektrischen Schalter, die zur Stromversorgung des Antriebsmotors notwendig sind, nicht betätigt, weshalb auch ihre Lebensdauer nicht ausschlaggebend für die Druckluftbehältergröße sein kann. Für die Wahl der Größe des Behälters ist vielmehr der durch die Verzögerungszeit t_v hervorgerufene Druckabfall im Druckluftbehälter maßgebend. Auch bei der Leerlaufregelung entsteht nämlich eine Verzögerungszeit dadurch, daß die Steuerleitung mit Druckluft gefüllt und der Zwischenkühlerdruck aufgebaut werden muß. Die Verzögerungszeit ist selbstverständlich kürzer als bei einer elektrischen automatischen Regelung, ist aber immerhin vorhanden und liegt zwischen 2 und 5 s. Bezeichnet man $\Delta p'$ als den Druckabfall, der durch die Regelverzugszeit t_v entsteht, so kann mit diesen Werten aus Bild 130 das Druckluftbehältervolumen abgelesen werden. Obwohl die Schaltgeräte, die pneumatisch oder elektrisch-pneumatisch funktionieren, eine hohe Schalthäufigkeit aushalten, ist es doch zweckmäßig, die

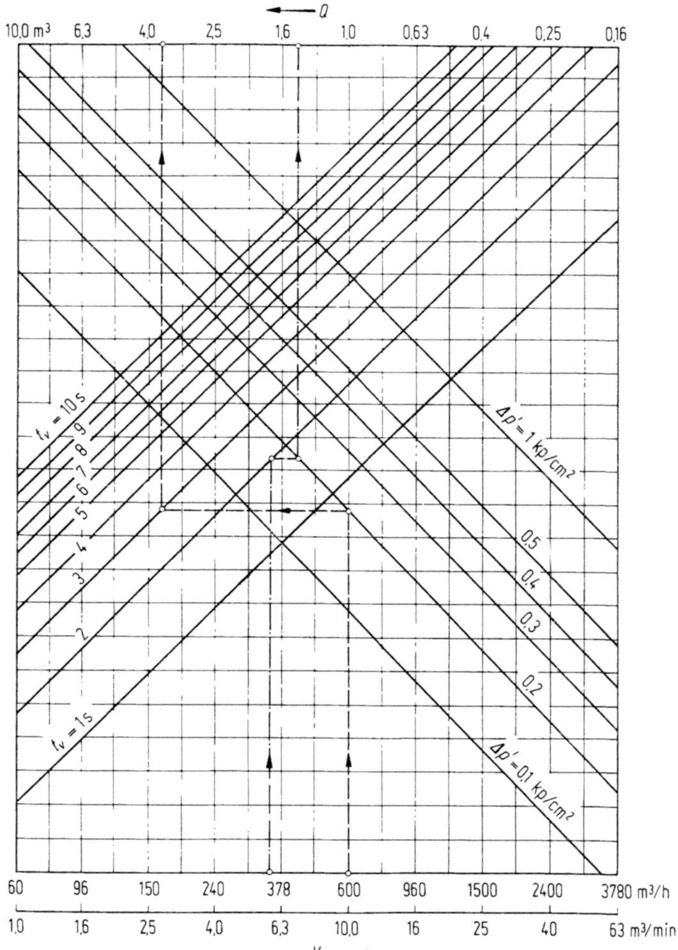

130. Diagramm zur Berechnung der Druckbehältergröße Q bei Leerlaufregelung

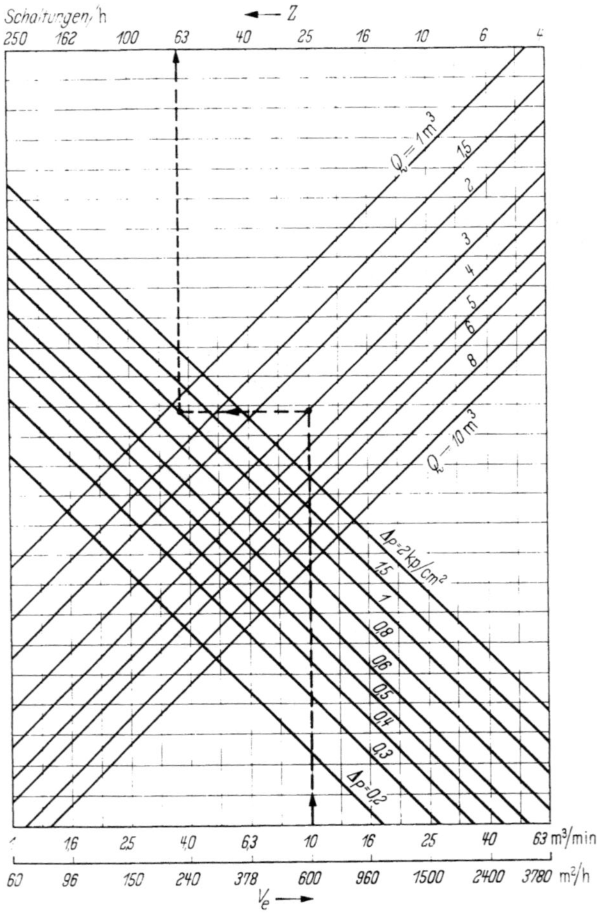

131. Diagramm zur Berechnung der Schalthäufigkeit Z bei Leerlaufregelung

Schalthäufigkeit an Hand von Bild 131 nachzuprüfen. Man sollte den Wert von 100 Schaltungen in der Stunde nicht überschreiten und dann den Druckluftbehälter lieber größer wählen.
Auch bei der Leerlaufregelung richtet sich die Druckluftbehältergröße bei Betrieb mehrerer Kompressoren auf einen Behälter nur nach der größten Maschine. Die Staffelung der Einschaltdrücke ist sehr einfach; δ_{PE} ist gleich $\Delta p'$ zu wählen, d. h. der Abstand der Einschaltpunkte muß mindestens so groß sein wie der durch die Regelverzugszeit hervorgerufene Druckabfall im Druckluftbehälter.

Beispiel 1

Für eine Maschine mit der Liefermenge von 10 m^3/min und einer Schaltverzögerung von 3 s soll der Druckluftbehälter ausgesucht werden. Die maximal im Druckluftbehälter auftretende Druckschwankung darf 1,2 kp/cm^2 nicht übersteigen. Das Relais wird auf $\Delta p = 1$ kp/cm^2 Druckdifferenz eingestellt. Für die Druckdifferenz $\Delta p'$ von 0,2 kp/cm^2, die durch die Zeitverzögerung des Kompressors auftritt, findet sich in Bild 130 ein Druckluftbehälter von 3,5 m^3 Inhalt. Setzt man davon das Volumen der Druckleitungen mit ungefähr 0,5 m^3 ab, so wäre ein Druckluftbehälter von 3 m^3 vorzusehen. Nach Bild 131 ergibt sich für diese Kompressor-Druckluftbehälter-Kombination eine maximale Schalthäufigkeit von ca. 70 Schaltungen in der Stunde.

Beispiel 2

Es sollen fünf 6-m^3-Maschinen auf einen Behälter arbeiten. Die Maschinen haben eine Schaltverzögerung von 2 s, die Relais werden auf $\Delta p = 1$ kp/cm^2 eingestellt. Es darf ein Druckabfall auf Grund der Verzögerung von $\Delta p' = 0{,}2$ kp/cm^2 eintreten. Aus Bild 130 wählt man mit diesen Werten ein Druckluftbehältervolumen von 1,5 m^3 aus und bringt für die Rohrleitung 0,2 m^3 in Abzug, so daß der Druckluftbehälter mit 1,3 m^3 vorzusehen ist. Die Relais sind auf folgende Ausschaltdrücke einzustellen: 7,5; 7,4; 7,3; 7,2 und 7,1. Die Einschaltdrücke sind festzulegen auf 6,5; 6,3; 6,1; 5,9 und 5,7 atü. Falls die möglicherweise auftretende Druckdifferenz von 7,5 atü auf 5,7 atü mit 1,8 kp/cm^2 zu groß ist, muß der Druckluftbehälter größer gewählt werden. Man wird dann z. B. zwei Maschinen zusammenschalten, einen Druckluftbehälter von 3 m^3 vorsehen und erhält dann die Staffelung der Ausschaltpunkte 7,3; 7,2; 7,1 und 7,0 und die der Einschaltpunkte 6,3; 6,2; 6,1 und 6,0 atü. Die maximale Schalthäufigkeit ergibt sich mit ungefähr 70 Schaltungen pro Stunde.

9.1.4. **Druckluftbehältergröße bei Speicherbetrieb**

In manchen Fällen benötigt man für kurze Zeit eine relativ große Luftmenge. Es wäre unwirtschaftlich, für diese kurze Zeit eine Maschine zu beschaffen, die diese Menge als Dauerleistung liefert. Man benutzt dann

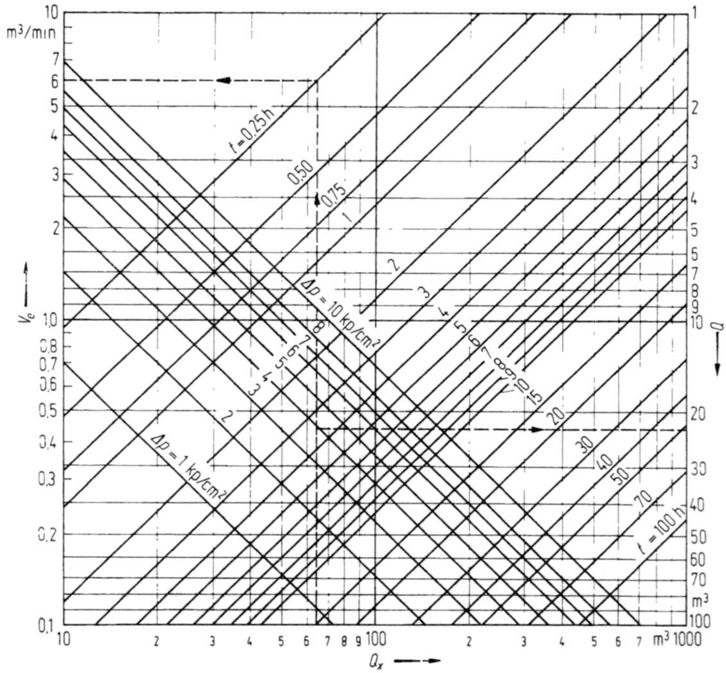

132. Diagramm zur Berechnung der Druckbehältergröße für Speicherbetrieb

einen großen Kessel, der mit einem relativ kleinen Kompressor lange Zeit aufgepumpt wird, und der dann über eine kurze Zeit eine große Leistung abzugeben vermag. An Hand von Bild 132 ist die Berechnung eines solchen Speicherbehälters möglich. Es ist als Abszisse die Luftmenge Q_x in m³, die man in der kurzen Zeit benötigt, und als Ordinate die Druckluftbehältergröße Q in m³ und die Maschinengröße V_e in m³/min angegeben. Als Parameter ist der zulässige Druckabfall Δp in kp/cm², die Zeit t für ein Arbeitsspiel in Stunden eingezeichnet. Bild 132 enthält das folgende Beispiel.

Fragestellung: Wie groß müssen ein Speicherbehälter und der Kompressor sein, wenn jede Viertelstunde 65 Kubikmeter Luft gebraucht werden und man im Behälter einen Druckabfall von 4 kp/cm² (Δp = 4 kp/cm²) zuläßt?

Antwort: Für den Druckluftbehälter Q ergibt sich aus den Werten $Q_x = 65$ m³ und $\Delta p = 4$ kp/cm² ein Inhalt von ca. 22 m³. Die Liefermenge V_e des Kompressors darf auf Grund der Werte $Q_x = 65$ m³ und der Zeiteinheit t von 0,25 h nicht kleiner sein als 6 m³/min.

9.2. Ausgeführte Druckluftbehälter

Im Tabellenanhang ist eine Reihe ausgeführter Druckluftbehälter zu finden, und zwar in Tab. 15 in stehender, in Tab. 16 in liegender Ausführung. Die Abmessungen für S_1 = Wandstärke des Behältermantels und S_2 = Wandstärke der Behälterböden sind in den Tabellen nicht enthalten, da beide von dem jeweiligen Betriebsdruck des Druckluftbehälters abhängig sind. Die Nennweite der Ein- und Auslaßstutzen und der zugehörigen Flansche sowie deren Anzahl richten sich ebenfalls nach den Betriebsverhältnissen.
Eine Auswahl genormter Flansche für die Nenndrücke 10 bzw. 16 atü sind im Tabellenanhang (Tab. 11 und 12) zu finden.

10. Messungen an Verdichtern

Für Abnahme und Leistungsmessungen wurden vom VDI Richtlinien herausgegeben, die VDI-Verdichterregeln DIN 1945 und DIN 1952. Sie definieren Leistung, Luftmengen und Wirkungsgradwerte und sollen allgemein gültige Grundlagen zu Verträgen sein, die die Gewährleistung von Leistung und Liefermenge eines Kompressors betreffen. Sie legen die zugelassenen Meßspiele und die zulässigen Umrechnungsmethoden der Versuchswerte auf der Gewährleistungs-Grundlage fest. Die zur Messung an Kompressoren möglichen Meßverfahren werden in den Verdichterregeln beschrieben und kritisch beleuchtet. Es sind Rechenbeispiele zur Erläuterung beigefügt. Die genaue Kenntnis dieser Regeln ist für den Praktiker nur in seltenen Fällen von Bedeutung, weshalb hier auch von einem Abdruck im Auszug abgesehen wird.
In den folgenden Abschnitten 10.1. bis 10.4. werden einige praktische Meßverfahren erläutert, auf Fehler hingewiesen, die dabei gemacht werden können und auf die oben angeführten Richtlinien Bezug genommen.

10.1. Temperaturmessung

Es ist unnötig, ein Thermometer (oder ein anderes Meßgerät) genauer abzulesen, als sein Anzeigefehler beträgt. Man täuscht sich dann nur über die Genauigkeit der Messung hinweg. Wenn möglich, sollten die

Meßfühler direkt dem Medium ausgesetzt werden. Es muß eine gute wärmeleitende Verbindung mit dem zu messenden Körper haben, weil sonst Wärmeleitverluste Anzeigefehler verursachen.
Bei Lufttemperaturmessungen muß man den Fühler vor Wärmeabstrahlung schützen, die z. B. von glühenden Auspufftöpfen ausgehen kann, weil der Wärmeübergang durch Strahlung einen Meßfehler verursacht. Es bestehen folgende praktische Möglichkeiten zur Temperaturmessung:

10.1.1. **Flüssigkeitsthermometer**

Flüssigkeitsthermometer, sehr häufig angewendet, benutzen die unterschiedliche Wärmedehnung der Flüssigkeit gegenüber dem Gas. Sie sind vornehmlich mit Quecksilber oder Alkohol gefüllt. Thermometer mit besonders hoher Anzeigegenauigkeit sind als geeichte Thermometer gekennzeichnet (Bild 133).

10.1.2. **Widerstandsthermometer**

Die Abhängigkeit des elektrischen Widerstandes von der Temperatur von Leitern oder Halbleitern wird zur Messung herangezogen. Man

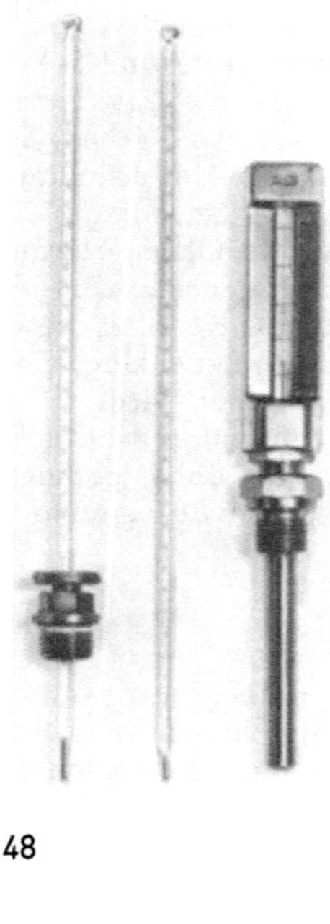

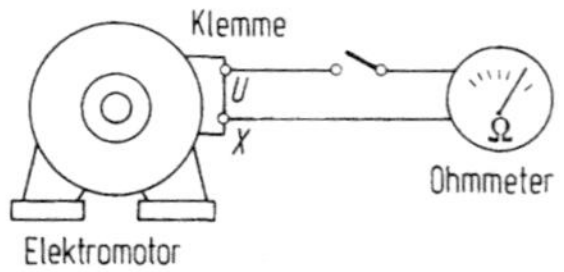

134. Messung der Temperatur einer Motorwicklung durch Widerstandsveränderung

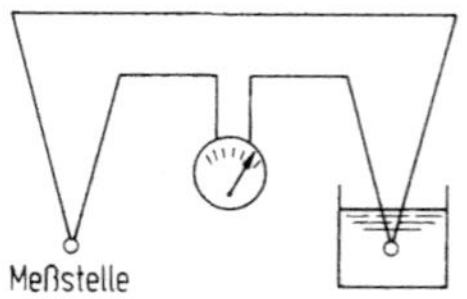

135. Schaltung eines Thermoelementes

133. Flüssigkeitsthermometer
a) mit dichter Verschraubung
b) zur direkten Messung
c) gekapselt

benötigt außer den Temperaturfühlern eine Widerstandsmeßbrücke und einen hochempfindlichen Strommesser und eine Stromquelle. Dieses Meßverfahren eignet sich für sehr genaue Messungen. In Bild 134 ist die Schaltung für die Messung der Temperatur einer Motorwicklung zu sehen. Mit je einer Messung im kalten und warmen Zustand (jedoch bei Stillstand und abgeschaltetem Motor) läßt sich das Δt oder auch die absolute Temperatur errechnen.

$$\Delta t = \frac{A - B}{B} \cdot (235 + C) \pm D \quad [^\circ C] \qquad (61)$$

wobei A = Wicklungswiderstand, warm
B = Wicklungswiderstand, kalt
C = Raumtemperatur bei Beginn und
D = Raumtemperatur-Differenz bei Ende der Messung
235 = Konstante für Kupferwicklung.

10.1.3. **Thermoelement**

Lötet man zwei Drähte aus verschiedenen Metallen zu einem geschlossenen Stromkreis zusammen, so fließt darin ein Strom. Er ist abhängig von der Temperaturdifferenz der beiden Lötstellen untereinander.

Die gebräuchlichsten Thermopaare sind:

	Verwendet bis °C	Thermokraft in Millivolt je 100 °C
Kupfer-Konstantan	400	4
Manganin-Konstantan	700	4
Eisen-Konstantan	800	5
Chromnickel-Nickel	1 100	4

Für überschlägige Messungen genügt es, das Thermometer auf der einen Seite zu verlöten oder zu verschweißen und der zu messenden Temperatur auszusetzen. Die beiden anderen Enden werden direkt am Millivoltmeter angeschlossen. Das Meßgerät zeigt als Spannungswert die Temperaturdifferenz an, die zwischen Lötstelle und Klemme am Meßgerät herrscht. Genauer ist es allerdings, wenn die Messung nach Schaltung Bild 135 mit einem Eispunkt vorgenommen wird. Es ist dann notwendig, die Apparatur in einem Thermostaten oder, wenn der nicht zur Verfügung steht, in kochendem Wasser zu eichen. Die oft zu Thermopaaren gelieferten Kurven der Thermospannung brauchen nicht immer mit der Geräteanzeige übereinzustimmen, da der Eigenwiderstand des Meßgeräts die Thermokraft des Elements beeinflußt. (Wünschenswert ist ein möglichst hoher Eigenwiderstand des Meßgeräts.) Werden mehrere Elemente wahlweise auf ein Gerät geschaltet, so erhält man Fehlanzeigen, wenn die Thermoelemente mit einem Ende auf einer Sammelschiene liegen. Als Wahlschalter muß deshalb ein doppelpoliger Schalter mit möglichst geringen Kontaktwiderständen verwendet werden. In Bild 136 ist ein 24-Punktedrucker zu sehen, an dem mehrere Thermoelemente angeschlossen sind. Die Thermoelemente bestehen aus kleinen Röhrchen, die bis herab zu 0,25 mm ⌀ gefertigt werden, in denen die eigentlichen Thermoelementendrähte in Isolationsmasse gebettet sind. Die Elemente mit den kleinsten äußeren Durchmessern eignen sich auch für eine Registrierung der Temperatur bei hochfrequenten Vorgängen in Verbindung mit einem Oszillographen.

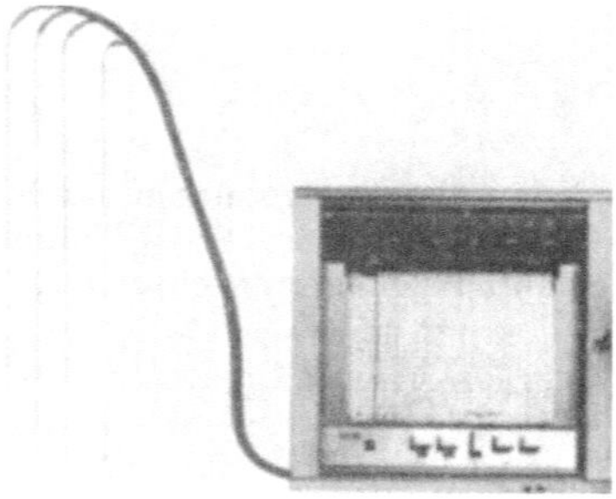

137. Dampfdruckthermometer

136. Thermokoax mit 24-Punktedrucker

10.1.4. **Dampfdruckthermometer**

Im Temperaturfühler ist eine Flüssigkeit eingeschlossen, die mit zunehmender Temperatur verdampft. Ein Kapillarrohr führt zum Manometer, das den Dampfdruck, umgesetzt in °C, mißt. Es dient meist zur Überwachung oder Steuerung von Reglern (Bild 137).

10.2. **Druckmessung**

10.2.1. **Flüssigkeitsmanometer**

Zur Messung kleiner Drücke verwendet man U-Rohr-Manometer (Bild 138). Der Druck ist

$$\Delta p = \gamma \cdot \Delta h \ [\text{kg/m}^2] \tag{62}$$

wobei das spezifische Gewicht der Sperrflüssigkeit γ und die Höhendifferenz Δh des Flüssigkeitsspiegels im U-Rohr auf m bezogen sind. Es ist möglich, durch Wahl verschiedener Flüssigkeiten den Meßbereich des U-Rohres zu erweitern. Üblich sind folgende Flüssigkeiten:

a) Alkohol mit dem spezifischen Gewicht 700 kg pro m³,

b) Wasser mit 1000 kg pro m³,

c) Quecksilber mit 13 600 kg pro m³.

Bei manchen Meßanordnungen wird nur ein Schenkel des U-Rohres beobachtet und seine Anzeige verdoppelt. Diese Methode ist nur dann richtig, wenn beide Schenkel gleiche lotrechte Lage und absolut gleichen Durchmesser haben oder wenn die Skala besonders geeicht wird (Bild 139). Für Drücke unter 30 kg pro m² benutzt man gewöhnlich Schrägrohr-Manometer. Durch Einstellung des Winkels α kann man Drücke bis zu wenigen Zehntel mm Wassersäule messen (Bild 140). Vor Beginn einer Messung mit Flüssigkeitsmanometern überzeuge man sich von der Dichtigkeit der Anschlußschläuche und achte darauf, daß

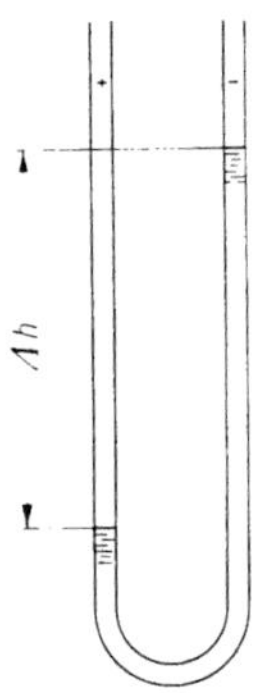

138. Flüssigkeitsmanometer (U-Rohr)

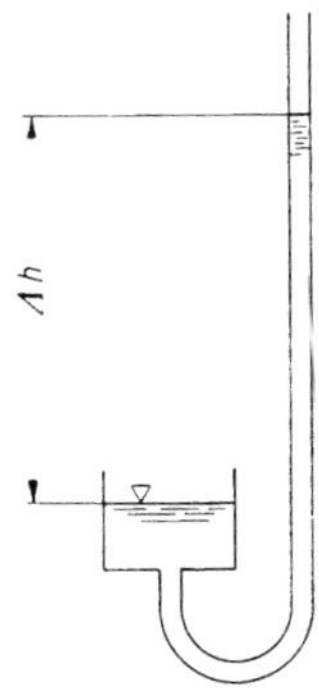

139. Flüssigkeitsmanometer

140. Schrägrohr-Manometer zur Messung sehr kleiner Drücke

sich in den Zuleitungen zum Manometer keine Sperrflüssigkeit befindet, sonst entstehen Meßfehler. Auch bei großen Temperaturdifferenzen sind durch Veränderung von γ Meßfehler zu verzeichnen.

10.2.2. **Röhrenmanometer**

Für Drücke über 2,5 ata werden Präzisions-Federmanometer mit Doppelröhrenfedern (Bild 141) verwendet, die bei entsprechender Wahl von Meßbereich und Güteklassen 0,5 oder ±1% Genauigkeit bieten. Betriebsmanometer sind meist mit dehnbaren Elementen ausgestattet, die sich durch Druckeinwirkung verformen. Diese Verformung wird mechanisch auf einen Anzeigemechanismus übertragen. Man kennt Platten-, Rohr- und Balgenfedern. Bei stark pulsierendem Druck können die Federelemente infolge Dauerbeanspruchung brechen. Man baut deshalb Drosselscheiben in die Manometerleitung ein. Aus ebendenselben Gründen sollten Manometer so elastisch aufgehängt werden, daß sie im Betrieb nicht rütteln.

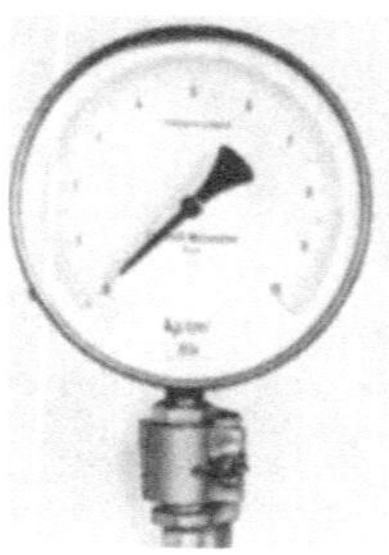

141. Präzisions-Federmanometer

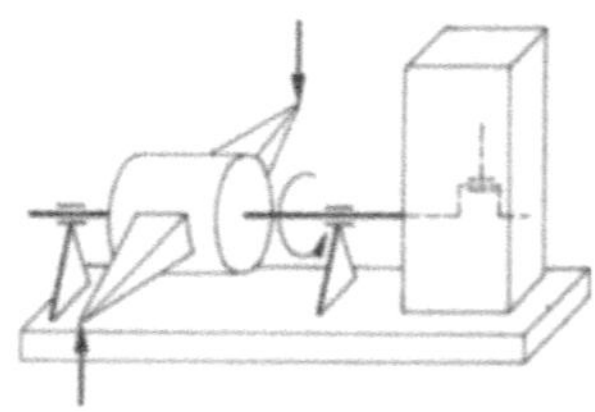

142. Prinzipschema einer Pendelwaage

10.2.3. **Dynamische Druckmessung**

Für die Entwicklung von Kompressoren und Druckluftwerkzeugen ist es wichtig, den Druckverlauf bei Verdichtung und Expansion zu kennen, um eine Aussage über Strömungswiderstände, Steuerungspunkte, Verdichtungsexponent usw. zu erhalten. Da es sich hier um schnelle Vorgänge handelt, sind direkt anzeigende Geräte nicht geeignet. Mit Quarz-, Induktiv-, Kapazitiv- und Dehnungsmeßstreifengebern in Verbindung mit Trägerfrequenzmeßverstärkern sowie Oszillographen (ähnlich Meßeinrichtung Bild 146) kann man hochfrequente Vorgänge phasengetreu sichtbar machen. Mit Normalfotogeräten oder Polaroid-Kameras lassen sich solche Oszillogramme aufnehmen. Mit den letzt-

genannten liegen die Aufnahmen in Sekundenschnelle vor, so daß eine sofortige Auswertung möglich ist.
Mit solchen Druckmeßeinrichtungen lassen sich auch Gasschwingungen in Rohren und Behältern aufnehmen.

10.3. Leistungsmessung

Für die Beurteilung eines Kompressors und die Bestimmung der Größe eines Antriebsmotors ist es wichtig, die notwendige Antriebsleistung zu kennen. Von der Vielzahl der Möglichkeiten werden hier die in der Praxis gebräuchlichsten Leistungsmessungen behandelt. Eine wichtige Voraussetzung für die exakte Ermittlung der Antriebsleistung ist, daß der Verdichter vor der Messung seine thermische Beharrung erreicht hat.

10.3.1. Mechanisch arbeitende Geräte

Das an der Antriebswelle wirkende Drehmoment, das dem Rückmoment am Motor gleich ist (actio = reactio) (Bild 142), hat folgenden mathematischen Zusammenhang mit der Leistung und Drehzahl:

$$N = \frac{M_d \cdot n}{716} \quad [\mathrm{PS}] \tag{63}$$

Dieses physikalische Gesetz von Moment = Gegenmoment wird in den sogenannten Pendelwaagen angewandt, indem der Elektromotor, der über eine direkte Kupplung (verlustfrei) eine andere Maschine antreibt, drehbar gelagert ist und das Reaktionsmoment über ein Hebelsystem die Drehkraft anzeigt (Bild 143). Ist der wirkende Hebelarm mit genau 716 mm ausgeführt, so läßt sich an dem Anzeigegerät bei einer Drehzahl von $n_1 = 1000\ \mathrm{min}^{-1}$ die Leistung in PS direkt ablesen. Wird eine andere Drehzahl n_2 gefahren, so ist eine Umrechnung mit dem Faktor

$$n_2/n_1$$

vorzunehmen. Die Drehmomentenschwankungen, die bei fast allen Maschinen und besonders bei Kolbenmaschinen auftreten können, werden hier nicht angezeigt, sondern es wird das mittlere Drehmoment auf dem Anzeigegerät abgelesen. Die Drehzahl wird mit einem Fliehkraft-Drehzahlmesser (Bild 143), der meist in der kompletten Anlage eingebaut ist, aber auch als Handgerät Anwendung findet, oder mit dem Stichdrehzahlmesser (Umdrehungszähler in einer bestimmten Zeiteinheit) gemessen. Auch mit einem elektrischen Drehzahlmesser (Bild 143, links), einem Dynamo, der eine von der Drehzahl linear abhängige Spannung abgibt, kann diese ermittelt werden.

10.3.2. Elektrische Meßgeräte

10.3.2.1. Elektrische Strom- und Spannungsmessung

Mit Hilfe eines Geräts (Bild 144), das die elektrischen Größen Strom und Spannung mißt, läßt sich die elektrisch aufgenommene Leistung eines E-Motors ermitteln. Die effektive Leistung, die ein Gleichstrommotor aufnimmt, bestimmt sich aus dem Produkt Ankerstrom mal Ankerspannung.

$$N = \frac{E \cdot I}{736} \quad [\mathrm{PS}] \tag{64}$$

Für einen Drehstrommotor lautet die Formel:

$$N = \frac{E \cdot I \cdot \sqrt{3} \cdot \cos \varphi}{736} \quad [\mathrm{PS}]\,. \tag{65}$$

Zur Bestimmung der Antriebsleistung einer Arbeitsmaschine, z. B. eines Kompressors, muß noch der Wirkungsgrad η des E-Motors und bei Zwischenschaltung eines Getriebes oder Riementriebes auch noch der jeweilige η-Wert dieser Übertragungsglieder in die Rechnung eingesetzt werden. Die beiden letztgenannten Wirkungsgrade können meist nur geschätzt werden, während man vom Elektromotor eine „Wirkungsgradkurve über der Belastung" bei Bezug vom Hersteller genau ermitteln lassen kann. Die Angaben in den Motorlisten sind grundsätzlich nur Mittelwerte der Motortype. Für genaue Messungen sind sie daher nicht zu gebrauchen.
Solche Messungen lassen sich im Gegensatz zu dem unter 10.3.1. beschriebenen System auch am späteren Einsatzort vornehmen.

10.3.2.2. Messung der Leistung über Torsionswelle

Zwischen der Torsion einer Welle (Bild 145), die zwischen einer Maschine und dem Antriebsmotor geschaltet ist, besteht ein direkter Zusammenhang zur eingeleiteten Leistung. Auf einer solchen Torsionswelle, auch Drehmomentenmeßnabe genannt, sind Dehnungsmeßstreifen in Vollbrückenschaltung geklebt (Schema in Bild 146), die von einer Trägerfrequenz-Meßbrücke gespeist werden. Durch die richtige Anordnung der Dehnungsmeßstreifen läßt sich eine evtl. auftretende Biegespannung eliminieren. Durch die Verdrehung der Welle und der damit verbundenen Dehnung oder Stauchung in den Dehnungsmeßstreifen wird der elektrische Widerstand geändert und linear zu der jeweiligen Verdrehung das Drehmoment angezeigt. Durch eine Eichung kann an dem anzeigenden Gerät (Bild 145) eine mittlere Spannung und damit das mittlere Drehmoment abgelesen werden. Wird am Ausgang der

143. Gleichstrom-Pendelmotor mit Tachometerwaage.

Im Bild rechts oben ein Fliehkraft-Drehzahlmesser.
Mit einem Stichdrehzahlmesser wird hinter einem kleinen Dynamo für die elektrische Drehzahlaufzeichnung von Hand die Drehzahl kontrolliert

144. Meßkoffer zur Strom-, Spannungs- und Leistungsaufnahmemessung

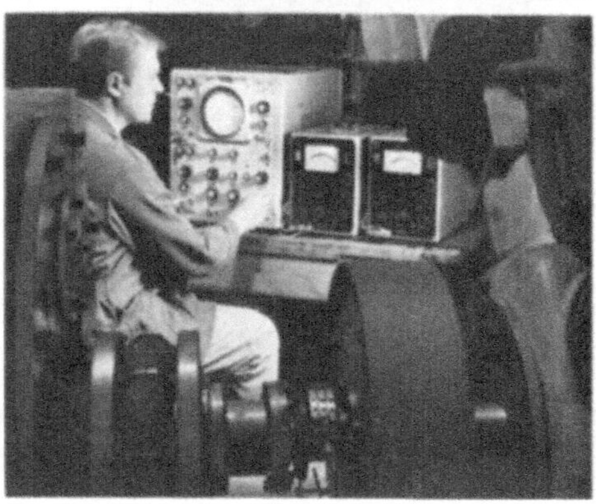

145. Drehmomentenmeßnabe mit Trägerfrequenz-Meßbrükken und Oszillograph. Im Vordergrund die Meßnabe links vom Kompressorschwungrad, im Hintergrund Oszillograph und Meßbrücken

Meßbrücke (Bild 145) ein Ozillograph angeschlossen, so läßt sich für wissenschaftliche Untersuchungen der genaue Verlauf des Drehmoments während der Umdrehungen ermitteln (Bild 147). Solche Untersuchungen sind wichtig, um z. B. das Anfahrmoment oder bestimmte

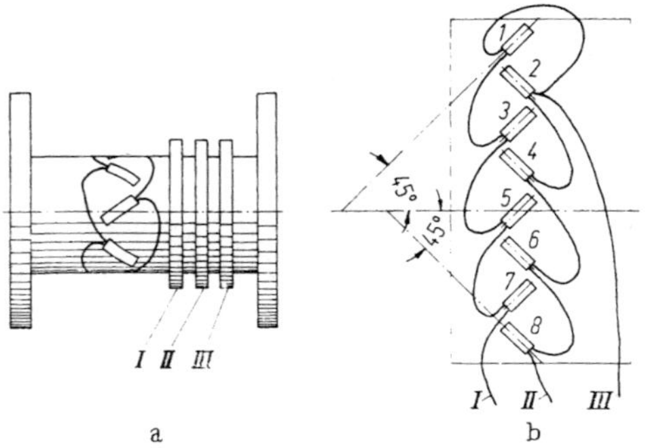

146. a) Torsionswelle (Meßnabe); b) Abwicklung des Mantels mit aufgeklebten Dehnungsmeßstreifen in Halbbrückenschaltung

Bei Rechtsdrehung sind Streifen *2, 4, 6* und *8* aktiv, Streifen *1, 3, 5* und *7* hingegen passiv und dienen zur Temperaturkompensation. Bei Linksdrehung ist es umgekehrt. Die Biegekompensation wird durch gleichmäßige Verteilung der Streifen am Umfang erreicht. *I, II* und *III* sind die Anschlüsse zur Trägerfrequenz-Meßbrücke

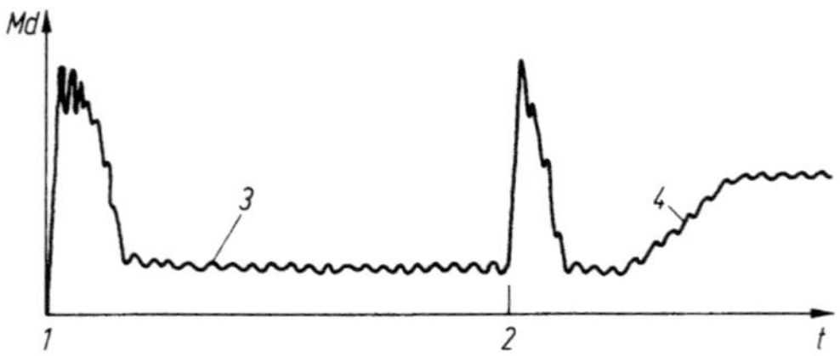

1 Einschalten des Motors in Stern-Stellung
2 Umschaltung des Motors in Dreieck-Stellung
3 Überlagerte Eigenschwingung des Systems
4 Hochfahren des Kompressors auf Betriebsdruck

147. Drehmomentenverlauf an der Torsionswelle beim Einschaltvorgang

Schaltpunkte der Maschine, die eine Rückwirkung auf das Drehmoment haben, festzustellen. Anstelle von Dehnungsmeßstreifen werden vielfach auch Induktivgeber verwandt, die mit der gleichen Meßeinrichtung arbeiten können.

10.4. Luftmengenmessung

Die Liefermenge eines Kompressors ist, gemäß der VDI Verdichterregel DIN 1945, die hinter dem Druckstutzen gemessene Gasmenge in der Zeiteinheit, umgerechnet auf den tatsächlichen Ansaugzustand P_A und T_A. Liefermengenangaben, die von dieser Definition abweichen, sind irreführend und sollten bei Vergleichen dementsprechend gewertet werden. Auch bei der Liefermengenmessung ist es wichtig, daß vor Beginn der Messung thermische Beharrung im Verdichter eingetreten ist.

10.4.1. Behältermessung

10.4.1.1. Behältermessung bei veränderlichem Druck

Der Verdichter fördert seine Liefermenge in einen Druckbehälter, dessen Austrittsleitung abgesperrt ist (Bild 148). Man beginnt mit einem Druck, der unterhalb des Betriebsdruckes P des Kompressors liegt und ermittelt die Zeit, die vergeht, bis der Betriebsdruck erreicht ist. Je kleiner die Druckdifferenz ist, desto genauer ist das Ergebnis, weil Fehler, welche durch die Druckabhängigkeit des Rückexpansionsgrades entstehen, klein gehalten werden. Oft ist es ausreichend und zweckmäßig, die Druckdifferenz mit 1 at festzulegen; man kann so einfacher rechnen.

Wird der Zustand im Druckluftbehälter vor Beginn der Messung mit Index „1" und danach mit Index „2" bezeichnet und die ermittelte Zeit mit τ, so ergibt sich die Liefermenge V_N mit

$$V_N = \frac{Q}{\tau \cdot R}\left(\frac{P_2}{T_2} - \frac{P_1}{T_1}\right)\frac{1}{\gamma_N} \quad [\mathrm{Nm^3/min}] \qquad (66)$$

und die Liefermenge bezogen auf den Ansaugzustand V_A (nach DIN 1945)

$$V_A = \frac{V_N \cdot T_A \cdot P_N}{T_N \cdot P_A} \quad [\mathrm{m^3/min}] \qquad (67)$$

Hierin bedeuten:

Q_D = Druckluftbehälterinhalt in m^3
R = Gaskonstante in m kp/kg °C
γ_N = Spezifisches Gewicht der Luft bei Normalzustand.

Für eine überschlägige Messung kann man vereinfachen:

Lufttemperaturen $T_N \approx T_1 \approx T_2$ (in °K), $P_N \approx 10000$ kp/m² (68)

$$V_A \approx \frac{Q_D}{\tau} \cdot \Delta p \quad [\mathrm{m^3/min}] \qquad (69)$$

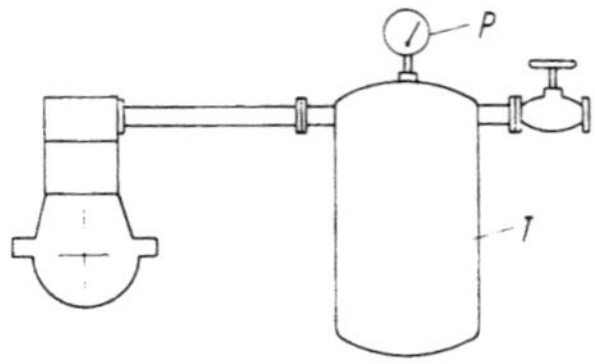

148. Mengenmessung mit veränderlichem Druck

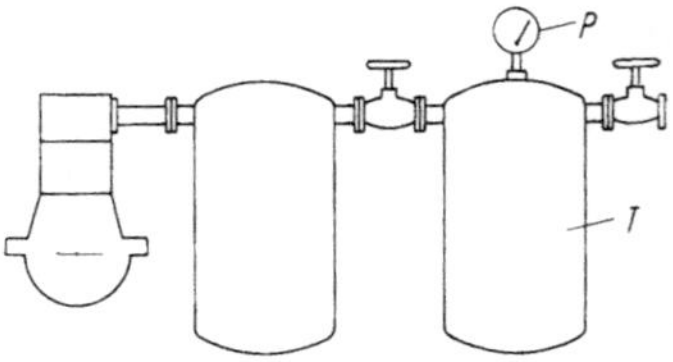

149. Mengenmessung bei konstantem Enddruck des Kompressors

10.4.1.2. **Behältermessung bei konstantem Druck**

Den Einfluß des veränderlichen Luftdruckes kann man ausschalten, wenn man 2 Druckluftbehälter hintereinander schaltet (Bild 149). Der Verdichter arbeitet auf den ersten mit konstantem Druck. Aus diesem wird mit einer überkritischen Drosselstelle der zweite Druckluftbehälter aufgefüllt. Aus dem Druckanstieg pro Zeiteinheit des zweiten Druckluftbehälters wird die Liefermenge in der gleichen Weise wie unter 10.4.1.1. berechnet. Die Genauigkeit ist dann nur noch abhängig von der exakten Konstanthaltung des Druckes im ersten Behälter durch Regelung des Drosselventils zwischen den beiden Behältern, der exakten Ermittlung der Zeit, Δp und der beiden Temperaturen T_2 und T_1. Da die Temperatur im Druckluftbehälter nicht überall gleich ist, muß sie an mehreren Stellen genau gemessen und dann gemittelt werden.

10.4.2. **Messung mit Volumenzähler**

Die Liefermengenmessung mit Gasuhren und Drehkolbenmaschinen (Bild 150) weist, wenn sie exakt durchgeführt wird, eine hohe Genauigkeit auf ($\pm 1\,\%$). Als Meßstelle kann die Druckleitung gewählt werden, so daß auch während des normalen Betriebes Messungen vorgenommen werden können, oder eine Ausströmleitung ins Freie, wo jedoch den Meßgeräten eine Drosselstelle (Absperrschieber o. ä.) mit nachfolgendem Beruhigungsbehälter vorgeschaltet sein muß. Wenn die Volumenzähler mit einer schreibenden Einrichtung ausgerüstet sind, so läßt sich auch im normalen Betrieb die Liefermenge über der Zeit schreiben (Verbrauchsspiegel) und damit ein Hinweis liefern über die Auslastung der Druckluftstation.

Bei entsprechendem Einbau der Gaszähler in die einzelnen Versorgungsleitungen kann der Luftverbrauch der verschiedenen Abteilungen gemessen und von der Betriebsabrechnung kostenmäßig erfaßt werden. Ist eine Integriereinrichtung vorhanden, so sorgt diese für die Zusammenfassung zum Gesamtverbrauch. In der Berechnung der Liefermenge muß der Zustand der Luft (P, T) vor dem Meßgerät und der Ansaugezustand des Verdichters berücksichtigt werden. Diese Meßeinrichtungen sind außerdem sehr gut verwendbar für Luftverbrauchsmessungen an Druckluftwerkzeugen und -geräten.

150. Luftmessung mit Drehkolben-Gaszahler

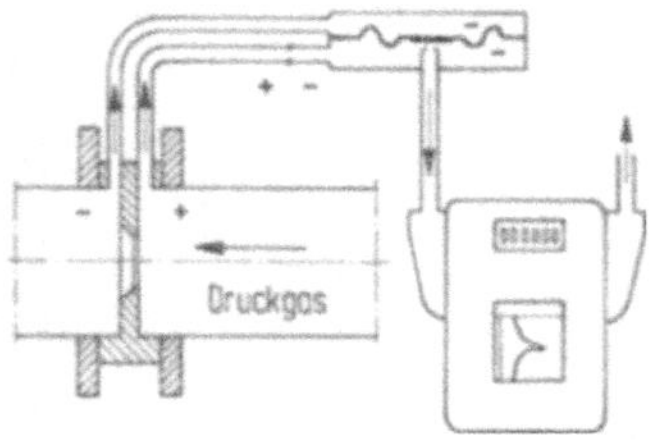

151. Teilstrommengenmesser

10.4.3. Indikatormessungen

Liefermengenbestimmungen durch Auswertung eines Indikator-Diagramms ist nur bei langsam laufenden Maschinen bis ca. 600 Upm mit Aussicht auf einigermaßen befriedigende Genauigkeit möglich.

10.4.4. Teilstrommengenmessung

Diese Meßgeräte sind ohne Korrekturvorrichtungen unabhängig von Einflüssen wie statischem Druck, Temperatur, Feuchte, Zähigkeit, Expansion und Pulsation (Bild 151). Teilstrommeßgeräte können so geliefert werden, daß fertige Fest-, Mittel- und Augenblickswerte zählend, anzeigend, schreibend sich ergeben und ersparen somit zeitraubendes Planimetrieren. Bei diesem Verfahren wird vom Strömungsteiler (Bild 151) mit Hilfe einer Teilstromdrossel und eines steuernden Membranventils ein — dem Hauptstrom genau proportionaler — Teilstrom abgezweigt, der entspannt in Nm^3 oder kg gemessen wird. Wird ein Wichteregler nachgeschaltet, so tritt eine selbsttätige Korrektur der Außentemperatur und der Luftdruckschwankung ein. Die Meßgenauigkeit beträgt 0,2% von der Höchstmenge. Voraussetzung für eine exakte Messung ist, daß alle Meßleitungen und Anschlüsse 100%ig dicht sind.

10.4.5. Mengenmessung mit Drosselgeräten

10.4.5.1. Unterkritische Drosselgeräte

a) Unterkritische Drosselgeräte mit veränderlichem Querschnitt arbeiten meist mit einem Schwimmer, einem Drehkörper, der auf der Strömung schwimmt und je nach Durchfluß mehr oder weniger Drosselquerschnitt freigibt (Bild 152). Die Steighöhe des Schwimmers steht in

152. Meßanordnung mit Fischer- und Portergerät. Das Fischer- und Portergerät befindet sich oben rechts im Bild

einem funktionellen Zusammenhang zum durch das Gerät fließenden Gasvolumen. Während bei kleineren Mengen (bis ca. 10 m^3/min) direkt gemessen wird, d. h. im Hauptstrom, verwendet man für größere Gasvolumina die Nebenstrommessung. In diesem Falle wird vom Hauptstrom ein Teilstrom abgezweigt, der in einem konstanten Verhältnis zum Hauptstrom steht. Für stets sich wiederholende Messungen in einem bestimmten Meßbereich und wenn eine einfache Eichmöglichkeit für das Gerät besteht, wird diese Meßmethode schon deshalb gern angewandt, weil die Meßwerte leicht ablesbar und mit einer dazugehörigen Tabelle ohne Schwierigkeit auswertbar sind. Aus diesem Grunde verwendet man solche Geräte z. B. zur Bestimmung des Luftverbrauchs schlagender und drehender Druckluftwerkzeuge. Diesen Geräten haftet ein geringer Drosselverlust an, und es gibt je nach Qualität des Geräts kaum größere Meßfehler als ± 1 bis 2% des maximalen Durchflusses.

b) Unterkritische Drosselgeräte mit gleichbleibendem Querschnitt lassen sich ohne großen technischen Aufwand selbst anfertigen. Die einfachste und meist verwendete Form ist die Normblende (Bild 153) entsprechend der VDI-Durchflußregel DIN 1952, der auch die weiteren Einzelheiten wie Meßtoleranzen, Abmessungen und Kennzahlen entnommen werden können. Die einzelnen Größenverhältnisse sowie auch die Sicherheitsstrecken, die eine Störung unterbinden, die durch vor- oder nachge-

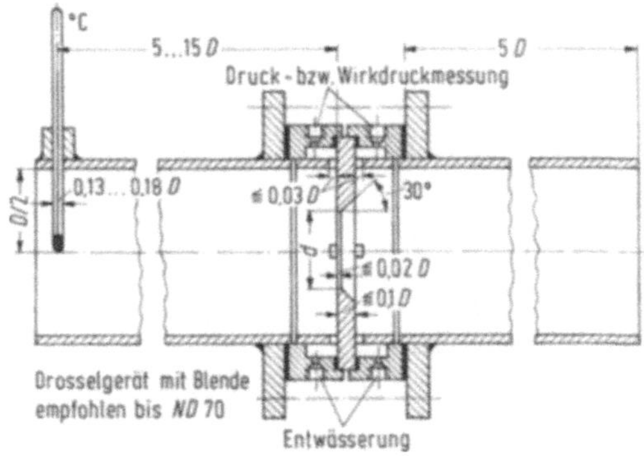

153. Drosselgerät für Druckluftmengenmessung im unterkritischen Gebiet

schaltete Krümmer und Schieber entstehen, können dieser Abbildung entnommen werden. Je nach Ausführung der Drosselblende und exakter Durchführung der Messungen ist eine Genauigkeit bis zu $\pm 1\%$ erreichbar.

Die Durchflußgleichung lautet:

$$Q = 0{,}01252 \cdot \alpha \cdot \varepsilon \cdot d^2 \cdot \sqrt{\frac{P_1 - P_2}{\gamma_1}} \quad [\mathrm{m^3/h}] \tag{70}$$

$$G = 0{,}01252 \cdot \alpha \cdot \varepsilon \cdot d^2 \cdot \sqrt{(P_1 - P_2) \cdot \gamma_1} \quad [\mathrm{kp/h}] \tag{71}$$

Hierin bedeuten

Q = Volumendurchfluß in $\mathrm{m^3/h}$

G = Mengendurchfluß in kp/h

m = Öffnungsverhältnis $m = (d^2/D_t^2)$ (72)

α = Durchflußzahl

ε = Expansionszahl

D_t = Rohrdurchmesser bei Betriebstemperatur in mm

d = Öffnungsdurchmesser des Drosselgerätes bei Betriebstemperatur in mm

$P_1 - P_2$ = Gemessener Wirkdruck (Bild 153) in mm WS

γ_1 = Wichte des durchströmenden Stoffes in $\mathrm{kp/m^3}$

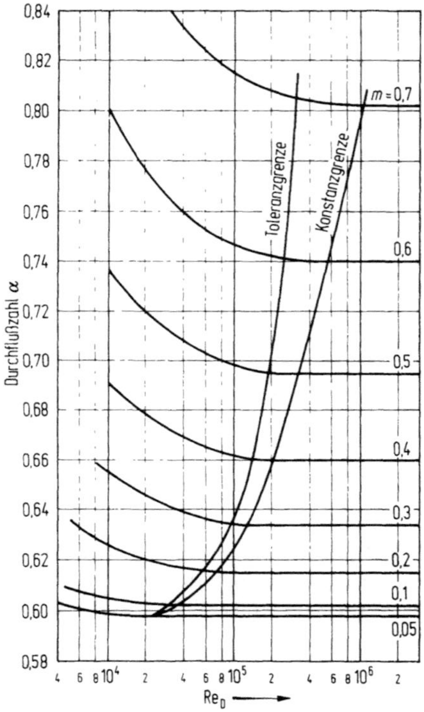

154. Durchflußzahlen α in Abhängigkeit von der *Re*-Zahl bei verschiedenen Öffnungsverhältnissen *m*

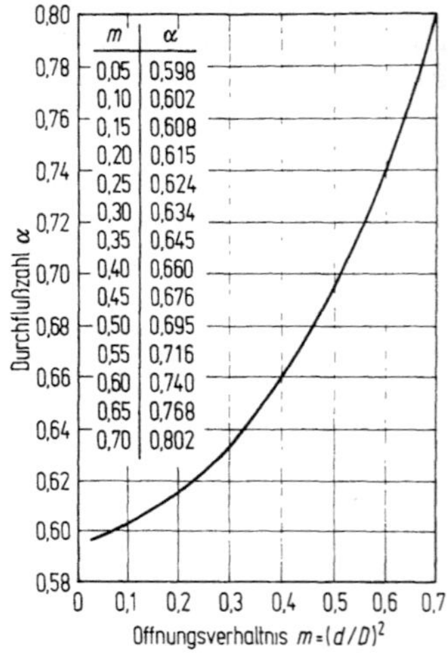

m	α
0,05	0,598
0,10	0,602
0,15	0,608
0,20	0,615
0,25	0,624
0,30	0,634
0,35	0,645
0,40	0,660
0,45	0,676
0,50	0,695
0,55	0,716
0,60	0,740
0,65	0,768
0,70	0,802

155. Durchflußzahlen α für *Re*-Zahlen oberhalb der Konstanzgrenze

Bild 154 zeigt Durchflußzahlen bei verschiedenen Öffnungsverhältnissen *m* in Abhängigkeit von der Reynoldzahl.

Die Auslegung der Meßeinrichtung soll so vorgenommen werden, daß für alle Messungen die Reynoldzahlen oberhalb der Konstanzgrenze liegen. In diesen Fällen können die Durchflußzahlen dem Bild 155 entnommen werden. Die Reynoldsche Zahl wird mit

$$Re = \frac{W \cdot D_t}{\nu} \text{ berechnet.} \tag{73}$$

Die nachfolgenden Größen sind:

W = Geschwindigkeit in der Rohrleitung in m/s
ν = Kinematische Zähigkeit in m²/s.

Da sich die Wichte der Gase und Dämpfe beim Strömen durch das Drosselgerät ändern, muß dies berücksichtigt werden durch die Expansionszahl ε, die der Kurve Bild 156 entnommen werden kann. Bei den unterkritischen Drosselgeräten ist zu berücksichtigen, daß pulsierende Strömungen die Ergebnisse verfälschen. Pulsationen können geglättet werden, wenn zwischen der Störung und dem Drosselgerät ein genügend großer Behälter angeordnet wird, der mindestens 20 bis 50 mal größer sein muß als das pulsierende Volumen. Kann die Pulsation nicht unterdrückt werden, so ist eine andere Meßeinrichtung vorzusehen. Manche Gaszähler kommen dafür in Frage.

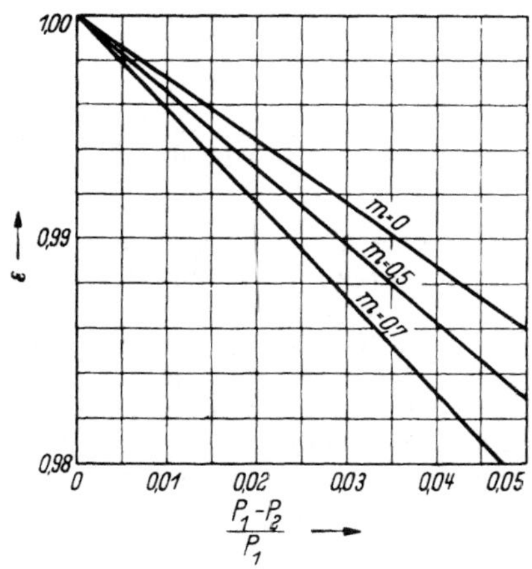

156. Expansionszahl ε an Blenden in Abhängigkeit vom Wirkdruckverhältnis und vom Öffnungsverhältnis m

10.4.5.2. Überkritische Drosselgeräte

Als solche Meßgeräte werden bezeichnet, bei denen im Drosselquerschnitt Schallgeschwindigkeit auftritt. Der Durchfluß durch das Drosselgerät ist dann nur von seinen Abmessungen und vom Druck sowie der Temperatur vor der Blende oder Düse abhängig und nicht mehr vom Gegendruck. In einem Querschnitt stellt sich Schallgeschwindigkeit ein, wenn der absolute Druck hinter der Düse einen bestimmten Wert unterschreitet. Für Luft mit $\varkappa = 1{,}4$ ist das kritische Druckverhältnis $P_2 : P_1 = 0{,}530$. Von FMA POKORNY wurde eine solche Meßeinrichtung entwickelt (Bild 157), die sich seit mehreren Jahrzehnten als gut und ausreichend genau erwiesen hat. Es werden bei entsprechender exakter Durchführung Genauigkeiten bis zu $\pm 1\%$ erreicht. Die Drosselstelle, eine gehärtete, scharfkantig ausgeführte, genau vermessene Scheibe hat einen empirisch ermittelten Durchflußbeiwert von $\mu = 0{,}836$ bei Öffnungsdimensionen bis $D = 12$ mm. Sollen größere Mengen gemessen werden, so sind mehrere Blenden, die in ihrem Durchmesser kleiner als $D = 12$ mm liegen, zu verwenden. Ein Sortiment von Blenden mit

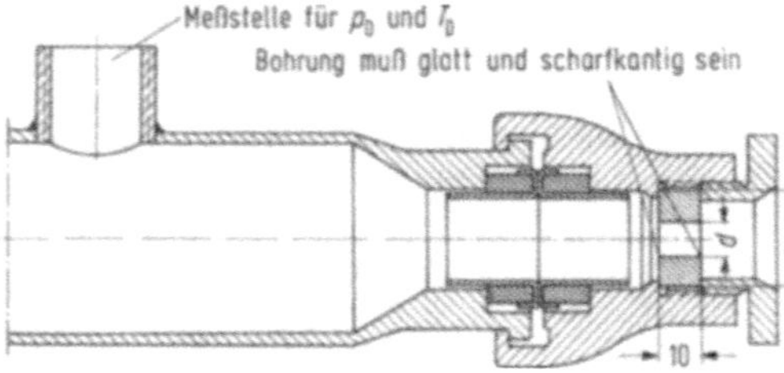

157. FMA POKORNY-Blendenkonstruktion für Mengenmessungen im überkritischen Gebiet

Durchmessern von 3—12 mm in Stufensprüngen von jeweils 0,25 mm reichen als Meßsatz aus und haben sich gut bewährt. Bei der Auswahl der Blendengröße muß darauf geachtet werden, daß sich durch diese an dem Verdichter der gewünschte Meßdruck einstellt. Ein Auswechseln der Blenden auch während des Betriebs ist bei Umschaltung des Luftstroms möglich. Wird der Betriebsdruck nicht erreicht, so ist der Durchmesser der Blende zu groß, wird er überschritten, ist die Blende zu klein. In folgender Ausrechnungsformel ist gleichzeitig, entsprechend den VDI-Verdichterregeln, eine Umrechnung auf den Ansaugezustand des Kompressors vorgesehen.

$$V_A = 0{,}0583 \cdot F \cdot \frac{p_D}{p_A} \cdot \frac{T_A}{\sqrt{T_D}} \ [\mathrm{m^3/min}]. \qquad (74)$$

Es bedeuten:

V_A = Liefermenge, umgerechnet auf den Ansaugezustand (DIN 1945) in m^3/min

F = Öffnungsfläche der Blende in cm^2

p_D = Absoluter Druck vor der Blende in kp/cm^2

p_A = Absoluter Ansaugedruck vor dem Kompressor in kp/cm^2

T_A = Absolute Ansaugetemperatur in °K

T_D = Absolute Temperatur vor der Blende in °K.

Bild 158 erleichtert die Ausrechnung von Gl. (74). Für den Gebrauch des Nomogramms seien nachfolgend 2 Beispiele ausgeführt.

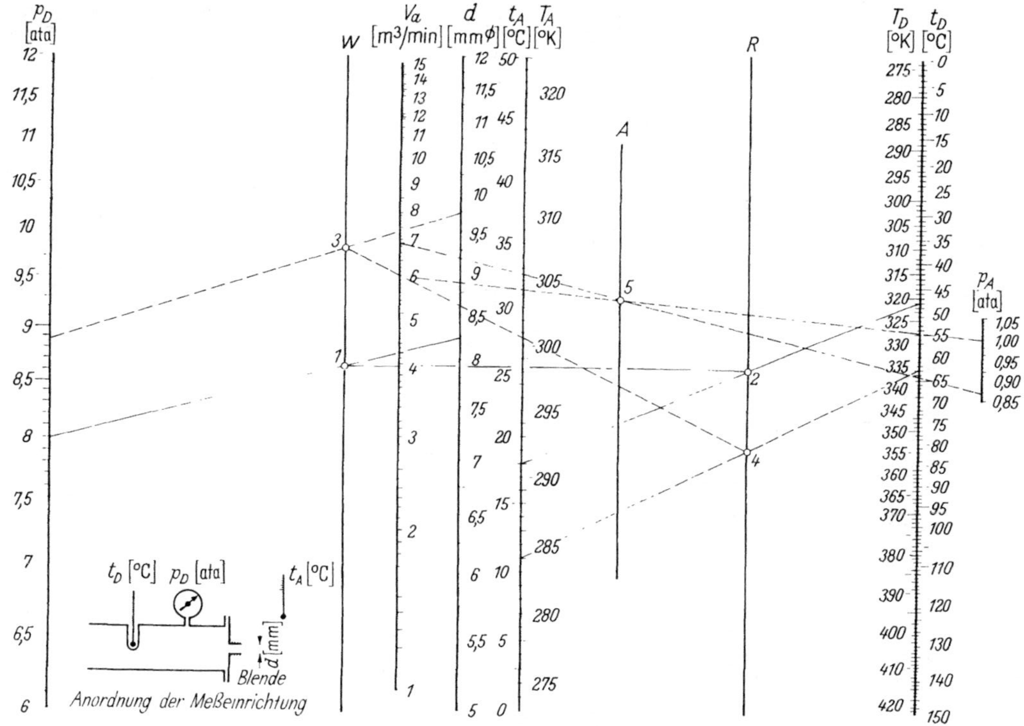

158. Nomogramm zur Bestimmung der Liefermenge bei Messungen mit Meßblende nach Bild 157

Beispiel 1

Die Luftförderung eines Kompressors wurde überprüft und folgende Werte bei einem Ansaugedruck von ca. 1 ata gemessen:

p_D = 8 kp/cm² (Druck vor der Blende)
d = 8,25 mm (Blendendurchmesser)
T_A = 291 °K Ansaugetemperatur vor dem Luftfilter
T_D = 321 °C (Temperatur vor der Meßblende)

Lösung:

1. Verbinde p_D = 8 kp/cm² (1. Skala) mit d = 8,25 mm. Schnittpunkt dieser Linie mit Zapfleiter W = Punkt 1.
2. Verbinde T_A = 291 °K mit T_D = 321 °K. Schnittpunkt dieser Linie mit Zapfleiter R = Punkt 2.
3. Verbinde Punkt 1 mit Punkt 2. Der Schnittpunkt dieser Linie mit der Skala V_A = 4,07 m³/min ist das gesuchte Ergebnis.

Bei Messungen in Gebieten mit einem Luftdruck von ca. 735 mm HgS Barometerstand genügt in den meisten Fällen diese Auswertung. Die p_A-Skala braucht hier im Gegensatz zum nächsten Beispiel nicht berücksichtigt werden.

Beispiel 2

Eine Kompressoranlage zur Versorgung des Luftnetzes einer Tunnelbaustelle in 1500 m Höhe über NN wurde gemessen und folgende Werte ermittelt:

p_A = 0,87 kp/cm² (Ansaugedruck)
p_D = 8,87 kp/cm²
d = 9,75 mm
T_A = 284 °K
T_D = 336 °K

Lösung:

1. Da der Ansaugedruck p_A nur 0,87 kp/cm² beträgt, so ist für p_D = 8,87 kp/cm² einzusetzen.
2. Verbinde p_D = 8,87 kp/cm² mit d = 9,75 mm. Schnittpunkt dieser Linie mit Zapfleiter W = Punkt 3.
3. Verbinde T_A = 284 °K mit T_D = 336 °K. Schnittpunkt dieser Linie mit Zapfleiter R = Punkt 4.
4. Verbinde die Schnittpunkte der beiden Zapfleiter W und R. Diese Linie schneidet auf der V_A-Skala den Wert 6,0.
5. Ziehe von diesem Punkt 6,0 zu dem Punkt 1 der p_A-Leiter eine Linie und markiere auf der Zapflinie A den Schnittpunkt 5. Drehe diese Linie so lange um den Schnittpunkt 5, bis das rechte freie Ende den Punkt 0,87 kp/cm² der p_A-Skala schneidet. Das linke freie Ende der gedrehten Linie schneidet dann auf der V_A-Skala den gesuchten Wert V_A = 6,89 m³/min.

Aus der überkritischen Ausflußformel läßt sich eine Faustformel ableiten, mit der man überkritisch aus einer Öffnung austretenden Luftstrom abschätzen kann. Setzt man in Gl. (74) $T_A = T_D = 295\ °K$ ein, so erhält man die sehr einfache Formel

$$V = F \cdot p\ [m^3/min] \tag{75}$$

Die Fläche F ist dabei auf cm^2 und der Druck p auf kp/cm^2 zu beziehen. V ist das Fördervolumen, bezogen auf 1 ata.

10.5. Allgemeine Hinweise für die Durchführung von Messungen

Nachdem Beharrung eingetreten ist, wird mit der Aufzeichnung der Meßdaten begonnen. Um Ablesefehler so gering als möglich zu halten, wird empfohlen, 3 getrennte Ablesungen im Abstand von je 10 Minuten vorzunehmen. Bei großer Abweichung eines Wertes von den beiden anderen ist die Ablesung zu wiederholen. Für die Auswertung der Messung ist der arithmetische Mittelwert aller 3 Messungen zu verwenden. Die Voraussetzung für jede verläßliche Messung ist ein einwandfreier Zustand aller zur Messung verwendeten Instrumente und Geräte.

Dieser Zustand muß, wenn nötig, durch vorherige Eichung hergestellt werden. Bei allen Luftmessungen muß auf ein dichtes Leitungsnetz geachtet werden. Auch der zu messende Kompressor muß sich in einwandfreiem Zustand befinden, es sei denn, es soll sein augenblicklicher Zustand gemessen werden.

11. Lärmabwehr in der Pneumatik

Kompressoren und pneumatisch angetriebene Werkzeuge und Geräte verursachen oft störenden Lärm. Um die Maßnahmen, die zur Lärmbekämpfung dienen, verstehen zu können, muß einiges über das Wesen des Lärms gesagt werden.

11.1. Der Lärm

Was ist Lärm?
Als Lärm werden Geräusche bezeichnet, die das menschliche Wohlbefinden stören. Ob nun ein Geräusch stört oder nicht, ist nicht nur von seiner Intensität, sondern vielfach von der unterschiedlichen Empfindlichkeit der Menschen und der subjektiven Einstellung zu dem Geräusch abhängig.

Es gibt genügend rechtliche Mittel, um unzumutbare Geräusche zu verbieten. Hier einige Hinweise:

§ 360, Ziffer 11 des StGB; Strafe bei ruhestörendem Lärm,

§ 230 und 223 StGB; Bestrafung wegen vorsätzlicher oder fahrlässiger Körperverletzung,

§ 862 des BGB; hier gibt es den Absatz „Störungsklage",

§ 906 des BGB; dieser Paragraph ist eine Art Immissionsschutzgesetz (Verhinderung der Belästigung unter zumutbaren wirtschaftlichen Anstrengungen),

§ 16 und 25 der Gewerbeordnung (Immissionsschutz),

Bundesgesetz zum Schutz gegen Baulärm vom 9. 9. 1965. Schallpegel-Richtwerte für Baumaschinen, die dem Stand der Technik entsprechen sollen, werden durch eine Kommission erarbeitet (Emissions-Richtwerte).

4. Durchführungsverordnung zum Immissionsschutzgesetz des Landes NRW. Hierbei wird sogar ein Emissions-Grenzwert von 75 dB(A) für eine mit Dieselmotor angetriebene Baumaschine, in 7 m Abstand gemessen — im hohen Leerlauf — angegeben.

Als Grundlage zur Beurteilung eines Geräuschs wird in solchen Fällen fast immer die Richtlinie VDI 2058 (Beurteilung und Abwehr von Arbeitslärm) herangezogen. Diese gibt Immissions-Richtwerte an.

11.2. **Das Geräusch**

Was ist ein Geräusch?

Geräusche sind, physikalisch gesehen, mechanische Schwingungen des Gasgemisches Luft, die verursacht werden durch Bewegungsvorgänge oder mechanische Schwingungen von festen Körpern u. ä. Es kommen auch Schwingungen an Körpern vor, die sekundär durch Luftschwingungen oder Körperleitung angeregt werden und hierdurch wieder Geräusche verursachen können. In diesem Falle spricht man von Eigenschwingungen (Resonanz) der entsprechenden Teile. Luftschwingungen (schnelle Druckänderungen des atmosphärischen Luftdruckes) wertet das Sinnesorgan Ohr als Geräusch. Sie werden von diesem als laut oder leise empfunden in Abhängigkeit davon, ob die Amplitude der Druckänderung (auch Schalldruck genannt) groß oder klein ist bzw. welche Frequenzanteile vorhanden sind (Bild 159). In den meisten Fällen sind Geräusche Frequenzgemische, d. h. Zusammensetzungen von Schalldrücken mit verschiedener Größe und verschiedener Schwingungszahl pro Sekunde (Hertz, abgekürzt Hz). Die Schallgeschwindigkeit liegt bei normalem Luftdruck und normaler Temperatur bei etwa 340 m/s.

Der Schalldruck ist physikalisch genau meßbar und wird meist in bar angegeben. 1 µbar = 1 Dyn/cm² = etwa 1 Millionstel des atmosphärischen Luftdruckes (Bild 160). Die Hörschwelle des Menschen, hier beginnt gerade die Wahrnehmung eines Geräusches, liegt im Mittel bei einem Schalldruck von $2 \cdot 10^{-4}$ µbar. Der Hörbereich geht von dieser Hörschwelle bis zu einer Stärke von $2 \cdot 10^{+2}$ µbar, also dem 1 millionenfachen des Schalldruckes der Hörschwelle. Dieser Schalldruck kann gerade noch kurzzeitig ohne gesundheitlichen Schaden ertragen werden.
Da der Hörbereich sehr groß ist, wurde für die Geräuschmessungen eine neue Größe („Bel“) eingeführt. Der Nullpunkt dieser Meßgröße liegt bei der Hörschwelle. 1 Bel entspricht bei logarithmischer Teilung der Schalldruckskala in µbar dem 10-fachen der Schalleistung bzw. $\sqrt{10}$-fachen des Schalldruckes. Das 10-fache des Schalldruckes umfaßt

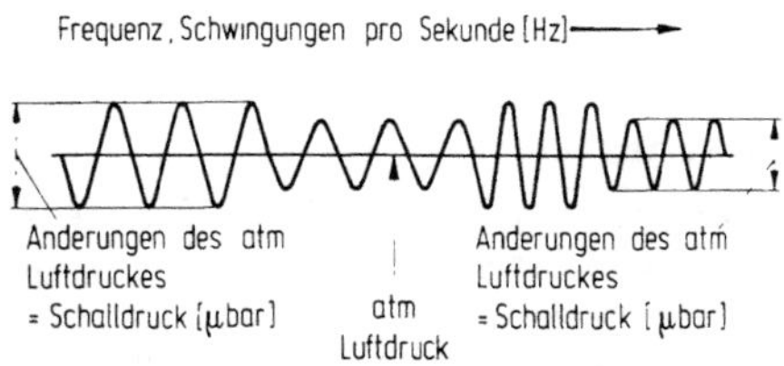

159. Vereinfachte Darstellung des Luft-Schalldruckes

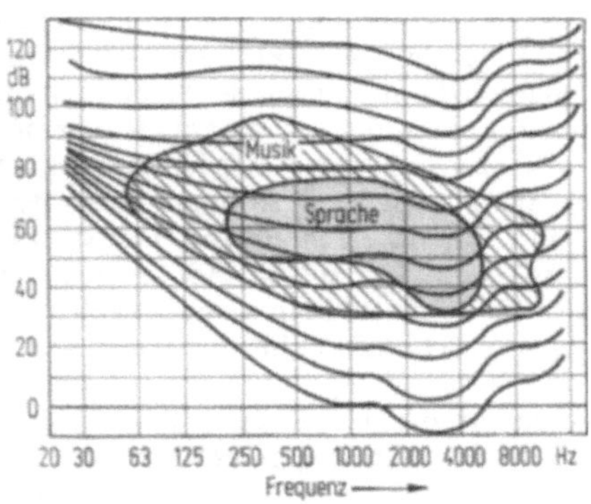

161. Phon-Kurven, Kurven gleicher Lautstärke von Einzeltönen

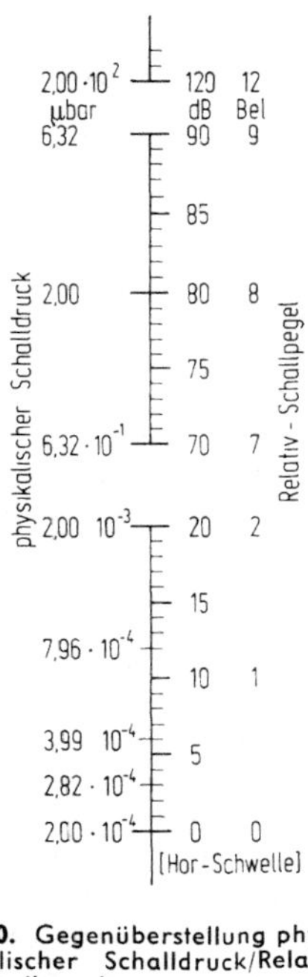

160. Gegenüberstellung physikalischer Schalldruck/Relativ-Schallpegel

somit 2 Bel. Da diese Größe „Bel" für die Meßtechnik noch zu groß ist, hat man eine gleichmäßige Unterteilung vorgenommen in 1 Bel = 10 dezi-Bel (dB). Mathematisch läßt sich die Beziehung vom physikalischen Schalldruck in μbar zum relativen Schallpegel in dezi-Bel wie folgt darstellen:

$$L = 20 \log \frac{P_x}{P_0} \text{ [dB]}, \qquad (76)$$

wobei p_0 den Schalldruck (Hörschwelle) von $2 \cdot 10^{-4}$ μbar darstellt. P_x ist der zu messende Schalldruck.

Der Hörbereich ist außer vom Schalldruck noch abhängig vom Frequenzbereich, der im Mittel für Menschen 16 bis 16000 Hz beträgt. Schalldrücke, die in ihrer Frequenz darunter oder darüber liegen, werden nicht als Geräusch wahrgenommen. Diese Mittelwerte sind an Versuchspersonen mit normalem Hörvermögen ermittelt worden. Mit zunehmendem Alter geht die obere Grenzfrequenz stark zurück, und die Hörschwelle verschiebt sich nach oben.

11.3. **Bewertung eines Geräusches**

Da Geräusche gleichen Schalldruckes, aber verschiedener Frequenzzusammensetzungen vom menschlichen Ohr verschieden laut empfunden werden, mußte für Messungen bzw. Vergleichsmöglichkeiten eine geeignete Bewertung eingeführt werden. Grundsätzlich werden Geräusche (mit gleichem Schalldruck) mit großen Hochfrequenzanteilen lauter empfunden als solche mit vorherrschenden niederen Frequenzen. Dies zeigt auch Bild 161, das Kurven gleicher Lautstärke von einzelnen Tönen darstellt, auch Phon-Kurven genannt, die in umfangreichen Untersuchungen mit einer entsprechenden Auswahl von Versuchspersonen erstellt wurden. Demnach wird ein Ton mit 30 Hz und einem Schalldruck von 70 dB von einem Menschen mit normalem Hörvermögen genauso laut empfunden, wie ein Ton von 1000 Hz mit einem Schalldruck von 10 dB. Den Kurven ist außerdem zu entnehmen, daß mit steigender Intensität der Töne die unterschiedliche Lautstärkeempfindung abnimmt. Das Bild zeigt außerdem den Hörbereich der Menschen in Abhängigkeit von den auftretenden Frequenzen und Schalldrücken und die Frequenz- und Schalldruckbereiche der Musik und der Sprache.

Aus praktischen Gründen hat man für die Anwendung in der Meßtechnik den welligen Kurvenverlauf der „Töne gleicher Lautstärke" schematisch vereinfacht und in Deutschland eine mittlere Kurvenform (Bild 162) für das Gebiet 0 bis 30 dB, eine weitere, etwas flachere Form für 30 bis 60 dB und eine noch flachere für die Lautstärke über 60 dB

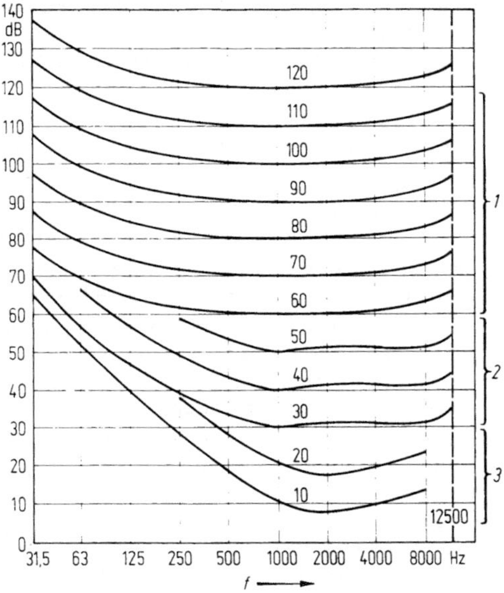

162. Kurven gleicher Lautstärke entsprechend DIN 5045

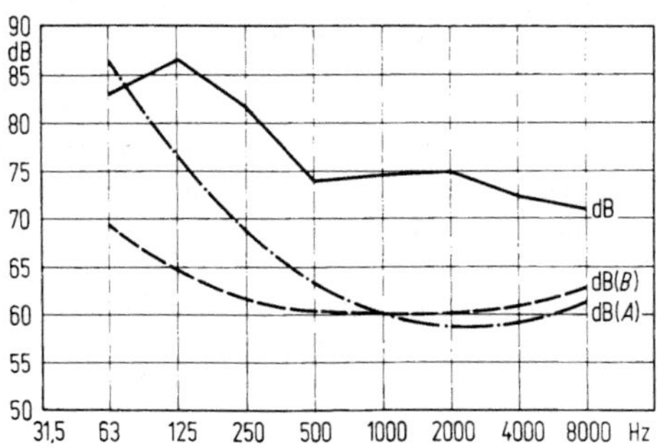

163. Frequenzanteile eines Geräusches

normenmäßig festgelegt (DIN 5045). Die auf dem Markt befindlichen guten Meßgeräte verfügen über die Möglichkeit, Bewertungen von Geräuschen vorzunehmen, die dem menschlichen Lautempfinden in etwa entsprechen. Die hierbei ermittelten Werte werden mit DIN-phon bezeichnet.

International werden die zwei oberen Bewertungsbereiche (Bild 162), die im normalen Hörbereich liegen, wie folgt bezeichnet:

Bewertungsbereich 1 mit der Bewertungskurve B, Bezeichnung der Lautstärke in dB(B), für DIN-Lautstärke über 60 DIN-phon.

Bewertungsbereich 2, mit der Bewertungskurve A, Bezeichnung der Lautstärke in dB(A), für DIN-Lautstärken unter 60 DIN-phon.

Nachdem sich herausgestellt hat, daß die Bewertung nach der Kurve A mit der Lautstärkebezeichnung dB(A) am besten dem menschlichen Hörempfinden entspricht, wird diese international für alle Geräuschintensitäten bei Messungen vorgeschrieben.

Bild 163 zeigt die Frequenzanteile eines Geräusches (Oktavspektrum) in dB, unbewertet, und den Verlauf der Bewertungskurve A. Diese entspricht der Bewertung DIN-phon 2. Auch ist der Verlauf der Bewertungskurve B dargestellt. Jene entspricht der Bewertung DIN-phon 1. Dem Verlauf der Bewertungskurven ist zu entnehmen, daß die Kurve A die höheren Frequenzen relativ höher und die niederen weniger hoch bewertet als die B-Kurve. Da also die A-Kurve die höheren Frequenzen, die uns Menschen am meisten stören, stärker bewertet, wird dieser Bewertung der Vorzug gegeben. Bewertete Geräuschpegel lassen sich auch aus dem unbewerteten Oktavbandspektrum unter Zuhilfenahme der Korrekturwerte in DIN 5045 errechnen. Das Oktavbandspektrum wird durch einen entsprechenden Bandpaß aufgenommen, der stufenweise ein Geräusch abhört und den Schalldruck unbewertet ermittelt. In der Forschung werden zur Ermittlung der Frequenzverteilung auch noch das Terzfilterverfahren und die Schmalbandanalyse verwendet, die eine weitere Auflösung des Frequenzgemisches eines Geräusches ermöglichen.

Es gibt noch weitere Bewertungsverfahren und Grenzlinien, wie Bild 164 zeigt. Für die Beurteilung von Schallspektren werden international Grenzkurven vorbereitet, die sich auf die Beurteilung von Oktavspektren beziehen.

Für die praktische Meßtechnik gibt der bewertete Schallpegel in dB(A) mit der Frequenzverteilung als Oktavbandspektrum genügend Hinweise für die Beurteilung von Geräuschen.

Die Messungen können in 1 m und 7 m (Rundummessung) von der Umrißlinie der Maschine vorgenommen werden. Diese Regel ist in jeder nationalen und internationalen Vorschrift oder Richtlinie eingearbeitet.

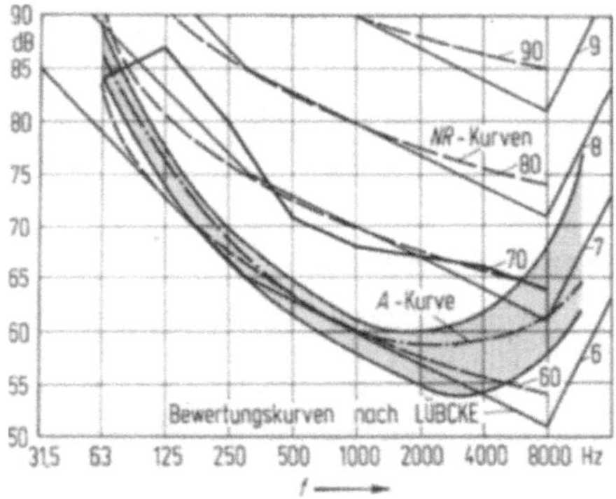

164. Frequenzanteile eines Geräusches mit Bewertungskurven

11.4. **Meßgrundlagen und Hinweise**

Für Messungen an Maschinen ist allgemein die Norm DIN 45635 in Vorbereitung. Über Geräuschmessungen an Baumaschinen und auch fahrbaren Kompressoranlagen gibt die Richtlinie VDI 2550 Auskunft. International wurde der Entwurf einer Richtlinie für Kompressoren und Druckluftwerkzeuge erarbeitet „Pneurop — C.A.G.I. Test Code" (Juli 1968). Diese Richtlinie stimmt recht gut mit der VDI 2550 überein. Bei Bekanntgabe von Meßwerten ist in jedem Fall die Meßgrundlage mit anzugeben. Immissionsrichtwerte (Einstrahlung) können der Richtlinie VDI 2058 entnommen werden.

In Ermangelung eines freien Schallfeldes (oder echofreien Raumes) kann der Emissionswert einer Maschine oder eines Geräts auch im Raum gemessen werden. Dabei ist zu beachten, daß für jeden Raum unterschiedliche Werte auftreten können. Der Immissionswert (Einstrahlung) wird immer am jeweiligen Einsatzort gemessen.

Bei kugelförmiger Ausbreitung des Schalls beträgt bei Verdoppelung des Abstands die Abnahme des Schallpegels im Freien 6 dB. In Hallen und größeren Betriebsräumen wird dieser Wert meist nicht erreicht; er liegt zwischen 5 bis 3 dB. Die Reduzierung eines Geräusches um 6 dB bedeutet eine Halbierung des Schalldruckes (Bild 160).

Die Meßgeräte müssen dem Blatt DIN 45633 (Präzisionsschallpegelmesser) entsprechen.

11.5. Geräuschdämpfung

Um eine Geräuschdämpfung an Maschinen oder Geräten vornehmen zu können, bedarf es erst eines sorgfältigen Studiums der einzelnen Geräuschquellen. Ein spürbarer Erfolg läßt sich nur erzielen, wenn die Dämpfung bei der lautstärksten Geräuschquelle einsetzt. Der Schallpegel in Räumen ist abhängig von den dort eingesetzten Maschinen, den Größenverhältnissen der Räume und der Ausführung der Begrenzungswände.

11.5.1. Ausführung von Räumen

Durch Verwendung von porösem Mauerwerk oder Anbringen von reflexionsarmen Stoffen läßt sich die Geräuschintensität im Raum bis zu 5 bis 7 dB herabsetzen. Im Bild 165 ist eine solche Auskleidung zu sehen. Sie ist allerdings kostspielig, dafür aber sehr wirksam. Für die Schalldämpfung nach außen spielt die Masse der Maschinenraumwandung die größte Rolle. Bei vollkommener Kapselung erreicht man bei einem Flächengewicht der Wand von ca.

100 kg/m² etwa 40 dB Dämpfung
bei 50 kg/m² nur etwa 4 dB weniger
und bei 200 kg/m² nur etwa 4 dB mehr.

Diese Dämmungen reichen meist aus. Aber die Öffnungen im Mauerwerk, wie Fenster, Türen, Luftöffnungen usw. stehen der guten Schalldämmung im Wege. Handelt es sich um geplante Bauten oder besonders umstrittene Fälle, so kann man die Immissionsrichtwerte der VDI 2058, die bis heute in allen Fällen zur Beurteilung herangezogen werden, durch Verlegen der Maueröffnungen auf die abgewandte Seite

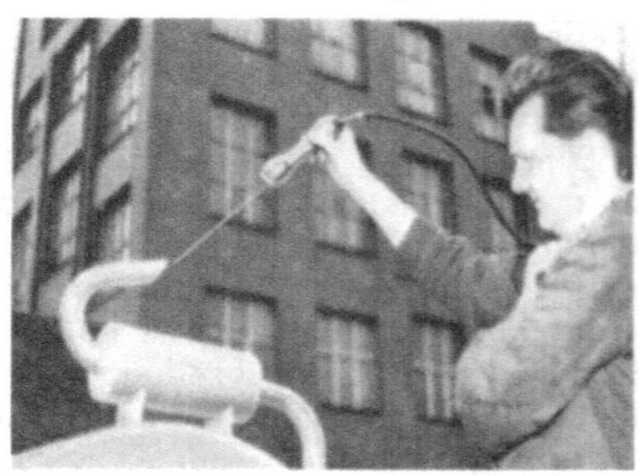

166. Nahbereichsmessung

165. Reflexionsarmer Raum im Aufbau

meist einhalten. Lassen sich Maueröffnungen nicht verlegen, so sind Schallumlenkungen oder entsprechende Dämpfer (z. B. Relaxationsdämpfer) sehr wirksam. Gegen die Fortführung des Körperschalls, der an bestimmten Stellen wieder als Luftschall auftreten kann, sind Schwingmetallpuffer und elastische Stahlwellrohre vorteilhaft einzusetzen.

11.5.2. **Lärmdämpfung bei fahrbaren Kompressoren**

Bei fahrbaren Kompressoranlagen mit Dieselmotorantrieb ist trotz Schalldämpfer meist der Auspuff die lautstärkste Geräuschquelle, die somit den Gesamtpegel stark beeinflußt. Die Reihenfolge der Anteile am Gesamtgeräusch gliedert sich wie folgt: Ansaugpulsation des Kompressors und des Motors, Verbrennungsgeräusche des Motors, Ausschub des Kompressors, Triebwerksgeräusche von Motor und Kompressor, Lüftergeräusche von Motor und Kompressor und die Geräusche durch Schwingungen an Aufbau und Verkleidung. Die Intensität der einzelnen Geräuschquellen läßt sich durch Nahbereichsmessungen (Bild 166) ermitteln, wobei die Einstrahlung von benachbarten Geräuschquellen zu beachten ist. Will man an einem Aggregat eine merkliche Absenkung des Geräuschpegels erzielen, so genügt es nicht, nur die Hauptquelle zu dämpfen, sondern die knapp darunter liegenden Geräuschquellen müssen ebenfalls reduziert werden.

Eine aktive Entlärmung, darunter versteht man einen konstruktiven Eingriff am Entstehungsort, ist meist nicht möglich, so daß man sich auf eine passive Entlärmung, d. h. Abschirmung oder Dämmung beschränken muß. Bei allen Maßnahmen, die zur Reduzierung des Geräuschpegels führen sollen, muß jedoch beachtet werden,daß Betriebssicherheit und Leistung des Aggregats nicht beeinträchtigt werden. Um dies zu gewährleisten, ist vielfach ein zusätzlicher Aufwand erforderlich. Bei luftgekühlten Kompressoranlagen mit Dieselmotorantrieb treten zum Teil erhebliche Schwierigkeiten auf, die thermische Seite in den zulässigen Grenzen zu halten.

Der luftgekühlte Motor strahlt Wärme ab, aber auch die dem Kompressor zugeführte Leistung wird voll in Wärme umgesetzt. Diese erhebliche Wärmemenge einer solchen Anlage muß unter Kontrolle gehalten werden, um die Betriebssicherheit zu gewährleisten. Hier einige Punkte, die an einem solchen Kompressoraggregat bei Dämpfungsmaßnahmen besonders beachtet werden müssen.

1. Öltemperatur von Motor und Kompressor (hierbei Viskosität und Verkokungsneigung beachten).
2. Verbrennungs- und Kühlluft des Motors dürfen keine größere Aufheizung als ca. 10 °C erfahren.

3. Der Wirkdruck des Motorlüfters darf nicht mehr als 10% abfallen.
4. An der Lichtmaschine dürfen bestimmte Temperaturwerte am Regler, Kollektor und Polgehäuse nicht überschritten werden.
5. Der Brennstoff darf nicht überhitzt werden.
6. Die Batterietemperatur darf 60 bis 70 °C nicht überschreiten.
7. Die Leistung von Motor und Kompressor muß erhalten bleiben.
8. Die Kompressorverdichtungstemperaturen dürfen bestimmte Grenzen nicht überschreiten.

Daraus ist zu ersehen, daß die Schalldämpfung solcher Aggregate (besonders luftgekühlter Bauart) bald zu einem Problem der Betriebssicherheit wird. Mit zunehmender Leistungsgröße wachsen die Schwierigkeiten. Um sie zu überwinden, bedarf es sehr eingehender Versuche. Solche Versuche sollten vorzugsweise im Raum durchgeführt werden, wobei die Einsatzbedingungen wie z. B. Hochsommertemperaturen, vollkommene Windstille und zusätzlicher Widerstand des Auspuffgases berücksichtigt werden.
In Bild 167 und 168 sind zwei schallgedämpfte fahrbare Anlagen zu sehen. Durch folgende Maßnahmen wurde die Schalldämpfung erreicht:

1. Schließen der Verkleidung. Mit dieser Maßnahme wird erreicht, daß die Maschinengeräusche nicht frei austreten können. Die Anlage wird geschlossen betrieben.
2. Anbringen spezieller Dämmatten innerhalb des Gehäuses bzw. Ausspritzung mit Antidröhnmasse. Die Blechteile können hierdurch nicht mehr dröhnen, und außerdem wird ein Teil der Luft-Schallenergie absorbiert.
3. Frischluft- und Ablufttrichter für den Motor. Mit den Lufttrichtern wird die Betriebssicherheit des Motors gewährleistet und die austretende Schallenergie vermindert. Dem Motor wird kühle Verbrennungsluft und Kühlluft zugeführt, die erhitzte Kühlluft nach außen abgeleitet.
4. Spezielle Schalldämpfer für den Motorauspuff.
5. Schalldämpfer für das Entlastungsventil am Zwischenkühler. Hierdurch wird das lästige Zischgeräusch beim Umschalten der Anlage von Last- auf Leerlauf unterbunden.
6. Frischlufttrichter für den Zwischenkühler des Kompressors.
7. Ansaugrohre mit Schalldämpfer für den Kompressor zum vorgenannten Trichter am Zwischenkühler. Durch den Frischlufttrichter und das Ansaugrohr wird dem Kompressor kühle Ansaugluft und Kühlluft zugeführt sowie der Innenraum unterhalb der Verkleidung belüftet.

Eine andere Maßnahme zur Schallreduzierung ist die Verwendung eines Schallschutzzeltes (Bild 168a).

167. Schallgedämpfte fahrbare Kompressoranlage ($3{,}4\ m^3/min$)

168. Schallgedämpfte fahrbare Kompressoranlage ($9{,}9\ m^3/min$)

168a. Schallschutzzelt

11.5.3. **Aufzeichnung und Beurteilung**

Im Bild 169 sind die Oktavspektren einer fahrbaren Kompressoranlage zu sehen, die entsprechend ihren einzelnen Dämpfungsmaßnahmen einen veränderten Verlauf zeigen. Durch Dämpfungsmaßnahmen wurden überwiegend die höheren Frequenzen reduziert.

Die Richtcharakteristik einer Geräuschquelle kann man erkennen, wenn man von den Schallpegeln, die an den einzelnen Meßpunkten ermittelt wurden (meist 8), ein Polardiagramm anlegt.

In Bild 170 sind diese Kurven der fahrbaren Kompressoranlage ungedämpft, gedämpft und gedämpft in einem Schallschutzzelt aufgestellt zu sehen.

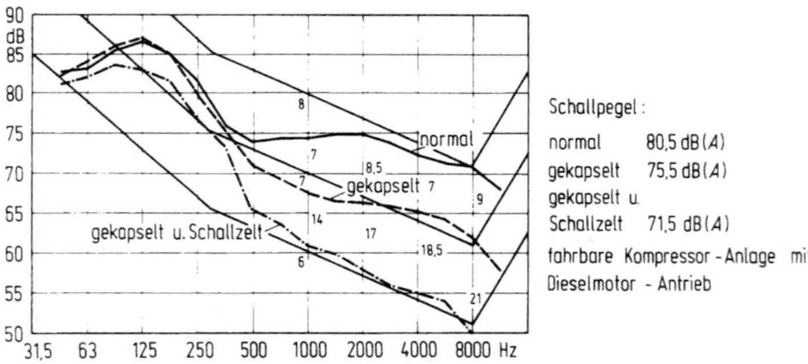

169. Oktavfrequenzspektren einer fahrbaren Kompressoranlage

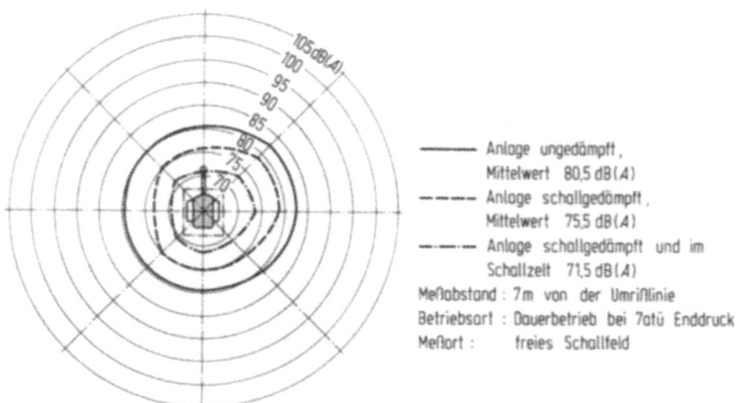

170. Schallpegelverteilung bei einer fahrbaren Kompressoranlage

11.5.4. Lärmdämpfung bei Druckluftwerkzeugen

Bei Druckluftwerkzeugen und -geräten kommt es hauptsächlich auf die Dämpfung des Schalls der austretenden Luft an. Man unterscheidet hierbei hauptsächlich zwischen schlagenden und drehenden Werkzeugen. Näheres enthält Abschnitt 17.6. unter „Schalldämpfung bei Werkzeugen".

12. Kosten der Drucklufterzeugung

Dieser sehr wichtige Punkt soll bei der Planung einer Kompressorstation der Entscheidung für den einen oder anderen Typ oder ein bestimmtes Fabrikat vorangestellt werden. Da in solche Überlegungen viele Faktoren hineinspielen, welche sich auf das Ergebnis sehr verschieden auswirken können, müssen wir uns begnügen, allgemeine Hinweise zu geben.
Die Kosten der Drucklufterzeugung setzen sich aus den festen und den veränderlichen Kosten zusammen. Je höher eine Kompressorstation ausgelastet ist, desto größer wird das Verhältnis der veränderlichen Kosten zu den festen Kosten. Die festen Kosten setzen sich zusammen aus der Kapitalabschreibung für die Kompressoren und deren Zubehör, den Installationskosten für die Anlage und den Raumkosten.
Die veränderlichen Kosten bestehen aus den Kosten für die Antriebsenergie (Kraftstrom oder Dieselkraftstoff), das Kühlwasser, Schmieröl und Schmierfett, Instandsetzungskosten, Kosten für Reinigungsmittel und Wartungskosten. In der Regel wird sich zeigen, daß die Kosten für die Antriebsenergie den größten Betrag ausmachen. Schon bei einschichtigem Betrieb und einer Auslastung von nur $^1/_3$ der Kapazität übersteigen die Energiekosten die festen Kosten meist um mehr als das $2^1/_2$-fache. Nur bei Kompressoren, die täglich weniger als eine Stunde in Betrieb sind, können die festen Kosten die veränderlichen erreichen oder übersteigen.

12.1. Stromkosten

Der Stromkostenanteil ist sehr stark von den Stromkosten selbst abhängig, wie man aus Bild 171 sehen kann. Auf einen Strompreis von 15 Pfg. pro kWh bezogen, setzen sich die Einzelkosten der Druckluft etwa wie folgt zusammen:

Strom	ca. 70%
Kapitaldienst	ca. 18%
Instandhaltung und Reparaturen	ca. 3%
Wartung, Schmierung	ca. 4%
Kühlwasser	ca. 5%

Man kann die Stromkosten auch direkt auf einen m³ Luft beziehen wie in Bild 172. Hierzu muß der spezifische Kraftbedarf bekannt sein, d. h. die Antriebsleistung und die Liefermenge. Zur Ermittlung der Stromkosten müssen auch die der Leerlaufzeit herangezogen werden. Die Stromaufnahme im Leerlauf eines Kompressors kann je nach Zustand und Bauart bis zu 30% der Antriebsleistung betragen. Bei genauer Rechnung zeigt sich dann in vielen Fällen, daß die Stillsetzregelung höhere Anlagekosten schnell wieder wettmacht.

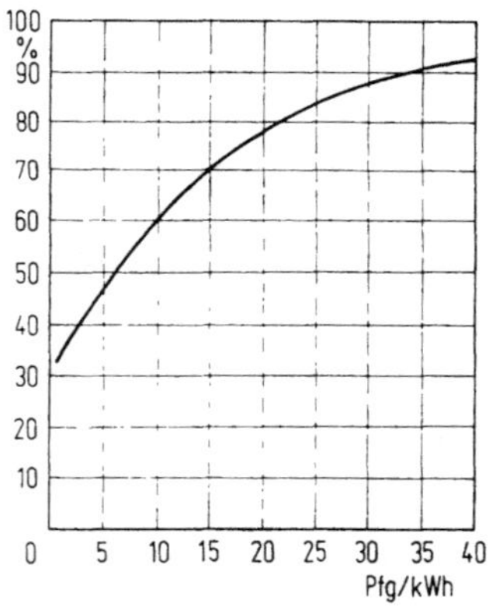

171. Stromkostenanteil an den Gesamtkosten der Druckluft, abhängig vom Strompreis

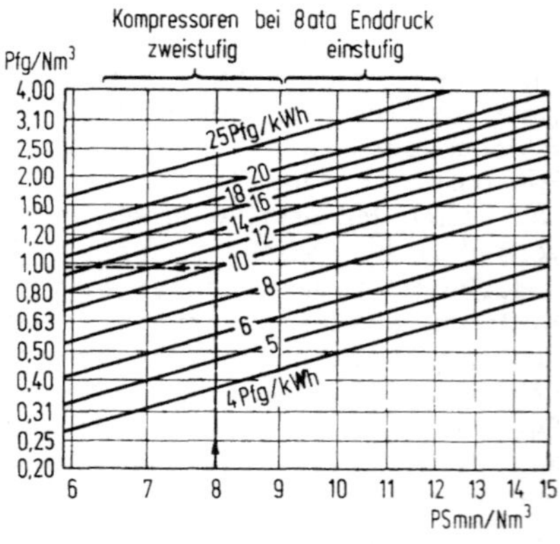

172. Stromkosten für Druckluft in Pfennig pro Nm³ Luft

12.2. **Kühlwasserkosten**

Die Kühlwasserkosten (Bild 173) sind eine Funktion des Wasserpreises, des Enddrucks, der Temperaturdifferenz Kühlwasserein- und -austritt und sind davon abhängig, ob der Verdichter ein- oder zweistufig arbeitet. Die Abhängigkeit dieser Veränderlichen ist auf Bild 173 dargestellt.

Häufig wird aus Unachtsamkeit die Temperaturdifferenz viel zu klein eingestellt, d. h. viel zu viel Wasser durch den Verdichter geschickt. Stellt man statt einer Temperaturdifferenz von 20 °C nur 15 °C ein, so gehen 25% zuviel Wasser durch den Verdichter. Zur Wasserersparnis soll man deshalb mit den Kühlwasseraustrittstemperaturen an die oberste, vom Hersteller angegebene Grenze gehen.

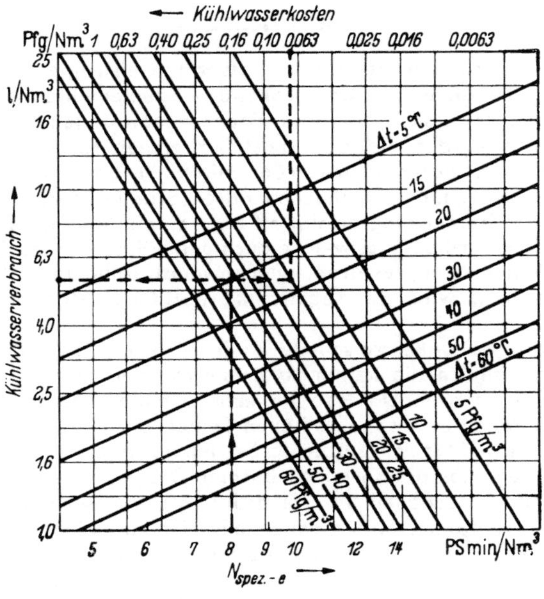

173. Kühlwasserverbrauch und Kühlwasserkosten, abhängig von Kühlwasserpreis, Δt und $N_{spez.-e}$

12.3. Schmierölkosten

Für die Schmierölkosten eines Kolbenverdichters rechnet man 0,25 bis 0,5 g je PSh, das sind 25 bis 85 g je 1000 m³. Für eine Ölsorte, die 2,— DM/kg kostet, würden also 0,005 bis 0,015 Pf/m³ Ölkosten anfallen.

Zur Überschlagsrechnung kann zusammenfassend folgende Kostenangabe dienen:

Strom[1]	ca. 1,0 Pf/m³ angesaugte Luft
Wasser	ca. 0,1 Pf/m³ angesaugte Luft
Öl	ca. 0,01 Pf/m³ angesaugte Luft

[1] Bei Stromkosten von 10 Pf/kWh.

13. Schmierung

Ganz gleich, welche Bauart ein Kompressor aufweist, eine ausreichende Schmierung der gleitenden oder rollenden Bauelemente muß zur Erhaltung der Betriebssicherheit und einer angemessenen Lebensdauer vorgenommen werden. Bei den meist vertretenen Kompressoren mit ölgeschmierten Druckräumen werden alle Gleit- und Rollenlager wie auch die oszillierenden Gleitflächen durch Schmieröl vor Verschleiß geschützt. Ihre Versorgung erfolgt oft über eine in einem Ölsumpf angeordnete Schmierölpumpe, welche auch den nötigen Öldruck erzeugt. Nur bei kleinen Kompressoren, welche meist völlig mit Wälzlagern ausgerüstet sind, wird die sogenannte „Schleuderschmierung" angewendet.

Das Schmieröl hat außer zu schmieren auch noch eine zweite Aufgabe zu erfüllen, nämlich die Reibungswärme von den Lagern und allen Gleitstellen abzuführen. Da das Schmieröl auch die Verdichtungsräume schmiert, in denen es besonders hohen Temperaturen ausgesetzt wird, dürfen nur speziell für den Verdichterbetrieb geeignete Schmieröle verwendet werden. Kompressoren mit ölfreien Druckräumen, sogenannte „Trockenläufer", erhalten im Verdichtungsraum selbstschmierende Werkstoffe wie Kohle, Sinterbronze mit Graphit oder auch Teflonelemente, sofern die Verdichtung nicht berührungsfrei erfolgt. Zwei hintereinander geschaltete Stopfbüchsen aus den oben angeführten Materialien auf der Kolbenstange verhindern das Eindringen von Schmieröl in den Verdichtungsraum. Das Triebwerk wird jedoch auch bei diesen Kompressoren mit Schmieröl versorgt.

13.1. Beschaffenheit der Schmieröle

In den letzten Jahren wurden Untersuchungen angestellt, um herauszufinden, welche Öle sich für Kompressoren mit ölgeschmierten Druckräumen am besten eignen. Dabei stellte sich heraus, daß HD-Öle in vielen Fällen besser geeignet sind als manche unlegierten Öle, daß es jedoch auch unlegierte Öle gibt, die noch bessere Eignung für den Kompressorbetrieb aufweisen. Durch diese Ergebnisse angeregt, wurden von den Ölfirmen ganz spezielle Schmieröle entwickelt, die kaum Ölkohle bilden und so den höchsten Anforderungen, die an den Kompressorbetrieb gestellt werden können gerecht werden. Sie helfen den Sinn der Unfallverhütungsvorschrift, die Verhütung von Rohrbränden durch Ölkohlezündung, voll erfüllen. Mit diesen Ölen bilden sich keine zündfähigen pyrophoren Rückstände in Druckleitungen, Nachkühlern und Abscheidern. Zwar sind diese Öle infolge ihrer besonderen Herstellung etwas teurer als unlegierte, gewöhnliche Schmieröle, jedoch

billiger als HD-Öle wegen des Fortfalls der HD-Zusätze. Trotzdem werden bei durch Dieselmotor angetriebenen Kompressoren HD-Öle, die nun einmal für den Motor notwendig sind, auch für den Kompressor verwendet. Man vermeidet dadurch Verwechslungen mit unter Umständen unangenehmen Folgen für den Dieselmotor.
Die hier folgende Spezifikation geht sogar weit über die Forderungen der neuen Ausgabe von DIN 51 506 hinaus.

13.2. Empfohlene Schmierstoffe

13.2.1. Schmierölsorten für fahrbare, ortsfeste und ortsbewegliche Kolbenkompressoren mit Verbrennungsmotorenantrieb, die nicht an fest verlegte Rohrleitungen angeschlossen sind

Marken-HD-Öl SAE 20 mit den Eigenschaften nach DIN 51 506, bzw. das vom Dieselmotorenhersteller angegebene Motor-Schmieröl.

13.2.2. Schmierölsorten für fahrbare, ortsfeste und ortsbewegliche Kolbenkompressoren mit Elektromotorenantrieb

Marken-Schmieröl entsprechend VCL 49 DIN 51 506 und den erweiterten Forderungen:
Enggeschnittenes, breitstockarmes Schmieröl, frei von metallorganischen Zusätzen. Das Öl muß außerdem hochtemperaturbeständige Alterungsschutzstoffe enthalten.

Asche, höchstens 0,02 Gew.%	DIN 51 575
Viskosität bei 50 °C des 20 Vol.% Destillationsrückstandes, gleich oder tiefer als 120 cSt	Destillation nach DIN 61 356 Viskosität nach DIN 51 561 DIN 51 562
Koksrückstand des 20 Vol.% Destillationsrückstandes höchstens 0,25 Gew.%	Destillation nach DIN 51 356 Rückstand nach DIN 51 551
Alterungsverhalten Zunahme des Koksrückstandes nach Conradson höchstens 2,0 Gew.%	Vom TÜV Essen modifiziertes Verfahren nach DIN 51 352[1]

[1] Die genaue Beschreibung des Verfahrens ist beim TÜV, 43 Essen, Steubenstraße 43, zu erhalten.

13.2.3. Triebwerke der Trockenlaufkompressoren, Typ ZP

Schmieröl entsprechend C 68 DIN 51 517.

13.2.4. Schmierfett für den Elektromotor

Marken-Wälzlagerfett mit einem Tropfpunkt nicht unter 140 °C entsprechend 80 DIN 51 825.

13.3. Empfohlene Ölwechselzeiten

1. *Fahrbare Kompressoren*

   Erster Ölwechsel nach 100 Betriebsstunden. Jeder weitere Ölwechsel nach 1000 Betriebsstunden.

2. *Ortsfeste und ortsbewegliche Kompressoren*

   a) Luft mit einem Staubanteil von größer als 20 mg/m³:
   Erster Ölwechsel nach 100 Betriebsstunden, jeder weitere Ölwechsel nach 1000 Betriebsstunden.

   b) Luft mit Staubanteil von weniger als 20 mg/m³ und Trockenlauf-Kompressoren:
   Erster Ölwechsel nach 100 Betriebsstunden, jeder weitere Ölwechsel nach 8000 Betriebsstunden, jedoch unabhängig von den gefahrenen Betriebsstunden mindestens einmal pro Jahr.

14. Vorschriften und Bestimmungen

Zur Unfallverhütung sind für stationäre und fahrbare Verdichteranlagen und die dazugehörenden Rohrleitungen und Druckluftbehälter verbindliche Vorschriften maßgebend. Bei auftretenden Unfällen wird zur Klärung der Verantwortlichkeit stets nachgeprüft werden, ob diese Vorschriften auch eingehalten wurden.
Sie sind hauptsächlich darauf abgestimmt, Ölbrände und Explosionen in den Leitungen und die Überschreitung des Betriebsdruckes zu verhindern. Ölexplosionen kommen sehr selten vor. Häufiger ist das Bersten des Druckluftbehälters infolge mangelnder Pflege. Ein platzender Druckluftbehälter kann erheblichen Schaden anrichten. Die Zerknalleistung eines 10 m^3-Behälters, der mit Druckluft von 7 atü gefüllt ist, entspricht 170000 PS, wenn der Vorgang in $^1/_{10}$ s abläuft.
Die für eine Kompressoranlage in Frage kommenden Vorschriften teilen sich in zwei Sachgebiete. Das erste umfaßt die Druckbehälter und Rohrleitungen.

Die Berechnung, die Werkstoffe, die Herstellung und die Ausrüstung von Rohrleitungen und Druckbehältern sind in AD-Blättern aufgestellt. Für den Betreiber weniger wichtig ist es, daß es Prüfanweisungen für Sachverständige gibt, die den Prüfungsumfang und die Prüfbedingungen näher festlegen. Der Betreiber einer Kompressoranlage kann alle für ihn wichtigen Vorschriften aus den Unfallverhütungsvorschriften VBG 16 für Kompressoren und VBG 17 für Druckbehälter entnehmen. Sie gelten nicht nur für Druckluft, sondern für alle Gase. Im folgenden wird ein Auszug der wichtigsten Paragraphen gegeben.

14.1. Vorschriften für Druckbehälter (Auszug aus der VBG 17, Fassung April 1965)

14.1.1. Geltungsbereich

§ 1. Die Unfallverhütungsvorschrift gilt für Behälter und Apparate, in deren Innern oder in deren Hohlwandungen betriebsmäßig ein höherer als der atmosphärische Druck herrscht oder entstehen kann.

14.1.2. Einteilung der Druckbehälter (Prüfpflichtgrenzen)

§ 5. (1) Die Druckbehälter werden zur Abgrenzung der Prüfpflicht und des Prüfumfanges entsprechend dem höchstzulässigen Betriebsdruck p in atü, dem Inhalt des Druckraumes J in Litern und dem Druckliterprodukt $p \cdot J$ — bei mehreren voneinander getrennten Räumen ist jeder für sich maßgebend — in die Gruppen A, B, C und D eingeteilt.

Gruppe A: *a*) Druckbehälter mit einem höchstzulässigen Betriebsdruck p bis 0,5 atü und einem Inhalt des Druckraumes J bis 2000 Liter ($p \leqq 0{,}5$ atü und $J \leqq 2000$).
b) Druckbehälter mit einem höchstzulässigen Betriebsdruck p über 0,5 atü, bei denen das Druckliterprodukt $p \cdot J$ die Zahl 200 nicht übersteigt ($p > 0{,}5$ atü und $p \cdot J \leqq 200$).
Druckbehälter der Gruppe A sind nicht prüfpflichtig. Die §§ 18 bis 28 finden keine Anwendung.

Gruppe B: Druckbehälter mit einem höchstzulässigen Betriebsdruck p bis 0,5 atü und einem Inhalt des Druckraumes J über 2000 Liter ($p \leqq 0{,}5$ atü und $J > 2000$).
Sie müssen vor ihrer ersten Inbetriebnahme durch einen Sachverständigen (§ 4) daraufhin geprüft sein, daß der höchstzulässige Betriebsdruck von 0,5 atü nicht überschritten werden kann.

Gruppe C: Druckbehälter mit einem höchstzulässigen Betriebsdruck p über 0,5 atü, bei denen das Druckliterprodukt $p \cdot J$ mehr als 200, jedoch höchstens 1000 beträgt ($p > 0{,}5$ atü und $p \cdot J > 200$ bis 1000).
Sie sind vor ihrer ersten Inbetriebnahme einer erstmaligen Prüfung nach § 18 zu unterziehen.

Gruppe D: Druckbehälter mit einem höchstzulässigen Betriebsdruck *p* über 0,5 atü, bei denen das Druckliterprodukt $p \cdot J$ mehr als 1000 beträgt ($p > 0{,}5$ atü und $p \cdot J > 1000$).
Sie unterliegen vor ihrer ersten Inbetriebnahme einer erstmaligen Prüfung nach § 18 sowie regelmäßigen Prüfungen nach § 21 (überwachungspflichtig).
(2) Für Druckbehälter der Gruppe C und solche mit $p \cdot J$ bis 6000 der Gruppe D ist der Unternehmer nicht verpflichtet, eine erstmalige Einzelprüfung nach § 18 nachzuweisen, wenn er für solche Druckbehälter den Nachweis einer Typenprüfung (Baumusterprüfung) erbringen kann. (Bildliche Darstellung der Gruppen: Bild 174.)

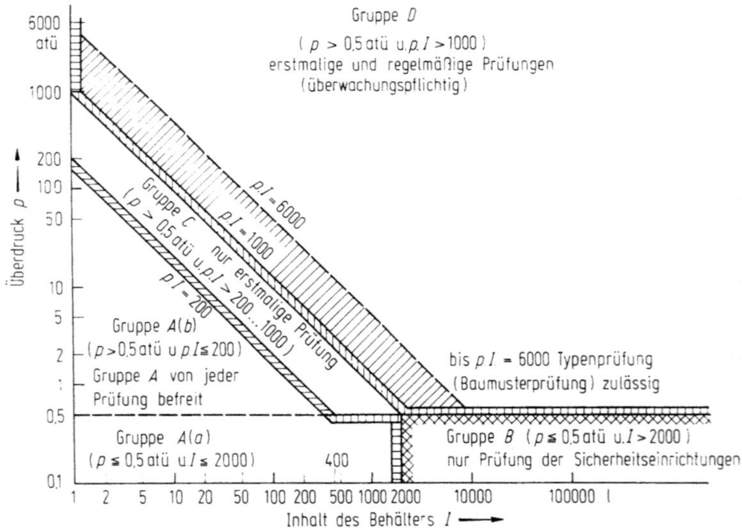

174. Gruppeneinteilung der Druckbehälter

14.1.3. Bau und Aufstellung

14.1.3.1. Besichtigungs- und Befahröffnungen

§ 6. (1) Druckbehälter der Gruppen C und D — zylindrische Behälter mit einem lichten Durchmesser bis 800 mm und einer Mantellänge bis 2000 mm; Kugelbehälter mit einem lichten Durchmesser bis 1500 mm — müssen mindestens eine besondere Besichtigungsöffnung haben, wenn eine ausreichende Besichtigung des Innern durch Stutzen, Rohranschlüsse oder dergleichen nicht möglich ist. Bei zylindrischen Behältern

mit größeren Mantellängen müssen entsprechend mehr Besichtigungsöffnungen vorhanden sein. Die Öffnungen müssen so angeordnet sein, daß Längs- und Rundnähte sowie besonders beanspruchte oder gefährdete Stellen der Innenseite beurteilt werden können.
(2) Druckbehälter der Gruppen C und D mit größeren als in Abs. 1, erster Satz genannten Abmessungen müssen befahren werden können, wenn eine ausreichende Beurteilung des Innern auf andere Weise nicht möglich ist. Die Weite der Öffnungen muß ein ungehindertes Ein- und Aussteigen bzw. Befahren ermöglichen.
(3) Röhrenapparate mit nicht ausziehbarem Rohrsystem (eingeschweißten Rohrböden) brauchen den Bestimmungen in den Absätzen 1 und 2 nicht zu genügen.
(4) Einsteig- oder Befahröffnungen sowie Kopflöcher an Druckbehältern mit ätzendem, giftigem oder brennbarem Inhalt dürfen nicht mit Bügelverschlüssen versehen sein.

14.1.3.2. **Kennzeichnung**

§ 8. (1) An jedem Druckbehälter muß ein Fabrikschild mit folgenden Angaben dauerhaft und zugänglich angebracht sein:
Hersteller oder Lieferer, Fabriknummer, Baujahr (Jahr der Herstellung), höchstzulässiger Betriebsdruck des Druckraumes (Druckräume) in atü, Inhalt des Druckraumes (Druckräume) in Litern.
Zusätzlich müssen angegeben sein
bei Druckbehältern mit Klammerverschlüssen: Art und Anzahl der Klammerschrauben;
bei Druckbehältern mit zulässigen Betriebstemperaturen über 50 °C oder unter — 10 °C: diese Temperaturen;
bei Druckbehältern mit Baumusteranerkennung gemäß § 5 Abs. 2: das Baumusterkennzeichen.
(2) Ist der Lieferer angegeben, so muß der Hersteller durch ein zusätzliches Kennzeichen auf dem Fabrikschild ermittelt werden können.
(3) Ist das Anbringen eines Fabrikschildes nicht möglich oder nicht zweckdienlich, so müssen die geforderten Angaben auf dem Druckbehälter selbst dauerhaft angebracht sein, jedoch nicht an leicht auswechselbaren Bauteilen.
(4) Bei Druckbehältern, die aus mehreren lösbaren Bauteilen bestehen, z. B. Schüsse und Böden mit Schraubverbindungen, Schnellverschlüsse, müssen die einzelnen Bauteile als zusammengehörig gekennzeichnet sein.

14.1.3.3. **Aufstellung**

§ 9. (1) Druckbehälter müssen so aufgestellt sein, daß sie möglichst allseitig besichtigt werden können, für die innere Prüfung zugänglich sind und das Fabrikschild gut erkennbar ist. Bei der Aufstellung ist das zusätzliche Gewicht bei Druckprüfungen mit Flüssigkeiten zu berücksichtigen.

(2) Liegende Druckbehälter, in denen Niederschlagsflüssigkeit anfällt, sollen zu deren einwandfreier Ableitung mit genügendem Gefälle aufgestellt sein.

(3) Druckbehälter mit Gasen, die schwerer als Luft sind, dürfen in allseitig unter Erdgleiche liegenden Räumen nur aufgestellt sein, wenn dafür gesorgt ist, daß Personen nicht gefährdet werden. Der allseitig unter Erdgleiche liegende Aufstellungsraum muß gasdicht von den angrenzenden Räumen getrennt sein.

(4) Unterirdische Behälter und solche, die zum Teil unterirdisch aufgestellt sind, müssen außen mit einem dauerhaften Korrosionsschutz versehen und gegen Lageveränderungen, z. B. durch Grundwasser, gesichert sein.

(5) Für Druckbehälter, bei denen mit einer besonderen Gefährdung ihrer Umgebung gerechnet werden muß, sind besondere Sicherheitsvorkehrungen zu treffen, z. B. durch Schutzwände, Ummantelung, Aufstellung in besonderen Kammern oder in besonderem Raum, Schutz gegen Sonnenbestrahlung.

14.1.4. Ausrüstung (Zubehör)

14.1.4.1. Manometer

§ 10. (1) Jeder Druckbehälter muß ein geeignetes Manometer haben, das den jeweils herrschenden Betriebsdruck anzeigt. An ihm muß der höchstzulässige Betriebsdruck augenfällig gekennzeichnet sein. Manometer müssen so angebracht sein, daß sie durch den Behälterinhalt nicht unwirksam werden können.

(2) Das Manometer an Druckbehältern der Gruppen C und D muß während des Betriebes mit einem Prüfmanometer nachgeprüft werden können.

(3) Das Manometer muß am Druckbehälter oder in dessen unmittelbarer Nähe so angebracht sein, daß es beobachtet und nicht durch die Absperreinrichtung (§ 13) vom Druckbehälter abgeschaltet werden kann.

(4) Ist der höchstmögliche Betriebsdruck des Druckerzeugers oder des Drucknetzes nicht höher als der höchstzulässige Betriebsdruck des Druckbehälters, so genügt es, daß der Druckerzeuger oder die Druckzuleitung mit einem Manometer ausgerüstet ist. Es muß so angebracht sein, daß es von dem Bedienenden beobachtet werden kann. Sind mehrere Druckbehälter mit gleichem Betriebsdruck an dieselbe Druckleitung angeschlossen, so kann das Manometer in der gemeinschaftlichen Zuleitung angebracht sein. Dies gilt nicht, wenn betriebsmäßig der Druck in den Druckbehältern selbst zusätzlich, z. B. durch chemische Reaktion, steigen kann oder wenn die Behälter auch nur gelegentlich aus Gasflaschen aufgefüllt werden. Druckbehälter, die

betriebsmäßig, z. B. zum Füllen und Entleeren, geöffnet werden, müssen stets mit einem eigenen Manometer ausgerüstet sein.

(5) Für Druckbehälter mit oxydierend wirkenden Gasen, z. B. Sauerstoff, dürfen nur öl- und fettfreie und als solche gekennzeichnete Manometer verwendet werden.

(6) Ist die Verwendung eines Manometers aus betrieblichen Gründen nicht möglich und besteht zwischen Druck und Temperatur der Beschickung des Behälters eine physikalische Gesetzmäßigkeit, so ist an Stelle des Manometers ein Thermometer zu verwenden, an dem die höchstzulässige Temperatur augenfällig zu kennzeichnen ist; Abs. 1 gilt sinngemäß für Thermometer.

14.1.4.2. **Sicherheitseinrichtungen gegen Drucküberschreitung**

§ 11. (1) Für jeden Druckbehälter muß ein geeignetes Sicherheitsventil vorhanden sein. Es muß so bemessen und eingestellt sein, daß eine Überschreitung des höchstzulässigen Betriebsdruckes um mehr als 10% verhindert wird. Die Einstellung muß gegen unbefugte Änderung gesichert sein.

(2) Das Sicherheitsventil darf nicht absperrbar und muß so beschaffen und angebracht sein, daß es nicht unwirksam werden kann. Es muß gut zugänglich sein, damit es jederzeit nachgeprüft werden kann.

(3) Ist ein zweites, als Reserve dienendes Sicherheitsventil vorhanden, so ist die Verwendung eines Zweiwegehahnes, eines Wechselventils oder einer Verblockungseinrichtung vor den Sicherheitsventilen zulässig, sofern sichergestellt ist, daß jederzeit, auch beim Umschalten, der erforderliche Sicherheitsventilquerschnitt freigegeben ist.

(4) Hilfsgesteuerte Sicherheitsventile sind zulässig, wenn sie ohne Zwischenschaltung einer fremden Energiequelle zuverlässig arbeiten.

(5) Hinter Turbo-Verdichtern, Turbo-Gebläsen und Kreiselpumpen ist ein Sicherheitsventil am Druckbehälter nicht erforderlich, wenn nach deren Kennlinien das 1,1-fache des für den Behälter höchstzulässigen Betriebsdruckes nicht überschritten werden kann und Überdrehzahlen verhindert sind.

(6) Ist der höchstmögliche Betriebsdruck des Druckerzeugers oder des Drucknetzes nicht höher als der höchstzulässige Betriebsdruck des Druckbehälters und kann der Druck in letzterem betriebsmäßig oder im abgesperrten Zustand nicht zusätzlich steigen, so genügt es, daß der Druckerzeuger oder die Druckzuleitung mit einem Sicherheitsventil ausgerüstet ist.

(7) Werden mehrere Druckbehälter, die den gleichen höchstzulässigen Betriebsdruck haben, an dieselbe Druckleitung angeschlossen, so kann das Sicherheitsventil in der gemeinschaftlichen Zuleitung angebracht

sein, wenn der Druck in den Behältern nicht zusätzlich, z. B. durch chemische Reaktion, steigen kann und wenn die Behälter nicht aus Gasflaschen aufgefüllt werden.

(8) Wenn die Betriebsweise ein Sicherheitsventil am Druckbehälter selbst nicht zuläßt, so kann es in seiner unmittelbaren Nähe in die Druckzu- oder -ableitung oder in eine kurze besondere Leitung eingebaut werden. Zwischen einem in der Druckzuleitung eingebauten Sicherheitsventil und dem Druckbehälter darf abweichend von Abs. 2 eine Absperreinrichtung (§ 13) vorhanden sein, wenn der Druck in dem Behälter betriebsmäßig nicht zusätzlich, z. B. durch chemische Reaktion, ansteigen kann und wenn der Behälter nicht aus Gasflaschen aufgefüllt wird.

(9) Druckbehälter mit einem höchstzulässigen Betriebsdruck bis 1 atü können an Stelle eines Sicherheitsventils mit einem gegen Einfrieren geschützten, nicht absperrbaren Standrohr ausgerüstet sein.

(10) Ist die Verwendung eines Sicherheitsventils aus betrieblichen Gründen nicht möglich oder nicht zweckdienlich, so muß an dessen Stelle entweder eine Alarmeinrichtung (Abs. 11) oder eine Brechsicherung (Abs. 14) verwendet werden; Absätze 2 und 8 gelten sinngemäß.

(11) Alarmeinrichtungen müssen mit einem Manometer oder einem Thermometer so verbunden sein, daß sie spätestens beim Überschreiten des höchstzulässigen Betriebsdruckes oder der höchstzulässigen Temperatur ansprechen. Die Alarmeinrichtung muß so angebracht sein, daß der Alarm innerhalb des Betriebsbereiches bemerkt wird. Sie muß in angemessenen Abständen geprüft werden; über die Prüfung ist Buch zu führen.

(12) Eine mit einem Thermometer verbundene Alarmeinrichtung darf an Stelle eines Sicherheitsventils nur verwendet werden, wenn zwischen Druck und Temperatur der Behälterbeschickung eine physikalische Gesetzmäßigkeit besteht, wenn sichergestellt ist, daß ein Thermometer bei den vorliegenden Betriebsverhältnissen richtig anzeigt und wenn nicht bereits an Stelle des Manometers ein Thermometer verwendet wird. Das Thermometer muß so angebracht sein, daß es richtig anzeigen kann. An ihm muß die dem höchstzulässigen Betriebsdruck entsprechende höchstzulässige Temperatur augenfällig gekennzeichnet sein.

(13) Wird an Stelle eines Sicherheitsventils eine mit einem Manometer verbundene Alarmeinrichtung verwendet, so sind die beiden Manometer an getrennten Druckleitungen anzubringen.

(14) Brechsicherungen müssen so ausgebildet sein, daß eine Steigerung des höchstzulässigen Betriebsdruckes um mehr als 10% verhindert ist. Sie müssen gegen Beschädigungen von außen geschützt angeordnet und mit einem Schutz zum Auffangen der Bruchstücke versehen sein.

(15) Aus Sicherheitseinrichtungen austretende gefährliche Gase, Dämpfe oder Flüssigkeiten müssen gefahrlos abgeleitet werden.

14.1.4.3. **Sicherheitseinrichtungen gegen Temperaturüberschreitung**

§ 12. (1) Druckbehälter müssen eine geeignete Temperaturmeßeinrichtung haben, wenn durch unzulässige Temperaturänderung der Behälterwandung oder des Beschickungsgutes ein gefahrdrohender Zustand eintreten kann. Die Temperaturmeßeinrichtung muß so angebracht sein, daß sie gut beobachtet werden kann. Die höchst- bzw. niedrigstzulässige Temperatur muß augenfällig gekennzeichnet sein.
(2) Kann beim Betrieb des Druckbehälters erfahrungsgemäß eine rasche Temperaturänderung, z. B. durch chemische Reaktion, eintreten, welche die Druckbehälterwandungen unzulässig beansprucht, muß eine Sicherheitseinrichtung gegen Temperaturüberschreitung vorhanden sein, z. B. Thermometer mit Alarmeinrichtung, Temperaturregler oder Temperaturbegrenzer für Heizung und Kühlung, Regeleinrichtungen für die Beschickung, selbsttätige Entspannung. Dies gilt auch, wenn die Temperaturmeßeinrichtung nicht laufend beobachtet wird.

14.1.4.4. **Absperreinrichtungen**

§ 13. (1) In den Druckzuleitungen müssen möglichst nahe am Druckbehälter leicht zugängliche Absperreinrichtungen vorhanden sein. *Jeder Behälter muß für sich absperrbar sein.*
(2) Sind mehrere Druckbehälter zu einer Gruppe vereint, braucht nicht jeder Behälter einzeln, sondern nur die Behältergruppe absperrbar zu sein, wenn die Druckbehälter betriebsmäßig nicht geöffnet werden.
(3) In Rohrleitungen eingebaute Druckbehälter, z. B. Abscheider, bedürfen keiner Absperreinrichtungen.
(4) Eine Absperreinrichtung in der Druckzuleitung ist nicht erforderlich, wenn der Druckbehälter nur von einem Druckerzeuger beschickt wird und in der Druckzuleitung eine Einrichtung gegen Rückströmen des Behälterinhaltes vorhanden ist.
(5) Die Gehäuse der Absperreinrichtungen müssen hinsichtlich Werkstoff und Bemessung den Betriebsverhältnissen entsprechen.

14.1.4.5. **Abblaseeinrichtungen**

§ 14. Druckbehälter, die betriebsmäßig geöffnet werden, und solche, bei denen das Sicherheitsventil durch eine Alarmeinrichtung mit Manometer oder Thermometer ersetzt ist (§ 11 Abs. 11), sowie einzeln absperrbare Druckbehälter ohne eigenes Manometer müssen eine von Hand bedienbare Abblaseeinrichtung haben, die erkennen läßt, ob noch Druck im Behälter vorhanden ist. Die Abblaseeinrichtung muß eine ausreichende lichte Weite besitzen und nötigenfalls gegen Verstopfung durch den Behälterinhalt gesichert sein. Austretende gefährliche Gase, Dämpfe oder Flüssigkeiten müssen gefahrlos abgeleitet werden. Abblaseleitungen müssen zur Reinigung lösbar angebracht sein.

14.1.4.6. Einrichtungen zum Ableiten von Niederschlagsflüssigkeit

§ 15. (1) Druckbehälter, in denen Niederschlagsflüssigkeit anfällt, müssen eine Einrichtung haben, die ein zuverlässiges und gefahrloses Ableiten gewährleistet.
(2) Tauchrohre müssen bis auf den tiefsten Punkt des Behälters reichen und so eingebaut sein, daß ihre Wirksamkeit nachgeprüft werden kann.

14.1.5. Prüfungen

14.1.5.1. Erstmalige Prüfung

§ 18. (1) Die erstmalige Prüfung muß aus einer Bauprüfung, einer Druckprüfung und einer Abnahmeprüfung bestehen.
(2) Die Bauprüfung erstreckt sich auf die Berechnung, Konstruktion und Bauausführung des Druckbehälters.
(3) Die Druckprüfung ist eine Wasserdruckprüfung; muß an Stelle von Wasser ein anderes Druckmittel verwendet werden, so gilt § 23.
(4) Die Abnahmeprüfung muß vor der ersten Inbetriebnahme des Druckbehälters durchgeführt sein. Sie erstreckt sich auf die richtige Bemessung, Einstellung und Anordnung der Sicherheitseinrichtungen, Anzeige der Meßeinrichtungen und auf ordnungsgemäße Aufstellung und Anschlüsse des Druckbehälters. Bei Druckbehältern mit Baumusteranerkennung (§ 5, Abs. 2) ist eine Abnahmeprüfung am Aufstellungsort nicht erforderlich, wenn bei der Baumusterprüfung die Sicherheitseinrichtungen mitgeprüft worden sind.

14.1.5.2. Regelmäßige Prüfungen

§ 21. (1) Der Unternehmer muß veranlassen, daß Druckbehälter der Gruppe D innerhalb der nach § 22 vorgeschriebenen Fristen regelmäßigen Prüfungen, bestehend aus innerer Prüfung und Druckprüfung, von einem Sachverständigen unterzogen werden.
(2) Bei beheizten Druckbehältern der Gruppe D, die mit Sicherheitseinrichtungen gegen Drucküberschreitung ausgerüstet sind, müssen außerdem regelmäßig äußere Prüfungen nach § 24 veranlaßt werden.

14.1.5.3. Regelmäßige innere Prüfungen und Druckprüfungen

§ 22. (1) Die regelmäßigen inneren Prüfungen müssen alle 4 Jahre vorgenommen werden. Soweit möglich, sind hierbei auch die Ausrüstungsteile zu überprüfen.
(2) Die regelmäßigen Druckprüfungen müssen alle 8 Jahre vorgenommen werden. Sie sind möglichst mit den inneren Prüfungen zu verbinden. Die Druckprüfungen sind in der Regel Wasserdruckprüfungen. Muß an Stelle von Wasser ein anderes Druckmittel verwendet werden, so gilt § 23.

(3) Die innere Prüfung ist durch eine Druckprüfung oder durch zerstörungsfreie Prüfungen zu ergänzen oder zu ersetzen, wenn der Druckbehälter wegen seiner Bauart im Innern nicht ausreichend besichtigt werden kann oder wenn die innere Prüfung allein zur Beurteilung des betriebssicheren Zustandes des Druckbehälters nicht ausreicht.

(4) Zur Durchführung der Prüfungen ist der Druckbehälter gereinigt und in dem für die Prüfung erforderlichen Zustand zu der mit dem Sachverständigen vereinbarten Zeit bereitzustellen. Ummauerungen, Ummantelungen, Isolierungen und dergleichen sind soweit zu entfernen, wie es für die Durchführung der Prüfung erforderlich ist.

14.1.5.4. **Druckprüfung mit anderen Druckmitteln**

§ 23. (1) Ist eine Druckprüfung mit Wasser nicht möglich oder nicht zweckdienlich, so sind als Druckflüssigkeit andere neutrale, aber nicht heiße Flüssigkeiten, sowie kaltes Petroleum zulässig.

(2) Druckprüfungen können mit Luft, Dämpfen oder inerten Gasen (Gasdruckprüfungen) vorgenommen werden, wenn der Sachverständige gegen eine solche Prüfung keine Bedenken erhebt. Die Gründe für eine Gasdruckprüfung sind von dem Sachverständigen in die Prüfbescheinigung oder in das Prüfbuch (§ 27) einzutragen. Eine Gasdruckprüfung darf höchstens mit dem 1,1-fachen des höchstzulässigen Betriebsdruckes vorgenommen werden. Ihr sollen eine innere Prüfung und eine zerstörungsfreie Prüfung der Schweißnähte vorangegangen sein. Bei einer Gasdruckprüfung müssen Maßnahmen zum Schutze der Bedienung und Umgebung getroffen werden. Sauerstoff, explosionsfähige, heiße oder gesundheitsschädliche Gase, Dämpfe oder Gemische, dürfen als Druckmittel nicht verwendet werden.

14.1.5.5. **Regelmäßige äußere Prüfungen**

§ 24. (1) Die regelmäßigen äußeren Prüfungen (§ 21 Abs. 2) müssen alle 2 Jahre, möglichst an dem in Betrieb befindlichen Druckbehälter durchgeführt werden. Sie können mit der inneren Prüfung oder der Druckprüfung verbunden werden.

(2) Die äußere Prüfung erstreckt sich auf den äußeren Zustand des Druckbehälters, das Vorhandensein und den Zustand der Ausrüstungsteile und Sicherheitseinrichtungen.

14.1.6. **Pflichten der Bedienungspersonen**

§ 30. Die mit der Bedienung und Wartung von Druckbehältern beauftragten Personen sind verpflichtet, die hierfür maßgebenden Vorschriften und die vom Unternehmer erteilten Betriebsanweisungen zu beachten.

14.1.7. **Inbetriebnahme**

§ 31. (1) Vor jeder Inbetriebnahme eines Druckbehälters muß sichergestellt sein, daß alle Absperr- und Sicherheitseinrichtungen wirksam und frei mit den Druckräumen verbunden sind.

(2) Dichtungsflächen müssen sauber und in gutem Zustand sein. Verschlußöffnungen sind sorgfältig und unter Verwendung geeigneten Werkstoffes abzudichten.

(3) Beim Schließen von Verschlußdeckeln sind stets sämtliche vorgesehenen Schrauben zu benutzen. Sie sind mit Vorsicht gleichmäßig und nicht stärker anzuziehen, als es zum Abdichten erforderlich ist. Zum Anziehen dürfen nur die dazu bestimmten Werkzeuge benutzt werden. Das Aufstecken von Rohren auf die Schlüssel und die Verwendung langer Stangen bei Flügelmuttern und Bügelverschlüssen sind unzulässig.

(4) Schadhafte Verschlußteile, z. B. abgenutzte, rissige oder verbogene Schrauben, ausgebrochene oder sonst beschädigte Muttern, verbogene Klammern oder Bügel dürfen nicht verwendet werden.

14.1.8. **Wartung während des Betriebes**

§ 32. (1) Während des Betriebes sind die Sicherheitseinrichtungen, insbesondere die Meßeinrichtungen für Druck und Temperatur, zu beobachten und auf ihre Wirksamkeit zu prüfen.

(2) Sicherheitseinrichtungen, bei denen die Gefahr besteht, daß sie unwirksam werden können, müssen in angemessenen Zeitabständen, die entsprechend den Betriebsverhältnissen des Druckbehälters festzulegen sind, ausgebaut und auf ihre Wirksamkeit überprüft werden.

(3) Der für den Druckbehälter höchstzulässige Betriebsdruck darf nicht überschritten werden. Bei Drucküberschreitungen ist der Druck durch geeignete Maßnahmen herabzusetzen, z. B. durch Schließen der Druckzuleitung, Abschalten der Wärmequelle, Öffnen der Abblaseeinrichtung.

(4) Manometer dürfen nur gegen solche von gleichem Anzeigebereich und gleicher Lage der Marke für den höchstzulässigen Betriebsdruck ausgewechselt werden.

(5) Die Einstellung von Sicherheitsventilen darf nicht geändert werden. Sie dürfen nicht zusätzlich belastet, nicht blockiert, nicht durch Einsetzen von Blindscheiben abgeschaltet oder durch andere Maßnahmen unwirksam gemacht werden; dies gilt sinngemäß auch für die Standrohre.

(6) Brechsicherungen sind auf ihren ordnungsgemäßen Zustand mit besonderer Sorgfalt zu überwachen. Schadhafte Brechsicherungen müssen sofort durch vorschriftsmäßige ersetzt werden.

(7) Solange Druckbehälter unter Druck stehen, dürfen Verschlußschrauben nicht gelöst und nur in dringenden Fällen von Sachkundigen mit den dazu bestimmten Werkzeugen vorsichtig nachgezogen werden (siehe § 31 Abs. 3 letzter Satz).

14.1.9. Öffnen eines Druckbehälters

§ 33. Sollen Druckbehälter geöffnet werden, hat sich der damit Beauftragte vor dem Lösen der Verschlüsse zu vergewissern, daß kein Überdruck im Behälter mehr vorhanden ist. Dazu muß die Abblaseeinrichtung (Probierhahn, Entspannungsventil) geöffnet werden, auch wenn das Manometer keinen Druck mehr anzeigt. Danach ist der Deckel, der noch von einigen auf dem Umfang gleichmäßig verteilten Schrauben gehalten sein muß, leicht anzulüften und soweit zu lockern, daß er nicht mehr auf seinem Sitz klebt oder anliegt. Erst wenn diese Maßnahme einen Überdruck nicht mehr erkennen läßt, darf der Verschluß ganz abgeschraubt oder der Deckel abgenommen werden.

14.1.10. Maßnahmen bei Gefahr, Meldung von Mängeln und Schäden

§ 34. (1) Ergibt sich während des Betriebes eines Druckbehälters ein unmittelbarer Gefahrenzustand, so ist der Druckbehälter unverzüglich außer Betrieb zu nehmen, falls die Gefahr nicht auf andere Weise behoben werden kann. Prüfpflichtige Druckbehälter dürfen erst dann wieder in Betrieb genommen werden, wenn sie von einem Sachverständigen nachgeprüft worden sind.

(2) Die mit der Bedienung der Druckbehälter betrauten Personen haben Mängel und Schäden an Druckbehältern und ihren Sicherheitseinrichtungen — auch das Ansprechen einer Brechsicherung — dem Betriebsleiter oder seinem Stellvertreter umgehend zu melden.

14.1.11. Ablösung der Bedienung

§ 35. Bei Schichtwechsel darf sich die Bedienungsperson von einem Druckbehälter, der noch zu warten ist, erst dann entfernen, wenn die Ablösung die Anlage übernommen hat und wenn dabei auf Störungen, etwa beobachtete Mängel sowie bereits getroffene Maßnahmen hingewiesen worden ist.

14.1.12. Reinigungs- und Instandsetzungsarbeiten

§ 36. (1) Reinigungs- und Instandsetzungsarbeiten dürfen nur an drucklosen Behältern vorgenommen werden. Ob der Behälter für Instandsetzungsarbeiten auch entleert werden muß, ist jeweils vom Betriebsleiter oder dessen Beauftragten zu bestimmen.

(2) Druckbehälter, in denen giftige, betäubende, die Atmung nicht unterhaltende oder explosive Gase oder Dämpfe oder auch Sauerstoff noch vorhanden sein oder sich nachträglich ansammeln können, dürfen nur mit schriftlicher Erlaubnis des Betriebsleiters oder seines Beauftragten unter Aufsicht befahren werden. In der schriftlichen Erlaubnis sind die Sicherheitsmaßnahmen festzulegen.

(3) Bei prüfpflichtigen Druckbehältern dürfen Instandsetzungs-, Änderungs- und Schweißarbeiten an den druckbeanspruchten Behältern erst dann vorgenommen werden, nachdem sich der Unternehmer durch Anhören eines Sachverständigen darüber vergewissert hat, ob und in welcher Art diese Arbeiten ohne Beeinträchtigung der Betriebssicherheit des Druckbehälters vorgenommen werden können.

14.1.13. **Zerknall**

§ 37. Der Unternehmer ist verpflichtet, jeden Zerknall eines Druckbehälters der Berufsgenossenschaft, der Gewerbeaufsichtsbehörde und dem Sachverständigen unverzüglich mitzuteilen, auch wenn Personen nicht verletzt wurden.

14.2. **Vorschriften für Verdichter (Auszug aus der VBG 16; gültig ab 1. 5. 1968)**

Die zweite, für einen Betreiber wichtige Unfallverhütungsvorschrift ist die VBG 16. Nachfolgend ein Auszug aus der neuesten Fassung.

14.2.1. **Geltungsbereich**

§ 1. (1) Die Unfallverhütungsvorschrift gilt für:

1. Hubkolben-, Drehkolben- und Membranverdichter,
2. Turboverdichter radialer oder axialer Bauart.

(2) Die Unfallverhütungsvorschrift gilt nicht für:

1. Turboverdichter, deren höchst erreichbarer Druck 0,2 atü nicht überschreiten kann,
2. Verdichter in Kälteanlagen,
3. Verdichter für Sauerstoff.

14.2.2. **Regeln der Technik**

§ 3. Der Unternehmer hat dafür zu sorgen, daß die Verdichter nach den Bestimmungen dieser Unfallverhütungsvorschrift und im übrigen nach den allgemein anerkannten Regeln der Technik beschaffen sind und betrieben werden. Von den allgemein anerkannten Regeln der Technik darf abgewichen werden, wenn die gleiche Sicherheit auf andere Weise gewährleistet ist.

14.2.3. **Beschaffenheit der Verdichter**

§ 4. (1) Verdichter müssen so beschaffen sein, daß sie den vorgesehenen Verdichtungsenddrücken und den hierbei auftretenden Temperaturen sicher widerstehen.

(2) Die vorgesehenen Verdichtungsenddrücke sind die auf dem Fabrikschild nach § 5 Abs. 1 angegebenen Verdichtungsenddrücke.
(3) Der Unternehmer darf die Verdichter nur so betreiben, daß die vorgesehenen Verdichtungsenddrücke nicht überschritten werden.

14.2.4. **Fabrikschild**

§ 5. (1) An jedem Verdichter muß ein Fabrikschild mit folgenden Angaben dauerhaft angebracht sein:
Typenbezeichnung, Hersteller, Fabriknummer, Baujahr, Volumenstrom, Verdichtungsenddruck in atü, Drehzahl je Minute, Leistungsbedarf bei Verdichtern bis 25 PS.
(2) An Turboverdichtern muß zusätzlich der höchsterreichbare Überdruck bei geschlossener Druckleitung angegeben sein.

14.2.5. **Sicherheit gegen Flüssigkeitsschläge**

§ 6. Verdichter müssen gegen Flüssigkeitsschläge gesichert sein.

14.2.6. **Manometer**

§ 8. Manometer müssen so beschaffen oder angeordnet sein, daß im Falle des Undichtwerdens des Manometers niemand durch ausströmendes Gas oder Splitter verletzt werden kann.

14.2.7. **Gefährliche Beimengungen**

§ 9. Die von den Verdichtern angesaugten Gase oder Dämpfe sind frei von Beimengungen zu halten, die in den Verdichtern zu Bränden oder Explosionen führen können.

14.2.8. **Betriebsanweisung**

§ 10. (1) Für jeden Verdichter muß eine Betriebsanweisung gut sichtbar angebracht sein.
(2) Abs. 1 gilt nicht für Luftverdichter zur Betätigung von Einrichtungen auf Fahrzeugen. Bei diesen Verdichtern ist die Betriebsanweisung an einem geeigneten Ort aufzubewahren; die mit der Wartung betrauten Personen haben deren Kenntnisnahme schriftlich zu bestätigen.

14.2.9. **Bedienung und Wartung**

§ 11. (1) Verdichter dürfen nur von Personen bedient und gewartet werden, die sachkundig sind und von denen zu erwarten ist, daß sie ihre Aufgaben zuverlässig erfüllen.
(2) Die Sicherheitseinrichtungen sind in angemessenen Zeitabständen auf ihre Wirksamkeit zu überprüfen.

14.2.10. Zusätzliche Bestimmungen für besondere Arten von Verdichtern und für das Verdichten besonderer Arten von Gasen

§ 12. (1) Jede Stufe eines Hubkolben-, Drehkolben- und Membranverdichters muß ein geeignetes, nicht absperrbares Sicherheitsventil haben, das so bemessen und eingestellt sein muß, daß der vorgesehene Verdichtungsenddruck der Stufe um nicht mehr als 10% überschritten wird. Die Einstellung muß gegen unbefugte Änderung gesichert sein.

(2) Kann ein Sicherheitsventil nach der Bauart des Verdichters oder aus betrieblichen Gründen nicht verwendet werden, so muß statt dessen eine Einrichtung gegen Überschreitung des vorgesehenen Verdichtungsenddruckes vorhanden sein.

(3) Für jede Stufe eines Verdichters muß ein geeignetes Manometer vorhanden sein; an ihm muß der höchstzulässige Betriebsdruck gut sichtbar gekennzeichnet sein.

(4) Bei Verdichtern bis 25 PS Leistungsbedarf brauchen in den Zwischenstufen die Manometer nicht vorhanden zu sein. Sind alle Stufen für den Verdichtungsenddruck der letzten Stufe ausgelegt, brauchen auch bei Verdichtern über 25 PS Leistungsbedarf die Manometer in den Zwischenstufen nicht vorhanden zu sein.

(5) Besteht eine Stufe aus mehreren einzeln absperrbaren Zylindern, müssen für jeden Zylinder ein Sicherheitsventil und ein Manometer vorhanden sein.

(6) Bei einstufigen Verdichtern und bei der Endstufe von mehrstufigen Verdichtern können Sicherheitsventile und Manometer fehlen, wenn

1. der Verdichter auf einen Druckbehälter oder auf ein Leitungsnetz arbeitet, die mit diesen Einrichtungen ausgerüstet sind und
2. sich zwischen Verdichter und Druckbehälter oder Leitungsnetz keine Absperreinrichtung befindet und
3. das Manometer des Druckbehälters oder des Leitungsnetzes vom Verdichter aus abgelesen werden kann.

(7) Bei Verdichtern bis 3 PS Leistungsbedarf brauchen die Sicherheitsventile in den Zwischenstufen nicht vorhanden zu sein, wenn alle Stufen für den Verdichtungsenddruck der letzten Stufe ausgelegt sind.

14.2.11. Luftverdichter mit ölgeschmierten Druckräumen

§ 13. (1) Luftverdichter mit ölgeschmierten Druckräumen müssen so beschaffen sein und betrieben werden, daß die im Anhang zu dieser Unfallverhütungsvorschrift angegebenen Temperaturen der verdichteten Luft nicht überschritten werden. (Siehe Gesamtübersicht Tabelle 175, S. 200.)

(2) Verdichter, denen Behälter zum Speichern der Druckluft oder Rohrleitungsnetze angeschlossen sind, müssen hinter der Endstufe — so nahe wie möglich — mit einem Nachkühler und einem Abscheider ver-

sehen sein. Die Temperatur der nachgekühlten Druckluft muß soweit herabgesetzt sein, daß eine Zündung von Öl-Luft-Gemischen ausgeschlossen ist.

(3) Nachkühler (Abs. 2) sind nicht erforderlich, wenn die Verdichtungsendtemperatur eine wirksame Ölabscheidung aus der Druckluft sicherstellt und die Gefahr einer Zündung ausschließt oder wenn durch andere Einrichtungen oder Maßnahmen gewährleistet ist, daß kein zündfähiges Öl-Luft-Gemisch auftreten kann.

(4) Verdichter über 25 PS Leistungsbedarf müssen an den einzelnen Druckstufen geeignete Temperaturmeßeinrichtungen (Thermometer oder Temperaturbegrenzer) haben. Ebenso muß hinter dem Kühler, nahe am Abscheider, ein Thermometer angebracht sein. An den Thermometern muß die höchstzulässige Temperatur gekennzeichnet sein.

(5) Thermometer (Abs. 4) brauchen nicht ständig angebracht zu sein an fahrbaren Verdichtern, an Verdichtern, mit deren Druckluft Brems-, Kipp-, Signal-, Förder- oder andere Einrichtungen auf Fahrzeugen betätigt werden, an Verdichtern für elektrische Schaltanlagen; jedoch müssen Meßstellen zum Einführen eines Thermometers vorhanden sein.

(6) Nachkühler, Abscheider, Druckluftleitungen und Druckluftbehälter müssen an ihren tiefsten Stellen Ablaßeinrichtungen haben, an denen das Ablaufen der abgeschiedenen Flüssigkeit beobachtet werden kann. Die Ablaßeinrichtungen sind nach Betriebsanweisung zu betätigen.

(7) Das Leitungsstück zwischen Druckstutzen der Verdichterstufen und den Kühlern muß ausgebaut werden können. Dieses sowie die Kühler, Abscheider, Druckluftbehälter und deren Zuleitungen sind nach Betriebsanweisung zu reinigen; Ölkrusten und andere Anlagerungen sind zu entfernen.

(8) Für Verdichter bis 25 PS Leistungsbedarf sind besondere Abscheider nicht erforderlich, wenn die Druckleitung zwischen Verdichter und Druckluftbehälter als Nachkühler ausgebildet ist.

(9) Verdichter ohne Druckluftspeicherung bedürfen keiner Nachkühler und Abscheider; die Ansammlung von Öl in den Anlageteilen muß vermieden sein. Wird bei Verdichtern ohne Nachkühler und Abscheider die Druckluft zum Fördern brennbarer Stoffe verwendet, muß die Verdichtungsendtemperatur so weit herabgesetzt sein, daß sich Ölkohle nicht bilden kann.

(10) Bei Verdichtern mit Einspritzkühlung sind Nachkühler nicht erforderlich, wenn die Temperatur des eingespritzten Öls und der Druckluft so niedrig gehalten ist, daß sich zündfähige Ölalterungsprodukte oder auch Ölkohle nicht bilden können und das Öl aus der verdichteten Luft wirksam abgeschieden werden kann. Vor dem Ölkühler muß ein Thermometer angebracht sein; Thermometer sind an den einzelnen Stufen des Verdichters nicht erforderlich.

(11) Zum Schmieren der Verdichter sind Öle zu verwenden, deren Eigenschaften den vorgesehenen Betriebsbedingungen entsprechen.

Verdichter allgemein					Luftverdichter mit ölgeschmierten Druckräumen							
Bauart	Leistung in PS	Sicherh.-ventil	Manometer		Druck in atü	Temperatur-grenzw. °C		Nach kühler	Ab-scheider	Thermometer		
		nach jeder Stufe [1,2]	nach Zwi-schen-stufe [1]	nach End-stufe [2]		Ver-dichter [8]	Nach-kühler [9]	[4]		nach Zwi-schen-stufe [8]	nach End-stufe [8]	vor Ab-scheider
a	b	c	d	e	f	g	h	i	k	l	m	n
1 Einstufig	bis 25	mit	—	mit	bis 10	220	80	mit[6]	ohne	—	ohne	ohne
	bis 25	mit	—	mit	üb. 10	200	80	mit[6]	ohne	—	ohne	ohne
	über 25	mit	—	mit	—	200	60	mit	mit	—	mit	mit
2 Mehrstufig	bis 25	mit[3]	ohne	mit	—	160	80	mit[6]	ohne	ohne	ohne	ohne
	über 25	mit	mit	mit	—	160	60	mit	mit	mit	mit	mit
	bis 25	mit[3]	ohne	mit	bis 10	180[10]	80	mit[6]	ohne	ohne	ohne	ohne
	über 25	mit	mit	mit	bis 10	180[10]	60	mit	mit	mit	mit	mit
3 Zweistufig intermittierend[12]	bis 25	mit[3]	ohne	mit	bis 16	200	80	mit[6]	ohne	ohne	ohne	ohne
4 Ein- u. mehrstufig entsprechend §13(9)	bis 25	mit[3]	ohne	mit	—	80	ohne	ohne	ohne	ohne	ohne	ohne
	über 25	mit	mit	mit	—	60	ohne	ohne	ohne	mit	mit	ohne
5 ohne Druckluft-Speicherg. einstufig	wie Spalte 1 b	mit	—	mit	—	wie Spalt. 1 g	ohne	ohne	ohne	—	wie Spalt. 1 m[5]	ohne
mehrstufig	wie Spalte 2 b	mit[3]	wie Spalt. 2 d	mit	—	wie Spalt. 2 g	ohne	ohne	ohne	wie Spalt. 2l[5]	wie Spalt. 2 m[5]	ohne

6	Mit Einspritzkühlung[7]	bis 25	mit[3]	ohne	mit	—	100	ohne	ohne	mit	ohne	ohne[7]	ohne
		über 25	mit	mit	mit	—	100	ohne	ohne	mit	ohne	ohne[7]	mit
7	Zur Förderung brennbarer Stoffe[11]	bis 25	mit[3]	ohne	mit	—	100	ohne	ohne	ohne	ohne	ohne	ohne
		über 25	mit	mit	mit	—	100	ohne	ohne	ohne	mit	mit	ohne
8	Zum Auffüllen von Dieselmotor-Anlaßflaschen	bis 25	mit[3]	ohne	mit	bis 35	200	80	mit[6]	ohne	ohne	ohne	ohne
9	Mehrstufig für elektr. Schaltanlagen	bis 25	mit[3]	ohne	mit	—	200	80	mit[6]	ohne	ohne	ohne	ohne
		über 25	mit	mit	mit	—	200	60	mit[6]	mit	ohne	ohne	ohne

175. Gesamtübersicht über die als ungefährlich anzusehenden Grenzwerte für die Temperaturen der verdichteten Luft und die geforderte Ausrüstung: Sicherheitsventil, Manometer, Nachkühler, Abscheider und Thermometer

[1] Beachte außerdem § 12 (4) 2. Satz und § 12 (5).
[2] Ausnahme nach § 12 (6).
[3] Ausnahme bis 3 PS vergleiche § 12 (7).
[4] Ausnahme nach § 13 (3) und zugehoriger Erlauterung.
[5] Ausnahme für fahrbare Verdichter nach § 13 (5).
[6] Beachte § 13 (8) über Vereinfachung: Druckleitung zugleich Nachkühler.
[7] Öl- bzw. Lufttemperatur max. 100 °C nach § 13 (10) und zugehöriger Erläuterung. Thermometer vor Ölkühler erforderlich.
[8] Gemessen im Druckstutzen oder unmittelbar hinter diesem, siehe Erläuterung zu § 13 (4) und (5).
[9] Gemessen nach dem Nachkühler, vor dem Abscheider nach § 13 (4).
[10] Wenn unmittelbar nachfolgende Kühlung auf 160 °C erfolgt.
[11] Wenn keine Druckluftspeicherung erfolgt nach § 13 (9).
[12] Z. B. zum Auffüllen von Luftreifen und ähnlichen kurzzeitigen Arbeitsvorgängen.
(Manometer mit Bruchsicherheitsglas)

14.2.12. Verdichter für brennbare, giftige oder chemisch instabile Gase

§ 14. (1) Verdichter für brennbare Gase müssen Einrichtungen haben, die den Verdichtungsvorgang unterbrechen, wenn sich in ihnen ein explosionsfähiges Gas-Luft-Gemisch bilden kann.
(2) Verdichter für brennbare Gase sind vor dem Öffnen gasfrei zu machen und vor dem Anfahren mit Schutzgas zu spülen.
(3) Verdichter für giftige Gase sind vor dem Öffnen gasfrei zu machen.
(4) Aus Sicherheitseinrichtungen, Stopfbüchsen, Ablaß- und Entspannungseinrichtungen austretende brennbare oder giftige Gase sind gefahrlos abzuleiten.
(5) Beim Verdichten chemisch instabiler Gase müssen Betriebszustände, die zu Zerfall, Polymerisation oder Peroxydbildung des Gases führen können, vermieden sein.
(6) Bei Verdichteranlagen für brennbare, giftige oder chemisch instabile Gase sind vom Unternehmer zusätzlich zur Betriebsanweisung (§ 10) besondere Anweisungen aufzustellen und anzubringen.

14.2.13. Verdichter für reaktionsfähige Gasgemische

§ 15. Beim Verdichten von Gasgemischen, deren Zusammensetzung innerhalb des Reaktionsbereiches liegt, muß dafür gesorgt sein, daß Personen durch Explosionen nicht gefährdet werden.

14.2.14. Strafbestimmung

§ 16. Bei Verstößen gegen diese Unfallverhütungsvorschrift findet die Strafbestimmung des § 710 Reichsversicherungsordnung (RVO) Anwendung.
§ 18. Diese Unfallverhütungsvorschrift tritt am 1. Mai 1968 in Kraft. Die Unfallverhütungsvorschrift „Verdichter (Kompressoren)“, gültig ab 1. Januar 1961, tritt mit dem Inkrafttreten dieser Unfallverhütungsvorschrift außer Kraft.

14.3. Straßenverkehrsrecht, soweit es fahrbare Kompressoranlagen betrifft

14.3.1. Betriebserlaubnis

Für Arbeitsmaschinen, zu denen fahrbare Kompressoren zählen, besteht Betriebserlaubnispflicht mit regelmäßiger technischer Fahrzeugüberwachung (alle 2 Jahre, wie ein Pkw) und Prüfplakette, sofern die Anlage auf öffentlichen Straßen verfahren werden soll. Die Betriebserlaubnispflicht darf jedoch nicht mit dem Zulassungsverfahren verwechselt werden, von dem Arbeitsmaschinen befreit sind. Es wird daher kein Anhängerbrief und kein eigenes Kennzeichen benötigt. Anstelle des Anhängerbriefes tritt bei serienweise gefertigten Typenfahrzeugen, für die eine Allgemeine Betriebserlaubnis (§ 20 StVZO) des Kraftfahrt-Bundesamtes auf Grund einer Typprüfung vorliegt, eine Unterschrift des Fahrzeugherstellers auf einer Ablichtung oder Abdruck der Allgemeinen Betriebserlaubnis, in welcher unter Angabe der Fahrgestellnummer bestätigt ist, daß das Fahrzeug dem genehmigten Typ entspricht. Diese Ablichtung muß mitgeführt werden. Die Plakette für die nächste Hauptuntersuchung wird entweder von einem Sachverständigen oder von der Zulassungsstelle am Fahrzeug befestigt.

Für einzeln gefertigte Fahrzeuge muß auf Antrag des Herstellers von einem amtlich anerkannten Sachverständigen (zust. Techn. Überwachungsverein) ein Gutachten erstellt werden. In dem Gutachten muß das Fahrzeug richtig beschrieben und bestätigt sein, daß es den geltenden Vorschriften entspricht (§ 21 StVZO). Das Gutachten ist bei der Zulassungsstelle vorzulegen, die darauf den Vermerk aufnimmt „Betriebserlaubnis erteilt."

14.3.1.1. **Betriebserlaubnis von Fahrzeugteilen**

Die Betriebserlaubnis kann auch für Teile von Fahrzeugen erteilt werden (§ 22 StVZO). Für das Verfahren gelten die Vorschriften über die Erteilung der Betriebserlaubnis für Fahrzeuge entsprechend. § 22a der StVZO sagt, daß eine Reihe von einzeln aufgeführten Fahrzeugteilen in einer amtlich genehmigten Bauart ausgeführt sein müssen. Für fahrbare Kompressoranlagen kommen dabei die folgenden Teile in Betracht:

Bremsbeläge (§ 41)
Auflaufbremsen (§ 41 Abs. 10)
Einrichtungen zur Verbindung von Fahrzeugen (§ 43 Abs. 1)
Schlußleuchten (§ 53 Abs. 1 u. 6)
Bremsleuchten (§ 53 Abs. 2)
Rückstrahler (§ 53 Abs. 4 u. 6
u. § 24 der Straßenverkehrsordnung)
Warneinrichtungen zur Sicherung haltender Fahrzeuge
(§ 53a Abs. 1 u. Abs. 2 Satz 2)
Fahrtrichtungsanzeiger (§ 54)
Glühlampen (§ 49a Abs. 5)
Beleuchtungseinrichtungen für amtl. Kennzeichen (§ 60)
Begrenzungsleuchten (§ 51 Abs. 1)
Parkleuchten (§ 51 Abs. 3)

Eine Ausnahme bilden Einrichtungen, die aus technischen Gründen nicht selbständig im Genehmigungsverfahren behandelt werden können (z. B. Anhängedeichseln an einachsigen Anhängern, wenn sie Teil des Rahmens und nicht verstellbar sind). Fahrzeugteile, die in einer amtlich genehmigten Bauart ausgeführt sein müssen, dürfen zur Verwendung im Geltungsbereich der StVZO nur feilgeboten, veräußert, erworben oder verwendet werden, wenn sie mit einem amtlich vorgeschriebenen und zugeteilten Prüfzeichen versehen sind. Davon ausgenommen sind

Einrichtungen, die zur Erprobung im Straßenverkehr verwendet werden, wenn eine entsprechende amtliche Bescheinigung mitgeführt wird, Einrichtungen, die in den Geltungsbereich der StVZO verbracht worden sind, an Fahrzeugen verwendet werden, die außerhalb des Geltungsbereiches gebaut worden sind und in ihrer Wirkung etwa den geprüften Einrichtungen gleicher Art entsprechen,
Einrichtungen, für die eine Einzelgenehmigung im Sinne der Fahrzeugteilverordnung erteilt worden ist. Die Urkunde über die Genehmigung ist mitzuführen.

14.3.2. **Kennzeichen**

Während zulassungspflichtige Anhänger ein eigenes Kennzeichen haben müssen, brauchen Arbeitsmaschinen als nicht zulassungspflichtige Fahrzeuge kein eigenes Kennzeichen. Es muß jedoch ein Schild, welches die Nummer des jeweils ziehenden Fahrzeuges trägt, an der Rückseite angebracht werden (§ 60 StVZO). Auswechselbare Kennzeichen sind zulässig. Das Anschreiben der Buchstaben und Zahlen des Kennzeichens mittels Kreide ist nicht zulässig.

14.3.2.1. **Anbringung und Abmessungen des Kennzeichens**

Der untere Rand des Kennzeichens darf nicht weniger als 300 mm über der Fahrbahn liegen. Das Kennzeichen darf die sonst vorhandene Bodenfreiheit nicht verringern. Der obere Rand darf nicht höher als 1250 mm über der Fahrbahn liegen. Kennzeichen müssen in einem Winkelbereich von 45° beidseits zur Fahrbahnachse auf ausreichende Entfernung lesbar sein. Das Bild 176 zeigt sowohl die Abmessungen eines einzeiligen, als auch die eines zweizeiligen Nummernschildes (Kennzeichen).
Jedes hintere Kennzeichen muß eine Beleuchtungseinrichtung haben, welche es bei Dunkelheit auf 25 m lesbar macht. (Amtlich genehmigte Bauart erforderlich.)

14.3.3. **Schlußleuchten** (§ 53 StVZO)

Anhänger müssen nach hinten mit zwei Schlußleuchten für rotes Licht ausgerüstet sein, deren Lichtaustrittsfläche wenigstens 400 mm (unterer Rand) bis höchstens 1550 mm (oberer Rand) über der Fahrbahn liegen müssen. Die Schlußleuchten müssen möglichst weit voneinander angebracht, der äußere Rand ihrer Lichtaustrittsfläche darf nicht mehr als 400 mm von der breitesten Stelle des Fahrzeuges entfernt sein.

14.3.4. **Bremsleuchten** (§ 53 StVZO)

Kompressoranhänger müssen mit zwei Bremsleuchten für gelbes oder rotes Licht ausgerüstet sein, die nach rückwärts die Betätigung der

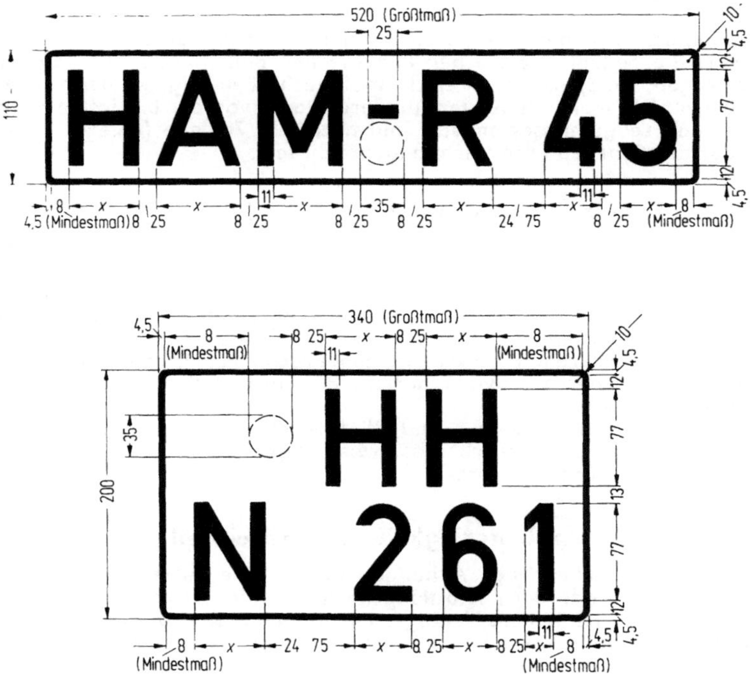

176. Maße ein- und zweizeiliger Kennzeichen

Betriebsbremse anzeigen und auch bei Tage deutlich aufleuchten. Dies gilt nicht für Anhänger, die nur mit Kraftfahrzeugen mit einer durch die Bauart bestimmten Höchstgeschwindigkeit von nicht mehr als 20 km/h gezogen werden, wenn sie nach § 58 StVZO gekennzeichnet sind.

Bremsleuchten für rotes Licht, die in der Nähe der Schlußleuchten angebracht oder damit zusammengebaut sind, müssen stärker als diese leuchten. Bremsleuchten dürfen höchstens 300 mm (unterer Rand der Lichtaustrittsfläche) oberhalb der Höhe der Schlußleuchten (unterer Rand der Lichtaustrittsfläche) und höchstens 1550 mm (oberer Rand der Lichtaustrittsfläche) über der Fahrbahn angebracht sein. Werden Bremsleuchten verwendet, die mit Blinkleuchten in einem Gerät vereinigt sind, genügt es, wenn bei gleichzeitigem Bremsen und Einschalten einer Blinkleuchte nur eine der beiden Bremsleuchten brennt.

14.3.5. **Rückstrahler** (§ 53 StVZO)

Anhänger müssen mit zwei dreieckigen roten Rückstrahlern ausgerüstet sein; die Seitenlänge solcher Rückstrahler muß mindestens 150 mm betragen, die Spitze des Dreiecks muß nach oben zeigen. Rückstrahler dürfen nicht mehr als 400 mm (äußerer Rand) von der breitesten Stelle des Fahrzeugumrisses entfernt und höchstens 700 mm (unterer Rand) über der Fahrbahn senkrecht angebracht sein.

14.3.6. **Fahrtrichtungsanzeiger** (§ 54 StVZO)

Kraftfahrzeuge und ihre Anhänger müssen mit Fahrtrichtungsanzeigern ausgerüstet sein, die so angebracht und beschaffen sind, daß die Anzeige der beabsichtigten Richtungsänderung unter allen Beleuchtungs- und Betriebsverhältnissen von anderen Verkehrsteilnehmern, für die ihre Erkennbarkeit von Bedeutung ist, deutlich wahrgenommen werden kann. Für vordere und rückwärtig angebrachte Fahrtrichtungsanzeiger muß der Mindest-Sichtwinkelbereich 80° nach außen und 45° nach innen betragen.
Als Fahrtrichtungsanzeiger sind Blinkleuchten für gelbes oder rotes Licht zulässig. Erforderlich: paarweise angebrachte Blinkleuchten an der Rückseite von Anhängern.

14.3.7. **Bremsen, Unterlegkeile und Abreißseil** (§ 41 StVZO)

Zwei- oder mehrachsige Anhänger müssen eine ausreichende, leicht nachstellbare oder sich selbsttätig nachstellende Bremsanlage haben; mit ihr muß eine mittlere Verzögerung von mindestens 2,5 m/s^2 erreicht werden. Bei Anhängern hinter Kraftfahrzeugen mit einer Geschwindigkeit von nicht mehr als 20 km/h genügt eine mittlere Verzögerung von 1,5 m/s^2, wenn die Anhänger für eine Höchstgeschwindigkeit von nicht mehr als 20 km/h gekennzeichnet sind (§ 58). Die Bremse muß feststellbar sein. Die festgestellte Bremse muß ausschließlich durch mechanische Mittel den vollbelasteten Anhänger auch bei einer Steigung von 20% auf trockener Straße am Abrollen verhindern können. Die Bremsanlage muß vom ziehenden Fahrzeug aus bedient werden können oder selbsttätig wirken; sie muß den Anhänger beim Lösen vom ziehenden Fahrzeug auch bei einer Steigung von 20% selbsttätig zum Stehen bringen. Anhänger hinter Kraftfahrzeugen mit einer durch die Bauart bestimmren Höchstgeschwindigkeit von mehr als 20 km/h müssen eine auf alle Räder wirkende Bremsanlage haben; das gilt nicht für die nach § 58 für eine Höchstgeschwindigkeit von nicht mehr als 20 km/h gekennzeichneten Anhänger hinter Fahrzeugen, die mit einer Geschwindigkeit von nicht mehr als 20 km/h gefahren werden.
Auflaufbremsen (Bremsen, deren Wirkung ausschließlich durch Auflaufkraft erzeugt wird) sind nur bei Anhängern mit einem zulässigen Gesamtgewicht von nicht mehr als 8 t zulässig. In einem Zug darf nur ein Anhänger mit Auflaufbremse mitgeführt werden, jedoch sind hinter

Kraftfahrzeugen mit einer durch die Bauart bestimmten Höchstgeschwindigkeit von nicht mehr als 20 km/h zwei Anhänger mit Auflaufbremse zulässig, soweit nicht das Mitführen von mehr als einem Anhänger durch andere Vorschriften untersagt ist.

Nach § 32a der StVZO sind zwei Anhänger hinter einer Zugmaschine nur dann zulässig, wenn der Zug die Länge von 18 m nicht überschreitet.

Auf Anhängern mit einem zulässigen Gewicht von mehr als 750 kg ist mindestens ein Unterlegkeil für die Räder mitzuführen. Unterlegkeile müssen ausreichend wirksam, leicht zugänglich und sicher zu handhaben sein.

Bei Anhängern mit Auflaufbremsen oder anderen Bremsen, die beim unbeabsichtigten Lösen der Kupplung den Anhänger nicht selbsttätig zum Stehen bringen, ist ein Abreißseil zwischen Zugfahrzeug und Handbremshebel des Anhängers Vorschrift. Hier ist zu beachten, daß dieses Seil nicht um den Bremshebel geschlungen wird, sondern mittels Karabinerhaken nur in die am Handbremshebel vorgesehene Ringöse eingehängt werden darf. Die Öse ist so ausgelegt, daß sie sich nach Anziehen der Handbremse öffnet und das Seil freigibt. Anderenfalls würden Teile der Bremse abgerissen oder der Anhänger gegebenenfalls mitgeschleift werden.

14.3.8. **Anhängerlast hinter Kraftfahrzeugen** (§ 41 und § 42 StVZO)

Die von Personenkraftwagen, Kombinationskraftwagen und Lastkraftwagen gezogene Anhängerlast darf nicht das zulässige Gesamtgewicht des ziehenden Fahrzeuges übersteigen. In Sonderfällen gilt der im Kraftfahrzeugbrief angegebene Wert, der nicht überschritten werden darf. Hinter Personenkraftwagen und Kombinationskraftwagen dürfen Anhänger ohne ausreichende eigene Bremse nur mitgeführt werden, wenn das ziehende Fahrzeug Allradbremse und der Anhänger nur eine Achse hat. Ohne eigene ausreichende Bremse darf die Achslast

1. bei Personenkraftwagen höchstens die Hälfte des um 75 kg erhöhten Leergewichtes,
2. bei Kombinationskraftwagen höchstens die Hälfte des Leergewichtes des ziehenden Fahrzeuges,

in beiden Fällen aber nicht mehr als 750 kg betragen.

An einachsigen Anhängern ist keine eigene Bremse erforderlich, wenn der Zug die für das ziehende Fahrzeug vorgeschriebene Bremsverzögerung erreicht und die Achslast des Anhängers die Hälfte des Leergewichtes des ziehenden Fahrzeuges, jedoch 3 t nicht übersteigt. Soweit einachsige Anhänger mit eigener Bremse ausgerüstet sein müssen, gelten die Vorschriften über zwei- und mehrachsige Anhänger entsprechend.

14.3.9. **Einrichtungen zur Verbindung von Fahrzeugen** (§ 43 StVZO)

Einrichtungen zur Verbindung von Fahrzeugen müssen so ausgerüstet sein, daß die nach dem Stand der Technik erreichbare Sicherheit auch bei der Bedienung der Kupplung gewährleistet ist. Die Zugöse dieser Anhänger muß jeweils in der Höhe des Kupplungsmauls einstellbar sein.
Anhängerkupplungen müssen selbsttätig wirken. Nicht selbsttätige Anhängerkupplungen sind jedoch zulässig zur Verbindung von Kraftfahrzeugen mit einachsigen Anhängern von nicht mehr als 3 t.

14.3.10. **Stützvorrichtungen an Anhängern** (§ 44 StVZO)

Einachsige Anhänger müssen eine der Höhe nach einstellbare Stützvorrichtung haben, wenn die Deichsellast am Kupplungspunkt bei gleichmäßiger Lastverteilung mehr als 50 kg beträgt. Mit Höheneinstelleinrichtungen müssen die Zugösen wie folgt einstellbar sein: Untere Grenze gleich oder kleiner als 500 mm über dem Erdboden, obere Grenze gleich oder größer als 1100 mm über dem Erdboden.
In diesem Bereich muß die Zugeinrichtung stufenlos oder in Stufen von höchstens 100 mm, gemessen an der Zugöse, verstellbar sein.

14.3.11. **Geschwindigkeitsschilder** (§ 58 StVZO)

Anhänger mit einer mittleren Bremsverzögerung von weniger als 2,5 m/s² müssen an beiden Seiten und an der Rückseite ein kreisrundes, weißes Schild mit einem Durchmesser von 200 mm führen, das nicht verdeckt sein darf. Auf dem Schild muß die Höchstgeschwindigkeit (z. B. 20 km) angegeben sein. Buchstabenhöhe auf der Kompressoranlage 75 mm, Strichstärke 12 mm.
(Auch für ungebremste Anhänger sind Geschwindigkeitsschilder vorgeschrieben, wenn diese durch ihre Bauart, z. B. Vollgummi-, Eisenreifen oder andere bauliche Merkmale, nur für eine begrenzte Geschwindigkeit zulässig sind. Sofern keine Geschwindigkeitsbegrenzung vorgeschrieben ist, darf mit Kompressoranhängern bis zur Höchstgeschwindigkeit, für Züge 80 km/h, gefahren werden. Das gilt auch, wenn gemäß einer für Arbeitsmaschinen bestehenden Sondergenehmigung die vorgesehene Bereifung bis zu 110% der Normtragfähigkeit ausgelastet ist.)

14.3.12. **Fabrikschilder und Fabriknummer der Fahrgestelle** (§ 59 StVZO)

An allen Anhängern muß an zugänglicher Stelle am vorderen Teil der rechten Seite gut lesbar und dauerhaft ein Fabrikschild mit folgenden Angaben angebracht sein:

1. Hersteller des Fahrzeuges,
2. Fahrzeugtyp,
3. Baujahr (nicht bei zulassungspflichtigen Fahrzeugen),
4. Fabriknummer des Fahrgestells,
5. zulässiges Gesamtgewicht,
6. zulässige Achslast.

Die Fabriknummer des Fahrgestells muß außerdem an zugänglicher Stelle am vorderen Teil der rechten Seite des Fahrzeuges gut lesbar am Rahmen oder an einem ihn ersetzenden Teil eingeschlagen oder auf einem angenieteten Schild oder in anderer Weise dauerhaft angebracht sein. Wird nach Austausch des Rahmens oder des ihn ersetzenden Teiles der ausgebaute Rahmen oder Teil wieder verwendet, so ist

1. die eingeschlagene Fabriknummer dauerhaft so zu durchkreuzen, daß sie lesbar bleibt,
2. die Fahrgestellnummer des Fahrzeuges, an dem der Rahmen oder Teil wieder verwendet wird, neben der durchkreuzten Nummer anzubringen und
3. die durchkreuzte Nummer der Zulassungsstelle zum Vermerk zu melden.

Ist eine Fabriknummer des Fahrgestells nicht vorhanden oder läßt sie sich nicht mit Sicherheit feststellen, so kann die Zulassungsstelle eine Nummer zuteilen. Absatz 2 gilt für diese Nummer entsprechend.

14.4. Maschinenschutzgesetz

Im Juni 1968 hat der Bundestag das „Gesetz über technische Arbeitsmittel" erlassen, das unter der Bezeichnung „Maschinenschutzgesetz" bekannt geworden ist. Das Wichtigste hierzu in folgendem:

14.4.1. Haftung

Nach den bisherigen Vorschriften (Gewerbeordnung, Unfallverhütungsvorschriften usw.) war für die Unfallsicherheit der verwendeten Arbeitsmittel nur der Unternehmer als Arbeitgeber, d. h. der Verwender der Maschinen, verantwortlich. Nach dem neuen Gesetz haftet auch der Hersteller und der Importeur dafür, daß nur solche technischen Arbeitsmittel in Verkehr gebracht werden, die unfallsicher sind. § 3 Abs. 1 des neuen Gesetzes lautet wie folgt:

> „Der Hersteller oder Einführer von technischen Arbeitsmitteln darf diese nur in den Verkehr bringen, wenn sie nach den allgemein anerkannten Regeln der Technik, sowie den Arbeitsschutz- und Unfallverhütungsvorschriften so beschaffen sind, daß Benutzer oder Dritte bei ihrer bestimmungsmäßigen Verwendung gegen Gefahren aller Art für Leben oder Gesundheit soweit geschützt

sind, wie es die Art der bestimmungsmäßigen Verwendung gestattet. Von den allgemein anerkannten Regeln der Technik sowie den Arbeitsschutz- und Unfallverhütungsvorschriften darf abgewichen werden, soweit die gleiche Sicherheit auf andere Weise gewährleistet ist."

14.4.2. Gefahren aller Art für Leben und Gesundheit

Unter Gefahren aller Art für Leben und Gesundheit, und nur derartige Schäden hat das Gesetz im Auge, sind nicht nur Unfallgefahren, sondern auch gesundheitliche Beeinträchtigungen mit erfaßt, die etwa durch übermäßigen Lärm oder schädliche Staub- und Hitzeentwicklung bedingt sind. Die sich daraus ergebende Verpflichtung gilt in gleicher Weise für Serienerzeugnisse wie für Einzelanfertigungen und erfaßt neu angefertigte Erzeugnisse in gleicher Weise wie Gebrauchtmaschinen.

14.4.3. Technische Arbeitsmittel

Unter technischen Arbeitsmitteln im Sinne des Gesetzes werden verwendungsfertige Arbeitseinrichtungen verstanden, wobei das Gesetz ausdrücklich u. a. Hebe- und Fördereinrichtungen sowie Beförderungsmittel nennt. Dabei spielt es keine Rolle, ob der Betreiber sich etwa Einzelteile, die ihm geliefert werden, selbst zu einem fertigen Arbeitsmittel zusammensetzt oder er sie allein aufstellt oder sich von dritter Seite Teile hinzukauft, die üblicherweise gesondert beschafft und bei der bestimmungsmäßigen Verwendung eingefügt werden.

Den Arbeitseinrichtungen stehen u. a. gleich solche Schutzausrüstungen, die nicht Teil eines technischen Arbeitsmittels sind, jedoch z. B. im Rahmen einer größeren Anlage mitgeliefert werden. Ebenso gehören dazu Einrichtungen, die zum Beleuchten, Beheizen, Kühlen sowie zum Be- oder Entlüften bestimmt sind. Von diesem Gesetz wird auch erfaßt das Aufstellen der Maschinen zum Zweck des Vorführens oder zum Zweck der Werbung.

14.4.4. Pflichten des Herstellers

Zwei Pflichten, die der bisherigen praktischen Übung entsprechen, gibt das Gesetz dem Hersteller von technischen Arbeitsmitteln auf: Er muß dem Verwender besondere Hinweise geben, wenn bestimmte Gefahren nicht durch die Konstruktion oder die Schutzeinrichtung abgewehrt werden, sondern zur Abwehr von Schäden eine besondere Art der Aufstellung notwendig ist. Er hat außerdem eine Gebrauchsanweisung mitzuliefern, wenn zur Verhütung von Gefahren, die der Maschine etwa innewohnen, bestimmte Regeln bei ihrem Betrieb oder ihrer Wartung zu berücksichtigen sind (§ 3 Abs. 3 des Gesetzes).

14.4.5. **Arbeitsmittel, die nicht beanstandet werden können**

Das technische Arbeitsmittel kann nicht beanstandet werden, wenn es den Vorschriften der Gewerbeordnung, den Unfallverhütungsvorschriften, den übrigen allgemein gültigen berufsgenossenschaftlichen Regeln, Richtlinien usw., den Normen des deutschen Normausschusses oder bestimmten ausländischen Normen sowie den allgemein anerkannten Regeln der Technik entspricht. Das technische Arbeitsmittel kann ferner dann nicht beanstandet werden, wenn der Hersteller das Testat einer freiwilligen Bauartprüfung, z. B. der Zentrale für Unfallverhütung beim Hauptverband der gewerblichen Berufsgenossenschaften oder einer anderen für solche Prüfungen anerkannten Stelle vorweisen kann.

II. Teil: Druckluftverwendung

15. **Vorzüge der Energie Druckluft**

Die Eigenschaften der Druckluft als Energieträger sichern ein so breites Anwendungsgebiet, daß keine moderne Industrieanlage ohne Druckluft auskommt. Vor allem ist es die Betriebssicherheit, die sie auszeichnet. Der Vorteil der persönlichen Sicherheit ist besonders hervorzuheben. Druckluft ist gesundheitlich unschädlich und nicht entzündbar. Undichte und schadhafte Leitungen verschlechtern nur die Wirtschaftlichkeit, aber nicht die Sicherheit eines Betriebes. Druckluftnetze wie auch Arbeitsmaschinen können von der Leistung her ohne Gefahr überlastet werden. Die Druckluft wird bei der Arbeitsleistung durch Entspannung kälter und verbessert beim Abströmen aus Motoren im allgemeinen die Raumluft (Belüftung), zum Unterschied von Verbrennungsmotoren, deren Abgase gesundheitsschädlich sind. Weiterhin ermöglicht der große Arbeitsinhalt der Druckluft bei dem meist vorkommenden Betriebsdruck von 6 atü, daß Druckluftmaschinen mit sehr günstigem spezifischen Leistungsgewicht und kleinsten Maßen gebaut werden können, so daß die Druckluft als Antriebsenergie für schlagende Handwerkzeuge keine ernsthafte Konkurrenz hat. Auch die modernen drehenden Druckluftwerkzeuge haben ein höheres Arbeits- und Leistungsvermögen als die schon günstig liegenden Hochfrequenzmaschinen. Im allgemeinen ist auch die stufenlose Regulierung von Druckluftmaschinen als Vorteil zu werten. Das alles sind die Voraussetzungen dafür, daß die Druckluft ständig ihr Anwendungsgebiet erweitern konnte. Dies gilt besonders auch für die Druckluftwerkzeuge, die trotz des kleineren Energiewirkungsgrades gegenüber den Elektrowerkzeugen eine ständig steigende Bedeutung erlangen konnten. Die Energiekosten machen übrigens gegenüber den Gesamtkosten nur wenige Prozente aus und gehen durch gezielte Entwicklung weiterhin zurück.

16. Einige Anwendungsgebiete der Druckluft

Die Druckluft wird sehr vielseitig angewendet. Die Anwendungsgebiete sind in der letzten Zeit so gewachsen, daß sie selbst von einem Fachmann kaum mehr überschaut werden können. Im folgenden sind deshalb nur einige hervorragende Anwendungsgebiete aufgezählt.

Die Druckluft wird heute für pneumatischen Transport, zur Förderung von staubförmigen und feinkörnigen Gütern, zum Fördern von Beton und Zement, zum Betonspritzen und zum Einpressen von Zementmörtel sowie zum Verputzen verwendet. Druckluft wird zur Oberflächenbehandlung, zum Sandstrahlen, Flamm- und Metallspritzen sowie zum Farbspritzen gebraucht. Neuerdings hat Druckluft auch in der Regel- und Meßtechnik, ja selbst in der Informationsverarbeitung größere Bedeutung erlangt. Druckluft wird außerdem zum Antrieb von Druckluftmotoren, Hubzylindern, Hebezeugen, für Spannzwecke in Vorrichtungen und Spannfuttern, zur Betätigung von Bremsen und zum Schalten von elektrischen Hochspannungs-, Leistungs- und Trennschaltern benötigt. Sie wird verwendet zum Aufpumpen von Kraftfahrzeugreifen, zur Dichtigkeitsprüfung von Rohrleitungen und Behältern und für viele Sonderzwecke, wie zum Heben untergegangener Schiffe, indem man das Schiff abdichtet und das Wasser durch Druckluft aus dem Rumpf verdrängt. Das Schiff steigt dann von selbst an die Oberfläche. Unterwasserarbeiten in Caissons oder im Horizontalvortrieb werden mit Hilfe von Druckluft ausgeführt. Für das Eisfreihalten von Häfen, Schifffahrtswegen und Schleuseneinrichtungen wird Druckluft herangezogen. Druckluft wird gebraucht zum Ausblasen, zum Abkühlen und für viele andere Zwecke.

17. Druckluftwerkzeuge

Ein besonders großes Anwendungsgebiet der Druckluft sind die verschiedenen Druckluftwerkzeuge. In diesen wird die in der Druckluft aufgespeicherte Energie durch Ausnützung des Druckgefälles in Arbeit umgewandelt. Je nach Wirkungsart unterscheidet man schlagende und drehende Druckluftwerkzeuge und Geräte.

17.1. Schlagende Druckluftwerkzeuge

Bei diesen Werkzeugen wird die potentielle Energie der Druckluft in kinetische Energie eines freifliegenden Kolbens umgewandelt. Bild 177 zeigt den allgemeinen Aufbau eines solchen Werkzeuges, bestehend aus einem Handgriff mit einem Regulierorgan (Einlaßventil mit Drücker) mit welchem die zuströmende Druckluft reguliert werden kann, der

Steuerung mit dem Ventil, dem Zylinder mit dem freifliegenden Kolben und der Aufnahme für das Arbeitswerkzeug — meist mit einer Sicherung gegen Herausfallen, wie Haltekappe, Feder, Klinke u. a. Die hin- und hergehende Bewegung des Kolbens wird durch geregelte Zuführung von Druckluft in die und Abführung der entspannten Luft aus den Zylinderräumen hinter und vor dem Kolben erreicht.

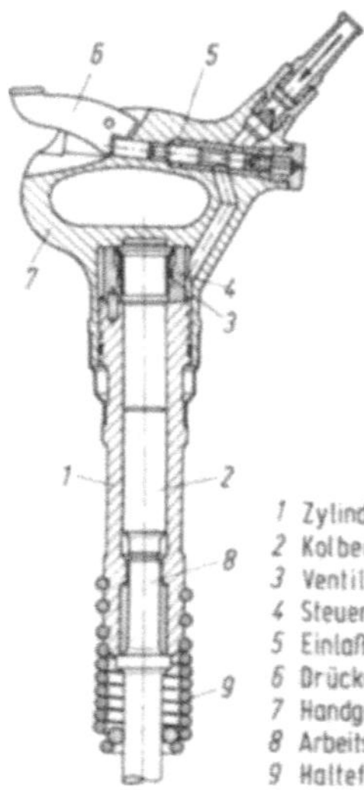

1 Zylinder
2 Kolben
3 Ventil
4 Steuerung
5 Einlaßventil
6 Drücker
7 Handgriff
8 Arbeitswerkzeug
9 Haltefeder

177. Allgemeiner Aufbau eines Drucklufthammers

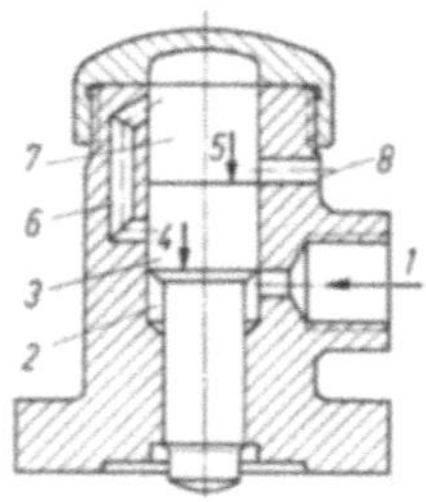

178. Ventilloser Drucklufthammer

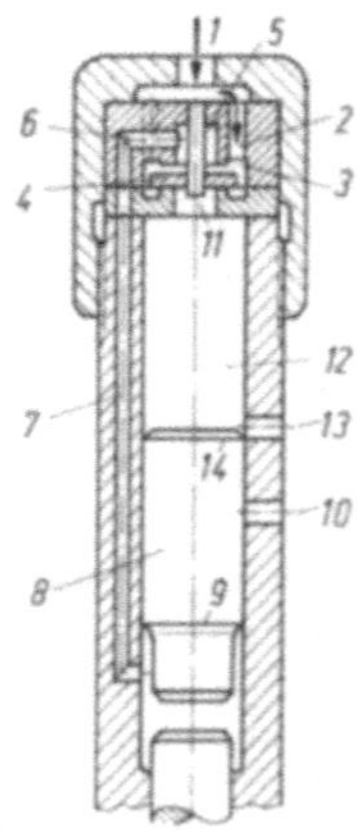

179. Plattensteuerung

17.1.1. Steuerungen

Die Steuerung der Luft kann auf dreierlei Arten erfolgen; ventillos, einlaßventilgesteuert oder ein- und auslaßventilgesteuert.

17.1.1.1. Ventillos gesteuerte Hämmer

Bei ventillosen Hämmern wird die Steuerung durch Freigeben und Überdecken der Lufteintritts- und Austrittsöffnungen in der Zylinderwand unmittelbar durch den hin- und hergehenden Arbeitskolben erreicht. In Bild 178 ist die Wirkungsweise eines ventillosen Hammers zu erkennen. Die Druckluft tritt bei *1* in den Zylinderraum *2* ein und treibt den Kolben *3* rückwärts, wobei die Luft aus dem Zylinderraum *7* durch die Öffnung *8* ins Freie entweicht. Nach Verschluß dieser Öffnung durch die Kolbenkante *5* wird die Luft komprimiert und Druckluft nach Öffnen von Kanal *6* durch die Kolbenkante *4* über die größere Kolbenfläche in den Raum *7* geführt, wodurch Umkehr und Vorwärtsbewegung des Kolbens herbeigeführt wird. Nach Überfahren von Kanal *6* wird die Zufuhr der Druckluft in den Raum *7* abgesperrt und dieser Raum durch Überfahren der Öffnung *8* durch Kolbenkante *5* entlastet, wonach der Druck auf die kleinere untere Kolbenringfläche wieder imstande ist, den Kolben nach rückwärts zu treiben.

Ventillose Hämmer sind sehr einfach und unempfindlich. Es werden hohe Schlagzahlen erreicht. Die Schlagkraft ist begrenzt, da der Kolbenhub an die Kolbenlänge gebunden ist. Der Luftverbrauch ist relativ hoch, so daß ventillose Hämmer nur als Werkzeuge mit geringerer Leistung und hoher Schlagzahl gebaut werden.

17.1.1.2. **Mit Einlaßventil gesteuerte Hämmer**

Bei Ventilhämmern mit Einlaßsteuerung der Luft, durch ein Steuerorgan — das Ventil, welches die Lufteintrittsöffnungen freigibt bzw. überdeckt, während die Austrittsöffnungen für die abströmende Luft durch den Arbeitskolben verschlossen und freigegeben werden, sind verschiedene Ausführungen gebräuchlich. Aus der Energiegleichung

$$A = \frac{m \cdot v^2}{2} \text{ [mkp]}$$

ist zu ersehen, daß für hohe Schlagarbeit A eine hohe Geschwindigkeit v günstiger ist als eine große Masse m. Die Kolbenmasse wird gewöhnlich nach der Größe des Einsteckwerkzeuges bemessen, wobei auch das zulässige Hammergewicht berücksichtigt werden muß. Steigerung der Kolbengeschwindigkeit, Beschleunigung bis zum Aufschlag, bedingt aber einen verlängerten Kolbenhub. Hierzu ist es notwendig, die Steuerung der Luft besonderen Organen (Ventilen) zu übertragen. Dadurch können die Lufteintrittsöffnungen so angeordnet werden, daß für den Arbeitskolben ein längerer wirksamer Hub zur Verfügung steht. Die Ventile werden durch Unterschiede in den auf die Ventilflächen wirkenden Drücken gesteuert. Bild 179 zeigt eine einfache Plattensteuerung. Die Luft tritt bei *1* ein und durch Kanäle *2* in den Raum *3* über die Steuerplatte *4* in Raum *5*, die Kanäle *6* und *7* unter den Kolben *8* und treibt diesen zurück, wobei sich ein Kompressionsdruck bildet, der auf die Steuerplatte *4* wirkt und schon bei geringem Druckabfall nach Öffnen des Auspuffkanals *10* durch die Kolbenkante *9*, das Umsteuern bewirkt.

Die Steuerplatte *4* sperrt nun die Druckluft nach Raum *5*, umströmt die Platte und fließt durch die Bohrung *11* in den Schlaghubraum *12* über den Kolben *8* und treibt diesen vorwärts. Nach Überfahren der Auspuffbohrung *10* durch die Kolbenkante *9* wird die Luft unter dem Kolben komprimiert, der Druck wirkt über Kanäle *7*—*6* und Raum *5* auf die Steuerplatte *4*, die bald nach Beginn der Entlastung von Raum *12* bei Freigabe der Auspuffbohrung *13* durch die Kolbenkante *14* umsteuert, wonach das Spiel neu beginnt.

Bild 180 zeigt die sogenannte Klappensteuerung.

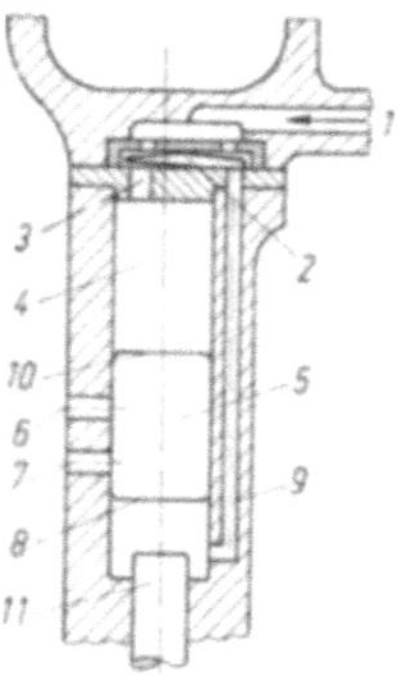

180. Klappensteuerung

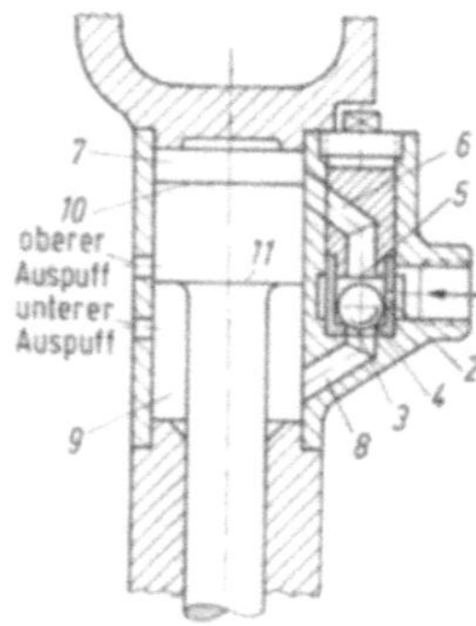

181. Kugelsteuerung

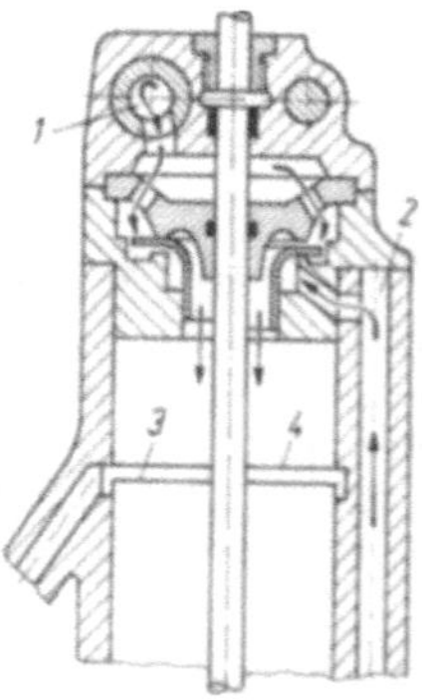

182. Kragenschiebersteuerung

Die Druckluft strömt bei *1* zu, umströmt die Steuerplatte *2* und gelangt durch die Bohrung *3* in den Schlaghubraum *4* hinter den Kolben *5*. Die vor dem Kolben befindliche Luft fließt durch die Auspuffbohrungen *6* und *7* ab.

Sobald die Kolbenkante *8* die Auspuffbohrung *7* überfahren hat, bildet sich ein Kompressionspuffer, der über die Bohrung *9* auf die Kippplatte *2* wirkt und diese bald nach Öffnen der Auspuffbohrung *6* durch die Kolbenkante umsteuert, wobei die Bohrung *3* verschlossen wird und Frischluft über die Bohrung unter den Kolben *5* strömt, der inzwischen seine kinetische Energie durch Schlag auf das Einsteckwerkzeug *11* abgegeben hat und sich nun wieder rückwärts bewegt.

Bild 181 zeigt die Kugelsteuerung. Die Druckluft tritt bei *1* über einen Ringkanal durch die Bohrung *2* in den Steuerungsraum, in dem sich eine Kugel zwischen den beiden Sitzflächen *4* und *5* bewegt und abwechselnd die Luft durch Kanal *6* in den Schlaghubraum *7* bzw. durch

Kanal *8* in den Rückhubraum einläßt und den Schlagkolben bewegt. Die Umsteuerung der Kugel erfolgt durch den plötzlichen Druckwechsel, der durch Überfahren der oberen bzw. unteren Auspuffschlitze durch die Kolbenkante *10* bzw. *11* auftritt.

Bild 182 zeigt die Kragenschiebersteuerung. Die Frischluft kommt durch ein Einlaßorgan *1* über das kragenförmig ausgebildete Steuerventil in den schlaghubseitigen Zylinderraum und treibt den Schlagkolben vorwärts. Die Luft vor dem Kolben wird nach Schließen des Auspuffs durch die vordere Kolbenkante komprimiert und strömt durch Kanal *2* unter das Ventil, das dann bei kleinstem Druckabfall, nach Überschleifen der Auspuffkante *4* durch die obere Kolbenkante *3*, umsteuert.

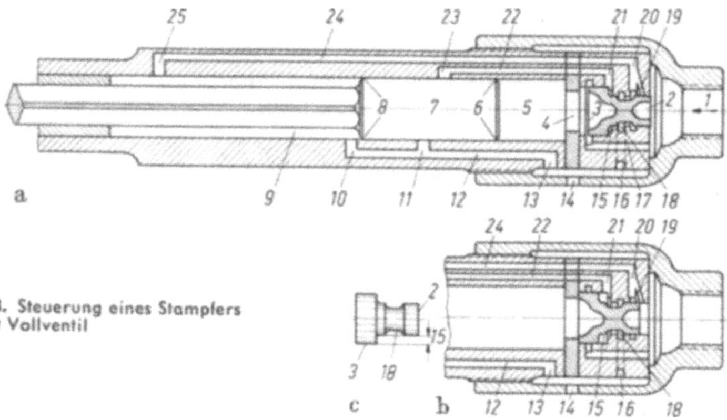

183. Steuerung eines Stampfers mit Vollventil

Bild 183 zeigt eine Vollventilsteuerung eines Stampfers. Die Luft wird bei *1* zugeführt und gelangt durch Kanal *17* in Zylinderraum *5* und treibt Kolben *7* vorwärts. Die vor dem Kolben im Zylinderraum *9* befindliche Luft entweicht durch die Kanäle *10*, *12*, *13* und *14*, später durch *25*, *24* und *20*, Ventileinschnürung *18* und Kanäle *16* und *14* ins Freie. Sobald Kolbenkante *6* Kanal *23* freigibt, strömt Druckluft durch die Kanäle *22* und *21* in den Ringraum und belastet die Ringfläche *15* des Ventils, so daß dieser Druck zusammen mit dem auf der oberen Fläche *2* ruhenden Druck denselben Gesamtdruck ergibt wie der Druck aus dem Zylinderraum *5* auf die untere Ventilfläche *3*. Nach Freigabe des Kanals *11* durch Kolbenkante *6* entweicht die Druckluft aus Zylinderraum *5* durch die Kanäle *12*, *13* und *14* ins Freie; bei dem geringsten Druckabfall auf Fläche *3* geht das Ventil nach unten, bis es auf dem

Zwischenring *4* aufliegt. In dieser Stellung (Bild 183b) ist die Luftzuführung zum Zylinderraum *5* abgeschlossen, während die Druckluft jetzt durch die Kanäle *19*, *20*, *24* und *25* in den Zylinderraum *9* gelangt und den Kolben nach oben treibt. Die Luft aus dem Zylinderraum *5* wird durch die Kanäle *10*, *11*, *12*, *13* und *14* ins Freie gedrückt. Nach Abschluß des Kanals *11* durch Kolbenkante *6* kann die Luft noch durch die Kanäle *23*, *22*, *21* und über Ventileinschnürung *18* sowie die Kanäle *16* und *14* ausströmen. Sobald Kolbenkante *8* Kanal *10* freigibt, entweicht die Luft aus Zylinderraum *9* über die Kanäle *12*, *13* und *14* ins Freie. Nachdem Kolbenkante *6* Kanal *23* überschritten hat, wird die Luft im Zylinderraum *5* komprimiert, und sobald dieser Druck auf Ventilfläche *3* den Druck auf Ventilfläche *2* überwiegt, wird das Ventil in seine Ausgangsstellung zurückgedrückt, so daß wieder Druckluft in den Zylinderraum *5* gelangen kann und das beschriebene Steuerungsspiel von neuem beginnt.

Nachdem bei dieser Steuerung die Luftführung in gleicher Stromrichtung vor sich geht, wird sie auch als Gleichstrom-Vollventilsteuerung bezeichnet.

Zu den Gleichstromsteuerungen gehört auch die nachfolgend beschriebene Gleichstrom-Rohrschiebersteuerung, bei der das Ventil als Rohrschieber ausgebildet ist, durch welchen der Kolben läuft. Man erreicht dadurch eine größere Hublänge des Kolbens bzw. eine kürzere Baulänge des Werkzeuges.

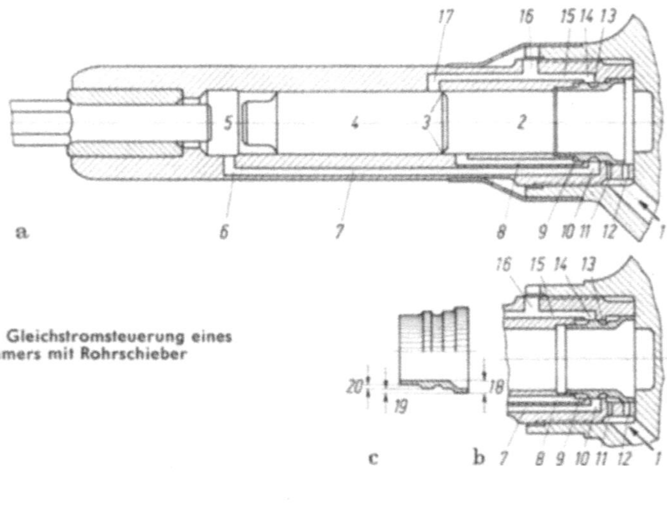

184. Gleichstromsteuerung eines Hammers mit Rohrschieber

Wie Bild 184 zeigt, tritt die Luft durch die Kanäle *1* und *12* in den Zylinderraum *2* und treibt den Kolben *4* vorwärts. Die vor dem Kolben im Zylinderraum *5* befindliche Luft entweicht durch die Kanäle *6*, *7* und *10*, Ringnut *13* sowie die Kanäle *14*, *15* und *16* ins Freie. Die Schieberringflächen *18* und *19* (Bild 184c) stehen unter Betriebsdruck. Weil Fläche *18* größer ist als *19*, wird der Rohrschieber in der Schlaghubstellung festgehalten. Sobald aber Kolbenkante *3* Kanal *8* freigibt, wirkt die Druckluft auch auf Schieberringfläche *20*. Da der Betriebsdruck auf Schieberringfläche *19* immer gleich bleibt, während der Druck auf Schieberringfläche *18* mit zunehmender Expansion im Zylinderraum *2* abnimmt, beginnt der Rohrschieber sich unter Einfluß der Druckunterschiede auf den drei Schieberringflächen *18*, *19* und *20* rückwärts zu bewegen. Wenn nun Kolbenkante *3* Kanal *17* öffnet, dann entweicht die Luft aus Zylinderraum *2* durch die Kanäle *15* und *16* ins Freie, und der Rohrschieber wird infolge des auf der Schieberringfläche *18* eingetretenen Druckabfalles vollständig umgesteuert.
Diese Schieberstellung ist in Bild 184b ersichtlich. Eintrittskanal *12* ist abgeschlossen. Die Luft tritt über Kanal *11*, Schieberringnut *13*, die Kanäle *10*, *7* und *6* in den Zylinderraum *5* und treibt den Kolben rückwärts. Aus Zylinderraum *2* entweicht nun die Luft zuerst durch Kanäle *17*, *15* und *16*, später über Kanal *8*, Ringraum *9* und die Kanäle *14*, *15* und *16* ins Freie. Sobald Kolbenkante *3* Kanal *8* abschließt, wird die Restluft im Zylinderraum *2* komprimiert. Dieser Druck beginnt auf Schieberringfläche *18* zu wirken. Wenn er größer geworden ist als der Gegendruck auf der Schieberringfläche *19*, wird der Rohrschieber in Schlaghubstellung zurückgedrückt, und das Spiel beginnt von neuem.

17.1.1.3. **Ventilhämmer mit Ein- und Auslaßsteuerung**

Bei den bisher beschriebenen Ventilsteuerungen wurde vom Steuerventil nur der Lufteinlaß gesteuert, während bei der im folgendem beschriebenen Wechselstrom-Rohrschieber-Steuerung die Steuerphasen auch vom Luftauslaß vom Steuerschieber mitbestimmt werden. Hierbei wechselt die Stromrichtung der Luft bei den verschiedenen Arbeitsphasen. In Bild 185 ist eine solche Steuerung dargestellt. Die Druckluft tritt bei *1* ein, strömt durch die Kanäle *2* in den Zylinderraum *3* und treibt Kolben *4* vorwärts (gegen das Einsteckwerkzeug). Aus Zylinderraum *5* vor dem Kolben kann die Luft durch Kanal *6*, Ringraum *7*, die Kanäle *8* und *10* ins Freie entweichen. Hat der Kolben auf seinem Arbeitshub Kanal *11* freigegeben (Bild 185b), so tritt Arbeitsluft durch diesen Kanal, Schieberringnut *14* und füllt Kanal *15* auf, dessen untere Öffnung jetzt vom Kolben *4* verschlossen ist. Infolge der nun eintretenden Belastung der Ringfläche *12* wird der Rohrschieber nach rechts

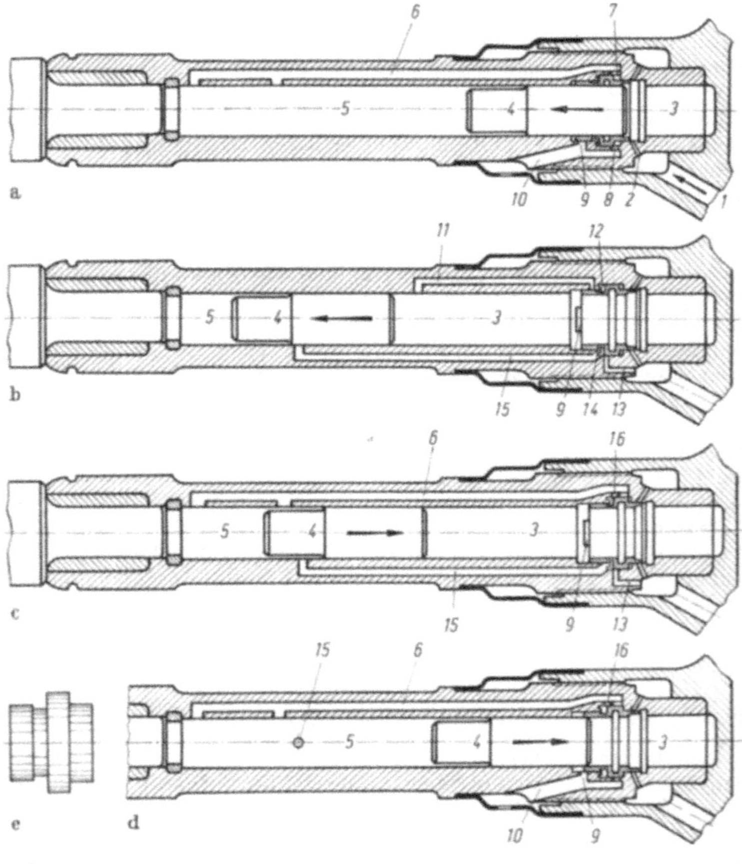

185. Wechselstromsteuerung eines Hammers mit Rohrschieber

geschoben. Dabei wird ungefähr auf halbem Schieberweg die obere Öffnung des Kanals *11* verschlossen und gleichzeitig Kanal *13* durch die Kante der Steuerfläche *12* geöffnet. Die eintretende Druckluft steuert den Rohrschieber vollständig um, hält ihn in dieser Lage fest und staut sich in Kanal *15* mit vollem Druck an. Die linke Schieberendkante hat Auspuffschlitze *9* freigelegt; durch sie und Kanal *10* kann die Luft aus Zylinderraum *3* über dem Kolben ins Freie treten. Durch die Kante der Steuerfläche *12* wurde auch Kanal *16* geöffnet (Bild 185c). Über Kanal *6* strömt jetzt Druckluft in den Zylinderraum *5* und bringt in Verbindung mit dem Rückprall den Kolben in die gezeichnete Stellung. Dabei wird die untere Öffnung des Kanals *15* vom Kolben freigegeben. Da die Menge der Rückhubluft durch die Größe des Kanals *13* abgestimmt und nur sehr gering ist, fließt auch der angestaute Druck aus Kanal *15* und unter Steuerfläche *12* ab. Sie wird dadurch entlastet und die nächste Umsteuerung vorbereitet. Die bei der Entlastung abströmende Luft geht aber nicht verloren, sondern leistet für den Rückhub Arbeit. Sobald der Kolben bei seinem Rückhub in den Rohrschieber eintritt und damit Auspuffschlitze *9* abschließt (Bild 185d), wird die vor ihm im Zylinderraum *3* befindliche Luft verdichtet. Die Kompression belastet einerseits die rechte Endfläche des nur noch mit geringem Druck in seiner Lage gehaltenen Rohrschiebers und drückt ihn wieder in die Anfangsstellung. Andererseits dient die komprimierte Luft als Polster für den Kolben. Bild 185e zeigt den Rohrschieber in Ansicht.

Wie aus der Beschreibung hervorgeht, übernimmt der Rohrschieber in seiner zweckmäßigen und einfachen Gestaltung die Regelung aller Steuerphasen. Die Zwangsläufigkeit dieser Steuerungsart verleiht dem Hammer bei sehr geringem Luftverbrauch eine gute Arbeitsweise und eine feine Schlagregelung beim Ansetzen.

17.1.1.4. **Anwendung der Steuerungen**

Zusammenfassend kann gesagt werden, daß jede der beschriebenen Steuerungsarten ihr besonderes Anwendungsgebiet hat.

Die ventillosen Hämmer werden für Arbeiten verwendet, bei denen es auf hohe Schlagzahl, aber geringe Schlagkraft ankommt (Kesselsteinabklopfer, Vibratoren u. a.).

Die einfachen Flattersteuerungen, die nur den Einlaß steuern, werden in solche Werkzeuge eingebaut, für die große Betriebssicherheit und einfache Bauart maßgebend sind (Bohrhämmer, kleine Meißelhämmer u. a.). Ein Vorteil dieser Steuerungsart besteht darin, daß durch die Kompression vor dem Kolben Leerschläge auf die Brücke und dadurch Beschädigungen des Hammers vermieden werden.

Vollventil- und Rohrschiebersteuerungen werden da angewendet, wo es vor allem auf sehr kräftige Schläge ankommt (Niethämmer, Meißelhämmer, Aufbruchhämmer, Stampfer u. a.). Die beim Arbeitshub vor dem Kolben befindliche Luft wird durch besondere Kanäle abgeführt, so daß große Schlagleistungen erzielt werden. Der Wunsch nach größeren Schlagleistungen führte von der Vollventilsteuerung zur Rohrschiebersteuerung. Dem Kolben wird hierbei der maximale Hub ermöglicht, da er durch den Rohrschieber hindurchgehen kann. Bezüglich Gleichstrom-Rohrschiebersteuerungen und Wechselstrom-Rohrschiebersteuerungen ist zu bemerken, daß je nach der geforderten Arbeit bald die eine, bald die andere sich als vorteilhafter erweist.

Konstruktiver Aufbau von Bohrhämmern mit Umsetzvorrichtung siehe Teil 25.1.

17.1.2. Prüfen und Messen von schlagenden Druckluftwerkzeugen[1]

Druckluftwerkzeuge sind Präzisionswerkzeuge, die mit genauen Maßtoleranzen hergestellt werden, um eine Austauschbarkeit der Einzelteile zu gewährleisten und um größte Leistungen bei geringem Luftverbrauch und langer Lebensdauer der Werkzeuge zu erzielen.
Daher werden nach einer gewissenhaften Einzelteilprüfung die fertig montierten Werkzeuge einer umfangreichen Leistungsprüfung unterzogen. Hierfür sind besondere Prüfgeräte und Einrichtungen entwickelt worden, die sowohl dem Hersteller der Werkzeuge als auch dem Betrieb, der mit ihnen arbeitet, Aufschluß über den maschinentechnischen Zustand und die Leistungsfähigkeit der Werkzeuge geben. Die Druckluftwerkzeuge sind im praktischen Einsatz verschiedenen und wechselnden Arbeitsbedingungen unterworfen. Aus wirtschaftlichen Gründen kann jedoch ihre maschinentechnische Prüfung nur unter ganz bestimmten, in der Prüfeinrichtung gegebenen Arbeitsbedingungen stattfinden. Diese müssen den praktischen Arbeitsbedingungen im Mittel möglichst nahekommen. Da der Aussagewert der Prüfergebnisse vom Prüfverfahren abhängt, ist zum Prüfergebnis das jeweils angewendete Meßverfahren mit anzugeben.

17.1.2.1. Angaben für die Beschreibung der Werkzeuge

Art des Werkzeuges — Typenbezeichnung des Herstellers — Standardausrüstung einschließlich Werkzeughalter und Vorrichtungen für Unfallverhütung, aber ohne Arbeitswerkzeuge und Schlauchanschlußteile.

[1] Siehe auch Druckluftwerkzeug-Prüfbestimmungen PNEUROP.

Gewicht [kg] des Werkzeuges mit Standardausrüstung
Länge *L* [m oder mm] des Werkzeuges
Kolbendurchmesser *D* [mm]
Theoretischer Kolbenhub *S* [mm]
Empfohlene lichte Schlauchweite [mm]
Einsteckende des Arbeitswerkzeuges
Werkzeughalter
Werkzeugsicherung

17.1.2.2. Luftdruck

Empfohlener Luftdruck (Meßdruck) *p* ist der atmosphärische Druck. Normaler atmosphärischer Druck 1 bar = 1,0197 kp/cm² = 750 Torr = 750 mm Hg, 0 °C. Druckmessungen sind bei arbeitendem Werkzeug vorzunehmen.
Für die Prüfung soll der atmosphärische Druck nicht mehr als ± 0,1 bar von den Standardbedingungen abweichen und die Ortstemperatur und die Drucklufttemperatur innerhalb 20 °C ± 15 °C liegen.
Für normale Druckluftwerkzeuge wird empfohlen, die Prüfung entsprechend dem Arbeitsdruck bei 6 oder 4 bar Meßdruck [atü] durchzuführen. Im allgemeinen wird heute noch mit kp/cm² Überdruck gemessen. Die Schlauchlänge vom Druckmeßpunkt bis zum Werkzeug soll 3 bis 5 m betragen, wobei die lichte Schlauchweite der Empfehlung zu entsprechen hat. Die zur Messung verwendeten Manometer sollen eine Druckdifferenz von 0,5% auf dem ganzen Skalenbereich erkennbar anzeigen. Das vorgeschaltete Behältervolumen soll wenigstens 100mal so groß wie das Hubvolumen des Hammers sein.

17.1.2.3. Luftverbrauch

Der Luftverbrauch ist in der Druckluftzuleitung vor dem Werkzeug zu messen und in m³/min *freier Luft* anzugeben. Für die Messung können die allgemein anerkannten Meßmethoden für Gasströmungen angewendet werden. Die Luftmengenmessung ist nach DIN 1945 und DIN 1952 durchzuführen und ist unter Kompressoren, Abschnitt 10.4. eingehend behandelt.

17.1.2.4. Schlagenergie

Für das Messen der Schlagenergie des Kolbens bei Aufschlag werden zwei Methoden vorgeschlagen:

a) Dehnungs-Meßmethode.
   Hier wird der Spannungsimpuls bei Aufschlag des Kolbens auf das Arbeitswerkzeug gemessen. Das Maß für die Schlagenergie wird durch entsprechende Eichung festgestellt.

b) Die Verformung einer gedämpften Feder mit Aufzeichnung der Verformung.
   Die Eichung der Ausschläge soll mit einem Fallgewicht und einer Auftreffgeschwindigkeit erfolgen, die dem zu prüfenden Werkzeug entspricht.

Am einfachsten ist die Prüfung durch Schlagen von Kalotten in einen Werkstoff von gleichmäßiger Festigkeit mit dem Kalotten-Prüfgerät (Bild 186). Man wendet sie für alle Hämmer, besonders aber für Niet-

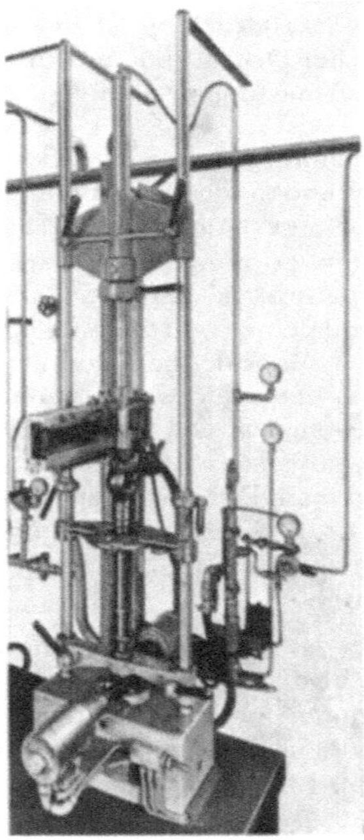

186. Kalotten-Prüfgerät

und Meißelhämmer an. Dazu ist ein langes Stahlstück erforderlich, das unter dem schlagenden Hammer fortbewegt wird, oder eine sich langsam drehende Welle, so daß einige Schlagproben entstehen. Der Schlagkolben des zu prüfenden Hammers überträgt seine kinetische Energie auf einen Kugeldöpper, dessen Gewicht dem Kolbengewicht angepaßt sein muß. Vergleichsweise wird dann mit Hilfe einer Freifalleinrichtung eine Kalotte gleichen Durchmessers geschlagen. Aus der Fallhöhe h und dem Fallgewicht Q bestimmt sich mit Hilfe der Formel

$$A = h \cdot Q = \frac{m \cdot v^2}{2} \tag{77}$$

die Einschlagarbeit A in mkp im Sinne der Kolbenschlagenergie. Da die Schlagwirkung — hier also repräsentiert durch den Durchmesser der Schlagspur (Kalotte) — von der Aufschlaggeschwindigkeit v des Schlagkolbens bzw. des Döppers abhängt, gehen h und Q nicht gleichwertig in das Produkt ein. Die Eichung muß also jeweils mit Fallgewichten durchgeführt werden, die dem Schlagkolbengewicht bzw. Döppergewicht entsprechen, wenn man die Leistungen verschiedener Hammertypen miteinander vergleichen will.
Die Leistung H_e des Werkzeuges bestimmt man mit Hilfe der Formel:

$$H_e = \frac{A \cdot n}{60 \cdot 75} \text{ [PS]} \tag{78}$$

Dazu muß die Schlagzahl bekannt sein.

17.1.2.5. Messung der Schlagzahl

Die Messung der Schlagzahl kann mit Schwingungsmessern oder auch Druckimpulsmessern in Verbindung mit Zeitmessern durchgeführt werden und wird normal auf die Betriebsminute bezogen, n [min^{-1}].

17.1.2.6. Abbauhammer-Prüfgerät

Als Betriebsprüfgerät von Abbauhämmern hat sich das Hauhinco-Abbauhammer-Betriebsprüfgerät bewährt. Es dient zur Bestimmung der Kolbenschlagenergie, der Schlagzahl, des Rücklaufes und des Luftverbrauches. Bild 187 zeigt das Gerät in schematischer Darstellung. Der Meßkolben zur Bestimmung der Einzelschlagarbeit des Hammerkolbens arbeitet gegen einen Kompressionspuffer. Das Gerät weist auch Einrichtungen auf, diese Größen elektronisch zu messen.
Der zu prüfende Hammer wird auf den Meßzylinder P gesetzt und durch die Anpreßvorrichtung A, die in der verstellbaren Traverse B eingebettet ist, mit der jeweils gewünschten Anpreßkraft angedrückt. Diese wird durch die entsprechende Vorspannung einer geeichten, in A eingebauten Feder eingestellt.
Normalerweise werden die Abbauhämmer mit 25 kp Anpreßkraft geprüft. Wegen der vertikalen Anordnung des Prüflings ist hierin das Hammergewicht einbegriffen.

Aus der auf dem Diagrammstreifen (Bild 188) geschriebenen Weg-Amplitude (Kurve b) des Meßkolbens erhält man mittels Eichkurve die zugeordnete Kolbenschlagarbeit.

Mit dem Hauhinco-Abbauhammer-Betriebsprüfgerät wird außer dem Meßkolbenweg als Bestimmungsgröße für die Kolbenschlagenergie auch der Rücklaufweg (Kurve a) des Hammers aufgezeichnet. Eine auf dem Diagrammstreifen geschriebene Zeitmarkierung c gestattet die Bestimmung der Schlagzahl.

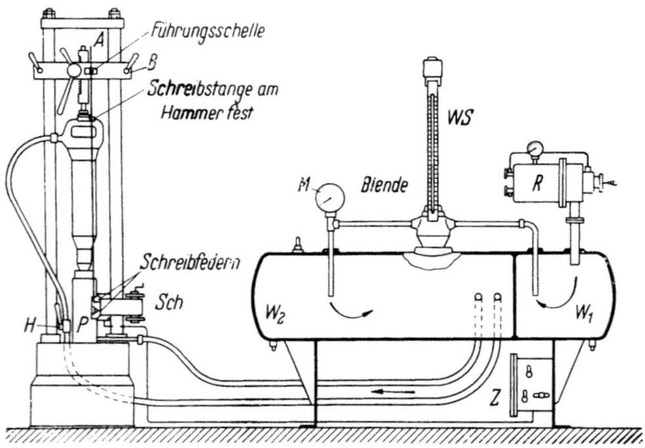

A Anpreßvorrichtung
B Traverse, verstellbar
Sch Schreibtrommel
P Meßzylinder
H Hahn
W_1 W_2 Doppelstoßdruckbehälter
M Präzisionsmanometer
WS Differenzdruckmanometer
R Druckregler
Z Zeitmarkengeber

187. Abbauhammerprüfgerät, Bauart Hauhinco

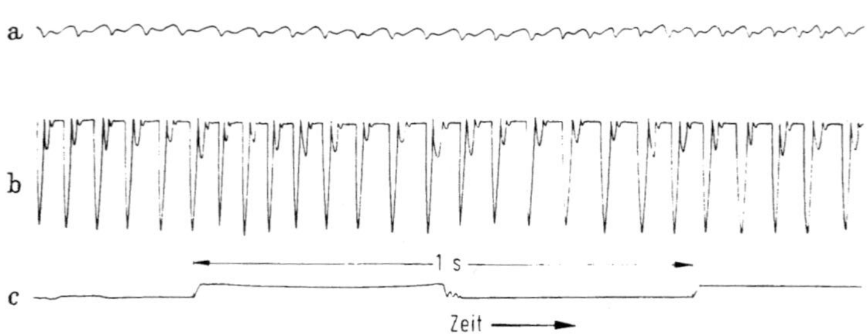

188. Diagrammstreifen (Hauhinco)

17.1.2.7. Verfahren zur Aufzeichnung von Zeit-Weg- und Zeit-Druck-Diagrammen

Den besten Einblick in die Bewegungsfunktionen schlagender Werkzeuge bieten Zeit-Weg- und Zeit-Druck-Diagramme. Das Zeit-Weg-Diagramm kann mechanisch durch einen am Kolben befestigten und aus dem Zylinder herausgeführten Schreibstift auf Wachspapier aufgenommen werden, wobei die Papiergeschwindigkeit oder geeignete Zeitmarken die Abhängigkeit zur Zeit liefern. Eleganter ist es, den Weg des freifliegenden Kolbens durch geeignete Wandler in proportionale elektrische Spannungen umzuformen. Das kann grundsätzlich durch ohmsche, kapazitive oder induktive Geber geschehen. Voraussetzung ist allerdings, daß mit dem Kolben des Hammers ein nadelförmiger Stab verbunden ist, der aus dem Arbeitszylinder herausragt und den Weggeber betätigt. Als am wenigsten störanfällig haben sich die induktiven Geber erwiesen.

Elektrische Methoden haben den besonderen Vorteil, daß zu gleichen Zeiten sich abspielende Vorgänge in bequemer Weise mit den üblichen elektrischen Registriergeräten (Schleifen- bzw. Kathodenmehrstrahloszillographen) über derselben Zeitachse aufgezeichnet werden können.

Die Aufnahme des Zeit-Druck-Diagramms kann auf mechanisch-optischem Wege erfolgen.

Für die Druckindizierung besser geeignet sind Druckaufnehmer, die Dehnungen mittels Dehnungsmeßstreifen in entsprechende elektrische Spannungen verwandeln. Für die Druckindizierung müssen die Hämmer an geeigneten Stellen zur Aufnahme der Druckaufnehmer vorbereitet werden.

17.1.2.8. Das Druck-Zeit-Diagramm

Es hat sich ergeben, daß sich aus Druck-Zeit-Diagrammen, die aus den Druckindizierungen im Zylinderraum vor und hinter dem Kolben gewonnen wurden, mit praktisch meist ausreichender Genauigkeit auch der Kolbenweg bestimmen läßt. Daraus ergibt sich dann die Möglichkeit, auch Druck-Weg-Diagramme zu zeichnen, wie sie bei Kolbenmaschinen mit Kurbelantrieb üblich sind. Als Beispiel zeigt Bild 189 das Druck-Weg-Diagramm eines Abbauhammers für die beiderseits des Schlagkolbens gelegenen Zylinderräume.

Solche Diagramme, die aus derartigen Messungen gewonnen werden, sind besonders wertvoll für Typenuntersuchungen an Maschinen mit freifliegenden Kolben, weil sie einen guten Einblick in den tatsächlichen Funktionsablauf geben.

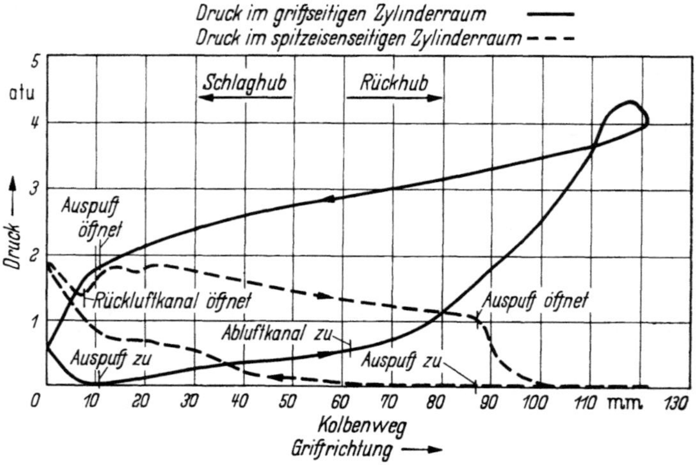

189. Druck-Weg-Diagramm, aus Druckindizierung abgeleitet

17.1.2.9. **Rückschlagmessung**

Am Griff eines in Betrieb befindlichen Preßluftwerkzeuges, z. B. eines Abbauhammers, werden schlagartig auftretende, gegen das Anpreßsystem gerichtete Kräfte wahrgenommen, die man als Rückschlag zu bezeichnen pflegt. Da es sich hierbei um Kräfte wechselnder Größe und Richtung handelt, soll unter Rückschlag allgemein das Gesamtbild des Kräfteverlaufes innerhalb einer vollständigen Arbeitsperiode, also im Zeitraum zweier aufeinanderfolgender Kolbenschläge verstanden werden. Der oft gebrauchte Ausdruck „Rückstoß" ist abzulehnen, weil bei den vorliegenden Erscheinungen die Voraussetzungen für den physikalischen Stoß nicht gegeben sind und der Stoß nur ein Spezialfall des Schlages ist. Der Rückschlag im so definierten Sinn läßt sich durch ein zwischen Anpreßsystem und Hammergriff geschaltetes Dynamometer, das z. B. nach dem Prinzip der Dehnungsmessung arbeitet, bestimmen. Man kann aber auch nach Scheffler Beschleunigungsgeber benutzen, die bei starrer Ankopplung des Anpreßsystems zu gleichen Meßergebnissen führen. Derartige Rückschlagmessungen haben für bestimmte Fragestellungen, z. B. auf arbeitsphysiologischem Gebiet, ihre Berechtigung. Aus der Perspektive der Maschinentechnik gesehen, sind sie jedoch unzweckmäßig, weil es nicht möglich ist, aus ihnen für das zu untersuchende Werkzeug ihm arteigene charakteristische Daten abzuleiten. Das liegt daran, daß sich im Meßergebnis die Erregerkräfte des

Werkzeuges, die des Anpreßsystems und die aus dem Eigenverhalten beider entstehenden Kräfte — es handelt sich um schwingungsfähige Gebilde — in schwer analysierbarer Weise vermischen.
Im Hinblick auf diese Rückschlagerscheinungen sind für einen Hammer nur diejenigen Kräfte charakteristisch, die er als Maschine im ungestörten Lauf aus der Druckluft entwickelt und nach „außen" abgibt. Im ungestörten Lauf ist der Hammer frei von Zusammenprallen zwischen Hammerkörper und Spitzeisen. Im anderen Fall entstehen bekanntlich die „B"- und „C"-Schläge. Der „B"-Schlag ergibt sich, wenn unter Auswirkung der Anpreßkraft der Hammerkörper auf den Bund des Spitzeisens aufschlägt, und der „C"-Schlag, wenn das Spitzeisen nach dem Kolbenschlag zurückfedert und dabei der Spitzeisenbund auf den Hammerkörper schlägt. Der ungestörte Lauf liegt vor, wenn die Hämmer im Schwebezustand betrieben werden.
Die sekundären Kräfte aus den „B"- und „C"-Schlägen sind also keine arteigenen Kräfte des Hammers, sondern lediglich durch die Hammerführung und den Einsatz des Werkzeuges bedingt. Sie interessieren daher für die Leistungscharakterisierung eines Hammers nicht.
Sieht man von Reibungskräften ab, die normalerweise vernachlässigbar klein sind, so erhält man die den „A"-Verlauf bestimmenden Rückkräfte aus der Beziehung

$$P_{RA} = F(p_1 - p_2) + f \cdot p_2$$

worin F die Querschnittsfläche des Kolbens, f die Querschnittsfläche des Spitzeisens, p_1 der Druck im griffseitigen Zylinderraum und p_2 der Druck im spitzeisenseitigen Zylinderraum sind. Der Druckverlauf p_1 und p_2 ist aus der Indizierung bekannt. F und f sind Konstanten des Hammers. Somit läßt sich die druckluftbedingte Rückkraft in ihrem zeitlichen Ablauf als Kurve darstellen.
Bild 190 zeigt eine aus den Ergebnissen der Druckindizierung berechnete Rückkraftkurve. In sie sind gestrichelt diejenigen Rückschlagkräfte eingezeichnet, die sich ergeben können, wenn das zurückprallende Spitzeisen gegen den Hammerkörper schlägt und wenn infolge Verschleißes der Spitzeisenführung sich ein zu geringer Kompressionspuffer bildet und der Schlagkolben des Hammers auf den Boden des Zylinders aufschlägt.
Diese vermeidbaren Schläge sind äußerst kurzzeitige Vorgänge und haben praktisch keinen Einfluß auf die Gestalt des druckluftbedingten A-Verlaufes.
Der verbreiteten Ansicht, daß zur Beurteilung der Rückschlageigenschaften verschiedener Hämmer ihre Rücklaufwege gegen ein Anpreßsystem herangezogen werden können, muß mit Nachdruck entgegen-

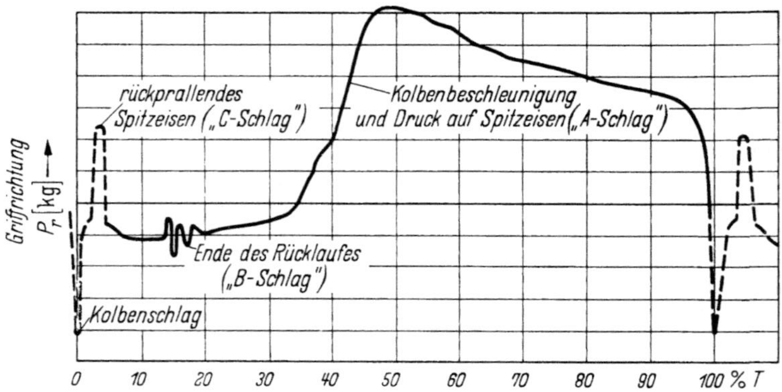

190. Rückkraftkurve aus Druckindizierung

getreten werden. Der Rücklaufweg entsteht zwar in Auswirkung der Rückkraft, er ist jedoch mit dieser in einer so komplizierten, von zahlreichen äußeren Einflußgrößen abhängigen Weise verbunden, daß zwischen Rücklaufweg und Rückkraft keine allgemeingültigen, einfachen und übersichtlichen Beziehungen angegeben werden können. Das wird aus folgendem verständlich[1].

Aus dem Verlauf einer gegebenen Rückkraftkurve läßt sich der Verlauf des Rücklaufweges durch doppelte Integration der Beschleunigung finden. Das Ergebnis zeigt Bild 191. In ihr werden korrespondierende Rückkraft- und Rücklaufkurven einander gegenübergestellt. Die obere Kurve zeigt die Rückkraftkurve (A-Verlauf), die untere Kurve den errechneten Verlauf des Rücklaufweges und die mittlere Kurve die Ergebnisse, die mit einer zwischen Griff und Anpreßsystem geschalteten Kraftmeßdose zu erwarten sind. Man erkennt, daß alle drei Kurven in ihrem Verlauf unähnlich und daß ihre Maxima gegeneinander phasenverschoben sind. Das ist so zu erklären: Die Rückkraftkurve bringt zum Ausdruck, daß die Kräfte innerhalb des Arbeitsspieles nicht nur verschieden groß sind, sondern sich auch verschieden schnell ändern. Solchen schnellen Änderungen vermag ein massebehaftetes System aus Hammer- und Anpreßvorrichtung nicht entsprechend zu folgen, weder der Zeit noch der Größe nach. Da der Zusammenhang zwischen Beschleunigungskräften und Wegen vom Quadrat der Änderungsgeschwindigkeit abhängt, können auch Ähnlichkeiten zwischen dem Kraftverlauf und dem Rücklaufweg nicht erwartet werden.

[1] *Schmidt*, D., Die Bewegungsverhältnisse von Abbauhämmern. — Bergb.-Wiss. 5 (1958), S. 264-276.

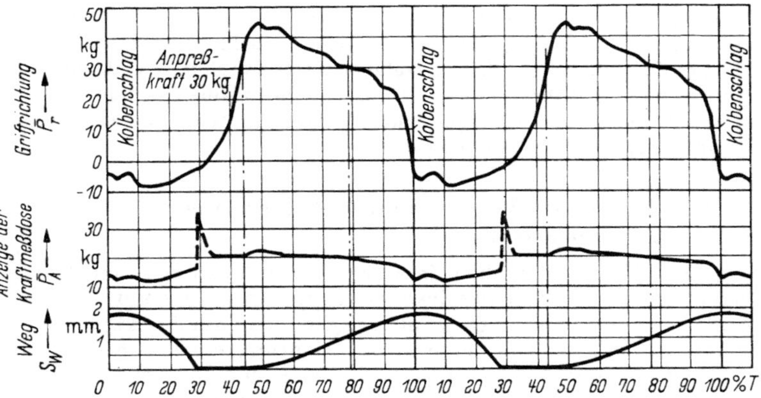

191. Vergleich von Rückkraft und Rücklauf

Aus demselben Grund ist festzustellen, daß bei gleichen Rückkraftkurven der Rücklaufweg eines Hammers um so größer wird, je niedriger die Schlagzahl ist.

Da mit wachsender Anpreßkraft der Rücklaufweg in nicht linearer Weise absinkt, der Rückkraftverlauf sich praktisch aber nicht verändert, ist es ebenfalls nicht möglich, ohne genaue Kenntnisse der Anpreßkraft aus dem Weg Schlüsse auf die Rückkraft zu ziehen. Hierbei muß man sich vergegenwärtigen, daß es praktisch keine konstante Anpreßkraft gibt, weil sich ihr dynamische Komponenten überlagern, deren Größe nicht nur von der gesuchten Rückkraft, sondern auch von dem Eigenschwingungsverhalten der bewegten Systeme Hammer und Anpreßvorrichtung abhängen.

Es ist also weder die Maximalamplitude des Rücklaufweges ein Maß für die Größe der Rückkraft, noch läßt der zeitliche Verlauf der Rücklaufkurve irgendwelche sicheren Schlüsse auf den Verlauf der Rückkraft zu. Wenn im Rahmen einer betrieblichen Überprüfung von Hämmern auch der Rücklaufweg gemessen wird, so ist dagegen nichts einzuwenden, wenn aus Abweichungen der Meßergebnisse gegenüber dem Sollstand des untersuchten Typs auf Veränderungen des Betriebszustandes geschlossen wird[1].

Während man früher diese Rückschlagkräfte als Hauptursache für auftretende Gelenkerkrankungen ansah, haben eingehende wissen-

[1] *Hoffmann, C.*, Das Hauhinco-Betriebsprüfgerät für Abbauhämmer und seine Anwendung. — Schlägel u. Eisen (1954), S. 1 u. 27.

schaftliche Untersuchungen gezeigt, daß dies nur bedingt zutrifft — zumindest für die Erkrankung der Arm- und Schultergelenke müssen Zugkräfte mitwirken. Diese treten auf bei häufigem Festfahren der Spitzeisen bei Abbau- und Aufbruchhämmern und Freimachen durch Zurückziehen bei schlagendem Werkzeug, was zu einer Überbeanspruchung der Gelenke führt.

17.1.3. **Ausgewählte Forschungsergebnisse der Schlagdynamik**

Der Stand der technischen Entwicklung von Maschinen und Geräten hängt ab von dem Maß der Erkenntnis und Beherrschung der bei ihnen auftretenden Probleme. Drei Faktoren sind hier von Einfluß. Eine klare Aufgabenstellung, eine Summe von Erfahrungen mit den Prototypen der betreffenden Maschinen und eine systematische Erforschung der Arbeitsgrundlagen in bezug auf das erreichbar Mögliche.

Die schlagenden Druckluftwerkzeuge sind durch Mechanisierung der von Hand mit Hammer und Meißel ausgeführten Arbeit entstanden und wurden im wesentlichen weiterentwickelt, indem die jeweils mit einer Bauart gewonnenen praktischen Erfahrungen die Verbesserungen der nachfolgenden Bauart bestimmten. Gestützt auf diese Erfahrungen haben die heutigen Druckluftwerkzeuge eine beachtliche Güte erreicht.

Es ist aber auch eine alte Erfahrung, daß die Technik in dem Maße entwicklungsfähig ist, wie die Wissenschaft fortschreitet. Den Impuls dazu erhält sie aus der Forderung nach steigender Wirtschaftlichkeit.

An ein schlagendes Werkzeug wird die Aufgabe gestellt, z. B. ein Gestein zu zertrümmern oder es zu spalten oder ein Bohrloch herzustellen. Das soll mit bestem Wirkungsgrad, d. h. am wirtschaftlichsten geschehen. Aus der praktischen Erfahrung weiß man, welcher Hammer für dieses oder jenes Gestein am geeignetsten ist, und daß für hartes Gestein schwere Hämmer besser sind als leichte. Aber die Frage, wie sieht der absolut beste Hammer aus und wie weit ist man noch vom wirklich Erreichbaren entfernt, ist noch völlig offen. Denn diese Frage geht nicht vom Werkzeug, sondern vom Gestein aus und lautet, welche Anforderungen hat der Hammer als Werkzeug zu erfüllen, damit er die ihm gestellte Aufgabe der Gesteinsbearbeitung am besten löst? Welche Kräfte halten das Gestein zusammen und wie entsteht der Bruch?[1] Es bleibt hier noch viel zu tun, um diese Frage beantworten zu können. Zunächst ist es nützlich, sich mit dem Wesen des Schlages und seiner Auswirkungen näher zu befassen.

---

[1] *Burmeister, J.*, Bruchausbreitung und Bruchentstehung. Grundsätzliche Fragen des Gesteinsbohrvorganges. — Bergb.-Wiss. 2 (1955), S. 38—42.

Der Begriff des „Schlages" wie auch des „Stoßes" ist mit der Vorstellung der Kurzzeitigkeit einer Kraftwirkung verbunden. Der Stoß ist ein Sonderfall des Schlages; er setzt die freie Beweglichkeit der sich stoßenden Körper voraus und berücksichtigt nicht die Endlichkeit der Ausbreitungserscheinungen. In der Praxis der Hämmer haben wir es mit dem Schlag zu tun. Zur Analyse des Schlages müssen also Meßverfahren angewendet werden, die möglichst trägheitslos arbeiten, die Vorgänge naturgetreu abbilden und sie durch die angewendeten Meßfühler nicht verändern. Die Elektronik bietet solche Möglichkeiten.

Das physikalische Charakteristikum des auf ein Spitzeisen oder eine Bohrstange — im folgenden generell mit „Stange" bezeichnet — schlagenden Hammerkolbens ist seine Bewegungsgröße $B_k = m_k v_k$, also seine Massengeschwindigkeit (m_k Kolbenmasse, v_k Kolbengeschwindigkeit). Während der Dauer Δt eines Kontaktdruckes zwischen Kolben und Stange ändert sich die Bewegungsgröße des Kolbens. Es entsteht eine Kraft P_t auf dem Kolben, die der zeitlichen Abnahme seiner Bewegungsgröße $-\,dB_k/dt$ proportional und seiner Bewegungsrichtung entgegengerichtet ist. Die Stange erhält den Kraftantrieb

$$J = \int P_t \, dt.$$

Die Größe und der zeitliche Verlauf der Kraft P_t, die während des Aufschlages die Kolbenbewegung hemmt, hängt von den elastischen Eigenschaften, der Dämpfung und den Massen von Kolben und Stange sowie von den Bedingungen ab, die am anderen Stangenende gegeben sind. Zum besseren Verständnis des Schlagmechanismus wollen wir annehmen, daß der Schlagkolben vollkommen starr sei. Schlägt ein solcher Kolben auf das Ende einer freibeweglichen Stange, so wird die Reaktionskraft P_t sich aus 3 Komponenten zusammensetzen:

1. dem dynamischen Anteil aus den Beschleunigungen, denen die Masseteile der Stange unterworfen wurden,
2. dem Anteil der elastischen Kräfte bei den reversiblen Verformungen der Stange,
3. dem Reibungsanteil.

Die Reibungskräfte sind, wie aus Dämpfungsmessungen bekannt ist, vernachlässigbar klein[1]. Demnach bestimmen hauptsächlich die dynamischen und die elastischen Kräfte den Bewegungsmechanismus der Stange.

Denkt man sich die Stange in Scheibenelemente sehr kleiner Dicke zerlegt, so werden sie bei einem Kolbenschlag auf das Stangenende nicht gleichzeitig weder dieselbe Fortbewegung erfahren noch den gleichen

[1] *Gloeckner, M. H.*, Beanspruchungen und Verhalten von Bohrstangen beim schlagenden Bohren. — Bergb.-Wiss. 3 (1956), S. 134—143.

Druckbeanspruchungen ausgesetzt, sondern fortschreitend von der Schlagstelle aus nacheinander. Jede Scheibe erfährt eine Stauchung (negative Dehnung), die im Gültigkeitsbereich des Hookschen Gesetzes dem Differenzdruck auf ihre beiden Stirnflächen proportional ist. Diese Druckdifferenz kommt durch die Trägheitskräfte der nachfolgenden Scheiben zustande, gegen die sich die betrachtete Scheibe abstützt. So entsteht eine Druckwelle, die mit Körperschallgeschwindigkeit zum anderen Ende läuft. Sie liegt, wie Messungen an Bohrstangen ergeben haben, in der Größenordnung von 5200 m/s. Ist das Stangenende frei, so kann das letzte Scheibenelement nicht mehr auf Druck beansprucht werden, weil die Abstützung fehlt. Wegen des Fortfalles der Verformungsenergie wird hier die gesamte Schlagenergie in Bewegungsenergie umgesetzt, wodurch nach Maßgabe der auflaufenden Druckwelle das Stangenende vorschnellt. Die Folge ist, daß nunmehr die benachbarten, der Schlagseite zugekehrten Scheiben auf Zug beansprucht werden. Die Druckwelle läuft jetzt als Zugwelle zur Schlagstelle zurück, wird am entgegengesetzten Stangenende wiederum unter Umkehrung des Vorzeichens reflektiert und so fort. Diesen Vorgang veranschaulicht Bild 192. Es zeigt eine mit der Geschwindigkeit c gegen

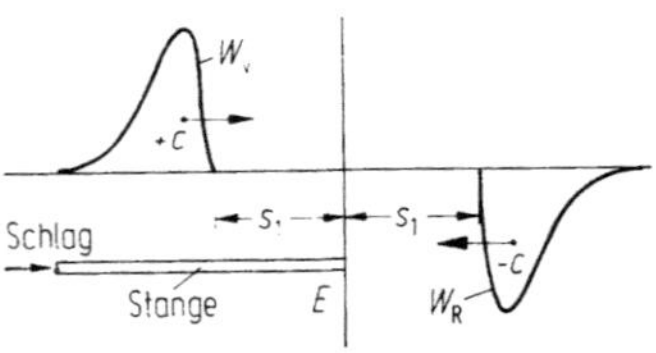

192. Umbildung einer Druckwelle in eine Zugwelle am freien Stangenende

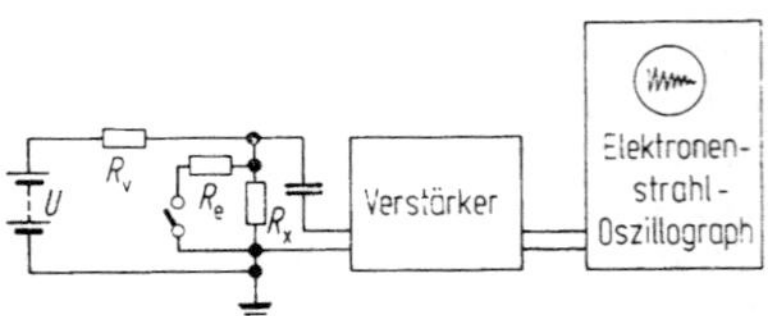

193. Direktes Verfahren für Vorgänge mit höheren Frequenzen

das Stangenende laufende Druckwelle W_v. Nach der Laufzeit $t_1 = s_1\ c$ hat sie das Stangenende E erreicht. Wir denken uns nun eine Welle W_R gleicher Gestalt, die gegen die Abszisse und gegen die in E errichtete Ordinate gespiegelt ist und ihr entgegenläuft. Ihre Stirn erreicht E im gleichen Zeitpunkt wie die der Welle W_v. Man erkennt aus der Superposition, daß dann zu jeder Zeit das Stangenende E druck- bzw. dehnungsfrei ist. Ist das Wellenende von W_v in E eingetroffen, so hat sich W_v vollständig in die nunmehr rücklaufende Zugwelle gleicher Gestalt und entsprechender Dehnung verwandelt. Dieser Vorgang läßt sich mit Hilfe von Dehnungsmeßstreifen nachweisen[1]. Die entsprechende Schaltung bringt Bild 193. In ihm stellt der Widerstand R_x den am Meßort aufgeklebten Dehnungsmeßstreifen dar. Bild 194 zeigt im Schirmbild eines Kathodenstrahloszillographen links die Druckwelle auf ihrem Durchlauf durch die Meßstelle und rechts, $0{,}57 \cdot 10^{-3}$ s später, die vom freien Ende der Stange mit umgekehrten Vorzeichen (Zugwelle) reflektierte Welle. Die Form der Kurve entspricht dem Kraftablauf an der Schlagstelle.

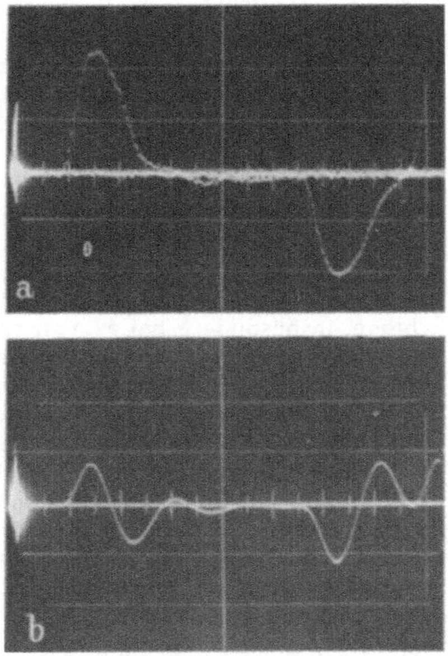

a) Druck- und Zugwellen, Bild der Dehnungen

b) Druck- und Zugwellen, mechanisch-magnetischer Effekt

194. Meßbilder

Insgesamt gesehen bewegt sich beim Fehlen äußerer Kräfte der Stangenschwerpunkt translatorisch mit gleichbleibender Geschwindigkeit in axialer Richtung, wobei die Stange Dehnungsschwingungen von der Periode $\tau = 2l/c$ (l = Stangenlänge) ausführt. Ist das Stangenende nicht frei, wie z. B. bei einer auf dem Gestein aufsitzenden Bohrstange, so dringt die Druckwelle in das Gestein ein, und nur ein geringer Anteil verbleibt durch Reflexion in der Stange zurück.

Die Bohrstange ist beim schlagenden Bohren einer Wechselbeanspruchung relativ hoher Frequenz — bei 2 m langen Stangen beträgt die Frequenz rund 1200 Hz — unterworfen. Liegt die Bohrstange beim Kolbenzuschlag nicht auf der Bohrlochsohle auf, so erreichen die Zugspannungen maximale Beträge. Da Zugbeanspruchungen doppelt so gefährlich sind wie gleich große Druckbeanspruchungen, haben sie auf die Lebensdauer der Stangen einen äußerst ungünstigen Einfluß. Hierzu kommt, daß wegen der geringen Werkstoffdämpfung des Bohrstangenstahles die Schwingungen nur langsam abklingen.

Die Kenntnis des Schlagmechanismus ist für die Beurteilung der im praktischen Bohrbetrieb an Bohrstangen beobachteten Erscheinungen sehr wichtig. So findet die Tatsache, daß bei Abbau-, Niet- und Meißelhämmern der Rückhub des Schlagkolbens sehr stark von dem zu bearbeitenden Material abhängt — bei Bohrhämmern ist das nicht der Fall —, ihre einfache Erklärung darin, daß die Bohrstange um ein Mehrfaches länger ist als ein Spitzeisen oder ein Meißel und daß nur im letzten Fall der Kontakt zwischen Schlagkolben und Schlagfläche des Werkzeuges noch besteht, wenn die reflektierte Welle sie erreicht. Die Kontaktzeiten liegen etwa im Bereich von 2 bis $8 \cdot 10^{-4}$ s.

Den schlagbedingten Wechselbeanspruchungen der Stange durch Dehnungsschwingungen (hin- und herlaufende Druck- bzw. Zugwellen) überlagern sich noch solche, die aus Biegung und Torsion herrühren. Erstere entstehen durch unvermeidliche exzentrische Schläge, insbesondere bei exzentrischer Halterung des Hammers und ungeraden bzw. durchhängenden Bohrstangen. Letztere können beim Umsetzen auftreten. Die Biegeschwingungen vermögen örtlich gefährliche Überbeanspruchungen hervorzurufen, wenn durch ungünstige Länge die Eigenfrequenz der Stange mit der Schlagzahl harmoniert[1]. Weiter ins einzelne gehende Darstellungen der Schwingungsbeanspruchungen von Bohrstangen finden sich in einer Arbeit von *Krainer*[2]. Die Betriebserfahrungen an Bohrstangen haben ergeben, daß es für sie eine Dauerfestigkeit im Sinne der Festigkeitslehre z. Z. nicht gibt und daß im heutigen Hochleistungsbohrgerät ihre Lebensdauer noch nicht recht befriedigt.

Wenn auch letzten Endes die Ermüdung des Stangenmaterials auf die geschilderte hohe Wechselbeanspruchung zurückzuführen ist, so weist doch die Anhäufung von Brüchen an bevorzugten Stellen der Stange darauf hin, daß noch andere Dinge eine Rolle spielen, die auf der Materialseite zu suchen sind. Betriebserfahrungen reichen nicht aus, diese Einflußgrößen herauszufinden, zumal sie sich in unübersehbarer Weise beeinflussen. Hier kann nur systematische Forschung helfen, wobei durch Methoden der mathematischen Statistik eine zuverlässige Gütequalifizierung verschiedener Kollektive möglich wird und schließlich auch die Einflußgrößen in ihrer Bedeutung erfaßt werden können[3]. Die materialbedingten Einflußgrößen auf die Lebensdauer der Bohrstangen liegen in der Zusammensetzung des Stahles, der Formgebung

[1] *Gloeckner, M. H.*, Das Schwingungsverhalten von Bohrstangen beim schlagenden Bohren. — Erzmetall 6 (1953), S. 81—87.

[2] *Krainer, E.*, Mechanische Beanspruchung von Bohrstangen beim schlagenden Bohren. — Maschb. u. Wärmewirtschaft 9 (1954), S. 282—288 u. S. 301—311.

[3] *Engel, L.*, Statistische Methoden in der Forschung auf dem Gebiet der Druckluftwerkzeuge. — Bergb.-Wiss. 3 (1956), S. 130—134.

der Stange, der Wärmenachbehandlung, der Oberflächenbeschaffenheit und der Anfälligkeit gegen Korrosion.
Es ist heute noch ungeklärt, ob für Bohrstangen bestimmter Härte zwischen Dauerfestigkeit und chemischer Zusammensetzung eine ausdrückbare Beziehung besteht. Wenn neben unlegierten Stählen legierte Stähle für Bohrstangen verwendet werden, besteht im wesentlichen die Absicht, damit eine größere Walzhärte zu erzielen, die normalerweise auch die Standdauer verbessert. Mit zunehmender Härte wächst aber auch die Empfindlichkeit gegenüber vorhandenen Kerben mechanischer und metallurgischer Art.
Bei der Formgebung der Stange werden daher die Regeln der Gestaltsfestigkeit weitgehend zu beachten und notwendige Querschnittsänderungen mit entsprechenden Abrundungen ineinander überzuführen sein. Da praktisch alle Ermüdungsbrüche von der Oberfläche der Stange oder des Hohls ausgehen, sind glatte und saubere Oberflächen wichtig. Die äußere Oberfläche ist wegen der höheren Spannungen (biegungs- und torsionsbedingt), die innere wegen der größeren Korrosionsgefahr durch das Spülwasser gegen Rißbildung besonders empfindlich. Randentkohlte Oberflächen sind relativ weich und wenig fest und daher anfällig. Da es z. Z. noch unwirtschaftlich ist, die Randentkohlung zu entfernen, sucht man einen Kompromiß in der Wahl der Legierung.
Eine Wärmenachbehandlung ist am Schlagende der Stange notwendig, um eine ausreichende Härte gegen Auftreiben oder Absplittern der Schlagfläche zu erzielen, und am Stangenbund, um die beim Schmieden erhaltenen Gefügeveränderungen auszugleichen. Im Übergangsgebiet zwischen wärmenachbehandeltem und walzhartem Teil entstehen hierbei „metallurgische Kerben" mit einem mehr oder weniger stark ausgeprägten Härtetal. Bild 195 zeigt eine solche Kerbe in ihrem typischen

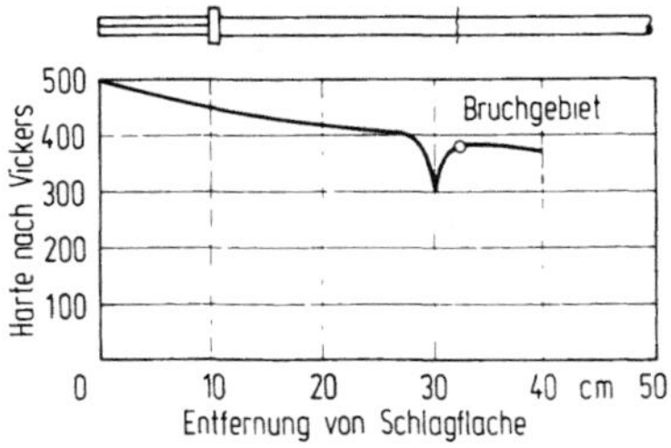

195. Härtetal am Übergang vom vergüteten zum walzharten Teil der Stange

Verlauf. Die Bruchstelle tritt hier nicht am Boden des Tales, sondern am Böschungsrand der walzharten Seite auf. *Kemsley*[1] führt diese Erscheinung auf die Bildung von kugligem Zementit in ferritischer Grundmasse

[1] *Kemsley, D. S.*, The failure of steel rock drill rods by fatigue. — Proc. Aus. Inst. Min. Met. No. 175 (1955), S. 1—20.

bei Temperaturen zwischen 600 und 700 °C zurück, wobei durch die Auflockerung des Gefüges der Zusammenhalt gerade an den Übergangsstellen herabgesetzt wird. Solche Kerben gefährden die Stange und müssen vermieden werden.

Bei der Herstellung der Stangen verbleiben durch ungleichmäßige Abkühlung leicht Spannungen im Material, die ähnlich wie bei metallurgischen Kerben ein inhomogenes Festigkeitsverhalten hervorrufen. Solche Inhomogenitäten lassen sich mit einem von *Gloeckner* angegebenen Verfahren der mechanisch-magnetischen Testung zerstörungsfrei nachweisen[1]. Es beruht auf einem der Magnetostriktion inversen Effekt. Mit einer über die Stange verschiebbaren Testspule wird an verschiedenen Stellen das Schlagbild der durchlaufenden Deformationswelle induktiv aufgenommen und auf dem Schirm eines Elektronenstrahloszillographen mit Impulsauslösung beobachtet. Der Schlag erfolgt mit einem kleinen Pendelhammer auf die Schlagfläche des Einsteckendes. Bleibt das Schlagbild für jeden Ort der Stange unverändert, so kann die Stange als homogen angesehen werden.

Bild 194b zeigt das mechanomagnetische Bild einer solchen Welle. Sie unterscheidet sich in ihrer Gestalt erheblich von dem am gleichen Ort mit Dehnungsmeßstreifen aufgenommenen Dehnungsbild (Bild 194a), weil es sich um völlig andere Effekte handelt. Beide Diagramme haben daher in ihren Aussagen nichts miteinander zu tun.

Im Bild 196 ist im Ausschnitt aus einer Meßreihe dargestellt, wie bei einer nicht homogenen Stange an verschiedenen Meßstellen x das mechanisch-magnetische Testbild der durchlaufenden Schlagwelle aussieht. Die beigeschriebenen Zahlenwerte von x geben die Entfernung der Meßstelle von der Schlagfläche an. Der Stangenbund liegt bei $x = 11{,}5$ cm. Die Schreibspur läuft von links nach rechts. Sie setzt im Augenblick des Schlages ein und hat in 10^{-3} s die Abszisse durchlaufen. Das erste Zeichen rührt von der Druckwelle her. Im Bild $x = 22$ cm hört es etwa im Kreuzungspunkt der Achsen auf. Am Ende der Abszisse erscheint die Stirn der rücklaufenden Welle mit entsprechend umgekehrten Vorzeichen. Für die Auswertung interessiert die rücklaufende Welle nicht, sondern nur das erste Bild. Im Vergleich der einzelnen Bilder erkennt man, daß sich Amplitude und Vorzeichen der ersten Auslenkungen mit dem Meßort ändern. Es ist dieses ein Kennzeichen ungleichmäßigen Gefüges und unausgeglichener Spannungszustände. Da mit Annäherung an das freie Stangenende die vor- und rücklaufende Welle ineinander laufen, wird das Erkennen des mechanisch-magnetischen Effektes erschwert. Man kann sich dadurch helfen, daß man den Schlagimpuls von der anderen Seite in die Stange leitet.

---

[1] *Pruck, C.*, Experimentelle Testung von Bohrstangen auf Homogenität und Überbeanspruchung. — Bergb.-Wiss. 3 (1956), S. 143—151.

Der Polaritätswechsel kann auch in anderen Abschnitten der Stange vorkommen. Es spielt die Ausrichtung der Kristalle — auch im vielkristallinen Haufwerk — eine Rolle. Sie wird durch einen bestimmten verformenden Arbeitsprozeß hervorgerufen und ist daher örtlich verschieden.

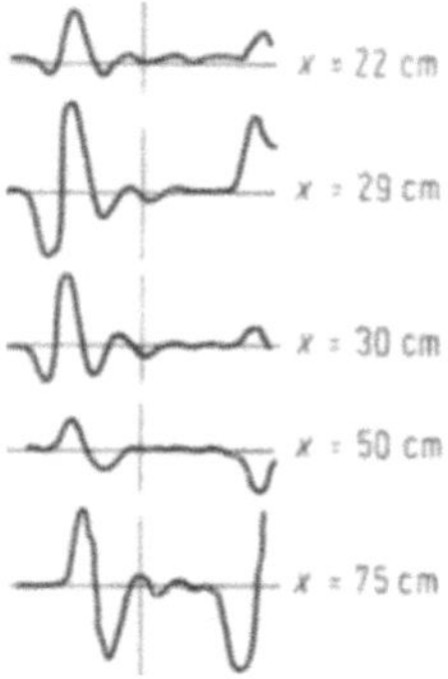

196. Magnetisch-mechanische Testbilder einer Bohrstange

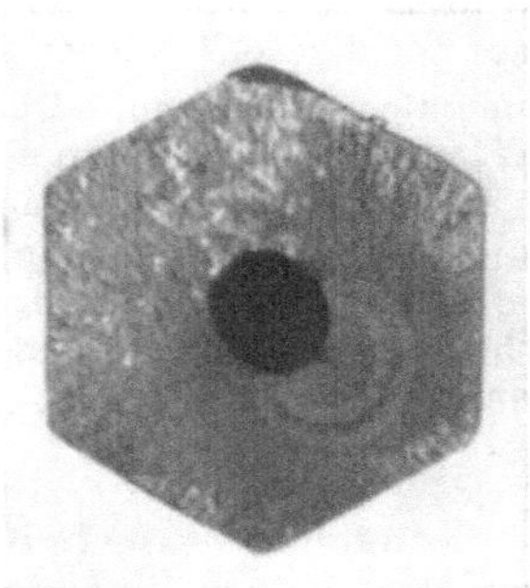

197. Typisches Bruchbild einer Bohrstange; Ermüdungsbruch vom Hohl ausgehend

Bohrstangen sind in Zusammenhang mit den hohen mechanischen Wechselbeanspruchungen durch den Gebrauch bei Nässe und Feuchtigkeit und durch die Verwendung von Spülwasser in besonderem Maße der Korrosion ausgesetzt. Ihre Bedeutung für die Lebensdauer der Stangen wird durch die Tatsache unterstrichen, daß die Mehrzahl der durch sie ausgelösten Brüche (ca. 80%) vom spülwasserdurchströmten Hohl ausgeht, obgleich unter dem Einfluß von Biegeschwingungen die mechanischen Spannungen dort geringer sind als auf der Außenfläche der Stange.

Auch metallurgische Kerben sind, wie man aus Ätzversuchen weiß, korrosionsempfindlich. Hieraus erklärt sich die Häufung der Brüche im Bereich von 10 bis 20 cm unterhalb des Stangenbundes.

Die Korrosion findet Ansatzpunkte in einer rauhen, durch Kratzer oder Schlagspuren verletzten Oberfläche. Hier wird der Stahl vom Spülwasser besonders leicht angegriffen und korrodiert.

Der Ermüdungsbruch beginnt an solchen schwachen Stellen durch Einfressen von Narben, an deren Boden sich feine Risse senkrecht zur Richtung der Beanspruchung bilden. Diese Risse vertiefen sich, bis der tragende Restquerschnitt der Stange über seine Festigkeit beansprucht wird. Es tritt dann Sprödbruch mit seinem typischen Bruchbild auf (Bild 197).

Zur Verringerung der Korrosionsgefahr sind chemische oder metallische Überzüge der Außen- und Innenoberfläche möglich. Da aber auch diese dem mechanischen Verschleiß ausgesetzt sind, haben sie nur eine aufschiebende Wirkung. Ein gewisser Schutz der Außenfläche wird ferner durch das Verfahren der Schuß-Hämmerung erreicht. Es hat zusätzlich den Vorteil, die Außenfläche in eine verbleibende Druckspannung zu versetzen, wodurch die Wirkung der „Zug"wellen des Schlages herabgesetzt werden soll.

Zusammenfassend ist zum Bohrstangenproblem zu sagen, daß, abgesehen von der Empfehlung einer sorgsamen Handhabung und pfleglichen Behandlung der Stangen, nur die Beachtung der vielen Einzelheiten im Werdegang der Stangen, die sich auf die Metallurgie, Formgebung, Oberflächengestaltung und Wärmenachbehandlung beziehen, in Verbindung mit einer gewissenhaften Kontrolle die Lebensdauer der Stangen verbessern kann.

17.1.4. **Sicherheitsvorschriften für schlagende Werkzeuge**

Vor dem Umgang mit schlagenden Druckluftwerkzeugen ist es notwendig, das Bedienungspersonal über die Betriebsvorschriften zu unterrichten und auf deren Einhaltung zu achten. Damit keine Unfälle durch unbeabsichtigte Betätigung des Drückers entstehen, muß als Vorschrift eingehalten werden, daß das Einsteckwerkzeug, soweit es nicht durch Kappe, Feder, Schelle oder Sicherungshebel gehalten ist, bei Stillstand aus der Führung zu nehmen ist und nur beim Arbeiten eingesteckt wird. Der Schlagkolben selbst ist durch eine Brücke oder einen Fangring im Hammerzylinder gegen Herausfallen oder Schleudern gesichert.

Von Zeit zu Zeit taucht immer wieder die Forderung auf, an schlagenden Werkzeugen Sicherungen an den Einlaßorganen einzubauen, die ein unbeabsichtigtes Ingangsetzen verhindern sollen. Es ist auch vielfach versucht worden, solchen Wünschen nachzukommen. Zum Beispiel wurden um 1930 von FMA POKORNY auf Wunsch eines Großabnehmers einige hundert Niet- und Meißelhämmer mit verschiedenen Drückersicherungen ausgerüstet. Diese waren als zusätzliche seitliche Kippsicherungen oder zusätzliche Innendrücker ausgebildet. Es hat sich aber gezeigt, daß solche Sicherungen das Arbeiten behinderten und die Nachteile größer waren als die Vorteile gegen unbeabsichtigte Inbetriebnahme. Vielfach wurden die Sicherungen von den Arbeitern bald wieder außer Funktion gesetzt, so daß der Kunde auf die zusätzliche Sicherung verzichtete und nur noch Hämmer mit normalem Drücker nachbestellte. Solche Erfahrungen haben auch andere Firmen gemacht, so daß heute die Einlaßorgane ohne zusätzliche Sicherung in ähnlicher Form in aller Welt nach den praktischen Erfahrungen gebaut werden. Zur Vermeidung von Unfällen gehört auch die laufende Kontrolle der Luftanschlußteile auf Abnützung und Dichtigkeit.

17.2. Drehende Druckluftwerkzeuge

Drehende Druckluftwerkzeuge und Druckluftmotoren sind Maschinen, bei denen die Energie des Druckgefälles der gespannten Luft in Drehbewegung umgesetzt wird. So werden viele Arbeitswerkzeuge, wie Bohr-, Schleif-, Schraubmaschinen und auch Druckluftmotoren, die zum Antrieb anderer Maschinen dienen, betätigt.

Ihre leichte Bauart bei sehr günstigen Leistungsgewichten und kleinsten Baumaßen, stufenlose Regelung, volle Explosionssicherheit, Überlastbarkeit bis zum Stillstand, große Anpassungsfähigkeit und geringe Störanfälligkeit haben ihnen einen festen Platz in der Industrie erobert, wobei sich ihr Einsatzgebiet auf Grund ihrer Vorzüge noch ständig erweitert.

17.2.1. Antrieb

Man unterscheidet Antrieb durch Lamellenmotoren, Kolbenmotoren, Zahnradmotoren und Turbinenmotoren.

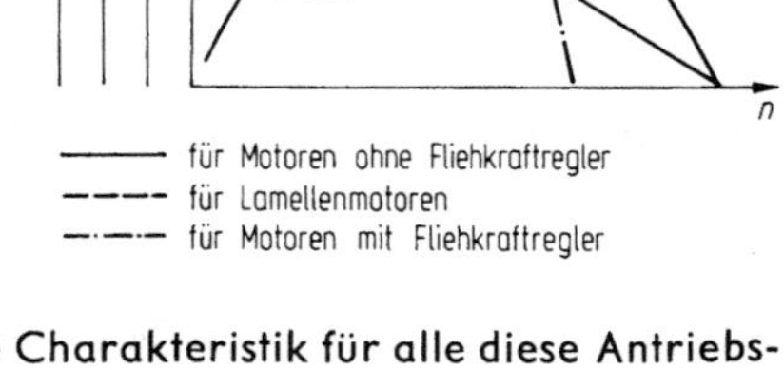

198. Allgemeine Charakteristik von Druckluftmotoren

Das Bild 198 zeigt die allgemeine Charakteristik für alle diese Antriebsmotoren. Es bedeuten:

Q_1 = spezifischer Luftverbrauch
Q = Luftverbrauch
M_d = Drehmoment
N = Leistung
n = Drehzahl

Aus der Kurve *N* ist ersichtlich, daß die Höchstleistung bei ungefähr der halben Leerlaufdrehzahl liegt. Die Momentenlinie M_d ist zum Teil fast eine Gerade. Das höchste Drehmoment ist fast gleich dem Abbremsmoment und überschreitet nicht das Doppelte des Drehmomentes bei höchster Leistung. Das Anfahrmoment ist bei Kolben- und Zahnradmotoren fast gleich dem Abbremsmoment und liegt beim Lamellenmotor nur wenig über dem Moment bei höchster Leistung. Durch den Füllungsgrad wird die Leistung mitbestimmt; bei größerer Expansion steigt der Wirkungsgrad, doch ist hier zu bedenken, daß dann auch eine größere Abkühlung auftritt, was unter ungünstigen Umständen zur Vereisung des Motors führen kann. Der spezifische Luftverbrauch ist im Bereich der höchsten Leistung am günstigsten.
In vielen Fällen muß die Leerlaufdrehzahl von Druckluftmotoren begrenzt werden, z. B. bei Schleifmaschinen. Durch Einbau eines Fliehkraftreglers kann die Leerlaufdrehzahl bis auf 10 bis 15% nahe der Drehzahl der Leistungsspitze eingestellt werden.
Da Leistung und Wirkungsgrad eines Druckluftmotors von dem Druckunterschied bei Ein- und Ausgang der Luft abhängt, ist es sehr wichtig, Strömungs- und Drosselverluste zu vermeiden. Dies trifft vor allem auf die Zuleitung und die Armaturen zu, die oft undicht oder deren Querschnitte zu klein gewählt sind.

17.2.1.1. **Lamellenmotoren**

Lamellenmotoren sind druckluftangetriebene Motoren mit sichelförmigem Arbeitsraum. Der Rotor ist mit Schlitzen versehen, in welchen Lamellen gleiten. Es gibt Ausführungen mit und ohne Getriebe, Drehrichtung rechts oder links oder umsteuerbar. Durch einen eingebauten Regler kann die Drehzahl begrenzt und ein Übertouren im Leerlauf verhindert werden. Der Lamellenmotor spielt heute wegen seines einfachen, gewicht- und raumsparenden, billigen Aufbaues und seines besonders niedrigen Leistungsgewichtes eine hervorragende Rolle für den Antrieb von drehenden Druckluftwerkzeugen und Druckluftmaschinen. Lamellenmotoren werden sowohl mit Rotationskolben gebaut, in welchen die Lamellen in radialen Schlitzen geführt werden, als auch mit Rotoren mit schrägen Schlitzen. Letztere sind jedoch nur für eine Drehrichtung geeignet. Das Bild 199 zeigt das Schema drei verschiedener Rotoren, *a*) mit radialen Schlitzen für eine Drehrichtung, *b*) mit radialen Schlitzen für zwei Drehrichtungen und *c*) mit schrägen Schlitzen und einer Drehrichtung. Die Lamellen des exzentrisch gelagerten Rotors unterteilen den sichelförmigen Arbeitsraum in Zellen, die verschieden groß sind. Durch Druckluft werden auf die asymmetrischen Zellenwände unterschiedliche Kräfte ausgeübt und dadurch die Drehung bewirkt. Zum sicheren Anlauf werden außerdem die Lamellen unterblasen und dadurch dicht an die Gehäusewand gedrückt. Manche Rotoren haben auch Federn unter den Lamellen angeordnet,

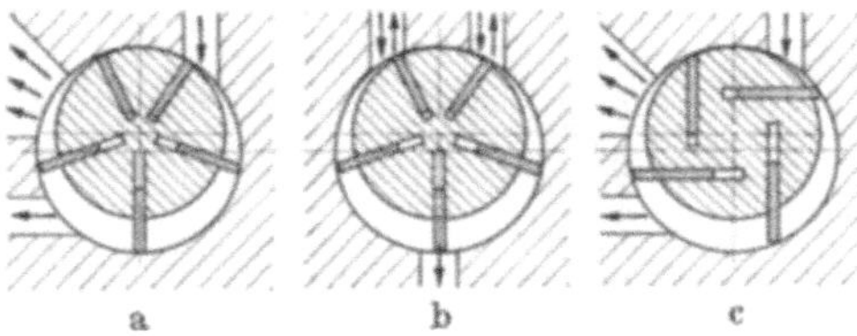

199. Schemas von Druckluft-Lamellenmotoren

wodurch das Anfahrmoment erhöht wird. Bild 200 zeigt das Innere einer Bohrmaschine mit Lamellenmotor in allen Einzelheiten. Druckluftlamellenmotoren werden serienmäßig von 0,1 bis 10 PS und mit Leerlaufdrehzahlen bis 60000 U/min gebaut.

17.2.1.2. Druckluft-Kolbenmotoren

Druckluft-Kolbenmotoren waren vor ca. 40 Jahren dominierend. Heute werden sie hauptsächlich dort eingesetzt, wo ein hohes gleichmäßiges Anfahrmoment oder ein Dauermoment für kleine Bewegungsgrößen gebraucht wird. Ursprünglich als Zweizylindermaschinen gebaut, wurden später auch Drei- und Vierzylindermotoren entwickelt, die in Reihenbauweise von FMA POKORNY unter der Bezeichnung „Lukra"-Motoren bis 100 PS gebaut wurden. Für kleinere Antriebsmotoren von Druckluftmaschinen, wie Bohr- und Schleifmaschinen, werden die Zylinder unter 90° angeordnet, wobei die Druckluft auf hin- und hergehende Kolben wirkt und über Pleuel und Kurbelwelle die Antriebswelle in drehende Bewegung versetzt. Einen Kolbenmotor einer Bohrmaschine mit Fliehkraftregler zeigt im Schnitt das Bild 201.
Eine Abart des Kolbenmotors mit radial gerichteten Kolben ist der Axialkolbenmotor. Bei diesem liegen Kolben und Zylinder parallel zur Hauptachse. Sie arbeiten entweder direkt oder über eine pendelnde Kolbenstange auf eine Taumelscheibe, welche die Axialbewegung der Kolben in eine drehende Bewegung der Arbeitswelle umsetzt.
Der Vorteil sind gleichbleibende Drehmomente bei den verschiedenen Drehzahlen und kleinere Abmessungen gegenüber den Radial-Motoren. Ihre größere Störempfindlichkeit ist jedoch die Ursache für ihre seltenere Verwendung.

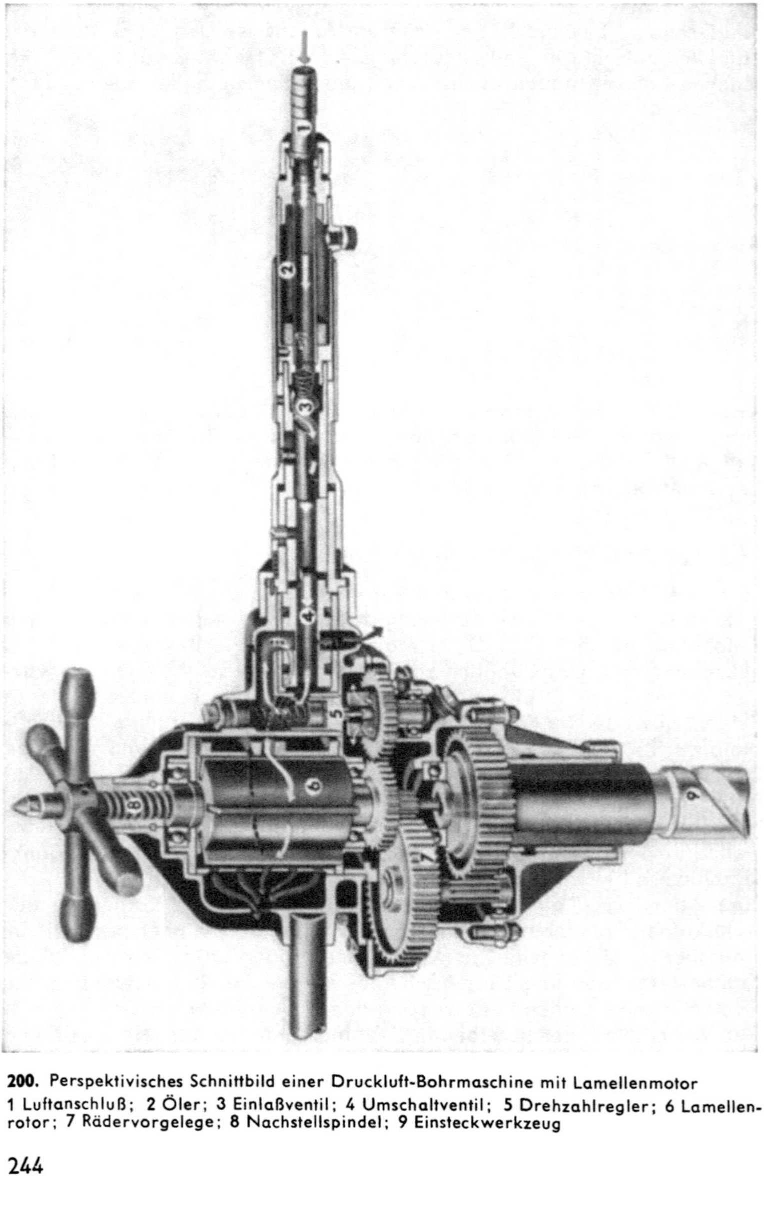

200. Perspektivisches Schnittbild einer Druckluft-Bohrmaschine mit Lamellenmotor
1 Luftanschluß; 2 Öler; 3 Einlaßventil; 4 Umschaltventil; 5 Drehzahlregler; 6 Lamellenrotor; 7 Rädervorgelege; 8 Nachstellspindel; 9 Einsteckwerkzeug

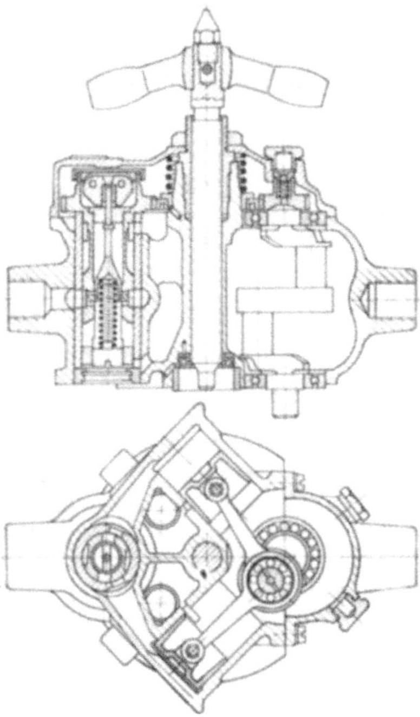

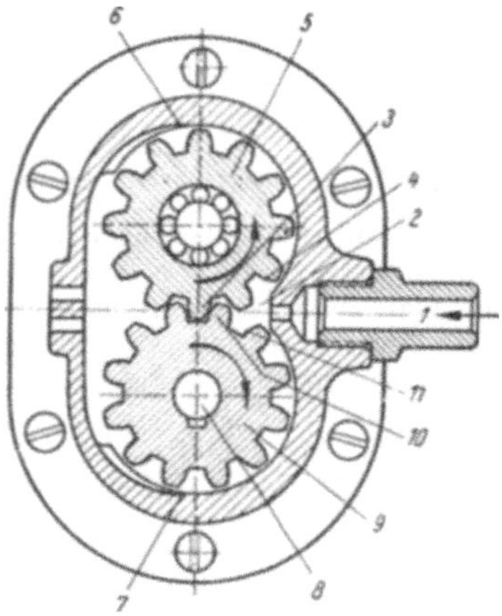

202. Schema eines Zahnradmotors

201. Bohrmaschine mit Kolbenmotor

17.2.1.3. **Zahnradmotoren**

Druckluft wirkt auf die Flanken zweier im Eingriff stehender Zahnräder, von denen eines die Arbeitswelle bewegt. Während Zahnradmaschinen früher nur für kleine Leistungen verwendet wurden, werden sie heute besonders im Bergbau als Antriebsmaschinen mit großer Leistung verwendet. Bild 202 zeigt das Schnittbild eines Zahnradmotors. Bei *1* tritt Druckluft ein und gelangt in den Raum *2*. Er wird von den ihn jeweils umhüllenden Flanken der Zahnräder *5* und *9* und einem Teil der Zylinderwand gebildet. Bei den miteinander kämmenden Zähnen *3* und *10* steht je nur eine halbe Flanke unter Luftdruck mit Drehmomenten in der Einströmrichtung. Entsprechend den doppelt so großen Drehmomenten in entgegengesetzter Richtung infolge der voll belasteten Flanken *4* und *11* drehen sich die Zahnräder in der eingezeichneten Richtung. Die in den Zahnlücken befindliche Luft tritt aus, wenn von ihnen die Auspuffkanten *6* und *7* erreicht werden. Während Zahnrad *5* frei läuft, ist Zahnrad 9 auf seiner Welle 8 festgekeilt, welche die Kraft überträgt. Für größere Leistungen werden Zahnradmotoren vielfach als schrägverzahnte Motoren ausgeführt.

17.2.1.4. Turbinenmotoren

Aus einer oder mehreren Düsen ausströmende Druckıuft wirkt hier durch ihre kinetische Energie auf ein Laufrad. Druckluft-Turbinenmaschinen erzielen ihre Leistung durch Ausnutzen der Luftgeschwindigkeit. Sie werden nur verwendet für Werkzeuge, die kleine Leistungen, aber höchste Drehzahlen erfordern.

17.2.2. Prüfen und Messen drehender Druckluftwerkzeuge[1]

Zur Prüfung drehender Druckluftwerkzeuge werden Luftverbrauch, Drehmoment und Leistung bei einem bestimmten Meßdruck festgestellt und in Abhängigkeit von der Drehzahl dargestellt. Das Prüfergebnis soll zahlenmäßig zum Ausdruck bringen, wie sich diese Maschinen in den verschiedenen Belastungsfällen verhalten und was man von ihnen erwarten kann. Die Prüfbedingungen sollen daher den praktischen Verhältnissen möglichst angepaßt sein. So muß z. B. bei Bohrmaschinen die Messung von Drehmoment und Leistung bei den entsprechenden Anpreßkräften erfolgen.

17.2.2.1. Angaben für die Beschreibung der Werkzeuge

Nach den Richtlinien ist anzugeben:

Art des Werkzeuges — Typenbezeichnung des Herstellers —,
Standardausrüstung,
Gewicht (Masse) des Werkzeuges [kg],
Abmessungen des Werkzeuges [m oder mm],
empfohlener Schlauch, lichte Weite und Länge,
Art und Abmessung des Arbeitswerkzeuges,
Aufnahme des Arbeitswerkzeuges mit Sicherung,
empfohlener Luftdruck [bar oder atü],
Nennleistung [PS oder kW],
Umdrehungszahl unter Last/bei Leerlauf,
Luftverbrauch unter Last/bei Leerlauf.
Für Schrauben- und Mutternanziehmaschinen ist statt der Nennleistung das maximale Anzugsmoment anzugeben.

[1] Siehe auch Druckluftwerkzeug-Prüfbestimmungen PNEUROP.

17.2.2.2. **Drehmoment**

Das Drehmoment kann aus der Torsion einer Welle und aus dem Bremsmoment einer Bremse erhalten werden. Bei der zweiten Methode wird die Energie des Druckluftwerkzeuges durch eine Bremse in Wärme umgesetzt, geht also einer Nutzanwendung verloren; bei der ersten Methode ist das nicht der Fall.

Die Torsion wird mit einem Torsionsdynamometer gefunden. Es besteht im Prinzip aus einer zwischen dem zu untersuchenden Preßluftmotor und der Arbeitsmaschine geschalteten elastischen Welle, deren Verdrehung meist auf optischem Wege festgestellt wird. Der Zusammenhang zwischen Drehwinkel und Drehmoment ist durch eine Eichkurve gegeben. Bei stark pulsierenden Drehmomenten ist diese Methode nicht anwendbar.

Bei schweren Aggregaten können zur Messung des Drehmomentes kreuzweise auf die Welle zwischen Antriebs- und Lastseite geklebte Dehnungsmeßstreifen verwendet werden, die über Schleifringe in einer Brückenschaltung liegen (Bild 203). Dieses Verfahren gestattet zusätz-

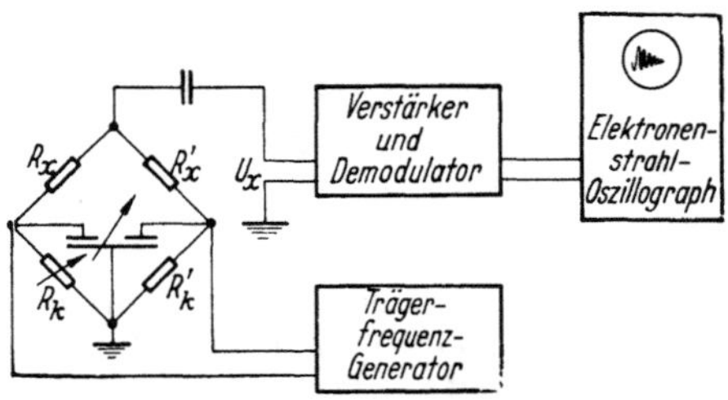

203. Trägerfrequenz-Brückenverfahren für Vorgänge mit Frequenzen < Trägerfrequenz und für statische Messungen. R_x = Meß-Streifen; R'_x = Temperaturkompensationsglied; R_k, R'_k = Brückenabgleich

lich eine bequeme Registrierung mit den üblichen elektrischen Registriergeräten (*K. Fink* u. *Ch. Rohrbach*, Handbuch der Spannungs- und Dehnungsmessung, Düsseldorf, VDI Verlag 1958). In der Praxis geschieht die Drehmomentmessung meist mit Bremsen. Nachstehend eine kurze Übersicht über die wichtigsten Methoden:

Beim Bremszaum (Pronyschen Zaum) wirken Backenbremsen auf eine Bremsscheibe, die mit der Welle des Prüflings fest verbunden ist. Durch regelbares Anpressen der Backen an die Bremsscheibe wird die Belastung geändert. Der Hebelarm des Bremszaumes wird mit Gewichten belastet, bis Gleichgewicht herrscht. Einfacher ist es, die Bremskraft auf eine Waage zu übertragen. Aus dem Produkt aus Bremsgewicht bzw.

Bremskraft und Hebelarm ergibt sich rechnerisch das Drehmoment. Genauere Messungen erlauben wegen ruhigeren Arbeitens insbesondere auch bei hohen Drehzahlen die Seil- oder Bandbremsen. Die Anwendbarkeit dieser Bremsen beschränkt sich auf kleine Leistungen.
Eine spezielle Anwendung findet die Bandbremse für die Prüfung von Bohrhämmern. Hierzu ist folgendes zu sagen:
Bei Bohrhämmern, die mit Umsetzer arbeiten, wechselt das Drehmoment zwischen zwei Hammerschlägen von Null auf einen Höchstwert. Zur betriebsmäßigen Überprüfung der Bohrhämmer sind außer Luftverbrauch, Kolbenschlagenergie, Schlagzahl und Rücklauf noch das maximale Drehmoment und die mittlere Drehzahl des Bohrers zu messen. Zu diesem Zweck besitzt das Hauhinco-Abbauhammer-Betriebsprüfgerät als Zusatz eine regelbare Bandbremse mit Drehmomentanzeiger und Drehzahlmesser. Diese Einrichtung ist in Bild 204 schematisch dargestellt.

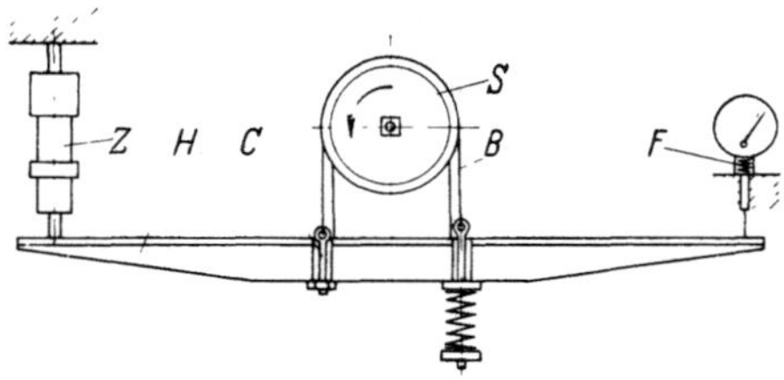

204. Schema der Bremse (Pronyscher Zaum)

Das Band *B* ist um eine Bremsscheibe *S* gelegt, die mittels Führungshülse alle Drehbewegungen des Bohrers mitmacht. Das Bremsband ist auf seiner einen Seite mit dem Bremshebel *H* fest verbunden, auf der anderen Seite an einer auf dem Hebel sitzenden Spannvorrichtung *C* befestigt, mit der die Bremskraft verändert werden kann. Am rechten Ende des Hebels *H* gestattet eine Federwaage *F* mit Momentenskala das Drehmoment in cmkp unmittelbar abzulesen. Am linken Ende des Hebelarmes ist ein hydraulisch wirkender Sperrzylinder *Z* angeordnet, der etwa auftretende Schwingungen dämpft und nur Bewegungen des Hebelarmes in Drehrichtung des Bohrers zuläßt. Die Einrichtung wirkt also wie ein Schleppzeiger, der auf das maximale Bremsmoment einspielt. Die Rückstellung erfolgt je nach Einstellung des Sperrzylinders mit der gewünschten Verzögerung.
Zur Bestimmung der Drehzahl besitzt die Bremsscheibe vier Nocken, durch die über ein Gestänge je Umdrehung des Bohrers vier Marken auf den Registrierstreifen des Prüfgerätes geschrieben werden. Da der Streifen Zeitmarken (siehe Bild 188) besitzt, läßt sich die Drehzahl des Bohrers leicht auszählen.

Alle bisher genannten Bremsen erzeugen ein von der Drehzahl unabhängiges Drehmoment.

Bei den Wasserwirbelbremsen nimmt das zwischen Rotor und Stator befindliche Wasser die Bremsenergie auf. Wegen der relativ einfachen Kühlung können große Bremsleistungen erreicht werden. Der Stator dieser Bremsen ist als Pendelkörper ausgebildet, dessen Moment, wie oben beschrieben, ausgewogen wird. Da das Drehmoment mit der zweiten Potenz der Drehzahl wächst, wird diese Bremse vorwiegend bei Maschinen mit geringer Drehzahl verwendet. Geregelt wird die Bremse im allgemeinen durch die Wasserfüllung. Es gibt auch Bauarten, bei denen bei gleichbleibender Wasserfüllung die Regelung durch Verschiebung von Scheiben zwischen Laufrad und Gehäuse erfolgt.

Außer den Wasserwirbelbremsen sind auch Luftwirbelbremsen im Gebrauch, die durch radiale Verstellung der Bremsflügel bzw. bei der Seppeler-Luftwirbelbremse durch Schrägstellen der Bremsflügel geregelt werden.

Speziell für Druckluftmotoren sehr hoher Drehzahlen (bis zu 100000 U/min) und geringerer Leistung (< 1 PS), wie sie bei Schleifmaschinen vorkommen, sind neuerdings elektrische Wirbelstrombremsen mit Permanentmagneten entwickelt worden[1]. Die geringe Lagerreibung wird in der Momentenmessung mit erfaßt. Durch veränderliche Eintauchtiefe des Rotors in das Feld des Magneten wird das Bremsmoment geregelt. Auch diese Bremsen sind als Drehmomentwaage gebaut. Das Auswägen erfolgt durch Verschieben von Gewichten auf einem mit dem Magnetkörper verbundenen Hebelarm.

17.2.2.3. **Leistung**

Die Leistung wird im allgemeinen aus Drehzahl- und Drehmomentmessungen rechnerisch ermittelt und aus der Beziehung

$$N = \frac{M_d \cdot n}{716} \text{ [PS]}$$

berechnet, wobei M_d das Drehmoment in mkp, n die Drehzahl in U/min bedeuten. Zur Umrechnung in kW ist mit dem Faktor 0,736 zu multiplizieren. Die unmittelbare Leistungsbestimmung z. B. durch elektrische Belastungsmaschinen ist weniger üblich[2].

[1] Entwicklung des Instituts für Maschinenwesen und Elektrotechnik der Bergakademie Clausthal (Bauart Grashof).

[2] Archiv für technisches Messen V 161.

17.2.2.4. Drehzahl

Die Drehzahl wird im allgemeinen mit geeichten Umdrehungszählern festgestellt, die entweder als Stichzähler die in eine bestimmte Beobachtungszeit fallenden Umdrehungen zählen oder auf mechanischem (Fliehkraft-Tachometer) oder meist elektrischem Wege (Wirbelstrom-Tachometer) auf die Geschwindigkeit ansprechen. In Sonderfällen können auch stroboskopische Verfahren Anwendung finden.

17.2.3. Sicherheitsvorschriften für drehende Werkzeuge

Bei drehenden Druckluftwerkzeugen sind die Unfallverhütungsvorschriften der Berufsgenossenschaft zu beachten. Insbesondere gilt dies für Schleifmaschinen, für welche die Vorschriften in der vom Deutschen Schleifscheibenausschuß Hannover im Auftrag der Arbeitsgemeinschaft der Eisen- und Metall-Berufsgenossenschaften herausgegebenen Schrift „Sicherheit beim Schleifen", beachtet werden müssen. Allgemeine Hinweise: Schleifscheiben müssen sorgfältig behandelt werden (richtige Lagerung). Die Aufspannung muß nach Vorschrift geschehen. Hier ist vor allem die zulässige höchste Umfangsgeschwindigkeit zu beachten; diese ist mit der entsprechenden Drehzahl auf der Schleifscheibe und auch an der Handschleifmaschine vermerkt, außerdem sind die Schleifscheiben noch mit einem Diagonal-Farbstreifen gekennzeichnet und zwar blau bis 45 m/s, gelb bis 60 m/s und rot bis 80 m/s. Größte Toleranz nach oben nicht mehr als 10%. Schleifscheiben nicht vertauschen. Nicht ohne vorschriftsmäßige Schutzhaube arbeiten; falls wegen Behinderung ohne solche gearbeitet werden muß, müssen größere Spannbacken bzw. konische Schleifscheiben nach Vorschrift verwendet werden. Im Betrieb unrunde Schleifscheiben abziehen. Bei den Schleifmaschinen öfter die Drehzahl kontrollieren, besonders nach längerer Lagerung vor Ausgabe. Falls die Drehzahl abweicht, Regler kontrollieren und eventuell nach Vorschrift nachstellen. Allgemein gilt, daß Druckluftwerkzeuge in den Pausen unbedingt abzustellen sind und so weggelegt werden müssen, daß kein unbeabsichtigtes Einschalten möglich ist. Selbstschlußventile sollen nicht festgebunden werden. (Näheres über Schleifscheiben siehe Teil 19.4.3. Auszug aus den Unfallverhütungsvorschriften VBG 7n6.)

17.3. Lufteinlaß- und -abschlußorgane für Druckluftwerkzeuge und -maschinen

Als Lufteinlaß- und -abschlußorgane werden *längsbewegliche Ventile* und *Drehventile* verwendet, die ersten hauptsächlich dort, wo der jeweilige Arbeitseinsatz nur kurzzeitig und rascher Luftabschluß zweckmäßig ist,

Drehventile dagegen dann, wenn der Arbeitseinsatz von längerer Dauer ist und während dieser Zeit die bedienende Hand entspannt werden soll.

Bei den **längsbeweglichen Ventilen** sind die folgenden Arten zu unterscheiden:

Schieberventile mit Lufteinlaß und -abschluß über Einschnürung (Bild 205) oder Querbohrung. Die ersten eignen sich besonders gut für Meißelhämmer, da sich mit Hilfe einer kleinen Anlaufnut in der Einlaßbüchse die für das Meißelansetzen erforderlichen Anfangsschläge gut regeln lassen und eine günstige, stetige Zunahme des Luftzutritts und damit der Arbeitsleistung zu erreichen ist.

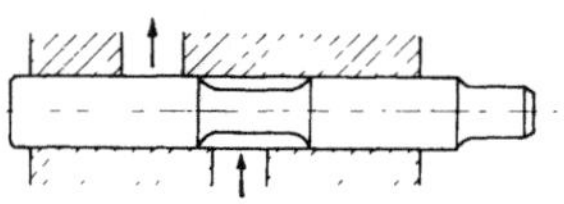

205. Schieberventil mit Einschnürung

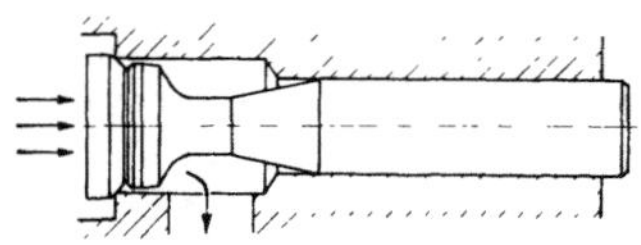

206. Kegelventil

Kegelventile (Bild 206) haben den Vorteil, daß der Dichtungskegel keinem Verschleiß unterliegt und einen dauernd guten Luftabschluß beim Werkzeugstillstand gewährleistet. Bei der Verwendung von Kegelventilen für Niethämmer drosselt ein hinter dem Dichtungskegel angeordneter schmaler Bund zunächst den Lufteintritt auf das für das Ansetzen des Werkzeugs notwendige Maß, gibt aber dann beim Weiteröffnen rasch den ganzen Eintrittsquerschnitt für die volle Leistung frei.

Kugelventile sind einfach, jedoch für feinfühlige Regelung weniger geeignet und werden deshalb vorzugsweise dort angewendet, wo eine solche nicht notwendig ist, wie bei Abbruch-, Spaten- und Kernausstoßhämmern und bei kleinen Werkzeugen.

Längsbewegliche Ventile findet man hauptsächlich bei allen schlagenden Werkzeugen und bei kleinen drehenden Maschinen. Ihre Betätigung geschieht durch Daumendrücker, Ballendrücker, Innendrücker, Hebeldrücker oder Druckknopf.

Bei Nietpressen, Nietmaschinen u. dgl. werden Einlaß- und Abschlußorgane mit längsbeweglichem Ventil meistens getrennt auf dem Boden aufgestellt und mit dem Fuß über Hebeldrücker bedient.

Drehventile in zylindrischer Ausführung werden hauptsächlich in drehende Maschinen eingebaut. Kegelige Drehventile sind in Bohrhämmern (Einlaßhahn), Gegenhaltern, Klopfern, Spantenniethämmern ausschließlich zu finden, bei Stampfern und Puderhämmern teilweise. Es gibt auch Drehventile, bei denen durch eine Drehhülse mit Hubkurve ein Schieber bewegt wird, der seinerseits alle Formen der längsbeweglichen Ventile haben kann; bei der Kugel wirkt der Schieber dann als Druckstift. Drehventile dieser Art (Bild 207) findet man bei Bohrmaschinen, Schlagschraubern und Schleifmaschinen.

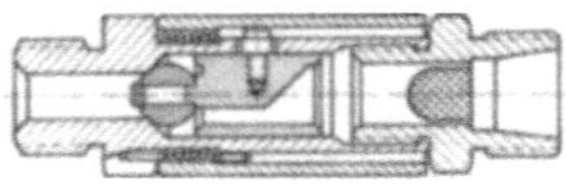

207. Drehventil mit längsbeweglichem Ein- und Auslaßschieber

17.4. Druckluftarmaturen und -schläuche

Zur Rohrleitungsausrüstung und zur Verbindung der Druckluftwerkzeuge, -maschinen und -geräte mit den Rohrleitungen dienen Armaturen und Schläuche, über die hier eine Übersicht gegeben wird. Nur beste Qualität in bezug auf Dichthalten auch während langer Gebrauchsdauer gewährleistet Schutz vor Luftverlusten.
Bild 208 gibt einen Überblick über die gebräuchlichsten Armaturen.
Druckluft darf den einzelnen Druckluftwerkzeugen nur in Gummischläuchen zugeführt werden, die aus bestem Werkstoff mit mehreren Einlagen bestehen. (Siehe DIN 20018.)
Um die Handhabung der Druckluftwerkzeuge nicht zu erschweren, werden sie mit dem Hauptschlauch durch einen glatten, biegsamen Schlauch verbunden, dessen Durchmesser nicht größer als nötig sein soll. Er richtet sich nach dem Werkzeuganschluß.
Der Berechnung der lichten Durchmesser in Tab. 209 liegt ein Druckabfall von etwa 0,1 atü zugrunde.
Schlagende und drehende Kleinwerkzeuge werden mit Handschläuchen von 5 mm bzw. 8 mm Durchmesser an die normalen Hauptschläuche angeschlossen.
Tab. 209 gibt den erforderlichen Durchmesser der Hauptschläuche (lichte Weite in mm) für die verschiedenen Arten von Druckluftwerkzeugen an.
Tab. 210 führt die gebräuchlichen Hähne auf. Die Kupplungshälften an den Hähnen haben Metalldichtungen. Tab. 211 führt Schlauchbinder, ein- und zweiteilige Schlauchschellen, Schlauchverbindungsrohr und Schlauchkralle an. Die Schlauchkrallen haben sich gut bewährt zur Reparatur von Druckluft- und anderen Gummischläuchen: Schadhafte Stelle glatt ausschneiden, beide Schlauchenden fest über die Stutzen der Schlauchkralle schieben, so daß deren Wulste dort deutlich erkennbar sind. Dann die Krallen auf einer festen Unterlage leicht zusammenschlagen, bis sie sich in den Schlauch eindrücken; dabei darf nur auf die Krallenenden geschlagen werden. Bei Bestellungen genauen inne-

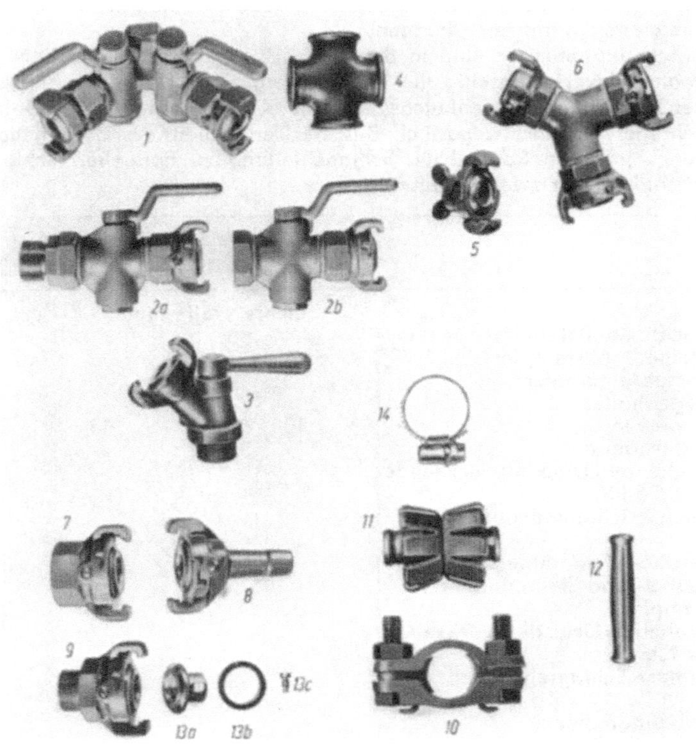

208. Armaturen

1 Doppelhahn mit Kupplung; *2a* Einfachhahn mit Kupplung und Außengewinde; *2b* Einfachhahn mit Kupplung und Innengewinde; *3* Einfachhahn, 45° abgewinkelt; *4* Kreuzstück mit Innengewinde; *5* Verschlußkupplung; *6* Dreiwegestück; *7* Kupplungshälfte mit Innengewinde; *8* Kupplungshälfte mit Tülle; *9* Kupplungshälfte mit Außengewinde; *10* zweiteilige Schlauchschelle; *11* Schlauchkralle; *12* Schlauchverbindungsrohr; *13a*–c Ersatzteile; *14* Schlauchbinder

ren Schlauchdurchmesser angeben, da bei zu kleinen Schlauchkrallen Undichtheiten auftreten können.
Schlauchkupplungen sind in der Tab. 212 enthalten. Norm DIN 3483 empfiehlt werkzeugseitig die Verwendung einer Kupplungshälfte mit Metalldichtung und schlauchseitig eine Kupplungshälfte mit Gummidichtung. Das Dreiwegestück Bild 208 Teil 6 dient als Zwischenglied einer einfachen Rohr- bzw. Schlauchleitung zu doppelten Schlauchanschlüssen für zwei Entnahmestellen.

	Für eine Schlauchlänge bis 5 m	10 m	15 m	25 m
	Lichte Weite mm			
Leichte Meißelhämmer Kleine Bankstampfer Kesselsteinklopfer Gegenhalter Nietfeuer Puderhämmer Drehende Druckluftwerkzeuge bis 0,75 PS Leichte Schlagschrauber	10	10	13	15
Leichte Niethämmer Meißel- und Stemmhämmer Stampfer Drehende Druckluftwerkzeuge bis 1,25 PS Mittlere Schlagschrauber	13	13	15	19
Abbauhämmer Schwere Niethämmer Leichte Aufbruchhämmer Drehende Druckluftwerkzeuge bis 2 PS	15	15	19	19
Große Schlagschrauber Drehende Druckluftwerkzeuge bis 4 PS Mittlere und schwere Aufbruchhämmer	19	19	25	25
Drehende Druckluftwerkzeuge über 4 PS Rammen	25	25	25	—

209. Druckluftschläuche

Ausführung	Doppelhahn mit Kupplung DIN 3487		Einfachhahn mit Kupplung DIN 3486		Einfachhahn mit Kupplung DIN 3486		Einfachhahn 45° abgewinkelt mit Kupplung DIN 3486
Innengewinde	R 3/4″	R 1″	R 3/4″	R 1″	—	—	—
Außengewinde	—	—	—	—	R 3/4″	R 1″	R 1″
Teil-Nr. in Bild 208	1	1	2b	2b	2a	2a	3

210. Hähne

Schlauchbinder, Bild 208, Teil 14					
Äußerer Schlauch-Dmr.	mm	15 bis 16	17 bis 19	20 bis 22	23 bis 25
Bandlänge	mm	140	160	180	200
Äußerer Schlauch-Dmr.	mm	26 bis 28	29 bis 32	33 bis 37	38 bis 42
Bandlänge	mm	220	250	280	310
Äußerer Schlauch-Dmr.	mm	43 bis 47	48 bis 52		
Bandlänge	mm	350	380		
Einteilige Schlauchschellen					
Für äußeren Schlauch-Dmr.	mm	10 bis 13	19 bis 21	23 bis 2	28 bis 31
Zweiteilige Schlauchschellen, Bild 208, Teil 10					
Für äußeren Schlauch-Dmr.	mm	23 bis 29	28 bis 34	32 bis 40	
Schlauchverbindungsrohre, Bild 208, Teil 12					
Für lichte Schlauchweite	mm	10	13	15	19
Äußerer Dmr. der Tülle	mm	11,5	14,5	18	21
Bohrung	mm	8	11	14	17
Schlauchkrallen, Bild 208, Teil 11					
Für lichte Schlauchweite	mm	10	13	15	19

211. Schlauchverbindungsteile für Druckluftschläuche

Kupplungshälften mit Außengewinde und Metalldichtung, DIN 3481						
Gewinde Bild 208, Teil 9	R 1/4″	R 3/8″	R 1/2″	R 5/8″	R 3/4″	R 1″

Kupplungshälften mit Innengewinde und Metalldichtung, DIN 3482					
Gewinde Bild 208, Teil 7	R 1/4″	R 3/8″	R 1/2″	R 3/4″	R 1″

Kupplungshälften mit Tülle zum Einbinden in Schläuche, DIN 3483					
Für Schlauch l. W. mm	10	13	15	19	25
Mit Metalldichtung Bild 208, Teil 8 Mit Gummidichtung	(Messinghülse, Gummiring und Schraube Teil 13a, b und c) (Gummiring mit Profil)				

212. Schlauchkupplungen

	Für Metalldichtung			Für Gummidichtung
Bild 208	Metallhülse 13a	Gummiring 13b	Schraube 13c	Gummidichtung mit Profil
Verschlußkupplung nach DIN 3484 (Bild 208, Teil 5)				
Kreuzstück mit Innengewinde R 1″ nach DIN 2950 (Bild 208, Teil 4)				

213. Ersatzteile

Druckluftschläuche ohne Umwicklung nach DIN 20018								
Lichte Weite	mm	6	8	10	13	15	19	24
Äußerer Durchmesser	mm	12	14	21	25	27	31	39

214. Druckluftschläuche ohne Umwicklung nach DIN 20018

17.5. **Normung**

Durch den weit verbreiteten Einsatz der Druckluftwerkzeuge hat sich schon bald eine gewisse Einheitlichkeit der Lufteinlaßgewinde wie auch der Einsteckenden der Arbeitswerkzeuge durchgesetzt. Für Armaturen, Schläuche und Einsteckenden wurden DIN-Normen aufgestellt, die jetzt in überarbeiteter Form als neue Norm herauskommen. Man ist auch dabei, hierfür internationale Normen (ISO) festzulegen.
Sehr stark verbreitet sind die Schnellkupplungen nach DIN. Neuerdings werden bei kleineren Druckluftwerkzeugen vielfach Steckkupplungen verwendet. Diese Kupplungen haben automatische Schlußventile, die beim Abkuppeln wirksam werden, so daß das An- und Abkuppeln gleich einfach ist wie bei einem Elektrostecker. Auch die Druckluftschläuche sind unter DIN-Norm festgelegt. Wichtig ist es, zur Vermeidung von Drosselverlusten die Querschnitte der Zuleitung genügend groß zu halten und Leitung und Anschlüsse ständig zu kontrollieren und Undichtigkeiten sofort abzustellen.
Bisherige DIN-Normen: Außengewindekupplungen DIN 3481, Innengewindekupplungen DIN 3482, Schlauchkupplungen DIN 3483, Verschlußkupplungen DIN 3484, Einfachhähne mit Kupplung DIN 3486, Doppelhähne mit Kupplungen DIN 3487, Druckluftschläuche DIN 20 018.
Die Maße für die Einsteckenden der Arbeitswerkzeuge von schlagenden Werkzeugen für das Metallgewerbe sind in DIN 8530 angegeben.

17.6. **Schalldämpfung bei Werkzeugen**

(Allgemeines siehe Lärmabwehr in der Pneumatik, Teil 11, S. 167.)
Druckluftwerkzeuge haben zwar eine hohe Leistungsfähigkeit, sie verursachen aber oft auch Lärm, der sich besonders in geschlossenen Räumen und im Wohnbereich unangenehm, ja bei Dauereinwirkung sogar gesundheitsschädlich bemerkbar machen kann. Es wurden deshalb in den letzten Jahren Untersuchungen angestellt mit dem Ziel, übermäßige Lärmentwicklung bei Drucklufterzeugern und Druckluftverbrauchern zu vermeiden. Dabei wurden teilweise so große Erfolge erzielt, daß in vielen Fällen heute Druckluftwerkzeuge nicht mehr lauter als Elektrowerkzeuge sind. Bei der Betrachtung muß man zwischen Werkzeugen unterscheiden, bei denen das Arbeitsgeräusch an sich niedrig ist, und Werkzeugen mit hohem Arbeitsgeräusch. Zur letzten Gruppe gehören alle schlagenden Werkzeuge wie Meißel- und Niethämmer, Abbau- und Aufbruchhämmer, Bohrhämmer u. a.
Bekanntlich bestimmt bei mehreren Lärmquellen die lauteste das Gesamtgeräusch. Bei schlagenden Werkzeugen liegt nach den Untersuchungen die erreichbare Schalldämpfung durch Dämpfung des Aus-

pufflärms bei 10 bis 12 dB (das ist ca. 1/3 des subjektiv empfundenen Lärms). Das wird erreicht durch entsprechende Anordnung und Formgebung der Abströmkanäle, durch Auspuffschellen, -klappen, Schallsäcke u. a.

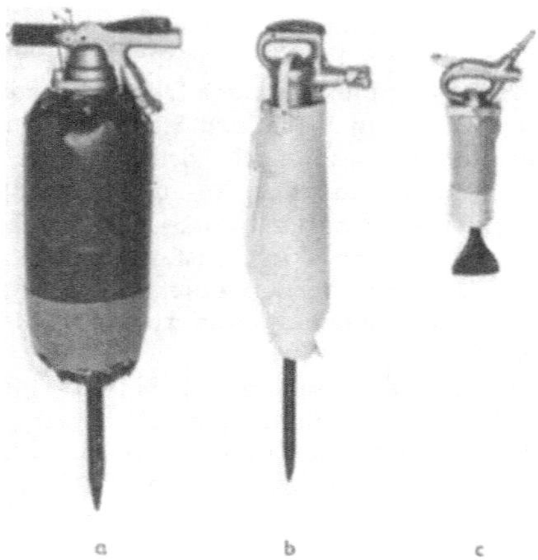

215. Hämmer mit Schalldämmmänteln

a) Aufbruchhammer
b) Abbauhammer
c) Meißelhammer

Bild 215 zeigt drei Hämmer, die mit Schalldämmänteln ausgerüstet sind. Bei drehenden Druckluftwerkzeugen wie Bohrmaschinen und Drehschraubern und auch Druckluftmotoren, bei denen das Arbeitsgeräusch an sich geringer ist, erreicht man über die Auspuffdämpfung durch entsprechende Führung der Auspuffluft eine Lärmminderung bis 20 dB und mehr. Druckluftmotoren werden vielfach mit einschraubbaren Auspuffschalldämpfern, die mit Keramik- oder Metall-Sintereinsätzen versehen sind, ausgerüstet. Die Schalldämpfer haben normal

Anschlußgewinde von	R 3/8″	R 1/2″	R 3/4″	R 1″
Luftdurchgang von 6 atü ins Freie	4	6,5	8	9 m^3/min

Um größeren Leistungsabfall zu vermeiden, dürfen die Schalldämpfer nicht zu klein gewählt werden.

17.7. Hinweise für den Betrieb von Druckluftwerkzeugen und allgemeine Richtlinien für die Wartung

Die Robustheit und Unempfindlichkeit der Druckluftwerkzeuge verleiten ihre Benutzer oft dazu, jegliche Wartung zu unterlassen. Dies führt aber zu unnötigen Betriebsstörungen, die sich bei Beachtung der Betriebsanweisungen und Wartungsvorschriften leicht vermeiden lassen.

Die dafür aufgewendete Mühe und Kosten machen sich durch größere Betriebsbereitschaft, geringere Reparaturkosten und längere Lebensdauer bezahlt. Allgemein gültige Winke für den wirtschaftlichen Einsatz von Druckluftwerkzeugen beziehen sich auf richtige Auswahl des Werkzeuges und dessen einwandfreien Zustand, richtigen Druck, Kontrolle der Zuleitung (Druckluftnetz) und auf die Schmierung.

17.7.1. **Auswahl und Prüfung des Zustandes**

Entsprechend der Arbeit soll auch das richtige Werkzeug nach Art und Größe eingesetzt werden. Der Zustand soll überprüft und einwandfrei sein. Die Kontrolle soll in der Werkstatt durchgeführt werden. Der Aufwand ist gering, da sich jedes Druckluftwerkzeug in wenigen Minuten zerlegen läßt. Schadhafte und verschlissene Teile sind auszuwechseln. Alle Teile werden als Ersatz austauschbar geliefert. Bei schlagenden Werkzeugen sind besonders die Führungsbüchsen zu überprüfen. Ausgeschlagene und verschlissene Führungsbüchsen und abgenützte oder schadhafte Einsteckwerkzeuge bedeuten schlechten Schlagwirkungsgrad, Querschläge, unruhigen Lauf und Bruchgefahr für die Einsteckwerkzeuge wie auch größere Beanspruchung des Bedienenden. Das gleiche gilt auch für nicht einwandfreie Schlagflächen von Kolben und Einsteckwerkzeug.
Für den Ersatz von verschlissenen Laufteilen gilt als Richtlinie die Verdoppelung des größten Normspiels. Es soll nicht mit losem Handgriff gearbeitet werden, auch nicht ohne vorgesehene Haltevorrichtung für das Einsteckwerkzeug wie Haltekappe, Feder u. a.

17.7.2. **Druck**

Der für den Betrieb wirtschaftlichste Betriebsdruck ist im allgemeinen 6 atü — für Untertage beträgt er meistens nur 4 atü. Diesen Drücken entsprechen auch die Kontroll- und Betriebsvorschriften. Niedriger Betriebsdruck bedeutet geringe Leistung, überhöhter Druck Bruchgefahr und übermäßigen Verschleiß.

17.7.3. **Beschaffenheit der Zuleitung**

Druckluftwerkzeuge müssen mit engen Toleranzen hergestellt werden, um Luftverluste klein zu halten. Ihr größter Feind ist verschmutzte Arbeitsluft. Sand, Rost, Asche, Schleif-, Gestein- oder Zementstaub verursachen hohen Verschleiß und Störungen besonders in den Steuerorganen und Lagern. Druckluftleitungsnetze liegen oft sehr lange und haben durch Kondenswasser Rost angesetzt, der sich löst und die Siebe verlegt. Gegen Verschmutzung werden Filter eingesetzt, die in die Nähe der Verbrauchsstelle einzubauen sind. Zum Abscheiden von Kondens-

wasser und Öl benützt man Abscheider. Filter und Abscheider werden handelsmäßig als Wartungseinheiten, meist kombiniert mit Druckregler und Öler angeboten. Die Druckluftleitung soll in ihrem Querschnitt genügend groß sein, um den Druckabfall klein zu halten. Hier ist besonders auf eingebaute Verbindungsstücke und Armaturen zu achten, die oft bedeutende Drosselung verursachen. Für längere Schlauchleitungen zum Werkzeug soll der Hauptschlauch Übergröße haben und nur der Handschlauch zum Werkzeug in einer Länge von ca. 3 m mit dem vorgeschriebenen kleineren Durchmesser wegen der besseren Beweglichkeit gewählt werden.
Ganz besonders muß die Luftleitung auf Dichtheit kontrolliert werden. Die Notwendigkeit hierzu sieht man sofort ein, wenn beachtet wird, daß durch Undichtigkeiten, die einem 2-mm-Loch entsprechen, in 24 Stunden bei 6 atü 360 m^3 Luft abströmen, die bei 2 Pfg. pro m^3 über 7,— DM kosten. Vor allem sind die Schlauchanschlüsse (Kupplungen) und Armaturen oft schadhaft.

17.7.4. **Was vor Inbetriebnahme zu beachten ist**

1. Druckkontrolle.
2. Werkzeug kontrollieren und nach Vorschrift abschmieren — Sieb am Lufteinlaß soll frei sein.
3. Arbeitswerkzeug kontrollieren. Einsteckenden sollen vor Einbringen sauber und leicht eingefettet sein.
4. Vorgeschriebene Haltevorrichtungen verwenden.
5. Zuführungsschlauch soll einwandfrei sein; vor Anschluß gut ausblasen. Die häufigste Ursache für Verschmutzung ist die nachlässige Art, mit der das Werkzeug angeschlossen wird.

17.7.5. **Hinweise für das Arbeiten mit Druckluftwerkzeugen**

Beim Betrieb Hammer immer andrücken, da viele Leerschläge dem Werkzeug schaden. Bei drehenden Werkzeugen Leerlauf vermeiden, da sonst unnötiger Luftverbrauch und größerer Verschleiß (Lamellen). Bei Arbeitsunterbrechung Werkzeuge abstellen. Wo Einsteckwerkzeuge nicht gesichert sind, wegen Unfallgefahr herausnehmen und so ablegen, daß kein Schmutz ins Innere gelangen kann.

17.7.6. **Wartung und Reparatur**

Vor Betriebsschluß sind die Werkzeuge nochmals normal zu schmieren und einige Sekunden laufen zu lassen. Bei längerer Nichtbenutzung Werkzeuge mit Spülöl auszuwaschen und gut einfetten. Treten Störungen auf, Werkzeuge möglichst in einer Werkstatt demontieren und überprüfen — an der Arbeitsstelle zu hohe Verschmutzungsgefahr. Generalreinigung je nach Beanspruchung und Wartung in größeren Zeitabständen. Alle Teile in Petroleum oder Waschöl säubern, mit trockener Druckluft abblasen und kontrollieren. Hierzu gehören auch die Gewinde und Planflächen von Zylinderdeckel und Handgriff (Haube).

Schadhafte Teile sind zu reparieren bzw. zu ersetzen. Vor Zusammenbau Teile einölen. Auf richtigen Einbau achten. Hierzu gibt es von den Herstellern für die einzelnen Werkzeuge eingehende Anweisungen.

Falls von dem Kunden die Reparaturen nicht entsprechend ausgeführt werden können, dann diese in den Werkstätten des Herstellers ausführen lassen.

17.7.7. **Schmierung**

Ein großer Prozentsatz aller Ausfälle im Betrieb ist auf fehlende Schmierung zurückzuführen. Durch Trockenlauf kann es zu Freßerscheinungen kommen mit Festfahren des Kolbens. Zumindest gibt es hohen Verschleiß mit vorzeitigem Leistungsrückgang. Bei eingebauten Ölern muß die Funktion überprüft werden (durch Vorhalten eines weißen Papiers vor den Auspuff). Wird das Papier nicht ölig, muß der Filzstopfen erneuert bzw. die Drosselbohrung frei gemacht werden. Nur vom Hersteller nach Betriebsanweisung empfohlenes Öl verwenden. Werkzeuge ohne Öler müssen nach 2 bis 3 Stunden Betriebszeit durch den Luftanschluß — nach Abkuppeln des Schlauches — durch Eingießen von ca. 2 cm^3 Öl bei geöffnetem Einlaßorgan geschmiert werden. Hier haben sich Schmierpatronen (Kunststoffampullen) bewährt, die eine abgestimmte Menge Schmieröl bzw. auch Reinigungsflüssigkeit enthalten.

Bei Bohrhämmern, Rammen und anderen Werkzeugen empfiehlt es sich, Leitungsöler vorzuschalten. Der Schlauch vom Öler zum Werkzeug muß ölfest sein, die Länge 5 bis 6 m betragen (Bild 216).

Anforderungen an das Schmieröl:

Dünnflüssig — säurefrei — harzfrei,

Viskosität 6 bis 7,5 °E/50 °C,

Stockpunkt 0°, im Winter —20 °C, sonst nach DIN 51 501.

Gut bewährt haben sich auch fette Maschinenöle, welche die Luftfeuchtigkeit binden und Korrosion und Eisbildung verhindern (empfohlen wird FMA POKORNY-Spezialschmieröl A 533). Vor allem sind die Vorschriften der Werkzeughersteller zu beachten.

17.7.8. **Wartungseinheiten**

Von großem Vorteil für die Wartung und Schmierung von Druckluftwerkzeugen, -motoren und -geräten hat sich die Vorschaltung von Wartungseinheiten erwiesen. Dies trifft besonders zu für fest eingebaute Maschinen (Motoren) und alle Werkzeuge, die an einem festen Arbeits-

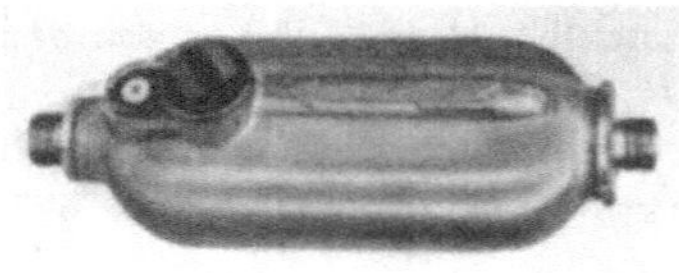

216. Leitungsöler

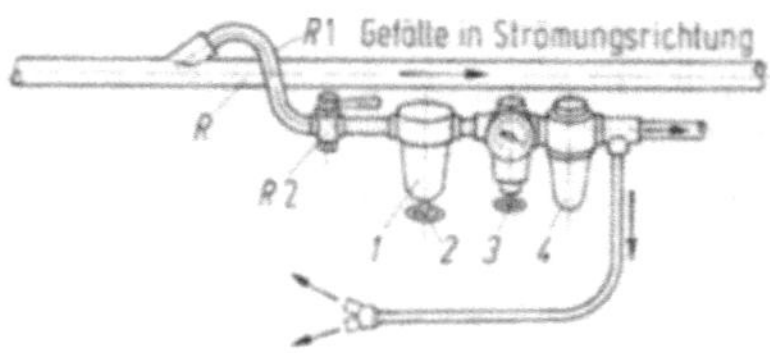

217. Installation von Wartungseinheiten

platz gebraucht werden. Die Wartungseinheiten bestehen aus Filter, Druckregler und Öler und sollen möglichst nahe dem Werkzeug eingebaut werden. Es gibt Normalnebel-Öler und Mikronebel-Öler. Erstere werden nur für Einzelanschluß empfohlen, wobei die Einbauentfernung nicht mehr als 3 m sein soll. Selbstverständlich können auch die Aggregate einzeln oder zu zweit eingebaut werden, z. B. Filter/Öler oder für Farbspritzanlagen Filter/Druckregler. Wichtig ist die richtige Installation (Bild 217).

Es bedeuten: *R* Rohrleitung mit Gefälle in Strömungsrichtung
R 1 Ableitung, Anschluß mit großem Bogen an Rohroberseite
R 2 Absperrhahn (Ventil)

Wartungseinheit, bestehend aus:

1 Filter
2 Wasserablaß
3 Druckregler
4 Mikronebel-Öler

Für Gleit- und Wälzlager der drehenden Druckluftwerkzeuge weiches Wälzlagerfett verwenden.

Gleitlager entsprechend Betriebseinsatz schmieren.

Wälzlager sind nur bis zur Hälfte des freien Raumes zu füllen, anderenfalls erwärmen sich die Lager zu stark.

Beim Abschmieren auf Sauberkeit achten. Behälter für Schmiermittel müssen verschließbar sein und sauber gehalten werden.

18. Druckluftgeräte

Gegenhalter, Hubgeräte, Hebezeuge, Nietpressen und ähnliche Einrichtungen nutzen den Druck der Luft auf den Kolben aus, um eine bestimmte Druckwirkung zu erzielen, z. B. Andrücken eines Arbeitswerkzeugs (Döpper) [Bild 218], Heben und Halten von Lasten, Kraftumsetzung in Hebeldruck (Kniehebelpressen) [Bild 219] oder hydraulischen Druck (kombinierte pneumatisch-hydraulische Pressen).

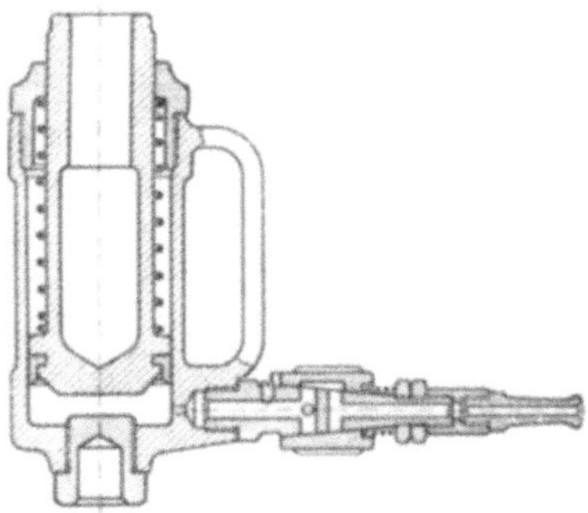

218. Gegenhalter

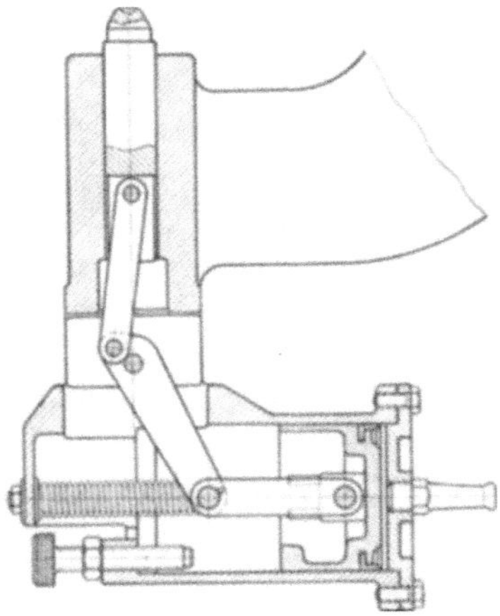

219. Teil einer Kniehebelpresse

Strahlgeräte nutzen die Strömungsgeschwindigkeit des Druckgefälles aus und erzielen durch den aus einer geeigneten Düse ins Freie blasenden Druckluftstrahl eine Strahlwirkung, die sich zur Verrichtung einer Reihe von Arbeiten verwenden läßt. Druckluft-Blasdüsen, Farbspritzgeräte (-pistolen), Metallspritzgeräte (-pistolen) sind Strahlgeräte. Auch bei Sandstrahlgebläsen und Betonspritzmaschinen wird die Strahlwirkung der Druckluft ausgenutzt.

Der Luftverbrauch der Strahlgeräte ist bestimmt durch den Luftdruck und die Größe der Düsenbohrung, die sich wiederum nach dem Verwendungszweck richtet. Sehr wesentlich wird der Luftverbrauch durch eine infolge von Verschleiß eintretende Ausweitung der Düsenbohrung beeinflußt.

Tab. 220 enthält die entsprechenden Daten.

	Druck p_d atü	1	2	3	4	6	8
Düsendurchmesser mm	Düsenquerschnitt cm²	Erforderliche Ansaugmenge des Kompressors in m³/h					
11,28	1	140	210	280	345	480	620
1	0,0078	1,1	1,6	2,2	2,7	3,75	4,8
2	0,0314	4,4	6,5	8,8	10,8	15,0	19,5
4	0,126	17,6	25,2	35	43	60,5	78
6	0,283	40	59	79	98	136	175
8	0,50	70	105	140	172	240	310
10	0,78	109	162	216	270	375	480
12	1,13	158	235	316	390	543	700
16	2,01	282	420	560	690	965	1250
20	3,14	440	650	880	1080	1500	1950
25	4,90	687	1020	1370	1700	2350	3040

220. Luftdurchgang durch Blasdüsen

19. Anwendung und Einsatz von Druckluftwerkzeugen, -maschinen und -geräten

Die Anwendungsmöglichkeiten sind außerordentlich groß und mannigfaltig. Betriebssicherheit, einfache Handhabung, sehr günstige Leistungsgewichte bei größter Zweckmäßigkeit und Gefahrlosigkeit sind die Hauptmerkmale der Druckluft als Kraftübertragungsmittel. Diesen Merkmalen ist es zuzuschreiben, daß Druckluftwerkzeuge und -geräte so beliebt sind. Im folgenden werden die wichtigsten Arbeitsvorgänge, die man mit ihnen ausführt, kurz beschrieben.

Um den Umfang des Taschenbuchs in annehmbaren Grenzen zu halten, bringen die Tabellen für die verschiedenen Werkzeuggruppen nur die Leistungs- und sonstigen wichtigen Angaben. Zur genauen Unterrichtung dienen die auf Anforderung zu erhaltenden Prospekte, Ersatzteillisten, Betriebsanweisungen und Sonderdrucke.

19.1. **Nieten**

Unlösbare Verbindungen von Stahlteilen (Bild 221) oder die Vereinigung von Metallteilen zu Konstruktionen, Bauten oder Maschinen und Fahrzeugen können durch Nieten oder Schweißen hergestellt werden. Obwohl das Schweißen auf diesen Gebieten bedeutend fortgeschritten ist, hat das Nieten noch immer seinen besonderen Anteil, weil die Sicherheit bezüglich einwandfreier Verbindung größer ist, da örtliche Erhitzung und die damit verbundene Verspannung und Strukturänderung des Materials

221. Nieten einer Stahlkonstruktion

vermieden wird. Vielfach wird auch in Verbundbauweise mit Schweißen, Schrauben und Nieten gearbeitet. Die Wahl eines Nietgerätes richtet sich nach folgenden Gesichtspunkten:

Nietstärke (Stahlniete 3 bis 36 mm Durchmesser, Duralniete 2 bis 16 mm Durchmesser),
Form des Nietkopfes,
Nietwerkstoff,
Zugänglichkeit der Nietstellen,
Warm- oder Kaltnietung.

Hierfür stehen Niethämmer im Gewicht von 1 bis 13 kg zur Verfügung (Bild 222/*1*).

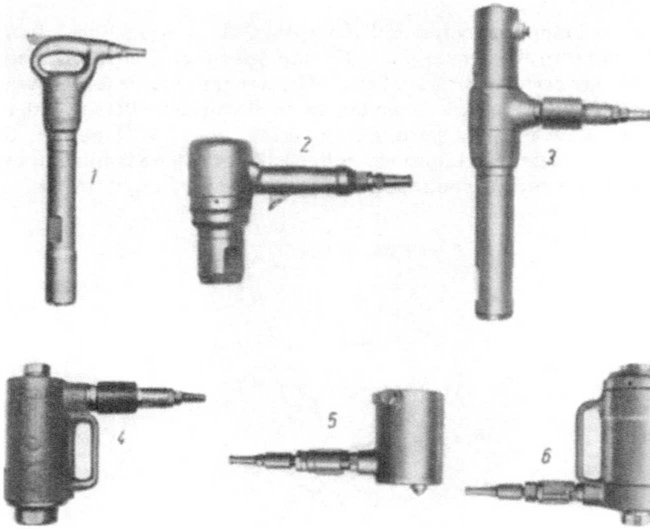

222. Verschiedene Niethämmer und Gegenhalter

1 Niethammer; *2* Waggon-Niethammer; *3* Spantenniethammer; *4* kurzer Spantenniethammer; *5* Gegenhalter mit exzentrisch liegendem Döpper; *6* Gegenhalter mit zentrisch liegendem Döpper

19.1.1. **Arten von Niethämmern und Gegenhaltern**

Das Schnittmodell eines Niethammers zeigt Bild 223. Zum Nieten kleiner Nietdurchmesser sind auch die hauptsächlich für Meißelarbeiten bestimmten Hämmer geeignet. Sie müssen dann mit runden Führungsbüchsen versehen sein. Eine besonders kurze Baulänge und trotzdem hohe Schlagleistung haben die sogenannten Waggon-Niethämmer Bild 222/2, die — auch mit Seitengriff anstelle des normalen Handgriffes — an engen Stellen verwendet werden, wie z. B. im Waggon-, Lokomotiv-, Brückenbau usw.

Spantennieter Bild 222/3 sind Niethämmer mit einer angebauten Vorschubeinrichtung; sie werden hauptsächlich im Schiffbau gebraucht. Durch Drehen des Einlaßhahns am Vorschubgehäuse wird die Druckluft zunächst dem Andrückkolben zugeführt, so daß der Spantennieter zwischen die Abstützung und den zu schlagenden Niet eingespannt wird; beim Weiterdrehen beginnt der Hammer zu schlagen und den Niet zu stauchen.

Niethämmer mit Haltefedern (Entnietungshämmer) dienen zum Aufspalten und Abschlagen von Nietköpfen, zum Austreiben von zu erneuernden Nietschäften und Rohren und zum Aufdornen.

In manchen Fällen werden für das Abschlagen von Nietköpfen sogenannte Nietkopfabscherer mit Kolbenhüben bis zu 1 m benutzt, Gewicht etwa 35 kg. Durch Betätigen eines Hebels wird hier jeweils nur ein einziger, aber besonders kräftiger Schlag bewirkt.

Wenn in Sonderfällen, z. B. bei Duralnieten, die Verwendung eines normalen Hammers mit hoher Schlagzahl das Entstehen einer zu großen Sprödigkeit befürchten läßt, benutzt man sogenannte Einzelschlaghämmer und Nietmaschinen. Bei diesen wird durch Betätigung des Einlaßorgans jeweils nur ein einziger starker Schlag ausgelöst, so daß mit wenigen Schlägen Duralnieten bis zu 8 mm Durchmesser gestaucht werden können.

Beim Nietvorgang müssen Niete durch einen Gegendruck gehalten werden, der zweckmäßig durch Druckluftgegenhalter Bild 222/5 und 6 ausgeübt wird. Durch Druckluftgegenhalter wird die Arbeit bedeutend erleichtert und die Güte der Nietverbindung zugleich verbessert.

Spantennieter Bild 222/4 werden als schlagende Gegenhalter verwendet. Diese bringen durch ihre Schlagwirkung zunächst den Setzkopf zur sicheren Anlage und wirken dann als einfache Gegenhalter weiter. In letzter Zeit wird für besonders gute Nietung von beiden Seiten geschlagen.

19.1.2. Einsteckwerkzeuge zum Nieten

19.1.2.1. Döpper

Das Einsteckwerkzeug für das Schlagen der Nieten bezeichnet man als „Döpper“. Döpper, bei denen die Form für den Nietkopf noch nicht ausgearbeitet ist, sind in Tabelle 224 enthalten. Für die Ausarbeitung der Döpper gelten folgende Normen:

für Halbrundniete,	2— 9 mm	DIN 660, Ausgabe Juni 1956,
für Kesselbauniete,	10—36 mm	DIN 123, Ausgabe Juni 1956,
für Stahlbauniete,	10—36 mm	DIN 124, Ausgabe Juni 1956,
für Flachrundniete,	4,5—18 mm	DIN 674, Ausgabe Dezember 1953,
für Linsenniete,	4—16 mm	DIN 662, Ausgabe Juni 1956,
für Senkniete		DIN 661.

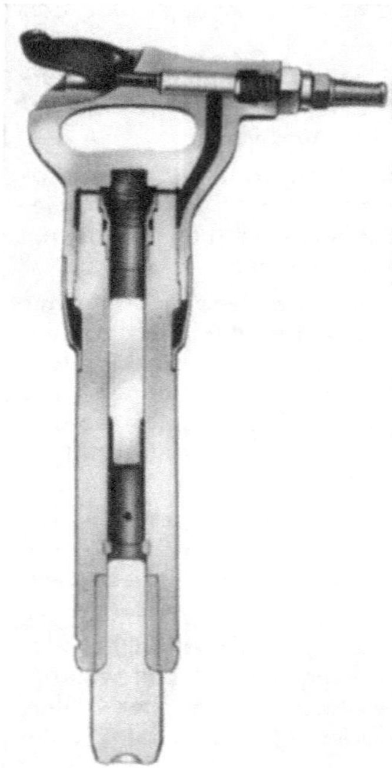

223. Schnittmodell eines Druckluft-Niethammers

224. Unausgearbeitete Döpper

Abmessungen

		d
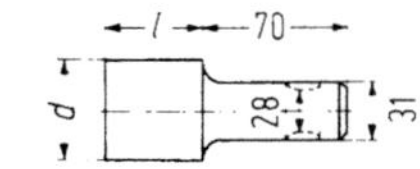	[1] [2]	45 50 60 70 80
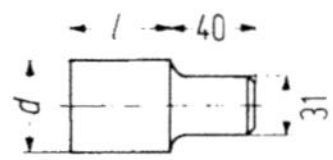	[1]	50 60
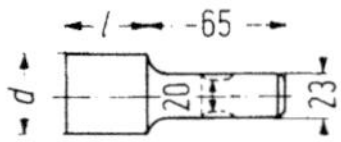	[1] [2]	40 45
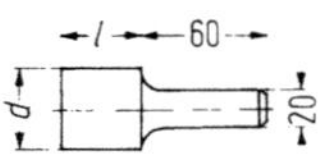	[1]	40
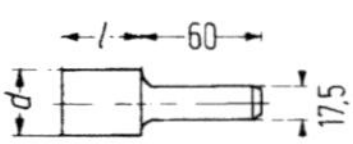	[1]	35
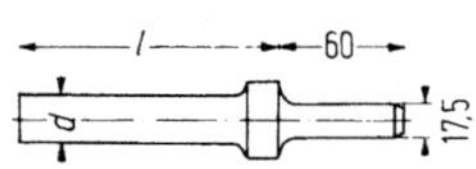	[1]	20
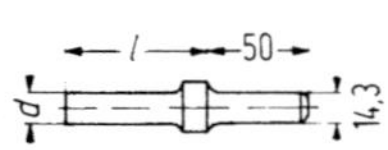		15
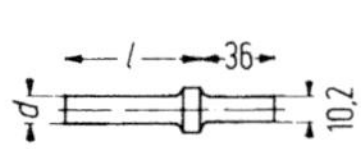		15

[1] Schaft nach DIN 7252, Sept. 1947.
[2] Sonderausführung mit Klemmringnuten.

Bei Bestellung ausgearbeiteter Döpper Größe, Norm und Einsteckende angeben.
Auf Wunsch werden auch Döpper nach DIN L71 Halbrundniet, DIN L174 Pilzniet, DIN 177 Flachrundniet geliefert.

19.1.2.2. **Döpperhalterungen**

Döpperhalterungen dienen zum Festhalten des Döppers im Niethammer oder Gegenhalter (Tabelle 225).

Abmessungen	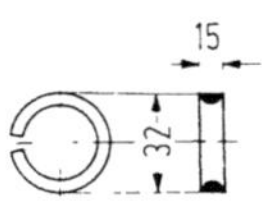	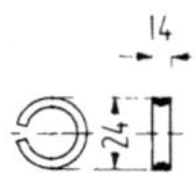	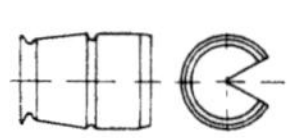
Benennung	*Klemmring*	*Klemmring*	*Döpperschelle* (erfordert Döpper mit Eindrehung in Arbeitsende)

225. Döpperhalterung

19.1.2.3. **Entnietungswerkzeuge**

Siehe Tabelle 226.

19.1.3. **Nietwärmer**

Zur Erwärmung der Stahlniete, zur Aufarbeitung von Meißeln und Gesteinsbohrern u. dgl. werden besonders bei Baustellen, Montagen und in Steinbrüchen Druckluft-Schmiedefeuer (Bild 227) gebraucht. Mit der einstellbaren Druckluftdüse des eingebauten Injektors kann jede für die Verbrennung erforderliche Windstärke erzielt werden. Rasche und gleichmäßige Erwärmung der Niete usw. ist dadurch gewährleistet, daß das mit strahlenförmigen Schlitzen versehene Eisen den Wind gleichmäßig über die reichlich bemessene Heizfläche verteilt. Brennstoff: Steinkohle oder Koks; Luftverbrauch: ca. 0,1 m^3/min. Bei Verwendung elektrischer Nietwärmer muß die Stromstärke so eingestellt werden, daß ein gleichmäßiger Wärmefluß und damit auch die unbedingt notwendige gleichmäßige Erhitzung der Niete erreicht wird. Ist die Stromstärke zu hoch, so wird das Schaftende rasch weiß-

	Abmessungen	D
Nieten-spalt-meißel	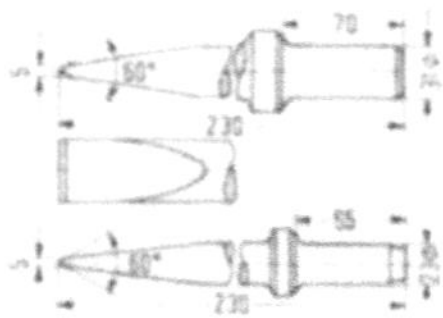	— —
Nieten-abscher-meißel	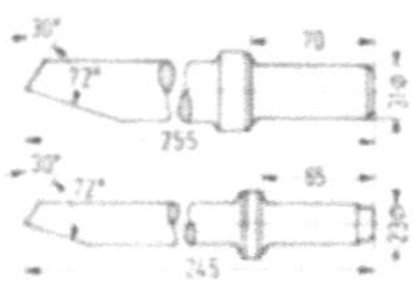	— —
Ent-nietungs-dorne	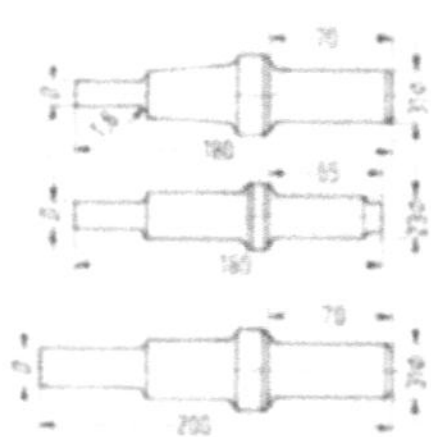	12 13—14 16—18 19—20 22 24—26 27—28 12 13—14 16—18 19—20

226. Entnietungswerkzeuge

227. Druckluft-Nietfeuer

glühend, während der Nietkopf und der anschließende Schaftteil noch nicht ausreichend erwärmt sind. Die Folge ist, daß wohl der Schließkopf rasch gebildet wird, aber der Nietschaft nicht satt in der Bohrung zum Anliegen kommt, der Niet also locker im Loch sitzt.

19.1.4. Wärmebehandlung der Döpper und Entnietungsdorne

Diese Werkzeuge sind sehr hoch beansprucht und werden im allgemeinen aus einem Sonderstahl (sog. Dauerstahl) hergestellt, der sich bei einfacher Wärmebehandlung durch große Zähigkeit und hohen Verschleißwiderstand auszeichnet. Er ist infolge seiner Zusammensetzung ein verhältnismäßig schlechter Wärmeleiter und muß deshalb vorsichtig und durchgreifend erwärmt werden.

19.1.4.1. Schmieden

Gelbrot- bis Hellrotglut = etwa 1000 bis 850 °C; langsam erkalten lassen, am besten in trockener Lösche oder Asche.

19.1.4.2. Glühen

Dunkelrotglut = etwa 700 bis 720 °C, 1 bis 2 Stunden lang mit langsamer Abkühlung.

19.1.4.3. Härten

Hellrotglut = etwa 830 bis 850 °C in Wasser oder Hellrotglut = etwa 860 bis 880 °C in Öl.
Mit Einsteckende voran senkrecht eintauchen; Döpper sofort waagerecht drehen und unter waagerechtem Schwenken abkühlen, Dorne senkrecht. Bei Wasserhärtung ist gebrochene Härtung zu empfehlen, d. h. nach Aufhören der Zischhitze in einem Ölbad von etwa 20 °C vollständig abkühlen. Die Werkzeuge müssen über die ganze Länge gehärtet werden und haben nach dem Ablöschen eine Festigkeit von etwa 170 bis 190 kp/mm², so daß die Prüffeile noch klebt.

19.1.4.4. Anlassen

Im Sandbad je nach Bedarf auf gelbe bis violette Anlaßfarbe, besser durch zweistündiges Abkochen im Ölbad bei 200 bis 280 °C. Werden die Hohlkehlen sauber ausgeführt und gegebenenfalls poliert, dann sind die Werkzeuge bei richtiger Wärmebehandlung äußerst dauerbruchsicher.
Die Wärmebehandlung der Nietenspalt- und Nietkopfabschermeißel entspricht derjenigen der Meißel für Metallbearbeitung.

19.2. Meißeln und Verstemmen

Bei der Be- und Verarbeitung von Eisen, Stahl, Grauguß, Stahlguß, allen Metallegierungen und Leichtmetallen werden Meißel-, Stemm-, Bördel- und andere Arbeiten mit Drucklufthämmern ausgeführt. Je nach Art der Arbeiten und dem gewünschten Arbeitsfortschritt werden verschiedene Hammerbauarten im Gewicht von 1 bis 7 kg angewendet.

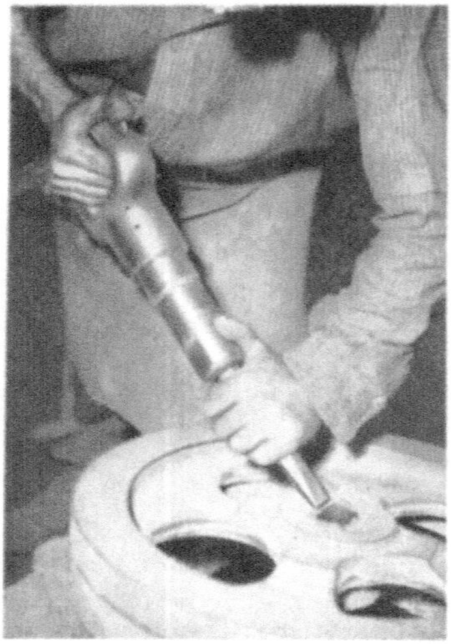

228. Abmeißeln von Angüssen und Gußnähten

229. Verstemmen von Nietköpfen

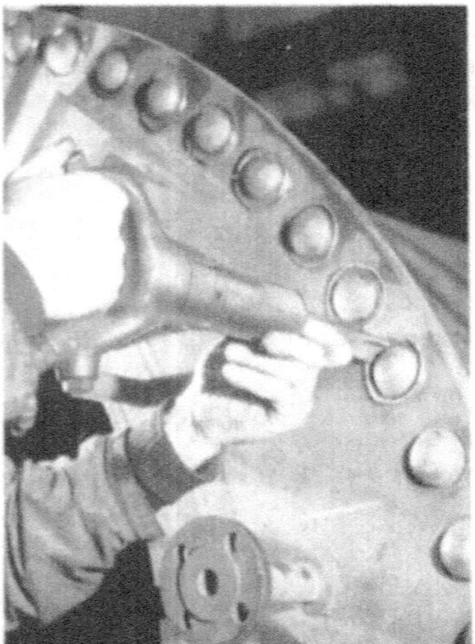

230. Entgraten von verstemmten Nietköpfen

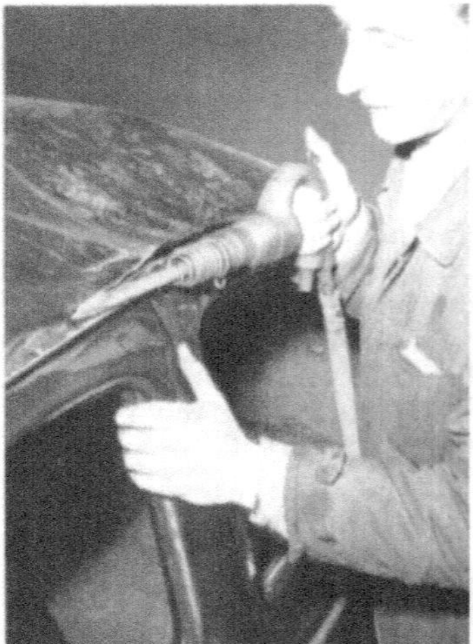

231. Durchtrennen von Blech mit Spezialmeißel

Für die Autoreparatur werden heute vorteilhafte kleine Drucklufthämmer bis 2,5 kg Gewicht in Verbindung mit Spezialwerkzeugen, wie Schneidmeißeln, Austreibdornen, Döppern und anderen Werkzeugen, die in praktischer Zusammenarbeit mit den Werkstätten entwickelt wurden, eingesetzt.

Bilder 228 bis 231 zeigen Meißel- und Verstemmarbeiten.

Werden *Meißelhämmer* mit zweckentsprechenden Meißeln ausgerüstet, so können damit Trennarbeiten an allen Schwer- und Leichtmetallen ausgeführt werden. In Schlagzahl und Schlagart angepaßte schwere und mittelschwere Hämmer dienen zum Verputzen von Grau-, Temper- und Stahlguß, während leichte, schnellschlagende Hämmer für die Bearbeitung von Leichtmetallen vorgesehen sind. Bei Verwendung besonders hierfür ausgebildeter Meißel haben sich leichte Meißelhämmer zum Aushauen von Blechen, insbesondere bei Reparaturen von Karosserien gut bewährt.

Das Verstemmen der Nietnähte und Nietköpfe an Kesseln und Behältern, der Muffen von Gas- und Wasserrohrleitungen, das Bördeln von Heiz-, Rauch- und Siederohren und von Blechen läßt sich vorteilhaft mit Meißelhämmern ausführen. Infolge des leichten Anschlags, der weitgehenden Regelbarkeit der Schlagstärke und des geringen Rückstoßes eignen sich Meißelhämmer mit runder Führungsbüchse auch gut für leichte und sehr leichte Nietarbeiten.

19.2.1. Arten von Hämmern zum Meißeln und Verstemmen

Einen Überblick über die verschiedenen Arten und Größen der Meißel- und Verstemmhämmer gibt Bild 232; es zeigt das Äußere markanter Typen.

19.2.2. Einsteckwerkzeuge zum Meißeln und Verstemmen

Einsteckwerkzeuge für Meißelhämmer werden mit und ohne Bund hergestellt. Bild 233 enthält Meißel mit, Bild 234 ohne Bund. Die Meißel werden vorgearbeitet, ohne Schneide und fertig mit Schneide aufgeführt.

19.2.2.1. Schneidenformen für ausgearbeitete Meißel

Bild 235 zeigt die gebräuchlichen Schneidenformen, welche für die verschiedenen Arbeiten verwendet werden.

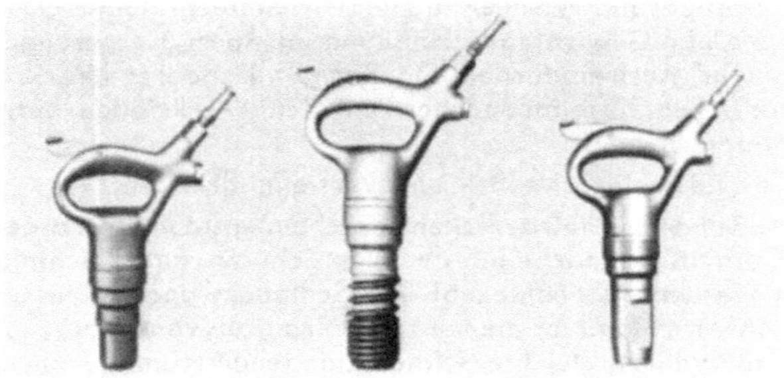

a

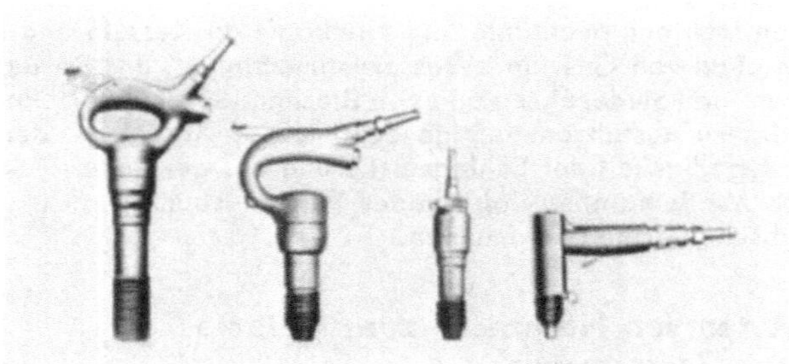

b

232. Druckluftwerkzeuge zum Meißeln und Verstemmen

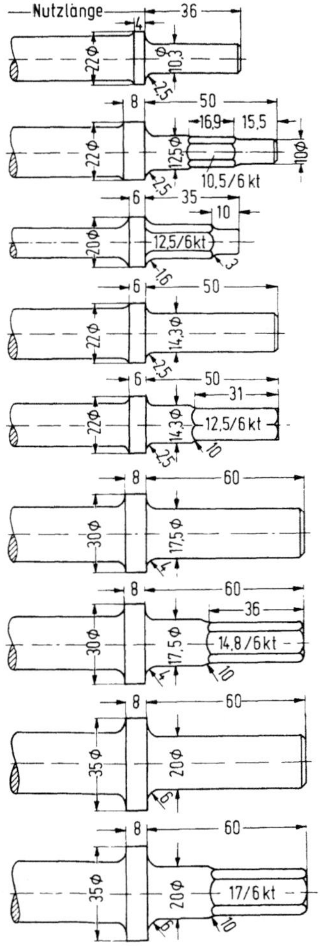

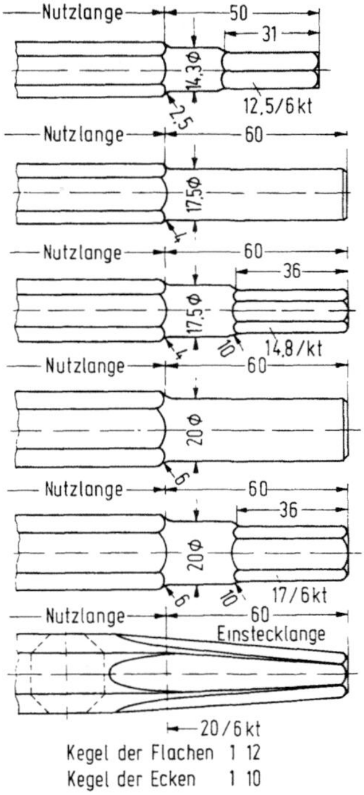

234. Meißel ohne Bund

233. Meißel mit Bund

Schneidenform	Benennung
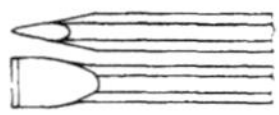	Flachmeißel
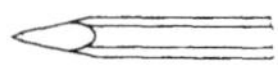	Spitzmeißel
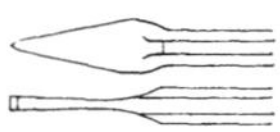	Kreuzmeißel
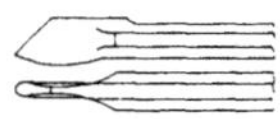	Nutenmeißel
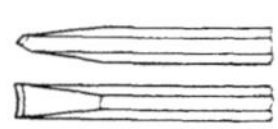	Meißel zum Verstemmen von Nietköpfen und zum Entgraten
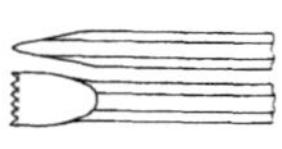	Meißel zum Putzen von Schweißnähten

235. Schneidenformen für ausgearbeitete Meißel

19.2.3. Wärmebehandlung für das Aufarbeiten von Spitz- und Flachmeißeln aus unlegiertem Werkzeugstahl — Wasserhärter

Beim Nachschmieden der Meißel aus unlegiertem Werkzeugstahl ist zu beachten, daß diese über die ganze Länge gehärtet werden und daher empfindlich gegen zu schnelle Erwärmung sind. Diese Meißel müssen deshalb vorsichtig auf Schmiedetemperatur erwärmt werden, doch nur gerade so weit, wie man den Werkstoff verformen muß.

Wird beim Erwärmen zum Nachschärfen der Meißel zu weit im Schaft geglüht, so entsteht eine zu lange Übergangszone mit geringer Härte und Dauerfestigkeit.

In diesem Bereich ist die Biegebeanspruchung des Werkzeuges groß. Die Nichtbeachtung folgender Ratschläge hat frühzeitige Dauerbrüche zur Folge.

19.2.3.1. **Schmieden**

950 bis 850 °C (gelbrot-hellkirschenrot).

Die Spitze bzw. Schneide des Werkzeuges soll nur 50 bis 60 mm lang erwärmt werden, da die Übergangszone sonst zu lang wird. Bei Überschreitung der Schmiedetemperatur von 1000 °C wird die Spitze bzw. Schneide überhitzt und bricht nachher beim Arbeiten leicht ab.

Bei Temperaturen unter 850 °C können Spannungsrisse entstehen.

Nach dem Schmieden soll der Meißel nicht abgeschreckt, sondern zur Abkühlung der Spitze mit dem Einsteckende nach unten ca. 1 Minute in einen Wasserbehälter so eingetaucht werden, daß nur noch die Spitze (ca. 40 mm) herausragt.

Aus der Schmiedetemperatur sollen keine Meißel gehärtet werden!

Nach dem Erkalten des Meißels soll zwecks Beseitigung der beim Schmieden entstandenen Randentkohlung die Spitze bzw. Schneide möglichst geschliffen oder abgefeilt werden.

19.2.3.2. **Härten und Anlassen**

780 bis 810 °C (kirschrot bis hellkirschrot).

Die Spitze bzw. Schneide wird auf eine Länge von 30 bis 40 mm (je nach Querschnitt) auf 780 bis 800 °C erwärmt und dann in Wasser 20 bis 25 mm lang kurz abgeschreckt und anschließend mit der Rücklaufwärme gelb bis braun angelassen. Nach Erreichen der gewünschten Anlaßfarbe an der äußersten Spitze wird die angelassene Spitze bzw. Schneide in Wasser oder Öl völlig abgekühlt.

19.2.3.3. **Wichtiger Hinweis**

Beim Arbeiten mit Spitzmeißeln in Beton, Fels oder hartem Gestein muß darauf geachtet werden, daß abgestumpfte Spitzen, max. 3 × 3 mm, bereits nachgeschliffen werden müssen. Meißel mit stark abgestumpften Schneiden ermüden nicht nur den Mann, sondern erzeugen Prellschläge und zeigen auch selbst Ermüdungserscheinungen, die schließlich zum Bruch der Meißel führen.

Eine andere Bruchursache ist eine zu starke Erwärmung, die infolge Klemmens der Spitze auftreten kann. Zu heiß gewordene Meißel sollten sofort gegen neu geschärfte Meißel ausgetauscht werden.
Ferner ist darauf zu achten, daß nur kleine Brocken abgespalten werden! Dadurch wird eine bessere Arbeitsleistung erzielt und eine zu starke Erwärmung der Meißelspitze vermieden.

19.2.4. Wärmebehandlung für das Aufarbeiten von Meißeln für Metallbearbeitung aus legiertem Werkzeugstahl — Ölhärter

19.2.4.1. Schmieden

Vorsichtig auf Schmiedetemperatur erwärmen 900 bis 1000 °C (Gelbrot- bis Hellrotglut), nur so weit, wie man den Werkstoff verformen muß. Fällt die Temperatur unter 850 °C, muß nachgewärmt werden. Nach dem Nachschmieden vorderes Ende abschroten, damit Schneide Kernmaterial enthält. Langsam in Lösche oder Asche erkalten lassen. Nach dem Erkalten Schneide schleifen oder feilen.

19.2.4.2. Härten und Anlassen

860 bis 880 °C (hellkirschrot).

Die Schneide auf 30 bis 40 mm erwärmen und im Ölbad abkühlen. Je nach Bedarf im Sandbad auf gelbe bis violette Anlaßfarbe anlassen oder im Ölbad bei 200 bis 280 °C ca. 2 Stunden abkochen.
Diese Meißel können auch im Wasser gehärtet werden, wobei gebrochen gehärtet werden soll bei 830 bis 850 °C. Nach Aufhören der Zischhitze im Ölbad vollständig abkühlen. Anlassen wie vorher.

19.3. Bohren, Aufreiben und Gewindeschneiden in Metall

19.3.1. Druckluftbohrmaschinen für Bohrungen ab 15 mm Durchmesser

(Kleinere Größen sind in Teil 33, 35, 42, 45, 46, 47, 50 und 52 zu finden.)

Diese Maschinen dienen zum Bohren, Aufreiben, Gewindeschneiden in Metall und zum Einwalzen von Rohren. Als Sonderanwendung werden sie häufig als Antriebsmotoren eingesetzt. Druckluftbohrmaschinen haben heute allgemein Lamellenmotoren. Bei gleicher Leistung und gleichem Luftverbrauch haben Lamellenmotoren ein geringeres Gewicht, gedrängtere Bauweise und einen einfacheren Aufbau als Kolbenmaschinen und zeigen auch einen ruhigeren Lauf. Die Vorteile druckluftbetriebener Bohrmaschinen sind denen ähnlich, die auch die anderen Druckluftwerkzeuge auszeichnen. Höchste Leistung bei geringstem Gewicht, dauernde Überlastbarkeit, Schonung der Werkzeuge, selbsttätiges Anpassen der Drehzahl an das abgenommene Drehmoment sowie durch das weiche und verhältnismäßig niedrige Abfangmoment höchste Sicherheit gegen Unfall, auch in explosionsgefährdeten Räumen, Unempfindlichkeit selbst in staubiger Umgebung und bei rauher Behandlung, geringe Reparaturanfälligkeit und wegen des einfachen Aufbaus Reparaturmöglichkeit im eigenem Betrieb, alles das sind die Vorzüge, die den wirtschaftlichen Betrieb garantieren. Bilder 236 und 237 zeigen Bohrmaschinen im Einsatz. Den vielseitigen

237. Aufreiben mit Bohrmaschine B 340

236. Bohren mit Bohrmaschine B 330

Ansprüchen der Betriebe wird man durch eine ansehnliche Reihe von Bohrmaschinen-Bauarten mit Motorleistungen von 0,11 bis 4,5 PS und Umdrehungen von 15000 bis herunter auf 40 U/min gerecht. Mit diesen Maschinen können Löcher von 1 bis 90 mm Durchmesser gebohrt werden. Sie werden sowohl rechts- als auch linkslaufend und umsteuerbar gebaut. Die Umsteuerung wird entweder durch Umschalten des Getriebes oder durch Umschaltung der Luftzuführung erreicht. Letzteres hat den Vorteil, daß die Umsteuerung bei vollem Betrieb möglich ist. Bild 238 zeigt einen Schnitt durch eine Bohrmaschine der B- und U-Reihe. Bei dieser Bauart liegt der Motor seitlich neben der Bohrspindel und der Nachstellspindel. Hierdurch und durch die günstige Anordnung des Untersetzungsgetriebes wurde eine

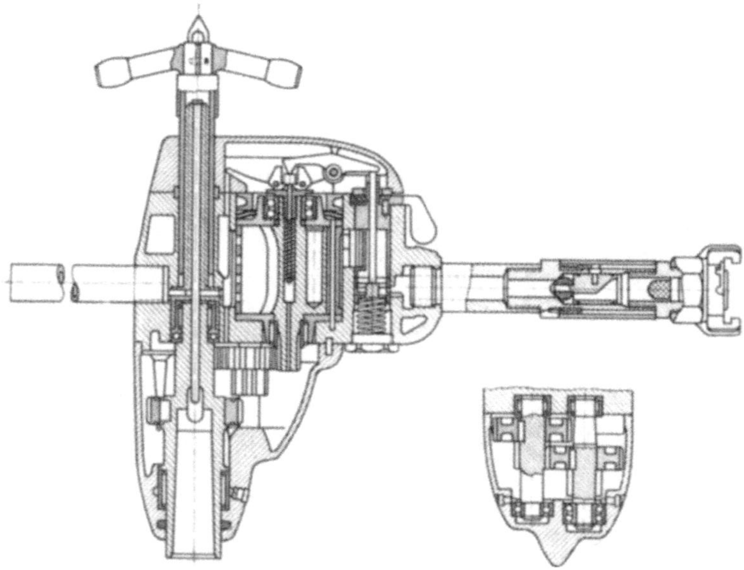

238. Bohrmaschine der B- und U-Reihe

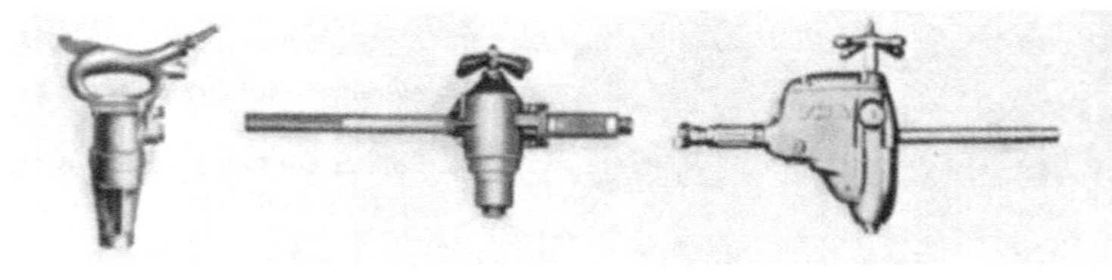

239. Druckluft-Bohrmaschinen für Rechtslauf

240. Druckluft-Bohrmaschinen für Rechts- und Linkslauf

sehr kleine Baulänge erreicht, wodurch viele Eckenarbeiten möglich sind, für die sonst Eckenbohrmaschinen benötigt werden.
Die Nachstellspindel dieser Bauart hat ein verdecktes Gewinde, weshalb es vor Verschmutzung geschützt ist. Das Auspuffgeräusch ist stark gedämpft, und die Auspuffluft kann mit einer drehbaren Kappe in jede gewünschte Richtung gelenkt werden. Während das Bild 239 Druckluftbohrmaschinen verschiedener Typen zeigt, welche nur für den Rechtslauf gebaut sind, bringt das Bild 240 Typen für Rechts- und Linkslauf. Daten der Bohrmaschinen siehe Anhang.

19.3.2. Eckenbohrmaschinen

Eckenbohrmaschinen sind Spezialmaschinen, die das Bohren an schwer zugänglichen Stellen und in Ecken gestatten, wo man mit den vorher beschriebenen normalen Maschinen nicht mehr auskommt.
Eckenbohrmaschinen haben einen außerhalb der Bohrachse liegenden Motor und eine sehr kleine Bauhöhe. Sie sind mit Vorschubspindel ausgerüstet, die mit Handrad oder Bohrknarre betätigt werden kann. Bei großen Maschinen sind meist Regler vorhanden, welche die Leerlaufdrehzahl begrenzen. Die im Bild 241 gezeigten Maschinen sind außerdem mit selbsttätigem Öler versehen, der für die Schmierung des Lamellenmotors sorgt. Daten der Maschinen siehe Anhang.

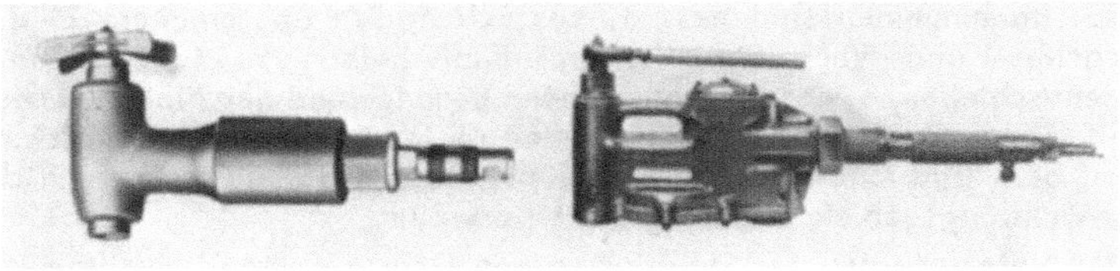

241. Eckenbohrmaschinen

19.4 Schleifen, Polieren und Bürsten

Schleifen, Polieren und Bürsten sind Arbeitsgänge, welche mit den gleichen Maschinen verrichtet werden können. Der Unterschied liegt nur in der Verwendung verschiedener Schleifkörper. Das Schleifen ist ein Arbeitsverfahren, welches sich seit dem Einsatz von faserverstärkten Schleifscheiben, die hohe Umfangsgeschwindigkeiten (bis 80 m/s) erlauben, beträchtlich ausgeweitet hat. Die hohe Umfangsgeschwindigkeit bringt sehr hohe Arbeitsleistung mit sich, erfordert dabei aber auch leistungsstarke, hochtourige Maschinen. Diese lassen sich mit Druckluft-Lamellenmotoren besonders leicht und handlich bauen.

19.4.1. Druckluft-Handschleifmaschinen

Bei Druckluft-Handschleifmaschinen[1] wird die hohe Umlaufgeschwindigkeit des Motors unmittelbar auf die Schleifscheibe übertragen und bei mittleren und großen Maschinen durch einen Regler im zulässigen Bereich gehalten. Der Regler verhindert nicht nur das gefährliche Zerspringen der Schleifscheibe infolge zu hoher Umfangsgeschwindigkeit, sondern hält auch den Leerlaufluftverbrauch und den Verschleiß der Kolbenlamellen niedrig. Bild 242 zeigt eine Schleifmaschine im Schnitt, wobei der Fliehkraftregler deutlich zu erkennen ist. Beim Überschreiten einer gewissen Drehzahl schließen die auseinandergehenden Fliehgewichte über ein Gestänge ein Ventil, welches unter dem Einfluß einer Feder steht, die in Öffnungsrichtung wirkt, und begrenzt so die Drehzahl. Während ungeregelte Druckluft-Schleifmaschinen in ihrer Drehzahl für den günstigsten Leistungsbereich etwa 40% abfallen, wird der Drehzahlabfall durch den Regler auf nur 10% beschränkt. Druckluft-Schleifmaschinen mit Regler kommen damit in ihrer Drehzahlcharakteristik den Hochfrequenzmaschinen nahe, bei denen die Drehzahl unter Last um etwa 60% gegenüber der Leerlaufdrehzahl nachläßt. Bei Elektro-Schleifmaschinen mit Universal-(Allstrom-)Motoren beträgt der Drehzahlabfall bei Vollast gegenüber Leerlauf bekanntlich etwa 40%.

Die mit Handschleifmaschinen üblichen Arbeitstechniken zeigt Bild 243. Im einzelnen sind das: a) das Schräg-Schruppschleifen, b) das Schrupp- und Flächenschleifen mit Topfscheiben, c) das Freihand-Trennschleifen, d) das Flächenschleifen gerader und gewölbter Flächen mit schmiegsamen Fiberschleifern und e) der bekannte Umfangschliff. Auf dem Bild sind neben den schematischen Darstellungen auch die Anwendungsgebiete in Schlagworten erwähnt.

Man unterscheidet vier Hauptarten von Druckluft-Handschleifmaschinen, die radiale, die vertikale, die Winkelbauart und die Klein-Schleifmaschinen. Klein-Schleifmaschinen werden im Teil 33 und 34 behandelt.

19.4.1.1. Radialschleifmaschinen

Radialschleifmaschinen (Bild 244) sind Umfangsschleifmaschinen. Ihre Anwendungsgebiete liegen im Werkzeug- und Formenbau, in Gießereien zum Abschleifen von Gußgraten, im Stahlbau zum Säubern von Schweißnähten usw. Mit radialen Bürsten ausgerüstet dienen sie auch zum Entschlacken von Schweißnähten, zum Säubern und Entrosten von

[1] Schleifmaschinen-Typen siehe Anhang.

242. Schnittbild einer Druckluft-Schleifmaschine mit verschiedenen Schleifkörpern

a) Längsschnitt mit Schrägschruppscheibe; b) Querschnitt; c) Gummischleifteller mit Fiberschleifer; d) gezopfte Topf-Drahtbürste; e) Trennscheibe; f) Filzscheibe; g) Topfscheibe

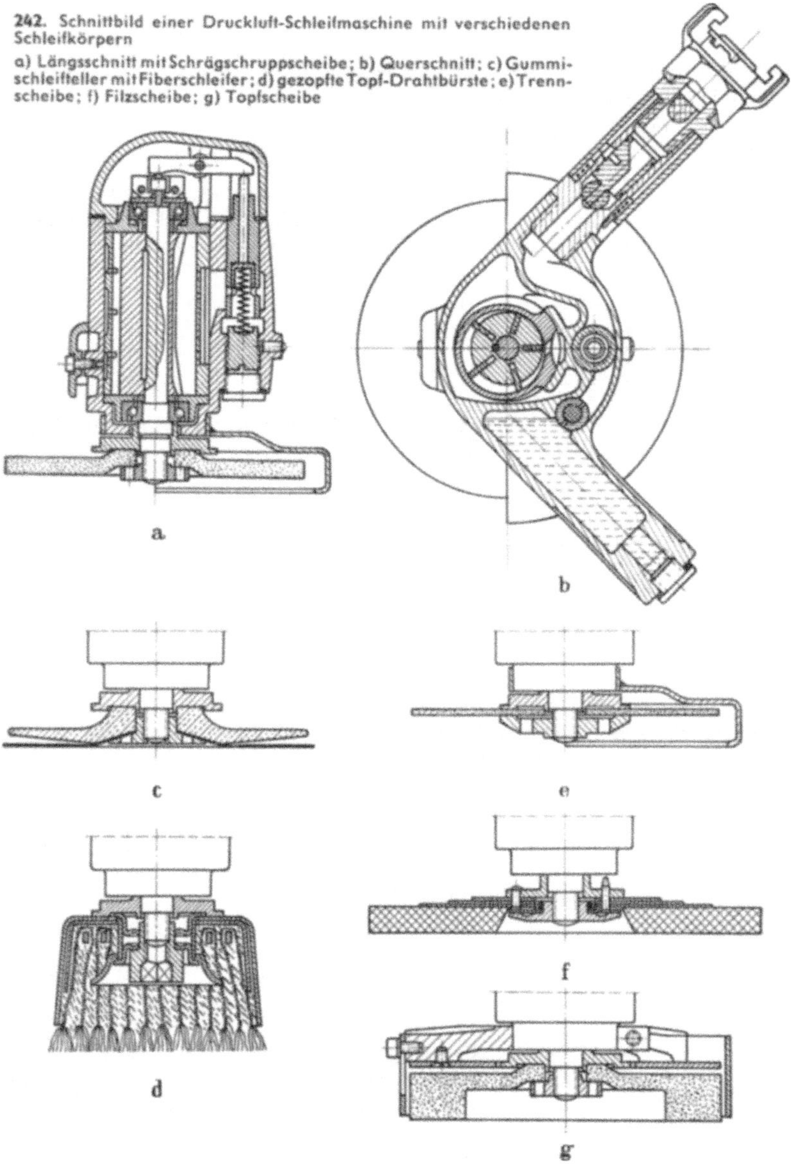

a) Schräg-Schruppschleifen
80 m/s Umfangsgeschwindigkeit

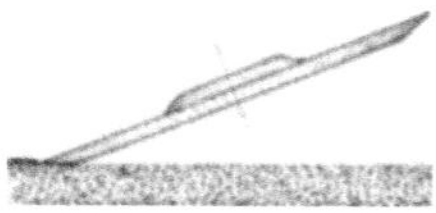

Schleifen von Stahl und Metall, Schweißnahtbearbeitung, Gußputzen, Flächenschleifen, Steinbearbeitung mit Schruppscheiben

b) Schrupp- und Flächenschleifen
mit Topfscheiben

Schleifen von Stahl und Guß, von Metall und Stein

c) Freihand-Trennschleifen
80 m/s Umfangsgeschwindigkeit

Freihandtrennen von Stahl- und Metallprofilen, Gußteilen, Steinen und Kunststoffen mit Hand-Trennscheiben

d) Flächenschleifen gewölbter Flächen
80 m/s Umfangsgeschwindigkeit

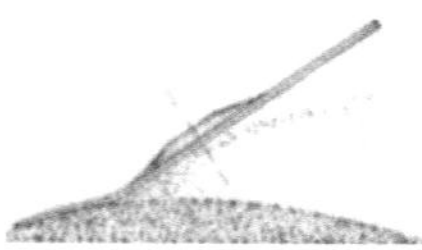

Grob- und Feinschliff an ebenen und gewölbten Teilen mit schmiegsamen Fiberschleifern, Nachbearbeitung vorgeschliffener Teile mit Polierscheiben

e) Umfangschliff

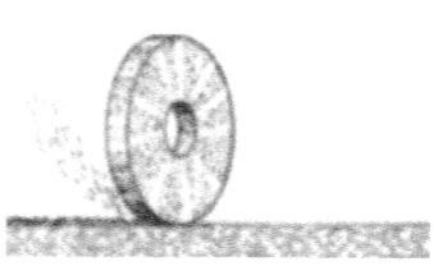

Schleifen von Stahl- und Metallteilen mit Schleifrädern. Anwendung im Werkzeug- und Formenbau, in Gießereien

243. Arbeitstechniken mit Druckluft-Handschleifmaschinen

Behältern und großen Flächen. Sie eignen sich für den Betrieb mit Scheiben aus allen gebräuchlichen Werkstoffen mit den verschiedenen Bindungen. Dementsprechend werden sie für Umfangsgeschwindigkeiten bis 30, 45 und 80 m/s eingesetzt. Sie sind mit Fliehkraftregler ausgerüstet. Das Einschalten der Maschine erfolgt über ein Dreh- oder Hebelventil.

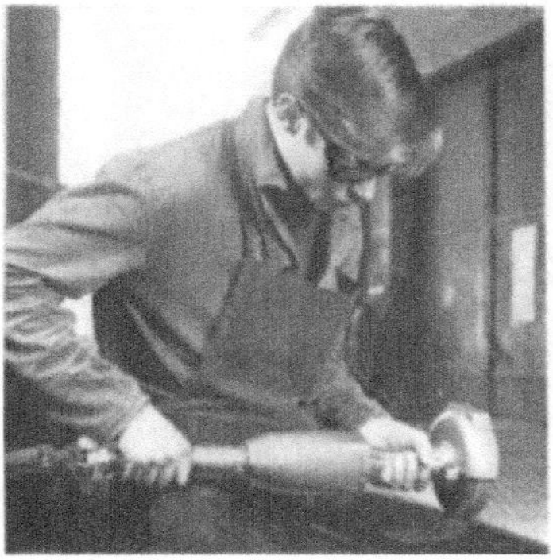

244. Entgraten mit Radialschleifmaschine

245. Schrägschliff mit Vertikalschleifmaschine

19.4.1.2. **Vertikalschleifmaschinen**

Vertikalschleifmaschinen (Bild 245) werden sowohl für den Umfangs- als auch für den Schräg- und Flächenschliff verwendet. Diese leistungsstarken Maschinen werden fast ausschließlich für Schleifarbeiten mit hohen Umfangsgeschwindigkeiten (bis 80 m/s) eingesetzt. Mit Trennscheiben ausgerüstet, dienen sie zum Trennen von Stahl und Metallprofilen, Gußteilen, Stein und Kunststoffen und keramischen Rohren und Bauteilen.

Mit Schruppscheiben werden im Schrägschliff Stahl, Metall und Schweißnähte bearbeitet. Zum Gußputzen, Flächenschleifen und für die Steinbearbeitung eignet sich diese Schleifart ebenfalls.

Mit Topfscheiben werden Schruppschliffe auf Flächen aus Stahl, Guß, Metall und Stein ausgeführt.

Vertikalschleifmaschinen eignen sich auch zum Grob- und Feinschleifen an ebenen und gewölbten Teilen mit schmiegsamen Fiberschleifern und Gummischleiftellern. Vorgeschliffene Flächen können durch Polierscheiben nachgearbeitet werden.

19.4.1.3. **Winkelschleifmaschinen**

Winkelschleifmaschinen (Bild 246) eignen sich zum Flächenschliff mit Topfscheiben, zum Bearbeiten von Guß und Stahl bei beengten Platzverhältnissen. Ein besonderes Anwendungsgebiet ist das Ausschleifen von Schweißnahtwurzeln und das Egalisieren von Schweißnähten an schwer zugänglichen Stellen. Dafür eignet sich die Maschine Bild 247. Sie hat eine Führungsrolle, die das Abkippen verhindert und parallel zur Schweißnaht führt.

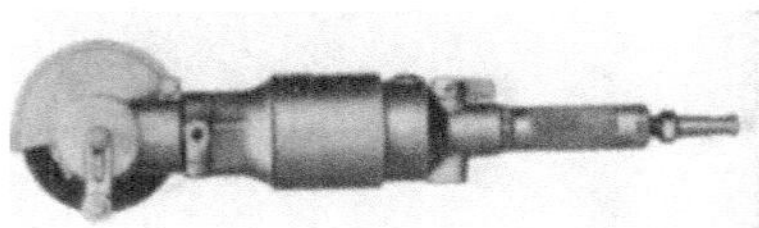

247. Winkelschleifmaschine mit Führungsrolle

246. Flächenschliff mit Winkelschleifmaschine und Topfscheibe

19.4.2. **Schleifkörper**

Schleifkörper unterscheiden sich nicht nur in ihrer Form und Größe, sondern auch in ihrem Werkstoff und ihrer Bindung. Zu den Schleifkörpern zählen auch Bürsten und Polierscheiben.

Während bei den Schleifscheiben das Schleifmittel hauptächlich aus Korund und Siliziumcarbid besteht, besitzen Rotorbürsten Stahl- und Messingdrähte als Wirkbestandteile. Schleifscheiben sind entweder keramisch gebunden oder haben Bakelit- oder Faserstoffbindung. Keramische Bindung ist zugelassen bis Umfangsgeschwindigkeiten von 30 m/s. Bakelitgebundene Scheiben erlauben Umfangsgeschwindigkeiten bis 45 m/s und faserstoffgebundene Scheiben sogar solche bis 80 m/s. Einige Scheiben- und Bürstenformen zeigt das Bild 248. Auf diesem Bild sind auch die Werkzeuge zu sehen, die zum Auswechseln der Scheiben notwendig sind. Tab. 249 enthält verschiedene Scheiben und deren Befestigungen.

248. Schleifscheiben, -stifte, -bürsten und Zubehör

19.4.3. Auszug aus den Unfallverhütungsvorschriften (VBG 7n6)

Für Schleifkörper, Pließt- und Polierscheiben, Schleif- und Poliermaschinen ist die Unfallverhütungsvorschrift VBG 7n 6 Fassung vom 1. 1. 1959 maßgebend. Der folgende kurze Auszug enthält die für Handschleifmaschinen wichtigsten Punkte.

Diese vom deutschen Schleifmaschinenausschuß (DSA) herausgegebenen Vorschriften bestimmen die Kennzeichnung der Schleifkörper, sie setzen allgemeine Höchstumfangsgeschwindigkeiten fest, die im Leerlauf um höchstens 10% überschritten werden dürfen. Sie enthalten Bestimmungen über Schleifkörper für erhöhte Umfangsgeschwindigkeit. Auch für die Aufbewahrung gibt es Hinweise.

Ein wichtiges Kapitel bilden die Schutzhauben, welche aus zähem Baustoff bestehen müssen. Schutzhauben dürfen nur den zum Schleifen nötigen Teil freilassen und müssen so beschaffen sein, daß sie die Bruchstücke zersprungener Scheiben sicher auffangen. Ausgenommen von diesen Bestimmungen sind nur Schleifkörper in keramischer,

Mit Schutzhaube

Maschinenart		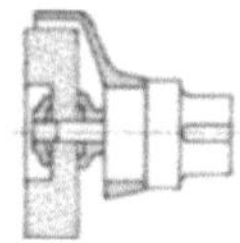	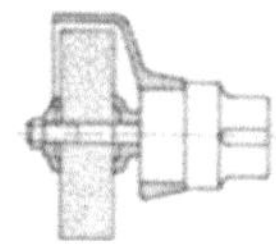	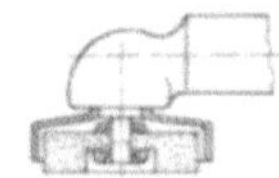	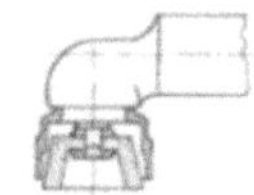	
Schleifart		Umfangs- u. Stirnschliff	Umfangsschliff	Stirn-(Flach-) schliff	Stirn-(Flach-) schliff	Schleifen u. Trennen
Schleif-scheibe	Form	Wenig ausgespart	Gerade	Wenig ausgespart	Tief ausgespart	Gekröpft, Trennscheiben auch gerade
		Keram. oder Bakelite	Keram. oder Bakelite	Keram. oder Bakelite	Bakelite	—
	Bindung	—	Kunstharz mit Faserstoff-verstärkung	Kunstharz mit Faserstoff-verstärkung	Kunstharz mit Faserstoff-verstärkung	Kunstharz mit Faserstoff-verstärkung
Zulässige Höchst-Umfangs-geschwindigkeit[1]		25—30 m/s	25—30 m/s	25—30 m/s	—	—
		—	45 m/s	45 m/s	45 m/s	—
		—	80 m/s	80 m/s	80 m/s	80 m/s
Schutzhaube		180° umfassend	180° umfassend	Geschlossener Ring	Geschlossener Ring, axial nachstellbar	180° umfassend
Spannflansch-∅ : Scheiben-∅		1:3	1:3	1:3	1:3	Spezialflansch

Ohne Schutzhaube

		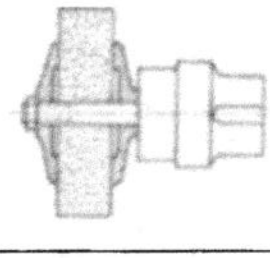	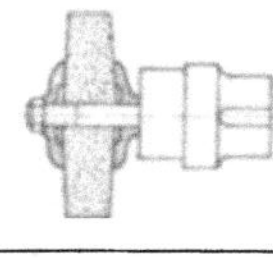	Kleinstschleifkörper bis 50 mm ∅	Kleinstschleifkörper bis 70 mm ∅
Schleifart		Umfangs-schliff	Umfangs-schliff	je nach Schleif-körperform	Umfangs-schliff
Schleif-scheibe	Form	Gerade, bis 40 mm Breite	Konisch (DIN 190)	Beliebig	Gerade, bis 10 mm Breite
		Keram. oder Bakelite	Keram. oder Bakelite	Keram. oder Bakelite	—
	Bindung	—	Kunstharz mit Faserstoff-verstärkung	—	Kunstharz mit Faserstoff-verstärkung
Zulässige Höchst-Umfangs-geschwindigkeit[1]		25—30 m/s	25—30 m/s	25—30 m/s	—
		—	45 m/s	45 m/s[2]	—
		—	80 m/s	—	80 m/s
Spannflansch-∅ : Scheiben-∅		2:3 mit Gummi-zwischenlagen	1:2 konisch (DIN 190)	—	—

249. Zugelassene Arbeitsverfahren mit Handschleifmaschinen (gültig seit 1. Januar 1959)

[1] Erläuterungen zu den zulässigen Höchst-Umfangsgeschwindigkeiten:
bis 25 m/s für normale keramische oder Bakelite-Schleifkörper über 150 ∅,
bis 30 m/s für normale keramische oder Bakelite-Schleifkörper bis 150 ∅ und für größere, geprüfte Scheiben (Kennzeichen P),
bis 45 m/s für Bakelite-Schleifkorper mit DSA-Zulassung (Kennzeichen blauer Streifen),
bis 80 m/s für faserstoffverstärkte Schleifkörper mit DSA-Zulassung (Kennzeichen roter Streifen).

[2] Kleinstschleifkörper mit Zulassung für 45 m/s gibt es auch in keramischer Bindung.

Gummi- oder Kunstharzbindung bis 50 mm Durchmesser und in Kunstharzbindung mit Faserstoffeinlage bis 70 mm Durchmesser.
Macht die Art der auszuführenden Arbeit die Verwendung von Schutzhauben unmöglich, so sind entweder konische Scheiben mit entsprechenden Spannflanschen oder gerade Scheiben mit vom Schleifmaschinenausschuß anerkannten Sicherheits-Zwischenlagen aufzuspannen. Letzteres ist nur bis 40 mm Scheibenbreite und nur für bestimmte Höchstumfangsgeschwindigkeiten zulässig.
Schleifscheiben dürfen nur von zuverlässigen und erfahrenen Personen aufgespannt werden; hierbei sind besondere Vorschriften zu beachten. Auch die Ausbildung der Spannflansche ist vorgeschrieben. So müssen sich z. B. zwischen den Schleifkörpern und Spannflanschen Zwischenlagen aus elastischem Stoff befinden. Der Mindestdurchmesser der Spannflansche beträgt $^1/_3$ des Schleifscheibendurchmessers bei Verwendung von Schutzhauben, $^2/_3$ des Schleifscheibendurchmessers bei geraden Schleifscheiben, die an Stelle von Schutzhauben mit Sicherheitszwischenlagen betrieben werden und $^1/_2$ des Scheibendurchmessers bei konischen Scheiben.
Über das Abrichten der Schleifscheiben und über die Verkleidung herausragender Wellen bestehen ebenfalls Vorschriften.
Handschleifmaschinen für verschiedene Drehzahlen müssen klare, verständliche, auch auf die Dauer lesbare Angaben über Schleifscheibendurchmesser tragen, die bei den verschiedenen Drehzahlen zulässig sind.
Bei Handschleifmaschinen mit erhöhter Umfangsgeschwindigkeit dürfen ausgesparte Schleifkörper nur verwendet werden, wenn die Schutzhaube den ganzen Schleifkörper umfaßt. Bei tief ausgesparten Schleifkörpern muß die Schutzhaube in axialer Richtung nachstellbar sein.
Bei Trockenschliff müssen Schutzbrillen getragen werden.
Die Verwendung von kraftbetriebenen Naturschleifsteinen (Sandstein) zum Schleifen von Eisen und Metallen ist verboten, sofern sie nicht nur gelegentlich und kurzzeitig zum Nachschleifen gebrauchter Werkzeuge eingesetzt werden, wobei die Umfangsgeschwindigkeit 12 m/s nicht überschreiten darf.
Die Vorschriften enthalten noch eine Anzahl von Einzelheiten, die für Handschleifmaschinen weniger wichtig sind.
Tabelle 249 gibt eine Übersicht über die zugelassenen Arbeitsverfahren mit Handschleifmaschinen. Tabelle 250 gibt die höchstzulässigen Drehzahlen bei verschiedenen Scheibendurchmessern und Umfangsgeschwindigkeiten an.
Für druckluftbetriebene Handschleifmaschinen gibt es noch einige Dinge, welche für die Sicherheit sehr wichtig sind, aber nicht in den Unfallverhütungsvorschriften stehen.

Druckluftschleifmaschinen dürfen in der Regel mit keinem höheren Fließdruck als 6 atü betrieben werden. Sind höhere Drücke vorhanden, so muß die Maschine eigens für diese Drücke ausgerüstet sein. Bei Reparaturen muß die Drehzahl mit einem geeichten Drehzahlmesser bei 6 atü Betriebsdruck neu eingestellt werden.

Durchmesser der Schleifkörper in mm	Höchstzulässige Drehzahl je Minute bei einer sekundlichen Umfangsgeschwindigkeit von								
	15 m	20 m	25 m	30 m	35 m	45 m	60 m	80 m	100 m
10	28 600	38 000	47 500	57 000	67 000	86 000	—	—	—
14	20 400	27 250	34 000	40 800	48 000	61 000	81 600	—	—
20	14 300	19 000	24 000	28 600	33 500	43 000	57 000	76 000	95 000
32	9 000	12 000	15 000	18 000	21 000	27 000	36 000	48 000	60 000
50	5 750	7 650	9 500	11 500	13 500	17 000	23 000	31 000	38 000
63	4 550	6 000	7 600	9 100	10 600	13 600	18 200	24 000	30 000
80	3 600	4 800	6 000	7 200	8 400	10 700	14 400	19 000	24 000
100	2 860	3 800	4 750	5 700	6 700	8 600	11 400	15 250	19 000
125	2 300	3 050	3 800	4 600	5 350	6 900	9 200	12 200	15 250
150	1 900	2 550	3 200	3 800	4 500	5 700	7 600	10 200	12 700
175	1 650	2 200	2 700	3 300	3 800	4 900	6 600	8 800	11 000
200	1 430	1 900	2 400	2 860	3 350	4 300	5 700	7 600	9 500
250	1 150	1 525	1 900	2 300	2 700	3 450	4 600	6 100	7 600
300	950	1 270	1 600	1 900	2 200	2 900	3 800	5 100	6 400
350	820	1 100	1 365	1 640	1 900	2 450	3 280	4 400	5 500
400	720	950	1 200	1 440	1 670	2 150	2 880	3 800	4 750
450	640	850	1 060	1 280	1 500	1 900	2 560	3 400	4 250
500	575	765	955	1 150	1 350	1 720	2 300	3 050	3 800
600	480	640	800	960	1 100	1 430	1 920	2 550	3 200
750	380	510	640	760	900	1 150	1 520	2 050	2 550
900	320	425	530	640	750	950	1 280	1 700	2 100
1 000	285	380	475	570	670	860	1 140	1 530	1 900

250. Höchstzulässige Schleifkörperdrehzahlen

19.5. **Stampfen und Kernausstoßen**

19.5.1. **Druckluft-Stampfer**

Überall da, wo man einen größeren Festigkeitsgrad des Erdreiches, halbfeuchter Massen oder anderer Stoffe erreichen will, ist das Einsatzgebiet der Druckluft-Stampfer. Je nach Beschaffenheit der zu verdichtenden Masse, dem gewünschten Festigkeitsgrad und der geforderten Leistung sind Stampfergrößen mit Kolbenhüben von etwa 110 bis 340 mm verfügbar, die durch verschiedene, die Einlaßorgane enthaltende Anschlüsse den vorliegenden Verhältnissen angepaßt werden können. Für leichte und Werkbankarbeiten in Gießereien und in der Zementwarenindustrie bevorzugt man kleine Stampfer in möglichst leichter Ausführung. Zum Einstampfen von Formsand in größeren Formkästen und Dammgruben, zur Herstellung von Kunststeinen, Betonrohren und -formstücken oder zum Verdichten von erdigen Massen verwendet man mittlere Stampfergrößen, die einen kräftigen Schlag haben und vom Bedienungsmann in stehender Haltung geführt werden. Dies ist durch längere Anschlußstücke möglich, bei denen das Einlaßventil in Brusthöhe liegt. Zum Stampfen großer Betonmengen, zum Verdichten von Industrieöfen-Auskleidungen und zu ähnlichen Zwecken werden die schweren Stampfer verwendet. Für Stampfarbeiten mit häufiger Unterbrechung nimmt man Anschlüsse mit Hebelventil, für solche mit längerer ununterbrochener Arbeitsdauer Anschlüsse mit Drehventil.

Zum Stampfen von Beton und Erdreich werden Stampfplatten aus Eisen, zum Einstampfen von Formsand in Gußformen hingegen auch gern

251. Stampfen eines Betonrohres mit einem Druckluftstampfer mittlerer Größe

252. Druckluftstampfer beim Stampfen einer Gußform

Gummistampfplatten verwendet. Das Modell wird damit nicht so leicht beschädigt. Stampfer gibt es mit Gewichten (Masse) von etwa 3,5 bis 15 kg, die Kolbendurchmesser betragen ca. 22 bis 45 mm und die Hübe 110 bis 210 mm. Abweichungen von diesen Angaben sind natürlich möglich. Der Stampfer ist eines der wenigen Schlagwerkzeuge, bei dem Kolben und Kolbenstange direkt miteinander verbunden sind. Sie werden meist mit Vollventilsteuerungen ausgeführt. Bild 251 zeigt das Stampfen eines Betonrohres mit einem Stampfer mittlerer Größe, Bild 252 hingegen das Stampfen von Formsand beim Einformen einer Gußform mit einem kleinen Stampfer.

19.5.2. **Kernausstoßhämmer**

In Gießereien ist das Lösen und Herausarbeiten von Kernen aus Gußstücken oft eine schwierige Arbeit, die am besten mit Druckluft-Kernausstoßhämmern ausgeführt werden kann. Bild 253 zeigt das Arbeiten mit einem leichten Kernausstoßhammer, der einen Stahlgriff mit Innen-

253. Arbeiten mit leichtem Kernausstoßhammer

254. Kernausstoßarbeiten mit schwererem Hammer

drücker besitzt. Der in Bild 254 gezeigte Hammer ist um 30% schwerer und mit Gummiballendrücker ausgerüstet. Der leichtere Hammer kann ohne Haltekappe und mit den entsprechenden Einsteckwerkzeugen auch

Typen von Stampfern und Kernausstoßhämmern siehe Anhang.

zu Gußputzarbeiten eingesetzt werden. Andererseits werden für leichte Kernausstoßarbeiten auch Meißelhämmer verwendet.

Die beim Kernausstoßen verwendeten Spitzeisen und Flachmeißel unterliegen sehr hohen Biege- und Schwingungsbeanspruchungen, besonders dann, wenn die Einsteckwerkzeuge sehr lang sind. Daher darf der Meißel keinerlei Kerben aufweisen, da sie leicht zum Dauerbruch führen. Sind bei der Arbeit Kerben entstanden, müssen sie sorgfältig riefenfrei ausgeschliffen werden, wenn das Werkzeug noch länger verwendet werden soll.

19.6. Druckluftwerkzeuge zum Abbauen, Aufbrechen, Spalten, Abrichten und Aufrauhen

19.6.1. Abbauhämmer

Abbauhämmer sind Drucklufthämmer zum Abbrechen von Mauerwerk (Bild 255), zum Abtragen von leichten Betondecken und Fundamenten, für Arbeiten im Straßen-, Tunnel- und Stollenbau, im Bergbau zum Brechen von weichem bis mittelhartem Gestein, zum Lösen von Kohle, Erz und verschiedenen Mineralien aus dem Gebirge, zum Entfernen von Schlacke und verbrauchter Auskleidung aus Schmelzöfen und zu vielen anderen Arbeiten. Die Abstufung der Abbauhämmer liegt etwa bei 4, 6, 8, 10 und 12 kg. Ihre charakteristischen Eigenschaften sind hohe Leistung, große Betriebssicherheit und ruhiger Lauf bei geringem Rückstoß.

Die Einsteckwerkzeuge sind hauptsächlich Spitzeisen mit genormtem rundem Einsteckende. Sie werden durch eine Haltekappe im Hammer gehalten.

Für leichte Arbeiten wie Ziehen von Leitungsschlitzen, Abtragen von Mauerputz (Bild 256) und Bildhauerarbeiten werden außer der 4-kg-Klasse auch noch leichtere Hämmer eingesetzt (siehe Meißeln und Verstemmen, Teil 19.2.).

Ein durch seinen geschlossenen Griff mit Innendrücker etwas abweichender leichter Abbauhammer ist der im Bild 257 dargestellte Hammer FMA POKORNY-Typ P 7. Sein leichtes Gewicht von 6,4 kg und seine Handlichkeit machen ihn für viele Arbeiten besonders geeignet. Die FMA POKORNY-Abbauhämmer ab 8 kg (Bild 258) haben einen Faustgriff mit patentiertem Gummiballendrücker. Der Gummiballendrücker liegt gut in der Hand und mildert den fühlbaren Rückstoß. Bei dieser Gruppe sind alle Teile bis auf Zylinder und Kolben untereinander austauschbar; dadurch wird die Ersatzteilhaltung sehr vereinfacht.

255. Abbrechen von Mauerwerk mit Abbauhammer

256. Abtragen von Mauerputz mit Abbauhammer P 4

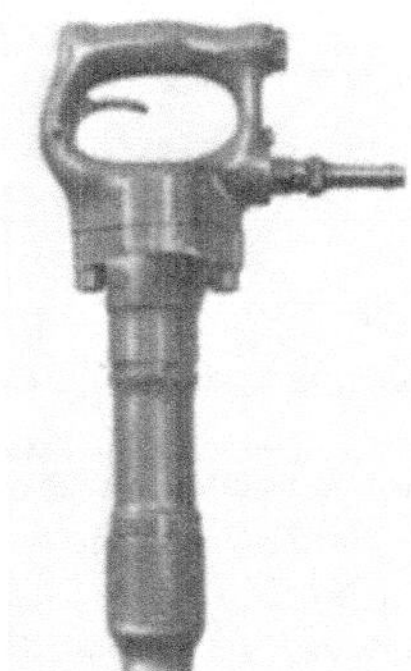

257. Abbauhammer P 7

258. Abtragen eines Betonfundamentes mit Abbauhammer P 12

19.6.2. **Spatenhämmer**

Zum Abstechen von Ton und Lehm, bei Ausschachtungs- und Abräumarbeiten, zum Grabenziehen wie zum Ausgleichen und Glätten von Gräben werden Spatenhämmer eingesetzt (Bild 259). Spatenhämmer sind Abbauhämmer mit einer weicheren Schlagcharakteristik. Die Einsteckwerkzeuge (Flach-, Rund-, Winkelspaten) müssen gegen Verdrehung gesichert sein. Das geschieht entweder durch ein genormtes Sechskanteinsteckende oder durch einen Rundsechskant-Einsteckschaft oder auch durch einen runden Schaft mit Führungsflächen am Bund. Zum Tonstechen werden Rund- und Winkelspaten, für die übrigen Arbeiten jedoch Spaten mit geradem Blatt verwendet.

260. Abbrucharbeiten mit FMA POKORNY-Aufreißhammer P 22

259. Tonstechen mit Spatenhammer

19.6.3. **Aufreißhämmer**

Für schwere Abbrucharbeiten an Betonbauten, Decken, starken Fundamenten und Brückenpfeilern, zum Zerkleinern von Trümmerklötzen und großen Gesteinsblöcken, zum Abräumen von brüchigem Gestein, zum Brechen von Schlackendecken, zum Abbruch von Industrieöfen und in vielen ähnlichen Fällen, besonders auch an Stellen, an denen nicht geschossen werden kann, werden Aufreißhämmer eingesetzt (Bild 260). Aufreißhämmer sind starke Drucklufthämmer in den Gewichtsklassen von ca. 18, 22, 26, 30, 35 und 40 kg. Die Arbeitsrichtung dominiert bei diesen schweren Hämmern nach unten. Sie sind mit Doppelhandgriff ausgeführt, in welchem sich meist ein Öler befindet, der die Schmierung des Hammers übernimmt. Während für normale Abbrucharbeiten diese Hämmer mit Spitzeisen ausgerüstet werden, braucht man für das Abspalten von Beton- und Asphaltdecken, für Grabungen in hartem oder gefrorenem Erdreich andere Werkzeuge. Das sind Flachmeißel, Asphaltmeißel, Grabstähle und andere. Ihre Sechskant-Einsteckschäfte sind genormt. Die schwersten FMA POKORNY-Hämmer können auch mit Stampfplatten und Zugstampfplatten ausgerüstet werden. Während Stampfplatten zum Pflastern und Betonstampfen verwendet werden, dienen Zugstampfplatten hauptsächlich zum Verdichten von Erdreich. Zugstampfplatten unterscheiden sich von normalen durch ihre Größe und die Zugmöglichkeit. Die Einsteckwerkzeuge zeigt Bild 261.

Zur Nacharbeit von Spitzeisen, Spaten und Meißeln gilt die „Wärmebehandlungsanleitung für das Aufarbeiten von Spitz- und Flachmeißeln aus unlegiertem Werkzeugstahl — Wasserhärter“, Teil 19.2.3.

Beim Arbeiten entstehen auf der Oberfläche der Werkzeuge häufig Riefen. Da diese die Dauerfestigkeit stark verringern, müssen sie sauber ausgeschliffen werden. Auch beim Nacharbeiten muß auf glatten, sauberen Schliff geachtet werden.

FMA POKORNY-Aufreißhämmer P 33 können durch Auswechseln des Hammer-Unterteils in eine Spundwandramme P33R umgebaut werden. Sie dient zum Einrammen von leichten Kanaldielen und Spundwandeisen bis 3 m Länge. Eine andere Abart ist die Type P 33 RH, welche zum Eintreiben von Holzdielen und -pfählen verwendet wird.

Bei beiden Rammen läßt sich der Rammfuß um 90° versetzen, so daß die Führung sowohl parallel als auch senkrecht zum Handgriff eingestellt werden kann. Für das Ausziehen von Kanaldielen und Spundwandeisen gibt es Ziehgeräte. Hierüber und über große druckluftbetriebene Rammen siehe Teile 29, 30 und 31.

261. Einsteckwerkzeuge zu Aufreißhämmern

262. Arbeiten mit Spundwandramme P 33 R

263. Keillöcher schlagen

19.6.4. **Keillochhämmer**

Zur weiteren Bearbeitung der in der Werksteinindustrie gewonnenen Rohblöcke werden Keillochhämmer eingesetzt (Bild 263).

Es überwiegen die Gewichtsklassen 7 bis 8 kg.

Keillochhämmer sind Drucklufthämmer mit Spezialeinsätzen. Die Einsteckwerkzeuge bestehen aus Sätzen von meist 3 Stück. Mit diesen meißelähnlichen, keilförmigen Werkzeugen werden keilförmige Löcher von etwa 50 bis 70 mm Tiefe geschlagen. Jedes Loch wird aber nicht mit einem einzigen Werkzeug fertiggestellt, sondern die zu einem Satz gehörenden Keileisen werden stufenweise nacheinander eingesetzt.

Zum Trennen der Steinblöcke werden entlang den erforderlichen Rißlinien Keilschlitze geschlagen, so daß mittels eingesetzter Keile der Stein getrennt werden kann. Zur glatten Sprengung müssen die Sprengkeile gleichmäßig mit einem Handhammer eingetrieben werden.

19.6.5. **Stockhämmer**

Zur weiteren Bearbeitung und zum Glätten der rohen Oberflächen der gespaltenen Steinblöcke werden Drucklufthämmer mit Stockeinsätzen, sogenannte Stockhämmer, verwendet. Stockeinsätze sind Werkzeuge, die an der Stirnfläche verzahnt sind. Die verzahnten Einsätze bestehen entweder aus gehärtetem Stahl oder aus Hartmetall. Für die verschieden feine Bearbeitung werden Stockeinsätze mit Grob-, Mittel- und Feinverzahnung verwendet. Mit solchen Druckluftwerkzeugen arbeiten außer Steinmetzen auch Bildhauer.

19.6.6. **Betonaufrauhgerät**

Zum Aufrauhen des Betonbodens sowie zum sorgfältigen Entfernen der Betonschlämme[1] dient das sogenannte Betonaufrauhgerät (Bild 264). Es handelt sich dabei um ein fahrbares Gerät, das mit drei bis elf Meißelhämmern bestückt ist. Als Werkzeuge dienen mit Hartmetall besetzte Aufrauhköpfe, die an den Meißelansätzen angeklemmt werden. Das Gerät bewährt sich ferner bei Höhenkorrekturen an den Übergängen fertiger Schichten sowie bei Egalisierungen.

Zur Ausarbeitung von Vertiefungen aus Betonböden, wie sie zur Anbringung von Lampen auf Start- und Landebahnen der Flugplätze erforderlich sind, ist ein anderes spezielles Gerät entwickelt worden, bei dem die auszuarbeitende Tiefe eingestellt werden kann.

[1] Oberste glatte Schicht, muß zur Bindung weiterer Betonschichten aufgerauht werden.

264. Fahrbares Betonaufrauhgerät

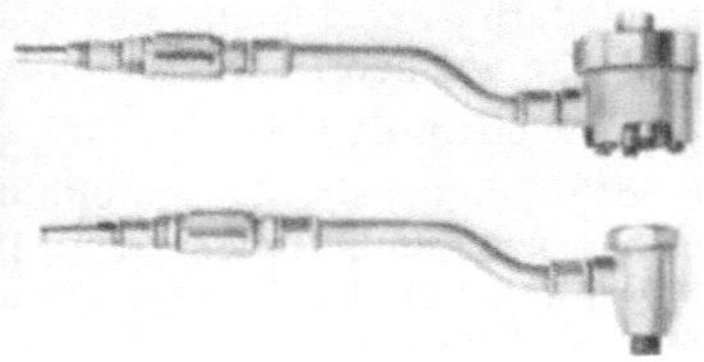

265. Druckluft-Kesselstein- und Rostklopfer

19.7. Reinigen und Behandeln von Oberflächen

Oberflächen werden mit verschiedenen Werkzeugen gereinigt oder behandelt. Die Außenhaut von Schiffen wird in vielen Fällen mit leichten Meißelhämmern gereinigt, die für diesen Zweck mit einer Haltefeder versehen sind, um das Herausfallen der Einsteckwerkzeuge zu verhindern.

19.7.1. Druckluft-Kesselstein- und Rostklopfer

Zum Entfernen von Rost, Zunder, Kesselstein, alter Farbe und sonstiger Verschmutzung werden Druckluft-Klopfer eingesetzt. Auch Natur- und Kunststeinoberflächen werden mit ihnen aufgerauht. Mit Spitzkolben versehen, eignen sie sich auch zum Entschlacken von Schweißnähten. Ihre Schlagkraft und der sparsame Luftverbrauch machen sie zu gern benutzten Geräten in zahlreichen Industriezweigen, vornehmlich in der Metallindustrie.

Die Schlagzahl der Druckluft-Klopfer ist hoch, sie beträgt etwa 6000/min. Klopfer werden sowohl mit einem Kolben, als auch mit mehreren Kolben gebaut. Die Aufschlagformen des Kolbens werden dabei dem Verwendungszweck entsprechend verschieden ausgebildet. Bild 265 zeigt Klopfer mit einem und mit fünf Kolben. Der einfachere hat ein Gewicht von 2,5 kg und einen Luftverbrauch von 0,2 m^3/min, der größere wiegt 5 kg und hat einen Luftverbrauch von 0,6 m^3/min.

19.7.2. Druckluft-Reinigungspistolen

Bei Druckluft-Reinigungspistolen sind gehärtete Stahlnadeln zu Nadelsätzen zusammengefaßt, welche die Reinigungsarbeit leisten. Die Nadelsätze passen sich unebenen Flächen, Ecken und Winkeln leicht an und sind mit wenigen Griffen auszuwechseln. Diese leichten und handlichen

Pistolen eignen sich für die gleichen Verwendungszwecke wie die Klopfer, jedoch für leichtere Beanspruchung und für empfindlichere Werkstoffe wie Steine (Verkleidungen, Fußböden, Treppen), Holz usw.

19.7.3. **Druckluft-Rohrreinigungsgeräte**

Druckluft-Rohrreinigungsgeräte sind bestimmt zur Entfernung von Kesselstein aus Kühlern und Kesselanlagen, von Koksrückständen, die sich bei der Verkrackung von Öl und Kohle zur Gewinnung von Benzin, Benzol, Ölraffinaden, Teer usw. in den Rohren absetzen, und von harten und spröden Rückständen aus den Rohrleitungen der chemischen Industrie und der Nahrungsmittelfabriken. Diese Geräte stehen zur Verfügung für Rohre von 20 bis 180 mm lichter Weite; sie werden durch halbstarre Turbinierschläuche in die Rohre eingeführt. Rotierende, auf die Motorwellen aufgesetzte, den jeweiligen Notwendigkeiten angepaßte Schlag- und Fräsköpfe besorgen die Reinigung.
Bild 266 zeigt zwei Rohrreinigungsgeräte von denen das erste für gerade und gekrümmte Rohre bestimmt ist, während das zweite sich nur für gerade Rohre verwenden läßt.

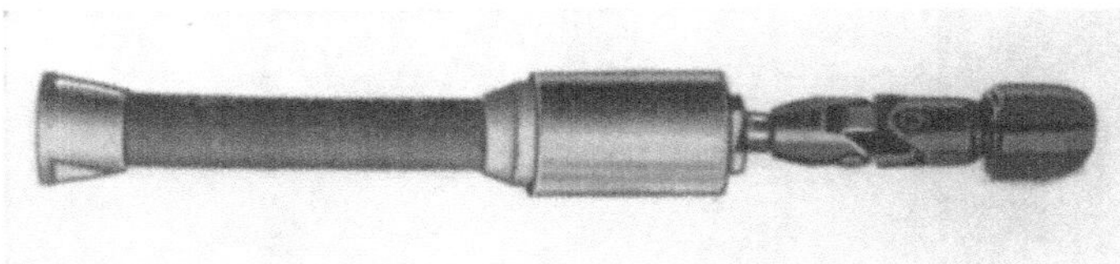

a

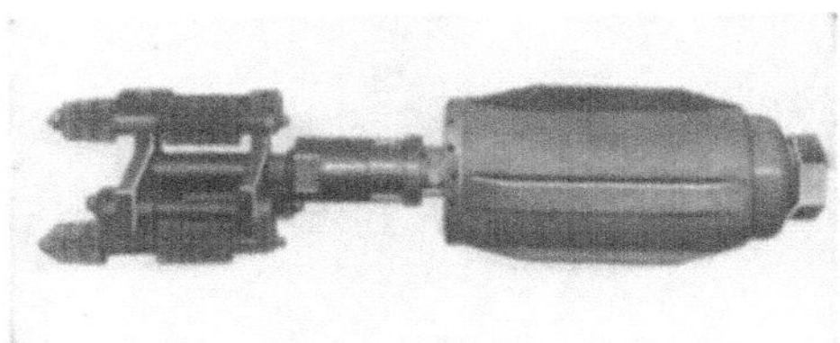

b

266. a) Druckluftreinigungsgerät für gerade und gekrümmte Rohre; b) Druckluftreinigungsgerät für gerade Rohre

19.7.4. **Druckluft-Puderhämmer**

Bei der Fertigung von Öfen, Badewannen u. a. wird mit Druckluft-Puderhämmern Emaillepulver auf die glühenden Werkstücke gestäubt. Entsprechend den gestellten Anforderungen können die Hämmer mit verschiedenen Verlängerungen und Lufteinlaßorganen geliefert werden. Die runden, ovalen oder rechteckigen Siebe sind an einem Siebhalter befestigt, der auf die Kolbenstange aufgesteckt wird.

Im Bild 267 erkennt man, wie mit einem Puderhammer auf eine Emaillebadewanne das Emaillepuder aufgestäubt wird. Bild 268 zeigt einen Puderhammer. Dieser Hammer hat ein Gewicht von 4,5 kg und einen Luftverbrauch von 0,3 m^3/min.

19.7.5. **Druckluft-Blasdüsen**

Zum Säubern werden auch Druckluft-Blasdüsen verwendet. Sie eignen sich zum Abblasen von Modellplatten, Modellen, Kokillen und Kernen, zum Ausblasen von Formen und Kernbüchsen sowie zur Zunderentfernung aus Schmiedegesenken, kurz überall dort, wo sich Schmutz durch Abblasen entfernen läßt. Mit einem zusätzlichen Zerstäuberaufsatz schwärzt man Gußformen, Kerne und Kokillen, feuchtet aus-

267. Aufstäuben von Emaillepuder auf Badewannen mit einem Puderhammer

getrocknete Formen an und dergleichen. Bild 269 zeigt eine Blasdüse mit dazugehörigen Verlängerungs- und Zerstäuberaufsätzen, Bild 270 zeigt den inneren Aufbau der Blasdüse.

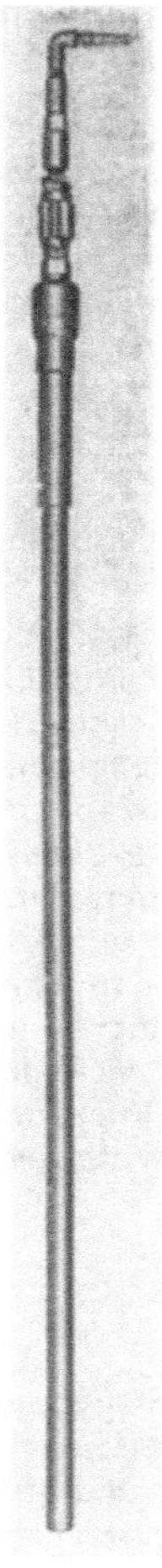

268. Druckluft-Puderhammer

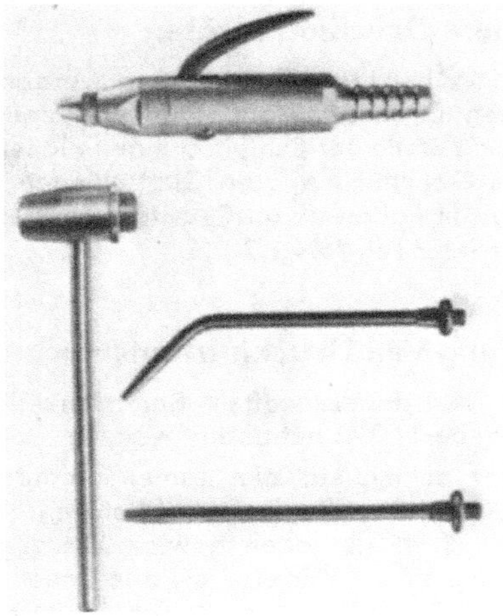

269. Druckluft-Blasdüse und Zubehör

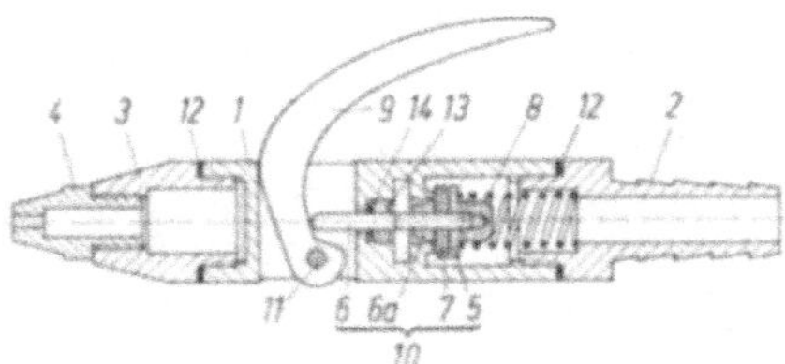

1 Ventilkörper (Hahnkörper)
2 Schlauchtülle
3 Zwischenstück
4 Blasdüse
5 Ventilteller
6 Ventilführung
6a Konusmutter
7 Ventildichtung
8 Ventilfeder
9 Hebel (Drücker)
10 Ventil, komplett. Teile 5-7
11 Drückerstift
12 Dichtung
13 Mutter
14 O-Ring

270. Schnittbild einer Druckluft-Blasdüse

19.7.6. Weitere zur Reinigung und Oberflächenbehandlung verwendete Druckluftgeräte

Zur Reinigung und Oberflächenbehandlung werden auch die im Teil 19.4.1. behandelten Druckluft-Handschleifmaschinen verwendet. Mit Stahldrahtbürsten an Stelle der Schleifscheiben dienen sie zum Reinigen und Entrosten von Oberflächen, zum Glattschleifen für nachfolgendes Emaillieren usw. Zum Polieren von Oberflächen benutzt man Flächenschleifmaschinen (siehe Teil 19.4.1.2.).

19.8. Anwendung von Druckluftmotoren

Druckluftmotoren, ihre Eigenschaften, Bauarten und ihr Aufbau sind bereits unter Antriebe 17.2.1. behandelt worden.

Alle vier Hauptbauprinzipien, die Lamellenmotoren (17.2.1.1.), die Kolbenmotoren (17.2.1.2.), die Zahnradmotoren (17.2.1.3.) und die Turbinenmotoren (17.2.1.4.) haben gewisse Vorzüge gemeinsam. Es sind das im wesentlichen die Vorteile, die alle Druckluftwerkzeuge und Geräte auszeichnen. Sie können praktisch in jeder Umgebung eingesetzt werden. In explosionsgefährdeten Räumen arbeiten sie ebenso einwandfrei und sicher wie in feuchter Atmosphäre. Staubige Umgebung oder große Hitze beeinträchtigen ihre Eigenschaften genauso wenig wie ständiger Dauerbetrieb oder dauerndes Ein- und Ausschalten. Von der Lastseite her können sie bis zum Stillstand beansprucht werden, ohne Schaden zu leiden. Ihre Drehzahl ist stufenlos regelbar und das Leistungsgewicht ist sehr niedrig. Diesen Vorzügen verdanken die Druckluftmotoren ihre vielseitige Anwendung trotz ihres gegenüber Elektromotoren schlechteren Wirkungsgrades.

19.8.1. Lamellenmotoren

Lamellenmotoren werden gewöhnlich bis Leistungen von 10 PS gebaut. Der Leistungsbereich bis 1 PS ist in Teil 40 bei Kleinwerkzeugen behandelt. Lamellenmotoren haben einen sehr gleichmäßigen Lauf und gute Schalldämpfung. Das Restauspuffgeräusch kann durch zusätzliche Schalldämpfer weitgehend beseitigt werden (z. B. bei 2- bis 4-PS-Motoren Senkung um 15 dB(A)). Lamellenmotoren sind die meist verwendeten Druckluftmotoren. Ihre Einsatzgebiete können nicht annähernd vollständig aufgezählt werden. Sie werden sowohl für stationäre Anlagen als auch für von Hand geführte Geräte verwendet. Bei der Verwendung in Handgeräten wird auf die betreffenden Kapitel verwiesen. Für stationäre Zwecke einige Einsatzgebiete in zwangloser Reihenfolge:

Lamellenmotoren werden für Haupt- und Hilfsantriebe verwendet. So wird z. B. die Spannung der Bänder mancher Papiermaschinen durch Lamellenmotoren reguliert, wo sie sich in heißer, dampfgesättigter Atmosphäre zu bewähren haben. Bei Lichtbogenöfen wird das Bewegen der Elektroden oft durch Lamellenmotoren besorgt. Lokomotivdrehscheiben, gewisse Hebebühnen, große Gas- und Wasserschieber, verschiedene Rührwerke und Winden werden durch Lamellenmotoren angetrieben.

In der Bauindustrie verwendet man Lamellenmotoren zum Antrieb von Förderbändern, Schlepp- und Seilwinden und für Großbohrgeräte. Bei Betonspritzmaschinen werden Gutzuteiler durch Druckluftmotoren angetrieben. Druckluftmotoren dienen als Steuer- und Anlaßmotoren usw. Für die meisten angeführten Verwendungszwecke eignen sich Lamellenmotoren innerhalb eines Leistungsbereiches von 1 bis 10 PS. Lamellenmotoren werden deshalb in verschiedenen Leistungsstufen gebaut, z. B. 1, 2, 3, 4 und 6 bis 10 PS. Über austauschbare Vorgelege werden von der im Beispiel genannten Typenreihe Drehmomente von etwa 0,1 bis 36 mkp bei Drehzahlen von 10000 bis 50 U/min erreicht. Motoren gibt es sowohl als Rechts- als auch als Linksläufer und auch umkehrbar. Bild 2/1 zeigt einen Druckluftlamellenmotor mit angebautem Getriebe und Umsteuervorrichtung. Die Umsteuervorrichtung trägt auf der einen Seite den Anschluß für den Druckluftschlauch, auf der anderen Seite den Umsteuerhebel für Vorwärtslauf, Halt und Rückwärtslauf. Durch langsames Bewegen des Hebels ist eine stufenlose Regelung über einen weiten Drehzahlenbereich möglich. Hinter dem Umschalthebel ist der Auspuffluftschalldämpfer zu sehen, mit welchem die ursprünglichen Auspuffgeräusche um 15 dB(A) reduziert werden. Druckluftmotoren werden meistens an die anzutreibenden Geräte angeflanscht, wozu der im Bild 271 links vorn zu sehende Flansch benutzt wird. Bevor ein Druckluftmotor in Betrieb gesetzt wird, muß noch ein Druckluftöler vorgeschaltet werden. Die schematische Anordnung zeigt Bild 272. Bei Umsteuerbetrieb mit Fernbedienung wird die Umsteuervorrichtung, welche aus einem Vierwegeventil besteht, an einem entfernten Ort montiert und mit zwei Schläuchen mit dem Motor verbunden. Diese Anordnung zeigt Bild 273. Druckluftmotoren haben entsprechend den vielseitigen Anwendungen viele Varianten, auch werden für manche Zwecke Spezialmotoren hergestellt, die von den normalen Bauformen abweichen. Der im Bild 274 gezeigte Spezialmotor besitzt ein Handrad mit Spindel, welches als Hilfsmittel zum Anwerfen bei übermäßiger Anlaufbelastung dient. Bei Zementspritzmaschinen werden solche Motoren vielfach verwendet. Zum Anbau an die verschiedenen Geräte werden Lamellenmotoren entweder mit Flansch- oder mit Fußbefestigung hergestellt.

271. Umsteuerbarer Druckluftmotor

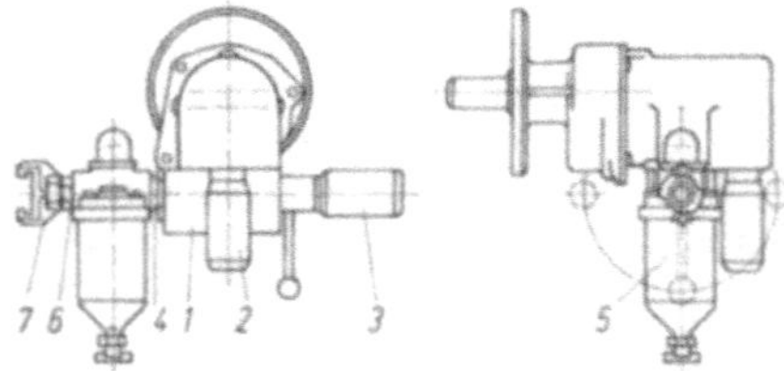

1 4-Wege-Ventil
2 Schalldämpfer
3 Schalldämpfer
4 Zwischenstück
5 Druckluftöler
6 Siebträger
7 Schlauchkupplung

272. Umsteuerbarer Motor, direkt gesteuert

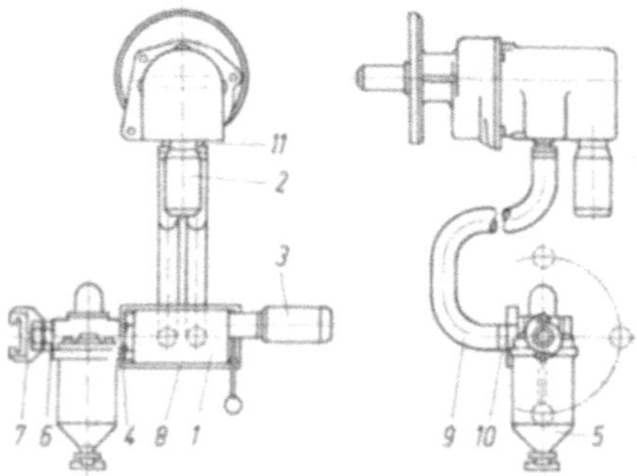

1 4-Wege-Ventil
2 Schalldämpfer
3 Schalldämpfer
4 Zwischenstück
5 Druckluftöler
6 Siebträger
7 Schlauchkupplung
8 Befestigungsflansch
9 Schlauch (Länge nach Bedarf)
10 Schlauchschelle
11 Schlauchtülle

273. Umsteuerbarer Motor, ferngesteuert

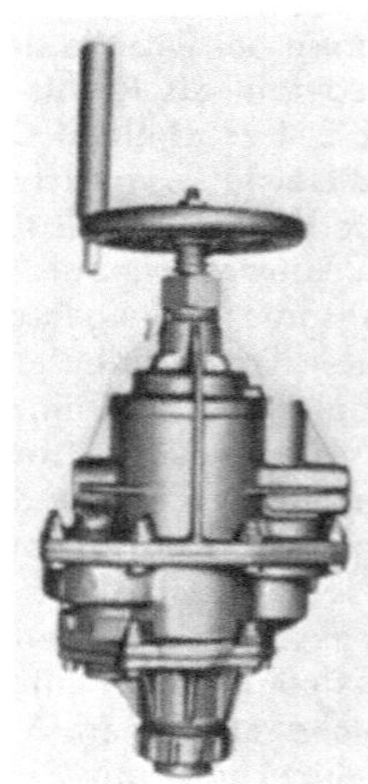

274. Spezialmotor mit Handrad zum Mitdrehen

19.8.2. Kolbenmotoren

Von den beiden Hauptprinzipien wird der Radialkolbenmotor für größere Leistungen vorgezogen. Axialkolbenmotoren werden gewöhnlich mit Leistungen zwischen 2 und 15 PS gebaut, während Radialkolbenmotoren Leistungen zwischen 2 und 25 PS und noch darüber aufweisen. Kolbenmotoren eignen sich besonders da, wo hohe Anlaufmomente erforderlich sind, wie es bei Hebezeugen der Fall ist. Sonst überschneiden sich die Anwendungsgebiete in weitem Maße mit denen der Lamellenmotoren.

19.8.3. Zahnradmotoren

Zahnradmotoren zeichnen sich durch ihre einfache Bauart besonders aus. Das hohe Anlaufmoment (1,5faches Nennmoment) macht sie auch zum Antrieb von schwer anlaufenden Maschinen geeignet. Die Baugrößen bewegen sich hauptsächlich zwischen 3,5 und 80 PS.

Ihre Anwendungsgebiete sind die chemische, petrochemische, Hütten- und die Bauindustrie, vor allem jedoch der Bergbau. Schwenktriebe an Konvertern, Lanzettenwagen, Kreiselpumpen, Winden, Häspel, Nachverdichter, Ventilatoren und verschiedene Fördermaschinen und -einrichtungen werden durch sie angetrieben. Sie arbeiten normalerweise mit einem Betriebsdruck von 4 atü. Bei diesem Druck haben sie einen Luftverbrauch von 0,8 bis 1 m^3/min freie Luft je PS. Wenn sie als Bremsmotoren für kleinere Lastenaufzüge z. B. in Blindschächten verwendet werden, wird die Bremswirkung durch Drosselung der Auspuffluft erreicht. Oft wird die so komprimierte Luft wieder in das Druckluftnetz zurückgefördert. Zahnradmotoren sind bei voller Last und Drehzahl umsteuerbar. Die Umsteuerung kann direkt am Motor oder durch Fernsteuerung erfolgen. Die Fernsteuerung wird entweder pneumatisch oder elektropneumatisch betätigt. Die Drehzahl der kleineren Typen wird gewöhnlich mit 3000 U/min, die der größeren mit 1500 U/min durch Fliehkraftregler begrenzt. Um die Zahnradmotoren den meist langsamer laufenden Maschinen anzupassen, werden sie mit angebauten Stirnradgetrieben geliefert. Drehzahlen von 500 bis 1500 werden meist verlangt. Mit Winkelgetrieben ausgerüstet, können sie sogar bis etwa 125 U/min gebaut werden.

19.8.4. Turbinenmotoren

Turbinenmotoren werden für kleine Werkzeuge und Instrumente verwendet, die höchste Drehzahlen erfordern. Solche Werkzeuge werden z. B. zum Gravieren verwendet. Auch für die Zahnbehandlung gibt es

Instrumente mit Turbinenmotoren. Es werden Drehzahlen bis 300000 U/min erreicht. Besondere Aufmerksamkeit muß bei so hohen Drehzahlen der Lagerung geschenkt werden (Luftlager).

19.9. Druckluft-Hebezeuge

Diese Hilfsmittel werden heute in fast allen Industriezweigen eingesetzt. Zu ihrer Verbreitung haben eine Reihe spezieller Eigenschaften beigetragen, die ihnen oft den Vorrang vor den Elektrozügen bringen, vor allem ihre Explosionssicherheit, die den Einsatz im Bergbau, in Chemie-Fabriken, Raffinerien, Farbspritzräumen u. a. explosionsgefährdeten Betrieben gestatten. Ihre Unempfindlichkeit gegen Staub, Hitze und Feuchtigkeit sichert ihnen trotz höherem Preis einen großen prozentualen Anteil neben den normalen elektrisch angetriebenen Hebezeugen, vor allem in Gießereien, Zementfabriken, Verzinkereien und ähnlichen Betrieben. Durch ihr geringes Gewicht und ihre kleine Bauart sowie ihre einfache stufenlose Regulierung der Hub- und Senkgeschwindigkeit eignen sie sich für Montagearbeiten besonders gut.
Druckluft-Hebezeuge werden von Druckluftmotoren angetrieben. Außerdem gibt es noch eine einfache Ausführung als Druckluft-Hubzylinder für kleinere Lasten und kurze Hübe.

19.9.1. Hebezeuge mit Druckluftmotoren

Sie werden mit Lamellen- oder Kolbenmotoren ausgeführt. Der Kolbenmotor wird für den Antrieb von Hebezeugen als Mehrfachzylindermotor, für kleinere Hubeinheiten auch als Axialkolbenmotor verwendet.
Die Drehzahl der Druckluftmotoren wird durch entsprechende Getriebeübersetzungen auf die Antriebswelle, Kettennuß und Haspelkette übertragen. Die Hubgeschwindigkeiten sind etwa 5 bis 25 m/min bei einer Tragkraft von 100 bis 500 kp. Die Last wird durch eine Bremse in jeder Lage, auch bei Abschaltung der Luft, gehalten. Auch Ausführungen für höhere Traglasten werden gebaut, etwa bis 10 t, wobei die Hubgeschwindigkeit auf ca. 1,5 m/min ermäßigt wird.
In Sonderfällen werden Hebezeuge als Seilwinden gebaut, die oft auch als Schleppwinden für festen und beweglichen Einbau verwendet werden.

19.9.2. Druckluft-Hubzylinder

Der Einsatz von Druckluft-Hubzylindern bedingt eine genügende Raumhöhe. Sie werden für Hubhöhen bis 1,5 m gebaut, in Sonderausführung auch waagerecht gelagert und über Rollenzug für größeren Hub übersetzt. Vielfach dienen sie als Tor- und Türöffner.

19.10. Die Anwendung von Dreh- und Schlagschraubern

Die Voraussetzung für die richtige Anwendung von Schraubern ist die Kenntnis vom Wesen der Schraube als Verbindungselement; deshalb wird in folgendem die Schraube kurz behandelt. Es wird dabei nur auf das Wesentliche eingegangen.

19.10.1. Die Schraube

Die Schraube ist ein wichtiges Konstruktionselement. Sie hat besonders für den Konstruktionsbau an Bedeutung gewonnen. Vielfach wird hier im Verbundbau gearbeitet, so daß das Schweißen, das Nieten und auch das Schrauben nebeneinander in der Fertigung angewendet werden. Das Anziehen und Lösen der Schrauben mit dem Handschlüssel erfordert viel Zeit und Muskelkraft. Um wirtschaftlicher zu arbeiten, muß man Maschinen einsetzen. Für kleinere Schrauben kann man Drehschrauber verwenden, die über eine große Übersetzung das gewünschte Drehmoment erzeugen. Nun sind aber für größere Schrauben die geforderten Momente so groß, daß sie von dem Bedienenden nicht mehr gegengehalten werden können. Im Augenblick des Festziehens tritt dieses Moment ruckartig auf und gefährdet den Arbeiter. Erst mit der Entwicklung des Schlagschraubers, der das geforderte Drehmoment durch Dreh- und Rundschlag erzeugt, war ein Werkzeug geschaffen, das bei leichtem Gewicht hohe Anzugsmomente mit nur sehr geringen Rückdruckmomenten ermöglichte.

Bild 275 zeigt eine Schraube. Durch Aufdrehen der Mutter auf den Bolzen wird eine Zugkraft erzeugt (P_0), welche die Verbindungsteile zusammenhält. Diese Kraft (P_0) wird in der Schraube aber nicht ohne Verluste erreicht. Es entstehen Reibungskräfte im Gewinde (R_1) und auf der Unterlage (R_2). Nun ist die Größe dieser Reibungskräfte sehr unterschiedlich je nach dem Zustand der Oberflächen des Gewindes und der Unterlagen. Außerdem sind die Reibungskräfte abhängig vom Material und von der Schmierung. Sie beeinflussen sehr stark beim Anziehen die Schraubenspannkraft P_0.

In Bild 276 sieht man die Dehn-Charakteristik einer Schraube. Aus dem Schaubild kann man den Schraubvorgang verfolgen: Aufschrauben der Mutter bis zur festen Auflage bei Punkt (A) — nachher Festziehen, wobei das Drehmoment und die Spannkraft steil ansteigen, bis bei

Punkt (*B*) die gewünschte Schraubenvorspannung erreicht ist. Die Spannungslinie verläuft nach dem Hookeschen Gesetz, das heißt, die Dehnungen sind den Spannungen verhältnisgleich. Dies gilt in dem Bereich bis zur Streckgrenze (*C*). Darüber hinaus ist die Dehnungszunahme

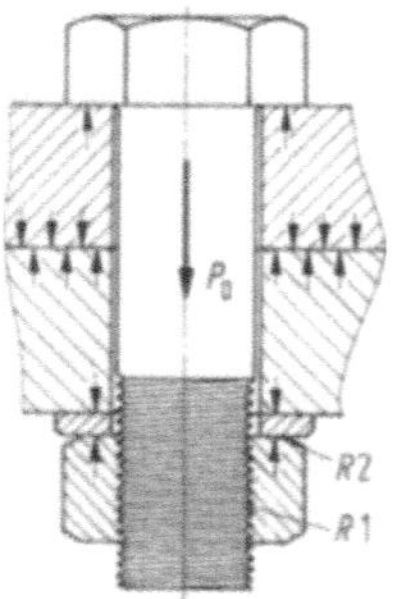

275. Reibungskräfte R_1 und R_2 verkleinern beim Anziehen das Wachsen der Schraubenkraft P_0

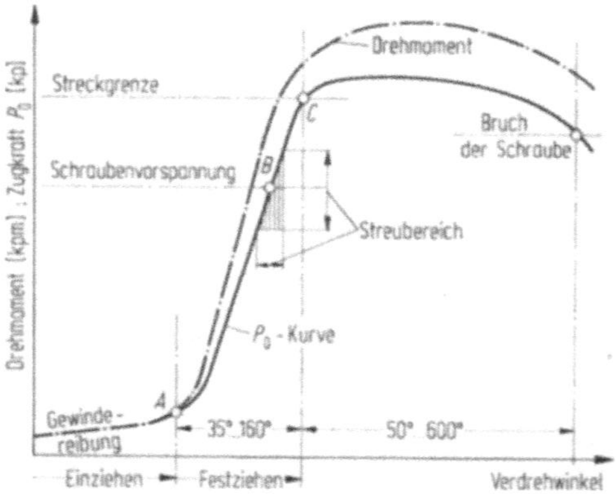

276. Dehncharakteristik der Schraube

größer als die Spannungszunahme. Über der Streckgrenze sind wir nicht mehr im elastischen, sondern im plastischen Bereich — es gibt bleibende Dehnungen — die Schraube streckt sich und geht bei weiterer Belastung nach entsprechender Längung zu Bruch. Wie man aus dem Diagramm Bild 276 sieht, muß die Schraubenvorspannung unter der Streckgrenze liegen; sie soll bei wechselnder Belastung 60 bis 70%, bei ruhender Belastung 70 bis 80% der Streckgrenze betragen. In Sonderfällen geht man sogar bis auf 90% der Streckgrenze hinauf.

Von der Qualität her werden unterschieden handelsübliche Schrauben und hochfeste Schrauben. Aus Tabelle 280 kann man sehen, daß die Belastungsgrenze einer hochfesten Schraube ein Mehrfaches einer handelsüblichen Schraube beträgt, z. B. liegt die Streckgrenze des Schraubenhalses handelsüblicher Qualität 5.6 bei 30 kp/mm² und bei Qualität 10.9 bei 90 kp/mm². In ähnlichem Verhältnis stehen die Vorspannkräfte für die Schrauben verschiedener Qualität. Ein Unterschied besteht auch zwischen dem Anzugsmoment und dem Lösemoment einer Schraube. Dieser Unterschied wird in der Praxis nicht immer genügend beachtet. Zum Lösen der Schraube benötigt man nämlich ein um 10 bis 20% kleineres Moment als für das Anziehen.

Zur Beurteilung einer Schraubverbindung gehört auch ihre Einordnung nach ihrer Starrheit. Man unterscheidet in der Praxis drei Schraubfälle, und zwar den harten, den mittleren und den weichen.
In Bild 277 sind Beispiele angeführt, aus denen man sofort ersieht, daß die Spannungszunahme in der Schraube in den drei Fällen bei gleichem Verdrehwinkel verschieden sein wird. Weil bei dem harten Schraubfall die Verbindung mit der Schraube nur ganz wenig elastisch ist, ergibt sich auch bis zum Erreichen einer bestimmten Vorspannung der kleinste Verdrehungswinkel (siehe Bild 277). Beim mittleren Schraubfall ist die Schraube bedeutend länger — sie dehnt sich im elastischen Bereich wie eine harte Feder, außerdem geben auch die Flanschen etwas nach — der Verdrehungswinkel bis zum Erreichen der Vorspannung wird größer. Beim weichen Schraubfall ist die elastische Zusammendrückung schon verhältnismäßig hoch. Im Bild wird auch die Ausführung einer Starrschraube und einer formelastischen Schraube (Dehnschraube) gezeigt. Letztere ist besonders für dauerschwingungsfeste Schraubenverbindungen geeignet.

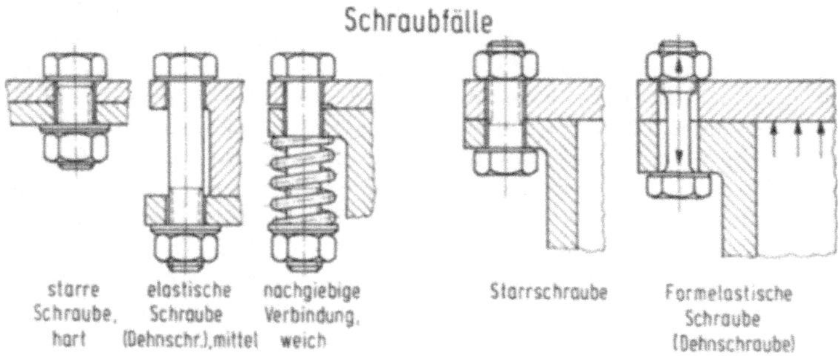

277. Schraubfälle

Nachdem die Spannkraft (P_0) bei der Schraube praktisch über das Drehmoment erzielt und gemessen wird, stellt sich die Frage, mit welchem Streubereich man bei der Schraubenvorspannung rechnen muß. Wie schon erwähnt, wird von dem aufgewendeten Drehmoment nur ein Teil in Zugspannung umgesetzt.
Ein Teil wird als Gewindereibung und Reibung der Mutter auf der Unterlage verbraucht und ein Teil bleibt als Verdrehspannung bestehen. Die Reibungswerte können je nach Zustand und Schmierung sehr unterschiedlich sein. Die Differenzen können mehr als 100% betragen. In Tabelle 280 sind unter anderem auch Reibwerte für

verschiedene Oberflächen und Schmierzustände angegeben. Wenn man in Betracht zieht, daß der Steigungswinkel für metrische Normschrauben unter 2,5° liegt und damit viel kleiner als der Reibungswinkel, der 7° beträgt, ist, wird verständlich, daß der größte Teil des Anziehmomentes durch die Reibung aufgebraucht wird. Bei abweichenden Reibwerten sind deshalb auch die Schrauben-Vorspannkräfte sehr unterschiedlich. Durch Schmieren von Gewinde und Unterlage können die Abweichungen verkleinert werden.

Für hochfeste Schrauben sollten Unterlagen aus gehärteten und geschliffenen Stahlscheiben bestehen. Die Mutter darf nur in der Materialqualität um eine Klasse niedriger liegen als die Schraube. Gute Erfahrungen hat man mit oberflächenbehandelten Schrauben und Muttern gemacht (Phosphatieren, Kadmieren usw.). Für solche Schrauben beträgt nach Bauer & Schaurte der Streubereich für die Vorspannkraft bei gleichem Anziehmoment ±7%.

Nachdem die Schraubenvorspannung über das Drehmoment erreicht wird, wird in der Praxis zur Überprüfung und Kontrolle auch dieses Moment gemessen, und zwar mit einem Drehmomentenschlüssel, der auch Kraftmomentenschlüssel oder Manuskop genannt wird. Die Meßpraxis ist folgende: Nachdem die Schraube angezogen wurde, wird das „Nachziehmoment" festgestellt. Das geschieht, indem mit dem Drehmomentenschlüssel solange ein steigendes Drehmoment auf die Schraube gebracht wird, bis der Beginn einer Drehung festgestellt wird. Der Drehmomentenschlüssel besteht in seiner einfachsten Form aus einem federnden Biegestab, der an einem Ende einen Aufnahmevierkant für den Steckschlüssel, am anderen eine geeichte Skala besitzt. Die Anzeige übernimmt eine feststehende Zunge (Bild 278). Eine andere Ausführung verwendet eine Drehstabfeder. Beim Anziehen der Schraube wird der Drehstab verdreht und auf einer Skala mit einem Zeiger der Verdrehungswinkel und damit das auftretende Drehmoment angezeigt. Als zulässige Toleranz wird 3 bis 5% angegeben. Momentenschlüssel werden in mehreren Stufen für Bereiche von 0,5 bis 250 mkp hergestellt.

In der Praxis wird oft die Forderung erhoben, daß die Vorspannkraft der Schraube auf wenige Prozente garantiert werden soll. Daß diese Grenzen nicht sehr eng gehalten werden können, zeigen in aller Welt durchgeführte Untersuchungen. Da, wie bereits erwähnt, der Streubereich für die Vorspannkraft bei oberflächenbehandelten Schrauben ± 7% beträgt (für unbehandelte Schrauben sind diese Werte noch erheblich größer), und als Toleranz für Momentenschlüssel ca. 5% eingesetzt werden müssen, kann die Gesamttoleranz für die Vorspannkraft kaum unter 20% liegen. Die gewünschte Spannkraft der Schraube wird also über ein Drehmoment erreicht und auch gemessen. Die Be-

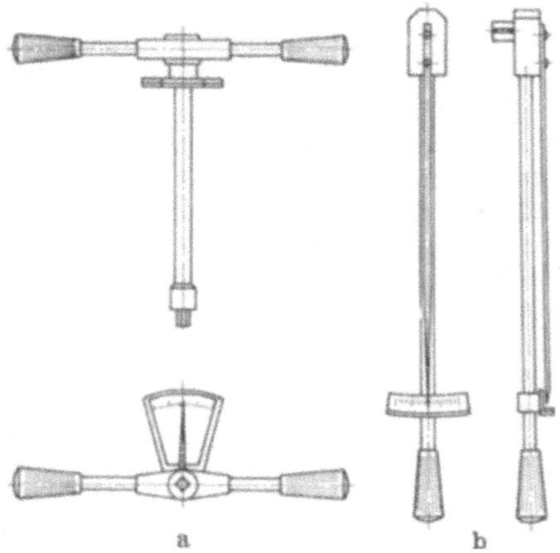

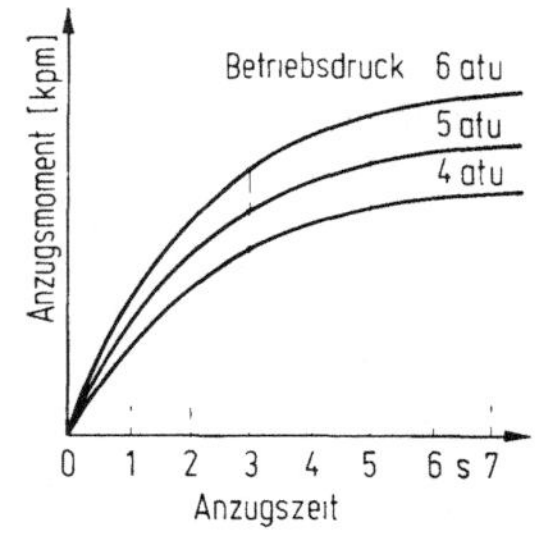

279. Anzugsmomente bei verschiedenen Betriebsdrücken und Anzugszeiten

278. Drehmomentenschlüssel

grenzung dieses Drehmomentes ist bei Druckluft-Drehschraubern verhältnismäßig leicht. Das erforderliche Moment wird durch Abbremsen des Schraubers bis zum Stillstand erzeugt; eine weitgehende Regulierung ist über den Luftdruck möglich. Eine andere Möglichkeit der Begrenzung besteht über einstellbare Rutschkupplungen.

Bei Schlagschraubern erfolgt die Begrenzung des Anzugsmomentes:

a) Über Zeit und Betriebsdruck. Bild 279 zeigt diese Abhängigkeit des Anzugsmoments von Zeit und Betriebsdruck. Die Regelung des Druckes erfolgt durch Drosselung von Hand oder durch einen Druckregler; die Zeitbegrenzung erfolgt entweder nach dem Gefühl oder durch ein Zeitrelais. Das Bild 279, welches für normale Schraubverbindungen gilt, zeigt, daß bereits nach ca. 5 s über 90% der maximalen Anzugswerte des Schlagschraubers erreicht werden. Bei weichem Schraubfall und elastischer Verbindung sind diese Zeiten natürlich länger.

b) Über einen Drehstab. Ein zwischen Schlüssel und Schrauber gesteckter Drehstab hat den Zweck, bei zunehmendem Anzugsmoment durch Verdrehen Schlagenergie abzupuffern und das Anziehen dadurch zu begrenzen. Es gibt zwei Hauptarten von Drehstäben: vorgespannte und nicht vorgespannte Drehstäbe. Nicht vorgespannte Drehstäbe werden für Anzugsmomente bis etwa 20 mkp verwendet. Sie sind meist zu Sätzen von 10 bis 12 Stück zusammengestellt. Die richtige Größe wird je nach Schraubfall ausgewählt. Eine annähernde Richtlinie für die richtige Auswahl ergibt sich aus dem Vergleich des

Drehstabdurchmessers mit dem Schraubendurchmesser, welche ungefähr übereinstimmen sollen. Bei geringen Luftdruckschwankungen und einer Anzugszeit zwischen 3 und 6 s läßt sich eine Genauigkeit des Anzugsmomentes von ± 10% erreichen.

Der vorgespannte Drehstab sitzt in einer Hülse. Die Vorspannung wird durch Verdrehen und Ineinanderschieben zweier Verzahnungen eingestellt. Durch die Einstellmöglichkeit überlappt der Bereich den von etwa vier Drehstäben ohne Vorspannung. Vorgespannte Drehstäbe werden oft in Verbindung mit automatischen Abstellvorrichtungen verwendet, welche durch den Rückprall ausgelöst werden. Schrauber mit vorgespannten Drehstäben arbeiten zeit- und druckunabhängiger als solche mit nicht vorgespannten. Das richtige Einstellen auf den betreffenden Schraubfall ist aber zeitraubend, deshalb werden sie hauptsächlich für gleichbleibende Arbeiten eingesetzt.

c) Über den Anzugswinkel. Um die Schraube nicht zu überspannen, kann man die Begrenzung auch über den Anzugswinkel erreichen. Hierbei ist es erforderlich, neben der Schraubenqualität auch den Schraubfall zu berücksichtigen. Mit dieser Art der Begrenzung kann eine bestimmte Schraubenspannung genauer erreicht werden, als es mit den vorher geschilderten Methoden möglich ist.

d) Über eine einstellbare automatische Abstellvorrichtung. Diese besteht aus einer elastisch gekoppelten mitlaufenden Schwungmasse, die unter Spannung einer einstellbaren Feder steht. Durch den während des Schraubvorgangs wachsenden Rückprall überwindet die Masse die Arretierung, um über einen Abstellmechanismus den Schrauber stillzusetzen.

In Tabelle 280 sind die den Schrauben verschiedener Qualität zugeordneten Vorspannkräfte und Anzugsmomente verzeichnet. Die Tabelle erklärt die Bedeutung der im Kopf der Tabelle 280 enthaltenen Festigkeitsklassen.

Weil Reibwerte gleicher Schraubverbindungen stark differieren können, müssen Schrauben kontrolliert werden. Für deren Kontrolle und zum Einstellen von Schlagschraubern auf den Schraubfall werden verschiedene Meßgeräte angeboten. Eines davon ist das im Bild 282 gezeigte Tensimeter von Stahlwille. Das Tensimeter eignet sich zum Einstellen und Prüfen von Schlagschraubern direkt am Arbeitsplatz. Bild 283 zeigt das Tensimeter mit Lehre L, Meßbolzen B_1 und B_2 und Eichkurve. Eine genaue Übertragung der dort gewonnenen Werte auf andere Schraubfälle ist aber wegen der anderen Federsteifigkeit des Objektes nicht ohne weiteres möglich.

19.10.2. **Drehschrauber**

Drehschrauber werden mit Lamellenmotoren angetrieben und für kleine Schraubengrößen verwendet, wobei das gewünschte Anzugsmoment durch entsprechende Untersetzung im Getriebe erreicht wird. Drehschrauber sind im Teil 36 und 39 beschrieben und werden deshalb hier nicht weiter behandelt.

19.10.3. **Schlagschrauber**

Für große und größte Leistungen werden Schlagschrauber eingesetzt, die sich durch ihre Handlichkeit und ihr kleines Gewicht auszeichnen. Sie werden auch durch Druckluft-Lamellenmotoren angetrieben, die ihre Energie über einen in der Drehrichtung wirkenden Schlagmechanismus übertragen. Ihr besonderer Vorteil ist das kleine statische Rückmoment. Das bei schlagartigem Anziehen bzw. Lösen auftretende Drehmoment wird von der umlaufenden Masse aufgebraucht bzw. ausgeglichen. Dadurch wird die Unfallgefahr ausgeschaltet, die bei Drehschraubern durch das Abfangen der großen Rückmomente durch den Bedienungsmann gegeben ist. Der Drehschlag wird von der umlaufenden Masse (Hammer) über den sogenannten Amboß auf den mittels Vierkant verbundenen Steckschlüssel übertragen. Abtriebs-Vierkant und Steckschlüssel sind genormt. Von den vielen am Markt befindlichen Schlagschrauberausführungen zeigt Bild 284 als Beispiel im Schnitt den Aufbau eines kleineren Modells. Diese Type hat ein Untersetzungsgetriebe *1*. In dem Pistolengriff sind eine automatische Schmiereinrichtung *2* und zwei Ventile *3* und *4* für Rechts- und Linkslauf eingebaut. Eine einstellbare Drosseleinrichtung *11* gestattet die Regelung der Schlagstärke in mehreren Stufen. Die durch sie eintretende Druckluft treibt einen Lamellenmotor *5* an, der seine Kraft auf das langsamer laufende Schlagwerk über ein Planetengetriebe überträgt. Das Schlagwerk besteht aus einer umlaufenden Masse, dem „Hammer" *6*, der mit der Getriebewelle *7* durch Kugeln *8*, welche in Kurvennuten laufen, elastisch verbunden ist, und dem Amboß *9*. Der Hammer ist mit dem Amboß durch Nocken im Eingriff. Im Betrieb schiebt sich der in Kurvennuten laufende Hammer gegen den Einfluß einer starken Feder *10* aus dem Eingriff, überspringt die Amboßnocken, wird durch die Feder wieder in Eingriffstellung geschoben und gibt nach einer halben Umdrehung seine Energie in Form eines Drehschlages an die Amboßnocken ab. Bei diesem sich wiederholenden Vorgang werden je Umdrehung zwei Schläge ausgeführt. Da der Amboß über einen Steckschlüssel mit der Mutter oder Schraube verbunden ist, wird die Schlagenergie zum Anziehen oder nach Umsteuerung auch zum Lösen der Schraubverbindung ausgenützt.

Schrauben-abmessung	Reibungszahl μ ges. (s. Tab.)	Vorspannkraft P_V kp						Anziehdrehmoment M_A mkp						Umrechnungs-faktor X	
		Festigkeitsklasse nach DIN 267						Festigkeitsklasse nach DIN 267							
		handelsüblich			hochfest			handelsüblich			hochfest				
		3.6* (4 D)	5.6* (5 D)	6.9 (6 G)	8.8 (8 G)	10.9 (10 K)	12.9 (12 K)	3.6* (4 D)	5.6* (5 D)	6.9 (6 G)	8.8 (8 G)	10.9 (10 K)	12.9 (12 K)		
M 6	0,10	320	427	823	976	1 370	1 645	0,28	0,38	0,73	0,86	1,2	1,45	0,087	*a*
	0,125	305	406	784	929	1 305	1 565	0,32	0,43	0,83	0,99	1,4	1,65	0,106	*b*
	0,14	296	394	760	901	1 265	1 520	0,35	0,46	0,89	1,05	1,5	1,8	0,117	*c*
M 7	0,10	468	623	1 200	1 425	2 000	2 400	0,46	0,62	1,2	1,4	2	2,4	0,10	*a*
	0,125	446	594	1 145	1 360	1 910	2 290	0,53	0,71	1,35	1,65	2,3	2,7	0,12	*b*
	0,14	432	576	1 110	1 320	1 855	2 220	0,57	0,76	1,45	1,75	2,5	2,9	0,13	*c*
M 8	0,10	587	783	1 510	1 790	2 520	3 020	0,68	0,91	1,75	2,1	2,9	3,5	0,115	*a*
	0,125	559	746	1 440	1 705	2 400	2 880	0,79	1,05	2	2,4	3,4	4	0,14	*b*
	0,14	542	723	1 395	1 655	2 320	2 790	0,84	1,10	2,2	2,6	3,6	4,3	0,155	*c*
M 10	0,10	935	1 245	2 400	2 850	4 010	4 810	1,35	1,8	3,5	4,2	5,8	7	0,145	*a*
	0,125	890	1 185	2 290	2 710	3 820	4 580	1,55	2,1	4	4,8	6,7	8,1	0,175	*b*
	0,14	864	1 150	2 220	2 630	3 700	4 440	1,7	2,2	4,3	5,1	7,2	8,7	0,195	*c*
M 12	0,10	1 360	1 815	3 500	4 150	5 840	7 000	2,4	3,1	6,1	7,2	10,1	12,1	0,175	*a*
	0,125	1 300	1 730	3 340	3 960	5 560	6 680	2,7	3,6	7	8,3	11,7	14	0,21	*b*
	0,14	1 260	1 680	3 240	3 840	5 400	6 480	2,9	3,9	7,5	8,9	12,5	15	0,23	*c*
M 14	0,10	1 870	2 490	4 810	5 700	8 010	9 620	3,7	5	9,6	11,4	16	19,3	0,20	*a*
	0,125	1 780	2 380	4 580	5 430	7 640	9 170	4,3	5,8	11,1	13,2	18,5	22	0,24	*b*
	0,14	1 730	2 310	4 450	5 270	7 410	8 900	4,6	6,2	11,9	14,1	19,8	24	0,27	*c*
M 16	0,10	2 570	3 430	6 610	7 830	11 000	13 200	5,7	7,6	14,7	17,4	24,5	29,5	0,22	*a*
	0,125	2 450	3 270	6 310	7 470	10 500	12 600	6,6	8,8	17	20	28,5	34	0,27	*b*
	0,14	2 380	3 170	6 120	7 260	10 200	12 250	7,1	9,5	18,2	21,5	30,5	36,5	0,30	*c*
M 18	0,10	3 130	4 170	8 040	9 530	13 400	16 100	7,9	10,5	20,5	24	34	40,5	0,25	*a*
	0,125	2 980	3 970	7 670	9 090	12 800	15 350	9,1	12,1	23,5	27,5	39	47	0,30	*b*
	0,14	2 890	3 860	7 440	8 820	12 400	14 900	9,7	13	25	29,5	42	50	0,34	*c*

M 20	0,10	4 020	5 350	10 300	12 250	17 200	20 600	11,1	14,8	28,5	34	47,5	57	0,28	*a*
	0,125	3 830	5 110	9 850	11 700	16 400	19 700	12,8	17,1	33	39	55	66	0,33	*b*
	0,14	3 720	4 960	9 570	11 350	15 950	19 150	13,8	18,4	35,5	42	59	71	0,37	*c*
M 22	0,10	5 010	6 680	12 900	15 300	21 500	25 800	14,9	19,9	38,5	45,5	64	76,5	0,30	*a*
	0,125	4 790	6 380	12 300	14 600	205 00	24 600	17,3	23	44,5	53	74,5	89	0,36	*b*
	0,14	4 650	6 200	11 950	14 200	19 950	23 900	18,6	25	48	57	80	96	0,40	*c*
M 24	0,10	5 780	7 710	14 850	17 600	24 800	29 700	19,1	25,5	49	58	82	98	0,33	*a*
	0,125	5 520	7 360	14 200	16 800	23 600	28 400	22	29,5	57	67,5	95	114	0,40	*b*
	0,14	5 360	7 140	13 800	16 350	23 000	27 600	23,5	31,5	61	72,5	102	122	0,44	*c*
M 27	0,10	7 600	10 150	19 550	23 200	32 600	39 100	28	37,5	72,5	85,5	121	145	0,37	*a*
	0,125	7 260	9 680	18 700	22 100	31 100	37 400	32,5	43,5	84	99,5	140	168	0,45	*b*
	0,14	7 060	9 410	18 150	21 500	30 200	36 300	35	47	90,5	107	151	181	0,50	*c*
M 30	0,10	9 250	12 350	23 800	28 200	39 600	47 500	38	51	98,5	116	164	197	0,41	*a*
	0,125	8 830	11 750	22 700	26 900	37 800	45 400	44,5	59	114	135	190	228	0,50	*b*
	0,14	8 570	11 450	22 000	26 100	36 700	44 100	47,5	63,5	123	145	205	245	0,55	*c*
M 33	0,10	11 500	15 350	29 600	35 100	49 400	59 200	51,5	69	133	157	221	265	0,45	*a*
	0,125	11 000	14 650	28 300	33 500	47 200	56 600	60	80	155	183	258	309	0,55	*b*
	0,14	10 700	14 250	27 500	32 600	45 800	55 000	64,5	86,5	166	197	277	333	0,60	*c*
M 36	0,10	13 500	18 000	34 800	41 200	57 900	69 500	66,5	88,5	171	203	285	342	0,49	*a*
	0,125	12 900	17 200	33 200	39 400	55 300	66 400	77,5	103	199	236	331	398	0,60	*b*
	0,14	12 550	16 750	32 300	38 200	53 800	64 500	83	111	214	253	356	428	0,66	*c*
M 39	0,10	16 250	21 700	41 800	49 500	69 600	83 500	86	115	221	262	368	442	0,53	*a*
	0,125	15 500	20 700	39 900	47 300	66 500	79 800	100	134	258	305	429	515	0,65	*b*
	0,14	15 100	20 100	38 800	46 000	64 600	77 600	108	144	277	329	462	555	0,72	*c*
M 42	0,10	18 600	24 800	47 800	56 700	79 700	95 700	106	142	274	324	456	548	0,57	*a*
	0,125	17 750	23 700	45 700	54 200	76 200	91 400	124	165	319	378	531	638	0,70	*b*
	0,14	17 250	23 000	44 400	52 600	74 000	88 800	133	178	343	407	572	686	0,77	*c*

280. Vorspannkräfte P_v und Anziehdrehmomente M_A für Schrauben mit metrischem Regelgewinde nach DIN 13, Blatt 43, (M 6—M 68) und Kopfauflagemaßen wie DIN 912, 931, 934, 6912, 7984, 7990.

* Die Größe von $\sigma 0{,}2$ hat sich bei den neuen Festigkeitsklassen 3.6 und 5.6 gegenüber 4D und 5D *geringfügig* verändert. Diese Änderung wurde nicht berücksichtigt. Werte mit dem neuen $\sigma 0{,}2$ können proportional errechnet werden.

Schrauben-abmessung	Reibungszahl μ ges. (s. Tab.)	Vorspannkraft P_V kp						Anziehdrehmoment M_A mkp						Umrechnungs-faktor X	
		Festigkeitsklasse nach DIN 267						Festigkeitsklasse nach DIN 267							
		handelsüblich			hochfest			handelsüblich			hochfest				
		3.6* (4 D)	5.6* (5 D)	6.9 (6 G)	8.8 (8 G)	10.9 (10 K)	12.9 (12 K)	3.6* (4 D)	5.6* (5 D)	6.9 (6 G)	8.8 (8 G)	10.9 (10 K)	12.9 (12 K)		
M 45	0,10	21 800	29 000	56 000	66 300	93 300	112 000	133	177	341	405	569	683	0,61	*a*
	0,125	20 800	27 700	53 500	63 400	89 200	107 000	155	207	398	472	664	797	0,74	*b*
	0,14	20 200	27 000	52 000	61 600	86 700	104 000	167	222	429	509	715	858	0,82	*c*
M 48	0,10	24 500	32 700	63 000	74 600	105 000	126 000	161	214	413	489	688	826	0,65	*a*
	0,125	23 400	31 200	60 200	71 300	100 500	120 500	187	250	481	570	802	963	0,80	*b*
	0,14	22 700	30 300	58 500	69 300	97 500	117 000	202	269	518	614	864	1035	0,89	*c*
M 52	0,10	29 400	39 200	75 500	89 500	126 000	151 000	206	275	530	628	883	1060	0,70	*a*
	0,125	28 100	37 400	72 200	85 600	120 500	144 500	241	321	619	733	1030	1235	0,86	*b*
	0,14	27 300	36 400	70 200	83 200	117 000	140 500	259	346	667	790	1110	1335	0,95	*c*
M 56	0,10	33 900	45 200	87 100	103 000	145 000	174 000	257	342	660	783	1100	1320	0,76	*a*
	0,125	32 400	43 200	83 300	98 700	139 000	166 500	300	400	771	914	1285	1540	0,92	*b*
	0,14	31 500	42 000	80 900	95 500	135 000	162 000	323	431	831	984	1385	1660	1,02	*c*
M 60	0,10	39 600	52 800	102 000	120 500	169 500	204 000	318	424	818	969	1365	1635	0,80	*a*
	0,125	37 900	50 500	97 300	115 500	162 000	194 500	372	496	956	1135	1595	1915	0,98	*b*
	0,14	36 800	49 100	94 600	112 000	157 500	189 000	401	535	1030	1220	1720	2060	1,09	*c*
M 64	0,10	44 800	59 700	115 000	136 500	192 000	230 000	383	511	985	1165	1640	1970	0,85	*a*
	0,125	42 800	57 100	110 000	130 500	183 500	220 000	448	597	1150	1365	1920	2300	1,04	*b*
	0,14	41 600	55 500	107 000	127 000	178 500	214 000	483	643	1240	1470	2070	2480	1,16	*c*
M 68	0,10	51 300	68 400	132 000	156 500	220 000	264 000	462	616	1190	1410	1980	2380	0,90	*a*
	0,125	49 100	65 400	126 000	149 500	210 000	252 000	541	721	1390	1650	2320	2780	1,10	*b*
	0,14	47 700	63 600	122 500	145 500	204 000	245 000	584	778	1500	1780	2500	3000	1,22	*c*

280. (Fortsetzung)
Fußnoten s. S. 317

Die in der Tabelle aufgeführten Vorspannkräfte P_v ergeben eine 90%ige Ausnutzung der Schraubenstreckgrenze $\sigma 0{,}2$.
Die Anziehdrehmomente M_A sind aus P_v errechnet. $M_A = P_v \cdot X$ [cm kp = kp · X]. Hiernach kann das Anziehdrehmoment zu jeder anderen Vorspannkraft errechnet werden.

Reibungszahl μ ges. für verschiedene Oberflächen- und Schmierzustände

Oberflächenzustand		μ ges. bei Schmierzustand		
Schraube	Mutter	unge-schmiert	geölt	MoS-Paste
Ohne Nach-behandlung		0,14 *c*	0,14* *c*	0,10 *a*
Mn-phosphatiert		0,14 *c*	0,14* *c*	0,10 *a*
Zn-phosphatiert	Ohne Nach-	0,14 *c*	0,14* *c*	0,10 *a*
Gal. verzinkt ca. 8 μm	behandlung	0,125 *b*	0,125 *b*	
Gal. verkadmet ca. 7 μm		0,10 *a*	0,10 *a*	
Gal. verzinkt ca. 8 μm	Gal. verzinkt ca. 5 μm	0,125 *b*	0,14	
Gal. verkadmet ca. 7 μm	Gal. verkadmet ca. 6 μm	0,10 *a*	0,10 *a*	

* Bei Anzug mit Schlag- oder Drehschrauber ist μ ges. mit 0,125 einzusetzen. Für die anderen Oberflächen- und Schmierzustände ist eine Verminderung von μ ges. bei hoher Einschraubgeschwindigkeit noch nicht belegt, aber wahrscheinlich.
Werte für P_v, M_A und μ ges. nach „Neue Wege einer systematischen Schraubenberechnung" von Dipl.-Ing. *Junker* und Dipl.-Ing. *Blume*.

Soll ein Überschreiten von 90% der Schraubenstreckgrenze vermieden werden, so ist von den angegebenen Werten die halbe Toleranzbreite des verwendeten Vorspannkraftmeßgerätes bzw. Drehmomentwerkzeuges abzuziehen.

Vorspannkräfte P_v und Anziehdrehmomente M_A für HV-Schrauben nach DIN 6914—68 der Festigkeitsklasse 10 K.

	Anzug mit Drehmomentschlüssel		mit Schlagschrauber
Schrauben-abmessung	Vor-spannkraft P_v kp	Anzieh-drehmoment M_A mkp	Vor-spannkraft P_v kp
M 12	5 200	12,0	5 600
M 16	9 900	30,5	10 700
M 20	15 500	59,7	16 800
M 22	19 200	81,5	20 800
M 24	22 100	102,0	23 900
M 27	29 200	152,0	31 600

Werte für P_v und M_A nach „Vorläufige Richtlinien für HV-Verbindungen" vom Deutschen Ausschuß für Stahlbau 1963.

(Gedruckt mit Genehmigung der Firma Stahlwille)

Vergleich:

bisher	4A	4D	4S	5D	5S	6D	6S	6G	8G	10K	12K	
neu	3.6	4.6	4.8	5.6	5.8	6.6	6.8	6.9	8.8	10.9	12.9	14.9

Bezeichnung:
Die erste Zahl gibt 1/10 der Mindestzugfestigkeit in kp/mm² an

Erste Zahl	3	4	5	6	8	10	12	14
Mindestzugfestigkeit σ_B kp/mm²	34	40	50	60	80	100	120	140

Die zweite Zahl gibt das 10fache des Verhältnisses der Mindeststreckgrenze zur Mindestzugfestigkeit (Streckgrenzenverhältnis) an

Zweite Zahl	6	.7	.8	.9
$\frac{\text{Mindeststreckgrenze } \sigma_S}{\text{Mindestzugfestigkeit } \sigma_B} \cdot 10$ oder $\frac{\sigma_{0,2}}{\sigma_B} \cdot 10$	6	7	8	9

Die Multiplikation beider Zahlen ergibt die Mindeststreckgrenze in kp/mm²

281. Festigkeitsklassen nach DIN 267

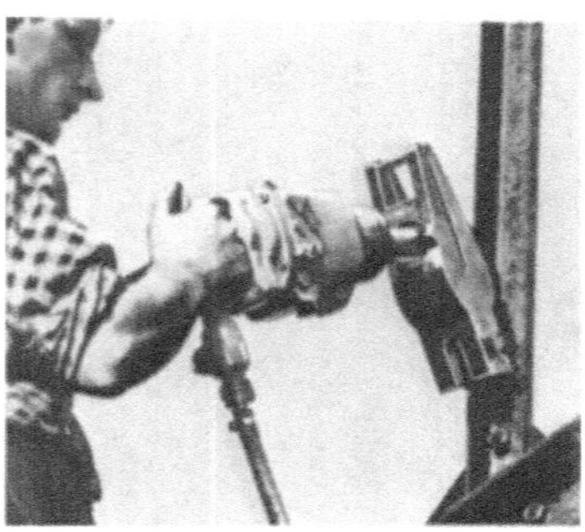

282. Prüfung eines Schlagschraubers mit Tensimeter der Firma Stahlwille

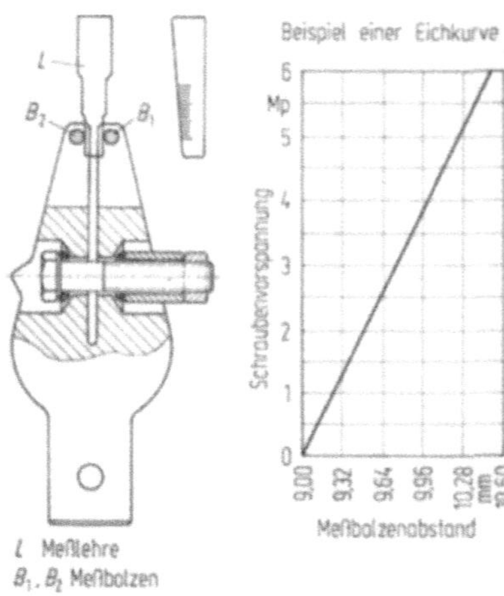

283. Tensimeter mit Eichkurve

Der Rotor des Lamellenmotors ist infolge der Getriebeübersetzung sehr klein und leicht.

Bei einer Ausführung ohne Getriebe muß der Motor hingegen verhältnismäßig groß sein. Solche Typen machen je Umdrehung einen Schlag.

Der Motor ist mit dem Schlagwerk fest verbunden. Durch eine Schlagkupplung, welche unter Federspannung steht, werden die Schläge auf den Amboß übertragen. Schlagschrauber dieser Bauart machen weniger, aber kräftigere Schläge. Durch genormte Steckschlüssel ist eine gewisse Größenbestimmung der Schlagschrauber gegeben. Die Schlagschrauber werden nach ihrem Abtriebsvierkant eingestuft, denen in Überschneidung die Steckschlüssel für die entsprechenden Schraubengrößen zugeordnet sind (siehe nachstehende Tabelle).

Größe nach Abtriebs-4 kt.	Für Schrauben bis	SW
3/8″	M 10	8— 17
1/2″	M 12	10— 19
1/2″	M 16	14— 24
5/8″	M 18	17— 27
3/4″	M 24	22— 36
3/4″	M 27	22— 41
1″	M 33	30— 50
1″	M 36	30— 55
1 1/2″	M 45	50— 70
1 1/2″	M 76	55—110
2 1/2″	M 110	90—155

Die Gewichte der verschiedenen Schlagschraubergrößen schwanken von etwa 1,4 bis 47 kg. Schwere Schlagschrauber werden wegen ihres Gewichtes oft mit Kettenzügen gehalten, mittlere und kleinere Bauarten gern an Federzügen aufgehängt. Bild 285 zeigt das Arbeiten mit einem mittelschweren Schlagschrauber, welcher an einem Federzug aufgehängt ist, Bild 286 das Arbeiten mit leichtem Schlagschrauber. Bild 287 zeigt fünf nach Größe und Ausführung unterschiedliche Schlagschrauber.

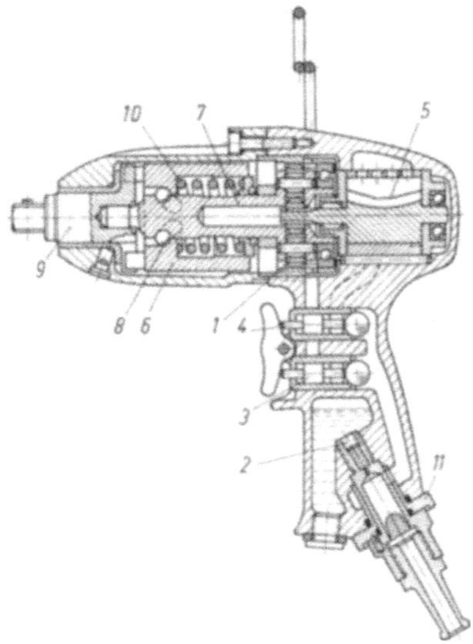

284. Schlagschrauber mit Pistolengriff

285. Anziehen der Mutter zur Schwungradbefestigung mit einem mittelschweren Schlagschrauber

286. Lastwagenfahrgestell wird mit leichtem Schlagschrauber mit Pistolengriff montiert

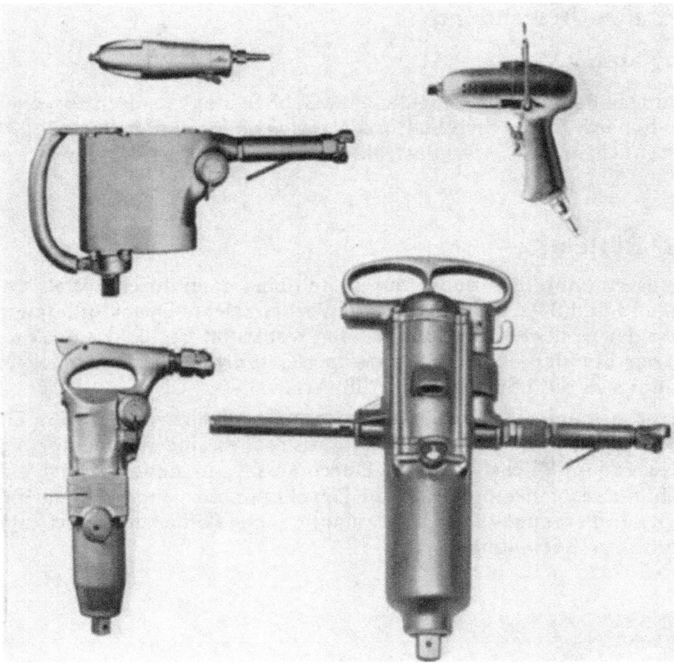

287. Verschiedene Schlagschrauber-Ausführungen

Gerade Ausführung

Mit Pistolengriff

Eckschlagschrauber

Mittelschwerer Schlagschrauber
mit Faustgriff

Schwerer Schlagschrauber
für Gewinde bis M 110

19.11. Weitere Druckluftwerkzeuge und -maschinen und ihre Anwendung

19.11.1. Nageln

Niet- und Meißelhämmer verschiedener Größen dienen, mit entsprechenden Zwischenstücken versehen, als *Nagelhämmer* zum Eintreiben von Nägeln in Kisten und Holzkonstruktionen, wie Dachbinder usw.

19.11.2. Rütteln

Betonmassen kann man außer durch Stampfen auch durch Rütteln verdichten und damit verfestigen. Hierzu werden leichte Drucklufthämmer mit *Rütteldöppern*, die mit Gummi oder Kunststoff bestückt sind, nach Beginn der Bindung über die Schalwände geführt. Dieses einfache Verfahren hat sich gut bewährt (Bild 288).

Eine andere, dem gleichen Zweck dienende Arbeitsweise ist das Einsenken sog. *Innenrüttler* in die Betonmasse. Dies sind flaschenförmige Gehäuse von möglichst kleinem Durchmesser, in denen durch eine Unwuchtmasse, von einem kleinen Druckluftmotor angetrieben, eine Rüttelwirkung erzeugt wird. Der unempfindliche Rüttler erfordert keine Fachkräfte zur Bedienung.

289. Druckluft-Kreissäge

288. Drucklufthammer P 4 beim Rütteln von Beton

19.11.3. **Sägen**

Druckluftsägen können ohne Gefahr auch in der Nachbarschaft feuergefährlicher Stoffe eingesetzt werden. Dies macht sie zu einem oft notwendigen Arbeitsgerät bei Bauunternehmungen, im Hoch-, Tief- und Brückenbau, auf Werften und in Bergwerken. Gebaut werden Stich-, Bügel-, Kreis- und Kettensägen. Fast alle werden durch Rotationsmotoren mit Lamellen angetrieben.

Bild 289 zeigt eine Kreissäge, Bild 290 eine Kettensäge.

290. Druckluft-Kettensäge

19.11.4. **Gasspüren**

Beim *Gasspürverfahren* zur Dichtheitskontrolle von Stadtgas- und Ferngasleitungen mit *Druckluft-Gasspürhämmern* (Bild 291) werden über den Leitungen im Abstand von etwa 2 m Dorne 30 bis 40 cm tief eingeschlagen und wieder herausgezogen. In die so entstehenden Löcher setzt man Prüfgeräte ein und dichtet sie durch Gummikappen nach außen hin ab. Diese Prüfgeräte sind heute so weit vervollkommnet, daß sich damit Lage und Umfang etwaiger Undichtigkeiten einwandfrei feststellen läßt. Die Spezialhämmer sind so konstruiert, daß beim Niederdrücken des Drückers bis zu einem spürbaren Druckpunkt der Dorn eingeschlagen und er beim Weiterdrücken bis zum Anschlag gelöst wird und leicht auszuziehen ist. Um Unfälle durch ein zufälliges Auftreffen der Dorne auf Starkstromleitungen zu verhüten, haben die Hämmer einen nichtmetallischen isolierenden Griff. Das Verfahren spart die früher nötigen umfangreichen und kostspieligen Grabungen zum Suchen von Schadensstellen.

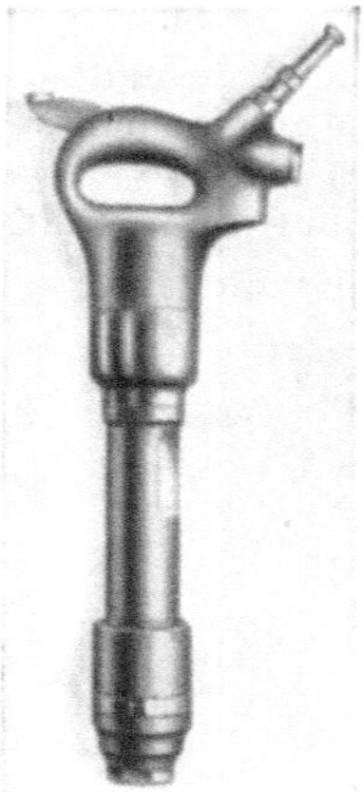

292. Eintreiben der Abstichstange in das Stichloch

291. Druckluft-Spezialhammer zum Gasspüren

19.11.5. **Abstechen von Hochöfen**

Druckluft-Stichlochhämmer sind seit Jahrzehnten auf in- und ausländischen Hüttenwerken zur Öffnung der Stichlöcher an den Hochöfen eingeführt. Die 2 bis 3 m lange Abstichstange wird mit dem an einer Lauf-

293. Stichlochhammer

katze beweglich aufgehängten Stichlochhammer in Schlagstellung in das Stichloch eingetrieben und nach Schwenken des Hammers um 180° in Zugstellung wieder herausgezogen. Auf diese Weise wird das Öffnen

der Stichlöcher in sicherer Entfernung ermöglicht und gefährdet nicht die Bedienungsmannschaft. Auch sind Anschaffungs- und Bedienungskosten niedriger als bei anderen Geräten zur Stichlochöffnung. Außerdem kann der Stichlochhammer zum Herausschlagen der Gebläse- und Kühlformen eingesetzt werden. Der Hammer muß dazu in Schlagstellung schlagen und mit einer Hakenstange hinter den Bund der Formen greifen.
Bild 292 zeigt das Eintreiben der Abstichstange in das Stichloch eines Hochofens, Bild 293 zeigt den Stichlochhammer, der am Ende der Abstichstange sitzt.

19.11.6. Entkuppeln

Mit *Druckluft-Entkupplungshämmern* (Einzelschlaghämmern) werden die festsitzenden Kuppelbolzen zwischen Lokomotive und Tender herausgeschlagen.

19.11.7. Hub- und Andrückeinrichtungen

Druckluft-Hub- und Andrückeinrichtungen finden bei Großserien- und Fließfertigungen vielfache Anwendung.
Diese Vorrichtungen werden meist durch Druckluftzylinder in einfach oder doppeltwirkender Bauweise betätigt. Durch sie werden Bewegungsvorgänge wie Heben, Senken, Wenden oder Weitertransportieren bewirkt. Auch Andrücken, Fixieren und Festhalten gehören zu ihren Funktionen.

19.11.8. Blasdüsen für Brenner

Als regulierbare Injektoren ausgebildete *Druckluft-Blasdüsen* liefern die erforderliche Verbrennungsluft für Feldschmieden, Nietfeuer, Gas- und Ölbrenner.

19.11.9. Druckluftwerkzeuge für Unterwasserbetrieb

Mit Druckluftwerkzeugen kann auch unter Wasser gearbeitet werden. Dafür werden Werkzeuge in Sonderausführung hergestellt.
Die Sonderausführung besteht darin, das Eindringen des Wassers in das Innere des Werkzeuges zu verhindern. Eine besonders zuverlässige Methode ist die Steuerung (Ein- und Ausschalten) über den Auspuff. Das Gerät steht so auch während des Stillstandes unter innerem Luftdruck, so daß ein Eindringen von Wasser unmöglich ist.
Bild 294 zeigt einen Werkzeugsatz mit Unterwasser-Abbau- und -Spatenhammer, Bild 295 einen mit Unterwasser-Bohrmaschine.

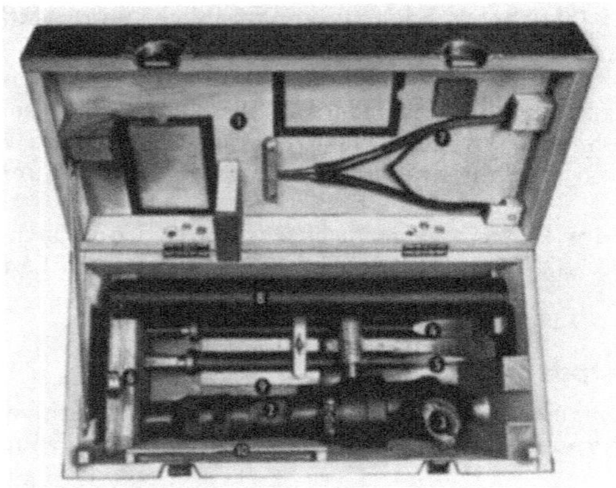

294. Werkzeugsatz mit Unterwasser-Abbau- und Spatenhammer
1 Aufbewahrungskasten; *2* Unterwasser-Abbau- und Spatenhammer SP 40/1 U; *3* Kupplung; *4* Flachmeißel; *5* Spitzmeißel; *6* Maulschlüssel; *7* Sicherungs-Ringzange; *8* Montagerohr; *9* verschiedene Kleinteile; *10* Bedienungsanleitung und Ersatzteilliste

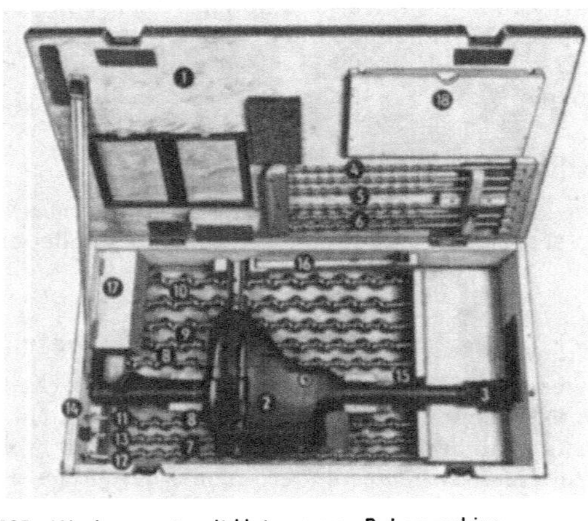

295. Werkzeugsatz mit Unterwasser-Bohrmaschine
1 Aufbewahrungskasten; *2* Unterwasser-Bohrmaschine U330U; *3* Kupplung; *4—6* Schlangenbohrer 12—18 ⌀, 300 lang; *7—10* Schlangenbohrer 22—40 ⌀, 600 lang; *11—13* 6kt.Stiftschlüssel; *14* keilförmiger Austreiber; *15* Stoß-Fettpresse; *16* Hammer; *17* Ersatzteile; *18* Bedienungsanleitung und Ersatzteilliste

19.11.10. **Gleisstopfen**

Druckluft-Gleisstopfer zum Stopfen des Schotters unter die Schwellen von Gleisanlagen bringen einen sehr viel rascheren Arbeitsfortgang als Handarbeit; dies ist im Bahnbetrieb von großer Bedeutung.

19.11.11. **Federzüge zur Erleichterung des Arbeitens mit Druckluftwerkzeugen**

Federzüge werden zum Aufhängen, Halten und Unterstützen der Werkzeuge verwendet. Sie tragen zur Betriebssicherheit bei. Sie schützen die nicht mehr „herumliegenden" Werkzeuge und halten sie immer griffbereit. Hohe Zeitersparnis, bequemes und ermüdungsfreies Arbeiten, Beweglichkeit und Ordnung am Arbeitsplatz wird durch sie erreicht.

Die Tragkraft der Federzüge ist einstellbar und der Rücklauf stoßgedämpft. Bild 296 zeigt verschiedene Federzüge, die für Tragkräfte von 0,5 bis 100 kp hergestellt werden. Bild 297 zeigt das Arbeiten mit einem am Federzug aufgehängten Schlagschrauber.

296. Seilzüge für verschiedene Traglasten

297. Arbeiten mit am Seilzug aufgehängtem Schlagschrauber

20. Sonstige Verwendung von Druckluft

Von den im Abschnitt 16 aufgezählten Anwendungsgebieten der Druckluft werden nachfolgend einige näher beschrieben und manches ergänzt.

20.1. Staubsaugen

Druckluftbetriebene Industriestaubsauger werden an Stellen, an denen Druckluft sowieso gebraucht wird — Eisenbahn und Autobusbetriebe, Autoreparaturwerkstätten, Tankstellen usw. — vorteilhaft zu Reinigungszwecken verwendet. Sie sind so konstruiert, daß sie nicht nur saugen, sondern auch blasen können. Die jeweilige Arbeitsweise hängt davon ab, ob der Betätigungsknopf ganz oder nur teilweise durchgedrückt wird. Blasen wird man vor allem dort, wo der Schmutz sich festgesetzt hat, um ihn so erst zu lösen und anschließend aufzusaugen.

20.2. Sandstrahlen

Neben den durch Schleuderwirkung arbeitenden sogenannten Wirbelstrahlern oder Funkern, die in ihrer Anwendung beschränkt sind, haben die Sandstrahlgebläse für Druckluftbetrieb ein ausgedehntes Arbeitsgebiet. Es gibt sie von Kleinausführungen an für Laboratoriumszwecke über größere für das Handwerk und das industrielle Reinigungsgewerbe bis zu vollselbsttätigen Einrichtungen für Fertigungsbetriebe. Gebaut werden Hand-, Drehtisch- und Drehtrommelgebläse. Freistrahlgebläse benutzt man in Verbindung mit Blasgehäusen oder Putzhäusern für mittelgroße Gegenstände, im allgemeinen aber für Reinigungsarbeiten im Freien. Die Sandstrahlgebläse arbeiten heute fast ausschließlich nach dem Drucksystem, wobei zur Erzielung höherer Leistungen die Sandkammer unter Luftdruck steht. Nur in Sonderfällen, z. B. Feinbearbeitung empfindlicher Teile wird noch das Saugsystem angewandt. Es gibt Einkammer- und Zweikammer-Drucksandstrahlgebläse; letztere ermöglichen ein ununterbrochenes Arbeiten. Der Luftdruck liegt im allgemeinen zwischen 2 und 4 atü, an der Düse gemessen, in Sonderfällen auch niedriger, und muß den zu reinigenden Werkstoffen angepaßt werden; bei Entrostungsarbeiten an Stahlbauten und bei Reinigungsarbeiten an Steinbauten, z. B. Fassaden, muß dies sogar möglichst genau geschehen. Der vom Kompressor zu liefernde Luftdruck ist abhängig vom Druckabfall in den Luftleitungen (Schläuchen) zwischen Kompressor und Gebläse. Zum Sandstrahlen wird je nach Zweckmäßigkeit sowohl Quarzsand als auch Stahlkies verwendet. Der Luftverbrauch ist abhängig vom Düsendurchmesser und steigt mit dessen zunehmenden Abmessungen stark an. Durch Verschleiß ver-

größerte Düsenquerschnitte wirken sehr ungünstig auf Blasdruck und Blasleistung, weshalb aus Gründen der Wirtschaftlichkeit die Verwendung der hochverschleißfesten Hartmetalldüsen zu empfehlen ist.
Bild 298 zeigt ein Freistrahlgebläse im Schnitt.
Mit Hilfe des Bildes 299 kann man den Luftbedarf bei verschiedenen Drücken und Düsendurchmessern bestimmen.
Beim Arbeiten mit Freistrahlgebläsen müssen die Bedienungsleute zur Vermeidung von Staublungenerkrankungen geeignete Staubschutzmasken tragen, die heute in bester Ausführung zur Verfügung stehen. Masken mit Frischluftzuführung können an die Druckluftleitung angeschlossen werden, doch muß dann ein Reduzierventil und ein Reinigungsfilter eingebaut sein; beim Arbeiten auf Gerüsten sind jedoch die luftführenden zusätzlichen Schläuche meistens hinderlich.
Um in der Umgebung von geschlossenen Sandstrahlgebläsen Staubbelästigung zu vermeiden, wird die staubhaltige Luft aus den Gehäusen durch Filter hindurch abgesaugt. Infolge des Auftreffens der Luft auf Prallflächen beim Eintritt in den Filter und durch die plötzliche Geschwindigkeitsverminderung werden die größeren Staubteilchen bereits hier ausgeschieden. Der feine Staub bleibt dann beim Luftdurchgang durch den Filterstoff zurück.
In den Fertigungsbetrieben dient das Sandstrahlen
zum Putzen von Grau-, Temper-, Stahl- und Metallguß und von Schmiedestücken;
zum Entfernen von Walzhaut, Zunder, Schmutz, Farbe u. dgl.;
zum Mattieren, Verzieren und Beschriften von Gegenständen aus Metall, Stein, Glas, Horn, Keramik;
zum Aufrauhen von Stahlteilen an den Stellen, an denen nachfolgend Metallspritzüberzüge aufgetragen werden sollen.
Werden Werkstoffe mit kugeligem Stahlkies bestrahlt, so kann man infolge der dadurch entstehenden Verfestigung der Außenhaut eine höhere Dauerbeständigkeit erreichen, ein Verfahren, das u. a. bei der Herstellung von Qualitätsfedern gebräuchlich ist.
Eine immer umfangreichere Verwendung findet das Sandstrahlen beim Erhaltungsschutz von Stahlbauten wie Hochöfen, Fördergerüsten, Gas- und sonstigen Behältern, Tanks, Verlade- und Flußbrücken, Werks- und Bahnhofshallen, Baggern, Baukränen, Schiffsaußen- und -innenwänden usw. Grundbedingung für diesen Erhaltungsschutz sind metallisch reine Flächen, die am wirkungsvollsten und wirtschaftlichsten mittels Sandstrahlen erreicht werden.
Nach jahrzehntelanger Erfahrung eines großen Fachbetriebes lassen sich Walzhaut und Zunder restlos überhaupt nur durch Sandstrahlen entfernen. Die gereinigten Flächen müssen dann zweckentsprechende Grund- und Deckanstriche oder sonstige Schutzüberzüge erhalten.

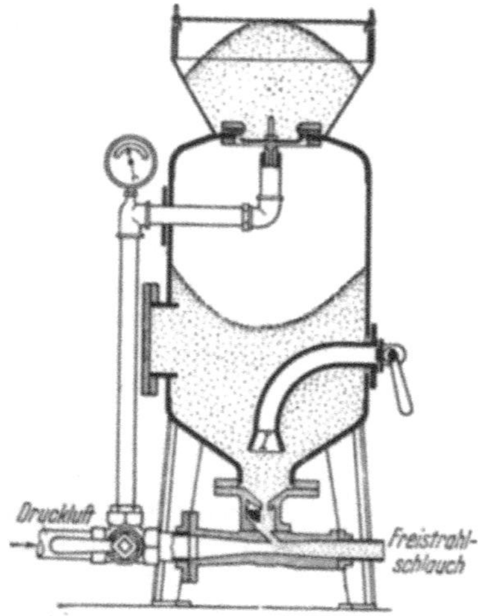

298.
Schnitt durch ein Freistrahlgebläse

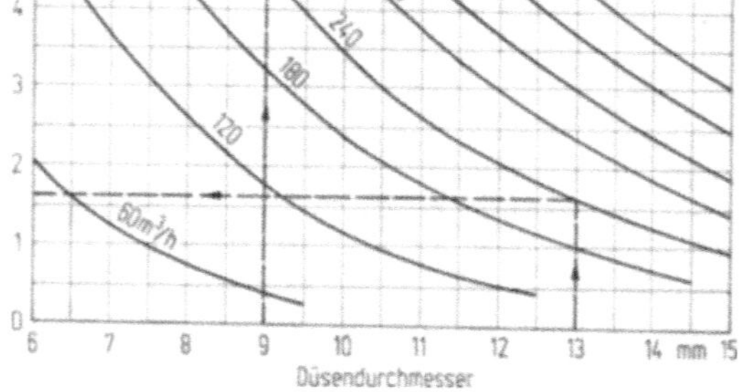

299. Diagramm zur Bestimmung des Verbrauchs an freier Luft von Sandstrahldüsen

Fassaden aus Natur- oder Kunststein können durch sachverständige Sandstrahlbehandlung in kürzester Frist wieder wie neu werden, wie z. B. die Fassaden zahlloser Gebäude im Rahmen einer groß angelegten Säuberungsaktion in Paris.

Um Kesselanlagen von Kesselstein, Flugasche und Ruß zu befreien, bedient man sich ebenfalls des Sandstrahlens.

20.3. **Farbspritzen**

Auch das Farbspritzen hat eine außerordentlich weitgehende Bedeutung gewonnen. Farbspritzpistolen und zugehörige Einrichtungen gibt es, ihrer Anwendung in der Fertigung, bei Reparaturen, beim Rostschutzverfahren (Erhaltungsschutz) und den zu verspritzenden Stoffen entsprechend, in großer Vielfältigkeit.

Wenn dem Farbspritzen ein Abschnitt in diesem Taschenbuch eingeräumt wird, so deshalb, weil Druckluft die Voraussetzung für dieses Verfahren ist. Von Wichtigkeit erscheint uns auch, an dieser Stelle darauf aufmerksam zu machen, daß die Spritzleistungen durch Druckabfall infolge zu enger oder zu langer Leitungen (Schläuche) stark beeinflußt werden können.

Der Luftverbrauch je Spritzpistole ist abhängig von der Düsenart, der Größe der Düsenbohrungen und von der Höhe des verwendeten Luftdruckes. Für Rundstrahldüsen zeigt diese Abhängigkeit das Bild 300 und für Flachstrahldüsen das Bild 301.

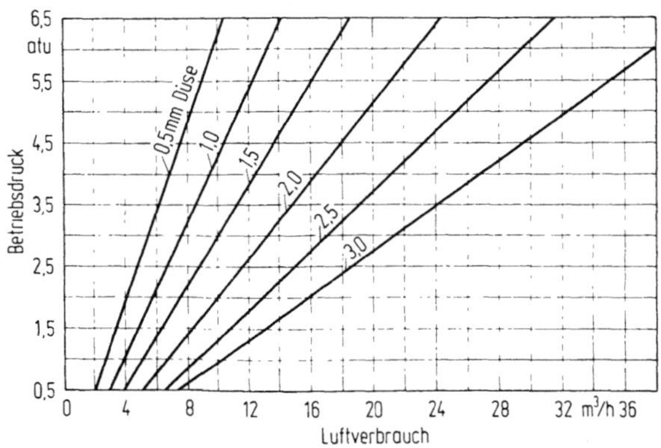

300. Verbrauch freier Luft von Spritzpistolen mit Rundstrahldüsen

Um nebelarm spritzen zu können, muß die Qualität des Spritzmaterials und der Düsendurchmesser zum Betriebsdruck und Spritzabstand in einem günstigen Verhältnis stehen. Die Tab. 302 zeigt Anhaltswerte, die sich in wirtschaftlichen Grenzen bewegen.

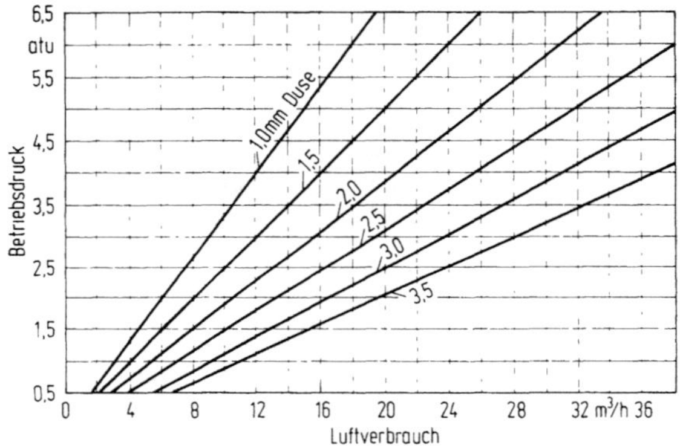

301. Verbrauch freier Luft von Spritzpistolen mit Flachstrahldüsen

Spritz-material	Viskosität s/100 cm³	Düsendurchmesser in mm 0,5—1,2		1,2—1,5		1,5—2,5		2,5—3,5		3,5—6,0	
		p	*A*	*p*	*A*	*p*	*A*	*p*	*A*	*p*	*A*
Dünne Deckl. (Zapon)	12—14	1,2	140	1,5	160	2,2	180	—	—	—	—
Nitrofarben	17—19	1,5	160	2,2	180	2,5	200	3,0	220	—	—
Kunstharz-farben	17—22	2,2	180	2,5	200	3,0	220	3,5	240	4,0	260
Öl- und schwerfl. Farben	20—22	—	—	3,0	220	3,5	240	4,0	260	4,5	280
Spritzspachtel und dergl.	25	—	—	—	—	4,0	260	4,5	280	5,0	300

302. Wirtschaftliche Spritzdrücke *p* in atü und Spritzabstände *A* in mm bei verschiedenen Spritzmaterialien und Düsendurchmesser

20.4. Flammspritzen

Das Flammspritzen wird angewandt für das Verspritzen von Metall, Keramik und Kunststoff zur Erzielung eines wirksamen Oberflächenschutzes. Das Verfahren beruht darauf, daß man in der Flamme eines Brenngasgemisches, vorwiegend Acetylen und Sauerstoff, Metalle in Draht- oder Pulverform schmilzt, durch Druckluft zerstäubt und auf die zu beschichtende Oberfläche aufschleudert. Drahtförmiges Spritzmaterial wird durch ein Transportgetriebe, das von Luftturbinen oder Druckluftmotoren angetrieben wird, der Schmelzflamme zugeführt. Beim Einsatz von Elektromotoren erfolgt der Antrieb meistens über flexible Wellen.

Pulverförmiges Spritzgut wird durch Unter- oder Überdruck in die Flamme gefördert. Die abgeschmolzenen Metallteilchen treffen in plastischem und teils flüssigem Zustand auf den Grundwerkstoff auf und lagern sich neben- und übereinander. Das auf diese Weise sich bildende Gefüge entspricht nicht dem bei Metallen bekannten. Die Schichten sind mikroporös, was vorteilhaft für umlaufende Wellen oder Lager sein kann. Das Metallspritzen läßt sich mit gutem Erfolg zum Schutz von Stahl gegen Korrosion einsetzen, wobei besonders Zink und Aluminium in Schichtstärken von 0,05 bis 0,3 mm zur Anwendung kommen. Diese Spritzschichten sind ein hervorragender Untergrund für Farbanstriche. Durch die Farbanstriche wird die natürliche Abtragung des Zink- oder Aluminiumauftrags durch atmosphärischen Einfluß verhindert, so daß auf diese Art hergestellte Korrosionsschutzüberzüge eine sehr hohe Lebensdauer aufweisen.

Mit Aluminiumspritzschichten, in einer Stärke von 0,2 mm auf Stahl aufgebracht, läßt sich bei sorgfältiger Eindiffusion ein beachtlicher Zunderschutz bis über 1000 °C erreichen. Eine sehr wichtige Funktion erfüllt das Metallspritzen im Neumaschinenbau und beim Regenerieren verschlissener Festsitze und Gleitstellen an Wellen, Plungern usw. Als Spritzwerkstoffe werden legierte und unlegierte Stähle, Molybdän, Kupfer und Bronze in Auflagen von 0,3 bis 3,0 mm aufgetragen.

Die Herstellungsweise der Schichten bedingt, daß ihre Haftung nur mechanisch ist, deshalb ist eine gründliche Reinigung der Bindefläche von größter Wichtigkeit. Das Strahlen mit Quarz, Stahlsand oder Korund in entsprechender Körnung hat sich als die beste Haftgrundvorbereitung bewährt. Für besonders stark beanspruchte Schichten wendet man die elektrische Aufrauhung an.

Das Pulver-Spritzschweißverfahren dient zur Herstellung von Schichten, die eine sehr hohe Härte sowie Verschleiß- und Korrosionsfestigkeit aufweisen müssen. Hierbei werden Metallpulver besonderer Legierung, z. B. Chrom—Nickel—Bor, verspritzt. Das aufgespritzte Material wird

durch Flammen oder im Ofen eingesintert. Die erzielten Schichten sind im Gegensatz zu Drahtspritzschichten vollständig homogen und haben einen Diffusionsverbund mit dem Grundmaterial.
Oxydkeramikpulver wird ebenfalls mit Pulver-Flammspritzpistolen verspritzt. Diese Schichten kommen in Anwendung als Wärmedämmschichten oder als Isolationsschichten in der Elektroindustrie.
Erwähnt sei noch, daß auch spezielle Kunststoffpulver im Flammspritzverfahren aufgetragen werden können, doch hat hier das Wirbelsinterverfahren die weitaus größere Bedeutung erlangt.
Bild 303 zeigt eine durch Druckluftmotor angetriebene Metallspritzpistole.

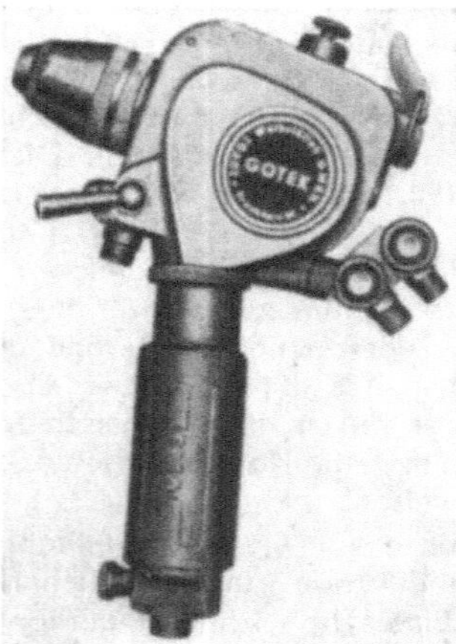

303. Metallspritzpistole mit Antrieb durch Druckluftmotor

20.5. Betonspritzen, Betonfördern, Zementmörteleinpressen

20.5.1. Das Betonspritzverfahren

Beim Betonspritzverfahren wird Zementmörtel oder Beton mit großer Wucht gegen Bauwerksteile, einseitige Schalungen oder gewachsene Wände aufgetragen. Zu diesem Zweck wird ein erdfeuchtes Gemisch aus Zement und Sand oder aus Zement, Sand und Kies — gegebenenfalls aber auch aus anderen Grundstoffen — in eine Betonspritzmaschine gefüllt und mittels eines eingebauten, durch Druckluftmotor angetriebenen Zuteilungsaggregates in einen Druckluftstrom eingeschleust.

Bild 304 zeigt, wie eine Betonspritzmaschine bei der Erneuerung einer Fabrikhofbefestigung eingesetzt wird.

An diese Maschine angeschlossene Schläuche und/oder Rohrleitungen führen dann das Mischgut, im Druckluftstrom schwimmend, bis zu einer Mischdüse, in welcher ihm das notwendige Anmachewasser fein-

304. BSM-Betonspritzmaschine im Einsatz

zerstäubt und regulierbar zugegeben wird. Die Entspannung der Druckluft beschleunigt ununterbrochen das Fördergut bis zu seinem Austritt aus der Mischdüse, aus der es als Beton mit einer Geschwindigkeit von 50 bis 70 m/s hinausgeschleudert wird. Durch diese hohe Anwurfgeschwindigkeit erhalten die Spritzbetonaufträge die an ihnen geschätzten Eigenschaften: beste Haftfähigkeit auf jedem Untergrund, gute Homogenität, vollkommene Dichte, hohe Festigkeit und Widerstandsfähigkeit gegen mechanische und chemische Einflüsse.

Während die heute als „klein" angesprochenen Betonspritzmaschinen zur Erstellung von Putzen mit den oben erwähnten Eigenschaften und — oft im Zusammenhang mit Zementmörtel-Einpreßgeräten — zur Sanierung von brandgeschädigten, verwitterten oder ausgelaugten Stahlbeton- oder Natursteinbauten herangezogen werden, haben die „großen" Leistungstypen den Stollen- und Tunnelbau insofern revolutioniert, als heute auf der ganzen Welt der bei solchen Arbeiten früher übliche Holzeinbau zur Abstützung des ausgeschossenen Gebirges durch Spritzbeton verschiedener Stärken ersetzt wird. Dieses Verfahren erbringt Sicherheit gegen Steinschlag, Gebirgsdeformierung, verhindert Beeinflussung der Arbeit durch Sickerwasser und des Gebirges durch Wetterluftfeuchtigkeit, läßt größere Stollenquerschnitte für Verkehr und Schalungsarbeiten frei und erlaubt die Erstellung des End-

305. Durch Betonspritzen werden Stollen ausgebaut

ausbaues in Schüssen vielfacher Länge gegenüber dem früher notwendigen Ersatz jeweils nur eines Holzverbaurahmens. Bild 305 zeigt Stollenausbauarbeiten durch Betonspritzen.

20.5.2. Betonfördern

Die größten dieser Betonspritzmaschinen können bei Verwendung einer Förderleitung von 90 mm lichtem Durchmesser zu einer *Betonfördermaschine* umgebaut werden. Dabei wird auf den für Spritzbeton charakteristischen Spritzeffekt verzichtet und die Fördergeschwindigkeit durch entsprechende Luftregulierung klein gehalten. Damit wird erreicht, daß hinter der Mischdüse am Auslaufschlauch ein kontinuierlicher, fast langsamer Betonaustritt erfolgt. Sehr vorteilhaft wirkt sich diese Trocken-Betonförderung auf Baustellen aus, wo über große Entfernungen verhältnismäßig geringe Betonmengen für den Einzelbauabschnitt gebraucht werden und diese eventuell auch noch mit längeren Betriebsunterbrechungen (z. B. durch Weiterbau der Schalung) einzubringen sind. Auch können sonstige Schwierigkeiten andere Betonfördergeräte ausschließen, wie sie beispielsweise die Förderung von Magerbeton, Einkornbeton oder besondere räumliche Verhältnisse verursachen. Mit Beendigung der Förderung ist die Leitung zwangsläufig leer. Auf geraden Förderstrecken verwendet man dafür Rohrleitungen; am Abgang von der Maschine, zur Sicherung der Beweglichkeit der Düsenführung und in eventuellen Krümmungen setzt man entsprechende Schlauchstücke ein.

Die geringe Störanfälligkeit der Maschine wirkt sich für dieses Verfahren vorteilhaft aus. Die Beschickung erfolgt, falls nicht über Rutschen oder dergleichen möglich, durch Förderband. Dieses kann mit einem Druckluftmotor betrieben werden, wenn — wie gelegentlich in Stollenbauten erforderlich — Strom oder Verbrennungsmotor nicht verwendet werden sollen.

20.5.3. Zementmörtel-Einpreßverfahren

Das Zementmörtel-Einpreßverfahren bedient sich sogenannter Injektoren. Das sind Druckkessel zur Aufnahme des Verpreßgutes, welche durch eine Rohr- oder/und Schlauchleitung über Bohröffnungen mit Hohlräumen in Bauwerken verbunden werden. Durch über das zu verpressende Mörtelmaterial gesetzte Druckluft — gegebenenfalls bis 10 atü — wird der Mörtel oder die Zementmilch aus dem Druckkessel verdrängt und in Risse, ausgelaugte Mauerwerksfugen alter Natursteinbauwerke und dergleichen gepreßt.

20.5.4. Hochdruck-Einpreßverfahren

Für das Hochdruck-Einpreßverfahren werden Maschinen verwendet, bei denen Druckluft einen Kolben hin und her treibt, wodurch eine Ölfüllung im Innern der Maschine bestimmte Impulse erhält. Die Impulse dieser Ölfüllung bewegen eine Membrane. Auf deren anderer Seite wird reine Zementmilch oder sehr schwach mit Steinmehl oder Sand versetzte Zementmilch angesaugt bzw. beim Druckhub in eine Rohrleitung und damit über Bohrlöcher in Risse, Felsspalten, Schwindfugen usw. gepreßt.

Diese Geräte ermöglichen bei einem Antriebsdruck bis 6 atü Verpreßdrücke je nach Maschinentype von 18 bis 72 atü, bei Verwendung von Druckluft von 8,4 atü solche bis 100 atü.

Im Bild 306 wird ein Spezialmischer gezeigt, der homogene, gut fließ- und gleitfähige Zementmilch- oder Zementmörtelmischungen herstellt. Der Antrieb eines solchen schnellaufenden Doppelwellenmischwerkes kann wahlweise durch Elektro- oder Druckluftmotor erfolgen.

306. Doppelwellenmischer mit Auffangbehälter (BSM)

20.6. Pneumatisches Fördern

Hier sei zunächst die *pneumatische Förderung von trockenen Gütern* mit einheitlich gleichmäßigem Korn (Kali, Soda, Kalk) oder auch staubförmig (Zement, Kohlenstaub, Kunstdünger) in Rohrleitungen oder Schläuchen genannt. Dieses Verfahren bietet gegenüber den früheren

Transportarten dieser Güter mancherlei Vorteile wie Einsparung von Arbeitskräften und Arbeitszeit sowie Vermeidung von Staubentwicklung. Auch das Unterblasen von trockenem Sand zur Ausfüllung der Hohlräume zwischen Untergrund (Damm) und Autobahndecken, die aus Reparaturgründen gehoben werden müssen, ist ein Teil dieses Arbeitsgebietes.

Flüssigkeiten können durch unmittelbare Vermischung mit Druckluft gefördert werden; die hierauf beruhenden *Mammutpumpen* dienen hauptsächlich zur Förderung von Wasser und Öl aus tieferen Bohrlöchern und Schächten. Diese mit einfachen Mitteln herzustellenden Pumpen sind ein wichtiges Hilfsmittel bei plötzlichen Notfällen, z. B. bei Wassereinbrüchen in Bergwerken.

Bei sogenannten *Verdrängerpumpen* läuft die Flüssigkeit unter ihrem Eigengewicht in Behälter ein, bis ein Schwimmer ein Ventil öffnet, worauf die nun eintretende Druckluft die Flüssigkeit aus dem Behälter verdrängt, bis das Ventil durch den Schwimmer wieder geschlossen wird und das Spiel von neuem beginnt (selbsttätige Arbeitsweise).

20.7. **Druckluft für Steuer-, Meß- und Regeltechnik**

Bei *Druckluft-Steuerungen* dient Druckluft von 2 bis 6 atü dazu, bei geringster persönlicher oder mechanischer Kraftaufwendung von einer oder mehreren Stellen aus über Ventile, Verteiler und Leitungen Impulse an andere Stellen zur Ein- oder Abschaltung irgendeiner Handlung bzw. Tätigkeit zu geben (z. B. Verfahren, Drehen, Heben, Senken eines Baukrans). Ohne diese Einrichtung wäre bedeutend mehr Anstrengung, eventuell auch mehr Bedienungspersonal erforderlich. Neben der Ölhydraulik findet auch die Druckluftsteuerung zahlreiche Anwendungsaufgaben (z. B. bei Werkzeugmaschinen, Kraftfahrzeugen, Kranen, Baggern, Straßenbaumaschinen usw.), insbesondere auch im Zuge der fortschreitenden Automation.

Ein weiteres Anwendungsgebiet hat sich für Druckluft auf den Gebieten der Meß- und Regeltechnik aufgetan.

20.8. **Druckluft für Schmiedebetriebe**

Druckluft als Betriebsmittel hat sich in Hammerwerken für den Betrieb von Schmiedehämmern, Schmiedepressen und Stauchmaschinen zunehmend eingeführt. Die langen Hochhaltezeiten des Hammerbärs, die bei großen Hämmern bis zu 80% der Schmiedezeit betragen, lassen bei Dampfantrieb hohe Kondensverluste entstehen; infolgedessen ist der Betrieb mit Druckluft von 7 bis 8 atü wirtschaftlicher. Ein Vorwärmen der Druckluft auf etwa 160 °C durch die Abwärme der Glühöfen möglichst nahe an den Hämmern bringt weitere erhebliche Ersparnis. Um Ölnebelexplosionen zu vermeiden, muß die Druckluft durch Einbau von Tiefkühlern und Entölern vor dem Wiedererhitzen ölfrei gemacht werden.

Den gleichen Vorteil der höheren Wirtschaftlichkeit ohne die im letzten Satz erwähnte Notwendigkeit der Ölausscheidung erreicht man auch durch Ausnutzung der Kompressionswärme von etwa 150 °C, indem man die Druckluftleitung vom Kompressor zum Windkessel, diesen selbst und die Zuleitung zu den Verbrauchsstellen durch Isolierung gegen Abkühlung schützt. Hierzu ist der Einsatz von ölfrei oder mit schwer brennbarem Schmierstoff arbeitenden Verdichtern erforderlich. Untersuchungen, die in einem Hammerwerk vorgenommen wurden, ergaben eine Kosteneinsparung zugunsten der Druckluft von rund 13%; dazu kommen noch weitere sehr wichtige Vorteile[1].

20.9. **Druckluft für Gießereien**

In Gießereien dient Druckluft außer zum Stampfen, Kernausstoßen und Putzen auch

zum Rütteln und nachfolgenden Pressen oder Formen auf Formmaschinen und zum Betrieb der Kernblasmaschinen,

zum Schwärzen der Formen, Kokillen und Kerne,

zum Abblasen für vielerlei Zwecke (siehe Teil 19.7.5. Druckluft-Blasdüsen).

21. Gesteinskunde

Die Gesteine in und auf der Erde sind durch die Erstarrung aus der Tiefe stammender schmelzflüssiger Silikatmassen, sogenannter Eruptivmagmen, und durch die Ablagerung abgeschlämmter bzw. gelöster Mineralstoffe entstanden.

Man unterscheidet im einzelnen:

Erstarrungsgestein,
Sedimentgestein,
Umwandlungsgestein.

[1] Nach *E. Pampus*, Preßluftbetrieb in Hammerwerken, und O. *Günther*, Die Druckluftvorwärmung im Hammerbetrieb. Stahl und Eisen, 1950, H. 7.

21.1. Erstarrungsgestein

Die Erstarrungsgesteine bilden sich beim Erstarren des Magmas. Die Hauptbestandteile sind Silikate und Quarz. Sie werden in der Folge ihrer Erstarrung in Tiefengesteine und Ergußgesteine unterteilt.

a) Tiefengesteine sind in der Tiefe der Erdrinde erstarrt und zeigen deutlich kristallinen Aufbau mit einem gleichmäßigen mittleren bis groben Korn.

b) Ergußgesteine sind an der Erdoberfläche rasch erstarrt. Die Struktur ist mittel- bis feinkörnig, aber auch glasig, wobei in der Grundmasse größere Kristalle, sogenannte Einsprenglinge, eingestreut sind.

21.2. Sedimentgestein

Die Sedimentgesteine entstanden durch den allmählichen Absatz von im Wasser mechanisch aufgeschlämmten oder gelösten Mineralien, wobei diese dann in der Regel eine geschichtete Struktur annahmen. Sie sind also Zerstörungsprodukte anderer Gesteinsarten. Man unterscheidet hierbei:

a) Mechanische Sedimente. Hierunter fallen alle Gesteine, die aus der Zertrümmerung vorbestehender Gesteine hervorgegangen sind.

b) Chemische Sedimente. Hierzu gehören Ablagerungen von im Meer oder Binnengewässern gelösten Mineralsalzen.

c) Organogene Sedimente. Sie stellen Anhäufungen organischer oder von Organismen ausgeschiedener Stoffe, vermengt mit mechanischen Sedimenten, dar (Stein- und Braunkohle, einige Kalksteinablagerungen, Kreide, Kieselgur usw.).

21.3. Umwandlungsgestein

Die Umwandlungs- oder metamorphen Gesteine gehören eigentlich zu den Erstarrungs- oder Sedimentgesteinen; sie sind aus diesen hervorgegangen. Sie sind durch Druck- und Temperaturänderungen bei Gebirgsbildungen oder Berührung (Kontakt) mit aufsteigenden Schmelzflüssen entstanden. Man unterscheidet:

a) Kontaktgestein. Hierzu gehört der echte Marmor, ein durch Hitzeeinwirkung kristallin gewordener Kalkstein.

b) Kristalline Schiefer wie Gneis, der durch Umwandlung bei sonst gleicher Zusammensetzung aus Granit entstanden ist. Weiterhin gehören hierzu Glimmerschiefer, Hornblendeschiefer usw.

21.4. **Die wichtigsten Gesteine**

Gesteinsart	Aufbau	Farbe	Raumgewicht (spez. Gewicht)
I. Erstarrungsgesteine			
a) Tiefengesteine			
Granit	Orthoklas, Glimmer, Quarz, Hornblende, Pyrit, Turmalin, Apatit, Magneteisenstein	hellgrau, gelblich, rot, grünlich, bläulich	2,60–2,80
Syenit	wie Granit, aber ohne Quarz und mit reichlicher Hornblende oder Glimmer bzw. Augit	grünlich-grau, dunkelgrau, schwärzlich	2,60–2,80
Diorit	körniges Gemenge von Plagioklas, Hornblende, Glimmer oder Augit; gewisse Abarten enthalten auch Quarz	grau, grün-grau, bei grobem Korn schwarzweiß gesprenkelt	2,70–2,90
Gabbro	grob- bis feinkörniges Gemenge von Plagioklas mit Diallag oder Hornblende, dazu Apatit, Magneteisen, Titaneisen, Glimmer	dunkelgrau, schwärzlich-grün, schwarz	2,75–2,96
Serpentin	aus gabbroartigem Gestein hervorgegangen mit Resten von Olivin, Diallag, Hornblende	gelb-grün, dunkelgrün, braun-grün, geflammt oder fleckig	2,60–2,75

Druckfestigkeit in kp/cm²	Eigenschaften	Verwendung
800–2700	wetterfest, eingetretene Verwitterung, oft durch rostige Flecken und Adern über das ganze Gestein erkennbar, glimmerreiche Arten verwittern leichter, viel Quarz bedingt große Widerstandsfähigkeit, aber auch schwere Bearbeitung, sehr grobkörnig	für Straßen-, Wasser- und Brückenbau, Schotter, Sockel, Fundamente, Treppenstufen, Bordsteine, Gesimse, Denkmäler, Säulen
1500–2200	wie Granit	ähnlich wie Granit, für Tief- und Wasserbau
1800–2400	wie Granit	ähnlich wie Granit, für Grabsteine, Pflaster, Schotter für Tief- und Eisenbahnbau
1000–2800	zäh, nicht immer wetterfest, oft schon in der Natur stark umgewandelt wie z. B. Saussuritgabbro	ähnlich wie Granit, Baumaterial, Pflaster, Schotter
1400–2000	zäh, schleif- und polierbar, feuerfest, nicht wetterbeständig	für Innenarchitektur, Kamine, Säulen

Gesteinsart	Aufbau	Farbe	Raumgewicht (spez. Gewicht)
b) Ergußgesteine			
Porphyr Quarzporphyr	Grundmasse dichtglasig oder feinkörnig mit Einsprenglingen von Quarz, Feldspat, etwas Glimmer, Augit und Hornblende	rötlich-grau, violett-grau, gelblich, weißlich, grünlich, in frischem Zustand mattglänzend, angewittert meist rotbraun	2,59–2,67
Trachyt	Grundmasse dicht, oft porig mit zollgroßen Einsprenglingen von glasigem Orthoklas, daneben Glimmer, Hornblende, Augit, einzeln oder gemeinsam	hell- bis dunkelgrau, gelblich, altvulkanische Gesteine derselben Zusammensetzung, sog. quarzfreie Porphyre, sind durch Zersetzung rot oder braun gefärbt	2,50–2,80
Phonolith (Klingstein)	dichte oder feinkörnig verfilzte Grundmasse mit Einsprenglingen von Sanidin, Nephelin, schwärzl. Augit, blauem Hauyn	grau, gelblich, weißlich, grünlich, bräunlich	2,50–2,64
Porphyrit (Andesit)	porphyrische Struktur, Grundmasse dicht, manchmal porös mit Einsprenglingen von Plagioklas, Biotit, Hornblende, Augit, Apatit, Magneteisenerz, Titanit, Olivin	bräunlich, rötlich, grünlich, schwarz	2,55–2,80

Druckfestigkeit in kp/cm²	Eigenschaften	Verwendung
1900–3500	frischer Porphyr, besonders verkieselter, ist sehr fest und zäh; die Bearbeitung ist schwierig, der Stein ist polierfähig und wetterfest	Sockel, Säulen, Gesimse, Stufen, Innenausbau, Denkmäler, Pflaster, Schotter
500– 700	leicht zu bearbeiten, nicht polierbar, meist rauhe Oberfläche	Treppen, Säulen, Bausteine, Pflaster, Schotter
1700–2500	–	Bausteine, Schotter
1800–3000	Wetterfestigkeit wechselnd, Glimmerporphyrite sind oft minderwertig	Pflaster, Schotter

Gesteinsart	Aufbau	Farbe	Raumgewicht (spez. Gewicht)
Basalt	feinkörnige bis dichte Grundmasse aus grauem Plagioklas, schwärzlichem Augit, Glimmer und Magneteisen mit Einsprenglingen von Augit, flaschengrünem Olivin, Nephelin und grau-weißen Leuzitkörnern, grobkörnige Basalte heißen Dolerit; Basalt ist oft in 1 cm bis mehreren Meter dicken Säulen abgesondert	grau bis blau-schwarz	2,93–3,15
Melaphyr	wie Basalt, aber an Stelle von Augit treten dessen Verwitterungsprodukte, besonders Chlorit, an Stelle von Olivin der weichere gelblich-grüne Serpentin, oft voll blasiger Hohlräume (Melaphyr-Mandelstein), die von Kalkspat und Achat erfüllt sind	schwarz, rötlichbraun, grünlichbraun	2,66–2,85
Diabas	dieselben Bestandteile wie bei Melaphyr bei verstärkter Umwandlung	grün	2,78–2,95

II. Sedimentgesteine

a) Mechanische Sedimentgesteine

Sandstein	als Mineraltrümmer im wesentlichen Quarz, daneben Glimmer, Feldspat, Glaukonit, Schwefelkies, Gips, Schwerspat und kohlige Substanzen; als Bindemittel Kieselsäure, Kaolin, Ton, Kalkspat, Brauneisenstein, Schwefelkies, Gips, Schwerspat, Bitumen	weiß, grau, meist durch Eisenverbindungen rot, braun, gelb; durch Glaukonit graugrün, durch Bitumen dunkel, oft gestreift oder gefleckt	2,59–2,71

Druckfestigkeit in kp/cm²	Eigenschaften	Verwendung
1000–5000	meist sehr fest, hart, splitternd, wetterfest, mit Ausnahme der „Sonnenbrenner“, die aber erst durch Untersuchung festgestellt werden können	Fundamente, Straßen- und Wasserbau, Pflaster, Schotter, Splitt, Isolierwolle
1200–3800	Wetterfestigkeit wie Basalt, jedoch leichter als dieser zu bearbeiten	Bausteine, Pflaster, Bordsteine, Schotter
1300–3000	der reichlich gebildete Chlorit veranlaßt die Bezeichnung „Grünstein“; die Mineralien sind oft fein miteinander verfilzt, daher ist das Gestein besonders zäh	Pflaster und Schotter
500–3200	Sandsteine mit kieseligem Bindemittel sind meist wetterfest; die Bearbeitbarkeit ist mit Ausnahme der stark verkieselten Gesteine gut	Bausteine, Platten, Stufen, für Bildhauerarbeiten

Gesteinsart	Aufbau	Farbe	Raumgewicht (spez. Gewicht)
Grauwacke	vom Sandstein durch Gehalt an unzersetzten Gesteintrümmern wie Tonschiefer, Kieselschiefer usw. zu unterscheiden; die Bindemittel sind meist kieselig	dunkelgrau, graubraun, schwärzlich	2,67–2,74
Tonschiefer	feinstes, z. T. umgewandeltes Zerreibsel verschiedenartiger Herkunft, besonders Quarz, Glimmer, Ton, Kalkspat, Magneteisen, Roteisen, Brauneisen, Rutil, kohlige Substanzen, Schwefelkies	grau, blau-grau, schwarz, grünlich, rötlich, violett, oft metallisch glänzend, verwittert, weißlich	2,70–2,80
b) Chemische Sedimente			
Kalkstein	neben kohlensaurem Kalk, Quarzsand, Glimmer, Ton, Schwefelkies, Bitumen, Glaukonit, Eisenoxyde	weiß, grau, gelblich-grau, blaugrau, rötlich, grünlich	1,70–2,80
Dolomit	vom Kalkstein nur durch Gehalt an Magnesiakarbonat unterschieden	wie beim Kalkstein	2,85–2,95
Gips			
III. Umwandlungsgesteine			
Gneis	Zusammensetzung wie Granit; als besondere Gemengteile Granat, Epidot, Cordierit; Struktur schiefrig durch parallele Anordnung des Glimmers	wie Granit	2,66–2,72

Druck-festigkeit in kp/cm²	Eigenschaften	Verwendung
1800–3600	wetterbeständiger als Sandstein, Bearbeitung jedoch schwieriger	Pflaster, Schotter, Werksteine
—	weich, aber zäh; zerspaltbar in dünne Platten, entsprechend der Schichtung oder im Winkel dazu. Spaltbarkeit in zwei Richtungen ergibt Griffelschiefer	Dachdeckung, Wandverkleidung, Schreibtafeln
250–1900	gute Bearbeitbarkeit; Marmor und viele dichte Kalke sind politurfähig, vielfach kann das bruchfeuchte Gestein gesägt werden; wetterfest	Schotter, Pflaster, Abdeckungen, Werksteine, Treppen
500–1600	häufig körnig (Dolomitmarmor), ausgelaugter zelliger Dolomit = Rauhwacke	für Innenarchitektur, Denkmäler, Säulen, für Hoch-, Brücken- und Wasserbau
		Innendekoration, Formen für Keramik, Bildhauer usw.
1500–3200	glimmerreiche Arten neigen zum Aufblättern und Verwittern; am dauerhaftesten sind quarzreiche feldspat- und glimmerarme Gesteine; meist plattig und kleinstückig	Bausteine, Platten, Treppenstufen, Pflaster

22. Sprengverfahren im Tagebau

Die nachfolgenden Ausführungen zum Thema Sprengtechnik sollen nur einen Überblick über gängige Sprengarten vermitteln.

22.1. Gassen- und Gangschüsse

Bei der Werksteingewinnung, wie z. B. in der Granitindustrie, wird diese Methode angewendet, um Blöcke durch Sprengungen freizulegen, ohne daß diese durch Anrisse unbrauchbar werden. Das ist nur dadurch zu erreichen, daß der Stein nicht mehr unter Spannung steht. Zu diesem Zweck wird eine Gasse gesprengt (Bild 307a). Die Gasse wird bis zu 1 m breit. Die Sprenglöcher werden 10 bis 15 cm von der zu sprengenden Gassenbreite zur Mitte hin gebohrt. Abstand etwa 0,3 m. Die Bohrlochtiefe ist gleich der Banktiefe, jedoch ist sie nicht tiefer als 1,5 m. Ist keine natürliche Trennfläche in Form einer Kluft vorhanden, so muß in der Breite der zu schaffenden Gasse, im Abstand von etwa 5 cm, Loch an Loch gebohrt werden. Diese Löcher werden nicht besetzt, so daß an dieser geschwächten Stelle der Felsen leicht abreißt, ohne das anliegende Material zu beschädigen.

Um die nun freigelegten Bänke aus dem Gebirge herauszulösen, wird der zu gewinnende Block in der Waagerechten und Senkrechten durch einen Gangschuß gelöst.

Als Bohrgeräte kommen hier insbesondere Handbohrhämmer sowie Bohrhämmer auf einer Karette in Frage. Die zur weiteren Aufteilung der Bänke durch Spalten mit Keilen erforderlichen Bohrlöcher werden mit einer Karette oder mit einem Blocktrenngerät niedergebracht (Bild 307b).

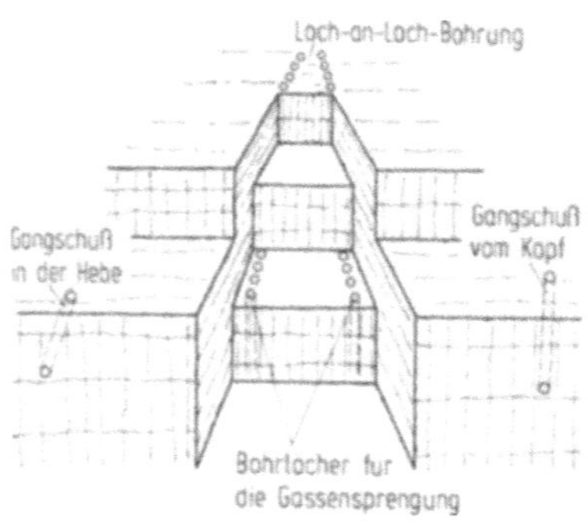

307 a. Gassen- und Gangschüsse

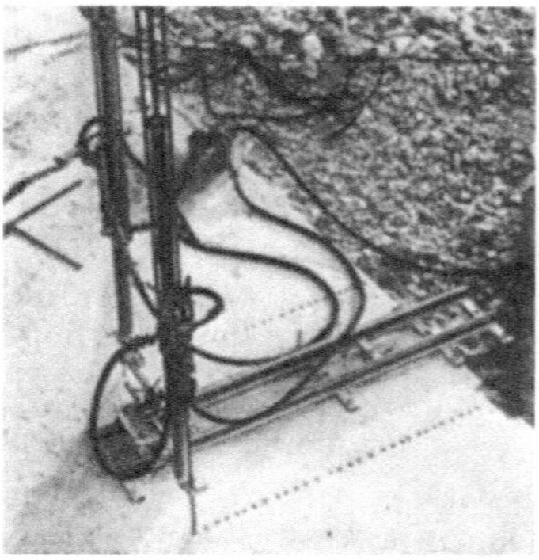

307 b. Blocktrenngerät

22.2. Kesselschüsse

Lassen sich in einem normalkalibrigen Bohrloch nicht die errechneten Sprengstoffmengen unterbringen, so wird der Bohrlochgrund durch Zünden eines brisanten Sprengstoffes vorgekesselt (Bild 308). Die für den gesamten Kesselvorgang erforderliche Sprengstoffmenge beträgt bei Hartgestein etwa $^1/_3$ und bei weichem Sandstein $^1/_{50}$ der Hauptsprengladung.

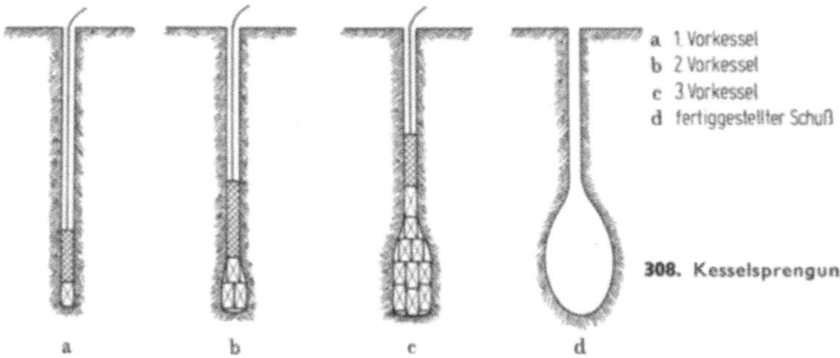

308. Kesselsprengung

22.3. Schnürschüsse

Bei der Gewinnung von Werksteinen werden im Bohrlochtiefsten wiederholt kleinere Sprengpulverladungen zur Zündung gebracht, um so ein Anreißen und Aufweiten der natürlichen Trennflächen zwischen den Bänken zu erreichen (Bild 309).

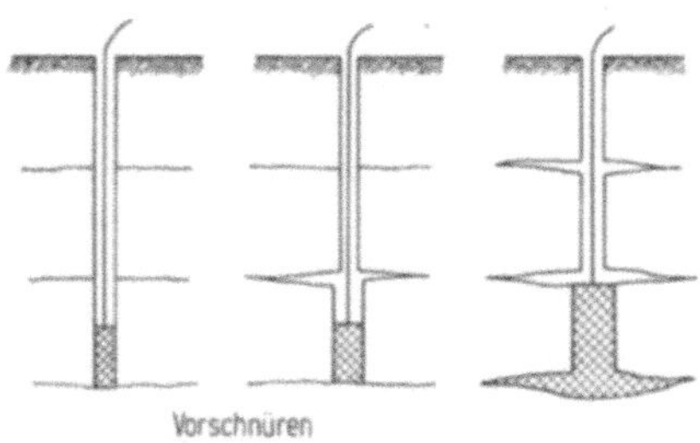

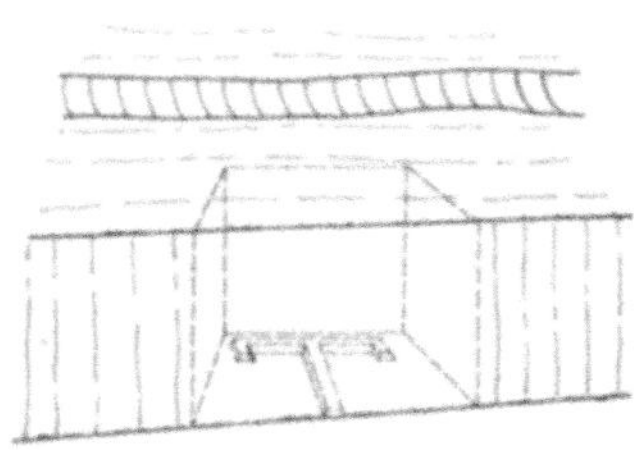

309. Schnürschüsse

310. Kammersprengung

22.4. **Serien- und Reihensprengung**

Bei der Gewinnung von großen Gesteinsmassen geht man zur Serien- bzw. Reihensprengung über. Dieses Verfahren eignet sich bei normalkalibrigen Bohrlöchern besonders bis zu Wandhöhen von 8 bis 12 m. Die Sprenglöcher werden den örtlichen Gegebenheiten der Lagerung angepaßt. Sie werden teilweise senkrecht oder waagerecht oder in beiden Richtungen angeordnet.
Waagerecht angeordnete Reihenschüsse werden bei der Abraumbeseitigung, bei der Auflockerung von plastischem Material und bei kleinstückig anfallendem Gestein bevorzugt. Es ist hier jedoch auf eine geringe Wandhöhe zu achten, um ein Aushöhlen der Wand und somit ein unkontrolliertes Nachfallen der überhängenden Köpfe zu vermeiden.

22.5. **Großbohrlochsprengung**

Dieses Verfahren dient der Massengewinnung. Ein Großbohrloch weist bei einer Lochtiefe von über 10 m einen Bohrlochdurchmesser von über 60 mm, vorwiegend 80 mm und mehr, auf.
Im Normalfall werden Bohrungen bis zu 30 m Tiefe niedergebracht. Im kompakten Gestein ohne Nähte, wo also ein Einführen der Sprenladung keine Schwierigkeit bereitet, werden auch größere Lochtiefen gebohrt. Durch eine günstige Verteilung der Sprengladung hat man es in der Hand, das Haufwerk möglichst baggergerecht zu gewinnen. In der Bundesrepublik werden zum überwiegenden Teil Bohrlöcher von 80 bis 85 mm Durchmesser gebohrt, während in anderen europäischen Ländern der Trend zum 100 mm Bohrloch besteht, in Amerika sogar über 200 mm.
Diese Bohrlöcher sind nur noch mit Hilfe eines Bohrwagens mit Hammerbohrmaschine (Überflurmaschine) oder eines Lochhammers (Unterflurmaschine), auch „down-the-hole-drilling“, zu erreichen.

22.6. **Kammersprengung**

Ein weiteres Verfahren zur Gewinnung großer Gesteinsmassen ist die Kammersprengung. Die Durchführung solcher Sprengungen erfordert eine genaue Kenntnis der zu sprengenden Gesteinsart. Vorzugsweise wird es angewendet, wo ein Niederbringen von Großbohrlöchern (infolge nicht befahrbaren Geländes) Schwierigkeiten mit sich bringt. Die Kammern werden bergmännisch horizontal oder vertikal (Bild 310) vorgetrieben. Der Stollen zu den Kammern wird mittels Bohrhämmern und -stützen in einem Ausbruch von etwa 1,6 × 0,8 m vorgetrieben.

Dieser Querschnitt erlaubt noch ein sicheres Arbeiten und gewährt eine einwandfreie Wetterführung. Die Kammern werden rechtwinklig vom Fensterstollen aus angeordnet.

23. Sprengverfahren beim Stollen- und Tunnelvortrieb

Hierbei sind die Schießarbeiten besonders dadurch gekennzeichnet, daß außer der Ortsbrust keine weiteren Flächen zum Bohren vorhanden sind, daß also das Gestein zu der Fläche hin herausgesprengt wird, von der die Sprenglöcher ausgehen.
Bei der Anordnung der Sprenglöcher kommen zwei Hauptarten in Frage: Das Einbruchbohren und das Parallelbohren.

23.1. Einbruchbohren

Das Einbruchbohren ist wohl das älteste Verfahren und besteht darin, durch Anordnung von zur Ortsbrust geneigten Sprenglöchern auf eine geringe Tiefe einen Teil der Ortsbrust trichterförmig herauszusprengen, um so zusätzliche freie Flächen zu erhalten. Der Nachteil ist jedoch, daß die Einbruchstiefe und somit die Abschlaglänge außer von der Gesteinsart und -schichtung noch vom Streckenquerschnitt abhängig ist, da bei einer festliegenden Gesamtlänge von Bohrstange, Hammer und Vorschubelement auch nur eine bestimmte Schräglage der Einbruchlöcher möglich ist. Bei kleineren Querschnitten bis maximal 10 m^2 beträgt die Abschlaglänge bis zu $^2/_3$ oder gar $^3/_4$ des kleinsten Querschnittmaßes (kleinste Breite oder Höhe).

23.1.1. Kegeleinbruch

Der Kegeleinbruch (Bild 311) wird besonders bei gleichartigem festem oder dünnschichtigem Gestein bei steilem Einfallen vorteilhaft in der Mitte der Streckenachse angesetzt.

23.1.2. Doppelkegeleinbruch

Der Doppelkegel- oder Herzeinbruch kommt im harten, zähen Gestein sowie beim Vortrieb großer Streckenquerschnitte zur Anwendung (Bild 312). Hier wird, wie der Name schon sagt, um den einfachen Kegeleinbruch ein zweiter, flacher verlaufender Einbruch gebohrt. Nachteilig beim Bohren des Kegeleinbruchs mit handgeführten Bohraggregaten ist, daß die oberen Einbruchlöcher abwärts gerichtet sind, so daß der Andruck der Vorschubelemente bei weitem nicht ausreicht, um annähernd im optimalen Bereich zu bohren.

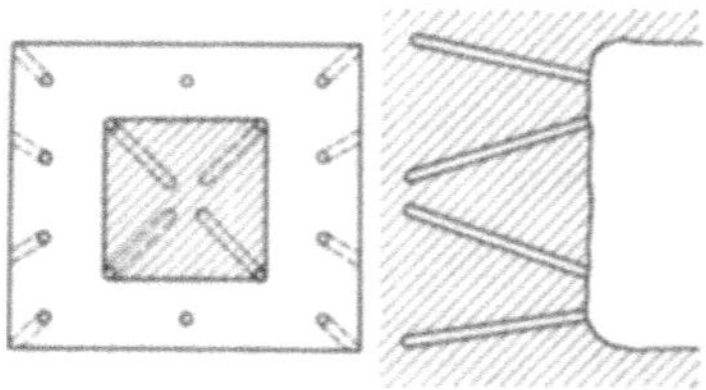

311. Kegeleinbruch

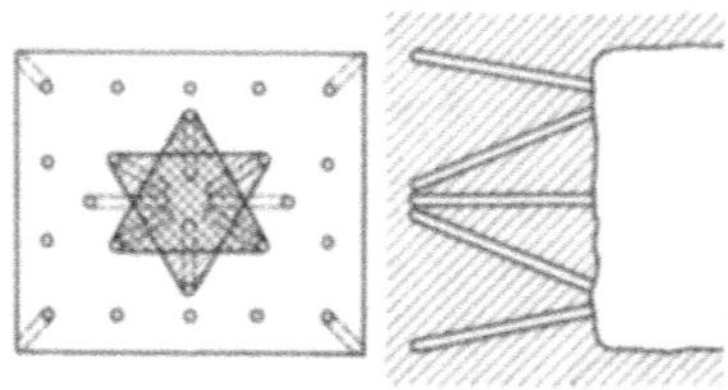

312. Doppelter Kegel- oder Herzeinbruch

23.1.3. **Keileinbruch**

Der Keileinbruch wird hauptsächlich bei geschichtetem und teilweise auch in zähem Gestein angewendet. Die Bohrlöcher werden am zweckmäßigsten unter 45° zur vertikalen Mittelachse der Strecke angesetzt, wobei sie selbst horizontal (Bild 313) liegen. Nachteilig ist die geringe Abschlaglänge.

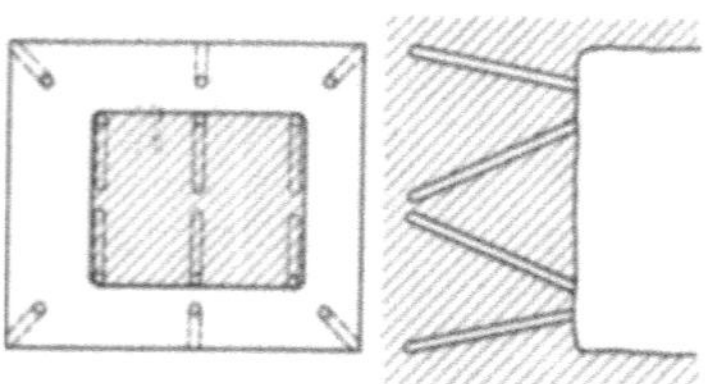

313. Keileinbruch

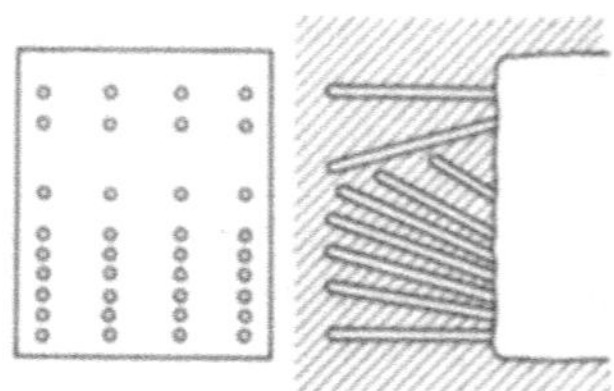

314. Fächereinbruch

23.1.4. **Fächereinbruch**

Der Fächereinbruch wird besonders in leicht sprengbarem Gestein sowie im Kali- und Salzbergbau angewendet. Die Sprenglöcher werden meist horizontal angeordnet. Durch Zuletzt-Zünden des unteren, fast parallel laufenden Schusses wird das Haufwerk auf die gegenüberliegende Stoßseite geworfen (Bild 314). Nachteilig ist, daß der Fächereinbruch durch die winklige Anordnung der Bohrlöcher und den erforderlichen Platzbedarf der Bohraggregate nur bei einer Streckenbreite ab mindestens 4 m angewendet werden kann.

23.2. Parallelbohren

Das Parallelbohren besteht darin, sämtliche Sprenglöcher parallel zur Streckenachse zu bohren, und zwar so, daß mit zunehmendem Abstand vom Zentralloch der Abstand zwischen den einzelnen Sprenglöchern zunimmt. Die Abschlaglänge ist bei dieser Sprengmethode weniger vom Streckenquerschnitt als vielmehr von der Gesteinsart und besonders von der einzusetzenden Bohrausrüstung abhängig. Werden Hämmer mit Stützen verwendet, sollte man die Abschlaglänge bis maximal 3,20 m ausrichten. Beim Einsatz von Lafetten-Bohrmaschinen kann die Abschlaglänge bis auf 6 m gesteigert werden. Ein weiterer Vorteil ist die geringe Wurfweite des Haufwerks.

23.2.1. Brennereinbruch

Die in 23.2.1.1. bis 4. beschriebenen Sprengverfahren zählen zu den Brennereinbrüchen. Brennereinbrüche sind die ältesten Einbruchsarten mit parallelen Bohrlöchern, ursprünglich mit einem ungeladenen Bohrloch in der Mitte. Die um dieses Bohrloch verteilten Sprenglöcher bringen das Gestein auf das Leerloch zum Auswurf. Werden die Sprenglöcher überladen, wird das Gestein nicht rechtzeitig aus dem Loch geworfen, so daß ein Sintern des Restgesteins im Leerloch eintritt.

23.2.1.1. Michiganeinbruch

Den wohl ältesten Brennereinbruch stellt der sogenannte Michiganeinbruch dar, der mit einem größeren zentralen Leerloch von etwa 100 mm Durchmesser (Bild 315) ausgeführt wird.

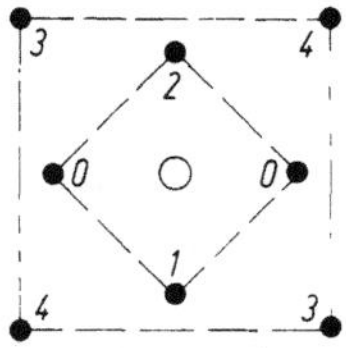

315. Michiganeinbruch

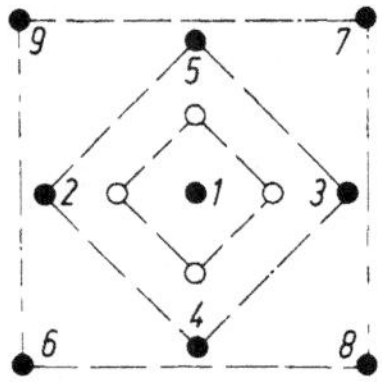

316. Grönlandeinbruch

Die auf Bild 315 und übrigens auch auf den folgenden drei Bildern angegebenen Zahlen geben die Reihenfolge der einzelnen Schüsse an. Die Zeitunterschiede betragen etwa 12 ms (Millisekunden).

23.2.1.2. **Grönlandeinbruch**

Bild 316 zeigt die Anordnung der Bohrlöcher. Man erkennt, daß sich um das zentrale Sprengloch vier Leerlöcher befinden.

23.2.1.3. **Dreieckeinbruch**

Bei dem Dreieckeinbruch (Bild 317), wie auch bei dem vorher erwähnten Grönlandeinbruch, können im Gegensatz zum Michiganeinbruch alle Löcher mit gleichem Schneidenkaliber gebohrt werden. Es werden daher auch nur einheitliche Bohrhämmer und Bohrstützen benötigt.

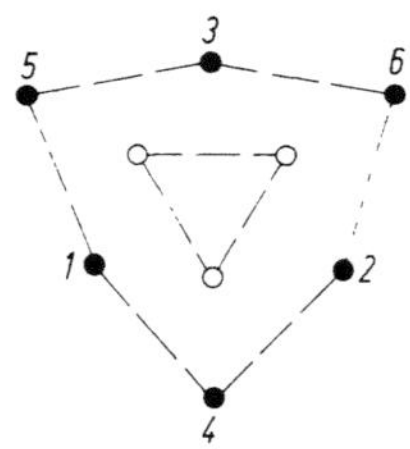

317. Dreieckeinbruch

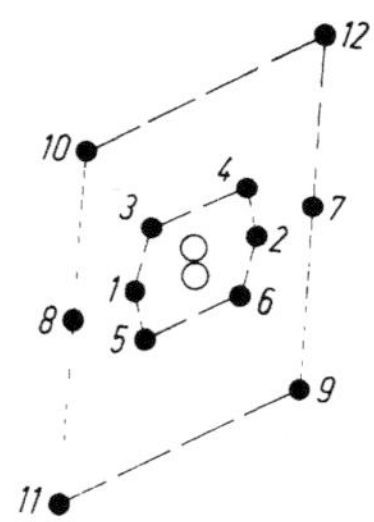

318. Coromanteinbruch

23.2.1.4. **Coromanteinbruch**

Bei diesem Einbruch werden die zentralen Leerlöcher mit einer 57 mm-Schneide gebohrt, während die anderen mit einer 32 oder 40 mm-Schneide gebohrt werden. Trotz dieser Unterschiede können alle Löcher mit der gleichen Bohrhammertype gebohrt werden. Die Zentrallöcher laufen ineinander; sie werden, wie übrigens auch der ganze Einbruch, mit einer Schablone gebohrt (Bild 318). Durch das Ineinanderlaufen der Leerlöcher erzielt man die gleiche Abschlaglänge wie bei einem größeren Zentralloch, welches nur von einem Bohrwagen gebohrt werden kann. Der Coromanteinbruch eignet sich besonders für mittelharte bis harte Gesteinsarten und ergibt große Abschlaglängen, während die drei anderen schon erwähnten Brennereinbrüche sich mehr für weiche bis mittelharte Gesteinsarten eignen.

Beim Einsatz eines Bohrwagens oder besser einer Bohrbühne werden besonders in großen Streckenquerschnitten ein oder mehrere Großbohrlöcher als Leerlöcher gebohrt (Mont-Blanc-Tunnel, französische Seite). Diese Bohrlöcher kommen durch ihre Größe einem geschossenen Einbruch nahe, so daß die Abschlaglänge auf ein Optimum gesteigert werden kann.

24. Gesteinsbohrverfahren

Die heute bekannten Gesteinsbohrverfahren, gleich, ob sie schon praktisch angewendet werden oder sich erst im Entwicklungsstadium befinden, lassen sich nach der Art der Energieübertragung und Einwirkung auf das Gestein wie folgt unterteilen:

Einwirkung auf das Gestein	Bohrverfahren	Bohrgerät
kerbend	Stoß- und Schlagbohren	Seil- und Stoßbohrgeräte Schlagbohrhämmer (Drucklufthämmer, Hämmer mit Verbrennungsmotor)
	Wasserstrahl	Versenkhämmer
kerbend-schälend	Rollenmeißel Drehschlagbohren	Rotarybohrgerät Drehschlagbohrgerät
zerspanend	Drehbohren	Drehbohrgeräte von 30 bis über 500 mm Lochdurchmesser
schleißend	Diamantbohren Schrotbohren	Diamantbohrgerät
thermisch	Schmelzbohren Brennbohren	
schwingend	Vibrationsbohren	Ultraschallbohrgerät

24.1. Stoß- und Schlagbohren

Beim Stoß- und Schlagbohren wird das gesamte Gestänge einschließlich der Bohrkrone vom Bohrlochgrund abgehoben und wieder gegen das Gestein gestoßen. Diese Maschinengattung wird nur noch vereinzelt in Übertagebetrieben verwendet.

Die Seilbohrmaschine ist wohl die einfachste Maschinenart. Sie besteht im wesentlichen aus einer Schwerstange mit einem Bohrmeißel, die, an einem Seil aufgehängt, frei auf das Gestein herabfällt. Es können nur senkrechte Löcher gebohrt werden, und zwar in Erdreich bis zu den härtesten Gesteinsarten, vorzugsweise jedoch größere Bohrtiefen. Beim pneumatischen Stoßbohren ist das Bohrgestänge mit dem Kolben verbunden und macht die Hubbewegung des Kolbens mit. Bei den Stoßbohrmaschinen handelt es sich um schwere Raupenfahrzeuge. Sie sind nur bei großen Vorhaben mit Sprenglöchern über 150 mm Durch-

messer in hartem und für das Schlagbohren schwer bohrbarem Gestein wirtschaftlich einsetzbar.
Beim Schlagbohren ist der Kolben von dem Bohrgestänge getrennt. Das Gestein wird mittels einer am unteren Ende des Gestänges angebrachten Schneide durch die kinetische Energie des durch Druckluft beschleunigten Kolbens zertrümmert. Die Energie wird durch Beschleunigung der Bohrstahlmoleküle von der Aufschlagfläche (Einsteckende) zur Bohrerschneide in Form einer Druckwelle übertragen. An der Bohrerschneide wird die Energie in das Gestein zur Zertrümmerung weitergeleitet, jedoch verbleibt ein Teil in Folge Reflexion der auf das Gestein übertragenen Energie durch unvollkommene Übertragung in der Bohrstange. Diese Restenergie läuft nunmehr als Zugwelle in der Bohrstange zurück. Man kann hierbei von einer Lageänderung des Bohrgestänges sprechen, wobei das mit einem Bohrkopf versehene Ende der Bohrstange jeweils bei Umkehr der Druckwelle in eine Zugwelle eine Vorwärtsbewegung ausführt.
Wird keine Energie auf das Gestein übertragen, wie etwa bei zu geringem Andruck, so durchläuft die Energie die Bohrstange so lange, bis sie durch innere Reibung verbraucht ist. Das begründet auch die geringe Standdauer der Bohrstangen, wenn sie mit einem im unteroptimalen Andruckbereich laufenden Bohrhammer verwendet worden sind. Als Antriebsenergie für Bohrhämmer und andere Werkzeuge findet schon seit über 100 Jahren Druckluft Anwendung. Gleich alt sind die Bestrebungen, diese Werkzeuge direkt durch elektrische Energie anzutreiben. So sind schon Hammerbohrmaschinen nach dem Solenuidprinzip beim Bau des Simplontunnels (um 1860) eingesetzt worden. Bis heute jedoch haben Druckluftwerkzeuge ihre Vormachtsstellung behaupten können. Gerade in den letzten Jahren sind selbst die im Hochbau bei Installationsarbeiten anzutreffenden Kleinbohrhämmer durch Drucklufthämmer ersetzt worden, da deren Robustheit und die schnelle Durchführung von Reparaturen die höheren Energiekosten bei weitem aufwiegen.
Der Drucklufthammer, insbesondere Bohrhammer, hat in den letzten 50 Jahren eine stürmische Entwicklung durchgemacht. Ein moderner Hochleistungshammer leistet das acht- bis zehnfache im Vergleich mit einem Hammer aus dem Jahre 1920. Der Entwicklungsaufwand für diese Hochleistungshämmer war sehr hoch und konnte von manchen Herstellern nur für wenige gewinnbringende Typen aufgebracht werden. Bild 319 zeigt einen Bohrhammerprüfstand mit einem elektronischen Meßwagen zur Aufzeichnung der Druckvorgänge in den Zylinderräumen eines Hochleistungsbohrhammers.
Bohrhämmer werden heute für die verschiedensten Anwendungsbereiche gebaut. Das Hammergewicht beträgt 3 bis 200 kg bei einem Bohrlochdurchmesser von etwa 10 bis 300 mm.

319. Bohrhammerprüfstand mit elektronischem Meßwagen zur Aufzeichnung der Druckvorgänge in den Zylinderräumen eines Hochleistungsbohrhammers

Die Schlagbohrmaschinen werden in ihrem Aufbau noch im einzelnen erläutert.
Das Wasserstrahlbohren wird seit vielen Jahren zum Abtragen von weichen Gesteinsarten bei der Abraumbeseitigung sowie Untertage zur Gewinnung von weichen Kohlenarten angewendet. Hierbei wird ein Wasserstrahl mit einem Druck bis zu 300 atü und einer Menge bis zu 180 l/min verwendet. Dieser Strahl reicht zum Schneiden der Kohle bis zu einer Tiefe von 0,5 m aus. Versuche mit höheren Drücken von 2000 bis 7000 atü zeigen eine Möglichkeit, dieses Verfahren für die Zertrümmerung von härteren Gesteinen einzusetzen. Diese Anwendungsart ist jedoch noch im Versuchsstadium. Die Einsatzmöglichkeit wird wohl auch mehr auf untertägige Bereiche beschränkt bleiben, da die Wasserzufuhr und -ableitung dort kein unlösbares technisches Problem darstellt.

24.2. **Rollenmeißel-Drehschlagbohren**

Beim Rotarybohren besteht das Bohrwerkzeug meist aus drei kegeligen Rollenmeißeln (Bild 320), die unter hohem Andruck auf dem Bohrgrund abrollen und ihn dabei kerbend bearbeiten. Dieses Bohrverfahren wird hauptsächlich bei Tieflochbohrungen verwendet, jedoch neuerdings auch vielfach bei größeren Bohrlöchern über 100 mm in Übertagebetrieben für Sprenglöcher sowie Untertage für Entgasungs- und Rollöcher (Bild 321). Der Andruck beträgt je nach Gestein 400 bis 600 kp pro cm Lochdurchmesser. Beim Drehschlagbohren versucht man durch Vereinigung des drehenden und schlagenden Bohrens die Nachteile des drehenden Bohrens — nur durch einen hohen Andruck ist ein Eindringen der

320. Rollenmeißel

321. Untertage-Drehbohrgerät

Bohrerschneide möglich — zu beseitigen. Das Eindringen der Schneide wird beim Drehschlagbohren hauptsächlich durch die Schlagenergie des Kolbens erreicht. Von dieser Kerbe aus kommt die scherende Wirkung des Drehmotors zur Wirkung. Der Andruck bei Drehschlagmaschinen kann niedriger gewählt werden als bei drehenden Bohrmaschinen. Er liegt jedoch wesentlich höher als beim schlagenden Bohren.

24.3. **Drehbohren**

Beim Drehbohren kommt es nur durch die Höhe des Andrucks zu einem Eindringen der Schneide in das Gestein. Der Andruck muß also zumindest den sogenannten kritischen Bohrandruck übersteigen. Dieser hängt in erster Linie von der Zähigkeit und Härte des Gesteins ab. Der kritische Bohrandruck liegt je nach Gesteinsart zwischen 12 und 20 kp pro mm Schneidkantenlänge, Optimalwerte liegen bei etwa 80 kp (Bild 322). Von großem Einfluß auf den Verschleiß des Bohrkopfes sowie auf die Bohrleistung ist die Festlegung der Schnittgeschwindigkeit, also die Drehzahl des Bohrers. Beim Anstieg der Drehzahl nimmt die Bohrleistung zu, jedoch steigt gleichzeitig der Verschleiß der Hartmetallschneiden (siehe Bild 323).

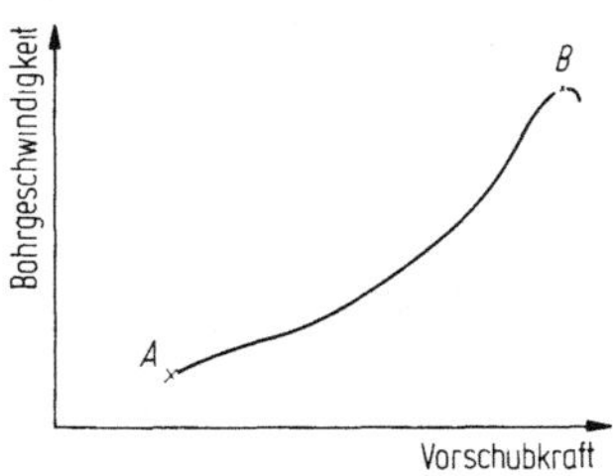

322. *PV*-Diagramm bei drehendem Bohren

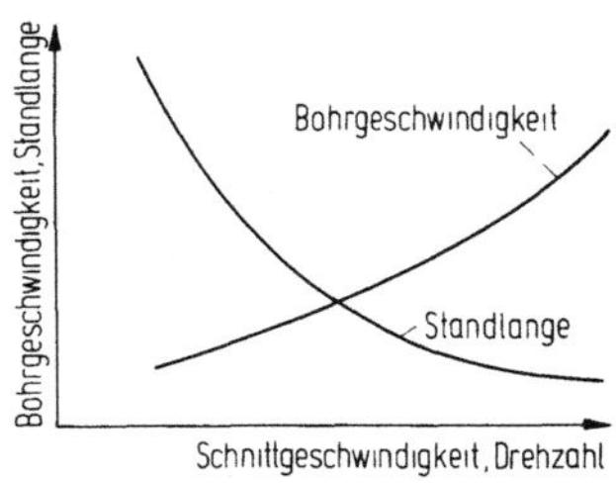

323. Änderung der Bohrgeschwindigkeit und Standlänge des Bohrkopfes bei Änderung der Bohrerdrehzahl

Der Verschleiß bestimmt demnach auch die Verwendbarkeit dieses Bohrverfahrens. Das drehende Bohren ist noch wirtschaftlich in mittelharten Gesteinen mit nicht zu hohen Bestandteilen an Quarz oder Beimengungen von Kieselsäure anwendbar. Die Andruckkäfte reichen je nach Größe des Bohrlochs von 1000 bis 6000 kp. Hieraus ist allein schon das zur Aufnahme dieser hohen Kräfte benötigte Maschinengewicht zu erkennen. So haben amerikanische Großbohrgeräte für Bohrlochdurchmesser von 200 bis 300 mm ein Gewicht von etwa 30 t, wobei der Kompressor zum Ausblasen des Bohrkleins mit eingebaut ist (siehe Bild 324).

24.4. **Diamantbohren**

Das Diamantbohren wird hauptsächlich zum Bohren tiefer Löcher und zur Herstellung von Bohrkernen, also für Untersuchungsbohrungen angewendet (Bild 325). Die Bohrkrone ist mit Diamanten besetzt. Die für diesen Zweck besten Diamanten sind die sogenannten „Karbons" oder „schwarzen Diamanten", dunkle, abgerundete Steine, die wegen

324. Drehbohrgerät im Übertageeinsatz

325. a) Diamant-Kernbohrgerät
b) Kernbohrkrone

ihrer zähen Beschaffenheit nicht zum Splittern neigen. Sie werden in Brasilien gewonnen. Ebenfalls aus Brasilien kommen die sogenannten „Ballas“. Als weitere Diamantenart sind die „Boarts“ zu nennen, die hauptsächlich aus Afrika kommen. Ihr Aufbau ist kristallinisch. Sie neigen wegen ihrer ungleichen Härte eher zum Splittern.
In der gleichen Weise wie das Diamantbohren arbeitet das Schrotbohren. Hierbei wird in die Schlitze einer Stahlkrone Stahlschrot eingespült, der bei der Rotation umgewälzt wird, so daß die Schmirgelwirkung das Gestein abträgt. Dieses Verfahren wird hauptsächlich für große Bohrungen bis etwa 1 m Durchmesser angewendet.

24.5. **Brennbohren**

Bei diesem Verfahren, bekannt auch als Sauerstofflanze, wird das Gestein bis auf seinen Schmelzpunkt erhitzt, also auf etwa 1500 bis 1800 °C. Die Hitze wird bei der Verbrennung von Eisen unter Zuführung von Sauerstoff, teilweise unter Beimischung von Wasserstoff, erzeugt. Dieses Verfahren wird eigentlich nur für die Herstellung von Löchern und Durchbrüchen in Eisenbeton und zur Öffnung des Stichlochs am Hochofen verwendet.

Beim Brennbohren wird das Gestein mittels einer Flamme von etwa 2000 bis 3000 °C bei einer Gasgeschwindigkeit von etwa 200 m/s rasch auf hohe Temperatur gebracht. Durch diese Aufheizung entstehen in Folge Volumenzunahme innerhalb der unterschiedlichen Gesteinsmoleküle Spannungen, die zum Abplatzen von Gesteinspartikelchen führen. Der hierfür erforderliche Kraftstoff ist Petroleum oder Kerosin unter Zuführung von reinem Sauerstoff. Das zur Kühlung der Brennkammer benötigte Wasser verdampft und wird ebenfalls wie die Brenngase zum Reinigen und zum Transport des Bohrkleins aus dem Bohrloch herangezogen. Dieses Verfahren kann wegen der anfallenden Abgase nur Übertage angewendet werden. Die Ausrüstung ist sehr kostspielig und wird auch nur dort wirtschaftlich sein, wo das Schlagbohrverfahren versagt — wie etwa im Takonit oder beim Heraustrennen von Werksteinblöcken in der Natursteingewinnung.

24.6. **Vibrationsbohren**

Beim Vibrationsbohren werden durch die Längenänderung eines im Magnetfeld liegenden Magnetkerns Schwingungen von 100 bis 2000 Hz erzeugt, die ein Werkzeug auf das Gestein überträgt. Die Bohrgeschwindigkeit hängt jedoch stark von den mechanischen Eigenschaften des zu bohrenden Gesteins sowie von der günstigsten Abstimmung der Frequenz ab. Dieses Bohrverfahren scheint nur für sehr harte und spröde Materialien aussichtsreich zu sein.

25. **Schlagbohren**

Aus der hier gezeigten Aufstellung ist zu ersehen, daß in fast allen Gesteinsarten das schlagende Bohren entscheidende Vorteile bietet. In sehr weichen Gesteinsarten bringt das schlagende Bohren zu tiefe Kerben an, ohne daß das Gestein von der Kerbe aus weiterplatzt. Das Drehmoment reicht hierbei nicht aus, um die Schneide zu versetzen. — Um diese Schwierigkeiten zu umgehen, werden heute Hammerbohrmaschinen für den Übertagebetrieb mit einem 2 bis 4 PS starken Motor für die Umsetzbewegung ausgerüstet.

Für den untertägigen Einsatz zum Bohren von Sprenglöchern ist das schlagende Bohren für die meisten Gesteinsarten vorzuziehen, da, bedingt durch den geringen Andruck, leichte und wendige Geräte ausreichen. Leistungsvorteile beim Drehschlag- oder drehenden Bohren werden durch die Wendigkeit und die geringen Rüstzeiten leicht ausgeglichen.

Die folgenden Abschnitte behandeln im einzelnen nur Maschinen für schlagendes Bohren.

25.1. **Aufbau der Bohrhämmer**

Hier soll der Aufbau der Bohrhämmer beschrieben werden, wobei versucht wird, die wichtigsten Baueinheiten in ihrer Verschiedenartigkeit zu erläutern.

Beim schlagenden Bohren zertrümmert die Schneide mit Hilfe der kinetischen Energie des Schlagkolbens das Gestein.

Nach Ablauf der Schlagbewegung des Kolbens steuert ein Ventil die Luftzufuhr um, so daß der Kolben in den oberen Totpunkt bzw. Ausgangspunkt zum nächsten Schlaghub gebracht wird. Nach jedem Schlag muß jedoch die Schneide um einen Winkel versetzt werden, damit diese beim nächsten Schlag wieder auf dem festen Gestein aufliegt und nach und nach den gesamten Bohrlochgrund zertrümmert. Das anfallende Bohrmehl muß aus dem Bohrloch entfernt werden, da sonst ein Teil der Schlagenergie zur weiteren Zertrümmerung des Bohrmehls verloren geht.

Um diese Bedingungen zu erfüllen, muß ein Bohrhammer aus folgenden Mechanismen zusammengesetzt sein:

a) Schlagmechanismus einschließlich Steuerung,

b) Umsetzmechanismus,

c) Spüleinrichtung.

25.1.1. **Steuerung** (Siehe 17.1.1.)

25.1.2. **Umsetzvorrichtung**

Bei Bohrhämmern der Gewichtsklassen bis zu 25 kg findet man im allgemeinen die Sperradumsetzvorrichtung (Bild 326). Der Kolben hat gerade Nuten zur Aufnahme der mit geraden Stegen versehenen Bohrhülse sowie Drallnuten für das Sperrad.

Dabei liegen die Drallnuten heute meist zwischen den geraden Nuten, bei den älteren Hämmern hintereinander. Diese Anordnung läßt eine kürzere und leichtere Bauart des Kolbens und damit des Hammers zu. In die Außenverzahnung des Sperrads greifen federbelastete Sperr-

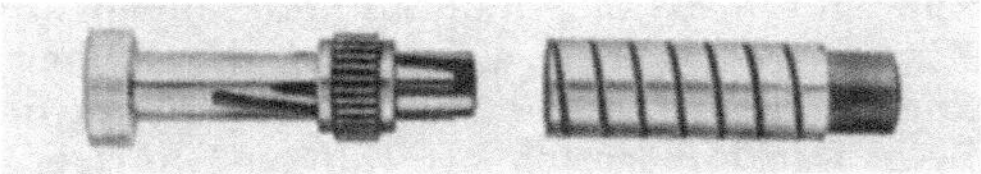

326. Dralleinrichtung eines Bohrhammers mit Klinkengesperre

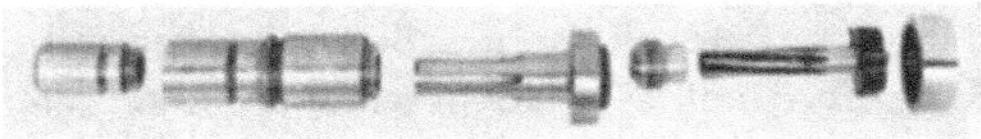

327. Dralleinrichtung eines Bohrhammers mit Drallspindelgesperre

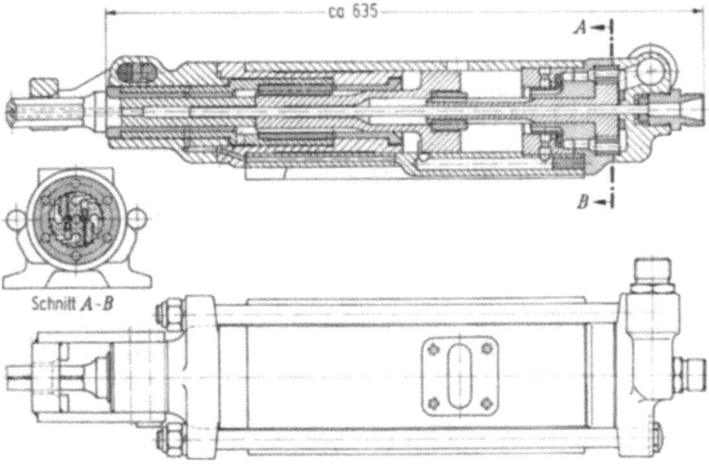

328. Drallspindelmaschine

329. Drallspindelgehäuse zur Einschaltung des Rechts- und Linkslaufs des Bohrgestänges

klinken ein. Beim Schlaghub des Kolbens dreht sich das Sperrad, die Klinken rasten nicht ein, so daß der Kolben seine gesamte kinetische Energie beim Aufschlag auf die Bohrstange an diese weitergeben kann. Beim Rückhub rasten die Klinken ein. Der aufwärtsgehende Kolben muß, da die Drallstege des Sperrads in die Drallnuten des Kolbens eingreifen, eine Drehbewegung ausführen und nimmt über die geraden Nuten der Bohrhülse das Bohrgestänge mit.

Der Bohrmeißel wird in einem Winkel von 25 bis 40° versetzt. Die Drehung des Bohrgestänges aus der Schlaghubbewegung des Kolbens wird nur in Sonderfällen angewandt, z. B. bei Ankerlochbohrhämmern (auch Stoper genannt), wenn mit dem Bohrhammer gleichzeitig die Ankerschraube angezogen werden soll.

Bei Hammerbohrmaschinen über 30 kg Gewicht, teilweise aber auch bei schweren Bohrhämmern, findet man die Drallspindel-Umsetzvorrichtung (Bild 327 und 328).

Hierbei hat der Kolbenschaft nur gerade Nuten, während im Kolbenkopf eine mit Stegen versehene Drallmutter angeordnet ist. Die Drallspindel mit Sperrklinken liegt im hinteren Teil des Bohrhammers und greift mit ihrer Drallnutung in die Stege der Drallmutter ein.

Die Drallspindelausführung hat den Vorteil, mehr Gerad- und Drallnuten unterbringen zu können, so daß der Verschleiß, eine einwandfreie Schmierung vorausgesetzt, insbesondere bei den hochbelasteten Hammerbohrmaschinen verhältnismäßig niedrig gehalten werden kann. Die Drallnuten liegen dabei im Ölnebel der Arbeitsluft.

Da die schweren Hammerbohrmaschinen in den meisten Fällen für tiefere Bohrlöcher, also mit Verlängerungsgestänge, eingesetzt werden, ist es aus zeitlichen Gründen vorteilhaft, wenn das Wechseln der Gestänge, also das Lösen der Verschraubung mit der Hammerbohrmaschine, direkt durchgeführt werden kann. Zu diesem Zweck ist der Drallspindelkopf verzahnt und die Sperrklinke für Rechts- und Linkssperrung, entgegengesetzt angeordnet, im Gehäuse untergebracht (Bild 329).

Durch einen Schaltmechanismus können entweder die zum Rechtslauf, d. h. zum Gestängelösen oder die zum Linkslauf, d. h. zur Gestängerotation beim Bohren gehörenden Sperrklinken, eingeschaltet werden. Die Linksrotation beim Bohren rührt aus der Zeit, in der noch mit einem Schlägel, also von Hand, der Bohrmeißel ins Gestein getrieben wurde. Der Bohrmeißel wurde von Hand linksherum gedreht. Die ersten Bohrhämmer wurden in Anlehnung daran linksdrehend ausgeführt.

Bei überschweren Hammerbohrmaschinen wird die Gestängerotation durch einen am Hammer angebauten Drehmotor bewirkt (Bild 330).

Durch diese Anordnung kann ein wesentlich höheres Drehmoment eingeleitet werden. Wird das Bohrgestänge im Bohrloch beim Durchfahren von Klüften oder Lehmnähten festgebohrt, so läuft der Schlagkolben weiter — im Gegensatz zur Drallspindelausführung. Durch die Schlag-

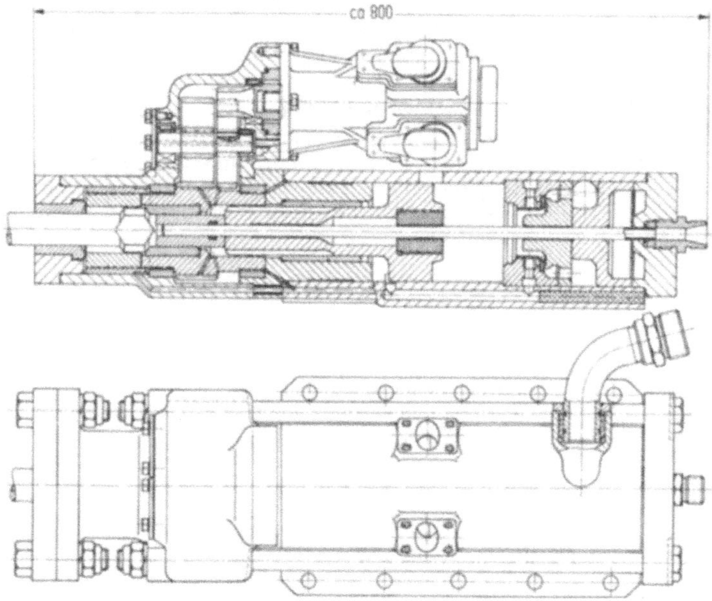

330. Hammerbohrmaschine mit Fremdumsatz

wirkung des Kolbens gerät das festsitzende Bohrgestänge in Schwingung, so daß ein Durchbohren solcher Stellen leichter und schneller möglich ist.

Es muß jedoch erwähnt werden, daß diese Maschinen mehr Luft verbrauchen (Drehmotor).

Ein Bohrhammerkolben, der nur eine Schlagwirkung ausführt, verbraucht nahezu die gleiche Luftmenge wie ein Kolben, der zusätzlich noch eine Drehbewegung ausführt.

25.1.3. **Spülung**

Damit die Schlagenergie des Kolbens voll zur Zertrümmerung des Gesteins herangezogen werden kann, muß das Bohrklein aus dem Bereich des Bohrkopfes fortgetragen werden.

In Übertagebetrieben ist ein Gebot der Staubniederschlagung aus Gründen der Silikosegefährdung[1] noch nicht gegeben. Hier würde es ausreichen, wenn bei aufwärtsgerichteten Bohrungen die Schneide nur durch die Schwerkraft des Bohrkleins freigehalten wird.

Das Bohrklein mittels eines Schwertprofilbohrers — einer als Transportschnecke ausgebildeten Bohrstange — herauszubringen, ist nur noch bei lehmigem und nassem sowie stark gebrächem Gebirge üblich. Hier verhindert die Transportschnecke, daß das Bohrloch während der Bohrarbeit einfällt, indem das ausgetragene Bohrklein die Wandung verfestigt.

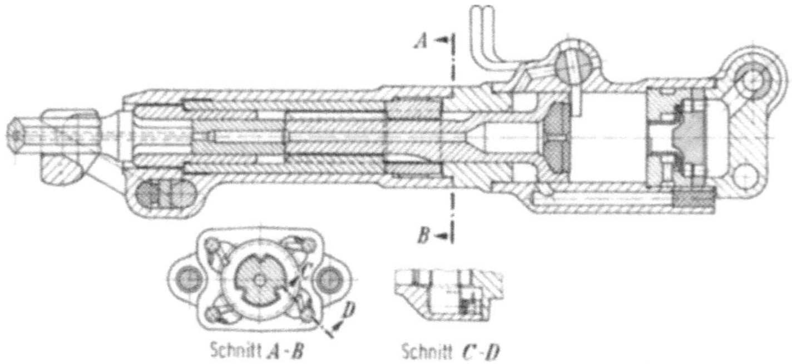

331. Bohrhammer mit Auspuffdrehschieber zum Ausblasen des Bohrloches

In der Hauptsache wird jedoch heute in Übertagebetrieben die Bohrschneide mittels Luft freigespült. Bei älteren Bohrhammerbauarten findet man eine Spülart, bei der über einen durchbohrten Kolben eine dosierte Luftmenge aus dem oberen Zylinderraum, also beim Schlaghub, einer Hohlbohrstange zugeführt wird. Durch Verdrehen eines Auspuffdrehschiebers kann der Hammerlauf unterbrochen werden und eine größere Luftmenge mit Leitungsdruck zum Bohrlochgrund gebracht werden (Bild 331).

---

[1] Lungenerkrankung infolge Ablagerung von Quarzstaub in den Lungenbläschen. Führt zur Versteinerung von Lungenteilchen, die somit für die Sauerstoffversorgung des Körpers ausfallen.

Die heute gebräuchlichere Methode ist jedoch die Zentralspülung durch ein Spülröhrchen, welches vom Handgriff durch die Zentralbohrung des Kolbens direkt in die Hohlbohrstange führt. Über einen Drehschieber im Handgriff wird nun beim Einschalten der Hammerluft auch gleich die zum Bohren ausreichende Spülluft eingeschaltet, während zum intensiven Säubern des gebohrten Lochs eine „Stark-Blasstellung" einrastbar ist. Bei den Hammerbohrmaschinen wird die Blasluft über einen separaten Anschluß direkt zum Spülrohr geleitet und so die Spülluftmenge den Gegebenheiten angepaßt.
Im Untertagebetrieb ist das Ausblasen der Bohrlöcher mit Luft wegen der Silikosegefährdung nicht gestattet. Eine Ausnahme bilden eventuell Sonderfälle wie das Ausblasen der Bohrlöcher bei stark lehmhaltigen Erzgängen.
Im Ruhrbergbau ist neben der zentralen Wasserspülung auch noch die Spülung über einen separaten Spülkopf vorherrschend (Bild 332). Dieser Spülkopf wird auf einen zylindrischen Ansatz am Einsteckende aufgeschoben. Dichtungen im Spülkopf verhindern ein Auslaufen des Spülwassers, das über eine Querbohrung im Einsteckende der Hohlbohrstange und Bohrerschneide zugeführt wird.

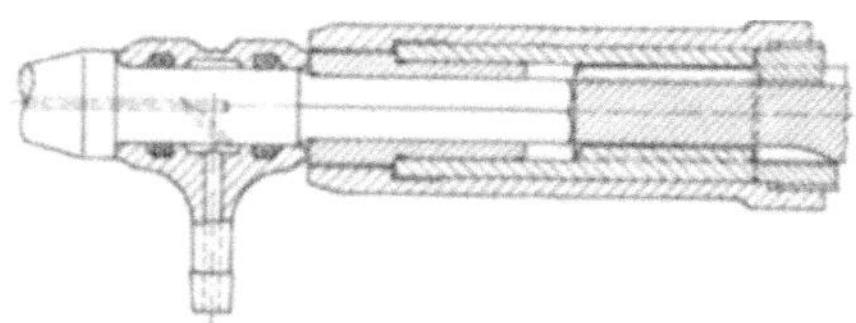

332. Bohrhammer
mit vorgeschaltetem Spülkopf

Die Vorteile dieser Spülmethode sind folgende:
Das Spülwasser kann auch bei hohem Druck nicht in den Bohrhammer eindringen — mit Ausnahme von aufwärtsgerichteten Bohrungen —. Der Schmierfilm im Bohrhammer wird nicht ausgewaschen, wodurch die Ersatzteilkosten pro Bohrmeter niedriger liegen. Bei guter Maschinenpflege sind Bohrmeterkosten von 0,03 bis 0,05 DM zu erreichen. Bei festgebohrten Bohrstangen lassen sich diese leichter lösen, da der Bohrhammer abgenommen werden kann; die Spülung wird jedoch nicht unterbrochen, da der Spülkopf auf dem Einsteckende verbleibt.
Nachteilig wirkt jedoch, daß die Spülkopfbohrstangen infolge Brechens im Querkanal eher ausfallen, zum anderen, daß diese Bohrstangen nur mit aufgesetztem Bohrkopf und nicht als Monobloc-Bohrer hergestellt werden.
Am weitesten verbreitet, insbesondere bei Berücksichtigung ausländischer Gegebenheiten, ist die zentrale Wasserspülung in ihrer einfachsten Ausführung über ein zentralliegendes Spülröhrchen. Hierbei

ist jedoch nachteilig, daß durch Rückfluß des Spülwassers der Schmierfilm aus dem Hammer ausgewaschen wird. Die Ersatzteilkosten pro Bohrmeter betragen hier 0,16 bis 0,18 DM. Abhilfe bewirkt die Abdichtung des Spülröhrchens in der Bohrstange durch eine im Einsteckende angebrachte Dichtung (Bild 333). Alle weiteren Spülarten zielen ebenfalls auf die Abstellung dieser Nachteile hin.

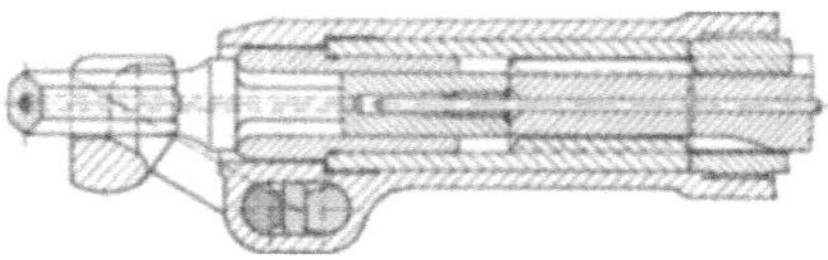

333. Bohrhammer mit zentralem Spülrohr und Abdichtung im Einsteckende

Es wäre zuerst die sogenannte „Wasser-Luftspülung" über ein Doppelrohr zu nennen (Bild 334). Das innere Rohr leitet ebenfalls das Wasser zur Bohrstange. Durch das Mantelrohr wird Luft in die vordere Hammerpartie geleitet, um hier einen Überdruck aufzubauen, wodurch ein Rücklaufen des Spülwassers aus der Bohrstange verhindert wird. Die vorher genannte Dichtung im Einsteckende ist hierbei nicht eingebaut.

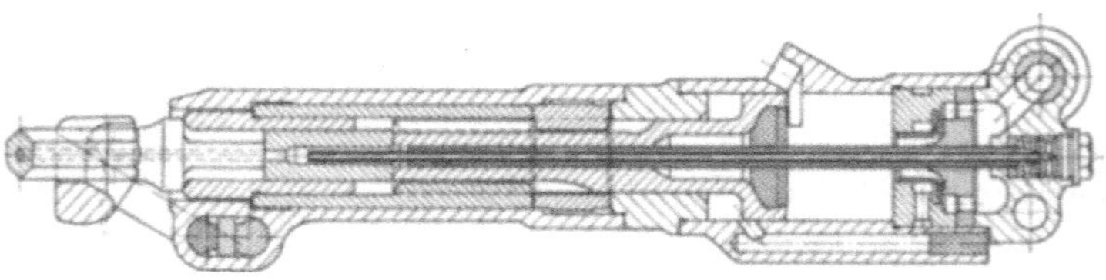

334. Bohrhammer mit zentraler Wasser-Luftspülung durch ein Doppelrohr

Die Silikosesicherheit ist in diesem Fall jedoch nicht gegeben, da Luft aus der vorderen Partie durch den in die Bohrstange einströmenden Wasserstrahl mitgerissen wird und als mit Bohrstaub im Schwebezustand angefüllte Luftbläschen aus dem Bohrloch wieder austritt.
Bei der kraftschlüssigen Wasserspülung handelt es sich um eine zentrale Spülung, bei der das Spülröhrchen teleskopartig ausgeführt ist. In einem starren Wasserröhrchen ist im vorderen Teil ein sogenannter Spülkolben angeordnet, der durch den spülrohrseitigen Wasserdruck gegen die Bohrstange gedrückt wird und die Bohrstangenbewegung, ob in axialer oder radialer Richtung, weitgehend mitmacht (Bild 335). Um eine einwandfreie Abdichtung zu erreichen, dürfen nur Bohrstangen nach DIN benutzt werden, die für die Verwendung einer kraftschlüssigen Spülung mit einer Aufbohrung versehen sind.

Um spülkolbenseitig eine Abdichtung zu erreichen, ist dieser aus Kunststoff gefertigt, oder aber er ist mit einer Kunststoffdichtung versehen, die sich durch Verschleiß der verwendeten Bohrstange anpaßt. Durch exakte Beobachtung kann man die Betriebsdauer des Spülkolbens ermitteln und einen rechtzeitigen Austausch sichern.

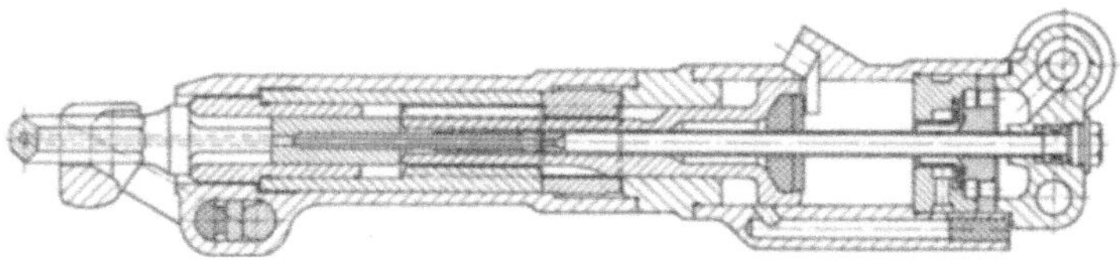

335. Bohrhammer mit zentraler Wasserspülung durch ein bewegliches Spülrohr

Die Ersatzteilkosten pro Bohrmeter liegen hier bei 0,09 bis 0,12 DM. Der Wasserverbrauch beträgt etwa 5 bis 8 l/min.
Acht Liter reichen auch bei einem Hochleistungshammer für eine einwandfreie Spülung sowie ein sicheres Niederschlagen der Staubteilchen aus.

25.1.4. **Trockenabsaugung**

Manche Gesteinsarten neigen unter Einwirkung von Wasser zum Quellen, so daß sich die Bohrlöcher verengen und die Streckensohle sich aufwirft. An einigen Betriebspunkten bereitet die Heranschaffung von Wasser Schwierigkeiten. Auch bei aufwärtsgerichteten Bohrlöchern sowie bei Bohrarbeiten in Werkshallen ist die Verwendung von Spülwasser unvorteilhaft und stellt für den Bedienungsmann eine starke Belastung dar. In diesen Fällen wird der Staub durch Absaugen unmittelbar am Entstehungsort (an der Schneide) unschädlich gemacht. Der Staub wird vom Saugstrom der ins Bohrloch einziehenden Luft im Bohrlochtiefsten erfaßt und durch die Ansaugkanäle des Bohrkopfs sowie durch das hohle Bohrgestänge und den Saugkopf zu dem unter Unterdruck stehenden Sammelbehälter geleitet (Bild 336).
Nachteilig ist, daß zur Erzeugung des Unterdrucks sowie zum Niederschlagen des Steinstaubs ein besonderes Gerät nötig ist. Die für die Erzeugung des Unterdrucks notwendige Energie (Druckluft) macht etwa den halben Energiebedarf eines normalen Bohrhammers aus. Zum Absaugen können nur Spezialgestänge und -bohrköpfe verwendet werden.
Beim Zentralabsaugen wird der Staub nicht über einen Saugkopf, sondern über ein zentrales Rohr abgesaugt, das axial durch den Bohr-

hammer bis zur Stange reicht. Während beim Absaugen über einen Saugkopf ein normaler Bohrhammer der Spülkopfausführung verwendbar ist, stellt die Zentralabsaugung eine Sonderausführung dar.

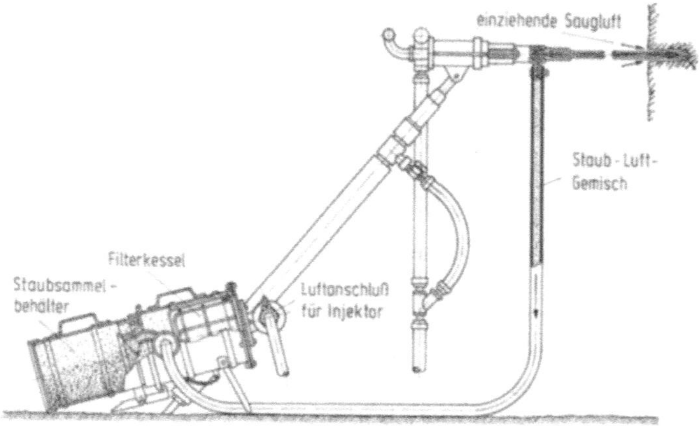

336. Bohrstaubbeseitigung über einen Absaugkopf und Absauggerät

25.2. Die Wirtschaftlichkeit des Hochleistungsbohrhammers

Der Bohrhammer ist heute immer noch das Gerät, mit dem der größte Teil der Sprenglöcher gebohrt wird, obwohl beim Bohren mit Dreh-Schlag-Maschinen höhere Bohrleistungen erreicht werden. Der Grund ist, daß diese D-S-Maschinen nur mit großen und sperrigen Bohrwagen eingesetzt werden können. Dem stehen beim Bohrhammereinsatz die Beweglichkeit und bei notwendigen Reparaturen der leichte Austausch des gesamten Aggregats gegenüber.

Die Rüstzeiten sind im Verhältnis zu anderen Bohrausrüstungen niedrig. Hochleistungshämmer sind Bohrhämmer der 24 bis 30 kg-Klasse mit teilweise hoher Schlagzahl und großem Drehmoment zum Umsetzen des Bohrgestänges.

Zur Erzielung hoher Bohrleistungen sind jedoch einige Voraussetzungen zu erfüllen; bei Nichteinhaltung ist es weniger zweckmäßig, einen Hochleistungshammer einzusetzen. Hier könnten dann mit einem Standardhammer gleiche Vortriebsleistungen erzielt werden.

Hochleistungshämmer sind im allgemeinen für einen Betriebsdruck von 5 bis 7 atü ausgelegt, so daß auch nur in diesem Bereich die Wirtschaftlichkeit liegt. Errechnet man nach den ermittelten Ergebnissen von Luftverbrauch und Bohrleistung bei den verschiedensten Betriebsdrücken den spezifischen Luftverbrauch — Luftverbrauch pro Bohrmeter —, so stellt man fest, daß dieser bei steigendem Betriebsdruck geringer wird.

Die fallende Tendenz des spezifischen Luftverbrauchs ist jedoch nur zu erreichen, wenn dem Bohrhammer die für den jeweiligen Betriebsdruck erforderliche Andruckkraft zugeführt wird. Die Bereitstellung der entsprechenden Andruckkraft stellt den Hauptangriffspunkt dar zur Verbesserung der Wirtschaftlichkeit. Zur Feststellung der erforderlichen Andruckkraft werden Bohrhämmer in der Art getestet, daß die Bohrleistung bei steigendem Andruck ermittelt wird. Das Ergebnis dieser Versuche wird in Form einer Andruckkraft-Bohrleistungskurve oder auch *Pv*-Kurve festgehalten (Bild 337). Aus diesen Kurven ist die Eig-

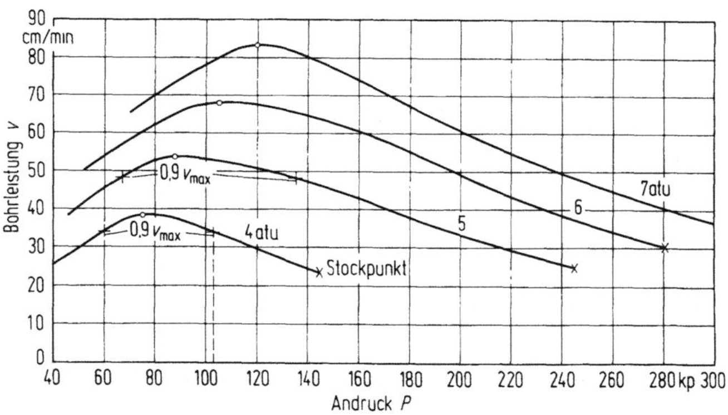

337. *Pv*-Kurve eines 28-kg-Bohrhammers im Wurmberg-Granit

nung des Bohrhammers beim Einsatz mit einer Vorschubstütze ersichtlich; denn nicht jeder Bohrhammer, der die höchste Bohrleistung erzielt, muß für den praktischen Einsatz der bestgeeignete sein. Der Verlauf der *Pv*-Kurve ist um so günstiger, je flacher sie im Bereich der größten Bohrleistung verläuft, d. h. der Bohrhammer ist nicht so empfindlich auf wechselnde Andruckkraft. Zur definitiven Einengung der möglichen Andruckkraft gehört der Begriff der Bandbreite. Er sagt aus, bei welchem Andruck ein Absinken der optimalen Bohrleistung um 10 oder 20% möglich ist. Aber auch diese Andruckkraft ist beim praktischen Einsatz nur in den seltensten Fällen, bei Bohrlöchern in Schulterhöhe und darüber überhaupt nicht zu erreichen. Das ist leicht zu verstehen, wenn man bedenkt, daß ein Bohrhammer eine Andruckkraft von 80 bis 100 kp benötigt. Diese Kraft ist aber nur bei einem Anstell-

winkel der Stütze von 20 bis 30 Grad bei 4 bis 6 atü Betriebsdruck zu erzielen (Bild 338).
Beim Bohren der Firstlöcher von der Sohle aus müßte der Mineur eine zusätzliche Andruckkraft über seine Armmuskulatur aufbringen, beim Bohren der Sohlenlöcher mit dem Optimalandruck den nun durchhängenden Hammer von Hand anheben.

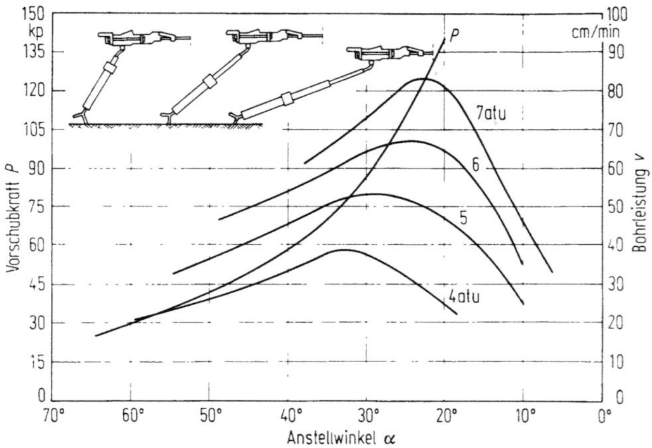

338. Vorschubkraft und Bohrgeschwindigkeit eines 28-kg-Bohrhammers bei Änderung des Anstellwinkels

Nach Untersuchungen des Max-Planck-Instituts für Arbeitsphysiologie ist es einem Mineur möglich, eine Zusatzkraft von etwa 5 kp aufzubringen, wenn man berücksichtigt, daß dieser Vorgang während der Bohrzeit bis zu 20mal bei einer Zeitdauer bis zu 10 Minuten möglich ist. Diese Zusatzkraft verändert nur geringfügig das gesamte Kräfteverhältnis. Ergebnis eines zu geringen Andrucks sind also ein erhöhter Hammerverschleiß, vorzeitige Kolbenbrüche und -aussplitterungen, ein starker Schneidenverschleiß sowie ein hoher Verbrauch an Bohrgestänge.
Es sollte also in jedem Fall ernsthaft geprüft werden, ob der Einsatz einer fahrbaren Bühne im Vortrieb auch schon bei Streckenhöhen ab 2,5 bis 3 m möglich ist, um so das Abbohren der höherliegenden Schüsse mit ausreichendem Andruck zu ermöglichen. Die aufwendige Bühne, die höheren Rüstkosten fallen nicht so sehr ins Gewicht und werden durch Verringerung der Reparaturkosten an Bohrhammer und Gestänge sowie durch höhere Bohrleistung und bessere wirtschaftliche Ausnutzung der Druckluft ausgeglichen.

26. Bohrgezähe

Bei der Betrachtung der Wirtschaftlichkeit der Bohrarbeit darf der Gesamtkomplex Bohrgestänge nicht fehlen. Eine sorgfältige Pflege von Bohrstahl und Bohrköpfen sollte in jedem Betrieb, ob groß oder klein, durchgeführt werden. Die Kosten des hierfür eingesetzten Personals werden bei weitem wettgemacht durch höhere Standdauer der Werkzeuge und besonders durch eine höhere Leistung (Bild 339).
Nachfolgend einige Hinweise über sachgemäße Behandlung der Werkzeuge.
Zuerst jedoch einiges über die technologischen Eigenschaften der verwendeten Werkstoffe, also Hartmetall und Stahl.

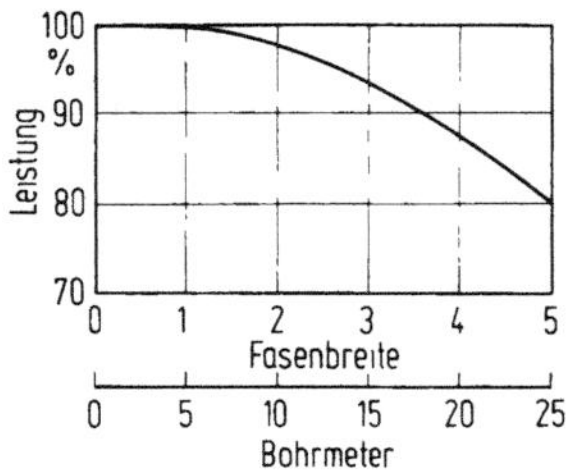

339. Leistungsabfall beim Bohrkopfverschleiß

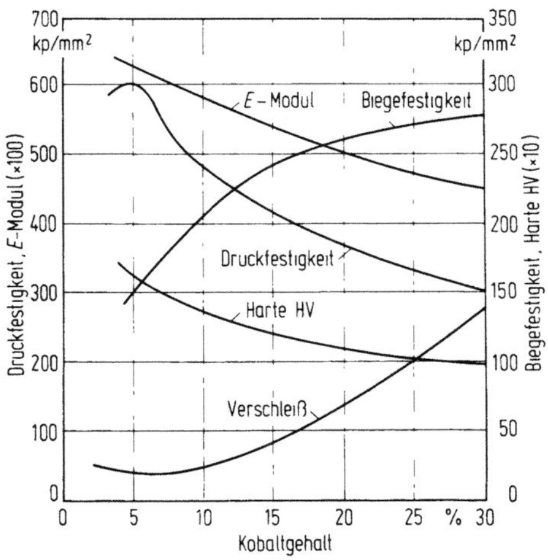

340. Eigenschaften der WC-Co-Legierungen in Abhängigkeit vom Kobaltgehalt

26.1. Hartmetall- und Bohrstahlbelastung

Schon 1930 wurden mit Hartmetall bestückte Bohrköpfe für das Schlagbohren im Bergbau verwendet.
Hartmetall ist kein Stahl, sondern besteht hauptsächlich aus Wolframkarbid und Kobalt und wird in einem weitläufigen Prozeß am Schluß durch Sintern in seine endgültige Form gebracht. Die Härte und damit die Verschleißbeständigkeit wird durch das Wolframkarbid hervorgerufen. Sie ist bekanntlich wesentlich höher als bei einem vollausgehärteten Stahl; die Zähigkeit durch die Kobaltbeimischung ist jedoch geringer. Hartmetall ist also spröde und damit bruchanfällig. Bild 340 zeigt die Abhängigkeit der Hartmetalleigenschaften vom Kobaltgehalt.

Die Bohrköpfe werden meist aus einem Chrom-Nickel- oder Chrom-Nickel-Molybdän-Stahl hergestellt.
Das Bohrgestänge wird bei den heutigen auf Leistung gezüchteten Maschinen einer sehr starken Belastung ausgesetzt. Der Bohrstahl wird außer durch die Schlagbeanspruchung des Kolbens, die in Zug- und Druckimpulsen wirksam wird, auch noch durch die Dreh-, Knick- und Biegebeanspruchung belastet. Ein Teil dieser Belastung kann auch durch unsachgemäße Behandlung wie das Arbeiten im unteroptimalen Andruckbereich, das Anbohren der Löcher mit zu langen Bohrstangen usw. erhöht werden, so daß vorzeitiger Bruch infolge von Ermüdungserscheinung, ohne daß die Dauerfestigkeit des Stahls überschritten wird, sich einstellt.
Der Ermüdungsbruch geht gewöhnlich von einer Kerbe aus, die sich in einem Anriß fortsetzt und im weiteren Verlauf über den ganzen Querschnitt ausbreitet. Ist der noch stehengebliebene Querschnitt zu klein, um die durchlaufende Belastung aufzunehmen, bricht der Stahl. Der kritische Punkt für den Ermüdungsbruch ist an der Bruchfläche durch die feinkörnige fast glattgeschliffene Stelle zu erkennen (Bild 341).

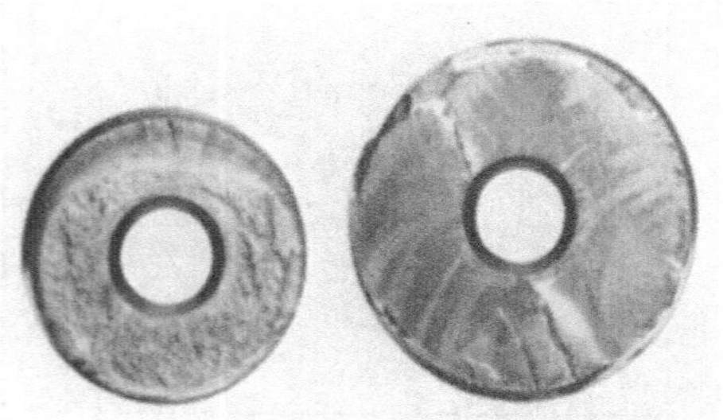

341. Dauerbruch einer Bohrstange

Man sollte deshalb in jedem Fall vermeiden, die Oberfläche der Bohrstähle und Bohrköpfe zu beschädigen, sei es durch Markierungszeichen und Nummerung oder etwa durch Schlagkerben, die beim Lösen von festgebohrten Bohrstangen mit Handhammer oder Bergeisen entstehen. Leider gehören diese Fehler oft zur Tagesordnung eines Bohrbetriebs.
Die Dauerfestigkeit kann gesteigert werden durch Erzielung einer gewissen Härte bis zu einem Grenzwert (danach ist ein Abfall festzustellen) und durch die Oberflächengüte, weshalb Bohrstahl, besonders für Hochleistungshämmer, nicht angerostet (Kerbwirkung) und die Oberfläche glatt und ohne Walzhauteinschlüsse sein soll.
Eine weitere Möglichkeit zur Steigerung der Dauerfestigkeit besteht im Einsetzen und Nitrieren und im Erzeugen von Oberflächenspannungen durch Kugelstrahlen oder Spiralrollen.

Um die Möglichkeit einer Anrißbildung von der Spülbohrung aus zu verringern, wird entweder ein Rohr oder nichtrostender Stahl beim Auswalzen der Bohrstähle mit ausgewalzt, oder aber die Spülbohrung wird in einem Spezialverfahren phosphatiert. Bohrstähle bis zu einem Durchmesser von 1¹/₂″ werden heute meist in der Art hergestellt, daß gelochtes Knüppelmaterial (Rohrluppe) mit einem Stahlkern, der mit einem Schmiermittelüberzug versehen ist, ausgerollt wird. Nach dem Erkalten kann der Stahlkern entfernt werden. Die Spülbohrung bekommt bei diesem Verfahren eine sehr glatte Oberfläche.

26.2. **Warmbehandlung von Bohrstangen**

Bohrstangen sowie Monobloc-Bohrer werden heute fast nur noch aus Chrom-Molybdän- oder Chrom-Vanadium-Stahl hergestellt. Zum Anstauchen des Bundes und beim Monobloc des Kopfes wird der Stahl in HF-Induktionsspulen erhitzt und in Schmiedepressen verformt. Durch die Erwärmung mit Hochfrequenz wird die Erhitzung lokalisiert und eine Verunreinigung des Stahls durch Gasaufnahme vermieden. Anschließend erfolgt die Härtung des Einsteckendes. Die Härte liegt einige Rockwell-Einheiten niedriger als die des Bohrhammerkolbens, da der Verschleiß des Einsteckendes dem des Kolbens vorzuziehen ist. Der Härteverlauf über eine Monobloc-Stange ist aus Bild 342 zu ersehen.

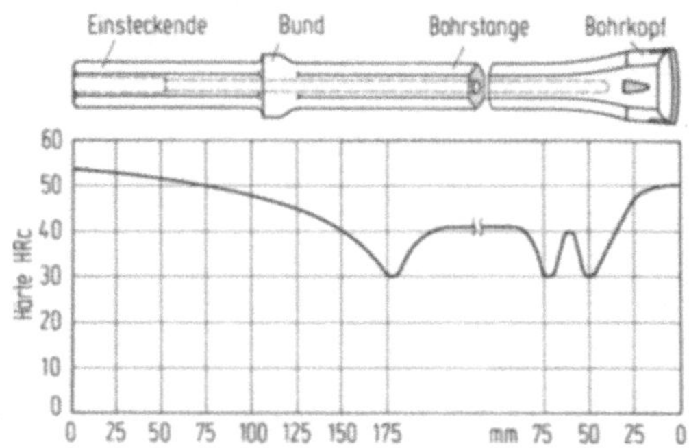

342. Härteverlauf bei einer Monobloc-Stange

Durch kontrollierte Abkühlung und Anlassung des Bohrstahls wird erreicht, daß die größte Härte an der Aufschlagfläche vorliegt und in Richtung der Bohrstange abnimmt. Am Übergang zwischen der Erhitzungszone und dem erwärmten Stahl tritt eine sogenannte metallurgische Kerbe durch eine Schmiedeweichzone oder Lötweichzone mit anschließender Härteweichzone auf. Die Bruchgefahr an dieser Schwachstelle kann durch gezielte Erwärmung und rasche Abkühlung teilweise vermieden werden.

Eine Möglichkeit, diese Schwachstelle vollständig zu vermeiden, ist die Verwendung von hochlegiertem Stahl, der über seine gesamte Länge aufgekohlt und warmbehandelt wird.
Das jedoch verursacht hohe Kosten, die sich auch im Preis der Bohrstangen niederschlagen. Eine Verwendung solcher Bohrstangen ist nur in Verbindung mit abnehmbaren Bohrkronen sinnvoll. Monobloc-Bohrer bringen heute in den meisten Fällen Standzeiten, die über der Verschleißgrenze der eingelöteten Hartmetallplättchen liegen.

26.3. **Einsteckende**

Das Einsteckende hat die Aufgabe

1. die Schlagenergie des Kolbens aufzunehmen und weiterzuleiten,
2. die Drehbewegung der Maschine zu übertragen und
3. durch seinen Bund die Aufschlagfläche im richtigen Abstand zum Kolben zu halten und damit auch die Andruckkraft zu übertragen.

Die heute gebräuchlichsten Einsteckenden sind das Sechskant-Einsteckende und das sogenannte Leyner-Einsteckende (Bild 343). Außer diesen Einsteckenden sind roch weitere im Gebrauch, welche auch in Bild 343 a und b enthalten sind. Das Sechskant-Einsteckende wird für alle Hand- und Stützenhämmer, das Leyner-Einsteckende für alle Hammerbohrmaschinen mit Verlängerungsstahl verwendet. Die Einsteckendenlänge beim Sechskantbohrstahl sollte auch bei mittelschweren Handbohrhämmern 108 mm betragen, da der Leistungsabfall bei nicht im opti-

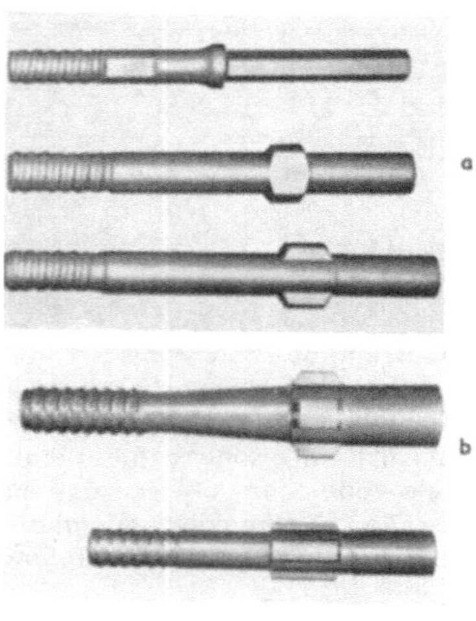

343. Darstellung der gebräuchlichsten Einsteckenden: Sechskant-, Zweiflächenflügel-, Leyner- und Mehrflächenflügel-Einsteckenden

malen Andruckbereich geführten Hämmern nicht so groß ist wie bei den kurzen 82 mm-Einsteckenden.
Zur Aufnahme der Spüleinrichtung (siehe Spülung) ist das Einsteckende von der Aufschlagfläche her aufgebohrt (DIN 20377).
Eine weitere Form ist das Zapfen-Einsteckende, meist beim 22 mm Sechskant. Hier wird der Sechskant auf ca. 20 mm Länge zylindrisch ausgeführt. Der Übergang von Rund- auf Sechskant dient als Bundanlage im Hammervorderteil. Der Vorteil ist, daß kein Bund angestaucht werden muß und eine Warmbehandlung und die damit verbundene Übergangszone (bevorzugte Ausgangsstelle für einen Dauerbruch) entfallen.

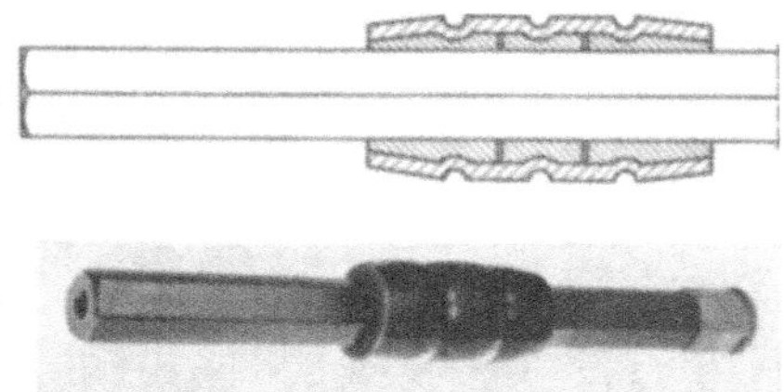

344. Bohrstange mit Gummibund

Eine weitere Art ist der sogenannte Gummibund (Bild 344). Er besteht aus einem oder mehreren Gummiringen und einer Stahlhülse. Die Gummiringe werden auf die metallisch reine Oberfläche des Sechskants aufgeschoben und verklebt. Anschließend wird hierüber die Stahlhülse gepreßt. Der Vorteil liegt auch hier im Fortfall von Warmbehandlung und Bruchanfälligkeit. Der Nachteil ist jedoch, daß der Gummibund eine gewisse Länge haben muß, um überhaupt der Schlagbeanspruchung und der Andruckkraft standzuhalten.

Die Hauptschwierigkeit bei der Verwendung des Gummibundes besteht in der langsamen Erhitzung der Gummiringe durch Umwandlung von Schlagenergie in Wärme infolge schlechter Wärmeabgabe, so daß eine Zersetzung der Gummiringe nicht ausgeschlossen ist. In Südafrika stellt das Gesetz zur Verhütung der Silikose beim Einsatz der Bohrhämmer gewisse Bedingungen. Verlangt wird, daß die vordere Partie des Bohrhammers zur Aufnahme des Einsteckendes mit Wassernebel gefüllt sein muß, der mit der in diesem Raum vorhandenen Abluft über gesonderte Kanäle abgeführt wird. Durch Ableitung dieses Wassergemisches ist eine Kühlhaltung des Gummibundes möglich. Dies ist einer der Hauptgründe, weshalb sich der Gummibund in Südafrika bewährt und auch eigentlich nur dort eine gewisse Bedeutung erlangt hat.

26.4. Bohrstahl- und Bohrkopf-Normung[1]

DK 622.233.42.053 — DEUTSCHE NORMEN — Januar 1960

Bohrhämmer

Bohrerhülse Spülkopf

Anschlußmaße

DIN 20361

Maße in mm

Nicht angegebene Einzelheiten sind zweckentsprechend zu wählen.

Bohrerhülse

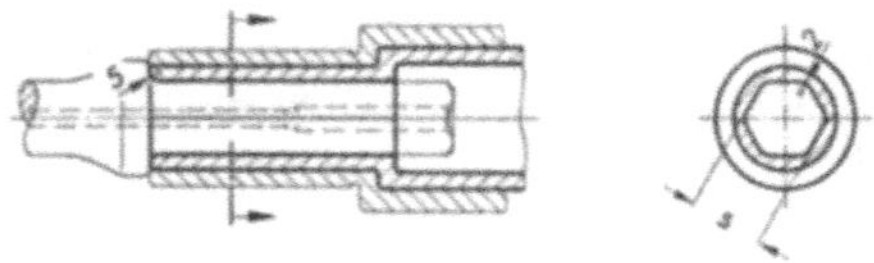

s +0,1	Für Bohrstangen-Einsteckenden nach DIN 20377		
19,25	S 19 x 108 (S 19 x 82)		
22,45	S 22 x 108 (S 22 x 82)	SV 22 x 108 (SV 22 x 82)	SW 22 x 108 (SW 22 x 82)
25,70	S 25 x 108 SW 25 x 108		

Werkstoff: 16 MnCr 5 nach DIN 17210 oder Stahl mit ähnlichen Eigenschaften

Ausführung: einsatzgehärtet

Spülkopf

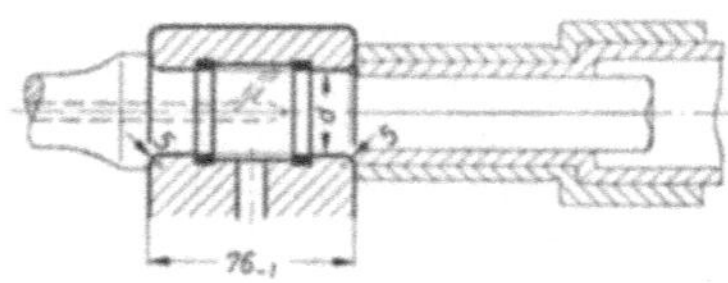

d H11	Für Bohrstangen-Einsteckenden nach DIN 20377
25	SW 22 x 108 (SW 22 x 82)
30	SW 25 x 108

Werkstoff: 16 MnCr 5 nach DIN 17210 oder Stahl mit ähnlichen Eigenschaften

Ausführung: einsatzgehärtet

Der Spülkopf ist vorzugsweise mit einer Schlauchtülle für 19 mm Schlauch-Innendurchmesser entsprechend den Abmessungen der Schlauchanschlußseite der Kegeltülle nach DIN 20034 zu versehen.

Eingeklammerte Größen möglichst vermeiden

Bohrstangen für Bohrhämmer siehe DIN 20377

Fachnormenausschuß Bergbau im Deutschen Normenausschuß (DNA)
Fachnormenausschuß Werkzeuge, Spannzeuge, Meßzeuge im DNA

[1] Bitte Hinweis auf S. 387 beachten.

Bohrhämmer

Bohrstangen

DIN 20 377

Maße in mm

Ersatz für DIN 20 377 Bl. 1 u. 2

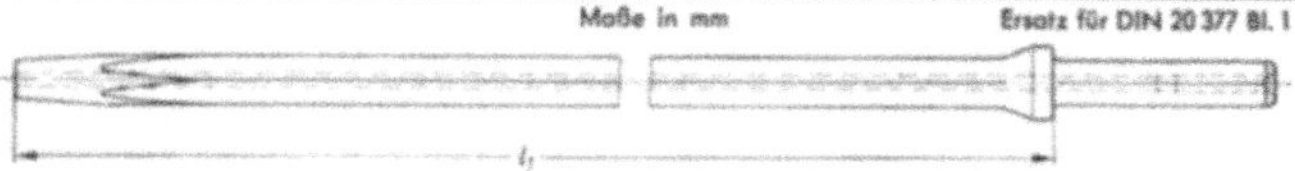

Dargestellt ist eine Bohrstange mit Profil C

Steigung bei Bohrstangen mit Profil A und Ah

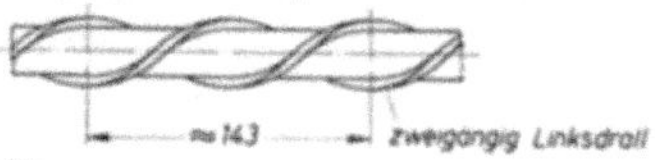

Profile

A Schlangenvollprofil **Ah Schlangenhohlprofil** **B Rundprofil** **C Sechskantprofil**

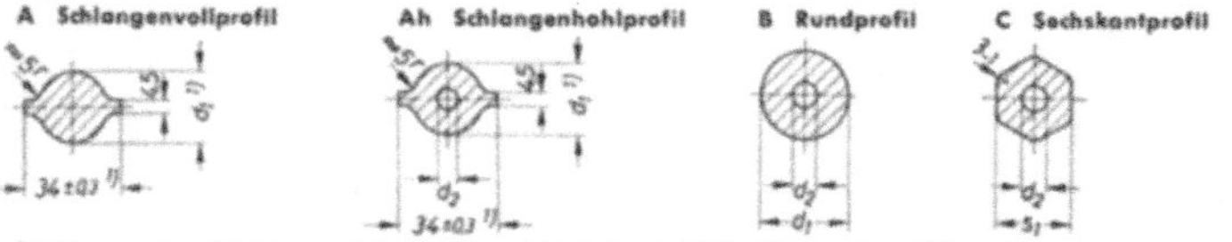

Bezeichnung einer Bohrstange mit Profil C 22 und Einsteckende S 22 × 108, von l_1 = 2400 mm Länge, aus Stahlsorte LWS 1*):

Bohrstange C 22 – S 22 × 108 – 2400 DIN 20 377 LWS 1

Kurzzeichen	l_1	d_1	zul. Abw.	d_2	zul. Abw.	s_1	zul. Abw.	Wanddicken-Unterschied [3]) höchstens	Gewicht kg/m ≈
A 24		24	± 0,3	–	–	–	–	–	4,20
Ah 24				6,5	± 0,6	–	–	1,2	3,90
(B 22)	800	22	± 0,3	6	± 0,5	–	–	1,1	2,80
(B 24)	1600	24	± 0,3	6,5	± 0,6	–	–	1,2	3,30
B 26 × 8	2400	26	± 0,3	8	± 0,7	–	–	1,4	3,80
B 26 × 10 [2])	3200	26	± 0,3	10	… [2])	–	–	… [2])	3,50
B 30	4000	30	± 0,4	8	± 0,7	–	–	1,5	4,90
(B 32)	4800	32	± 0,4	9	± 0,8	–	–	1,7	5,70
C 19	5600	–	–	5,5	± 0,5	19,0	± 0,2	1,0	2,30
C 22		–	–	7	± 0,6	22,2	± 0,2	1,2	3,10
C 25		–	–	8	± 0,7	25,4	± 0,25	1,4	4,20

Eingeklammerte Größen möglichst vermeiden.

***) Werkstoff** (bei Bestellung angeben):

Kurzzeichen	Kurzname nach DIN 17 006	Werkstoffnummer nach DIN 17 007 **)	Richtwerte für die chemische Zusammensetzung
WS	C 70 W 2	1.1621	0,70 % C; < 0,30 % Si; < 0,35 % Mn; < 0,030 % P; < 0,030 % S
LWS 1	38 Si Cr V 6	1.2248	0,38 % C; 1,5 % Si; 0,4 % Mn; < 0,025 % P; < 0,025 % S; 1,5 % Cr; 0,1 % V
LWS 2	100 Cr Mo 5	1.2303	1,0 % C; 0,2 % Si; 0,3 % Mn; < 0,025 % P; < 0,025 % S; 1,2 % Cr; 0,3 % Mo

**) z. Z. noch Entwurf

[1]) Diese Maße gelten für den ungewundenen Bohrstahl.

[2]) Das Bohrstangenprofil B 26 × 10 wird für die Trockenabsaugung verwendet. Die zulässige Abweichung des Durchmessers d_2, der Wanddicken-Unterschied sowie das zugehörige Einsteckende werden erst später festgelegt, wenn genügend Erfahrungen über dieses Profil vorliegen.

[3]) Unterschied zwischen der größten und kleinsten Wanddicke eines Querschnittes.

Fortsetzung Seite 2

Fachnormenausschuß Bergbau im Deutschen Normenausschuß (DNA)
Fachnormenausschuß Werkzeuge, Spannzeuge, Meßzeuge im DNA
Fachnormenausschuß Maschinenbau im DNA

Einsteckenden

S Sechskant-Einsteckende für Zentralspülung
SV Sechskant-Einsteckende für Bohrstangenprofil A 24

SW Sechskant-Einsteckende für Spülkopf

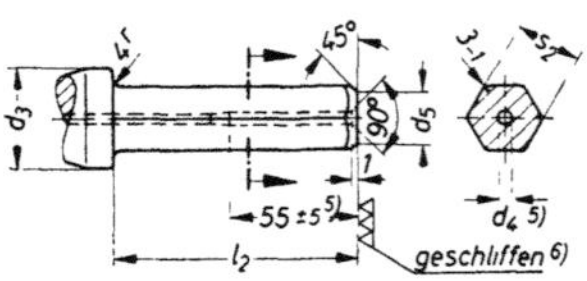

Dargestellt ist ein Sechskant-Einsteckende für Zentralspülung

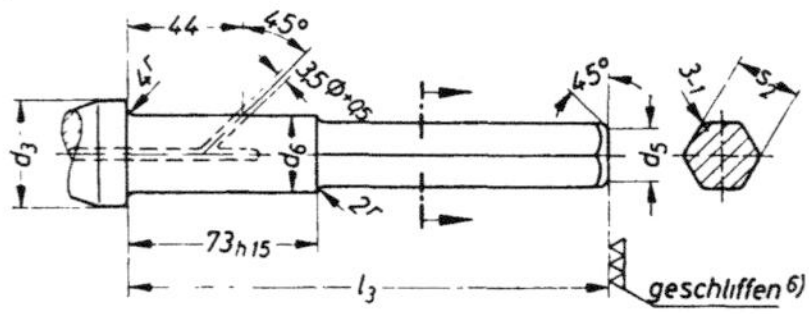

Kurzzeichen	d_3 −2	d_4 [5] +0,2	d_5	d_6 d11	l_2 [4] h14	l_3 [4] h15	s_2	zul. Abw.	Zugehörige Bohrstangenprofile
S 19 × 108	33	6,5	18	–	108	–	19	± 0,2 [7]	C 19 (B 22) (B 24)
(S 19 × 82)				–	82,5	–			
S 22 × 108	36	8,0	21	–	108	–	22,2	± 0,2 [7]	(Ah 24) (B 26 × 8) C 22
(S 22 × 82)				–	82,5	–			
SV 22 × 108		–		–	108	–			A 24
(SV 22 × 82)		–		–	82,5	–			
S 25 × 108	40	9,5	24	–	108	–	25,4	± 0,25 [7]	C 25 (B 26 × 8)
SW 22 × 108	40	–	21	25	–	184	22,2	+ 0,2	Ah 24 B 26 × 8 C 25
(SW 22 × 82)		–			–	158,5			
SW 25 × 108	42	–	24	30	–	184	25,4	+ 0,2	B 30

Für die Profile B 26 × 10 und B 32 sind noch keine Einsteckenden festgelegt.

Eingeklammerte Größen möglichst vermeiden.

Bohrstangenkegel

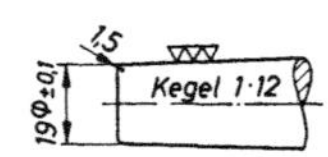

Zugehörige Bohrstangenprofile	
A 24	Ah 24
B 22	B 24 B 26 × 8
C 22	C 25

Bei den Bohrstangenprofilen C 19, B 26 × 10, B 30 und B 32 ist der gleiche Kegel zu wählen, jedoch ist hierbei der Kegeldurchmesser 19 mm möglichst bei C 19 durch den Durchmesser 16 mm und bei B 26 × 10, B 30 und B 32 durch den Durchmesser 21,5 mm zu ersetzen.

Die Brinellhärte der Bohrstange im Bereich des Kegels soll möglichst zwischen HB 340 und 400 kp/mm² betragen.

4) Wegen der günstigeren Eigenschaften wird empfohlen, möglichst nur die 108 mm langen Einsteckenden zu verwenden; die Fertigung der kurzen Einsteckenden wird nach und nach eingestellt.

5) Diese Maße gelten nur für Einsteckenden Form S.

6) Die Schlagfläche muß rechtwinklig zur Achse stehen (90° ± 30′), sie muß ferner mindestens 10 mm tief gehärtet sein und in dem gehärteten Bereich eine Zugfestigkeit von 170 kp/mm² ± 10 kp/mm² aufweisen.

7) Diese zulässigen Abweichungen gelten für Sechskantbohrstangen. Bei Bohrstangen mit Schlangen- oder Rundprofil beträgt die zulässige Abweichung + 0,2 mm.

Bohrerhülse und Spülkopf siehe DIN 20 361

Kegellehren siehe DIN 20 378

Schlagbohrköpfe siehe DIN 20 379

DK 621.753.3 : 622.233.42.053 DEUTSCHE NORMEN Januar 1960

Bohrhämmer

Kegellehren

DIN 20 378

Maße in mm

▽▽ (▽▽▽ ▽▽▽▽)

▽▽▽▽ = Meßflächen feinstbearbeitet

A Kegellehrdorn

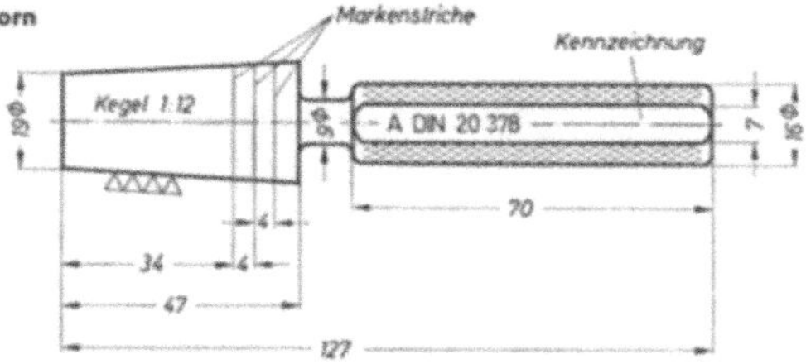

Bezeichnung eines Kegellehrdornes (A) für Schlagbohrköpfe:

Kegellehrdorn A DIN 20 378

B Kegellehrring

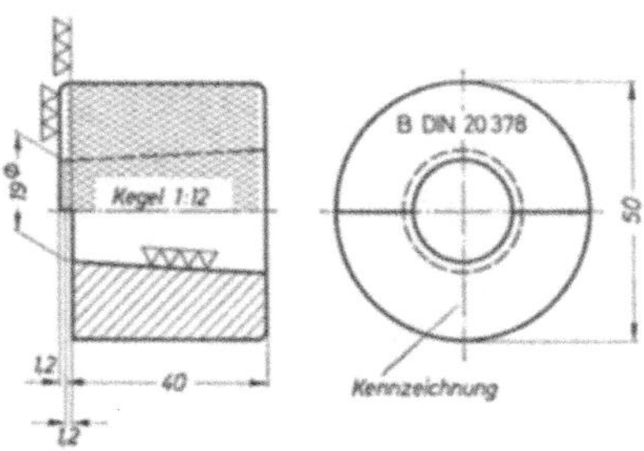

Bezeichnung eines Kegellehrringes (B) für Bohrstangenkegel:

Kegellehrring B DIN 20 378

Die in dieser Norm festgelegten Lehren gelten für Schlagbohrkopf- und Bohrstangenkegel mit einem Kegelenddurchmesser von 19 mm. Für andere Kegelgrößen — möglichst mit 16 oder 21,5 mm Kegelenddurchmesser — sind die Lehrenmaße entsprechend zu ändern.

Wird bei Bestellung nichts besonderes vereinbart, so bleibt die Ausführung des Kegellehrdorns aus einem Stück oder zusammengesetzt aus Meßkörper und einseitigem Einsteckgriff nach DIN 2240 dem Hersteller überlassen.

Werkstoff: Meßkörper: Lehrenstahl

Ausführung: Meßflächen gehärtet, Oberflächenhärte 60 bis 63 HRC

Herstellungsgenauigkeit des Meßkegeldurchmessers an beliebiger Stelle ± 0,005 mm einschließlich Winkel- und Formabweichungen

Als Richtwert für die Markenstrichbreite gilt 0,10 bis 0,15 mm.

Griff geschwärzt

Kennzeichnung: Name des Herstellers oder Herstellerzeichen

Schrift nach DIN 1451

Kordel nach DIN 82

Fachnormenausschuß Bergbau im Deutschen Normenausschuß (DNA)
Fachnormenausschuß Werkzeuge, Spannzeuge, Meßzeuge im DNA

DK 622.233.42.053 DEUTSCHE NORMEN Juli 1960

Bohrhämmer **Schlagbohrköpfe** mit Innenkegel Anschlußmaße	DIN 20 379

Hartmetallbestückte Schlagbohrköpfe werden im allgemeinen mit Einzelschneiden ausgeführt. Schlagbohrköpfe mit Kreuz- und X-Schneiden (nicht genormt) sind nur in Ausnahmefällen, zum Beispiel bei stark zerklüftetem Gestein, zu benutzen.

Maße in mm

Nicht angegebene Einzelheiten sind zweckentsprechend zu wählen.

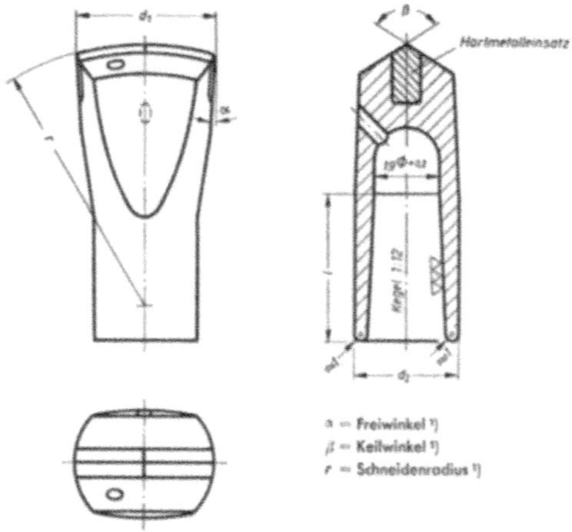

α = Freiwinkel [1]
β = Keilwinkel [1]
r = Schneidenradius [1]

Bezeichnung eines Schlagbohrkopfes mit Innenkegel von Schneidendurchmesser d_1 = 40 mm:

Schlagbohrkopf 40 DIN 20 379

Schneidendurchmesser d_1 ± 0,3	Schaftdurchmesser d_2 + 1	Kegellänge l ± 2
34	28	36
36	30	40
40		

Die in dieser Norm festgelegten Schlagbohrköpfe gelten für Bohrstangenkegel mit einem Kegelenddurchmesser von 19 mm. Für andere Kegelgrößen — möglichst mit 16 oder 21,5 mm Kegelenddurchmesser — sind die Bohrkopfabmessungen entsprechend zu ändern.

Werkstoff: nach Wahl des Herstellers

[1] Die Winkel α und β sowie der Radius r sind maßlich nicht festgelegt, sondern je nach den Gebirgsverhältnissen zu wählen. Sie sind hier nur aufgeführt, um einheitliche Begriffe zu schaffen.

Bohrstangen für Bohrhämmer siehe DIN 20 377
Kegellehren siehe DIN 20 378

Fachnormenausschuß Bergbau im Deutschen Normenausschuß (DNA)
Fachnormenausschuß Werkzeuge, Spannzeuge, Meßzeuge im DNA

26.5. **Bohrkopf**

Eine Abgrenzung für die zu verwendende Bohrkopfform ist nicht generell durchzuführen. Sie hängt vielmehr hauptsächlich von der Gesteinsart, der Leistungsstärke der Bohrmaschine, dem Lochdurchmesser usw. ab.

Die heute noch verwendeten Formen sind Einfachmeißel-Schneiden, Kreuz- oder X-Schneiden (Bild 345). In den letzten Jahren tauchte noch eine neue Schneidenform auf, die sogenannte Knopf-Schneide.

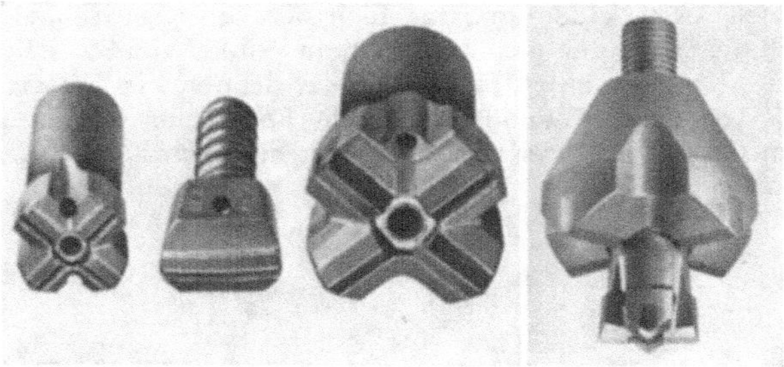

1 2 3 4

345. Aufsteckbare Bohrköpfe
1 Kreuz-Schneide; *2* Einfachmeißel-Schneide; *3* X-Schneide; *4* Pilotbohrkrone

26.5.1. **Einfachmeißel-Schneide** (Bild 345/2)

Die Einfachmeißel-Schneide wird für Monobloc- und Knäpperbohrer sowie für abnehmbare Bohrköpfe bis zu einem Durchmesser von 45 mm verwendet. Sie ergibt eine hohe Bohrleistung im kompakten Gestein. Bei zu geringem Anteil der Mantelfläche im Bereich der Schneide entsteht durch schlechte Führung des Bohrkopfes ein dreieckiges Bohrloch. Im gebrächigen Gebirge führt sie bei niedrigem Andruck zu einem unruhigen Hammerlauf. In diesem Fall erzielt eine Kreuz-Schneide bessere Ergebnisse.

26.5.2. **Kreuz-Schneide** (Bild 345/*1*)

Diese Form wird ausgeführt bis herab zu dem kleinsten Bohrkopfdurchmesser. Da im Zentrum die Zertrümmerungsarbeit fast Null ist, bleibt im allgemeinen die Mitte des Bohrkopfes frei von Hartmetall. Jedoch wird zentral eine Spülbohrung angeordnet. Im Hartgestein hat diese

---

Hinweis zu den wiedergegebenen DIN-Normen: Wiedergegeben mit Genehmigung des Deutschen Normenausschusses. Maßgebend ist die jeweils neueste Ausgabe der Normen im Normformat A 4, die bei der Beuth-Vertrieb GmbH, 1 Berlin 30 und 5 Köln, erhältlich sind.

Spülbohrung Vorteile, jedoch führt sie in Gesteinsarten mit Letteneinlagen häufig zur Verstopfung. Manchmal wandert diese Verstopfung bis ins Gestänge hinauf. In diesem besonderen Fall ist es vorteilhaft, die Zentralbohrung zu verschließen. Das geschieht am einfachsten durch Einsetzen und Verstemmen eines Nietes.

26.5.3. **X-Schneide** (Bild 345/3)

Bei den Großlochbohrkronen haben sich immer mehr die X-Schneiden durchgesetzt. X-Schneiden unterscheiden sich von Kreuzschneiden dadurch, daß die Schneiden nicht unter einem Winkel von 90° stehen. Die Führung des Kronenmantels im Bereich der Schneide ist besser, so daß bei der X-Schneide einwandfreie runde Bohrlöcher erzielt werden können im Gegensatz zur Kreuz-Schneide, die leicht fünfeckige Bohrlöcher ergibt (Bild 346).

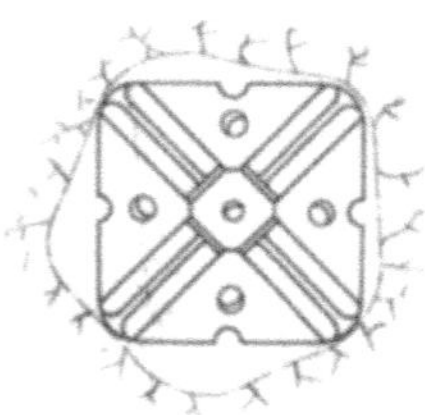

346. Fünfeckige Bohrlochform bei Kreuz-Schneide

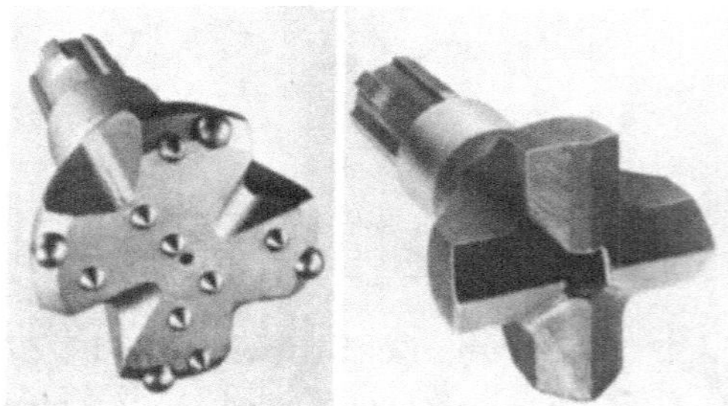

1 2

347. Lochhammerbohrköpfe
1) Stift- oder Knopfbohrkrone; *2)* Bohrkrone mit Kreuz-Schneide

26.5.4. **Bohrkopf mit Stifteinsätzen** (Bild 347/1)

Eine erst in jüngster Zeit bekanntgewordene Bohrkopfform ist die Stift- oder Knopfkrone.
Hier werden in der Stirnfläche und im äußeren Umfang Hartmetallstifte eingepreßt. Die am äußeren Umfang angeordneten Einsätze ragen über den Bohrkronendurchmesser hervor, so daß hierdurch ein Verklemmen des Bohrkopfes im Bohrloch verhindert wird.
Bohrkronen dieser Art werden in weichen Gesteinsarten mit Erfolg eingesetzt. Beim Einsatz im Hartgestein verschleißen die am Umfang angeordneten Stifte schneller als das Grundmaterial des Bohrkopfes. Auch die stirnseitigen Hartmetalleinsätze verschleißen schneller und

schärfen sich auch nicht nach. Hierdurch wird der Bohrwiderstand zu groß; die Bohrleistung fällt ab.
Im Hartgestein ist eine Kombination der Kreuz-Schneide mit der Knopf-Schneide von Vorteil.

26.5.5. **Schneidenradius, Keil- und Freiwinkel**

Kleinere Bohrerschneiden, die in den meisten Fällen von Hand oder mit handgeführten Andruckvorrichtungen am Stein angesetzt werden, sind mit einem Schneidenradius versehen, um das Anbohren zu erleichtern. Größere Bohrkronen für maschinellen Andruck und unter Verwendung einer Zentrier- und Haltevorrichtung werden ohne Radius ausgeführt. Lediglich das äußere Drittel der Schneidenlänge zum Umfang hin wird sehr flach unter einem großen Radius abgerundet, um so einer Überbelastung der Ecken entgegenzuwirken. Diese Form hat sich besonders bei den Tiefloch- oder Versenkhammerkronen als günstig erwiesen.
Die in den letzten Jahren durchgeführten Versuche mit konkavgeschliffenen Monobloc-Bohrern zeigten folgende Ergebnisse:
In bestimmten Gesteinsarten ist eine höhere Bohrleistung erzielt worden; das Bohrklein fiel grobkörniger an. Beim Nachschleifen der Konvex-Schneiden läßt sich der wie bei allen Schneiden auftretende

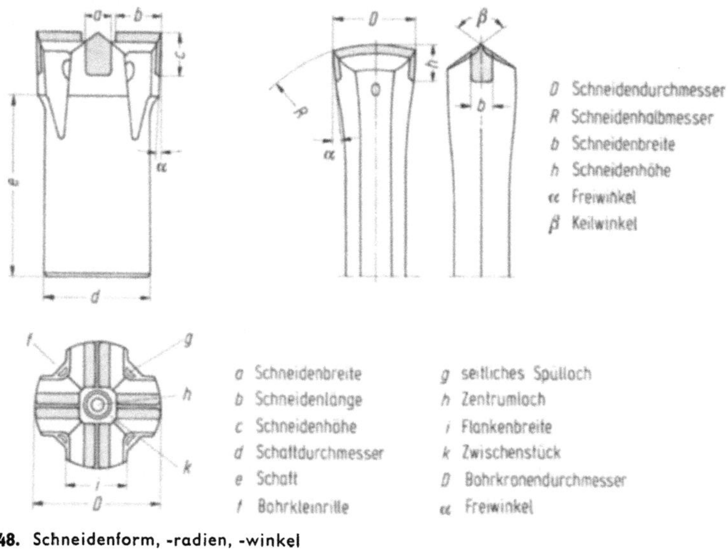

348. Schneidenform, -radien, -winkel

Kantenverschleiß durch allmählichen Übergang zur geraden und konvex geschliffenen Schneide mit einer längeren Standdauer ausgleichen. Jedoch ist hierzu eine etwas kompliziertere Schleifmaschine notwendig. Der Keilwinkel beträgt im Normalfall 110°. Jedoch hat sich für Weichgesteine ein Keilwinkel von etwa 90° (Bild 348) und im Hartgestein ein Keilwinkel von etwa 115° als vorteilhaft herausgestellt.
Um ein Verklemmen des Bohrkopfes im Bohrloch zu vermeiden, wird dieser bei Schneidendurchmessern bis 50 mm unter einem *Freiwinkel* von 4 bis 7° hinterschliffen. Bei größeren Bohrkronen beträgt der Winkel nur noch 2 bis 3°. Um dem Flankenverschleiß bei Kreuz-Schneiden zu einer Viereckform entgegenzuwirken, kann der Freiwinkel auch auf 0° gebracht werden, wo jedoch wieder mit einem Verklemmen gerechnet werden muß. Die vielkantige Form der Bohrlöcher (Bild 346) (besonders bei Kreuz-Schneiden) kann so ebenfalls vermieden werden.

26.6. **Monobloc-Bohrer**

Sie werden meist mit Handbohrhämmern, Hämmern mit Bohrstützen und teilweise mit Bohrhämmern, die von einer Lafette mit Klettervorschub oder leichtem Motorvorschub bohren, eingesetzt. Monobloc-Bohrer werden überwiegend aus 22er Sechskantstahl hergestellt, weniger häufig aus 19er Material für Knäpperbohrer, Kleinkaliberbohrer und Langlochbohrer sowie 26er Sechskantstahl für Schneidendurchmesser bis 45 mm.
Die Abstufung der gebräuchlichsten Längen und Schneidendurchmesser ist aus Bild 349 zu entnehmen.

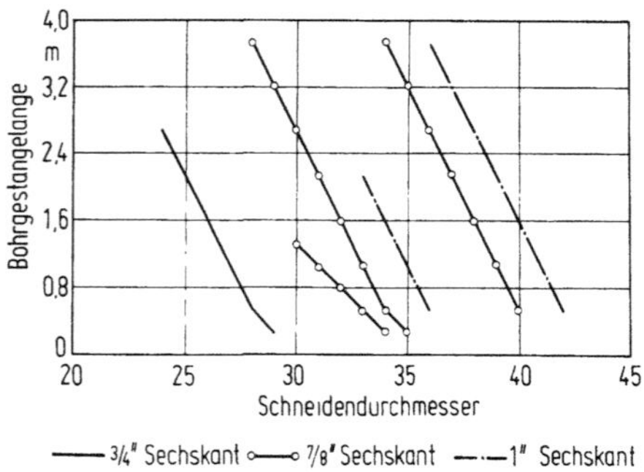

349. Schneidendurchmesser in Abhängigkeit vom Bohrgestänge bei Monobloc-Stangen

26.7. **Bohrstangen mit auswechselbaren Bohrköpfen**

Hierbei sind drei Arten von Verbindungen zwischen Bohrkopf und Bohrstange zu unterscheiden (Bild 350).

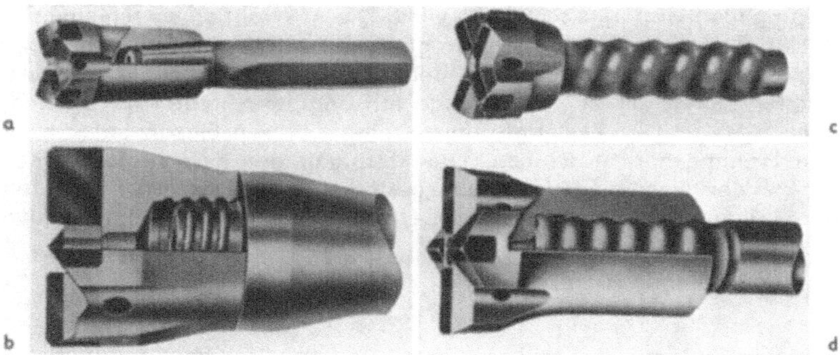

350. Auswechselbare Bohrköpfe
a) Konusverbindung; b) Gewinde mit Schulteranlage; c) und d) Gewinde mit Stirnanlage der Bohrstange

26.7.1. Konusverbindung

Die Konusverbindung ist für Schneidendurchmesser bis 45 mm allgemein üblich. Die Kegel verlangen jedoch eine genaue Herstellung durch Feinstdrehen oder Schleifen. Der gebräuchlichste Kegel beträgt 1 : 12. Um Konusbrüche, die durch eine Kegelungenauigkeit hervorgerufen werden können, zu vermeiden, wird vielfach zwischen Konusbohrkopf und Konusbohrstange eine Hülse aus geglühtem Kupferrohr oder Aluminium gelegt (Bild 350a).

26.7.2. Kronen mit Gewinde

Die Schlagübertragung auf den Kronenschaft erfolgt über einen Anschlag an der Bohrstange (Bild 350b). Diese Verbindung ist eigentlich nur noch für den amerikanischen Markt von Wichtigkeit.

26.7.3. Gewindeverbindung

Die Schlagenergie wird direkt von der Stirnseite des Bohrgestänges auf den Kronengrund übertragen. Diese Gewindeverbindung hat sich allgemein für alle Verlängerungsgestänge durchgesetzt (Bild 350c und d).

26.8. Verlängerungsbohrgestänge

Verlängerungsbohrgestänge werden heute überall im Bergbau, Steinbruch und Straßen-Tiefbau verwendet, wenn lange oder tiefe Löcher gebohrt werden müssen und das Hantieren mit einem langen, nicht gekuppelten Gestänge schwierig wird. Die Auswahl an verschiedensten Verlängerungsgestängen ist sehr groß. Sie reicht von $^7/_8$″ und 1″ für Handbohrhämmer und schwere Bohrhämmer auf Vorschubstütze oder leichter Lafette bis zu 1″-Gestänge mit angestauchtem $1^1/_4$″-Gewinde über $1^1/_2$″- und 2″-Verlängerungsgestänge für den Einsatz mit schwersten Hammerbohrmaschinen. Die Abstufung der Bohrkopfdurchmesser zu den verschiedensten Rohrgestängeabmessungen ist aus dem Bild 351 zu entnehmen. Bei der Gestängeverbindung haben sich zwei

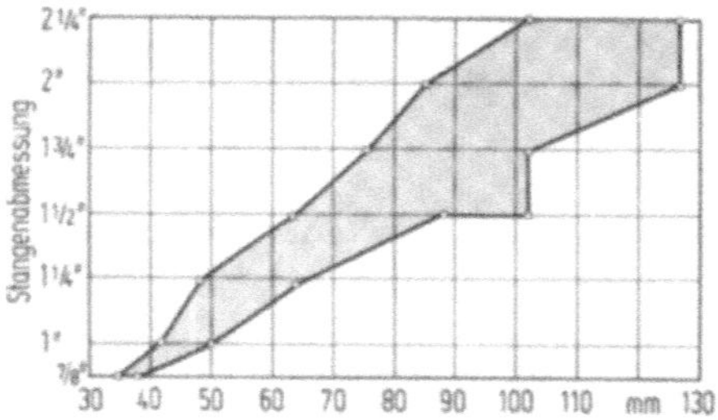

351. Schneidendurchmesser in Abhängigkeit vom Verlängerungsbohrgestänge

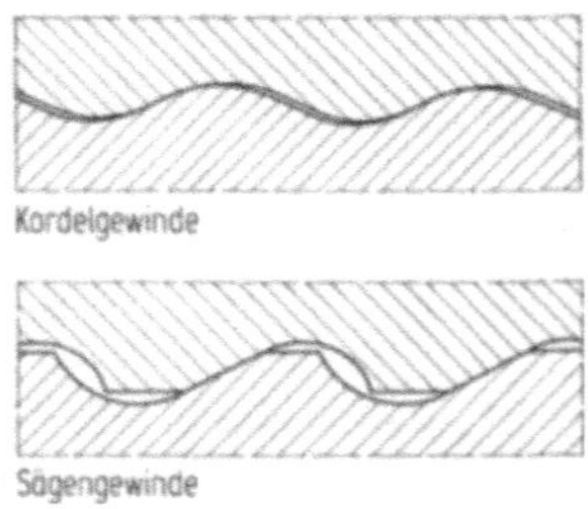

352. Darstellung der gebräuchlichsten Gewindearten

Gewindearten allgemein durchgesetzt: das Kordelgewinde und das zylindrische Sägengewinde (Bild 352). Es werden heute schon mehr als $^2/_3$ aller Verlängerungsgestänge mit Kordelgewinde ausgerüstet. Die größte Schwierigkeit bestand darin, eine Gewindeart zu finden, die schnell und ohne großen Kraftaufwand zu lösen ist und zugleich eine große Verschleißfestigkeit und Bruchsicherheit behält. Das Lösen der Gewindeverbindung ist um so günstiger, je größer die Gewindesteigung ist; jedoch nimmt der Verschleiß in gleicher Weise zu. Bei Vergrößerung der Profiltiefe des Gewindes würde der Verschleiß abnehmen, jedoch gleichzeitig infolge Schwächung des Gewindekerns die Bruchanfälligkeit zunehmen. Das Kordelgewinde ergibt durch sein günstiges Gewindeprofil ohne scharfe Kanten höhere Standfestigkeit und Verschleißsicherheit.
Das Sägegewinde besteht aus einem unsymmetrischen Profil, wobei durch die Profilart scharfe Kanten nicht zu vermeiden sind. Die beiden Gewindeverbindungen stellen einen Mittelweg zwischen Lösbarkeit und Festigkeit dar.
Um den Verschleiß so gering wie möglich zu halten und die Lösbarkeit zu verbessern, muß darauf geachtet werden, daß vor jedem Einschrauben der Gewindeenden ein Spezialfett aufgetragen wird, und zwar *ohne Schmutz und Bohrstaub*. Dieses Fett enthält 15 bis 20% Graphit sowie

Kupfer- und Bleipulver. Trotz Schmierung ist jedoch nicht immer zu vermeiden, daß eine Preßschweißung innerhalb der Gewindegänge eintreten kann. Sie macht sich durch Aufrauhung der Gewindeflanken bis zum Ablösen von dünnen Stahlfolien bemerkbar. Das tritt insbesondere bei der Verwendung von Verlängerungsstangen mit Luftspülung auf, da hier die Aufheizung der Verbindungsmuffen groß sein kann.
Die Warmbehandlung der Verbindungsmuffen ist unterschiedlich, jedoch ist das grundsätzliche Ziel, eine harte und verschleißfeste Oberfläche bei einem zähen Kern der Verbindungsmuffe zu erhalten.

1. Bei Oberflächenhärtung wird die Oberfläche mittels Hochfrequenzinduktion so schnell erhitzt, daß bei nachfolgender Abschreckung eine Umwandlung des von Natur aus zähen Kerns nicht erfolgt.
2. Bei Ölhärtung wird der gesamte Muffenquerschnitt auf eine hohe Festigkeit gebracht.
3. Bei Einsatzhärtung wird ein Chrom-Nickel-Molybdän-Stahl in einem Gasstrom, entweder von außen und innen oder nur von innen, also im Gewinde, aufgekohlt und gehärtet. Hierdurch erzielt man eine harte Oberfläche bei einem dem Grundmaterial entsprechenden zähen Kern.

Um die Bohrkleinabführung einwandfrei sicherzustellen, muß der Kronendurchmesser mindestens 5 mm größer sein als der Muffendurchmesser. Andererseits darf der Ringraum zwischen Bohrlochwandung und Bohrgestänge nicht zu groß werden, da sonst die Strömungsgeschwindigkeit der Blasluft zu gering wird, um das Bohrklein transportieren zu können. Weiterhin besteht die Gefahr, daß das Gestänge zu stark ausknickt, so daß Standdauer und Bohrleistung stark abfallen.
Hier ist ratsam, Muffen mit Räumstegen (Bild 353), Zentrierhülsen oder Führungsrohre einzusetzen (Bild 354). Muffen mit Räumstegen haben den Vorteil, das Bohrloch innerhalb von Lettenschichten freizuhalten. Außerdem werden kleine nachgefallene Steine im Bohrloch zermahlen.
Bei langen, abwärtsgerichteten Bohrungen soll man in jedem Fall darauf achten, daß stärkste, für den Kronendurchmesser noch verwendbare Gestänge eingesetzt werden, um eine möglichst große Starrheit zu erreichen. Das leichte Gestänge mit der aufgestauchten Gewindepartie (Bild 355) solte man besonders für horizontale sowie für aufwärtsgerichtete Bohrungen verwenden, um die Biegebeanspruchung im dünneren Teil des Gestänges aufzunehmen und nicht von dem durch Kerbwirkung schon geschwächten Gewindeteil.
Beim 1½″-Gestänge wird nur das angeschnittene Gewinde verwendet. Das hat den Vorteil, daß bei Verschleiß der Gewindepartien diese abgetrennt und neu angeschnitten werden können. Eine wesentliche Neuerung stellt ein Gestänge dar, welches auf der gesamten Länge oder

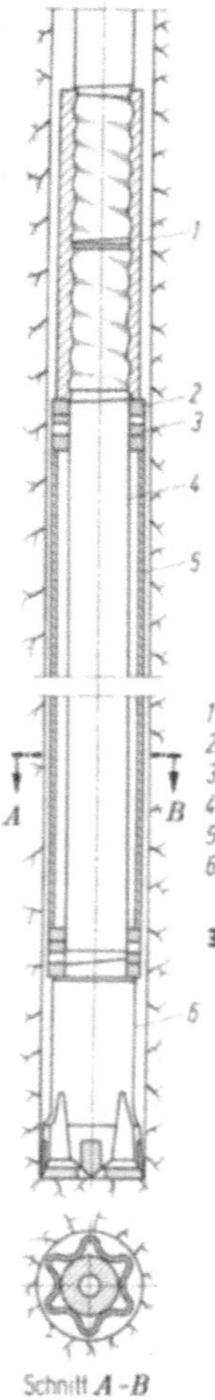

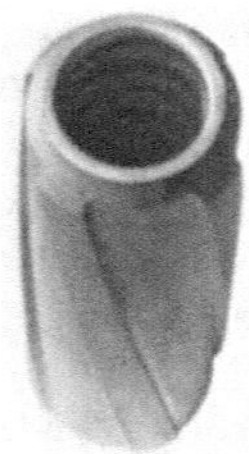

353

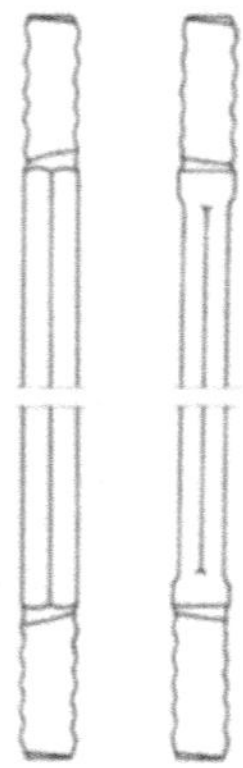

355

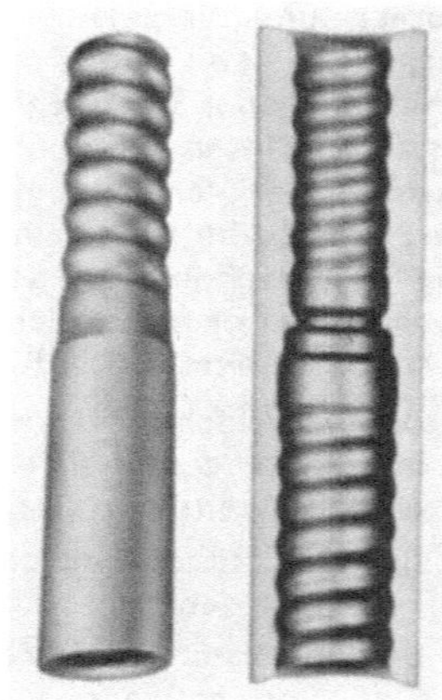

356

1 Verbindungsmuffe
2 Scheibe
3 Federscheibe
4 Verlängerungsstange
5 Führungsrohr
6 Bohrkrone

354. Führungsrohr für Bohrstange

353. Verbindungsmuffe mit Räumstegen

355. Normal- und Leichtbohrgestänge bei gleichem Gewindedurchmesser

356. Reduziermuffe

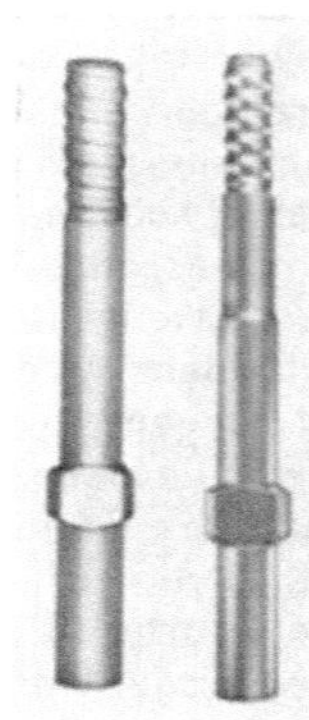

357. $1^1/_2$"-Anfänger mit $1^1/_4$"- oder $1^1/_2$"-Gewinde

zumindest auf einem längeren Teil der Stangenenden mit einem Kordelgewinde versehen ist, so daß bei Verschleiß nur das verbrauchte Gewindeende abgetrennt wird und die Stange erneut eingesetzt werden kann.

Sind an einem Arbeitsort verschiedene Gewindearten vorhanden, so ist der Einsatz sogenannter Reduziermuffen möglich (Bild 356). Zum Beispiel Reduziermuffen mit einerseits 1″-Sägegewinde und andererseits 1″-Rundgewinde oder aber Reduziermuffen für Anfänger mit $1^1/_2$″-Kordelgewinde auf Verlängerungsgestänge mit $1^1/_4$″-Kordelgewinde. Im letzten Fall ist jedoch an Stelle der Reduziermuffe die Verwendung eines Anfängers, der direkt auf $1^1/_4$″-Gewinde reduziert (Bild 357), und eine normale Muffe vorzuziehen.

Beim Einsatz von Verlängerungsgestänge ist dringend auf die Reihenfolge der Verlängerungsstangen zu achten, denn nur die erste Stange nimmt an dem gesamten Bohrprozeß teil (Bohrmeter der ersten Stange = Lochtiefe). Im Gegensatz dazu hat die letzte Stange nur den Anteil an der Bohrstangenlänge. Es sollte also in jedem Fall von Bohrloch zu Bohrloch oder nach jedem Kronenschliff jede Verlängerungsstange um eine Stange tiefer eingesetzt werden, d. h. die erste Stange sollte beim nächsten Loch als letzte eingesetzt werden usw. (Bild 358).

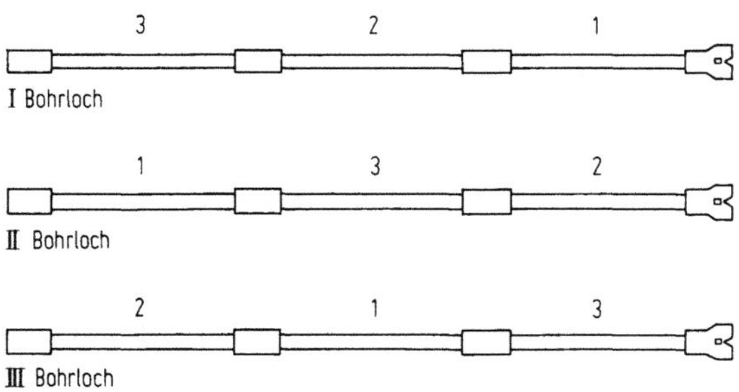

358. Bohrstangenfolge beim Einsatz eines Verlängerungsgestänges

Um die Stangenfolge einhalten zu können, ist eine Markierung anzubringen, jedoch nur als Farbmerkmal und niemals durch Einschleifen von Kerben oder Einschlagen von Zahlen, was nur die Bruchanfälligkeit fördern würde. Als weitere Hilfe zur Einhaltung der Reihenfolge dient ein Gestell zur Aufnahme der Bohrgestänge (Bild 359). Dieses Gestell hat ferner den Vorteil, daß außer Ordnung und Verringerung der Unfallgefahr durch herumliegende Bohrgestänge diese bei Ablage in dem Gestell vor Nässe und Schmutz geschützt sind. Sollte ein Gestell nicht vorhanden sein, so genügen auch zwei auf den Boden gelegte Balken.

Beim Durchbohren der Abraumschicht sollte ein Rohr in das im Abraum gebohrte Loch getrieben werden, um so ein Einfallen des Bohrlochs sowie ein Nachfallen des Bohrkleins zu verhindern. Beim Ziehen des Gestänges ist es ratsam, einen Fangschlüssel zu verwenden, da besonders beim Durchfahren brüchiger Schichten das Gestänge leicht festhakt. Hierbei kann sich, besonders bei schon verschlissenen Bohrhämmern, die Haltevorrichtung für den Anfänger lösen und so das Gestänge ins Bohrloch gleiten. Ein Bergen dieses Bohrgestänges oder eines gebrochenen Gestänges bereitet Schwierigkeiten und kann mit in Bild 360 gezeigten Fangwerkzeugen durchgeführt werden.

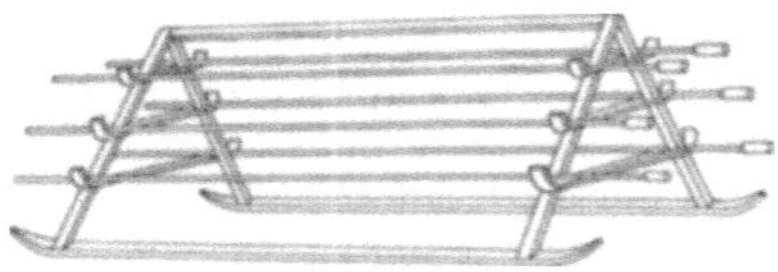

359. Gestell zum Aufbewahren von Bohrstangen

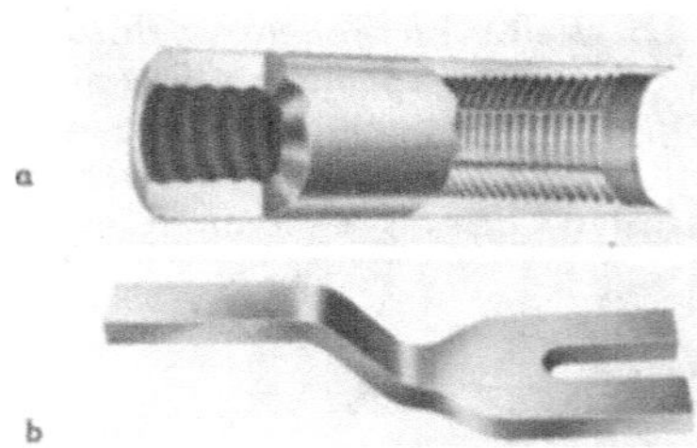

360. Fangwerkzeuge. a) Fangkrone; b) Halteschlüssel zum Gestängeziehen

26.9. Einsatzbereiche der verschiedenen Bohrgestänge

26.9.1. Konusbohrstangen

Konusbohrstangen werden überall dort verwendet, wo das Gestein einen hohen Verschleiß des Hartmetalls hervorruft, so daß eine Ausnützung des Bohrgestänges in Bezug auf Einsteckendenverschleiß und Lebensdauer nicht gegeben ist. Konusbohrstangen werden auch dort verwendet, wo ein Abtransport der Bohrstangen zum Nachschleifen der Bohrköpfe infolge Anfalls einer großen Menge und infolge langer Transportwege Schwierigkeiten bereitet. Beim Einsatz von Bohrhämmern mit einer Spülung über einen Spülkopf sind die hierfür erforderlichen Bohrstangen nur in der Ausführung mit aufgestecktem Bohrkopf üblich.

26.9.2. Monobloc-Bohrer

Diese werden im modernen Streckenvortrieb eingesetzt, weil sie durch Fortfall einer Verbindung zwischen Krone und Stange eine etwas höhere Leistung bringen. Bei normalem Hartmetallverschleiß nutzen sich Hartmetall und Bohrstange gleichmäßig ab.

Die Schneide kann durch Fortfall des Bohrkopfkörpers fast bis auf den Stangendurchmesser abgenutzt werden. Also kann der Anfangsdurchmesser des Monobloc-Bohrers kleiner gehalten werden. Er richtet sich nur nach der zur verwendenden Patrone und nicht nach dem Bohrkronenkörper. Mit Verringerung der Bohrschneidenlänge steigt natürlich auch die Bohrleistung. Das zum Teil beschwerliche Abschlagen der Bohrkrone fällt bei der Monobloc-Stange fort, auch verklemmen sich Monobloc-Bohrer nicht so leicht wie Bohrer mit Konusstangen.

26.9.3. Verlängerungsgestänge

Verlängerungsgestänge werden bei allen Langlochbohrarbeiten verwendet. Die einzelnen Verlängerungsstangen lassen sich leichter transportieren als eine gleichlange Monobloc-Stange. Ein Leistungsabfall bei jeder Gestängeverbindung läßt sich jedoch nicht vermeiden. Bei $^3/_4$″- und 1″-Gestänge sollte deshalb vor der Verwendung Vor- und Nachteil des Verlängerungsgestänges gegenüber Monobloc-Stange abgewogen werden. Über 1″ messende Gestänge werden bei langen Löchern jedoch nur als Verlängerungsgestänge eingesetzt.

27. Bohrgeräte

27.1. Mehrzweckbohrhämmer

Zum Bohren von Dübellöchern, Kabeldurchgängen in Mauerwerk, Befestigungslöchern von Kunststeinfassadenplatten an Hochhäusern usw. wird der sogenannte Mehrzweckhammer (Bild 361) verwendet mit einem Gewicht von etwa 3,5 kg. Die vorkommenden Durchmesser liegen zwischen 13 und 40 mm. Bei Verwendung von kurzen Einsteckenden mit Innenkonus und Bohrereinsätzen können sogar Löcher von 8 mm gebohrt werden (Bild 362). Der Bohrhammer gleicht im Aufbau den größeren und ist mit einem geschlossenen Faustgriff ausgestattet.

Das Einsteckende besteht aus einem kombinierten Rund-Sechskantschaft und wird durch Segmente, die durch eine federbelastete Kappe in ihre Lage gebracht werden, gehalten. Um diesen Hammer auch als Meißelhammer verwenden zu können, erhalten die Meißeleinsteckenden (an Stelle des Sechskantschaftes) einen runden Schaft, so daß die Drehung der Bohrerhülse nicht auf das Einsteckende übertragen wird.

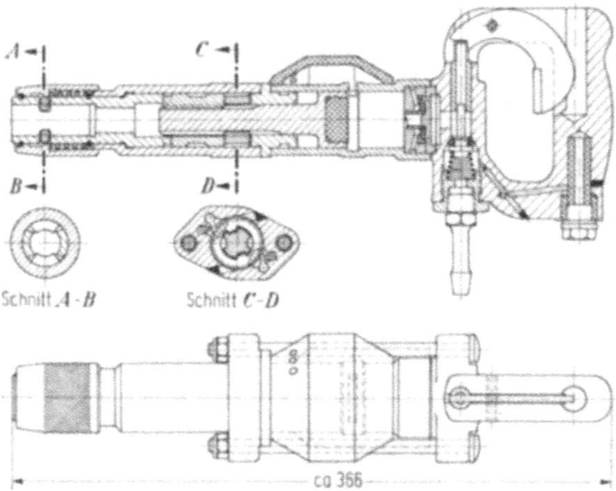

361. Mehrzweckbohrhammer

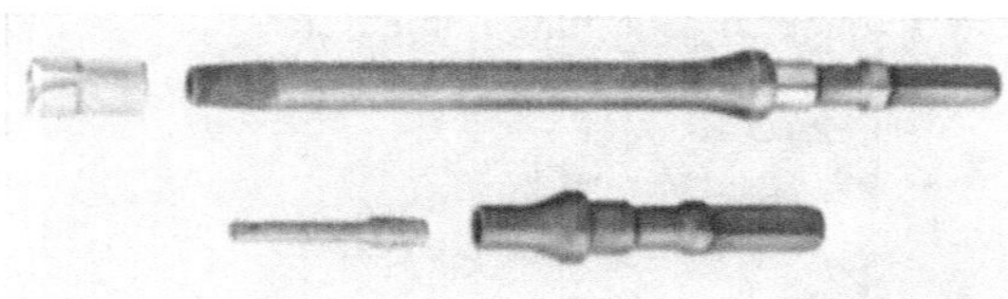

362. Einsteckende und Bohrer zum Bohren kleinster Bohrungen mit Mehrzweckbohrhammer

27.2. **Bohrhämmer**

Bohrhämmer werden in den verschiedensten Gewichtsklassen zwischen 10 und 30 kg hergestellt. Hierbei muß man jedoch unterscheiden zwischen Handbohrhämmern und Stützenbohrhämmern. Stützenbohrhämmer sind heute nicht mehr von Hand zu bedienen, da die erforderliche Andrückkraft nicht erreicht werden kann.

27.2.1. **Handbohrhämmer**

Handbohrhämmer sind so ausgelegt, daß sie bei einer von Hand noch aufbringbaren Andrückkraft eine gute Leistung erreichen. Bei den Handbohrhämmern unterscheidet man folgende Gewichtsklassen: 10 kg, 17 kg und 25 kg (Bild 363).

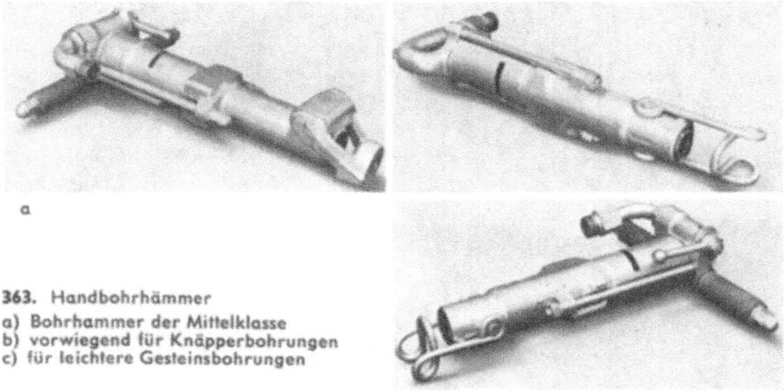

a

b

c

363. Handbohrhämmer
a) Bohrhammer der Mittelklasse
b) vorwiegend für Knäpperbohrungen
c) für leichtere Gesteinsbohrungen

Der 10-kg-Bohrhammer ist ein reiner Knäpperbohrhammer zum Bohren der Sprenglöcher für die Nachzerkleinerung nicht baggergerechten Haufwerks. Mit einem Faustgriff ausgerüstet, findet er auch Verwendung bei der Herstellung von Keillöchern bei der Werksteingewinnung. Des weiteren wird er, wie der Bohrhammer der 17-kg-Klasse, für alle anfallenden Bohrarbeiten bei Bohrtiefen bis zu etwa 2,5 m und Bohrlochdurchmessern bis zu etwa 45 mm eingesetzt. Der 25-kg-Bohrhammer wird für fast alle kleineren Sprengarbeiten bis zu 3 oder 4 m Bohrtiefe und einem maximalen Bohrlochdurchmesser von 50 mm verwendet. In Sonderfällen und bei kurzen Bohrlöchern können auch größere Bohrlöcher bis etwa 85 mm niedergebracht werden. Die im Kapitel Bohrwagen beschriebene Bohrkarette kann auch mit einem Bohrhammer der 25-kg-Klasse bestückt werden, insbesondere dann, wenn für kleinere Bohrarbeiten auf geringen Luftverbrauch geachtet werden muß.

27.2.2. **Stützenbohrhämmer**

Stützenbohrhämmer werden in die Klassen 25 und 30 kg unterteilt. Sie finden zum Bohren von Sprenglöchern im Strecken- und Stollenvortrieb sowie in der Gewinnung, z. B. beim Erzbergbau, Verwendung. Der 25-kg-Bohrhammer gehört zur Hochleistungs-Standardklasse. Bild 364 zeigt Bohrarbeiten mit Hämmern dieser Klasse. Diese Hämmer bedürfen trotz ihrer beachtlichen Leistung nur einer normalen Pflege. Zur normalen Pflege gehört beim Einsatz ein vorgeschalteter Leitungsöler.

364. Einsatz eines Bohrhammers mit Stütze

Bohrhämmer der 28- bis 30-kg-Klasse sollten, obwohl mit Leitungsöler eingesetzt, in kurzen Zeitabständen überprüft werden. Der Turnus sollte auf den gegebenen Einsatz abgestimmt werden. Weiter ist zu vermeiden, diese Hämmer ohne Bohrbühne einzusetzen, da sich sonst das hohe Bohrleistungsvermögen nur in starkem Verschleiß bemerkbar macht (siehe auch 25.2.).

Als Sonderausführung ist der Bohrhammer der 28- bzw. 30-kg-Klasse als Einhand-Hammer zu bezeichnen. Hierunter versteht man, daß sämtliche Ventile zur Bedienung der Vorschubstütze sowie zum Einschalten des Bohrhammers am hinteren Deckel des Bohrhammers angeordnet sind. Die Luftzufuhr zur Stütze geht ebenfalls nur über den einzigen Luftschlauch, der zum Bohrhammer führt (Bild 365). Da die hierfür in Frage kommende Vorschubstütze nicht durch Handkraft, sondern durch Umschalten der Luftzufuhr zusammengeschoben wird, kann der Bedienungsmann mit einer Hand den Bohrhammer führen sowie den Bohrandruck regeln. Die andere Hand ist zum Nachhalten der Stütze beim Einziehen sowie beim Rücktransport des gesamten Aggregats nach dem Abbohren des Lochs frei. Bei diesen Bohrhämmern ist die Verwendung einer Bohrbühne Grundvoraussetzung, da die Benutzung von Aufsteckern oder Verlängerungsstücken zur Vorschubstütze nicht möglich ist.

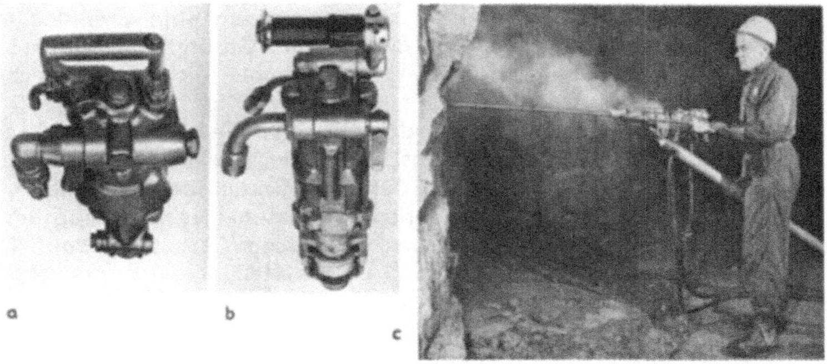

365. a) u. b) Zwei Beispiele von Einhand-Bohrhämmern; c) Bohren mit Einhandbohrhammer bei angelegter Vorschubstütze

27.2.3. **Vorschubstützen**

Vorschubstützen werden grundsätzlich in zwei Bauarten unterteilt: die normale Vorschubstütze (meist als Teleskopstütze) und die Rückzugstütze (Bild 366).

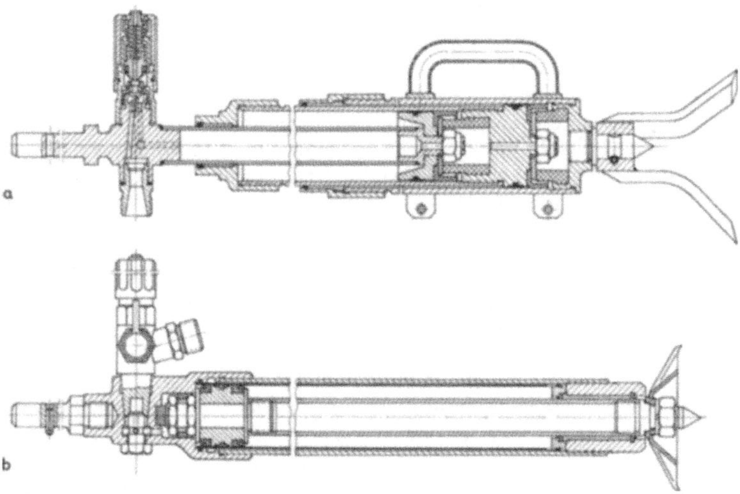

366. Schnittbilder von Vorschubstützen. a) Teleskopstütze; b) Rückzugstütze

Die Teleskopstütze ist, wie der Name schon sagt, ein Zylinder mit doppeltem Auszug. Sie ermöglicht es, mit einer Gesamtlänge von 1,2 m eine ausgefahrene Länge von 2,5 m zu erreichen, d. h. Sprenglöcher in über 2 m Höhe zu bohren.
Über ein Luftregulierventil, das in den meisten Fällen an der ausfahrenden Kolbenstange angeschlossen ist, kann der Andruck geregelt werden. Das Zusammenschieben der Stütze muß nach dem Entlüften der Zylinderräume von Hand geschehen. Anders bei der Rückzugstütze. Diese Stütze wird fast nur mit einem einfachen Auszug gebaut, hat jedoch die Besonderheit, daß durch Umschalten der Luftzufuhr beim Entlüften des ausfahrenden Zylinderraums ein anderer Zylinderraum aufgefüllt wird und die Stütze zusammenfährt. Das Einfahren der Stütze geht schnell und für den Bedienungsmann kraftsparend vor sich.

27.3. **Lochhammer**

Seit dem Aufkommen der Lochhämmer in den fünfziger Jahren findet diese Art starke Verbreitung und sprunghafte Weiterentwicklung. Eine Normbezeichnung gibt es nicht. So entstanden Namen wie: In-Lochhammer, Versenkhammer, Stangenhammer oder Unter-Flur-Hammer. Nur in der englischsprechenden Welt hat sich die Bezeichnung Down-the-hole-drilling allgemein eingebürgert. Die ersten Anfänge dieser Maschinengattung reichen bis in die dreißiger Jahre zurück, als zur Herstellung von Wetterlöchern oder zur Wasserführung sogenannte Aufbruch-Bohrhämmer verwendet wurden.

Die Besonderheit der Lochhämmer ist folgende (Bild 367):

Schlag- und Umsetzbewegung sind getrennt. Das Schlagwerkzeug wird mit einer Krone, die etwa 10 mm im Durchmesser größer ist als das Schlagwerk, in das Bohrloch vorgeschoben. Die Drehbewegung erfolgt durch einen auf einer Lafette gleitenden Drehmotor. Die Drehbewegung wird durch Rohre übertragen, die zwischen Schlagwerkzeug und Drehmotor geschaltet sind.
Diese Rohre dienen gleichzeitig der Luftzufuhr zum Schlagwerk. Durch das Fehlen eines Bohrgestänges zwischen Schlagwerk und Bohrkrone wird immer die größtmögliche Energie übertragen, gleich, wie tief das Bohrloch ist. Die erreichbare Bohrtiefe ist nur durch die Ausblasmöglichkeit begrenzt. In verhältnismäßig kompaktem Gestein sind Bohrtiefen von 50 m ohne zusätzliche Blasluft möglich. Da das Schlagwerk im Durchmesser kleiner sein muß als das Bohrloch, ist der Bohrleistung eine ziemlich enge Grenze gesetzt. Trotzdem ist in den letzten 15 Jahren die Leistung auf fast das Doppelte gesteigert worden. Weitere erhebliche Verbesserungen sind nur noch durch Erhöhung des Betriebsdrucks unter Zuhilfenahme spezieller Verdichter zu erwarten.

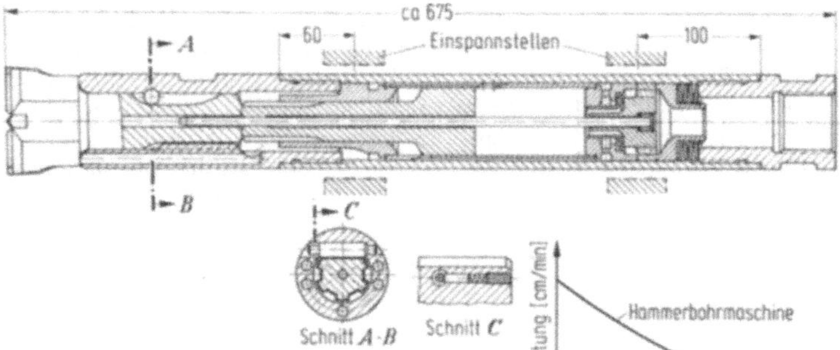

367. Schnittbild eines Lochhammers

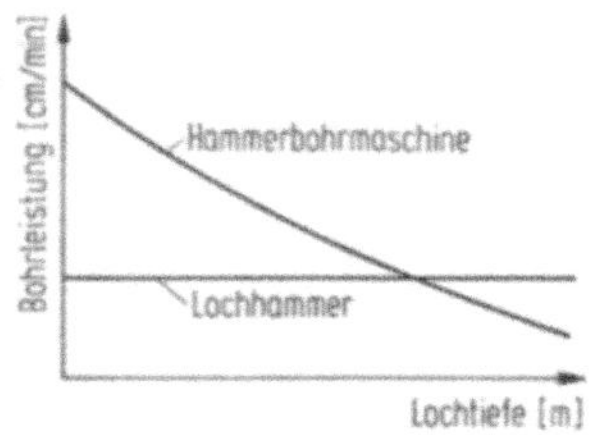

368. Bohrleistung bei zunehmender Lochtiefe bei Verwendung eines Lochhammers oder einer Hammerbohrmaschine

In Deutschland werden überwiegend Lochhämmer für Lochdurchmesser von 85 mm verwendet. In anderen europäischen Staaten ist ein Trend vom 85 mm auf 100 mm Lochdurchmesser festzustellen. In amerikanischen Steinbrüchen werden Lochhämmer mit einem Kronendurchmesser von 175 mm und darüber eingesetzt.

Die Frage, wo der Lochhammer der Hammerbohrmaschine vorzuziehen sei, ist schwer zu beantworten.

Da beim Einsatz einer Hammerbohrmaschine bei jeder Gestängeverbindung und auch im Gestänge selbst Schlagleistung verlorengeht, ist bei tieferen Bohrlöchern der Lochhammer der Hammerbohrmaschine überlegen, da hier die Leistung über das gesamte Bohrloch nahezu konstant bleibt. Bei der Herstellung von 100-mm-Bohrlöchern und größer tritt die Überlegenheit zugunsten des Lochhammers noch stärker in Erscheinung (Bild 368).

Infolge der Starrheit der Verlängerungsrohre beim Lochhammer werden auch in rissigem Gebirge — Kugelbasalt oder Gebirge, das durch Kesselsprengungen zerrissen wurde — einwandfrei ladbare Bohrungen niedergebracht.

Durch die Weichheit des $1^1/_2''$-Gestänges der Hammerbohrmaschine bestehen in diesen Gesteinsarten jedoch gewisse Schwierigkeiten, die allerdings z. T. durch Verwendung von Führungsrohren beseitigt werden können (Bild 354).

Der Lochhammer sollte also der Hammerbohrmaschine vorgezogen werden beim Bohren von Sprenglöchern über 20 bis 25 m Bohrtiefe, insbesondere bei Lochdurchmessern über 85 mm Durchmesser.

Auch ist bei dem Wunsch, nur eine mittlere Kompressoranlage für den Bohrwagen zu verwenden, also einen Kompressor von 4 bis 6 m^3/min, bei 85 mm Durchmesser eine Entscheidung zugunsten des Lochhammers zu fällen; oder aber das Sprengverfahren müßte auf kleinere Lochdurchmesser umgestellt werden.
Aus Bild 367 und 369 ist der Aufbau eines Lochhammers zu ersehen.

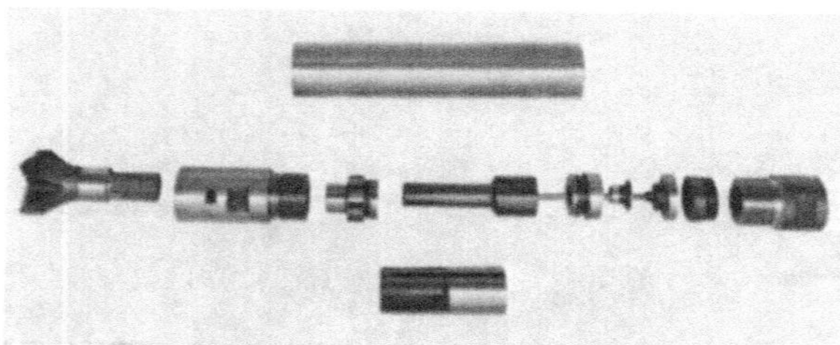

369. Explosionsdarstellung eines Lochhammers

Die vom Lufteintrittsstück kommende Luft wird von der Steuerung zum Schlaghub- oder Rückhubraum direkt über schmale Nuten, die in der Zylinderbüchse eingebracht sind, geleitet. Nach Schlag- und Rückhub gelangt die Auspuffluft über weitere schmale Nuten in einen Sammelraum in Höhe der Kolbenaufschlagfläche und von dort über Bohrungen und Spülnuten am Kronenkopf ins Freie. Zur besseren Ausblaswirkung, besonders in weichem und teilweise feuchtem Gestein, wird über ein zentralliegendes Spülrohr Luft über die Kronenschaftaufbohrung direkt zur Bohrkronenmitte geleitet. Durch Injektorwirkung wird noch ein Teilstrom der Auspuffluft über diese Zentralbohrung mitgerissen.
Da der größte Teil der Spülluft aus der verbrauchten Hammerluft herrührt, ist der im Verhältnis zur Hammerleistung geringe Luftverbrauch verständlich. Wie aus Bild 367 zu ersehen, liegen die Kanäle für Auspuff- und Rückhubluft direkt nebeneinander. Die Abdichtung erfolgt nur durch die Wahl einer engen Passung zwischen Mantel und Zylinderbüchse. Beschädigungen des Mantels, sei es durch Hammerschläge oder Verformungen beim Einspannen des Hammers zur Demontage in einen Schraubstock, führen zu Undichtigkeiten und damit zu Leistungsverlusten. Es muß also unbedingt darauf geachtet werden, daß ein Einspannen nur in den in Bild 367 gekennzeichneten Bereichen möglich ist.
Auf Bild 370 ist eine Kronenhalterung, wie sie bei Lochhämmern von 85 mm Durchmesser üblich ist, zu sehen. Die Kronenanlage zur Aufnahme der Andrückkraft ist am Kronenkopf.

Um ein Herausfallen zu vermeiden, wird die Krone über einen Querbolzen in der Kappe und eine Ausfräsung am Kronenschaft gehalten. Bild 371 zeigt die Halterung eines Lochhammers von 100 mm Durchmesser. Die Halterung erfolgt wieder über einen Querbolzen. Die Anlage der Krone befindet sich hier jedoch am Kronenschaft innerhalb der Kappe. Die Anlage am Kronenkopf würde das Kronengewicht zu groß werden lassen, was bei gewissen Gesteinsarten einen Leistungsverlust bedeutet.
Bild 372 zeigt eine Halterung durch einen geteilten Ring, der über eine Mitnehmerbüchse gehalten wird. Diese Art ist bei den Lochhämmern über 140 mm Durchmesser üblich, da eine sichere Verriegelung der Bohrkrone mit einem einseitig angreifenden Dorn nicht mehr möglich ist.

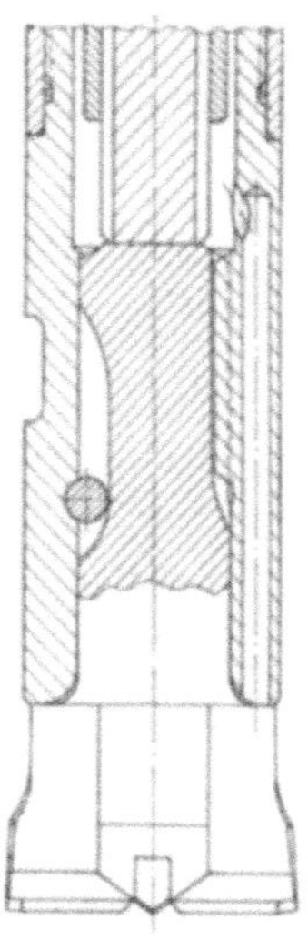

370. Bohrkopfhalterung für kleinere Lochhämmer

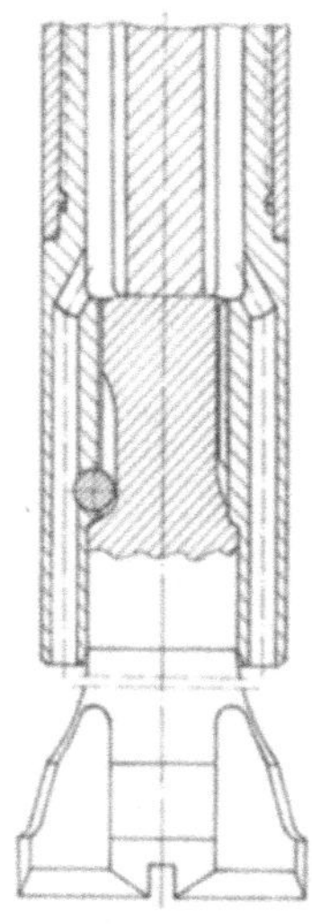

371. Bohrkopfhalterung für mittlere Lochhämmer

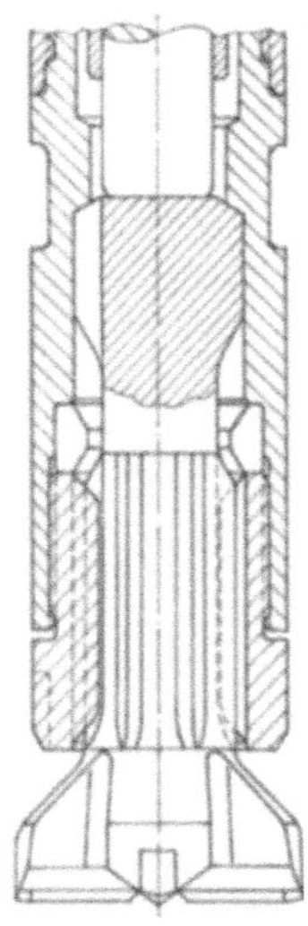

372. Bohrkopfhalterung für große Lochhämmer

Eine Sonderausführung stellen Lochhämmer mit zentraler Wasserspülung dar, wie sie für Brunnenbohrungen und insbesondere für den untertägigen Einsatz zum Niederschlagen des Steinstaubes verwendet werden. Hier müssen die Bohrrohre mit einem zentralliegenden Wasserzuführungsrohr versehen werden.

27.4. Bohrwagen mit Hammerbohrmaschinen und Lochhämmern

Bei Bohrarbeiten mit Lochdurchmessern von über 45 mm und Lochtiefen von über 1,5 bis 2 m oder bei Arbeitsanfall, der größer ist, als daß ein Mann ihn an einem Tag bewältigen könnte, ist der Einsatz von Bohrwagen zu empfehlen. Es gibt sie in den verschiedensten Ausführungen.

27.4.1. Karette

Der kleinste Bohrwagen, auch Karette genannt (Bild 373), wiegt etwa 150 kg und ist für Arbeiten bis zu einer Bohrtiefe von 8 bis 10 m und einem Bohrlochdurchmesser bis zu 50 mm vorgesehen. Die Karette besteht aus einem einachsigen Fahrgestell. An der Achse ist über eine Klemmvorrichtung eine leichte Lafette oder, wie Bild 373 zeigt, eine pneumatische Halte- und Bohrvorschubeinrichtung befestigt, die den

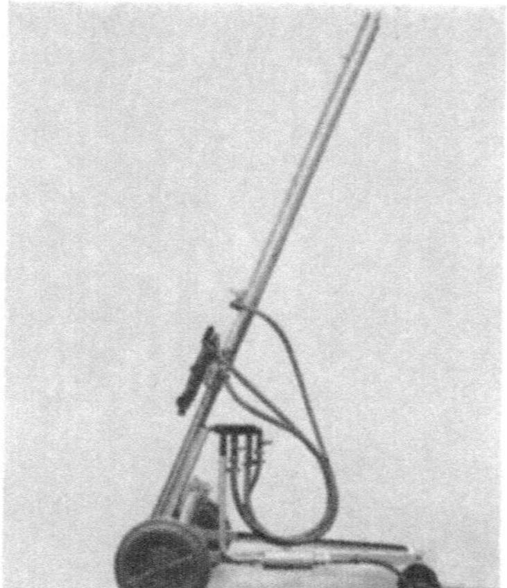

373. Kleinbohrwagen

Einsatz von 1,5-bis 1,8-m-Bohr- oder Verlängerungsstangen zuläßt. Es werden entweder Bohrhämmer der 20- bis 28-kg-Klasse für Bohrarbeiten bis zu 4 m oder leichte Hammerbohrmaschinen von 35 kg Gewicht eingesetzt.

27.4.2. **Mittelschwerer Radbohrwagen**

Für größere Bohrarbeiten mit Lochtiefen bis zu etwa 20 m und Lochdurchmesser bis zu 82 mm wird ein mittelschwerer Bohrwagen, bestückt mit einer Hammerbohrmaschine von etwa 80 kg Gewicht, bevorzugt (Bild 374). Die Lafette erlaubt die Verwendung von 3 m langen

374. Bohrwagen mit einer Hammerbohrmaschine

375. Bohrwagen mit einem Lochhammer

Verlängerungsstangen. Die Vorderräder des Bohrwagens sind um 90° verstellbar, um so ein Verfahren des Bohrwagens längs der Bruchwand zu ermöglichen. Über einen Hubzylinder ist der Bohrarm in die gewünschte Höhe zu bringen, während ein Schwenkzylinder das Einrichten der Lafette in den erforderlichen Neigungswinkel ermöglicht. Der Vorschub der Lafette erfolgt über einen Luft-Kolbenmotor unter Zwischenschaltung eines selbsthemmenden Schneckengetriebes. Hierdurch wird beim Durchfahren von Klüften ein Vorschnellen des Bohrgestänges vermieden. Die eingesetzte Hammerbohrmaschine kann mit $1^1/_4$″- oder $1^1/_2$″-Verlängerungsstahl ausgerüstet werden. Die Bohrmaschine ist mit einer pneumatisch steuerbaren Umschaltvorrichtung versehen, die Links- und Rechtsrotation des Gestänges ermöglicht. Hierdurch sind die Nebenzeiten beim Lösen des Gestänges erheblich zu reduzieren. Beim Bohren in klüftigen und mit Lettenschichten durchzogenen Gesteinsarten beträgt die Bohrzeit nur einen Bruchteil der Zeit, die für das Ziehen des Gestänges erforderlich ist. Hier erscheint

der Einsatz von Bohrköpfen mit Rückbohrschneide vorteilhafter. Jedoch ist in solchem Fall auch für eine ausreichende Bohrlochspülung zu sorgen. So kann der Spülluftverbrauch bei leichten Hammerbohrmaschinen (30 bis 35 kg Gewicht mit 1″-Gestänge) bei 2 bis 2,5 m^3/min liegen, während der Verbrauch bei den schweren Hammerbohrmaschinen (100 kg und mehr) bis zu 5,5 m^3/min beim Einsatz mit einem $1^1/_2$″-Gestänge beträgt.
Dieser Bohrwagen kann ebenfalls mit einem Lochhammer von 85 oder 105 mm Durchmesser ausgerüstet werden (Bild 375). Zu diesem Zweck wird auf der Lafette ein Drehmotor aufgebaut. Die Lafette erhält eine pneumatische Rohrzentrier- und Klemmvorrichtung, um zum Lösen der Bohrrohre diese über Schlüsselflächen am Rohr sowie über einen pneumatisch vorgeschobenen Schlüssel der Klemmvorrichtung zu halten. Das Lösen geschieht in den meisten Fällen durch Linkslauf des Drehmotors.
Um den Luftverbrauch des gesamten Bohrwagens so niedrig wie möglich zu halten, kann der druckluftbetriebene Dreh- sowie Vorschubmotor gegen je einen hydraulischen Motor ausgetauscht werden. Dies ermöglicht es, den Gesamtluftverbrauch von etwa 5,5 m^3/min auf etwa 3 m^3/min zu reduzieren.
Der Antrieb der erforderlichen Hydraulikpumpe kann über einen 5 bis 7 kW-Elektromotor erfolgen. Die Verlegung eines Elektrokabels bereitet jedoch in vielen Steinbrüchen Schwierigkeiten, besonders dann, wenn nicht nur von einer Bruchwand aus gearbeitet wird.
Eine andere Möglichkeit zum Antrieb der Hydraulikpumpe besteht im Anbau eines kleinen 8 PS-Dieselmotors. Um den Motor nicht in kurzer Zeit durch den sehr starken Bohrstaubanfall unbrauchbar zu machen, müssen für die Ansaugluft Spezialfilter vorgesehen werden.
Das Verfahren eines solchen Bohrwagens innerhalb des Bruchs ist nur selten durch einen Mann möglich. Hier kann ein Lufthaspel eine wesentliche Erleichterung bringen.

27.4.3. **Raupenbohrwagen**

Der selbstfahrbare Raupenbohrwagen ist ein echtes Ein-Mann-Bohrgerät (Bild 376).
Sämtliche Schwenk- und Hubbewegungen der Lafette können hydraulisch ausgeführt werden. Die Bedienung erfolgt von einem zentralen Steuerpult aus. Die beiden 7 PS-Luftmotoren ermöglichen in Verbindung mit einem breiten Raupenfahrwerk ein sicheres Verfahren auch auf weichen Böden. Mit einem angehängten, für den Raupenbohrwagen erforderlichen fahrbaren 17 m^3/min-Kompressor können Steigungen von 25% noch befahren werden.

Durch die nicht starre Aufhängung der Raupenfahrwerke sind auch bei schwierigsten Bodenverhältnissen gute Standsicherheit und sichere Manövriermöglichkeit gegeben.

Die eingebauten automatischen Druckluftbremsen blockieren das Fahrwerk, sobald die Fahrmotoren abgeschaltet werden. Erst beim Einschalten der Fahrmotoren werden die Bremsen gelüftet.

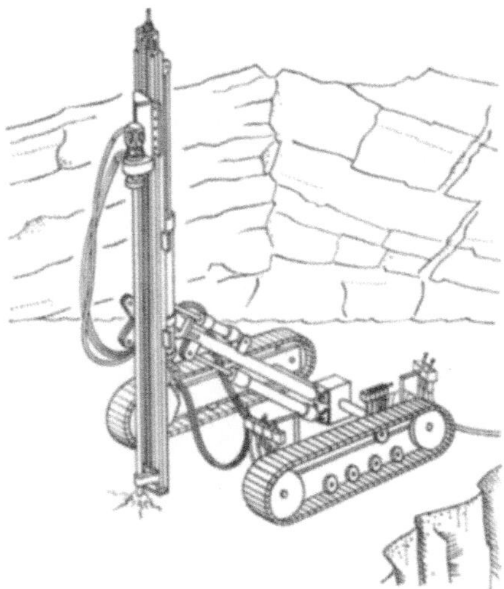

376. Raupenbohrwagen

Der Bohrwagen kann mit einer 150 kg-Hammerbohrmaschine mit Drallspindelrotation, das ist die übliche Umsetzvorrichtung bei Bohrhämmern, mit separater Motorrotation oder auch mit einem Drehmotor für den Einsatz mit Lochhämmern ausgerüstet werden. Raupenbohrwagen sind ideal für hohe Abbauleistungen bei niedrigen Personalkosten, für größere und weitverzweigte Steinbrüche mit mehreren Abbausohlen sowie für Sprengarbeiten für den Straßenbau usw.

27.4.4. **Schwere Raupenbohrgeräte**

Bild 377 und 378 zeigen selbstfahrbare Bohrwagen, deren Einsatz jedoch nur für Großsteinbrüche und Großbaustellen rentabel ist.

Ein etwa 10 t schweres Gerät zeigt Bild 377, welches mit Lochhämmern für 100 und 165 mm Lochdurchmesser oder einer überschweren Hammerbohrmaschine mit einem Bohrgestänge von 2″ Durchmesser bei einem Bohrlochdurchmesser von 85 bis 127 mm ausgerüstet werden kann. Auch ist ein Umbau zum drehenden Bohren möglich.

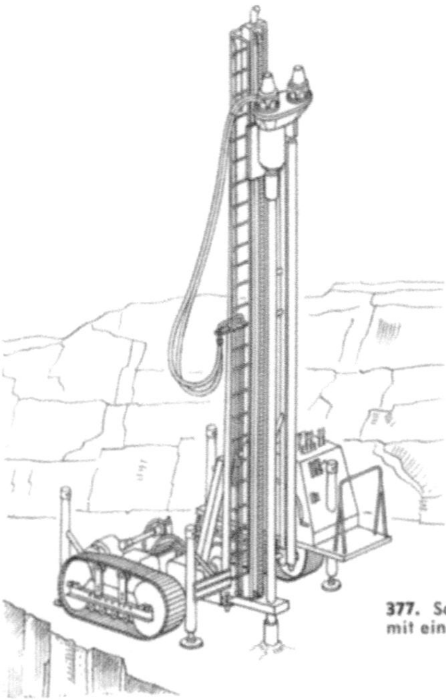

377. Schwerer Raupenbohrwagen mit einem 6″- bis 10″-Lochhammer

Der Bohrwagen wird durch zwei 12 PS-Luftmotoren angetrieben. Ein Verfahren mit einem für die Luftversorgung benötigten fahrbaren Kompressor ist möglich.

Bild 378 zeigt zwei selbstfahrbare Raupenbohrgeräte mit aufgebauter Kompressoranlage. Diese Geräte können ebenfalls für Bohrarbeiten mit Lochhämmern, Hammerbohrmaschinen mit getrennter Umsetzbewegung sowie als Drehbohrgeräte mit Rollenbohrkronen ausgerüstet werden. Vervollständigt werden diese Bohrwagen durch eine eingebaute Staubabsauganlage sowie einen hydraulischen Bohrrohrschlüssel.

378. Überschwere Großlochbohrwagen auf Raupen im Einsatz

27.5. Rammbohrwagen

Zur Absicherung von Spund- und Schlitzwänden, von Stützmauern sowie Dämmen und Fundamenten ist es oft erforderlich, Injektionsanker zu setzen, um ein Verspannen zu tiefliegenden, festeren Schichtungen zu erreichen (Bild 379).
Hierzu werden mit einer schweren Hammerbohrmaschine mit Fremdumsatz speziell entwickelte Rammrohre ins Erdreich oder in die Geröllmassen hineingetrieben. Das Erdreich wird hierbei über eine Rammspitze, die dem ersten Rohr aufgesteckt wird, verdrängt. Ist die erforderliche Tiefe erreicht, wird durch das Bohrrohr der Anker als Seil- oder Rundstahlanker eingebracht (Bild 380). Anschließend erfolgt das Ziehen der Rammrohre mit einer hydraulischen Hohlkolbenpresse. Gleichzeitig wird die Bohrung mit Zementmörtel über eine Mörtelpumpe bei etwa 20 atü verpreßt. Ist das Gestänge in den Bereich der Verpreßzone gezogen, so wird kein Zementmörtel mehr eingepreßt. Nach 5 bis 7 Tagen kann der Anker auf die erforderliche Kraft belastet werden.

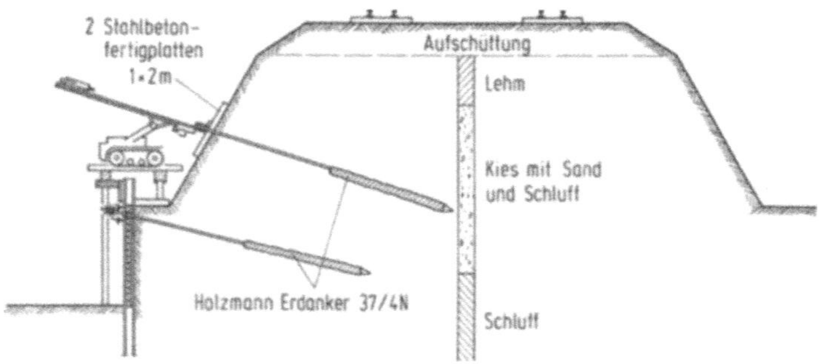

379. Setzen von Injektionsankern mit Rammbohrwagen

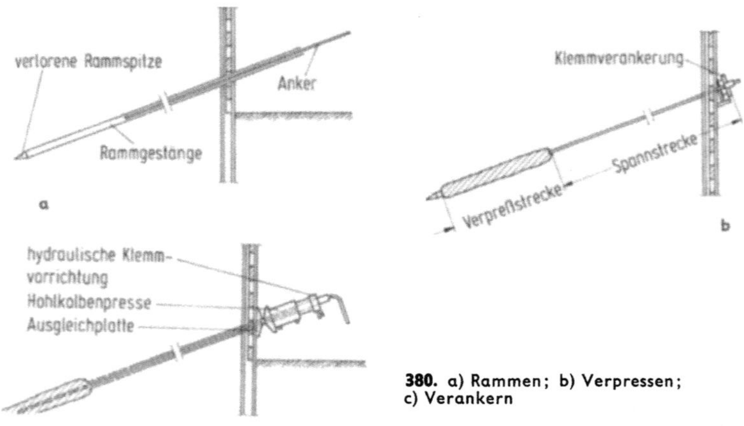

380. a) Rammen; b) Verpressen; c) Verankern

Das hierfür speziell entwickelte Gerät besteht aus einer Kleinraupe mit Dieselantrieb (Bild 381). Der Dieselmotor dient zum Verfahren der Raupe, gleichzeitig aber auch zum Antrieb eines Hydrauliksystems. Über dieses System können die Schwenk- und Verstellbewegungen der aufgebauten Lafette durchgeführt werden. Gleichzeitig dient die Hydraulik aber auch zum Antrieb des Drehmotors, mit dem die zum Eintreiben der Rohre erforderliche Hammerbohrmaschine ausgerüstet ist.
In felsigem Boden werden die Bohrungen zur Aufnahme der Anker mit normalen Bohrkronen niedergebracht. Ein Verrohren der Bohrungen entfällt.

381. Raupenbohrwagen zum Einbringen der Injektions- oder Ankerrohre

27.6. Spezialgeräte mit Lafetten

Die Verwendung der einzelnen Lafetten zum Anbau an Fahrzeuge jeglicher Art ist möglich. Es entstehen hierdurch Spezialbohrgeräte, die auf bestimmte Anwendungsbereiche zugeschnitten sind. Zum Niederbringen der Bohrlöcher bei der Herstellung kleinerer Kanalisationsgräben kann eine Bohrkarette vorteilhaft eingesetzt werden. Hierzu wird die Spurweite vergrößert, so daß die gesamte Grabenbreite überfahren werden kann. Als Bohrgerät werden zwei leichte Lafetten mit schweren Bohrhämmern oder leichten Hammerbohrmaschinen verwendet. Auf diese Weise kann ein Bedienungsmann gleichzeitig mit zwei Bohrhämmern arbeiten.

Werden größere Gräben, Kanalisations- oder Pipelinegräben, die sich über größere Strecken hinziehen, herausgesprengt, so wird hier in vorteilhafter Weise eine Doppellafette (Twin-drill) eingesetzt (Bild 382). Es handelt sich hierbei um zwei mit Hammerbohrmaschinen bestückte Lafetten, die an einem U-Eisen-Rahmen angebracht sind. Diese Doppellafette ist an einen Ausleger eines parallel zum Graben fahrenden Raupenfahrzeugs angehängt. Der für die beiden Hammerbohrmaschinen erforderliche Kompressor wird von dem Raupenfahrzeug mitgezogen. Auch hier kann ein Mann beide Bohrmaschinen bedienen. Das Verfahren von Loch zu Loch bereitet keine Schwierigkeit. Der Abraum kann vorher auf die für den Graben erforderliche Breite abgetragen werden.

Für kleinere Bohrarbeiten, Sprenglöcher oder Bodenuntersuchungen sowie für Rammarbeiten mit leichten Rammhämmern und das Eintreiben von Erdungsrohren sind die in Bild 383 a und b gezeigten Fahrzeuge einzusetzen. An der Ladefläche eines geländegängigen Wagens ist ein Tragrahmen zur Anbringung der Lafette befestigt.

Der erforderliche Kompressor wird in stationärer Ausführung auf der Ladefläche montiert.
Diese Bohraggregate sind ideale Fahrzeuge bei weitverstreuten Einsatzorten, da auch normale Verkehrsstraßen ohne weiteres befahren werden können.
Mit einer Planierraupe oder anderen Raupenfahrzeugen kombinierte Bohreinheiten haben sich beim Einsatz im abschüssigen Gelände und beim Niederbringen von kurzen Bohrlöchern als vorteilhaft erwiesen.

382. "Twin-Drill" zum Bohren in Gräben

a

b

383. a) Geländegängiges Fahrzeug mit Kompressor und Bohrlafette; b) Raupenfahrzeug mit angebauter Lafette

27.7. Spezialgerät für gebirgsschonendes Sprengen

Beim Aussprengen von Fundamentgruben, Kanälen und Gräben in nicht zu sehr gestörtem Gebirge, insbesondere, wenn anschließend eine Ausmauerung eingebracht werden muß, wird das „schonende Sprengen" angewandt. Dieses Verfahren besteht darin, das Abreißen der Gesteinsmassen durch Vorkerbungen oder Loch-an-Loch-Bohren zu lenken (Bild 384).

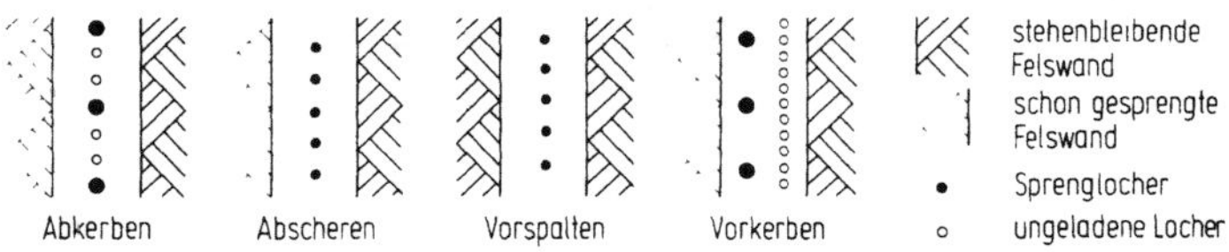

384. Anordnung der Sprenglöcher bei gebirgsschonendem Sprengen

Entlang des zu sprengenden Profils werden in dichtem Abstand Bohrlöcher niedergebracht, die je nach dem anzuwendenden Verfahren geladen oder im Wechsel von Sprenglöchern und Leerlöchern verwendet werden. Diese Bohrlochreihen können mit oder nach der Hauptsprengung gezündet werden. Beim Vorspalten wird vor der Hauptsprengung der Fels längs der Bohrlochreihe aufgerissen. Wichtig für diese Sprengverfahren ist der gleichmäßige Abstand der Bohrlöcher.

Um ihn zu erreichen, wird längs eines Raupenfahrzeugs ein Gestell angeordnet, woran 5 bis 8 Lafetten montiert werden können. Neben der Einhaltung des Bohrlochabstands wird dadurch zugleich Personal eingespart.

27.8. Bohrwagen für den Untertageeinsatz

Wie schon in Abschnitt 25.2. geschildert, sollte man möglichst vermeiden, Schüsse, die über Mannshöhe liegen, von der Sohle aus abzubohren. Nicht nur, daß die Bohrleistung durch den zu geringen Andruck um 50% und mehr abfällt, auch die Standdauer der Bohrstangen liegt in solchen Betriebspunkten um fast 40% niedriger. Das gleiche gilt für den Verschleiß des Bohrhammers, der beim Bohren im unteroptimalen Bereich sehr stark zunimmt. So konnten z. B. beim Kolben Standdauerunterschiede von fast 200% festgestellt werden. Für den Verschleiß der Bohrköpfe gilt ähnliches. Der Luftverbrauch des Bohrhammers nimmt außerdem um rund 7% zu.

27.8.1. **Bohrbühne**

Alles in allem gesehen, rechtfertigen die aufgeführten Punkte allein schon den Einsatz einer Bohrbühne, die sich ab einer Firstenhöhe von 2,5 m empfiehlt, besonders dann, wenn — wie im gesunden Gestein — ein voller Kranz abgebohrt werden muß. In ihrer einfachsten Form besteht die Bühne aus einem zusammenklappbaren Aluminium-Rohrgestell. Die Standrohre werden durch Ketten verspannt (Bild 385). Die Plattform besteht entweder aus Alu-Blechen, welche mit Stegen versehen sind, um so ein Widerlager für die Vorschubstütze zu bilden, oder es werden nach dem Aufstellen der Bühne Holzbohlen aufgelegt.

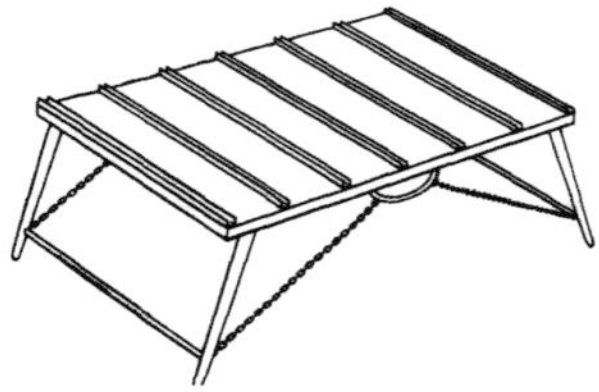

385. Einfache Bohrbühne

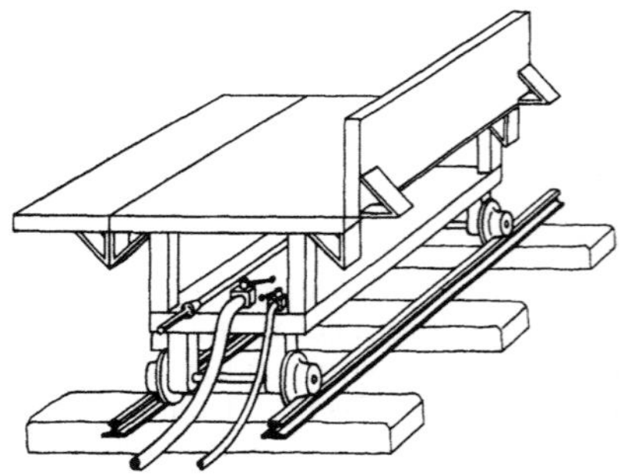

386. Fahrbare Bohrbühne, zugleich Materialwagen

27.8.2. **Schienenfahrbare Bohrbühne**

Eine schienenfahrbare Bohrbühne läßt sich leicht aus dem Fahrgestell eines Förderwagens herstellen (Bild 386).
Hierbei wird in etwa 1 bis 1,2 m Höhe eine Plattform befestigt, die jedoch nur etwa $^1/_2$ bis $^2/_3$ der Streckenbreite einnimmt. Seitlich der Plattform lassen sich Teilstücke herunterklappen, um so den ganzen Querschnitt begehen zu können.
Diese fahrbare Bohrbühne wird mit einem zentralen Luft- und Wasseranschluß sowie einem Zentralöler ausgerüstet. Die Hämmer und Stützen werden schlauchmäßig vollständig am Verteiler der Bohrbühne angeschlossen. Unterhalb der Plattform lassen sich Fächer zur Aufnahme der geschliffenen sowie abgebohrten Bohrstangen anbringen.
Beim Schießen oder Laden muß jedoch die Bohrbühne über eine Schubweiche in eine der Nischen geschoben werden, die in gleichmäßigen Abständen im Stollen vorzusehen sind.

In breiten Stollen läßt sich die Bohrbühne innerhalb einer California-Weiche (kurze Ausweichstelle), die besonders zur Aufnahme der Leerwagen vorgesehen ist, abstellen.
Eine weitere Möglichkeit bietet — insbesondere in höheren Stollen — eine sogenannte Portalbühne. Die Räder dieser Bühne laufen auf einem eigens angeordneten Schienenstrang entlang dem Stoß, oder die Bohrbühne ist mit Luftbereifung ausgerüstet. Bei dieser Bühne läßt sich der mittlere Teil zur Durchfahrt der Ladewagen hochklappen. Solche Bühnen werden in den verschiedensten Größen bis zu Stollenquerschnitten von 90 m² gebaut, wobei dann mehrere Etagen vorgesehen sind. Diese Bohrbühnen werden mit mittelschweren Lafetten-Bohrmaschinen, nach dem Leiterbohrverfahren oder mit einem Ketten- oder Klettervorschub ausgerüstet (Bild 387 a).

a

b

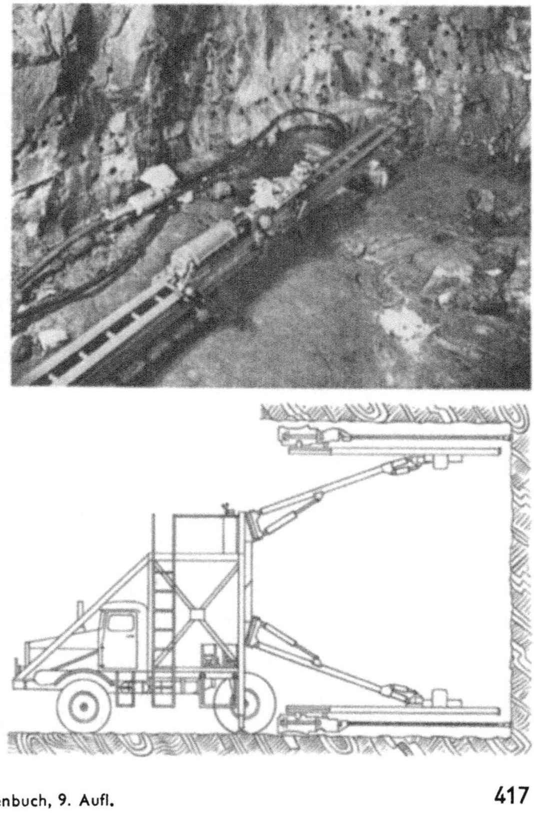

387. a) Klettervorschub; b) Bohrwagen für den großräumigen Streckenvortrieb

Eine andere Möglichkeit, insbesondere für große Stollenquerschnitte, liegt im Einsatz eines Bohrwagens, dessen Unterteil aus einem schweren Lkw besteht, oder im Anhängen des Bohrwagens an einen Dumper (Autoschütter, Bild 387b). Bestückt werden solche Bohrwagen mit Rota-Boom und schweren 150-kg-Hammerbohrmaschinen.

27.8.3. **Rota-Boom-Bohrarm**

Rota-Boom ist ein hydraulischer Bohrarm, der zusätzlich zu den üblichen Hub- und Schwenkbewegungen noch um seine Hauptachse gedreht werden kann. So ist es möglich, den vollen Querschnitt abzufahren, ohne daß ein toter Winkel, in welchem kein Schuß abgebohrt werden kann, entsteht.
Zentral zu diesen in den meisten Fällen vier Bohrarmen ist eine hydraulisch steuerbare Hubbühne angeordnet, von wo aus die Bohrlöcher im gesamten Stollenbereich besetzt werden können.

27.8.4. **Bohrwagen für verschiedene Abbauarten**

Zum Bohren stark geneigter Bohrlöcher, wie sie im Firstenstoßbau, Magazinbau und zum Teil auch beim Bohren von Ankerlöchern vorkommen, läßt sich vorteilhaft ein zweirädriger Kleinbohrwagen, wie ihn das Bild 388 zeigt, verwenden. Auf demselben Bild ist außerdem schematisch der Firstenstoßbau und der Magazinbau dargestellt. Sowohl beim Firstenstoßbau als auch beim Magazinbau werden in Abbaurichtung fächerartig angeordnete Sprenglöcher vorgetrieben, durch deren Sprengung der Abbau erfolgt. Der Unterschied besteht jedoch darin, daß beim Firstenstoßbau das Versetzen zur neuen Sprengung auf dem tauben Gestein erfolgt, während das Weiterrücken beim Magazinbau auf dem hereingewonnenen Erz stattfindet.
Bei dem Kleinbohrwagen (Bild 388) gleitet der Schlitten auf den beiden Vorschubzylindern. Er ist so über Umlaufrollen durch Seile angehängt, daß die Auszugslänge der Zylinder eine Verdoppelung der Vorschubbewegung ergibt. Da der Kleinbohrwagen nur rund 200 kg wiegt, kann er noch gut von einem Mann bedient werden.
Beim sogenannten Scheibenbruchbau läßt sich der in Bild 389 gezeigte Bohrwagen — hier auf Kufen für stark einfallende Abbaustrecken — günstig einsetzen. Das Prinzip des Abbaus beim Scheibenbruchbau ist ebenfalls auf Bild 389 zu erkennen. Der Abbau geht von Strecken, den sogenannten Scheibenörtern aus, wobei von fächerartigen, jedoch rechtwinklig zur Streckenachse angeordneten Bohrlöchern gesprengt wird. Der Bohrwagen besteht aus einer auf dem Unterbau befestigten Schwenkachse, auf der eine oder zwei Lafetten montiert sind. Beim Scheibenbruchbau müssen meist lange Löcher gebohrt (niedergebracht)

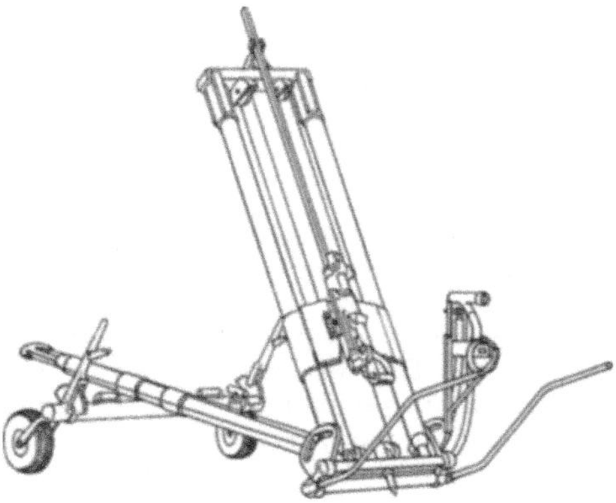

388. Kleinbohrwagen für verschiedene Abbauarten

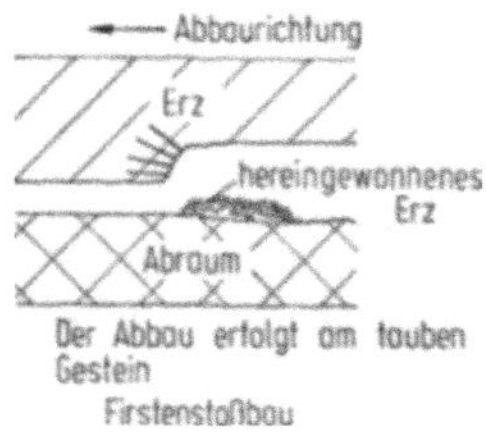

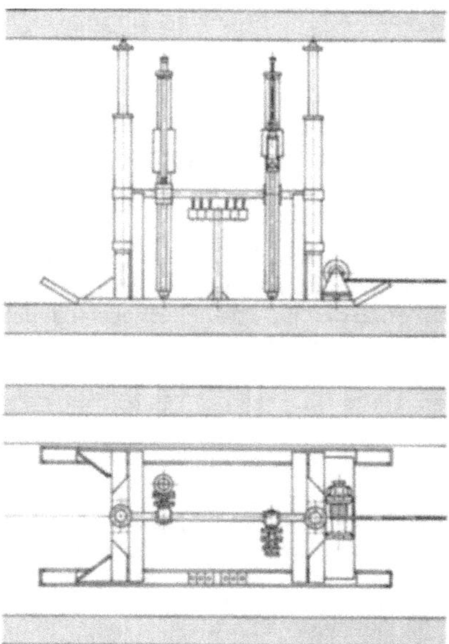

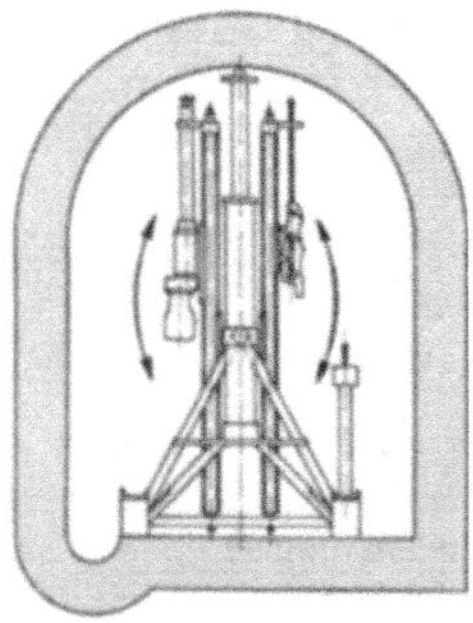

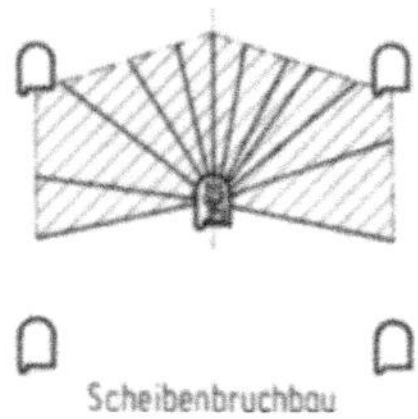

389. Bohrschlitten für stark einfallende Abbaustrecken

werden. Hierbei sind hydraulisch verstellbare Lafetten nicht notwendig. Durch zwei Säulen wird das Gerät zwischen dem Hangenden und dem Liegenden verspannt. Der auf den Unterbau montierte Drucklufthaspel ermöglicht ein sicheres Versetzen.

27.9. Ankerausbau

Die zum Ankerausbau, d. h. zum Verankern der brüchigen Gebirgsschichten an die tieferliegenden selbsttragenden Partien durch die verschiedensten Arten von Ankern benötigten Bohrlöcher können mit drehenden Bohrmaschinen, in festeren Gesteinsarten jedoch nur mit Bohrhämmern, hergestellt werden. Die Verwendung eines Bohrhammers hat den Vorteil, daß damit auch anschließend, wie z. B. beim Keilanker[1], dieser eingeschlagen und angezogen werden kann.
Die hier verwendeten Ausrüstungen bestehen aus einer Stütze, die seitlich mit einer Anbringungsmöglichkeit für den Hammer versehen ist (Bild 390). Das hat den Vorteil, daß der Hammer auch für den normalen Bohrbetrieb eingesetzt werden kann. Bei einer anderen Bauart, die Stoper genannt wird, ist an einem speziellen Hammerkopf direkt in der Hammerachse eine Vorschubstütze angebracht (Bild 391). Die Luft für die Vorschubregulierung wird von der Hammerluft abgezweigt. Bei dieser Ausführung wird also nur ein Luftschlauch verwendet.

28. Bohrstahl- und Bohrkopfbehandlung

28.1. Wartung und Pflege des Bohrstahls

Wie schon im Abschnitt 26.2. erläutert, werden unter Umständen der Bohrstahl sowie die verwendeten Bohrkronen bei den gängigen Hochleistungsmaschinen bis an die Grenze der Belastbarkeit beansprucht.
Die Höhe der Beanspruchung hängt in erster Linie von der Bohrart ab, also von einer ausreichenden oder unzureichenden Vorschubkraft und von der Länge der Bohrstangen.
Weitere Punkte, die eine Erhöhung der Belastung hervorrufen können, sind die Härte sowie der Quarzanteil des Gesteins, der Schliffzustand des Bohrkopfs und die Größe bzw. Auslegung der Bohrmaschine.
Weiter ist von Bedeutung, ob trocken oder naß gebohrt wird. Beim trockenen Bohren kann der Bohrkopf infolge Überhitzung Anrisse bekommen; beim nassen Bohren tritt dieser Schaden nicht auf, jedoch macht sich die schmirgelnde Wirkung des Bohrkleins stärker bemerkbar.

[1] Eine Art Spreizdorn.

390. Ankerbohrstütze

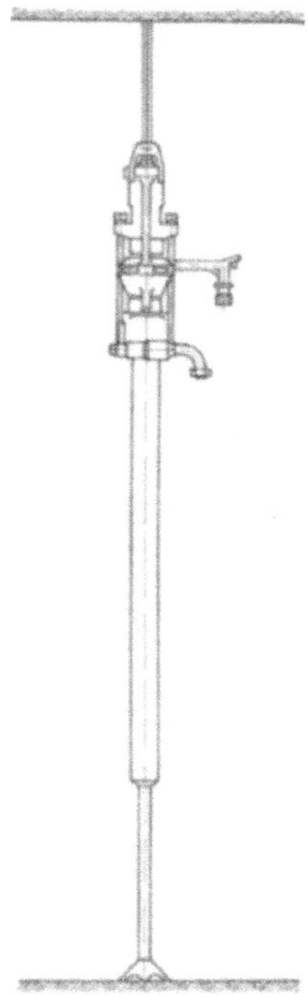

391. Bohrhammer-Stützeneinheit zum Ankerbohren

Oft genug sucht man beim Bruch des Bohrstahls in der Materialqualität den Fehler, ohne an die Auswirkung einer verschlissenen Sechskant- oder Rundbüchse zu denken (Bild 392). Durch die Schräglage des Einsteckendes in der verschlissenen Hülse entstehen durch Kantenschläge

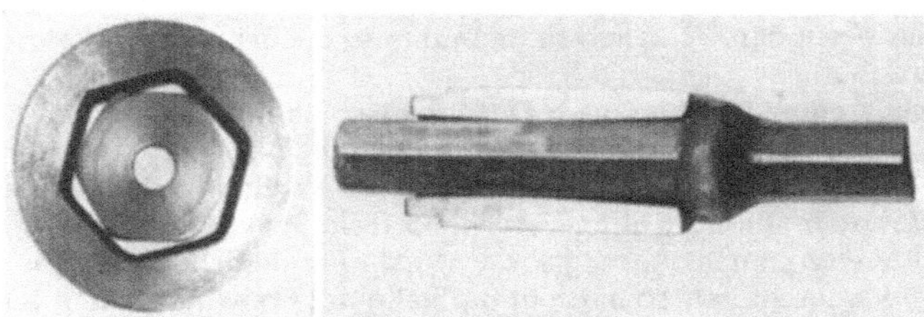

392. Schieflage eines verschlissenen Einsteckendes in einer ebenfalls verschlissenen Sechskanthülse

des Kolbens sehr starke Biegebelastungen, die nicht selten zum vorzeitigen Bruch des Bohrstahls führen.
Der Verschleiß der Bohrbüchse ist in vielen Fällen auf nicht ausreichende Schmierung sowie bei Wasserspülung auf ein undichtes Spülsystem zurückzuführen.

28.2. **Die verschiedenen Arten des Bohrkopfverschleißes**

Bohrarbeiten in hartem, jedoch nicht sehr quarzhaltigem Gestein, wie Granit und Gneis, führen zum Höhenverschleiß (Bild 393), also zu einem Abflachen und zu einer Verbreiterung der Schneidenfase. Bei Abflachung der Schneide fällt nicht nur die Bohrleistung ab, sondern es nimmt auch die Belastung des Bohrgestänges, insbesondere aber die des Hartmetalls zu und führt so zum Bruch des Hartmetalleinsatzes.

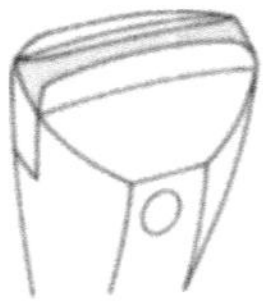

393. Höhenverschleiß

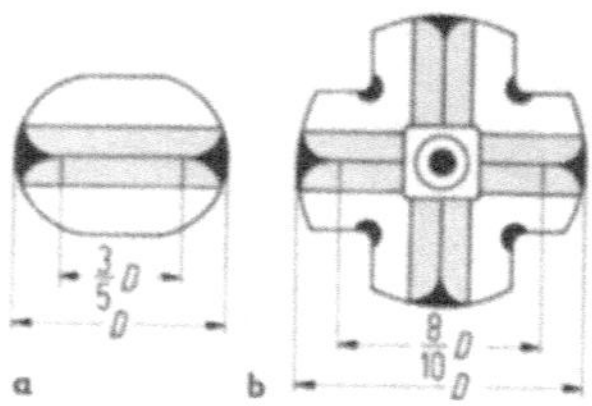

394. Nachschliffangaben bei Höhenverschleiß

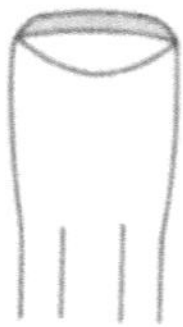

395. Kaliberverschleiß

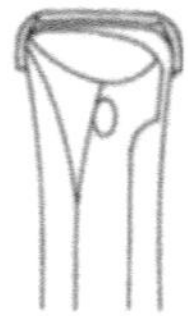

396. Propellerverschleiß

Der Bohrkopf sollte bei Höhenverschleiß nachgeschliffen werden, sobald die Abflachung der Schneide 5 mm, von der Schneidenecke gemessen 2 bis 3 mm, beträgt (Bild 394a). Jedoch ist darauf zu achten, daß die Schneide nicht bis zum Umfang hin geschärft wird. Es genügt, wenn $^3/_5$ des Durchmessers zu einer scharfen Schneidkante ausgeschliffen werden.
Unter einer scharfen Schneidkante versteht man selbstverständlich keine Messerschärfe, sondern eine Schneide mit einer Fase von etwa 0,5 mm. Nach dem Schleifen sollte man also die Schneide auf diese Fase hin abziehen.
Bei Kreuzschneiden mit einem Durchmesser über 2″ wird die Schneide auf etwa $^4/_5$ des Durchmessers ausgeschliffen (Bild 394b).
Beim Bohren in sehr quarzhaltigem Gestein sowie in Schwefelkies entsteht der sogenannte Kaliberverschleiß (Bild 395). Hierbei nutzen sich die Schneidenkanten sehr stark ab. Wird nun die Schneide nicht rechtzeitig nachgeschliffen, so entsteht an Stelle des Freiwinkels sehr bald ein Gegenkegel. Würde mit solch einem Bohrkopf weitergearbeitet, wäre mit einem Ausbrechen des Hartmetalls oder gar mit einem Bohrstangen-

bruch zu rechnen. Bohrköpfe mit Gegenkegel führen zu einer rapiden Bohrleistungsminderung. Durch das fortwährende Festkeilen des Bohrkopfs im Bohrloch wird zudem noch der Umsetzmechanismus der Bohrmaschine stark in Mitleidenschaft gezogen.
Beim Bohren in Gesteinen mit geringem Höhenverschleiß wird der Gegenkegel nicht nur durch das Abschleifen des Bohrkopfs am Umfang, sondern auch durch Höhenschliff verringert.
In diesem Falle wäre ein Bohren mit Bohrköpfen größeren Durchmessers ratsam, um so das Hartmetall auch in der Höhe auszunutzen. Man erkauft sich diesen Vorteil jedoch mit einer Verringerung der Bohrleistung.
Liegt der Kaliberverschleiß jedoch nur unbedeutend über dem Höhenverschleiß, so ist die maximale Standdauer des Hartmetalls eher erreicht, als der größere Außendurchmesser überhaupt ausgenutzt werden kann.
Beim Bohren in weichen Gesteinsarten oder wenn der Druck des Spülmittels zu niedrig ist, so daß das Bohrklein sich am Bohrkopf anstaut, kann ein sogenannter Propellerverschleiß eintreten (Bild 396). Hierunter versteht man einen stärkeren Verschleiß des Körpermaterials des Bohrkopfs als des Hartmetalls, so daß die Hartmetalleinsätze teilweise freistehen.
Das Nachschleifen geschieht hierbei nach den gleichen Gesichtspunkten wie bei normalem Höhen- oder Kaliberverschleiß. Lediglich die freistehenden Hartmetalleinsätze müssen abgeschliffen werden, um ein Ausbrechen zu verhindern.
Beim Bohren in Kalkstein und Magnetit z. B. entstehen auf den Verschleißflächen oft dichte Netze von Haarrissen im Hartmetall (Reptilhaut).
Um Hartmetallbrüche zu vermeiden, müssen diese Risse durch Schleifen vollständig entfernt werden. Das bedeutet, die Hartmetalleinsätze müssen tiefer als normal nachgeschliffen werden. Weiterhin ist ratsam, die Bohrköpfe früher nachzuschleifen, als es der Höhen- oder Kaliberverschleiß normalerweise erforderlich macht.
Zum Nachschleifen der Bohrköpfe mit Hartmetalleinsätzen dürfen nur keramisch gebundene Siliziumkarbid-Schleifscheiben verwendet werden.
Zeigen sich beim Nachschleifen auf den Hartmetalleinsätzen glänzende, polierte Stellen sowie Anlauffarben, so war die Schleifscheibe entweder zu hart oder zu feinkörnig. Die Oberfläche der Schleifscheibe ist mit Stahlteilchen zugesetzt. Eine zu grobkörnige Schleifscheibe führt zu tiefen Riefen im Hartmetall.
In beiden Fällen können Brüche im Hartmetall die Folge sein. Beim Nachschleifen ist darauf zu achten, daß die Schneide des Hartmetalls

weiterhin in der Mitte des Bohrkopfes bleibt. Bei Kreuzschneiden muß darauf geachtet werden, daß alle Hartmetalleinsätze auf gleiche Höhe geschliffen werden, um eine Überbelastung zu vermeiden.
Weiterhin sollte man nie jeden Hartmetalleinsatz für sich fertigschleifen, um eine Überhitzung zu vermeiden. Nach dem Schleifen darf die Schneide nicht auf den Boden gestellt werden, da durch die plötzliche Abkühlung das Hartmetall Anrisse bekommen kann.
Eine hohe Standdauer der Bohrköpfe ist nur durch ständige Kontrolle und Beseitigung der Fehler zu erreichen. Bei einer einwandfreien Be-

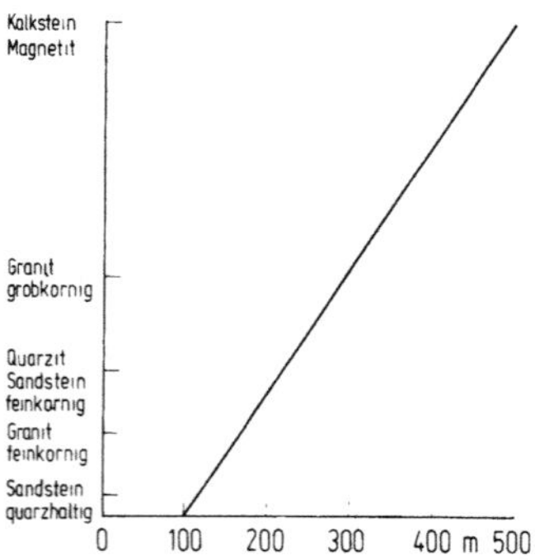

397. Standzeiten von Monobloc- und Konusbohrköpfen mittelschwerer Hochleistungsbohrhämmer in verschiedenen Gesteinsarten

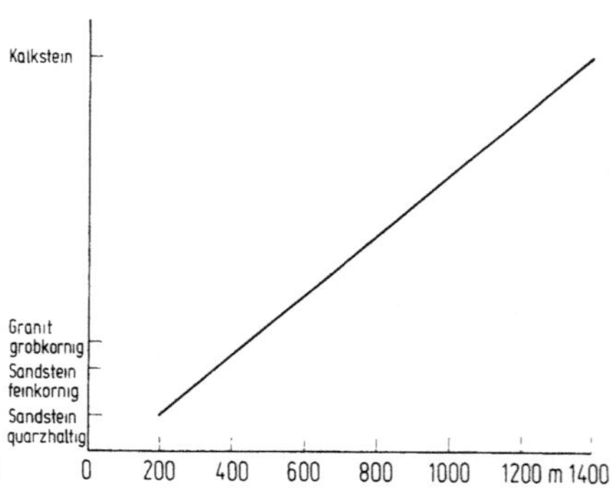

398. Standzeiten von Bohrkronen, 75 mm ∅, mit $1^1/_2''$-Gewinde bei einer schweren Hammerbohrmaschine mit Drallspindelrotation, $4-4^1/_2''$ Kolbendurchmesser und 5,5—5,6 atü Betriebsdruck

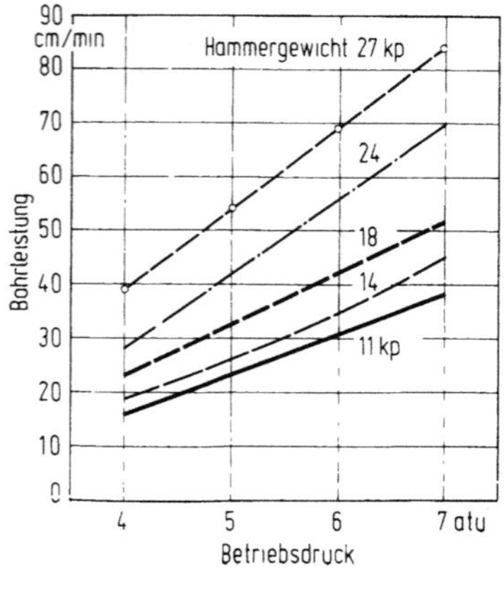

399. Bohrleistung der verschiedensten Hammergewichtsklassen im Wurmberg-Granit

1

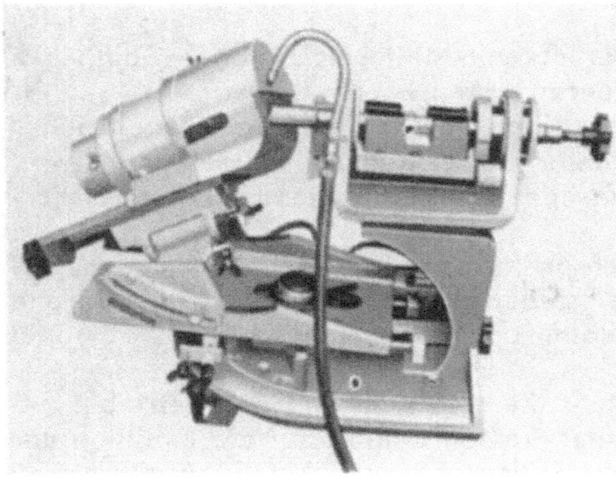

2

3

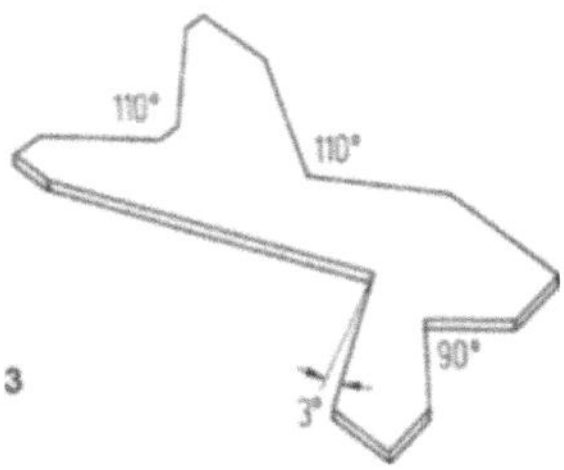

400. Bohrkronenschleifmaschine mit den dazugehörenden Werkzeugen

handlung der Bohrköpfe und Bohrstangen und einer richtigen Auswahl und Abstimmung der Bohrmaschinen zu dem verwendeten Gestänge sind die in Bild 397 und 398 angegebenen Standzeiten sowie die in Bild 399 aufgeführten Bohrleistungen erreichbar. Bild 400/1 zeigt eine Bohrkronenschleifmaschine mit dazugehörigem Werkzeug (Bild 400/2) und Lehre (Bild 400/3).
Um Korrosionsschäden bei Wasserspülung weitgehend zu vermeiden, sollte nur eine geringe Anzahl von Bohrstangen in Umlauf sein.

29. **Allgemeines über Rammhämmer, Pfahlzieher und Felsbrecher sowie Vorteile der durch Druckluft angetriebenen Geräte**

Rammhämmer, Pfahlzieher und Felsbrecher, vor Jahren noch Spezialausrüstung bestimmter Tiefbauunternehmen, fehlen heute in fast keinem Gerätepark der Bauindustrie. Auffallend ist, daß der größte Teil dieser Geräte mit Druckluft betrieben wird.

Das hat folgende Gründe:
Kompressoren zur Drucklufterzeugung sind bei fast allen Baufirmen vorhanden und sofort einsatzbereit.
Der einfache, unkomplizierte Aufbau der Rammhämmer, Pfahlzieher und Felsbrecher ist direkt auf den rauhen Baubetrieb zugeschnitten und gewährleistet damit eine kaum mehr zu übertreffende Betriebssicherheit.
Die einfache Wartung, die sich praktisch auf das Schmieren sowie auf Sauberhalten der Geräte und Schläuche beim Transport und während der Lagerung beschränkt, kann auch von ungeschultem Personal durchgeführt werden.
Verschleiß und Undichtigkeiten, die sich während des Betriebes bemerkbar machen können, haben keinen Einfluß auf die Funktion der Geräte, d. h. zur Not kann auch mit einem defekten Gerät die Arbeit zu Ende geführt und die notwendige Reparatur auf einen günstigeren Zeitpunkt verlegt werden. Reparaturen können, bedingt durch die einfache Bauart der Geräte, ohne größeren Aufwand meist auf der Baustelle selbst erfolgen.
Die sofortige Einsatzbereitschaft der Geräte, unabhängig von der Außentemperatur, auch bei Einsatz unter Wasser, verkürzt die Rüstzeit auf ein Minimum.
Die Abstufung der Gerätegrößen innerhalb einer Baureihe ist so gewählt, daß für jede vorkommende Bauaufgabe praktisch ein passendes Gerät angeboten werden kann. Dabei überdecken sich wiederum die einzelnen Anwendungsbereiche, so daß mit nur einem Gerät die Möglichkeit besteht, einen gewissen Einsatzbereich eines größeren oder kleineren Gerätes zu erfassen, wenn nicht unbedingt ein Optimum erreicht werden soll.

30. Rammen

30.1. Der Rammvorgang

Der Rammvorgang, d. h. das Eintreiben von Rammelementen in das Erdreich, ist vereinfacht als Stoß zweier Körper zu betrachten. Der stoßende Körper, je nach Art der Ramme als Kolben oder als Zylinder ausgebildet, überträgt seine Stoßenergie auf den zu rammenden Pfahl (Bohle, Träger, Stahlprofil usw.) und treibt diesen unter möglichst genauer Einhaltung der geplanten Richtung in den Boden. Die vom stoßenden Körper aufzubringende Stoßenergie muß so bemessen sein, daß folgende Widerstände überwunden und ein entsprechender Rammfortschritt erreicht wird:

a) die Massenträgheit und die Dämpfungswirkung der zwischen Stoßkörper und Rammgut eingeschalteten Rammplatte bzw. Rammhaube,

b) die Massenträgheit des Rammgutes,

c) die Mantelreibung des Rammgutes mit dem Erdreich (bei Schloßbohlen zusätzlich die Schloßreibung),

d) der Stirnwiderstand des Rammgutes,

e) das Rammgut bildet mit dem umgebenden Boden ein Schwingungssystem, dessen Erregungsenergie ebenfalls von der Stoßenergie der Ramme aufgebracht werden muß.

Dieser Versuch einer groben Aufschlüsselung der einzelnen Widerstände zeigt schon deutlich den komplizierten Zusammenhang des eingangs als Stoßvorgang bezeichneten Rammablaufes. Die Schwierigkeiten der rechnerischen Erfassung dieser Einzelgrößen unter dem Gesichtspunkt einer für die Praxis auswertbaren Berechnungsformel sollen in der nun folgenden Betrachtung vor Augen geführt werden.

Zu a) Der Energieverlust, der durch die notwendige Rammplatte bzw. Rammhaube entsteht und als Verhältniszahl η den Wirkungsgrad, d. h. das Verhältnis von abgegebener zur aufgewendeten Leistung der Ramme mitbestimmt, kann für einen ganz konkreten Rammvorgang gemessen werden. Ändert man innerhalb dieser Meßanordnung entweder das Rammgut oder den Rammwiderstand, bzw. ändert sich die Form der Auflage der Rammplatte auf dem Rammgut, so tritt sofort eine Veränderung des gemessenen Wertes ein. Man kann jedoch hier mit einem Mittelwert arbeiten, wie man es bei der Bestimmung der Tragfähigkeit von Pfählen handhabt.

Zu b) Die Bestimmung der Massenträgheit des Rammgutes kann durch einfache Berechnung der Masse durchgeführt werden.

Zu c) Die Mantelreibung des Rammgutes hängt von der Oberflächenbeschaffenheit des Rammgutes, von der Art des umgebenden Bodens und vom Bodendruck ab. Die von der Natur geschaffenen vielfältigen Bodenarten besitzen stark schwankende Reibungswerte, so daß für eine exakte Berechnungsgrundlage eine erhebliche Anzahl von spezifischen Reibungswerten ermittelt werden muß. Das gleiche gilt für den Bodendruck. Bei Schloßprofilen erhöht sich diese Mantelreibung noch um die Schloßreibung, die wiederum je nach Bodenart verschieden ist.

Zu d) Der Stirnwiderstand des Rammgutes ist ein Produkt aus der Stirnfläche und der Druckfestigkeit des zu verdrängenden Bodens. Diese Druckfestigkeit ist für jede Bodenart spezifisch. Der Stirnwiderstand kann sich durch Pfropfenbildung erheblich vergrößern, und zwar bildet sich oft bei stark profilierten Spundbohlen oder bei offengeschlagenen Rohren ein an der Stirn festsitzender, mit dem Rammgut mitwandernder Erdpfropfen, der den Stirnwiderstand um ein vielfaches vergrößert. Diese Pfropfenbildung ist unkontrollierbar und kaum im voraus zu erkennen oder gar zu berechnen.

Zu e) Noch wenig erforscht ist das von Bohle und Erdreich gebildete Schwingungssystem. Eine genaue Berechnung müßte auch das Schwingungsverhalten berücksichtigen.

Da eine exakte Berechnungsmethode fehlt, mit der die Rammleistung und die Rammtiefe sicher berechnet werden können, ist man auch weiterhin auf sogenannte Faustformeln, wie sie im Abschnitt 30.7. dargelegt sind, und auf die Erfahrungen der Praxis angewiesen.
Über die einzelnen Rammtechniken zu berichten, würde über den Rahmen dieses Handbuches hinausgehen. Es wird hier deshalb auf die einschlägige Literatur verwiesen[1].

30.2. Arten der Rammhämmer

30.2.1. Vollautomatischer Fallbär

Bei dieser Bauart wird der Schlagzylinder durch Druckluft oder Dampf auf die gewünschte Fallhöhe gebracht. Durch eine eingebaute Steuerung wird in der oberen Lage die Druckluftzufuhr selbsttätig unterbrochen und gleichzeitig der Auspuffquerschnitt für das Entweichen freigegeben, so daß der Schlagzylinder sich im freien Fall nach unten bewegt. Während des Aufpralles wird durch die Steuerung umgeschaltet und ein neues Arbeitsspiel eingeleitet. Die Schlagzahl beträgt z. B. bei der in Bild 401 gezeigten Ramme FR 220 ca. 50 bis 60 Schläge pro Minute.

Die Druckluftramme FR 220 besteht aus zwei Hauptteilen, einem feststehenden und einem beweglichen Teil, dem Rammbären. Der feststehende Teil setzt sich zusammen aus der Rammplatte *10*, die über den Festhaltebolzen *11* mit dem auf der Rammplatte aufsitzenden Kolbenrohr *36* und seinem aufgeschrumpften Kreuzfuß verbunden ist. Am Kreuzfuß sind zusätzlich die Versteifungs- und Führungsteile für den Mäkler angeschweißt. Auf der einen Führung befinden sich die Gleitbacken *27* und *28*, die über eine Schraubenspindel *29* mit Rechts- und Linksgewinde während des Einbringens der Ramme am Mäkler verstellt werden können. Zur Befestigung des Anschlußschlauches mit Ölschmiergerät ist den Gleitbacken gegenüber am Ende des Kreuzfußes der Drucklufteinlaß *4* angebracht.

[1] Besonders hingewiesen sei auf die Handbücher der Spundwandhersteller.

Der bewegliche Teil, der Rammbär, besteht aus dem Schlagklotz *35* mit eingeschrumpftem Zylinderrohr und den daran geschraubten Teilen. Während des Betriebes gleitet der Rammbär über das Kolbenrohr, wobei zwei in Keilnuten laufende Gleitfedern *15* ein Verdrehen des Rammbären verhindern. Die Vorsteckbolzen *1* halten die Gleitfeder in ihrer Lage fest. Am Zylinderrohr *35* sitzt in Höhe des Auspuffes eine Festhalteschraube *2*, die das Eindringen von Schmutz ins Hammerinnere verhindert und beim Transport ein Verschieben des Rammbären unmöglich macht. Vor der Inbetriebnahme muß die Festhalteschraube entfernt werden.

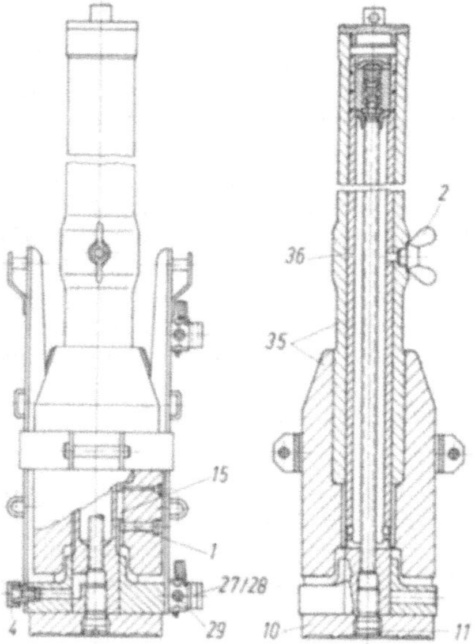

401. Aufbau einer Druckluftramme

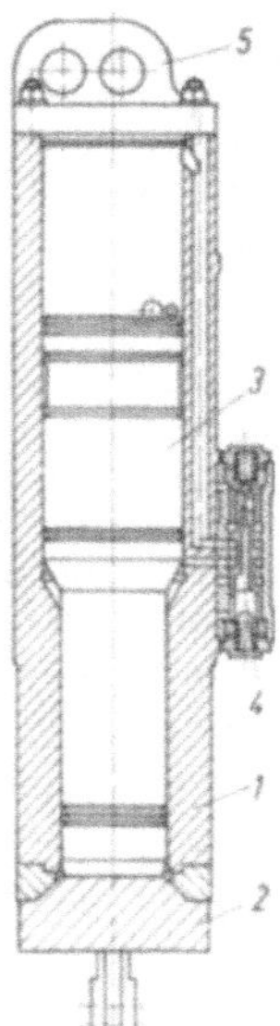

402. Schnellschlagramme

30.2.2. Schnellschlagrammen

Zum Unterschied zu den vorher aufgezeigten Rammen, die mit schwerem Fallgewicht, großem Hub und Schlagzahlen zwischen 20 bis 60 pro Minute arbeiten, wird bei den Schnellschlagrammen ein verhältnismäßig leichter Kolben, der beiderseits wechselseitig mit Druckluft oder Dampf beaufschlagt wird, mit hoher Schlagzahl bewegt.

Die Schnellschlagrammen weisen folgende gemeinsame Konstruktionsteile auf (Bild 402):

a) den feststehenden ein- oder mehrteiligen Zylinder mit Zylinderdeckel *1* und *5*,
b) die untere Rammplatte mit Rammplattenführung *2*,
c) den Schlagkolben *3*,
d) die Steuerung *4*.

30.2.2.1. Beschreibung der einzelnen Bauelemente und ihrer Wirkungsweise

Zylinder (Bild 402, Teil 1)

Der ein- oder mehrteilige Zylinder führt den frei beweglichen Schlagkolben und wird durch diesen in einen oberen und unteren Zylinderraum getrennt. Er nimmt die Beschleunigungs- und Verzögerungskräfte, die durch die Bewegung des Schlagkolbens entstehen, auf. Sein auf diese Kräfte abgestimmtes Gewicht ist für den ruhigen Lauf und damit für die größtmögliche Energieausnutzung bestimmend. Lediglich bei den Handrammen muß mit Rücksicht auf die Handlichkeit auf dieses große Standgewicht verzichtet werden. Man ersetzt dann dieses fehlende Gewicht durch den Andruck von Hand. Man kann aber auch durch Anhängen von Zusatzgewichten, die man nach dem Aufsetzen der Ramme auf das Rammgut anbringt, diesen notwendigen Andruck erreichen. Diese zusätzliche Belastung der Ramme, also die Vergrößerung des Andruckes, kann auch durch statischen Zug erreicht werden.

Zylinderdeckel (Bild 402, Teil 5)

Der Zylinderdeckel dichtet den oberen Zylinderraum ab und trägt gleichzeitig eine Deckelöse, mittels der die Ramme mit dem Hubseil verbunden wird. Bei den Handrammen ist dieser Zylinderdeckel als Doppelhandgriff ausgebildet, der dann noch gleichzeitig das Einlaßventil für das Betriebsmittel aufnimmt.

Rammplatte (Bild 402, Teil 2)

Die Rammplatte, die die Schlagenergie des Schlagkolbens auf das Rammgut weiterleitet und verteilt, wird mittels der sogenannten Rammplattenführung am Hammer gehalten. Das Spiel zwischen Rammplatte und Führung ist so groß bemessen, daß bei Leerschlägen und auch bei seitlichem Auswandern der Rammplatte keine Beschädigung der Führungseinrichtung auftritt.

Schlagkolben (Bild 402, Teil 3)

Der Schlagkolben, der je nach Art des Hammers bzw. der Steuerung in seiner Form unterschiedlich sein kann, ist in seiner Achsrichtung frei beweglich im Zylinder geführt. Die Größe der wirksamen Kolbenflächen, der Hub, die Schlagzahl pro Minute und das Gewicht des Kolbens sind für die Leistung des Gerätes bestimmend. Zur Abdichtung ist der Schlagkolben mit Kolbenringen versehen.

Steuerung (Bild 402, Teil 4)

Die Steuerung der Rammhämmer kann entweder als separates Steuergehäuse außen am Zylinder angeflanscht oder aber im Zylinderdeckel oder in einer Verlängerung desselben untergebracht sein. Außer den bereits im Abschnitt Druckluftwerkzeuge beschriebenen Steuerungsarten hat man für die Schnellschlagrammen noch besondere Steuerungen entwickelt. Die wichtigsten sind die sogenannten Verbundsteuerungen. Es handelt sich hierbei um Expansionssteuerungen. Sie können wirtschaftlich nur bei Rammhämmern ab einer bestimmten Baugröße und einer nicht zu hohen Schlagzahl verwendet werden, haben aber dann den Vorteil, daß das Antriebsmittel hinsichtlich seines Energieinhaltes optimal ausgenutzt wird.
Nachstehend wird eine solche Steuerung, wie sie z. B. bei der DEMAG-POKORNY-Schnellschlagramme VR 40 angewandt wird, beschrieben. In Bild 403 sind nacheinander die einzelnen Phasen des Arbeitsablaufs dargestellt.

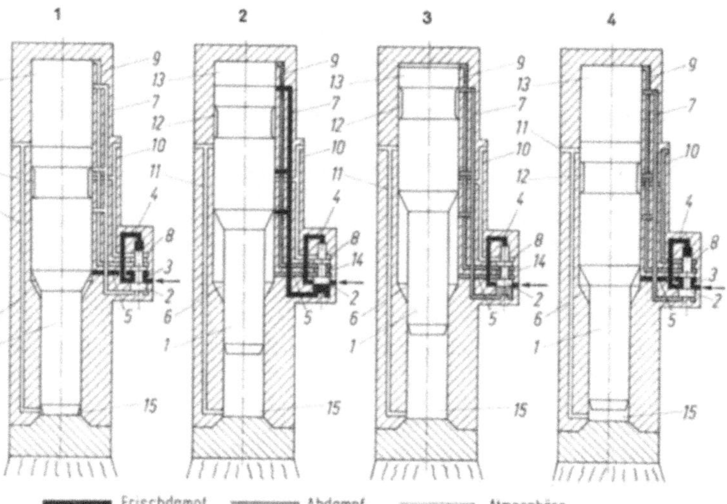

403. Schematische Darstellung der Steuerung des DEMAG-POKORNY-Rammhammers VR 40

Vor Inbetriebnahme des Rammhammers (Bild 403, Fig. 1) befinden sich der Kolben *1* und Steuerkolben *2* in der untersten Stellung. Das Druckmittel (Dampf bzw. Druckluft) strömt durch die Einschnürung *3* und den Kanal *5* in den unteren Zylinderraum *6*. Gleichzeitig wird das Druckmittel über die Einschnürung *3* in den Kanal *4* geleitet und beaufschlagt die kleine Fläche vom Steuerkolben *2*. Die Kanäle *7*, *9*, *10* und *11* und die Einschnürung *8* sind mit der Atmosphäre verbunden.
Durch die wirksame Kolbenfläche (Bild 403, Fig. 2) des Schlagkolbens *1* wurde dieser nach oben beschleunigt, wobei der Raum *6* mit dem Druckmittel bis zum Steuerkanal *7* gefüllt wurde. Durch den Kanal *7* gelangt das Druckmittel unter den Steuerkolben *2* und steuert diesen gegen den Druck der kleinen Fläche des Steuerkolbens nach oben. Beim Aufwärtshub wird ein Teil der im oberen Raum befindlichen Luft über die Kanäle *7* und *10* ins Freie ausgeschoben. Die Druckmittelzufuhr wird abgeschlossen. Nach erfolgter Umsteuerung des Steuerkolbens *2* gelangt das Druckmittel durch die Einschnürung *14* und den Kanal *9* in den oberen Zylinderraum *13*. Der frei nach oben beschleunigte Kolben *1* wird abgebremst.
Der Kolben *1* hat die oberste Stellung (Bild 403, Fig. 3) erreicht, und der Schlaghub beginnt, wobei die größere wirksame Kolbenfläche den Kolben *1* nach unten drückt. Die Zylinderräume *6* und *13* sind über die Steuerung miteinander verbunden, so daß in beiden Räumen gleiche Druckverhältnisse vorliegen. Über den Kanal *7* wird der Steuerkolben *2* in seiner Stellung festgehalten. Der untere Raum *15* ist über den Entlüftungskanal mit dem Auspuff *11* verbunden.
Der Schlagkolben *1* (Bild 403, Fig. 4) befindet sich in Stellung kurz vor dem Aufschlagen. Der Steuerkanal *7* ist über die Einschnürung *12* des Kolbens *1* mit dem Kanal *10* verbunden. Somit tritt unter der großen Fläche des Steuerkolbens *2* ein Druckabfall ein, und der Steuerkolben wird nach unten gesteuert. Fast gleichzeitig führt der Schlagkolben *1* seinen Rammschlag aus, und das Arbeitsspiel wiederholt sich.

30.2.2.2. **Ausführungsarten von Schnellschlagrammen**

Das Bild 404 zeigt sechs verschiedene Bauarten von Schnellschlagrammen. Fig. 1 zeigt eine typische Handramme, wie sie im Abschnitt 19.6.3., Bild 262, bereits vorgestellt wurde. Bei diesem Rammhammer schlägt ein abgestufter Kolben direkt auf die Rammplatte.
Fig. 2 des Bildes zeigt das gleiche Prinzip bei einer schweren Schnellschlagramme vom Typ VR 10. Bei beiden Rammen wird der Schlaghub durch Beaufschlagung der großen oberen Kolbenfläche ausgelöst, während der Rückhub durch das in den Ringraum des Stufenkolbens eintretende Treibmittel erfolgt.

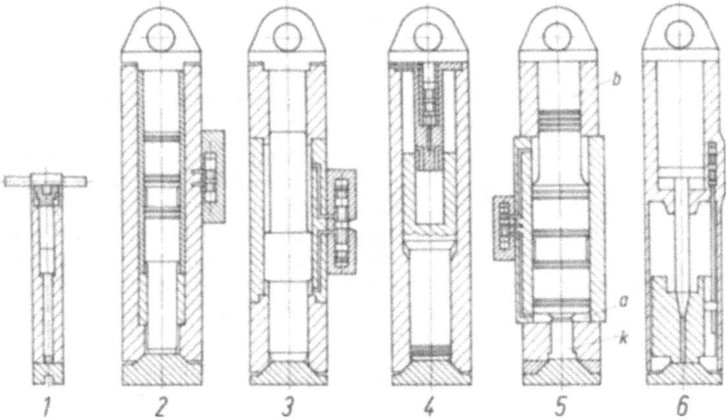

404. Bauarten von Schnellschlag-Rammhämmern

Bei der Ramme Bild 404, Fig. 3, ist der Schlagkolben zweimal abgesetzt, so daß der in Kolbenmitte vorstehende zylindrische Ansatz den oberen und unteren Zylinderraum abteilt. Die wirksamen Kolbenringflächen sind gleich oder fast gleich groß, dadurch ergeben sich für Schlag und Rückhub nahezu gleiche Zeiten, und die Ramme kann für hohe Schlagzahlen ausgelegt werden. Sie wird beiderseits mit Netzdruck beaufschlagt.

Bei der Ramme in Bild 404, Fig. 4, ist die Steuerung in einem sogenannten Tauchkolben untergebracht. Der eigentliche Schlagkolben ist abgesetzt und hat für den Tauchkolben eine Bohrung im oberen Teil. Die Zylinderräume werden einmal durch den unteren Ringraum des Stufenkolbens und zum anderen durch Räume um und unter dem Tauchkolben gebildet.

Im Bild 404, Fig. 5, ist der Schlagkolben einmal abgesetzt. Dabei ist allerdings der schlanke Kolbenhals, umgekehrt wie bei Fig. 2, nach oben gerichtet. Eine weitere Besonderheit ist der zusätzliche Zwischenkolben *k*, der die Energie des Schlagkolbens aufnimmt und an die Rammplatte weitergibt. Die wirksamen Kolbenflächen *a* und *b* sind unterschiedlich groß, und die Ramme arbeitet nach dem Verbundsystem. Hierbei wird der obere Zylinderraum *b* mit Netzdruck beaufschlagt und nach Verbinden beider Zylinderräume über die größere Kolbenfläche *a* der Kolben wieder angehoben. Der Vorteil dieser Konstruktion besteht darin, daß durch den Zwischenkolben, der den unteren Zylinderraum abdichtet, die Ramme ohne Umbau auch unter Wasser arbeiten kann. Allerdings gehen durch den Zwischenkolben etwa 15% an Energie verloren. Aus diesem Grunde hat sich heute die Konstruktionsform Bild 404, Fig. 2, durchgesetzt, wobei man dann allerdings bei Unterwasserarbeiten einen zusätzlichen Zwischenzylinder mit Zwischenkolben anbringen muß.

In Bild 404, Fig. 6, wird der eigentliche Schlagkolben nicht direkt durch Druckmittel beaufschlagt. Ein besonderer Hubkolben, der über eine Kolbenstange mit dem Schlagkolben gekoppelt ist, wird durch Druckmittel wechselseitig beaufschlagt und hebt somit den Schlagkolben an bzw. treibt ihn nach unten. Die Steuerung dieser Ramme erfolgt mechanisch durch den Schlagkolben. Der eigentliche Steuerkolben ist als Drehkolben ausgebildet, der über eine besondere mit Kurvenzügen versehene Steuerstange gedreht wird.

Über diese Steuerstange greift eine im Schlagkolben gelagerte Führungsmutter, die in den vorgesehenen Hubstellungen den Steuerimpuls auslöst.

30.3. Rammplatten

Die Rammplatte soll, um eine möglichst niedrige Flächenbelastung und damit eine Schonung des Rammgutes zu erzielen, dieses so weit wie möglich überdecken. (Siehe auch Teil 30.2.2.1.) Um den unterschiedlichen Breiten des Rammgutes Rechnung zu tragen, werden Rammplatten in verschiedenen Größen geliefert (Bild 405).

Bei den Kanaldielen, die auf Grund ihrer dünnen Wandstärke besonders leicht deformiert werden können, kommen Rammplatten zur

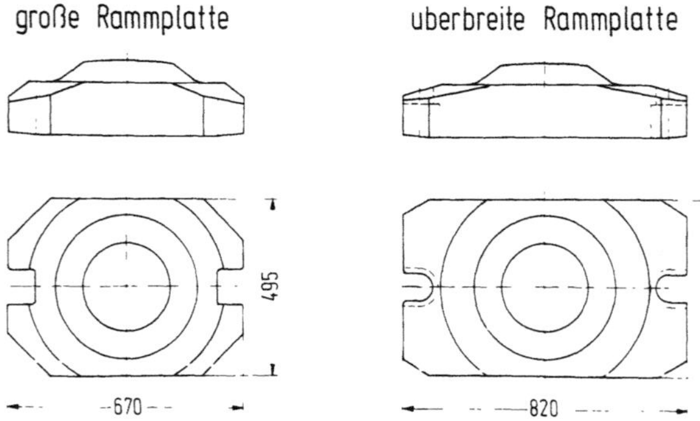

405. Rammplatten

Anwendung, die an ihrer Auflagefläche in Form des jeweiligen Dielenprofils genutet sind. Der so allseitig abgestützte Dielenkopf ist gegen Beschädigung gut geschützt.

30.4. Rammhauben

Rammhauben werden ebenfalls zur Schonung des Rammgutes zwischen diesem und der Rammplatte eingeschaltet. Sie sind aus Stahl und überdecken das Rammgut formschlüssig, z. B. bei Holzpfählen. Sie können aber auch beiderseits durch Holz oder Kunststoff gefüttert sein (Bild 406).

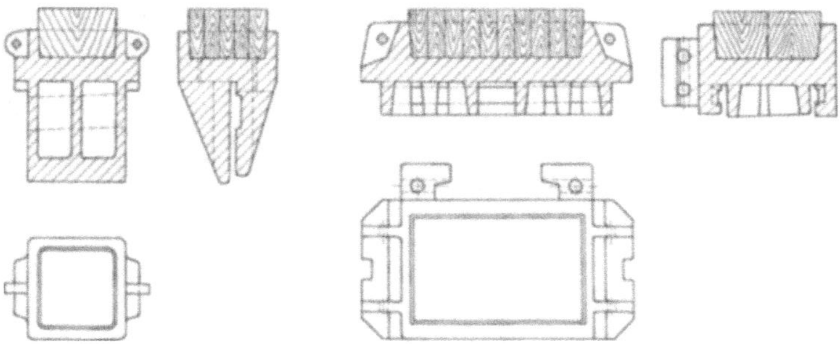

406. Rammhauben

30.5. Bohlenführung

Entscheidend für die exakte Durchführung des Rammvorganges ist die Anordnung der Ramme zum Rammgut. Um einen geraden zentrischen Stoß zu gewährleisten, müssen Rammgut und Ramme senkrecht und mittig zueinander fixiert werden. Schon die geringste Abweichung von dieser gemeinsamen Achse führt zum Ausknicken oder Flattern des Rammgutes. Die Folgen sind rapides Absinken des Wirkungsgrades sowie Beschädigung und Verlaufen des Rammgutes. Die Ramme selbst wird unkontrollierbaren Höchstbelastungen ausgesetzt, die wiederum zu erhöhtem Verschleiß, eventuell sogar zu frühzeitigen Brüchen führen. Wird der Rammhammer selbst mittels eines Mäklers geführt, der die gewünschte Richtung der Rammung garantiert, so muß nur noch der richtige Sitz des Hammers zum Rammgut erreicht werden. Dies geschieht mittels einer sogenannten Bohlenführung. Sie ist üblicherweise am Zylinder des Rammhammers angeflanscht und kann durch Umbau verschiedener Teile allen vorkommenden Profilen angepaßt werden.
Der Sitz des Rammgutes zum Rammhammer soll so gewählt werden, daß unter Berücksichtigung gleicher Kippmomente eine möglichst

gleiche spezifische Flächenbelastung des Rammgutes erfolgt. Bei symmetrischen Profilen ist das einfach zu erfüllen. Bei einachsigsymmetrischen oder unsymmetrischen Profilen muß man einen Mittelwert zwischen gleichen Kippmomenten und gleicher Flächenbelastung wählen. So wird man z. B. bei einem U-förmigen Profil einen Mittelwert zwischen dem Schwerpunktabstand und der Profilmitte nehmen.
Eine zu fast allen vorkommenden Profilen passende einstellbare Bohlenführung wurde von DEMAG POKORNY entwickelt. Bild 407 zeigt das Rammen mit einer solchen Bohlenführung, Bild 408 zeigt die Verstellmöglichkeiten.

407. Verstellbare Bohlenführung am Schnellschlaghammer VR 10

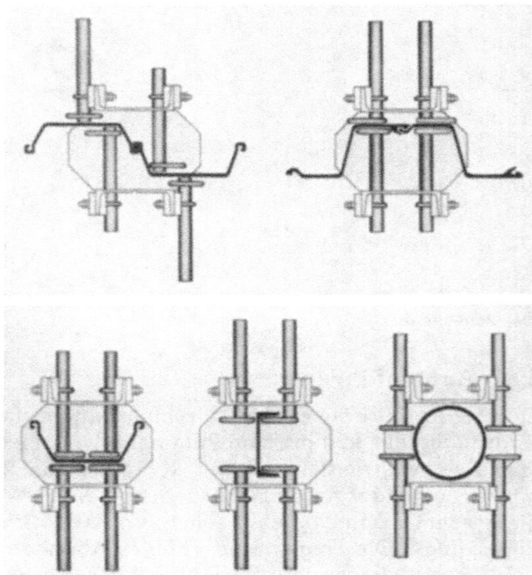

408. Beispiele für Verstellmöglichkeiten der Bohlenführung bzw. des Freireiters

30.6 Freireiter

Wird die Ramme nicht mittels eines Mäklers geführt, sondern an einem Kranseil hängend (freireitend) zum Rammen eingesetzt, so wird mit Hilfe eines sogenannten Freireiters die notwendige axiale Ausrichtung zum Rammgut und Rammhammer erreicht. Dieser Freireiter ist an der Ramme angeflanscht und überdeckt ca. 1 bis 1,5 m über die Rammplatte hinaus das Rammgut. Dieser überragende Teil ist mit dem jeweiligen Rammgutprofil angepaßten Einsätzen versehen, die eine genaue und sichere Führung bewirken. Diese Einsätze sind auswechselbar, so daß verschiedene Profile gerammt werden können. Für bestimmte Rammen ist auch hier von DEMAG POKORNY ein verstellbarer Freireiter entwickelt worden, der allen Profilen angepaßt werden kann (Bild 409).

409. Ansicht des verstellbaren Freireiters am Rammhammer VR 10

30.7. **Auswahl des Rammgerätes**

Die Auswahl der Ramme richtet sich in erster Linie nach der Art und Größe des zu rammenden Gegenstandes. Hier unterscheidet man Kanaldielen, Leichtspundbohlen, Spundbohlen, Kastenprofile, Profilträger, Rohre, Holzpfähle, Betonpfähle und Anker. In der Praxis haben sich, wie bereits erwähnt, sogenannte Faustformeln für die Größenbestimmung der Ramme nach dem Gewicht des zu rammenden Gegenstandes bewährt.

Je nach Art der Ramme gilt:

a) Freifallrammen

   Das Fallgewicht der Ramme soll das 1 bis 1,5-fache des Rammgutgewichtes betragen. Ist das Rammgut bezüglich Ausknickung stabil und neigt es nicht zum Flattern, so können, wenn notwendig, auch schwerere Fallgewichte verwendet werden.

b) Schnellschlagrammen
Das Gewicht des Schlagkolbens bzw. des Schlagzylinders soll mindestens $^1/_4$ bis $^1/_5$ des Rammgutgewichtes betragen. (Ausgenommen sind hierbei Betonpfähle, die nur unter besonders günstigen Bedingungen mit Schnellschlagrammen gerammt werden können.) Dabei gilt der Wert von $^1/_4$ des Rammgutgewichtes besonders für die neuen Spundbohlen, die durch ihre breitere Form eine erhöhte Mantelreibung erzeugen.

c) Bei Schnellschlagrammen mit Schlagzahlen über ca. 300 Schlägen pro Minute und leichtem Schlagkolben, wie sie im leichten Kanalbau verwendet werden, gilt obige Faustformel nicht. Hier sind die Angaben der Herstellerfirmen (siehe Anhang) zugrunde zu legen.

Diese Faustformeln gelten für mittlere Rammarbeiten. Liegen schwere Rammbedingungen vor, so wählt man eine entsprechend stärkere Ramme, um eine Leistungsreserve zur Verfügung zu haben. Eine schwerere Ramme ist dann einzusetzen, wenn die von den Herstellerfirmen angegebene Mindestrammleistung pro Minute nicht erreicht wird. Wird diese Mindestrammleistung unterschritten, so muß man mit schwerwiegenden Schäden an der Ramme und mit einer Verformung des Rammgutes rechnen.

Nach dieser größenmäßigen Bestimmung der Ramme muß nun über die Rammenart entschieden werden. Hierbei ist die Form des Rammgutes und wiederum die Bodenart entscheidend. Sollen Holz- oder Betonpfähle gerammt werden, so ist in jedem Falle die Freifallramme am wirkungsvollsten einzusetzen. Ihre große Schlagenergie ermöglicht das Zwischenschalten einer gefütterten Rammhaube, die den einzutreibenden Pfahl schont, ohne die Rammleistung wesentlich zu mindern. Nur bei äußerst günstigen Böden wird man für diese Rammelemente Schnellschlagrammen einsetzen.

Für das Rammen von Stahlprofilen oder Spundbohlen eignet sich die Schnellschlagramme am besten. Ihre kurzen, aber häufigen Schläge regen die Bohle zu Längs- und Querschwingungen an, die die Mantelreibung herabsetzen. Besonders bei rolligen Böden, z. B. Sand und Kies, sollte man deshalb eine Ramme mit sehr hoher Schlagzahl und geringerer Einzelschlagenergie einsetzen. Bei bindigen Böden wählt man dagegen eine Ramme mit höherer Einzelschlagenergie und zwangsweise geringer Schlagfolge. Auf Grund der Wechselwirkung von Schlagenergie und Schlagzahl wird bei Leistungsvergleichen immer die dem Boden am besten angepaßte Ramme die größte Rammleistung zeigen. Soll die Ramme aber in verschiedenen Bodenarten eingesetzt werden, so legt man sie nach der schwersten Bodenart aus, muß dann aber bei leichteren Böden mit entsprechend geringeren Rammfortschritten rechnen. Das gleiche gilt auch, wenn Rammarbeiten in Mischböden durchzuführen sind. Stehen verschiedene Rammhammertypen zur Verfügung, so läßt sich die sogenannte Staffelrammung anwenden, wobei mit einer der oberen Bodenart angepaßten Ramme begonnen wird, um dann mit einer den unteren Bodenarten entsprechenden Ramme die Rammung zu Ende zu führen.

30.8. Rammgerüste

30.8.1. Einzelrammgerüste

Um eine exakte Führung von Ramme und Rammgut zu gewährleisten und um den Rammvorgang weitgehend zu mechanisieren, bedient man sich verschiedener Hilfseinrichtungen. Die eine Gruppe dieser Hilfseinrichtungen wird bei normalen bis schwersten Rammarbeiten angewendet. Die zweite Gruppe wird für den leichten bis mittleren Kanalbau eingesetzt. In der ersten Gruppe ist als einfachstes Hilfsgerät der Hängemäkler zu nennen (Bild 410).

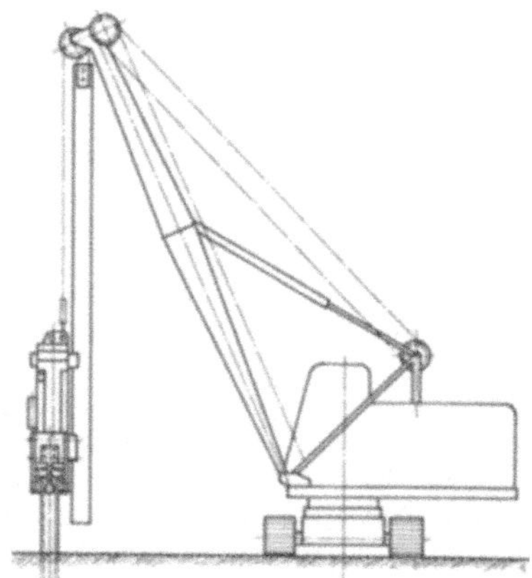

410. Rammhammer am Hängemäkler

Dieser Hängemäkler besteht lediglich aus einem der Länge der Rammarbeiten angepaßten Profileisen, an dem das Rammgerät mittels eines Schlittens geführt ist. Als Trägergerät kann ein Dreibock, ein Bagger oder Kran dienen. Ein weiteres Hilfsgerät ist das Reihen- oder Bockrammgerüst (Bild 411).

Auf einem schienenverfahrbaren Untergestell ist ein in der Neigung veränderlicher Bock aufmontiert, der mit dem Mäkler eine Einheit bildet. Auf dem Untergestell befindet sich ein Windwerk zum Heben und Senken der Ramme und des Rammgutes.

Eine Weiterentwicklung dieses Rammgerüstes ist das Drehrammgerüst. Bei diesem (siehe Bild 412) ist auf dem ebenfalls schienenverfahrbaren Unterwagen ein drehbarer Oberwagen montiert, der, wie beim Reihenrammgerüst, den Mäkler mit Bock aufnimmt. Auch das Windwerk ist auf diesem Oberwagen montiert. Dieses Gerüst ist wendiger als das Reihenrammgerüst und daher leistungsfähiger.

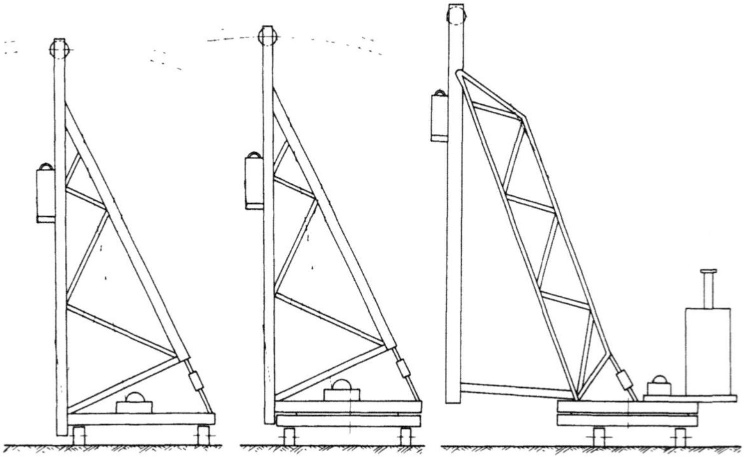

411. Reihen- oder Bockrammgerüst **412.** Drehrammgerüst **413.** Kranrammgerüst

Das Kranrammgerüst (Bild 413) ähnelt im Aufbau dem Drehrammgerüst. Jedoch ist hier der Mäkler nicht mehr mit dem Bock fest verbunden, sondern der Bock ist als Ausleger ausgebildet, und der Mäkler ist an der Auslegerspitze gelenkig aufgehängt. Er kann nach allen Richtungen bewegt und in jeder Stellung durch eine am Mäklerfuß angreifende Vorrichtung arretiert werden. Auch dieses Gerüst ist schienengebunden.

Das im Bild 414 dargestellte Spezialrammgerüst ist selbstfahrend. Es besteht aus einem Raupenfahrwerk, auf dem, wie bei einem Kran oder Bagger, ein drehbarer Oberwagen montiert ist. Der Mäkler ist am Mäklerfuß gelenkig mit dem Oberwagen durch eine verstellbare Halterung verbunden. Zwei hydraulische Stützen verbinden den Mäklerkopf mit dem Oberwagen.

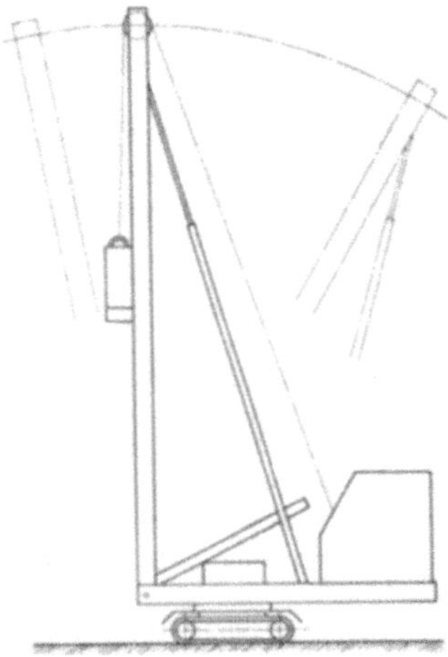

414. Universalgerüst auf Raupenfahrwerk

415. Fahrbares Rammgerüst RG 1 V mit Rammhammer VRO-F oder ER 2

Durch diese Anordnung können alle möglichen Neigungen eingestellt werden. Im Oberwagen befindet sich auch das Windwerk.

Während in der ersten Gruppe auf Grund der schweren Rammen und Pfahlgewichte seit langem diese Hilfseinrichtungen und Rammgerüste eingesetzt werden, hat sich in der zweiten Gruppe, im leichten Kanalbau, erst seit einem Jahrzehnt die Mechanisierung der Rammarbeiten durchsetzen können. Heute gibt es auch für die leichten Arbeiten eine reiche Auswahl an Rammgerüsten. Diese Auswahl reicht vom leichten Einzelrammgerüst bis zum schweren Portal- oder Doppelrammgerüst. Das Bild 415 zeigt das DEMAG POKORNY-Rammgerüst RG 1 V, welches sich für den Einsatz von Rammen bis zu einem Gewicht von 400 kg eignet. Der Aufbau besteht im wesentlichen aus einem dreieckigen Grundrahmen, der mit zwei um 180° schwenkbaren gummibereiften Rädern und einem drehbaren Spornrad mit Zuggabel ausgerüstet ist. Dadurch kann das Gerüst rechtwinklig und parallel zur Wand verfahren werden. Auf diesem Grundrahmen ist der 6,5 m oder 8,0 m lange Mäkler angelenkt und über eine verstellbare Spindel nach hinten abgestützt. Nahe dem Spornrad ist auf einem Gegengewicht ein Drucklufthaspel montiert, mit dessen Hilfe Ramme und Rammgut angehoben

und abgesenkt werden können. Die Ramme wird wie üblich durch einen Schlitten am Mäkler geführt. Am Mäklerfuß befindet sich eine Bohlenführung.
Eine verstellbare Absteckvorrichtung ermöglicht das Abstecken der Ramme in jeder gewünschten Höhe. Zum Ausrichten des Unterwagens bzw. zum seitlichen Einrichten des Mäklers stehen zwei Zahnstangenwinden rechts und links am Unterwagen zur Verfügung.

30.8.2. **Doppelrammgerüste**

Der Wunsch und die Notwendigkeit, beim Kanalbau beide Rammungen der Kanalwände gleichzeitig durchzuführen, hat zur Entwicklung von Doppelrammgerüsten oder Portalrammgerüsten geführt. Wenn die Platzverhältnisse es erlauben, kann man jedoch auch zwei Einzelrammgerüste aufstellen, wobei diese Lösung sogar die preiswertere ist. Eine andere Lösung ist die Verwendung eines Unterwagens, wie er von DEMAG POKORNY entwickelt wurde (Bild 416).
Auf diesen Unterwagen können zwei Einzelrammgerüste aufgestellt werden, die dann gleichzeitig je eine Kanalwand abrammen. Diese Lösung hat den Vorteil, daß nach Beendigung der Arbeiten wieder zwei

416. Unterwagen UW 1 mit zwei Rammgerüsten RG 1

417. DEMAG POKORNY-Doppelrammgerüst RG 2 D

Einzelrammgerüste zur Verfügung stehen. Der Brückenwagen UW 1 besteht aus den beiden Längsträgern mit Laufrädern, die durch die sogenannte Brücke verbunden werden. Diese Brücke ist in verschiedenen Längen lieferbar. Verfahren wird der Brückenwagen durch einen auf beide Hinterräder wirkenden Kurbeltrieb. Durch den Antrieb auf beide Räder wird die Spur genau eingehalten. Die Rammgerüste werden bei dieser Art der Anordnung mit je einem Klappschlitten versehen, mit diesem arbeitet der Hammer rechtwinklig zum Rammgerüst. Ein eigentliches Doppelrammgerüst zeigt das Bild 417. Es handelt sich hier um ein Doppelrammgerüst (auch Ziehgerät) der Type RG 2D.
Der Grundrahmen besteht aus zwei seitlichen Fahrwerksteilen, die über eine Flanschverbindung mit einem teleskopartig ineinandergleitenden Rohrträger verbunden sind. Mit einer Stellschraube kann die Breite auf ein bestimmtes Kanalmaß arretiert werden. Die Rohrträger sind verdrehbar, d. h. die seitlichen Fahrwerksteile passen sich dem Gelände an (alle vier Räder stehen stets standfest auf dem Boden).
Die Fahrwerksteile haben an den Enden je zwei doppel-gummibereifte Räder, die um 360° schwenkbar sind und bei Geradeausfahrt festgestellt werden. Im Drehlager befindet sich ein Spindeltrieb, der es ermöglicht, das Gerät in jedem Gelände auszurichten. Zwei Libellen an den Fahrwerksteilen zeigen den genauen Stand des Gerätes an. Mit einer Exzenterbemse kann das Gerät mit einer Hebelbewegung festgesetzt werden. Auf die nach innen weisenden Ansätze sind sehr kräftige Drehzapfen aufgesetzt, die die kugelgelagerten Tragrohre abstützen. Die Tragrohre weisen Konsolen auf, an denen die Gittermaste neigbar abgestützt sind. Die Neigbewegung erfolgt über einen Seilzug mit der Handwinde. An jedem Tragrohr ist eine Bandbremse angebracht. Der Gittermast kann somit mit einem Hebelzug festgestellt werden. Die Gittermaste sind in der Mitte geteilt (Verlängern möglich).
Im Kopf der Gittermaste befindet sich ein System von Umlenkrollen, die das Zugseil von der Druckluftwinde über eine Hohlwelle zum Rammhammer bzw. Pfahlzieher leiten. Gleichzeitig ist die mit einem Drucklager ausgerüstete Hohlwelle die obere Lagerung des Mäklers. Um diese Lagerung sind die Mäkler bis 240° drehbar; eine Justierung nach der Drehbewegung ist nicht erforderlich, da die Lager Festpunkte sind. Die Einstellung des unteren Lagerpunktes erfolgt je nach Breite des Kanals über einen auf den Fahrwerksholmen liegenden Stützbalken und über die Haltevorrichtungen. Der Stand der Mäkler läßt sich durch Libellen, die an den Mäklern angebracht sind, überprüfen. Das Ende der Mäkler hat Bohrungen, die zum Anschrauben der Rammgutführungen oder zur Mäklerverlängerung beim Unterflurrammen dienen. Der Vorschub des Gerätes erfolgt durch zwei umschaltbare Knarren, die an alle vier Radachsen aufgesteckt werden können.

30.8.3. **Hydraulisches Doppelrammgerüst**

Bei dem in Bild 418 dargestellten Doppelrammgerüst werden alle Bewegungen, Verfahren, Schwenken und Drehen der Mäkler sowie das Auf- und Abwärtsbewegen der Rammhämmer und Kanaldielen hydraulisch bewirkt. Dadurch werden bei einem Minimum an Personal durch Verkürzung der Nebenzeiten hohe Rammleistungen erzielt. Mit dem Gerüst können Rammhämmer bis zu einem Gewicht von 1 t verwendet werden. Die Mäkler sind konstruktiv so ausgebildet, daß eine wirksame Schalldämmeinrichtung angebaut werden kann. Das Öffnen und Schließen dieser Schalldämmeinrichtung erfolgt ebenfalls über hydraulische Winden. Jeder Mäkler ist um 3 m absenkbar und kann durch einfache Handgriffe über die hydraulischen Winden abgeklappt werden, wenn Brücken oder Hochspannungen unterfahren werden müssen. Das Rammgerüst ist nach dem Baukastenprinzip konstruiert, d. h. aus einem Doppelrammgerüst können zwei Einfachrammgerüste und aus zwei einfachen kann ein Doppelrammgerüst gebaut werden.

418. Hydraulisches Doppelrammgerüst RG 3 H-D

Die Hydraulik und die Rammhämmer werden durch Druckluft angetrieben.

30.8.4. **Ramm-Mäkler**

Die vorher beschriebenen und im Prinzip skizzierten Rammgerüste sind speziell für Rammarbeiten aller Größen und Schwierigkeitsgrade gebaut worden. Die Verwirklichung dieser Voraussetzungen bedingt jedoch verhältnismäßig schwere Konstruktionen, die wiederum einen erheblichen Anschaffungspreis und einen höheren Transport- und Montageaufwand zur Folge haben. Wirtschaftlich können diese Geräte deshalb hauptsächlich auf großen Rammbaustellen eingesetzt werden, wenn die Größe oder die Spezialisierung des Bauunternehmens nicht einen anderweitig häufigen Einsatz garantiert. Eine technisch sinnvolle und in den meisten Fällen kostenmäßig vorteilhaftere Lösung hat in den letzten Jahren immer mehr Anklang gefunden. Es handelt sich hier um die Kombination zwischen einem Mäkler und einem Hebezeug (Bagger oder Kran), wie sie im Bild 419 gezeigt wird. Hier wird das bisher für Nebenarbeiten, z. B. Transportieren, Aufnehmen, Einfädeln bzw. Ablegen des Rammgutes eingesetzte Hebezeug durch Anschlagen eines Mäklers in ein Rammgerüst verwandelt. Nach Beendigung der Rammarbeiten oder bei notwendigen Unterbrechungen steht nach der Demontage das ursprüngliche Hebezeug wieder zur Verfügung. Die Vorteile des Hebezeugs (selbstfahrend, schnell, wendig, standsicher)

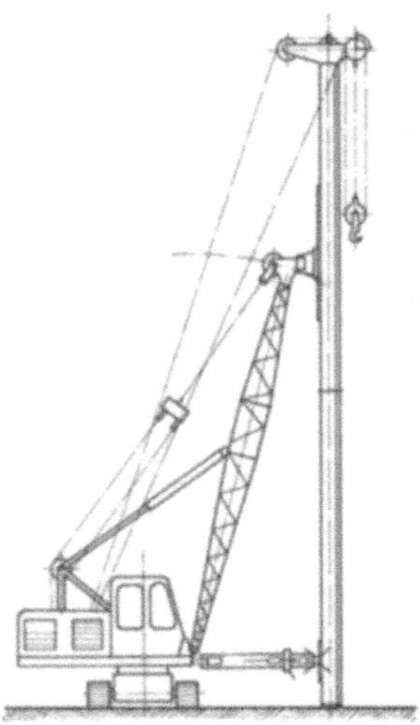

419. Ramm- und Ziehmäkler an einem Bagger

420. Hydraulischer Rammäkler RMH an einem DEMAG-Bagger

ergänzen sich mit den Vorteilen des Mäklers (leichte Bauart, exakte Führung, Beweglichkeit in allen Richtungen) zu einem Rammgerüst besonders wirtschaftlicher Art. Die Anschaffungs-, Transport- und Montagekosten des Mäklers rechtfertigen selbst einen nur gelegentlichen Einsatz der Einrichtung. Ein solches Gerät kann bei entsprechender Dimensionierung auch für Zieharbeiten herangezogen werden. Da beim Ziehvorgang erhebliche Vorspannungen aufgebracht werden müssen, die meist wesentlich über den Tragkräften der vorhandenen Bagger liegen, muß normalerweise der Ausleger durch einen Auflagebock unterstützt werden. Diese Aufgabe übernimmt ebenfalls der Mäkler, der auf Grund seiner Beweglichkeit und seiner Einpunktabstützung dem Ziehvorgang gut angepaßt werden kann.

30.8.4.1. **Konstruktion des Mäklers**

Der Mäkler besteht im wesentlichen aus dem knick- und verwindungssteifen Mäklermast, der als Rohr- oder Kastenprofil oder auch als Rohrgerüst ausgebildet sein kann. Über seine ganze Länge ist er mit Führungsschienen versehen, an denen die Bärklauen gleiten oder der Hammerschlitten geführt wird. Beim Rohrmäkler sind diese Führungsschienen angeschraubt und daher bei Beschädigungen oder nach Verschleiß leicht auswechselbar. Den Mäklerfuß schließt eine Bodenplatte ab, auf welche der Mäkler sich abstützt. Am oberen Ende des Mäklermastes ist der Rollenkopf angeflanscht, der die Windenseile führt und umlenkt. Beim Einsatz als Ziehmäkler wird dieser Rollenkopf gegen einen Ziehkopf ausgetauscht, der entsprechend der Rollenzahl und der Seilumlenkung dem Ziehgerät und der notwendigen Vorspannung angepaßt ist. Der Mäklermast wird durch den Mäklerschuh kardanisch mit dem Auslegerkopf des Hebezeuges verbunden. Durch diese Maßnahme ist der Mäkler in allen Richtungen beweglich und der Baggerausleger vor Knickung und Verdrehung geschützt. Der Grundausleger ist am Mäklerfuß und am Hebezeug-Oberwagen montiert. Er ist teleskopartig aus- und einziehbar und ermöglicht so eine Neigung des Mäklers in Richtung des Hebezeuges. Quer zu dieser Richtung ist der Mäkler ebenfalls verstellbar. Auch diese Verstellung erfolgt über den Grundausleger. Mäklerschuh und Grundausleger sind am Mäklermast in Führungsschienen gelagert und ermöglichen die Verstellbarkeit des Mäklers nach oben oder unten relativ zum Hebezeug bzw. zum Ausleger. Durch diese Maßnahme werden Niveauunterschiede zwischen Mäklerfußpunkt und Hebezeugfahrbahn ausgeglichen. So ist z. B. das Rammen an Böschungen ohne weiteres möglich. Bei verschiedenen Ausführungen ist auch noch ein Drehen des Mäklermastes um seine Längsachse in beiden Richtungen möglich, um bei beengten Platzverhältnissen oder bei Abweichungen von der bisherigen Rammrichtung ohne Verfahren des Hebezeuges die notwendige Mäklerstellung einrichten zu können. Der Mäklermast besteht aus mehreren ladegerechten Teilstücken. Die Montage und das Aufrichten und Anschlagen des Mäklers an das Hebezeug erfolgen durch dieses selbst.

Je nach Art der Verstelleinrichtung unterscheidet man mechanische oder hydraulische Mäkler. Beim mechanischen Mäkler erfolgt die Einstellung über Zahnstangenwinden bzw. über Gewindespindeln. Das Absenken oder Anheben des Mäklers wird durch den Baggerausleger bewerkstelligt. Beim hydraulischen Mäkler werden diese Bewegungen durch Hydraulikzylinder ausgeführt, die durch eine Hydraulikanlage, welche nachträglich in jedes Hebezeug eingebaut werden kann, gespeist werden.

Bild 420 zeigt den hydraulischen Rammäkler RMH, der an einen Bagger angebaut ist.

Wie schon angedeutet, können Mäkler nicht nur zum Rammen, sondern auch zum Ziehen eingesetzt werden. Auf Grund der unterschiedlichen Belastung unterscheidet man deshalb reine Rammäkler und sogenannte Ramm- und Ziehmäkler. Sie unterscheiden sich im wesentlichen nur durch eine größere Stabilität bzw. Knicksteifigkeit und durch den Ziehkopf. Dieser ist mit einer entsprechenden Anzahl von Rollen versehen, um durch Einscheren die jeweils notwendige Vorspannung zu erreichen.

30.8.4.2. **Auswahl des Mäklers**

Mäkler sind robust und einfach konstruiert und können nur durch grobe Bedienungsfehler oder durch Überschreiten ihrer Tragfähigkeit beschädigt werden. Da Mäkler im Laufe der Zeit für die verschiedensten Ramm- oder Zieharbeiten Verwendung finden können, sollte die Auswahl nicht nur nach den im Augenblick anstehenden Arbeiten getroffen werden. In jedem Fall sollte die Tragkraft des zur Verfügung stehenden oder geplanten Hebezeuges ausgenützt werden. Aus dieser Tragkraft wird das Mäklergewicht wie folgt berechnet:

Von der Tragkraft zieht man das Gewicht der Ramme, eventuell der Rammhaube und das Rammgutgewicht ab und erhält so das zulässige Mäklergesamtgewicht. Das Grundauslegergewicht ist hierin als Sicherheit voll enthalten.

Es stellt sich auch die Frage, ob ein hydraulischer oder ein mechanischer Mäkler verwendet werden soll. Sollen schwere und schwerste Rammarbeiten oder rammtechnisch schwierige Aufgaben durchgeführt werden, so bietet sich der Hydraulikmäkler an. Der höhere Anschaffungspreis wird durch Einsparung von Hilfskräften und Nebenzeiten wettgemacht. Außerdem ist zwischen einem Rammäkler und einem Ramm- und Ziehmäkler zu wählen. Beim Hydraulikmäkler wird diese Wahl zugunsten des letztgenannten fallen. Der Kauf eines solchen Gerätes setzt meist gewisse Ramm- und Zieharbeiten voraus. Beim mechanischen Mäkler ist es die Hebezeuggröße bzw. die Tragkraft, die bei der Auswahl — ob Rammäkler oder Ramm- und Ziehmäkler — berücksichtigt werden muß. Bei der gleichen Tragkraft kann mit einem Rammmäkler eine andere Mäklerlänge angeschlagen werden, als es beim Ramm- und Ziehmäkler möglich ist. Aus jedem Rammäkler kann man auch einen Ziehmäkler machen, wenn man die Mäklerlänge so weit verkürzt, daß die erforderliche Vorspannung mit genügender Sicherheit aufgenommen werden kann, ohne den Mäkler zu knicken. Solche Lösungen müssen vor allem dann überlegt werden, wenn für einen ganz bestimmten Rammauftrag schon ein Hebezeug vorhanden ist. In jedem Falle sollte man aber auf die Beratung einer Spezialfirma nicht verzichten. Angaben über verschiedene Mäklertypen und -größen finden sich im Anhang.

Ein hydraulischer Ramm- und Ziehmäkler wurde bereits im Bild 420 gezeigt.

30.9. Lärmminderung beim Rammen und Pfahlziehen

Das Problem der Lärmminderung bei Rammen und Pfahlziehern kann nur unter Einbeziehung des gesamten Ramm- oder Ziehablaufes realistisch betrachtet werden. Die Lärmabstrahlung erfolgt sowohl vom Rammhammer oder Pfahlzieher als auch in fast gleich hohem Maße vom Rammelement her. Eine Ausnahme bilden hierbei nur Holz- bzw. Betonpfähle, die vom Material her eine starke Dämpfung besitzen. Nun ist aber der Gesamtschallpegel zweier unmittelbar nebeneinander wirkender und gleichstarker Schallquellen nur um 3 dB(A) höher als der jeweilige Einzelschallpegel. Das heißt, wird nur eine Lärmquelle gedämpft, so bleibt der Schallpegel fast in gleicher Höhe durch die ungedämpfte andere Schallquelle erhalten. Würde also nur der Rammhammer oder Pfahlzieher schallgedämpft, so würde der Gesamtschallpegel nur unbedeutend herabgesetzt. Eine voll wirksame Schalldämpfung wird also nur erreicht, wenn Rammhammer bzw. Pfahlzieher und Rammelement (Bohle oder Pfahl) in die Dämpfungsmaßnahmen einbezogen werden. Da eine dauerhafte Schalldämpfung der Stahlprofile und Stahlbohlen zur Zeit noch nicht möglich ist, bleibt nur die Kapselung des gesamten Rammgerätes einschließlich der Bohle übrig. Eine solche Kapselung muß mit Rücksicht auf die Rammtechnik folgende Bedingungen erfüllen:

a) Rammhammer bzw. Pfahlzieher und Rammelement müssen über die ganze Länge bis zum Boden schalldicht, d. h. praktisch fast luftdicht abgeschlossen werden.

b) Die Kapselung muß sowohl beim Rammen von Pfählen als auch beim Rammen von Kanaldielen oder Spundbohlen innerhalb einer geschlossenen Wand einsetzbar und wirksam sein.

c) Die Kapselung muß schnell und einfach geöffnet bzw. geschlossen werden können, damit die Nebenzeiten einen wirtschaftlich vertretbaren Wert nicht übersteigen. Ferner muß jederzeit eine Beobachtung des Rammvorganges, zumindest kurzzeitig möglich sein.

Die von DEMAG POKORNY mit Unterstützung des Arbeits- und Sozialministeriums des Landes Nordrhein-Westfalen entwickelte Schalldämmvorrichtung erfüllt die oben angeführten Voraussetzungen weitgehend. Bild 421 zeigt den sogenannten Schalldämmkamin, der für Pfahlzieher bzw. für freireitend eingesetzte Rammhämmer verwendbar ist. Er besteht aus einem quadratischen Rahmen, der über eine Seilspinne waagerecht am Ausleger des Trägergerätes befestigt wird. Ein Seitenträger dieses Rahmens ist aufklappbar ausgebildet. An diesen Rahmen wird

421. Schalldämmkamin frei hängend an einem Baggerausleger

422. Schalldämmkamin mit hochgezogener Schürze

ein Dämmvorhang angeschlagen, der mit seinem Saum den Boden berührt bzw. abdichtet. Man erhält so einen viereckigen Kamin, dessen eine Wand aufgeklappt werden kann. Die Nahtstelle dieser Wand wird durch einen eigens hierfür entwickelten Magnetverschluß schalldicht abgeschlossen. Magnete und Gegenplatten sind wechselweise angeordnet, so daß dieser Verschluß auch an eine Spundwand angeheftet werden kann. Das Öffnen und Schließen der Kaminwand erfolgt über ein besonderes Seil. Der Kamin selbst ist über ein sogenanntes Beruhigungsseil mit dem Ausleger verbunden, damit die einmal eingestellte Kaminstellung erhalten bleibt. In diesem Kamin gleitet nun der Rammhammer oder Pfahlzieher in Verbindung mit dem Rammelement auf- bzw. abwärts. Der Kamin selbst behält seine Lage bei. Muß ein neues Rammelement aufgenommen oder das gezogene abgelegt werden, so wird die Kaminwand geöffnet und gibt den gesamten Innenraum frei. Zur kurzzeitigen Beobachtung des Ramm- oder Ziehablaufs reißt man an der betreffenden Stelle den Magnetverschluß auf, um ihn sofort wieder zu schließen. Während dieser Beobachtungszeit muß allerdings mit einer Erhöhung des Schallpegelwertes gerechnet werden. Zur Beobachtung kann auch ein schalldichtes Fenster in den Schalldämmkamin eingebaut werden. Eine Schalldämmvorrichtung für Mäkler oder Rammgerüste zeigt das Bild 422. Hierbei ist ein Schalldämmkamin fest am Mäkler montiert. Der Mäkler selbst bildet ein geschlossenes Profil und besitzt U-förmige Rippen, die die beiden Schalldämmbahnen aufnehmen. So entsteht ein vorn offener Kamin. Diese Öffnung wird durch eine Schürze abgedeckt, die im oberen Drittel fest montiert und deren übrige Länge durch eine am Kopf des Mäklers befindliche Winde hochgezogen werden kann. Kamin und Schürze werden über zwei Magnetreihen schalldicht verschlossen. Zwei seitlich klappbare Fußstücke ermöglichen eine Abdichtung der bereits geschlagenen Dielen, wenn innerhalb einer geschlossenen Wand gerammt werden muß. Sie gewährleistet auch das Versetzen des Mäklers ohne eine Beschädigung des Kamins.
Die oben beschriebene Schalldämmvorrichtung setzt eine bestimmte Form und Konstruktion des Mäklers voraus. Um aber die bereits im Einsatz befindlichen Rammgerüste für den Kanalbau mit einer Schalldämmvorrichtung versehen zu können, wurde folgende Lösung gefunden: Der als erstes beschriebene frei hängende Schalldämmkamin kann durch eine Zusatzvorrichtung an den Mäkler des Rammgerüstes angeschlagen werden. Er überdeckt dann den Mäkler, den Rammhammer und das Rammgut. An den Anlenkpunkten des Mäklers zum Unterwagen und zur Stützspindel ist die Kaminwand durchbrochen. Um die Standsicherheit des Rammgerüstes aufrecht zu erhalten, muß jedoch bei angeschlagenem Kamin ein zusätzliches Gegengewicht aufgelegt und eine Sturmsicherung angebracht werden.

Beim frei hängenden Schalldämmkamin bestehen die eigentlichen Dämmschürzen aus einer Schaumstoffschicht, die beiderseits durch widerstandsfähiges Segeltuch abgedeckt ist. Durch diese Materialpaarung bleibt der Kamin flexibel und läßt sich ohne Demontage zusammenlegen und transportieren. Die Dämmwirkung ist beachtlich und beträgt bei einer Meßentfernung von 7 m 15 dB.

Bei der fest angebauten Schalldämmeinrichtung bestehen Dämmwand und Schürze aus einem strapazierfähigen Spezialgummi mit einer aufgeklebten Schaumstoffschicht. Mit dieser Einrichtung lassen sich Dämmwerte von 20 dB erreichen.

31. Ziehen

Unter Ziehen versteht man die Wiedergewinnung des Rammgutes.

Das Ziehen hat im gleichen Maße wie das Rammen Eingang in die mittleren und kleineren Baubetriebe gefunden. Die mehrmalige Wiederverwendung der teuren Stahlspundbohlen und Kanaldielen wird heute vorausgesetzt und in jede Kalkulation einbezogen.

Die Zieharbeiten werden frühestens nach Beendigung des Bauwerkes, in manchen Fällen jedoch erst bei Abbruch, also nach Jahrzehnten, durchgeführt. Sie stellen dann an die für das Ziehen benötigten Geräte die schwersten Anforderungen. Hier haben sich die druckluftbetriebenen Ziehgeräte bestens bewährt.

31.1. Der Ziehvorgang

Beim Ziehen muß der Rammkörper entgegen der eigenen Massenträgheit, der je nach Standzeit und Boden unterschiedlichen Mantelreibung, der Schloßreibung und der Federung des Bodens bewegt werden. Eine beim Einrammen erfolgte Deformation des Rammgutes kann diese Widerstände vervielfachen. Ein rein statischer Zug kann nur unter enormem Kraftaufwand diese Widerstände überwinden. Erst durch die Kombination von statischem Zug und zusätzlicher dynamischer Krafteinwirkung läßt sich dieses Problem wirtschaftlich lösen. Dabei müssen durch den statischen Zug das Gewicht des Ziehgerätes, die Beschleunigungs- und Verzögerungskräfte, die am Schlagkörper wirken sowie das Gewicht der Bohle kompensiert werden. Zusätzlich muß der statische Zug jedes Spiel zwischen Bohle, Bohlenbefestigung und Pfahlzieher verhindern und darüber hinaus durch eine ausreichende Vorspannung den bei jedem Schlag erforderlichen Bewegungsvorgang der Bohle ausgleichen. Weiterhin sollte möglichst die Elastizität bzw. die

Rückfederung des Bodens, die eine Rückfederung der Bohle verursacht, aufgefangen werden. Der statische Zug muß unter allen Umständen dauernd und darf keinesfalls intermittierend wirken, da sonst schwere Beschädigungen des Pfahlziehers verursacht werden können. Eine wirkungsvolle dynamische Krafteinwirkung wird beim Ziehvorgang durch den Stoß erreicht. Das Problem hierbei ist, diese Stoßenergie ohne große Verluste in den Kopf der Bohle einzuleiten und in Zugrichtung wirksam zu machen.

31.1.1. **Rammhammer, umgebaut als Pfahlzieher**

Der einfachste, wenn auch nicht wirtschaftlichste Pfahlzieher ist der umgekehrte Rammhammer (Bild 423), der über eine besondere Traverse, ähnlich der Rammplatte, mittels Zugstangen an dem Ziehgut befestigt wird. Der Rammhammer selbst wird ebenfalls über Zugstangen an ein Trägergerät angehängt. Der Schlagkolben gibt nun seine Schlagenergie über die Traverse, die Zugstangen und die daran anschließende mehrteilige Befestigungsvorrichtung an das Ziehgut weiter und treibt dieses aus dem Boden.

Die Nachteile dieser Anordnung sind:

a) Durch die Vielzahl der Verbindungselemente geht ein Großteil der Energie verloren.

b) Die Steuerzeitpunkte für die Bewegung des Schlagkolbens sind unter Berücksichtigung der Erdbeschleunigung festgelegt. Durch die Umkehrung der Ramme als Ziehgerät tritt nun zwangsläufig eine Veränderung des Bewegungsablaufes ein; dadurch arbeitet das Gerät nicht mehr mit der vollen Leistung.

c) Eine Anpassung durch Variieren der Schlagzahl und des Hubes ist nicht oder nur unzureichend möglich; deshalb kann das Gerät den jeweiligen Verhältnissen nur ungenügend angepaßt werden.

31.1.2. **Spezielle Ziehgeräte**

Ein spezielles Ziehgerät ist auf den Bildern 424 und 425 zu sehen. Ziehgeräte dieser Art haben sich seit vielen Jahren bewährt. Der konstruktive Aufbau, der alle Besonderheiten des Ziehvorganges berücksichtigt, besteht aus dem Kolbenkörper mit oberer und unterer Kolbenstange und dem Schlagzylinder. Dieser Kolbenkörper wird an seinem unteren Ende über die untere Kolbenstange, über einen Gabelkopf und eine Klemmzange mit dem Ziehgut verbunden. An der oberen Kolbenstange

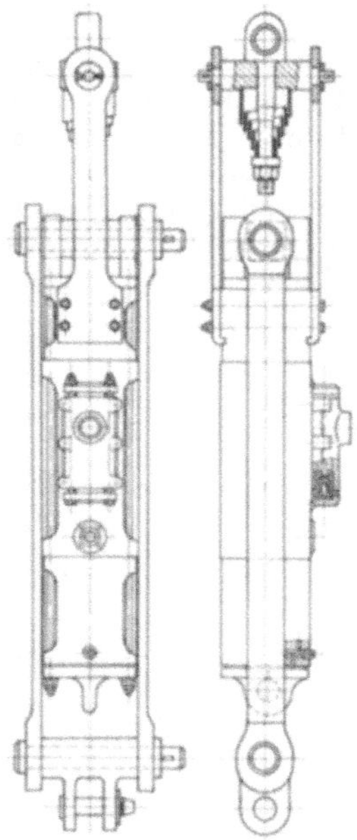

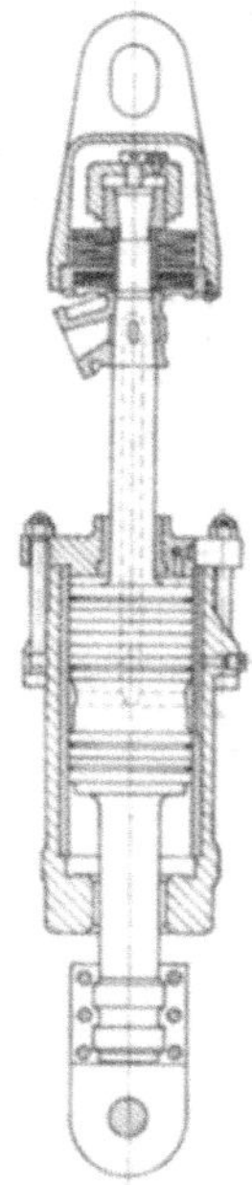

423. Rammhammer mit Ziehvorrichtung als Pfahlzieher

424. Pfahlzieher PZ 8

425. Schnittbild des Pfahlziehers PZ 8

wird über eine federnde Aufhängung der notwendige statische Zug eingeleitet. Der durch Druckmittel bewegte äußere Zylinder schlägt nun beim Aufwärtshub mit seinem unteren Zylinderboden gegen die untere Stirnfläche des Kolbens und treibt so über die untere Kolbenstange, den Gabelkopf und die Klemmzange das Ziehgut aus dem Boden. Der wesentliche Unterschied zwischen dem in Bild 423 und den in Bild 424 und 425 gezeigten Pfahlziehern besteht darin, daß beim ersten der Kolben und bei den letzteren der Zylinder mit seiner großen Masse als Schlagkörper wirkt und seine Energie an den direkt mit dem Ziehgut verbundenen und unter Vorspannung stehenden Kolben überträgt. Dabei ist die Masse des Kolbens klein gehalten. Die minütliche Schlagzahl liegt je nach Größe des Gerätes zwischen 180 bis 300. Schlagzahl und Hub sind veränderlich und können den jeweiligen Verhältnissen angepaßt werden.

31.1.3. **Klemmzangen**

Die Verbindung zwischen dem zu ziehenden Rammgut und dem Pfahlzieher erfolgt über sogenannte Zangen. Für alle Stahlprofile werden Zangen serienmäßig hergestellt. Bild 426a zeigt eine Greiferzange, bei der die Verbindung Zange—Bohle durch zwei Querbolzen erfolgt. Die Maulweite dieser Zange ist so gehalten, daß bei besonders festsitzenden Bohlen eine zusätzliche Versteifung auf die Bohle geschweißt werden kann. Bei dieser Zangenart muß die Bohle entsprechend der Querbolzenanordnung gelocht werden.

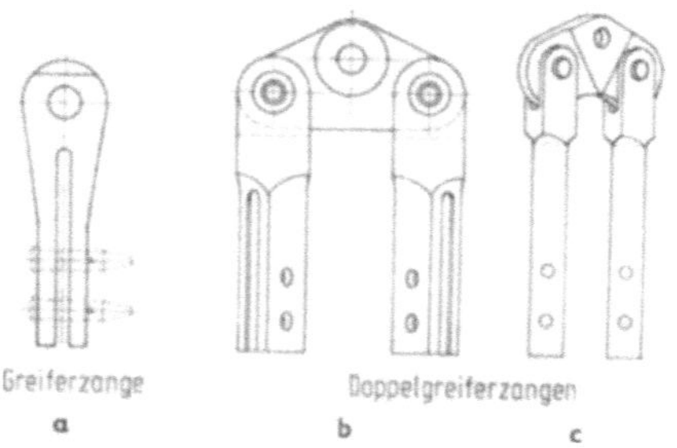

426. Pfahlziehzangen. a) Greiferzange; b) und c) Doppelgreiferzangen

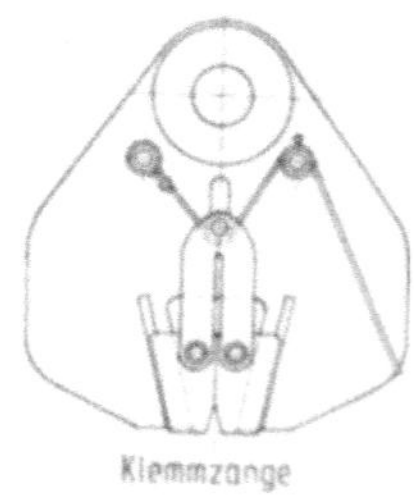

427. Klemmzange

Bild 427 zeigt eine Klemmzange. Bei dieser Art wird die Verbindung Zange—Bohle durch Reibungsschluß erzeugt. Das geschieht über zwei in der Vertikalen frei bewegliche Klemmbacken, die durch Keilwirkung an die Bohle gepreßt werden. Die Backen sind an der Bohlenanlagefläche gezahnt. Diese Zangenart wird heute fast ausschließlich angewendet. Das kostspielige Lochen der Bohlen ist hier überflüssig.

Durch die große Auflagefläche, auf die sich die Zugkraft verteilt, wird das zu ziehende Profil weitgehend geschont.

Bild 426b und c zeigt Doppelgreiferzangen. Diese Zange findet Verwendung, wenn Doppelbohlen gezogen werden sollen. Das sogenannte Querhaupt trägt die beiden Einzelgreiferzangen, deren Abstand und Kröpfung je nach Profilart verschieden sein kann. Durch eine exzentrische Lagerung beider Greiferzangen ist es jedoch möglich, eine bestimmte Veränderung der Achsabstände einzustellen, so daß auch mit dieser Zange mindestens ähnliche Profile gezogen werden können.

31.2. **Auswahl des Pfahlziehers**

Der Ziehvorgang ist noch weit mehr als der Rammvorgang von unbestimmbaren Faktoren abhängig. Neben der Form und Größe des zu ziehenden Rammelementes spielt die Art des Bodens und die beim Rammvorgang stattgefundene Verdichtung eine wesentliche Rolle. Hinzu kommt, daß die Standzeit, die sich oft über Jahre erstreckt, die Schloß- und Mantelreibung durch Korrosion vervielfachen kann. Eine weitere Unbekannte ist der Verformungsgrad der Bohle durch den Rammvorgang. Beim Ziehen muß diese Verformung entweder durch Kaltverformung gerichtet werden, wenn nicht die Nachbarbohle durch die zu große Reibungskraft mit herausgezogen wird, oder gar die Schloßverbindung aufreißt, weil die Nachbarbohle ebenfalls sehr fest sitzt. An konkreten Werten liegen meist nur Bohlenprofil und Bohlenlänge, Einrammtiefe, Standzeit und Bodenart vor. In manchen Fällen liegen noch Angaben über die Rammung vor, aus denen man ungefähr auf die Schwere der Zieharbeiten schließen kann. Selbst, wenn alle zu

428. Pfahlziehen mit Klemmzange

erfassenden Werte vorliegen, lassen sich jedoch hieraus weder Berechnungsmethoden noch Faustformeln ableiten. Hersteller haben deshalb für ihre Ziehgeräte Einsatzbedingungen für mittlere Bodenverhältnisse nach dem Bohlengewicht festgelegt. Ist mit schweren Bedingungen zu rechnen, so sollte jeweils aus Sicherheitsgründen der nächstgrößere Pfahlziehertyp gewählt werden.

Auf keinen Fall sollte jedoch die zulässige Mindestziehgeschwindigkeit pro Minute unterschritten werden. Angaben über die Leistungsgrenzen einzelner Pfahlziehertypen sind aus dem Anhang ersichtlich. Bild 428 zeigt ein Einsatzbeispiel eines Pfahlziehers.

31.3. Ziehgerüste und Ziehmäkler

Die für den Ziehvorgang notwendigen Vorspannkräfte können nur in den seltensten Fällen von Hebezeugen aufgebracht werden. Man unterstützt deshalb den Ausleger durch sogenannte A-Böcke und vergrößert die Windenzugkraft durch entsprechendes Einscheren auf die erforderliche Größe. Auch die bereits beschriebenen Rammgerüste eignen sich für diese Zieharbeiten, wenn der Mäkler die notwendige Vorspannung aufnehmen kann. Über die vorteilhaft einzusetzenden Ziehmäkler wurde im Teil 30.8.4.2. bereits berichtet.

32. Felsbrecher

32.1. Allgemeines

Abbruch- und Felsbeseitigungsarbeiten nehmen durch Intensivierung des Straßen-, Wohnungs- und Industriebaus in erheblichem Maße zu. Ein Teil dieser Arbeiten kann und darf sprengtechnisch gelöst werden. Die Durchführung dieser Spezialtechnik erfordert geschultes Personal und eine der jeweiligen Aufgabe angepaßte Ausrüstung. Zudem sind einschlägige Sicherheitsmaßnahmen zu treffen und meist behördliche Sondergenehmigungen einzuholen. Durch diese Voraussetzungen ist die Wirtschaftlichkeit dieser Technik von der Art und Größe der durchzuführenden Arbeiten abhängig. Nebenerscheinungen des Sprengens, z. B. Erschütterung, unkontrollierbare Rißbildung, Druckwellen unter Wasser, Streuwirkung des losgesprengten Gesteins machen in vielen Fällen die Anwendung unmöglich.

In diesen Fällen bietet das unkomplizierte Meißelverfahren, bei dem druckluftbetriebene Aufreiß- oder Abbauhämmer eingesetzt werden, eine wirtschaftliche Lösung. Dieses Meißelverfahren ist durch den Bau von mittleren und schweren sogenannten Felsbrechern erheblich erweitert worden, so daß heute fast alle auftretenden Arbeiten, gleich welcher Größe und Schwierigkeit, gelöst werden können.

32.2. Meißeln (Zertrümmern)

Bei diesem Verfahren wird ein den entsprechenden Materialien (z. B. spröder oder weicher Fels, Beton oder Mauerwerk) angepaßter Meißel durch ein Druckluftgerät in das abzubauende Material eingetrieben. Je nach Vorgabe und Abstand des Meißelansatzpunktes wird dann das Material abgemeißelt oder gebrochen. Der Abbauhammer oder Felsbrecher wird je nach Größe entweder von Hand oder durch Hilfsvorrichtungen gehalten und in die notwendige Arbeitsstellung gebracht. Da Druckluft als Arbeitsmittel dient, können die Geräte sowohl über als auch unter Wasser eingesetzt werden.

32.2.1. Felsbrecher zum Nachzerkleinern (Knäppern)

Das Nachzerkleinern des mittels Sprengung gewonnenen Haufwerks auf die durch den Baggerlöffel oder den Steinbrecher bestimmten Stückgrößen wird fast ausschließlich durch Knäppern bewerkstelligt. Hierbei wird jeder größere Felsbrocken entweder angebohrt und mit einer Sprengladung zerkleinert, oder aber es werden sogenannte Aufleger verwendet. Diese kostspieligen, besonders lohnintensiven Arbeiten, die in jeder Schicht mehrmals anfallen, haben meist noch für die Dauer des Sprengens und der damit verbundenen Sicherheitsvorkehrungen Produktionspausen zur Folge. Darüber hinaus müssen die im Bereich der Sprengwirkung stehenden Maschinen entweder abgedeckt oder verfahren werden. In vielen Fällen können hier durch den Einsatz eines Felsbrechers erheblich Kosten und Zeit eingespart werden. Voraussetzung ist, und das kann meistens nur durch einen Versuch ermittelt werden, daß das zu brechende Gestein sich durch Schlagwirkung genügend leicht spalten läßt. Auch muß ein entsprechendes Trägergerät (Bagger, Raupenfahrwerk o. ä.), welches auf die Größe des erforderlichen Felsbrechers abgestimmt ist, bereitgestellt werden können. Die Größe des einzusetzenden Felsbrechers sowie des Trägergeräts richtet sich nach der anfallenden Menge des zu brechenden Gesteins und dessen Härte bzw. dessen Bruchfähigkeit. Der verständliche Wunsch, die Zertrümmerungsarbeit direkt im Haufwerk durchzuführen, wird jedoch im Hinblick auf das Trägergerät, welches dann eine Ausladung und Hubhöhe von mindestens 10 bis 15 m haben müßte, meist zu aufwendig. Zahlreiche Versuche haben dies bestätigt. Es zeigte sich hierbei ferner, daß die im losen Haufwerk gelagerten Felsbrocken bei der Zertrümmerung nur ungenügenden Widerstand finden und ein größerer Teil der aufgewendeten Schlagenergie zur Verfestigung des Untergrundes aufgewendet wird und verloren geht. Deshalb sollten die zu zertrümmernden Felsblöcke mit Hilfe eines Baggers am Rand des Haufwerks abgelegt und dort auf festem Untergrund zertrümmert werden. Bei dieser Arbeitsweise genügt im allgemeinen eine Ausladung und Hubhöhe des Trägerfahrzeuges von 3 bis 4 m. Bei richtiger Auswahl des Felsbrechers kann ein Mann ohne Unterbrechung der Produktion diese Nachzerkleinerung durchführen. Ein solches Gerät amortisiert sich meist im Laufe eines Jahres.

32.3. Konstruktion der Felsbrecher

Bei Abbrucharbeiten stehen die speziellen Abbruch- oder Abbauhämmer zur Verfügung, die bereits im Teil 19.6. behandelt wurden. Mittlere und schwere Felsbrecher mit einem Gesamtgewicht von 200 bis 4000 kg werden entweder als spezielle Schlagwerkzeuge gebaut oder durch Umbauteile aus normalen Rammhämmern zusammengesetzt. Bei Rammhämmern mit Zwischenkolben, wie in Bild 429a dargestellt, erfolgt der Umbau durch Austausch des Zwischenkolbens, der Rammplatte und der Prellscheibe. Es wird eine spezielle Prellscheibe mit Prellbüchse eingebaut und der Felsmeißel mit seinem Einsteckende in den unteren Zylinder eingeführt. Über eine Meißelhaltevorrichtung wird der Felsmeißel gegen Herausfallen gehalten. Bild 429b zeigt den als Felsbrecher umgebauten Rammhammer. Bilder 430 und 431 zeigen einen anderen zum Felsbrecher umgebauten Rammhammer ohne Zwischenkolben. Nach Abbau der Rammplatte und Rammplattenführung wird ein Zwischenzylinder angeflanscht. In diesen Zwischenzylinder wurde vorher der Meißel eingeführt, so daß er Bund und Einsteckende aufnimmt. An der Stirnseite des Zwischenzylinders verjüngt sich die Zylinderbohrung, so daß eine Schulter für die Aufnahme des Meißelbundes entsteht. Besondere, zwischen dieser Schulter und dem Meißelbund eingebaute Federelemente fangen den vom Schlagkolben getriebenen Meißel auf, wenn dieser während des Arbeitsspiels plötzlich keinen Widerstand mehr finden sollte. Dadurch werden Beschädigungen des Meißels, des Hammerzylinders und auch des teuren Trägergeräts vermieden. Die Schmierung des Meißels erfolgt automatisch über die Hammerschmierung. Um das Eindringen von Fremdkörpern in den Zwischenzylinder zu verhindern, wird über eine besondere Bohrung Abluft oder Frischluft in die verjüngte Bohrung des Zwischenzylinders geleitet. Diese Luft tritt aus dem Ringspalt zwischen Meißelschaft und Zwischenzylinderbohrung aus und hält ihn sauber.
Für den Einsatz der Felsbrecher unter Wasser, vor allem bei den schweren Geräten, die in größeren Wassertiefen arbeiten, wird eine andere Dichtungsart gewählt. Das Bild 432 zeigt eine Ausführung, bei welcher der Ringspalt zwischen Meißelschaft und Zwischenzylinder durch einen über der Prellbüchse sitzenden Dichtungsring abgedichtet

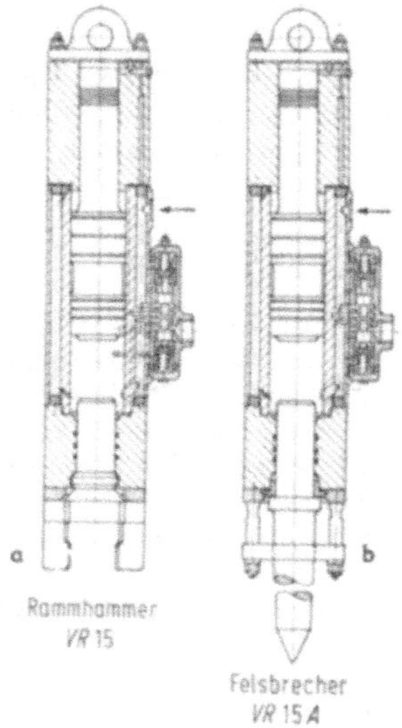

429. Umbau eines Rammhammers mit Zwischenkolben in einen Felsbrecher

430. Felsbrecher VR 10 A

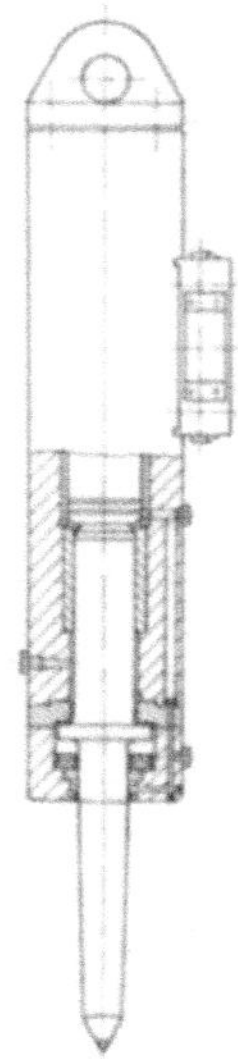

431. Schnittbild des Felsbrechers VR 10 A

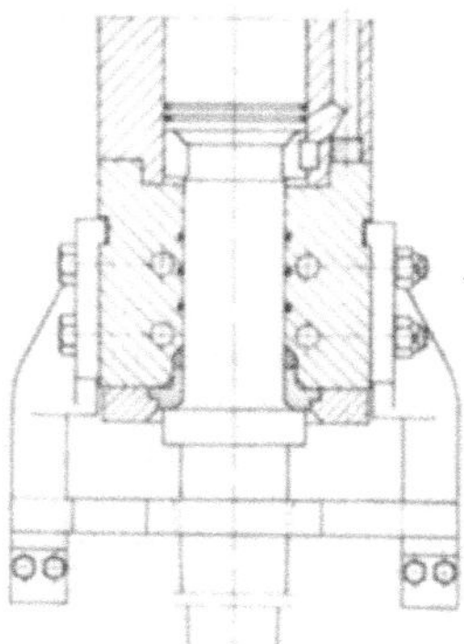

432. Abdichtung des Felsmeißels im Zwischenzylinder durch Dichtring

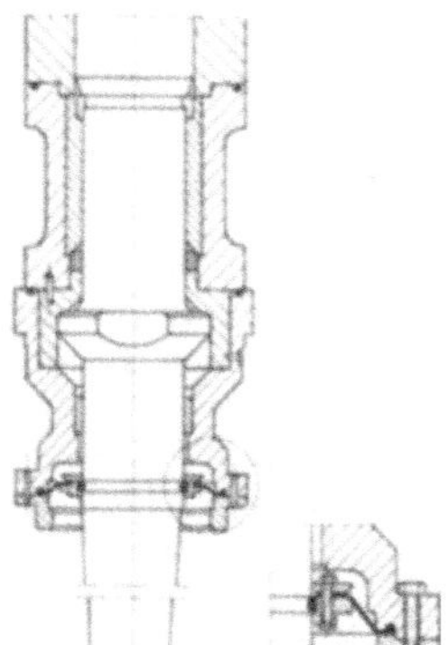

433. Abdichtung des Felsmeißels im Zwischenzylinder durch eine Rollmembrane

wird. Bild 433 zeigt eine von FMA POKORNY entwickelte Abdichtungsart, bei der eine abriebfreie Abdichtung durch eine Rollmembrane erfolgt. Diese Rollmembrane ist einerseits am Zwischenzylinder, andererseits am Meißelschaft eingespannt und so bemessen, daß der Meißel das notwendige Axialspiel ausführen kann, ohne die Membrane zu beschädigen.

32.3.1. **Felsmeißel**

Der Felsmeißel, bestehend aus Einsteckende, Meißelbund, Meißelschaft und angeschmiedeter oder aufgesteckter Meißelspitze, wird passend zu jeder Felsbrechergröße geliefert. Zur Anpassung an die verschiedenartigen Meißelarbeiten werden darüber hinaus die Meißel in verschiedenen Längen hergestellt. Die Bemessung bzw. Bestellung erfolgt nach sogenannten Nutzlängen. Bei der Nutzlänge ist der im Hammer verbleibende Teil des Meißels schon in Abzug gebracht. Meißeleinsteckende und -schaft sind entsprechend den Beanspruchungen unterschiedlich vergütet. Die Meißelspitze ist oberflächengehärtet. Sie muß deshalb von Zeit zu Zeit nach Abrieb dieser Härtezone nachgehärtet werden. Das Einsteckende des Meißels ist außer den Schlagbeanspruchungen noch erheblichen Biegebelastungen ausgesetzt. Diese treten entweder durch Querzug am Felsbrecher oder aber durch Verlaufen des Felsmeißels bei geführtem Felsbrecher auf. Deshalb sollte nach und vor jedem neuen Einsatz das Einsteckende gereinigt, Freßstellen und Riefen geglättet und ein eventuell angestauchter Pilz an der Aufschlagfläche entfernt werden. Nach Einfetten des Einsteckendes ist der Meißel dann einsatz- bzw. lagerfertig.

32.3.2. **Meißelspitzen**

Die Form der Meißelspitze ist für den Meißelvorgang von ausschlaggebender Bedeutung. Für gut spaltbares Gestein sowie für normales Mauerwerk und Beton hat sich die angeschmiedete, kegelförmige Meißelspitze gut bewährt. Ist jedoch verwittertes, weiches oder klüftiges Material abzubauen, so kann der Umstand eintreten, daß der Meißel nur Löcher in dieses Material eintreibt, ohne es zu spalten. Die Keilwirkung des Meißels wird durch Verdichtung der Randzone aufgehoben und nur durch Vergrößerung des verdrängten Volumens kann eine zusätzliche Keilwirkung erreicht werden. Für diese Fälle wurden sogenannte Aufsteckspitzen entwickelt, die in ihren Abmessungen erheblich über dem Durchmesser des Meißelschaftes liegen. Der spezielle Felsmeißel trägt zur Aufnahme dieser Aufsteckspitzen einen konischen Ansatz anstelle der festen Meißelspitze. Die Aufsteckspitze wiederum trägt eine entsprechend konisch ausgearbeitete Bohrung, mit der die Spitze auf den konischen Teil des Meißelschaftes aufgesteckt wird. Eine zusätzliche Querbohrung ermöglicht den Ausbau der Spitze durch Eintreiben eines Keils. In der Form unterscheidet man zwischen Kegel-, Pyramiden- und Flachmeißelspitze; letztere wird besonders für nicht spaltfähiges Gestein verwendet. Die aufgezählten Spitzen zeigt das Bild 434.

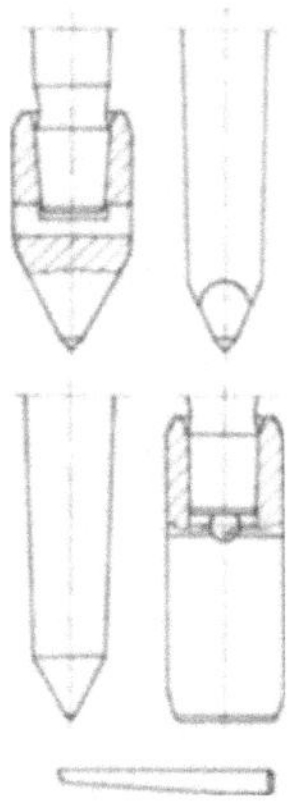

434. Felsmeißelspitzen

435. Felsbrecher, frei am Seil hängend

32.4. Träger- und Hilfsgeräte

Der Erfolg und die Wirtschaftlichkeit eines Felsbrechereinsatzes sind durch folgende Faktoren bestimmt:

a) den Umfang und den Schwierigkeitsgrad der durchzuführenden Arbeiten,

b) die Härte bzw. Spaltbarkeit des abzubauenden Materials,

c) die Größe des Felsbrechers und die Form des Meißels,

d) das schnelle und sichere Bewegen sowie das sichere Ansetzen des Felsbrechers von Ansatzpunkt zu Ansatzpunkt.

Die unter a) und b) aufgeführten Größen sind jeweils durch die durchzuführenden Arbeiten gegeben. Aus ihnen läßt sich an Hand einer Vorkalkulation schon bestimmen, ob mehrere handbetriebene Auf-

bruchhämmer einzusetzen sind oder ob ein mittlerer oder gar ein schwerer Felsbrecher verwendet werden soll. Darauf aufbauend kann dann auch Punkt c) entweder durch Erfahrungswerte oder im Sonderfall durch einen kurzen Probeeinsatz optimal bestimmt werden.
Punkt d) bedarf einer besonders ausführlichen Betrachtung. Die hier aufgezeichneten Faktoren beeinflussen die Wirtschaftlichkeit des Vorganges entscheidend, da sie die unproduktiven Nebenzeiten beinhalten. Die mittleren und schweren Felsbrecher müssen auf Grund ihres Gewichtes durch ein Trägergerät bewegt und gehalten werden. Die einfachste Lösung ist das Anhängen des Felsbrechers an den Ausleger eines Baggers oder Krans (Bild 435). Die Voraussetzung ist aber, daß der Felsbrecher den notwendigen Anpreßdruck durch ein entsprechend schweres Eigengewicht aufbringt. Die mittleren Felsbrecher bis zu einem Gewicht von ca. 1000 kg können auf Grund ihrer leichten Bauweise nicht frei hängend eingesetzt werden.
Auch bei den schweren Felsbrechern ist diese Art der Aufhängung nur in Sonderfällen zu empfehlen, da die Arbeitsweise nicht die volle Ausnutzung des Gerätes erbringt. Der Baggerführer muß den Abbruchvorgang genau verfolgen und durch Nachlassen des Seils dafür sorgen, daß der Felsbrecher immer auf dem Meißelbund aufsitzt und so seine volle Schlagenergie wirksam wird. Da der vom Gewicht des Felsbrechers erzeugte Anpreßdruck nur in senkrechter Arbeitsrichtung seinen Höchstwert erreicht, muß der Felsbrecher möglichst auch in senkrechter Stellung betrieben werden. Diese Forderung wird durch die im Bild 436 gezeigte Anordnung, bei der ein Hängemäkler am Auslegerkopf befestigt wird, erreicht. Der Felsbrecher kann durch Führungselemente an diesem Mäkler auf- und abgleiten und ist so in senkrechter Richtung geführt. Nach Ansetzen des Felsbrechers muß dann nur für entsprechendes Schlappseil gesorgt werden. Der Hängemäkler hat jedoch den Nachteil, daß er, da der Ausleger kaum noch gehoben oder gesenkt werden kann, den Aktionsradius des Trägergeräts auf ein sehr enges Maß begrenzt. Der Bagger muß also sehr häufig verfahren werden. Eine Abhilfe schafft hier der im Bild 437 gezeigte Teleskopmäkler. Dieser läßt sich durch Hochziehen des Felsbrechers auf die Hälfte seiner ursprünglichen Länge zusammenschieben. Dadurch kann der Ausleger um diese eingezogene Länge abgesenkt werden und ohne Verfahren des Trägergeräts können mehrere Abbauvorgänge erledigt werden.
Eine grundlegend verschiedene, aber um so wirkungsvollere Art, einen Felsbrecher zu führen, zeigt Bild 438. Hier wird als Trägergerät ein Hydraulikbagger oder eine Laderaupe gewählt. Der Felsbrecher selbst ist über einen hydraulischen Vorschub gelenkig mit dem Auslegerkopf verbunden. Diese Art der Aufhängung ermöglicht ein Arbeiten des

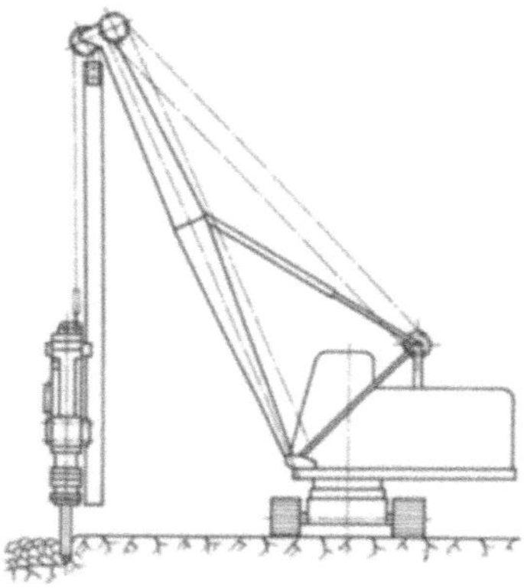

436. Felsbrecher am Hängemäkler

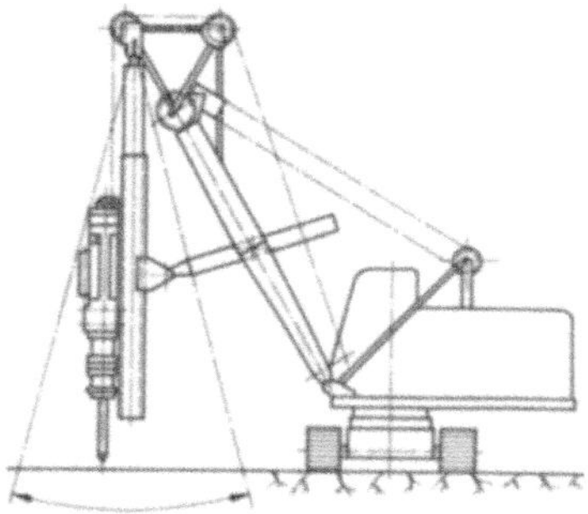

437. Felsbrecher am Teleskopmäkler

438. Felsbrecher am Hydraulik-Bagger

439. Unterwasserführung eines DEMAG POKORNY Felsbrechers

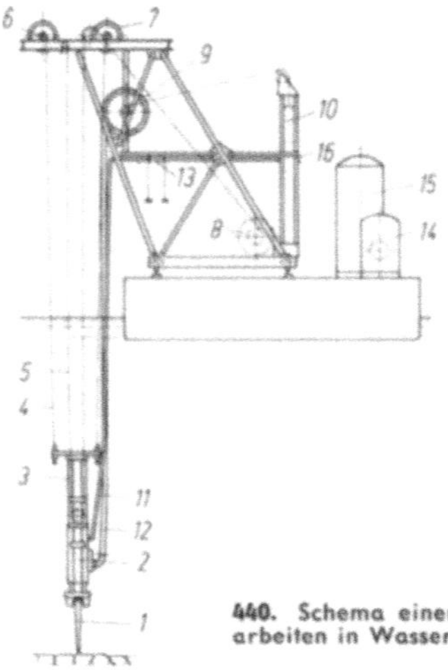

1 Felsmeißel
2 Felsbrecher
3 Felsbrecherführung
4 Kette
5 Drahtseil
6 Kettennuß
7 Handrad
8 Antrieb
9 Schlauchtrommel
10 Belastungsgewicht
11 Zuleitungsschlauch
12 Ableitungsschlauch
13 Absperrhahn
14 Kompressor
15 Druckluftbehälter
16 Anschluß des Schlauches vom Druckluftbehälter

440. Schema einer Felsbrecheranlage für Unterwasserarbeiten in Wassertiefen von mehr als 4 m

Felsbrechers von senkrecht abwärts über die Waagerechte bis senkrecht aufwärts. Durch den hydraulischen Vorschubschlitten wird der Felsbrecher bei ruhendem Ausleger in Meißelrichtung vorwärts bzw. rückwärts bewegt. Dadurch ist eine saubere und exakte Führung von Meißel und Felsbrecher erreicht. Der den Vorschub bzw. Rückhub bewirkende Hydraulikzylinder erzeugt auch gleichzeitig den notwendigen Anpreßdruck, so daß der Felsbrecher immer optimal arbeitet. Das für den Zylinder notwendige Drucköl wird dem Hydrauliksystem des Trägergeräts entnommen. Durch die einfache Steckbolzenbefestigung, mit welcher der Vorschubschlitten über ein zu jedem Ausleger anpaßbares Zwischenstück verbunden ist, kann das Trägergerät in kürzester Zeit wieder als Ladegerät eingesetzt werden.

Eine spezielle Aufhängung des Felsbrechers wird notwendig, wenn dieser in größeren Wassertiefen eingesetzt werden soll. Diese Spezialführung ist in Bild 439 dargestellt. Sie besteht aus einem Führungsrahmen mit quadratischer Aufhängeplatte. Dieser Führungsrahmen wird mit vier Aufhängeketten am Kranausleger oder an einer besonderen Plattform aufgehängt. Die Ketten werden über Kettennüsse geführt, die von Hand oder mit einem Motor angetrieben werden können. So wird die Stellung des Führungsrahmens der jeweiligen Wassertiefe angepaßt. In dem hängenden Führungsrahmen, der während der Arbeit etwa 0,5 m über dem abzubauenden Gestein in Stellung gebracht wird, kann der Felsbrecher mit der Kranwinde auf und ab bewegt werden. Die größte Hubhöhe innerhalb der Führung beträgt etwa 2 m.

Um eine genügend große Stabilität zu erreichen und ein Pendeln des Felsbrechers mit Führung aus der senkrechten Achslage zu verhindern, sind an jeder Seite des Führungsrahmens Belastungsgewichte angebracht. Außerdem hat es sich als zweckmäßig erwiesen, die Aufhängeketten so anzuordnen, daß sie nach oben pyramidenförmig auseinander laufen. Bei umfangreichen Felsarbeiten verwendet man vorteilhaft ein Krangerüst, das auf einem Ponton oder Schiff in Längsrichtung fahrbar oder schwenkbar aufgebaut ist, damit man von einem Schiffsstandort aus möglichst häufig den Felsbrecher ansetzen kann. Namentlich bei Unterwasserarbeiten in Tiefen von mehr als 4 m ist es wichtig, längsverfahrbare Krangerüste vorzusehen, die für eine Anwendung der Unterwasserführung eingerichtet sind (Bild 440).

33. Aufbau und Wirkungsweise der Druckluft-Kleinwerkzeuge

33.1. Einführung

Die folgenden Abschnitte befassen sich ausschließlich mit drehenden Werkzeugen von kleinsten bis mittleren Abmessungen. Die große Bedeutung und der selbständige Charakter rechtfertigen diese von den anderen Werkzeugen getrennte Behandlung. Zum Antrieb dient in der Regel ein Lamellenmotor, wie er bereits in Teil 17.2.1.1. beschrieben wurde. Nur für ganz hohe Drehzahlen (ca. 100000 min^{-1}) werden Turbinen verwendet. Zur Begrenzung der Drehzahl werden manche Werkzeuge, hauptsächlich Schleif- und Fräsmaschinen, mit einem Fliehkraftregler ausgerüstet, dessen Funktion im Abschnitt 19.4.1. erläutert wurde.

Die vielfältige Variationsmöglichkeit moderner Kleinwerkzeuge wird anhand der FMA-stern-Werkzeuge, die sich aus drei Außendurchmesserreihen zusammensetzen, beschrieben. Man verzeihe die firmenbezogene Argumentation, ohne die aber eine umfassende Erklärung eines solchen Programms kaum möglich ist.

Vorausgegangene Marktuntersuchungen dienten zunächst der Bestimmung des voraussichtlichen Bedarfs und der begehrtesten Baugrößen. Alte Erfahrungen und neueste Erkenntnisse bildeten die Voraussetzung für diesen besonderen Fabrikationszweig, dessen Aufbau vier verschiedene Hauptgruppen vorsieht. Diese Baugruppen werden gebildet durch:

Einlaßorgane,
Motorblöcke,
Getriebe und
Vorsätze.

Die Hauptbaugruppen sind Teilsätze, welche montiert oder unmontiert, aber zusammengelegt gelagert werden. Diese Maßnahme erlaubt eine optimale Planung für Vertrieb und Fertigung, da durch Variation der Baugruppen mit verschiedenem Zubehör in kurzer Zeit alle Maschinentypen zusammengebaut werden können. Das Baukastensystem bringt eine Menge Vorteile. Es schafft die Voraussetzung für eine rationelle Fertigung, indem nur Baugruppen gefertigt werden. Außer den gängigsten Grundtypen, welche montiert im Verkaufslager liegen, bestimmt der Abnehmer, welche Hauptgruppen zu Maschinen zusammengesetzt werden. Auch Sonderwünsche lassen sich durch das Baukastenprinzip erfüllen. Sollten trotz allem einmal weniger gängige Typen am Lager liegen, sei es, daß eine andere Handhabung, eine andere Drehzahl oder gar eine andere Leistung verlangt wird, so lassen sich die Maschinen leicht und schnell umbauen. Sie erhalten entweder andere Einlaßorgane, Getriebe oder Motoren. Auch die Ersatzteilhaltung wird erleichtert.

33.2. Aufbau der stern-Werkzeuge

Die drei bereits erwähnten Baureihen der stern-Werkzeuge unterscheiden sich durch ihre Abmessungen. Die Nenngrößen 28, 41 und 56 beziehen sich dabei auf die Außendurchmesser.
Von den Hauptgruppen jeder Reihe, den Einlaßorganen, Motoren, Getrieben und Vorsätzen gibt es verschiedene Ausführungen.
Bild 441 zeigt, wie die Baugruppen jeder Baureihe zusammengesetzt sind. Die Vorsätze bestimmen die Art des Werkzeuges wie Bohrmaschine, Drehschrauber, Schleifmaschine usw. Durch die Getriebe werden verschiedene Übersetzungen möglich, während durch die unterschiedlichen Motoren verschiedene Leistungen erreicht werden. Einlaßorgane gibt es in zwei Gruppen: mit dem Auspuff nach vorn und mit der Auspuffführung nach hinten. Die normale Ausführung ist die mit Auspuff nach vorn. Es gibt aber Anwendungsfälle, bei denen der Luftaustritt nach vorn stört. Einige Einlaßorgane haben eine Umsteuereinrichtung, mit der die Drehrichtung geändert werden kann. Die ventillosen Ausführungen dienen für Maschinen, die in Vorrichtungen eingebaut und ferngesteuert werden. Die unterschiedlichen Griffausführungen passen zu den verschiedenen Arbeitsvorgängen, für welche die Maschinen bestimmt sind.

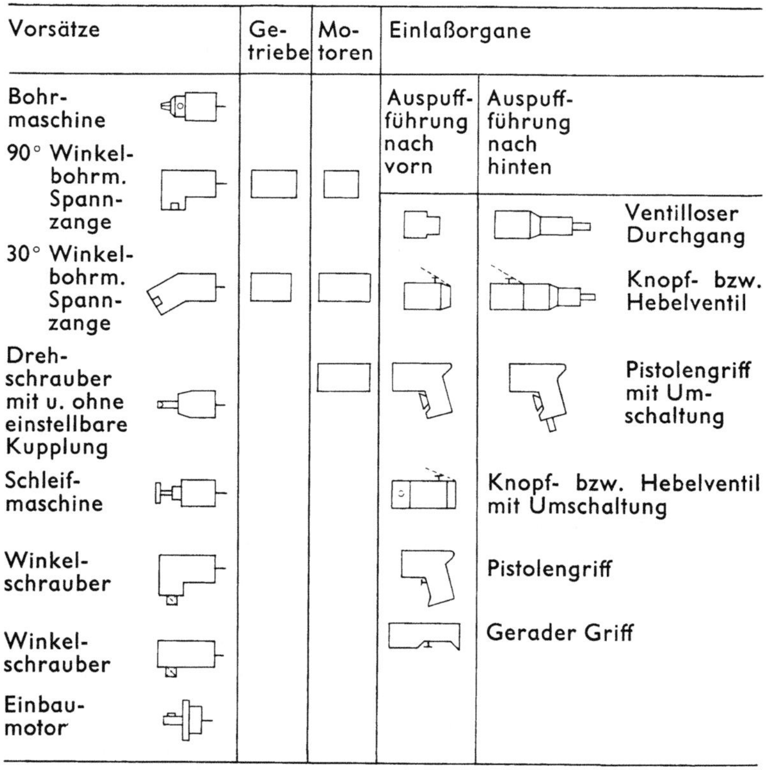

441. Die vier Baugruppen einer Baureihe

Durch das Baukastensystem lassen sich die Gruppen kombinieren; durch Serienschaltung der Getriebe ergeben sich viele Untersetzungsmöglichkeiten. Die Tab. 442, 443 und 444 enthalten Kenndaten wie Abwürgemoment, Drehzahl und Leistung. Alle Angaben sind auf die Werkzeugspindel bezogen. Rechts neben den Tabellen sind die möglichen Motor- und Getriebekombinationen aufgezeichnet mit Angaben über Motorleistung und Getriebeuntersetzung.
Bei Maschinen ohne Getriebe, das sind Schleif-, Fräsmaschinen usw., ist die Motorleistung wirksam, während bei Maschinen mit Getriebe nur die durch den Getriebewirkungsgrad verminderte Spindelleistung

Abwürgemoment cm kp			Drehzahl n_{leer}			Leistung an der Spindel PS		
MM0	MM1	MM2	MM0	MM1	MM2	MM0	MM1	MM2
0,88	2,0	2,0	26 000	14 000	24 000	0,08	0,1	0,17
3,08	7,3	7,2	6 500	3 500	6 000	0,07	0,09	0,15
5,25	11,5	12,3	3 800	2 000	3 500	0,07	0,09	0,15
10,6	26	26,8	1 625	875	1 500	0,06	0,08	0,14
18,2	45	46	945	510	870	0,06	0,08	0,14
31,4	76	79	550	300	510	0,06	0,08	0,14

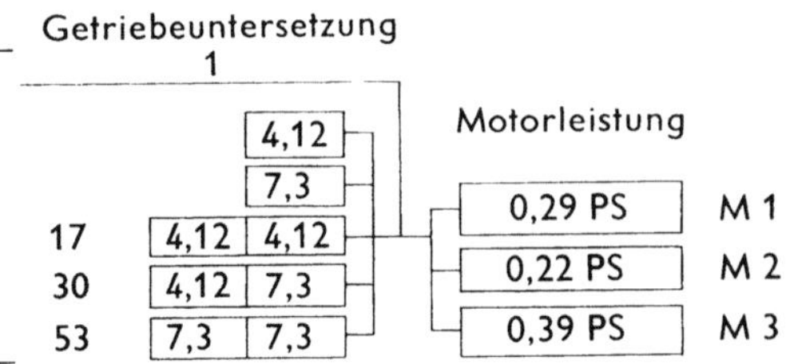

442. Kenndaten der „stern"-Reihe 28

Abwürgemoment cm kp			Drehzahl n_{leer}			Leistung an der Spindel PS		
M 1	M 2	M 3	M 1	M 2	M 3	M 1	M 2	M 3
2,9	4,1	4,2	29 000	15 500	27 000	0,29	0,22	0,39
10,6	15,5	15,2	7 000	3 700	6 600	0,26	0,2	0,35
17,7	27,4	27,2	4 200	2 100	3 700			
40,5	57,5	57,2	1 700	900	1 600			
72,5	103,0	104,0	950	500	900	0,24	0,18	0,32
125,0	172,0	183,0	550	300	500			

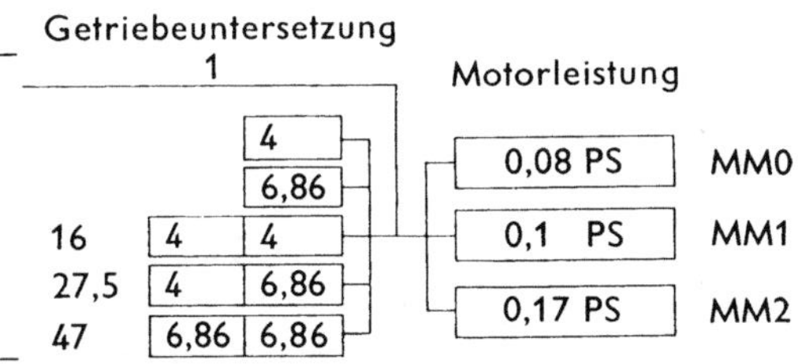

443. Kenndaten der „stern"-Reihe 41

Abwürgemoment cmkp		Drehzahl n_{leer}	Leistung an der Spindel PS		Getriebeuntersetzung		
M 4	M 5	M 4/M 5	M 4	M 5			
7,3	11,3	21 000	0,53	0,83	1		
13,8	21,5	10 000					2,12
27,5	43,0	5 000	0,48	0,75			4,12
36,4	56,6	3 800					5,56
43,0	68,0	3 200					6,66
51,5	81,5	2 400			8,7	2,12	4,12
68,5	108,0	1 800			11,8	2,12	5,56
82,0	130,0	1 500			14,1	2,12	6,66
98,0	156,0	1 250			17,0	4,12	4,12
134,0	212,0	920	0,43	0,68	23,0	4,12	5,56
160,0	254,0	770			27,4	4,12	6,66
182,0	287,0	680			30,9	5,56	5,56
216,0	340,0	570			37,0	5,56	6,66
262,0	416,0	470			44,4	6,66	6,66

Motorleistung

0,53 PS M 4

0,83 PS M 5

444. Kenndaten der „stern"-Reihe 56

zur Verfügung steht. Unter Abwürgemoment wird das Moment verstanden, das maximal beim Abbremsen von der Leerlaufdrehzahl bis zum Stillstand auftritt. Bei Maschinen ohne Regler ist dieses Moment etwa doppelt so groß wie das Moment bei der Leistungsspitze. Naturgemäß werden nicht alle in den Tabellen enthaltenen Getriebekombinationen benötigt, sondern es wird eine Auswahl getroffen, die für die in Frage kommenden Werkzeugvorsätze notwendig ist. Außer den in Bild 441 gezeigten Vorsätzen kommen auch Schervorsätze, Knabber, Einbauschrauber, Ratschenschrauber und manche andere in Frage.

33.3. Forderungen an Kleinwerkzeuge

Bei Neuentwicklungen werden an das Endprodukt viele Forderungen gestellt, die sich sogar zum Teil widersprechen. Das Werkzeug soll viel leisten, unverwüstlich sein, wenig Luft verbrauchen, wenig wiegen, wenig kosten und besonders handlich sein. Da die gleichzeitige Erfüllung aller dieser Merkmale nicht möglich ist, kann jedes fertige Werkzeug nur ein Kompromiß aus allen diesen Forderungen sein. Ein zusätzliches Merkmal, auf das bei der Entwicklung der stern-Werkzeuge großer Wert gelegt wurde, ist die Geräuschdämpfung.

33.3.1. Geräuschminderung

Das Prinzip der bei den stern-Werkzeugen angewendeten Geräuschdämpfung ist bei allen Vorsätzen ähnlich. Die aus dem Motorzylinder

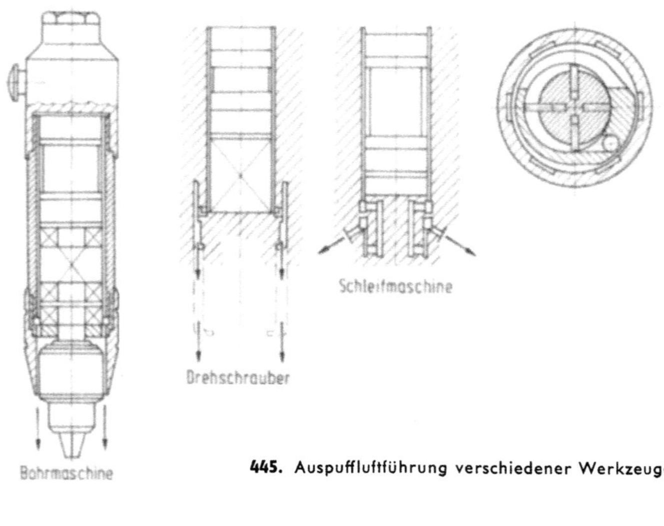

445. Auspuffluftführung verschiedener Werkzeugarten

austretende Luft verteilt sich um den Zylinder, von wo aus sie durch Kanäle nach vorn geleitet wird. Durch diese langen Kanäle wird die Pulsation weitgehend geglättet und ein großer Teil des Schalls vernichtet. Eine weitere Beruhigung und Schalldämpfung wird durch anschließende größere Räume in Verbindung mit verschiedenen Umlenkungen erreicht. Bild 445 läßt die Auspuffluftführung bei Bohrmaschinen, Drehschraubern und Schleifmaschinen erkennen.

Beispiele für durch diese Dämpfungsmaßnahmen erreichten Schallpegelwerte zeigt die folgende Tabelle:

Werkzeug	Typ	Schallpegel in dB(A)	Spindel-Leistung PS	Drehmoment cm · kp
Bohrmaschine	B 8 – 16 P	77	0,32	
Drehschrauber	SO 4 – 16	76		41
Drehschrauber	SU 10 – 6	77		100
Schleifmaschine	R 2 Z	75	0,33	
Fräsmaschine	F 2 Z	75	0,38	

Die aufgeführten Drehschrauber können sowohl mit einem kurzen als auch mit einem langen Schalldämpfer ausgerüstet werden. Die in der Tabelle angegebenen Werte beziehen sich auf die Ausführung mit kurzem Schalldämpfer. Spielen Sichtverhältnisse beim Schraubvorgang keine besondere Rolle, so können die Drehschrauber auch mit langem Schalldämpfer ausgerüstet werden. Dabei reduziert sich der Schallpegelwert um 3 dB(A).

Wird bei den Maschinen die Auspuffluft nach hinten abgeleitet (Bild 446), verringern sich die Werte um weitere 2 dB(A).

Diese Werte sind Mittelwerte von mehreren Meßstellen aus einer Rundummessung in 1 m Abstand, 1,25 m über dem Boden gemessen. Der Prüfdruck betrug hierbei 6 atü. Die Messungen wurden im Leerlauf vorgenommen, weil hierbei die Geräusche am stärksten sind.

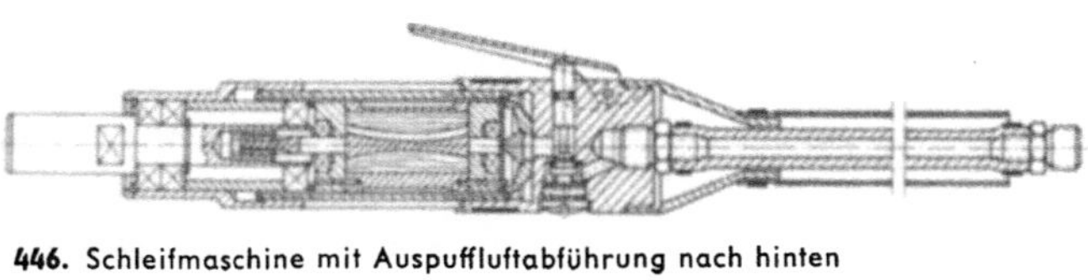

446. Schleifmaschine mit Auspuffluftabführung nach hinten

Bereits in 7 m Entfernung liegen die im freien Schallfeld gemessenen Werte um weitere 14 dB(A) niedriger. Um zu zeigen, wie ruhig stern-Werkzeuge arbeiten, sei vergleichsweise erwähnt, daß in einem normal ausgebauten Schreibzimmer mit nur einer Schreibmaschine in voller Tätigkeit bereits ein Schallpegel von 70 dB(A) herrscht.

33.3.2. Einrichtung zur Schalldruckmessung

In Bild 447 ist eine komplette Schallmeßeinrichtung zu sehen, die hohen Anforderungen genügt. Das zu prüfende Druckluftwerkzeug wird auf einen Drehtisch aufgespannt und der abgestrahlte Schallpegel bei

447. Schalldruck-Meßeinrichtung zur Aufnahme von Polardiagrammen

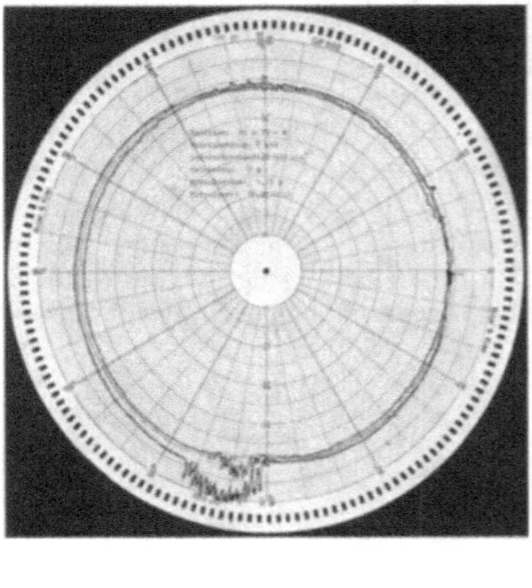

448. Polardiagramm

kontinuierlicher Drehung über das Mikrophon vom Pegelschreiber aufgezeichnet. Durch Zwischenschaltung eines Schmalbandanalysators läßt sich das Geräusch in seine Spektren zerlegen. Das Bild 448 zeigt den Schallpegel eines Drehschraubers in einem Polardiagramm bei einer Rundummessung. Die Richtcharakteristik, aber auch der Mittelwert sind zu erkennen. Wird ein neues Werkzeug entwickelt, so werden von allen Zwischenstufen des noch unfertigen Gerätes Polardiagramme aufgenommen und Grobanalysen gemacht. Die Fortschritte können so besser beurteilt werden.

33.3.3. **Spezifische Leistung und Leistungsgewicht**

Für den Vergleich von Druckluftwerkzeugen mit Werkzeugen anderer Antriebsenergien sind das Werkzeuggewicht und die abgegebene Leistung an der Spindel die wichtigsten Kriterien. Zwei Begriffe lassen sich daraus ableiten, die spezifische Leistung und das Leistungsgewicht.

$$\text{Spezifische Leistung} = \frac{\text{Leistung an der Spindel [PS]}}{\text{Maschinengewicht [kg]}} \quad \text{[PS/kg]}$$

Die spezifische Leistung sagt aus, wieviele PS Leistung aus einem kg Maschinengewicht „herausgeholt“ werden.

$$\text{Leistungsgewicht} = \frac{\text{Maschinengewicht [kg]}}{\text{Leistung an der Spindel [PS]}} \quad \text{[kg/PS]}$$

Das Leistungsgewicht sagt, wieviele kg Maschinengewicht für ein PS Leistung erforderlich sind; es ist also der reziproke Wert der spezifischen Leistung.

Der Vergleich von Druckluftbohrmaschinen mit Hochfrequenz-Elektro-Bohrmaschinen ergibt sehr günstige Werte zum Vorteil der Druckluftwerkzeuge, wie die Tabelle auf S. 474 erkennen läßt. Sie enthält außer den eben definierten Größen auch Angaben über Bohrerdurchmesser und Drehzahl.

Es ist zu erkennen, daß die spezifische Leistung für Druckluftwerkzeuge drei- bis viermal so hoch ist als bei Maschinen mit elektrischem Antrieb durch hochfrequenten Strom.

Elektrowerkzeuge mit der Normalfrequenz (50 Hz) wurden in diese Betrachtungen nicht einbezogen, da diese noch wesentlich ungünstiger abschneiden.

Der Vergleich der Leistungsgewichte zeigt, daß HF-Elektrowerkzeuge bei gleicher Leistung drei- bis viermal so schwer sind.

Das Leistungsgewicht ist ein Wertmesser für die Handlichkeit. Bei höheren Leistungsgewichten treten die Ermüdungserscheinungen viel früher auf. Der Arbeitsfortschritt wird dadurch stark beeinträchtigt.

Daten		Druck-luft-Antrieb	HF-Elektro-Antrieb	Druck-luft-Antrieb	HF-Elektro-Antrieb
Max. Bohrerdurchmesser	mm	6	6	32	32
Drehzahl	min^{-1}	2000	1500	250	250
Leistungsabgabe	W	260	130	1840	1200
	PS	0,36	0,18	2,5	1,6
Gewicht	kg	0,85	1,9	12	22,5
Spez. Leistung	PS/kg	0,42	0,095	0,21	0,071
Leistungsgewicht	kg/PS	2,35	10,6	4,8	14

Ein guter Vergleichswert für Druckluftwerkzeuge untereinander ist der spezifische Luftbedarf.

$$\text{Spez. Luftbedarf} = \frac{\text{Luftbedarf bei max. Leistung } [m^3/min]}{\text{Leistung an der Spindel } [PS]} \quad [m^3/PSmin]$$

Der spezifische Luftbedarf gibt an wieviel Druckluft in der Minute erforderlich ist, um 1 PS zu erzeugen.

33.3.4. **Schmierung**

Schmierung der Werkzeuge ist nicht nur eine Voraussetzung für die volle Leistung, sondern auch für Betriebssicherheit und Lebensdauer. Deshalb haben viele Druckluftwerkzeuge Öler organisch eingebaut. (Bild 449). Beim Öffnen des Einlaßventils strömt Druckluft zum Motor und gleichzeitig in die Ölkammer. Nach dem Schließen bleibt der Motor stehen, die Druckluft in der Ölkammer expandiert und drückt eine kleine Menge Schmieröl in die Luftkanäle der Maschine.

Ein Filzstopfen sorgt für dosierte Schmierölmenge. Beim Wiedereinschalten wird der kleine Öltropfen von der Druckluft in die Maschine transportiert. Damit die Luft in die Ölkammer eintreten kann, darf diese nie ganz mit Öl gefüllt werden. Eine Füllung reicht für einen achtstündigen Betrieb aus. Bei den Maschinen, die keine eingebaute Schmierölkammer haben, müssen grundsätzlich Leitungsöler in die Luftzuführung eingeschaltet werden. Diese Öler werden so eingestellt, daß ca. alle 5 Minuten ein Tropfen Öl vom Luftstrom mitgerissen wird. Zuviel Schmieren ist unnütz; die überschüssige Ölmenge wird ohne Wirkung durch den Auspuff geblasen.

Selbstverständlich können auch die Maschinen mit Pistolengriff an Leitungen mit Ölern angeschlossen werden, so daß in diesen Fällen das Füllen der Schmierölkammern unterbleiben kann. Sowohl Leitungsöler

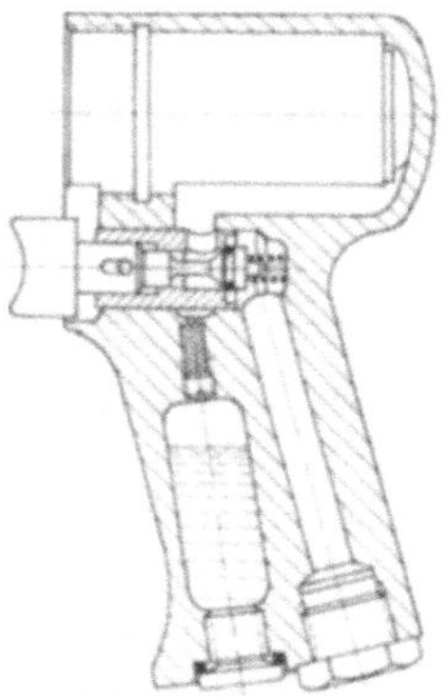

449. Öler im Pistolengriff

als auch Öler im Pistolengriff müssen gewartet werden. Ist keine Ölabnahme feststellbar, muß die Ursache gesucht und beseitigt werden. Vor den Leitungsöler sollte auch ein Schmutzfilter eingebaut werden. Unter diesen Voraussetzungen erreicht man optimale Leistung, Betriebssicherheit und Lebensdauer der Maschinen.

33.3.5. **Anlaufregulierung**

Moderne Werkzeuge sind mit einer Anlaufregulierung ausgerüstet. Damit kann die Drehzahl der Maschinen stufenlos verstellt werden. Dies ist für verschiedene Arbeitsvorgänge, z. B. Anbohren, von großer Bedeutung. Die Anlaufregulierung wird meist durch ein federbelastetes Kegelventil erreicht, welches ein kontinuierliches Abheben gestattet.

33.3.6. **Prüffeld**

An dieser Stelle werden in ganz groben Zügen einige Einrichtungen vorgestellt, die heute in einem leistungsfähigen Prüffeld unentbehrlich sind. Zur Leistungsmessung dienen Bremsen. Für Druckluftmotoren gibt es jedoch keine handelsüblichen Bremsen. Alle Bremsen sind Sonderausführungen oder eigene Entwicklungen. Es müssen einerseits zum Teil bei sehr hohen Drehzahlen (bis 100000 $\min^{-1}$) Leistungen unter 0,1 PS und geringe Drehmomente gemessen werden, andererseits werden Motorkennlinien von Maschinen bis 10 PS Leistung und nur 50 Umdrehungen verlangt. Um diesen breiten Bereich von Drehzahl und Leistung erfassen zu können, müssen im Prüffeld mehrere Größen installiert werden.

Hier einige Beispiele:

Art der Bremse	Bild	Leistung N bis max. [PS]	Drehzahl n bis max. [min^{-1}]
Wirbelstrom	450 unten	0,6	60 000
Wirbelstrom	450 oben	1,0	18 000
Generator	451	5,0	10 000
Pendelwaage	452	10,0	10 000

Mit Bremsen werden in Abhängigkeit von den Drehzahlen Drehmomente des zu prüfenden Werkzeugs aufgenommen. Die Aufnahme des Drehmomentenverlaufs erfolgt durch kontinuierliche Veränderung der Bremslast. Durch vollständiges Abbremsen wird auch das Abwürge- und das Anfahrmoment ermittelt.

Der Luftverbrauch wird während des Bremsens entweder mit einem Durchflußmeßgerät (Schwimmer auf Luftstrom) oder mit einer Gasuhr (Volumenzähler) gemessen.

In Bild 453 ist eine Druckmindereinrichtung mit einem Feinbereichregler gezeigt. Diese Einrichtung ist notwendig, wenn die Kennlinien für Druckluftmotoren oder komplette Maschinen bei verschiedenen Betriebsdrücken aufgezeichnet werden sollen. Außerdem wird mit dieser Einrichtung der geringste Betriebsdruck ermittelt, bei dem das Druckluftwerkzeug noch anläuft.

Eine weitere Einrichtung ist der sogenannte „Marterprüfstand" (Bild 454). Auf diesem eigens entwickelten Spezialprüfstand werden Werkzeuge auf zwei verschiedene Arten auf ihre Haltbarkeit getestet. Zuerst werden über eine Bandbremse in jeweils festgelegten Intervallen die Werkzeuge innerhalb eines eingestellten Drehwinkels abgewürgt. In den Pausen zwischen dem Abwürgevorgang laufen die Werkzeuge wieder auf eine bestimmte Drehzahl hoch mit einem Drehmoment, welches unter dem maximalen liegt. Beim Wiederabbremsen bis zum Stillstand wird das maximale Drehmoment jedesmal durchfahren, d. h. alle Maschinenelemente wie Motor, Getriebe, Lager usw. werden durch die schwellende Belastung auf das stärkste beansprucht. Bei dem folgenden Test laufen die Werkzeuge bei maximaler Leistung. Diese wird durch

450. Wirbelstrombremse

451. Generatorbremse

452. Pendelwaage

453. Druckmindereinrichtung mit Feinbereichregler

454. „Marterprüfstand" für drehende Druckluftwerkzeuge

ein regulierbares Hydraulikaggregat abgenommen. Auch hierbei liegt intermittierender Betrieb vor. In festgelegten Abläufen werden die zu prüfenden Maschinen vom Stillstand auf die Drehzahl mit der maximalen Leistung hochgefahren.
Haben die Prüflinge diese beiden harten Prüfmethoden ohne Schaden überstanden, so ist gewährleistet, daß sie in Bezug auf Haltbarkeit der Praxis gerecht werden. Da die der Maschine im Prüffeld aufgezwungenen Beanspruchungen in der Praxis kaum auftreten, ist noch eine erhebliche Sicherheit vorhanden.
Im Gegensatz zum Prüffeld werden jedoch bei der Abnahme der Serienwerkzeuge keine Kennlinien aufgenommen. Die Leistungsdaten der einzelnen Typen liegen bereits vor. Es wird lediglich in Abhängigkeit von der Belastungsdrehzahl (Drehzahl bei der maximalen Leistung) das

455. Serienabnahme von Bohrmaschinen

Drehmoment kontrolliert und der Luftverbrauch gemessen. Hierzu wird an einem Bremsgenerator (Bild 455) vor der Messung über einen Hebelarm mit Meßskala und einem bestimmten Gewicht das aufzubringende „Soll-Drehmoment" der Maschine eingestellt. Beim Erreichen bzw. Überschreiten dieses Limits leuchtet eine Kontrollampe auf. Es werden nur Werkzeuge ausgeliefert, welche die vorgesehenen Grenzen erreichen.

34. Auswahl der Maschinen

34.1. Klein-Schleif- und -Fräsmaschinen

Klein-Schleif- und Fräsmaschinen der stern-Serie werden im gesamten Maschinenbau eingesetzt. Dazu gehören auch der Gesenk- und Vorrichtungsbau, der Behälter- und Apparatebau sowie die verschiedenen Gießereien. Aber auch in einer Vielzahl anderer Betriebe, in denen Druckluft verwendet wird, sind diese Werkzeuge in Gebrauch. Die für rauhen Betrieb geeigneten Werkzeuge besitzen zum Schutz gegen äußere Einflüsse ein Stahlgehäuse. Ihre durch das Arbeiten stark beanspruchten Spindeln haben eine doppelte Lagerung. Zur Aufnahme der Schleifscheiben, Fräser oder Bürsten sind Spannzangen mit 6 oder 8 mm Durchmesser festgelegt. Mit Stahlbürsten wird Rost, Kesselstein oder alte Farbe und ähnliches entfernt. Für Fräsarbeiten stehen eine große Anzahl von Fräsern aus verschiedenen Werkstoffen und mit verschiedenen Zahnungen zur Verfügung. Selbst für gehärtete Stähle und Kunststoffe sind geeignete Spezialfräser entwickelt worden. Bild 456 zeigt die Schleifmaschine R2Z. Die Daten von drei Modellen dieser Baureihe sind aus der folgenden Tabelle zu ersehen.

Technische Daten		R2Z	R5Z	F2Z
Leerlaufdrehzahl	U/min	22 000	16 000	28 000
Leistung bei 6 atü	PS	0,33	0,75	0,38
Gewicht ohne Schleifscheibe	kg	0,9	1,9	0,9
Schleifscheiben-∅ keramische Bindung	mm	25	30	20
Schleifscheiben-∅ Bakelitbindung	mm	40	50	30
Schleifscheiben-∅ fasergebunden	mm	70	70	—
Schlauch l. W.	mm	6	10	6
Schallpegel 1 m Abstand	dB (A)	75	80	75

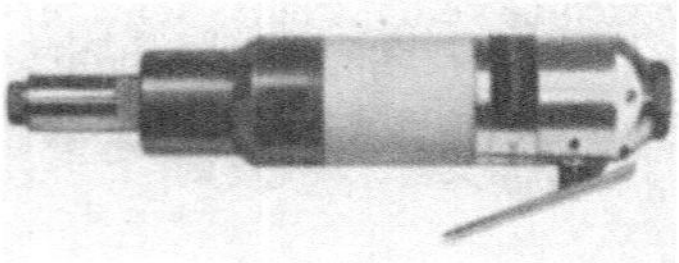

456. Schleifmaschine R2Z

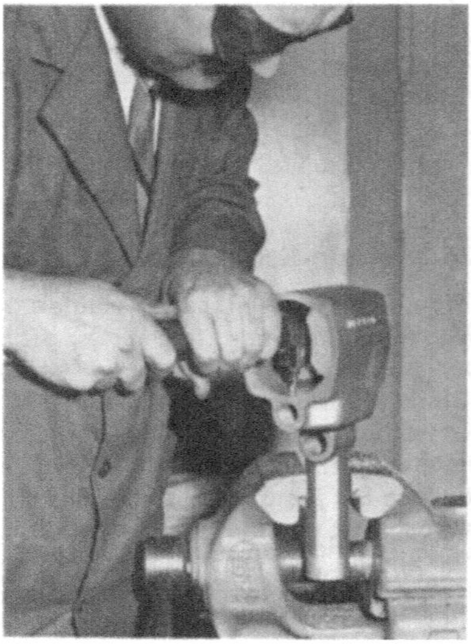

457. Frasen an einem Leichtmetallwerkstück mit einer Winkelfräsmaschine

34.2. **Winkelfräsmaschinen**

Sie entsprechen im Aufbau den Winkelbohrmaschinen. Die Spindel ist mit einer Spannzange zur Aufnahme von Fräsern mit Spannschaft ausgerüstet. Die Maschinen werden hauptsächlich für die Bearbeitung spröder und zäher Leichtmetall-Legierungen (Bild 457) sowie von Buntmetallen, Holz, Gummi, Fiber, Preßstoff usw. an räumlich beengten Stellen eingesetzt. In der Praxis gewinnt der Fräser gegenüber dem Schleifen immer mehr an Bedeutung. Viele Großfirmen untersuchen deshalb z. Z., wie die wirtschaftlichen Verhältnisse zwischen den beiden Arten der Bearbeitung liegen.

34.3. **Fräser**

Fräser werden aus Werkzeugstahl (WS) oder aus Hochleistungsschnellstahl (HSS) hergestellt, wobei dem HSS die größere Bedeutung zukommt.

Fräser aus HSS eignen sich für die Bearbeitung von Stahl und härteren NE-Metallen. Nur für weichere Materialien können Fräser aus WS verwendet werden, wobei im Zweifelsfalle immer dem HSS der Vorzug gegeben werden sollte.

Tabelle 458 zeigt Rotorfräser mit vier verschiedenen Zahnungen. Auch die Einsatzgebiete und die Schnittgeschwindigkeiten können der Tabelle entnommen werden. Bild 458a dient der Ermittlung der Drehzahlen.

Außer den erwähnten Materialien werden Fräser auch aus Hartmetall hergestellt. Mit ihnen lassen sich sehr harte Werkstoffe freihand verspanen, desgleichen Leichtmetalle. Höchste Schnittgeschwindigkeiten werden mit ihnen erreicht.

Tabelle 459 zeigt vier zylindrische Fräser mit verschiedenen Zahnungen und gibt die Einsatzgebiete und die Schnittgeschwindigkeiten dieser Hartmetallfräser an. Bild 459a dient der Ermittlung der Drehzahlen.

Eine besondere Bedeutung kommt der Diamantverzahnung zu. Bei dieser Verzahnungsart kreuzen sich Zähne mit Rechts- und Linksdrall. Dadurch ergeben sich besondere Vorzüge gegenüber den Einfachverzahnungen. Bei gleichem Anpreßdruck haben die diamantverzahnten Fräser eine höhere Zerspanungsleistung als normal verzahnte Werkzeuge. Die Diamantverzahnung ergibt eine höhere Oberflächengüte und erleichtert nachfolgende Finisharbeiten. Diamantverzahnte Fräser lassen sich besonders exakt führen, da die Axialkräfte durch den Doppeldrall aufgehoben werden. Gleichzeitig wirkt die Diamantverzahnung als intensiver Spanbrecher.

Zahnung	Einsatz	Werkstoffart	Schnittgeschwindigkeit m/min HSS	WS
 Zahnung 1	Für spröde Leichtmetall-Legierungen, Zinn, Holz, Gummi, Fiber, Blei	NE-Metalle	180	120
 Zahnung 2	Für zähe Leichtmetall-Legierungen, Kupfer, Zink, Preßstoffe (nur Nr. 42-68)	NE-Metalle	180	120
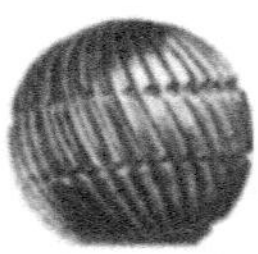 Zahnung 3	Für Stähle jeder Art, Temperguß,	Stahl	60	40
	nichtschmierende Metall-Legierungen	NE-Metalle	180	120
 Zahnung 5	Für Schlichtarbeiten an Stählen jeder Art und an	Stahl	60	40
	nichtschmierunden Metall-Legierungen (nur Nr. 42-68)	NE-Metalle	180	120

458. Rotorfräser mit vier verschiedenen Zahnungen (aus August-Rüggeberg-Katalog 200/1968)

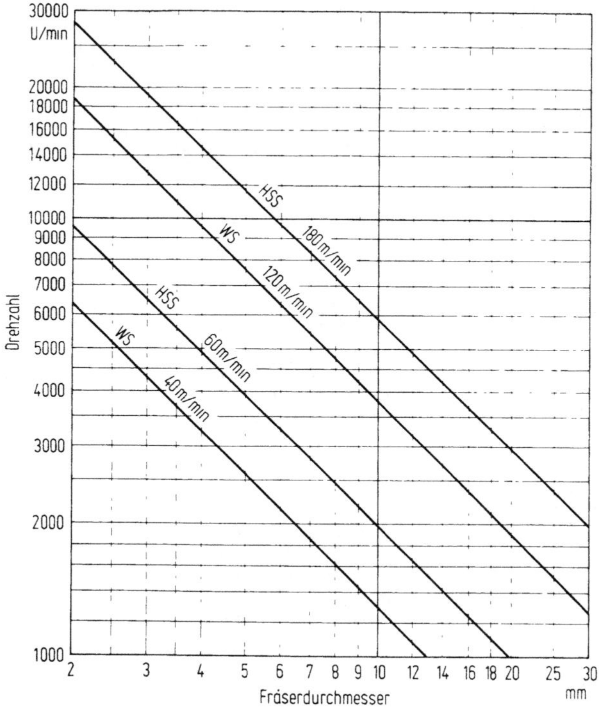

458a. Diagramm zur Ermittlung der Drehzahlen für HSS- und WS-Fräser

Zahnung	Einsatz	Schnittgeschwindigkeit m/min
 Zahnung 1	Für nichtrostenden Stahl, Schweißnähte, zähharte Stahl- und Leichtmetall-Legierungen (ohne Spanbrecher)	Stahl: 600—900 Leichtmetall: 400
 Zahnung 3	Für vergütete und ungehärtete Stähle und Stahlguß, elektrische und autogene Schweißnähte, Mangan-Hartstahl (ohne Spanbrecher)	über 450
 Zahnung 4 Diamant	Mit Doppelverzahnung, besonders für hochfeste und zähe Werkstoffe, nichtrostende Stähle sowie Kunststoffe	über 450
 Zahnung 5	Für gehärteten Stahl sowie Stahl mit hoher Festigkeit (ohne Spanbrecher)	über 350

459. Hartmetallfräser (aus August-Rüggeberg-Katalog 200/1968)

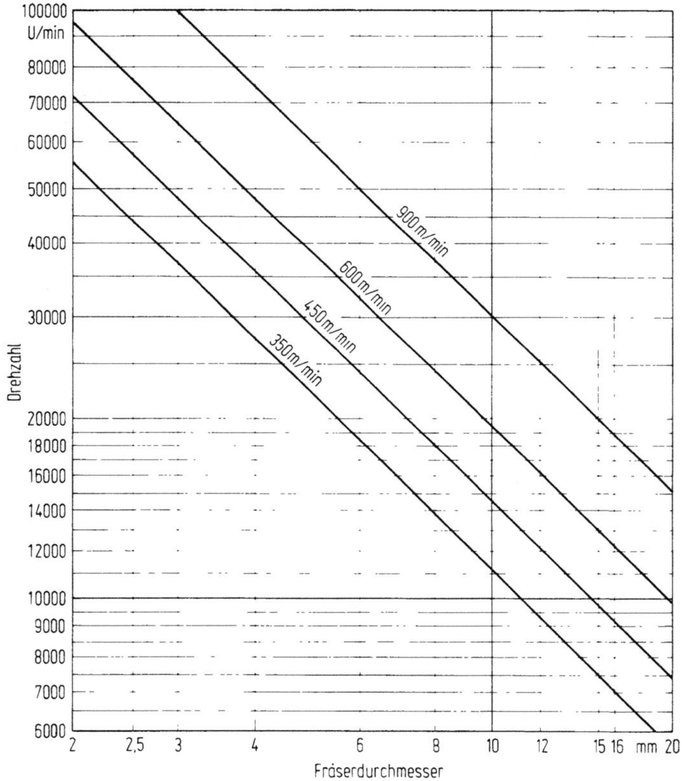

459a. Diagramm zur Ermittlung der Drehzahlen für Rotor-Hartmetallfräser

34.4. **Schleifstifte**

Für Handschleifarbeiten werden bei Kleinschleifmaschinen Schleifstifte verwendet. Die Vielfältigkeit der Arbeiten und die unterschiedlichen Werkstoffe, welche bearbeitet werden sollen, haben es mit sich gebracht, daß zahlreiche Sorten von Schleifstiften hergestellt werden. Schleifstifte unterscheiden sich in Form und Größe, in Material und Bindung sowie in Härte und Körnung. Auch durch die Farbe werden sie unterschieden. Als Beispiel zeigt Tabelle 460 (S. 487) eine Anzahl von Rotor-Schleifstiften. Sie gibt neben dem Schleifmittel die Härte und die emp-

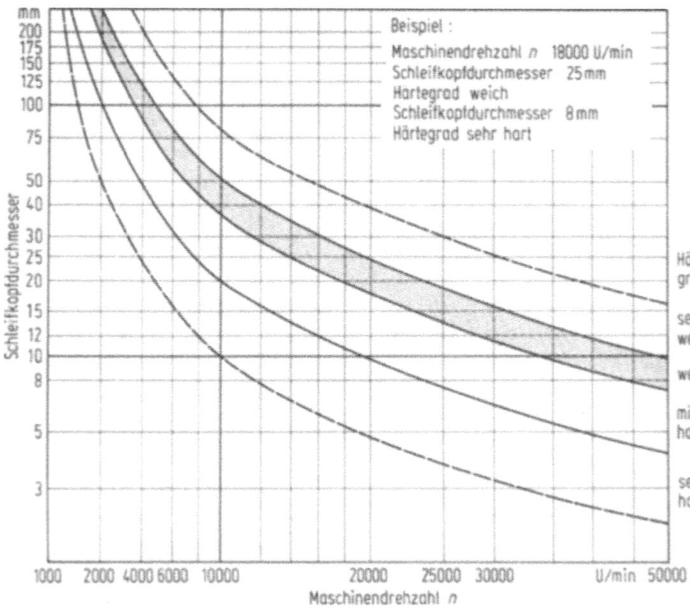

461. Bestimmung der Schleifscheibenhärte

fohlene Umfangsgeschwindigkeit an. Die zu wählende Härte des Schleifmittels richtet sich nach dem Scheiben- oder Stiftdurchmesser und der Maschinendrehzahl. Bild 461 gestattet die Härtebestimmung aus den beiden Größen.

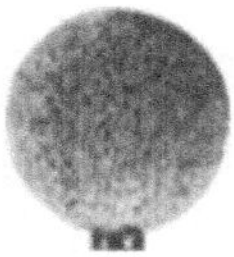	Schleifmittel und Bindung	Härtegrad	Empfohlene Umfangs-geschwindigkeit m/s
hellbraun	EK-Edelkorund KE-Keramische Bindung	H **I** K (sehr weich) L **M** N (weich)	20—45 15—30
rot	EK-Edelkorund KE-Keramische Bindung	**O** P (mittel) **Q** R (hart)	15—20 10—15
blaugrau	EK-Edelkorund KE-Keramische Bindung	S **Z** UVW (sehr hart)	3 —10
grün	SC-Silizium-Carbid KE-Keramische Bindung	K **L** M (weich)	15—30
dunkelgrau	SC-Silizium-Carbid KE-Keramische Bindung	Q **R** S (hart)	10—15
dunkelbraun	NK-Normal-korund BA-Kunstharz-Bindung	**N** (weich)	20—45

460. Rotorschleifstifte (aus August-Rüggeberg-Katalog 200/1968)

35. **Kleinbohrmaschinen**

Kleinbohrmaschinen werden mit Ventilhebel oder Pistolengriff und unabhängig von der Ventilart auch mit Aufhängebügel ausgerüstet. Außer zum Bohren in Stahl verwendet man solche Kleinbohrmaschinen auch zum Bohren in Leichtmetall, Holz, Kunststoff und anderen Werkstoffen. Von der Einzelfertigung im Kleinbetrieb bis zur Serienproduktion am Fließband in großen Unternehmen erstreckt sich der Einsatzbereich. Je nach der Leistung, welche die entsprechende Arbeit erfordert, wird der am besten geeignete Motor verwendet. Der Vorteil des Lamellenmotors ist, daß er auch bei starker Beanspruchung kraftvoll durchdreht und eine hohe Leistung bei wirtschaftlichem Luftverbrauch hat. Er kann außerdem ohne Schaden bis zum Stillstand abgewürgt werden. Bei modernen Kleinbohrmaschinen sind Griff und Gehäuse nach arbeitsmedizinischen Richtlinien entwickelt worden, ermüdungsfreie Handhabung bei optimaler Leistung werden dadurch erreicht. Auch Frauen können solche Kleinwerkzeuge leicht bedienen und mit ihnen arbeiten. Die Auspuffluft entweicht entweder nach vorn, wahlweise auch nach hinten. Bohrfutter besitzen Berührungsschutz. Das einheitliche Anschlußgewinde für alle Typen beträgt R 1/4″.

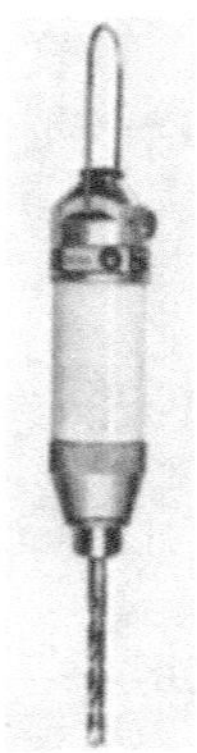

462. Bohrmaschine mit Aufhängebügel

463. Bohrmaschine mit Pistolengriff

In der folgenden Tabelle, die 30 verschiedene Bohrmaschinen der stern-Reihe enthält, sind keine Bohrleistungen, sondern nur die Bohrfutterspannbereiche angegeben. Typen-Bezeichnungen mit einem P kennzeichnen Maschinen mit Pistolengriff. Alle Leistungsangaben beziehen sich auf einen Betriebsdruck von 6 atü. Ein Einsatz bei höherem Druck ist möglich.

	Leistung an der Spindel [PS]	Bohrfutter-spannbereich [mm]	Leerlaufdrehzahl [min⁻¹]
0,15 PS Motorleistung			
Typ B 5–60	0,13	1 — 6	6 000
B 5–60 P	0,13	1 — 6	6 000
B 5–35	0,13	1 — 6	3 500
B 5–35 P	0,13	1 — 6	3 500
B 5–15	0,12	1 — 6	1 500
B 5–15 P	0,12	1 — 6	1 500
0,29 PS Motorleistung			
Typ B 6–68	0,26	1 — 6	6 800
B 6–68 P	0,26	1 — 6	6 800
B 6–42	0,26	1 — 6	4 200
B 6–42 P	0,26	1 — 6	4 200
B 6–16	0,24	1 — 6	1 650
B 6–16 P	0,24	1 — 6	1 650
B 6– 9	0,24	1 — 6	930
B 6– 9 P	0,24	1 — 6	930
0,39 PS Motorleistung			
Typ B 8–66	0,35	1 — 8	6 600
B 8–66 P	0,35	1 — 8	6 600
B 8–37	0,35	1 — 8	3 700
B 8–37 P	0,35	1 — 8	3 700
B 8–16 P	0,32	1 — 8	1 600
0,53 PS Motorleistung			
Typ B 10–50	0,48	1 — 10	5 000
B 10–50 P	0,48	1 — 10	5 000
B 10–32	0,48	1 — 10	3 200
B 10–32 P	0,48	1 — 10	3 200
B 10–18 P	0,43	1 — 10	1 800
B 10– 9 P	0,43	1 — 10	900
0,83 PS Motorleistung			
Typ B 15–32 P	0,75	3,5 — 13	3 200
B 15–24 P	0,68	3,5 — 13	2 400
B 15–18 P	0,68	3,5 — 13	1 800
B 15– 9 P	0,68	3,5 — 13	900
B 15– 6 P	0,68	3,5 — 13	600

Die Maschinen der Baureihe 0,53 und 0,83 PS sind serienmäßig mit seitlichem Haltegriff ausgerüstet.

Maßgeblich für die Auswahl der Maschine sind Bohrdurchmesser, Bohrtiefe, Bohrerwerkstoff und zu bohrender Werkstoff. Während für Bohrungen in Automatenstahl für ein Durchgangsloch mit 6 mm Durchmesser 0,1 PS ausreicht, wird unter gleichen Voraussetzungen in Werkstoffen mit ca. 100 kp/mm² Festigkeit bereits 0,35 PS an der Spindel benötigt. Selbstverständlich spielt auch die Schnittgeschwindigkeit eine nicht unerhebliche Rolle.

Im Bild 464 sind in Abhängigkeit von den Drehzahlen die Schnittgeschwindigkeiten für die wichtigsten Werkstoffe zusammengestellt.

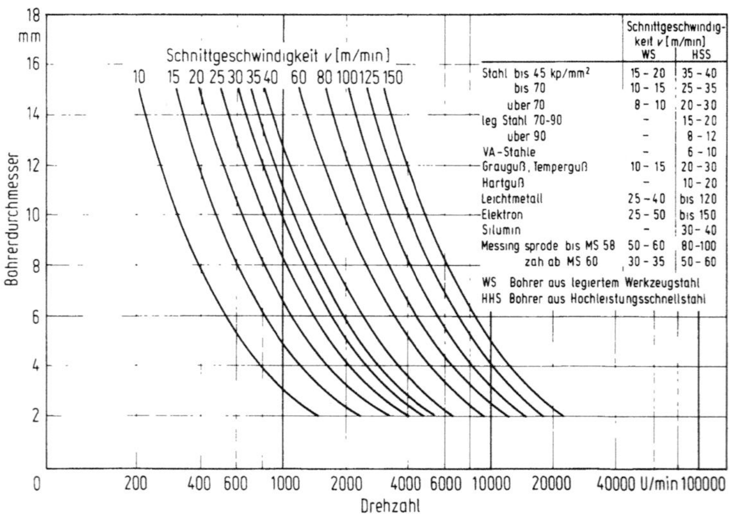

464. Schnittgeschwindigkeit v [m/min]

Sollen große Bohrungen (ab 8 mm) hergestellt werden, ist es zweckmäßig, mit kleineren Bohrern vorzubohren, welche mindestens die Kernstärke des großen Bohrers haben müssen. Bei optimaler Ausnutzung der Bohrmaschinen fällt bei reglerlosen Maschinen erfahrungsgemäß die Drehzahl von der Leerlaufdrehzahl auf ca. 70% bei Stahl und ca. 80% bei Aluminium. Je mehr Leistungsreserve eine Maschine hat, desto geringer ist jedoch der Drehzahlabfall. Höhere Schnittgeschwindigkeit bei gleichzeitig geringeren Bohrzeiten wird so erreicht. Ein Vergleich unter genauen Betriebsbedingungen mit allen unterschiedlichen Anforderungen verhilft zur Wahl der geeigneten Bohrmaschine.

35.1. **Winkelbohrmaschinen**

Durch entsprechende Winkelköpfe als Vorsatz sind Bohrmaschinen im hier vorgestellten Baukastensystem als Winkelbohrmaschinen verwendbar (Bild 465, 466, 467 und 468). Diese Ausführungen finden Anwendung bei Bohrarbeiten an engen und schwer zugänglichen Stellen. Für räumlich besonders beengte Einsatzfälle dient eine Sondermaschine (Bild 465). Diese hat minimale Achsabstände von Bohrermitte bis Gehäuseaußenkante von z. B. nur 6 mm. Zur Verringerung der Bauhöhe ist sie mit einer Spannzange ausgerüstet. Im Griff ist ein dreistufiger Drehzahlregler eingebaut.
In Verbindung mit lieferbaren Getrieben steht damit eine fein abgestufte Drehzahlreihe mit 24 Drehzahlen zwischen 250 und 4000 min^{-1} zur Verfügung, so daß für die unterschiedlichsten Anwendungsfälle die beste Maschinenauslegung gewählt werden kann.

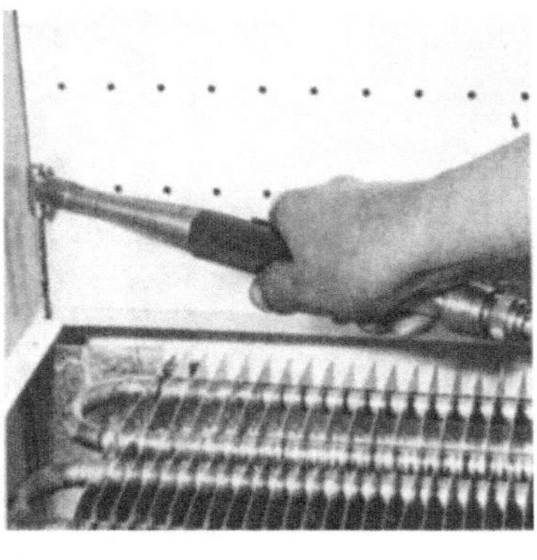

465. Bohren an räumlich besonders beengten Stellen mit einer Spezial-Winkelbohrmaschine

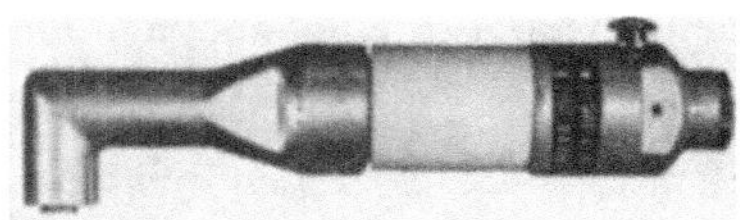

466. Winkelbohrmaschine mit 90° Winkelkopf für Bohrungen in Stahl und Aluminium bis 6 mm ∅

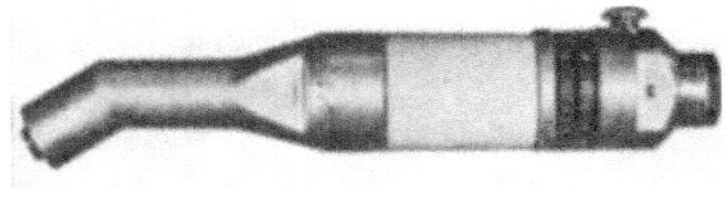

467. Winkelbohrmaschine mit 30° Winkelkopf für Bohrungen in Stahl und Aluminium bis 6 mm ∅

468. Winkelbohrmaschine für Bohrungen in Stahl bis 8 mm ∅ und in Aluminium bis 10 mm ∅

36. Drehschrauber

Drehschrauber haben heute ein sehr weites Einsatzgebiet. Sie dienen zum Anziehen und Lösen von Metall-, Blech-, Holz-, Stiftschrauben und Muttern. Dabei ist es gleichgültig, ob Schrauben mit Schlitz, Kreuzschlitz oder Innensechskant oder ob Muttern mit Vierkant oder Sechskant angezogen werden sollen. Von der Einzelfertigung im Kleinbetrieb bis zur Serienproduktion am Fließband in großen Unternehmen erstreckt sich ihr Einsatzbereich. Drehschrauber gibt es mit unterschiedlichen Kupplungen. Wir unterscheiden zwei Arten von Schraubern, solche mit starrer Kupplung und solche mit einstellbarer Kupplung.

Bei den Drehschraubern mit starrer Kupplung (Bild 469) werden die geforderten Drehmomente entweder direkt vom Lamellenmotor in die Verschraubung oder über Planetengetriebe eingeleitet. Bei Erreichen des gewünschten Momentes bleibt der Motor stehen. Eine Einstellung der Momente geschieht über Druckminderer. Die auftretenden Rückmomente müssen bei den handgeführten Drehschraubern vom Bedienenden aufgenommen werden. Erfahrungsgemäß, und das gilt auch für Drehschrauber mit Kupplung, können bei achtstündigem Betrieb und Serienmontage von einer Frau ca. 0,3 mkp Rückmoment bei geraden Schraubern aufgenommen werden.

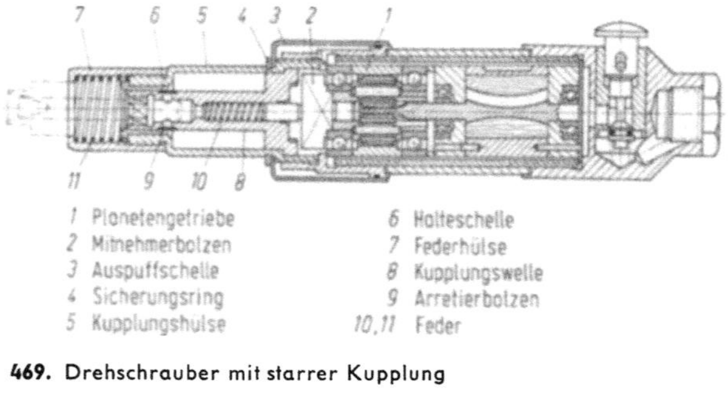

469. Drehschrauber mit starrer Kupplung

Dabei spielt auch der Außendurchmesser der Maschine eine Rolle. Je größer dieser unter Berücksichtigung von Handlichkeit ausgeführt werden kann, desto griffiger wird die Maschine und desto weniger Ermüdung tritt ein.

Bei kurzzeitigem Betrieb liegt die obere Grenze zur Aufnahme des Rückmomentes durch einen Menschen für gerade Maschinen bei ca. 0,5 bis 0,6 mkp.

Bei Drehschraubern mit Pistolengriff können unter gleichen Voraussetzungen wie bei den geraden Schraubern ca. 1,0 mkp als Grenze beim Dauerbetrieb, bedingt durch die Form des Pistolengriffs, gesetzt werden. Die maximale Aufnahmefähigkeit bei kurzen Zeiten liegt sogar bei ca. 1,5 mkp.
Bei höheren Momenten muß entweder mit einem zusätzlichen Handgriff gearbeitet werden oder die Maschinen müssen fest in einen Ständer oder eine Vorrichtung eingebaut sein.
Die Tabelle 470 (S. 494—496) gibt Vorspannkräfte und Anziehdrehmomente für Schrauben von M 1,6 bis M 12 an. (Größere Gewinde siehe Tabelle 280, S. 316—319.)
Bei Drehschraubern mit Kupplung sind verschiedene Ausführungsarten im Gebrauch:

1. Rutschkupplung ohne Verzahnung,
2. Rutschkupplung mit Verzahnung,
3. Rutschkupplung mit Abschaltung (Kupplungsautomatik).

36.1. **Rutschkupplung ohne Verzahnung**

Beim Ansetzen des Drehschraubers wird die Kupplung mit der Mitnehmerkupplung *1* gegen das Aufsteckritzel *2* gedrückt. Das im Motor erzeugte und über Planetengetriebe übersetzte Drehmoment wird

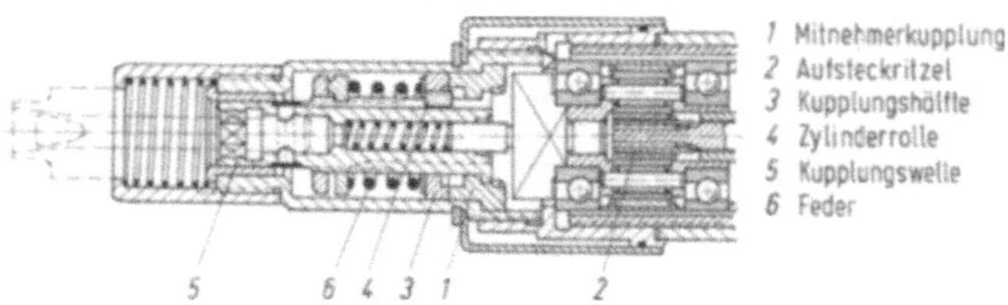

471. Teilschnitt eines Drehschraubers mit Rutschkupplung ohne Verzahnung

vom Aufsteckritzel auf die Mitnehmerkupplung weitergegeben. Über die Kupplungshälfte *3*, welche über Zylinderrollen *4* mit der Kupplungswelle *5* formschlüssig verbunden ist, wird das Moment über einen entsprechenden Einsatz weiter an die Verschraubung geleitet.
Die Kupplungshälfte wird über eine verstellbare Feder *6* mehr oder weniger stark gegen die Mitnehmerkupplung gedrückt und somit das gewünschte Drehmoment eingestellt. Durch verschieden starke Federn wird je nach Anpreßdruck und Reibverhältnissen zwischen der Mitnehmerkupplung *1* und der Kupplungshälfte *3* ein mehr oder weniger

Schrauben-abmessung	Reibungszahl μ ges. (s. Tab.)	Vorspannkraft P_V kp						Anziehdrehmoment M_A cmkp						Umrechnungs-faktor X	
		Festigkeitsklasse nach DIN 267						Festigkeitsklasse nach DIN 267							
		handelsüblich			hochfest			handelsüblich			hochfest				
		3.6* (4 D)	5.6* (5 D)	6.9 (6 G)	8.8 (8 G)	10.9 (10 K)	12.9 (12 K)	3.6* (4 D)	5.6* (5 D)	6.9 (6 G)	8.8 (8 G)	10.9 (10 K)	12.9 (12 K)		
M 1,6	0,10	19	25	48,5	57,5	81	97	0,5	0,65	1,25	1,5	2,1	2,5	0,026	*a*
	0,125	18	24	46	54,5	77	92	0,55	0,75	1,45	1,7	2,4	2,9	0,031	*b*
	0,14	17,5	23	44,5	53	74,5	89,5	0,6	0,8	1,55	1,8	2,5	3	0,034	*c*
M 1,7	0,10	22,5	29,5	57,5	68	95,5	115	0,6	0,8	1,6	1,85	2,6	3,2	0,027	*a*
	0,125	21	28	54,5	64,5	90,5	109	0,7	0,95	1,8	2,1	3	3,6	0,033	*b*
	0,14	20,5	27,5	52,5	62,5	88	105	0,75	1,9	1,9	2,3	3,2	3,8	0,036	*c*
M 2	0,10	31,5	42	81	96	135	162	1	1,35	2,6	3,1	4,4	5,2	0,032	*a*
	0,125	30	40	76,5	91	128	153	1,15	1,55	3	3,5	5	6	0,039	*b*
	0,14	29	38,5	74,5	88	124	149	1,25	1,65	3,2	3,8	5,3	6,4	0,043	*c*
M 2,3	0,10	45	60,5	116	138	194	233	1,65	2,2	4,2	5	7	8,4	0,036	*a*
	0,125	43	57,5	111	131	184	221	1,9	2,5	4,8	5,7	8	9,6	0,043	*b*
	0,14	41,5	55,5	107	127	179	214	2	2,7	5,2	6,1	8,6	10,3	0,048	*c*
M 2,5	0,10	52,5	70	135	160	225	270	2,1	2,8	5,4	6,3	8,9	10,7	0,04	*a*
	0,125	50	66,5	128	152	214	256	2,4	3,2	6,1	7,3	10,2	12,3	0,048	*b*
	0,14	48,5	64,5	124	147	207	248	2,5	3,4	6,5	7,8	10,9	13,1	0,053	*c*
M 2,6	0,10	58	77,5	149	177	249	298	2,4	3,1	6	7,2	10,1	12,1	0,04	*a*
	0,125	55	73,5	142	168	236	284	2,7	3,6	6,9	8,2	11,5	13,8	0,049	*b*
	0,14	53,5	71,5	138	163	229	275	2,9	3,8	7,4	8,8	12,3	14,8	0,054	*c*
M 3	0,10	80	107	206	244	343	412	3,7	4,9	9,4	11,1	15,7	18,8	0,046	*a*
	0,125	76	102	196	232	327	392	4,2	5,6	10,8	12,8	18	21,5	0,055	*b*
	0,14	74	98,5	190	225	317	380	4,5	6	11,5	13,7	19,2	23	0,061	*c*

M 3,5	0,10	107	143	276	327	460	552	5,6	7,5	14,4	17,1	24	29	0,052	*a*
	0,125	102	136	263	312	438	526	6,4	8,6	16,5	19,6	27,5	33	0,063	*b*
	0,14	99	132	255	302	425	510	6,9	9,2	17,7	21	29,5	35,5	0,07	*c*
M 4	0,10	139	185	357	423	595	714	8,4	11,2	21,5	25,5	36	43	0,06	*a*
	0,125	132	176	339	402	566	679	9,6	12,8	24,5	29	41	49,5	0,073	*b*
	0,14	128	171	329	390	548	658	10,2	13,7	26,5	31	44	52,5	0,08	*c*
M 5	0,10	227	302	583	691	972	1165	16,4	22	42	50	70,5	84,5	0,072	*a*
	0,125	216	288	555	658	926	1110	18,8	25	48,5	57,5	81	97	0,087	*b*
	0,14	210	279	539	638	898	1080	20	27	52	61,5	86,5	104	0,096	*c*
M 6	0,10	320	427	823	976	1370	1645	28	38	73	86	12	145	0,087	*a*
	0,125	305	406	784	929	1305	1565	32	43	83	99	14	165	0,106	*b*
	0,14	296	394	760	901	1265	1520	35	46	89	105	15	180	0,117	*c*
M 7	0,10	468	623	1200	1425	2000	2400	46	62	120	140	2	240	0,10	*a*
	0,125	446	594	1145	1360	1910	2290	53	71	135	165	23	270	0,12	*b*
	0,14	432	576	1110	1320	1855	2220	57	76	145	175	25	290	0,13	*c*
M 8	0,10	587	783	1510	1790	2520	3020	68	91	175	210	29	350	0,115	*a*
	0,125	559	746	1440	1705	2400	2880	79	105	200	240	34	400	0,14	*b*
	0,14	542	723	1395	1655	2320	2790	84	110	220	260	36	430	0,155	*c*
M 10	0,10	935	1245	2400	2850	4010	4810	135	180	350	420	58	700	0,145	*a*
	0,125	890	1185	2290	2710	3820	4580	155	210	400	480	67	810	0,175	*b*
	0,14	864	1150	2220	2630	3700	4440	170	220	430	510	72	870	0,195	*c*
M 12	0,10	1360	1815	3500	4150	5840	7000	240	310	610	720	101	1210	0,175	*a*
	0,125	1300	1730	3340	3960	5560	6680	270	360	700	830	117	1400	0,21	*b*
	0,14	1260	1680	3240	3840	5400	6480	290	390	750	890	125	1500	0,23	*c*

470. Vorspannkräfte P_V und Anziehdrehmomente M_A für Schrauben mit metrischem Regelgewinde nach DIN 13, Blatt 43 (M 1,6, M 2,5, M 3—M 68) bzw. Blatt 1 (M 1,7, M 2, M 2,3, M 2,6) und Kopfauflagemaßen wie DIN 912, 931, 934, 6912, 7984, 7990

* Die Größe von σ 0,2 hat sich bei den neuen Festigkeitsklassen 3.6 und 5.6 gegenüber 4 D und 5 D *geringfügig* verändert. Diese Änderung wurde nicht berücksichtigt. Werte mit dem neuen σ 0,2 können proportional errechnet werden.

Reibungszahl μ ges. für verschiedene Oberflächen- und Schmierzustände

Oberflächenzustand		μ ges. bei Schmierzustand		
Schraube	Mutter	unge-schmiert	geölt	MoS_2-Paste
Ohne Nachbehandlung		0,14 *c*	0,14* *c*	0,10 *a*
Mn-phosphatiert		0,14 *c*	0,14* *c*	0,10 *a*
Zn-phosphatiert	Ohne Nachbehandlung	0,14 *c*	0,14* *c*	0,10 *a*
Gal. verzinkt ca. 8 μm		0,125 *b*	0,125 *b*	
Gal. verkadmet ca. 7 μm		0,10 *a*	0,10 *a*	
Gal. verzinkt ca. 8 μm	Gal. verzinkt ca. 5 μm	0,125 *b*	0,14 *c*	
Gal. verkadmet ca. 7 μm	Gal. verkadmet ca. 6 μm	0,10 *a*	0,10 *a*	

* Bei Anzug mit Schlag- oder Drehschrauber ist μ ges. mit 0,125 einzusetzen. Für die anderen Oberflächen- und Schmierzustände ist eine Verminderung von μ ges. bei hoher Einschraubgeschwindigkeit noch nicht belegt, aber wahrscheinlich.
Werte für P_v, M_A und μ ges. nach „Neue Wege einer systematischen Schraubenberechnung" von Dipl.-Ing. *Junker* und Dipl.-Ing. *Blume*.

Die in der Tabelle aufgeführten Vorspannkräfte P_v ergeben eine 90%ige Ausnutzung der Schraubenstreckgrenze σ 0,2.
Die Anziehdrehmomente M_A sind aus P_v errechnet.
$M_A = P_v \cdot X$ (cm kp = kp $\cdot$ X). Hiernach kann das Anziehdrehmoment zu jeder anderen Vorspannkraft errechnet werden.
Soll ein Überschreiten von 90% der Schraubenstreckgrenze vermieden werden, so ist von den angegebenen Werten die halbe Toleranzbreite des verwendeten Vorspannkraftmeßgerätes bzw. Drehmomentwerkzeuges abzuziehen.

(Mit Genehmigung der Firma Wille)

hohes Drehmoment übertragen. Auf Grund der kleinen Baumaße der Kupplung können jedoch nur kleine Momente übertragen werden. Streuwerte der Kupplung sind gering.

36.2. **Rutschkupplung mit Verzahnung**

Aufbau und Wirkungsweise dieser Kupplung entsprechen derjenigen mit glatten Kupplungshälften. Anstelle der glatten Flächen sind hier die Mitnehmerkupplung *1* und die Kupplungshälfte *2* mit einer Verzahnung

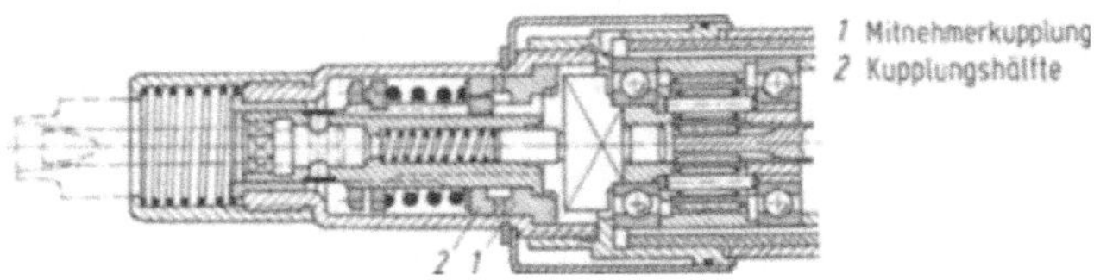

472. Teilschnitt eines Drehschraubers mit verzahnter Rutschkupplung

versehen. Dadurch können höhere Momente übertragen werden. Die Streuwerte dieser Kupplung liegen vor allem bei hochtourigen Drehschraubern etwas höher als bei glatter Kupplung, da bei längeren Schraubzeiten ein „Schlagschraubereffekt" durch das Überspringen der Zähne auftritt. Bei kurzzeitigen Schraubvorgängen, wie sie in der Praxis vorherrschen (reine Anzugszeit unter 1 s), tritt dieser Effekt in kaum nennenswerter Weise auf.

36.3. **Rutschkupplung mit Abschaltung**

Die Getriebespindel *1* ist mit nockenförmigen Erhebungen ausgeführt, die an Kugeln *2* anliegen. Die Kugeln *2* sind in der Kupplungswelle *3* geführt. Sie werden mit einstellbarer Federvorspannung über den

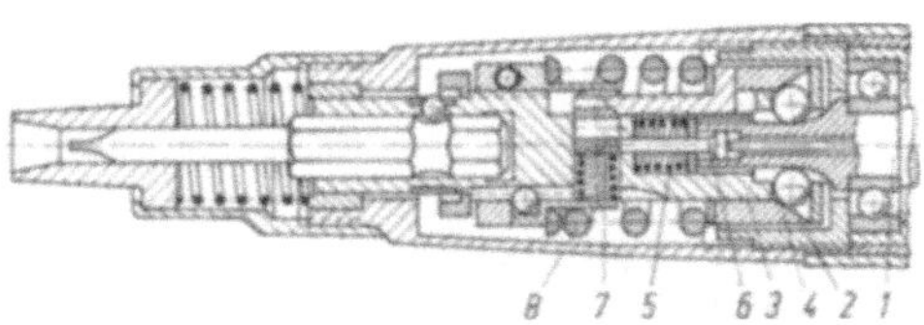

473. Rutschkupplung eines Drehschraubers mit Abschaltmechanismus

Kupplungsring *4* angedrückt. Die komplette Kupplung ist in Längsrichtung verschiebbar. Beim Ansetzen des Schraubers wird die Kupplung gegen die Federkraft der Druckfeder *5* bis zum Anschlag an der Getriebespindel *1* verschoben. Ein Ventilstift *6*, der sich auf den Abstellbolzen 7 abstützt, öffnet dadurch das Einlaßventil des Schraubers. Die vom Motor getriebene Spindel nimmt über die Kugeln 2 die Kupplungswelle 3 samt Schrauberklinge mit und überträgt das Drehmoment auf die Verschraubung. Die Kupplungswelle 3 mit Schrauberklinge kommt zum Stillstand, sobald das mit der Kupplungsfeder 8 eingestellte Drehmoment erreicht ist. Der Motor dreht sich aber mit der Getriebespindel 1 weiter, so daß die Kugeln 2 über die Nocken der Getriebespindel 1 rollen. Durch diesen Vorgang wird der Kupplungsring 4 axial verschoben. Der Kupplungsring 4 drückt hierbei seinerseits über eine schräge Fläche den Abstellbolzen 7 soweit zurück, daß der Ventilstift 6 in die Querbohrung des Abstellbolzens 7 eintaucht, wodurch das Einlaßventil schließt und den Schrauber augenblicklich abstellt. Der Abstellvorgang erfolgt bereits beim ersten Überrollen, so daß Schrauber mit automatischer Kupplung das eingestellte Drehmoment außerordentlich genau einhalten. Automatikschrauber werden daher für alle Verschraubungen mit besonders hohen Anforderungen an die Drehmomentgenauigkeit eingesetzt.

36.4. **Ausgeführte Drehschrauber**

Drehschrauber werden in den verschiedensten Variationen gebaut. Sie werden sowohl in gerader Ausführung (Bild 474) als auch mit Pistolengriff (Bild 475) für eine Drehrichtung ausgeführt. Beide Ausführungen

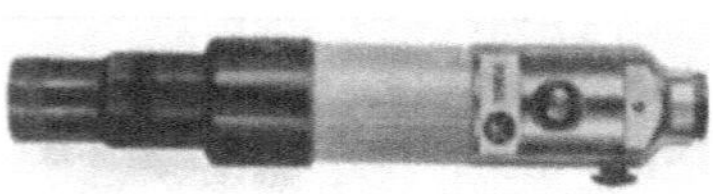

474. Gerader Drehschrauber

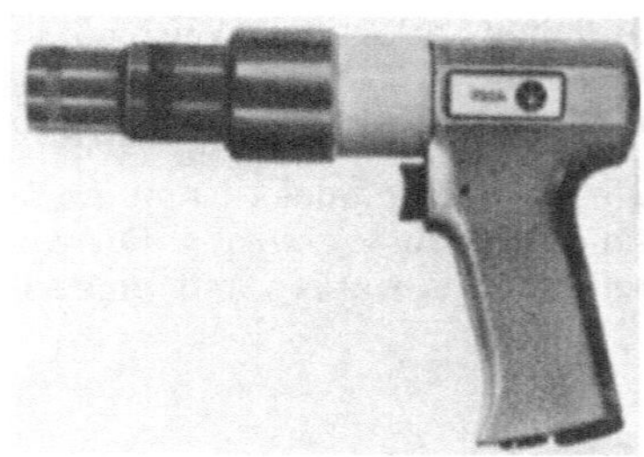

475. Drehschrauber mit Pistolengriff

können aber auch für Links- und Rechtslauf ausgebildet sein. Das Einschalten der Werkzeuge in gerader Ausführung erfolgt über ein Knopf- oder Hebelventil. Maschinen mit Pistolengriff sind mit einem Drücker versehen. Je nach Ausführung sind die umkehrbaren Drehschrauber entweder mit einem zusätzlichen Schieber- oder Drehventil ausgerüstet. Maschinen mit Pistolengriff können auch über einen Kipphebel, welcher gleichzeitig ein- und ausschaltet, umgesteuert werden.

Die Betriebsgeräusche sind gering und liegen fast immer unter dem Arbeitslärm. Bei den nach arbeitsmedizinischen Richtlinien entwickelten

Schraubern wurde auch berücksichtigt, daß heute ein großer Teil der Werkzeuge von Frauen bedient wird. Je nach den Anforderungen der Praxis kann bei Drehschraubern die Auspuffluft arbeits- oder anschlußseitig abgeleitet werden. Unabhängig von der Ventilart stehen Aufhängebügel zur Verfügung. Die Schlauchanschlüsse sind entweder Schnellschluß- oder Steckkupplungen.

Drehschrauber mit automatischer Kupplung schalten sich durch Aufsetzen des Schraubers auf die Schraube und Andruck selbsttätig ein. Sobald das eingestellte Drehmoment erreicht ist, werden die Schrauber automatisch wieder abgeschaltet.

Sie besitzen hohe Drehmomentgenauigkeit, weil der Schraubenanzug automatisch begrenzt wird und von der Bedienungsperson nicht beeinflußt werden kann. Der Luftverbrauch und das Geräusch liegen außerordentlich niedrig, weil die Schrauber nur während des kurzen Schraubvorganges laufen. Die Kupplung erreicht ungewöhnlich lange Lebensdauer, weil sie nicht ratscht. Schrauber mit Automatikkupplung eignen sich besonders für Fließbandarbeit, Frauenarbeit und für alle Verschraubungen mit hohen Anforderungen an die Genauigkeit oder zum Verschrauben empfindlicher Bauteile, wie z. B. Glas, Plastik, Porzellan, radiotechnische Teile usw. Die Bilder 476 und 477 zeigen Drehschrauber im Einsatz.

476. Drehschrauber in der Serienmontage

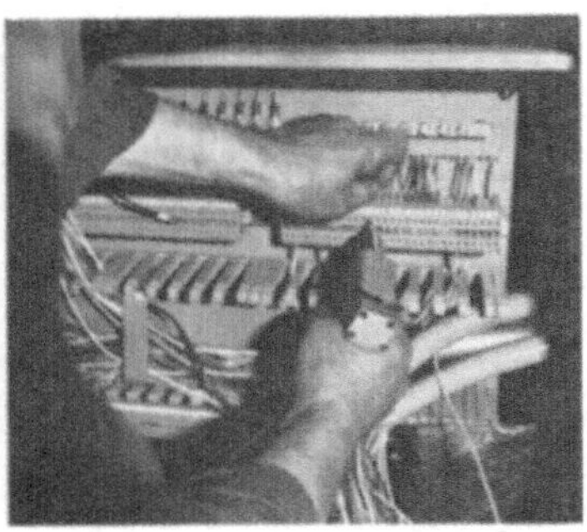

477. Verdrahten eines Schaltschrankes mit Minimatschrauber

Die gebräuchlichsten Drehschrauber werden mit Drehzahlen von 300 bis 4500 min^{-1} gebaut. Die Schraubleistungen reichen für handgeführte Werkzeuge bis M 8.

Nachfolgend eine Tabelle ausgeführter Drehschrauber.

	Leistung an der Spindel [PS]	Anzieh-moment ca. [cm · kp]	Schraubleistung [mm ∅] bei Schraubenqualität 5.6	8.8	Leerlauf-drehzahl [min⁻¹]
0,15 PS Motorleistung					
Typ S 01–35	0,13	11	3,5	2,6	3 500
S 02–15	0,12	23	4	3,5	1 500
S 02–15 P	0,12	23	4	3,5	1 500
0,29 PS Motorleistung					
Typ SO 02–42*	0,26	18	4	3,5	4 200
S 02–42	0,26	18	4	3,5	4 200
S 04–16	0,24	41	6	4	1 650
S 04–16 P	0,24	41	6	4	1 650
S 08–9	0,24	73	7	5	930
S 08–9 P	0,24	73	7	5	930
S 13–5	0,24	125	8	6	530
S 13–5 P	0,24	125	8	6	530
0,39 PS Motorleistung					
Typ S 07–16 P	0,32	57	6	5	1 600
S 11–9 P	0,32	110	8	5	920
0,53 PS Motorleistung					
Typ SO 14–8 P*	0,43	134	8	7	900
0,83 PS Motorleistung					
Typ S 34–6 P	0,68	340	12	8	600
0,1 PS Motorleistung Umsteuerbare Typen					
SU 008–32	0,09	8	3	2,6	3 250
SU 008–32 P	0,09	8	3	2,6	3 250
SU 014–19	0,09	13,5	4	3	1 900
SU 014–19 P	0,09	13,5	4	3	1 900
SU 030–8	0,08	28	5	4	820
SU 030–8 P	0,08	28	5	4	820
SU 050–5	0,08	48,5	6	4	470
SU 050–5 P	0,08	48,5	6	4	470

* Ohne einstellbare Kupplung

	Leistung an der Spindel	Anzieh-moment ca.	Schraubleistung [mm ⌀] bei Schraubenqualität		Leerlauf-drehzahl
	[PS]	[cm · kp]	5.6	8.8	[min⁻¹]
0,22 PS Motorleistung Umsteuerbare Typen					
SU 03–21	0,2	28	4	3,5	2 100
SU 06–9	0,18	57	6	5	900
SU 06–9 P	0,18	57	6	5	900
SU 10–6	0,18	100	7	6	500
SU 10–6 P	0,18	100	7	6	500
SU 18–3	0,18	180	8	7	320
SU 18–3 P	0,18	180	8	7	320

Um die Auswahl von Drehschraubern für die Praxis zu erleichtern, sind im Bild 478 die Zusammenhänge von Betriebsdruck und Drehmoment dargestellt.

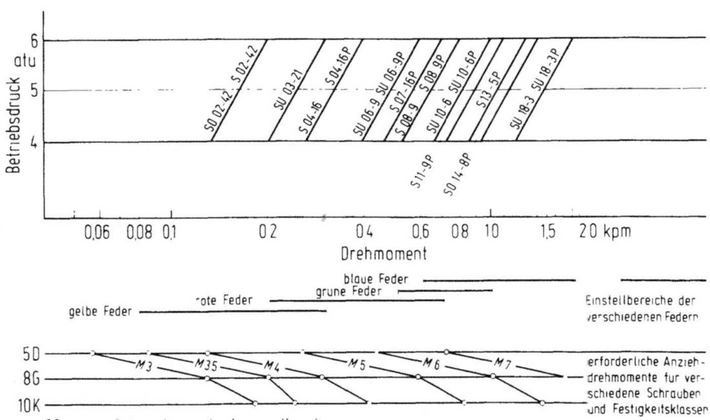

SO Schrauber mit starrer Kupplung
S und SU Schrauber mit verstellbarer Rutschkupplung
SU Schrauber mit Rechts- und Linkslauf

Die erforderlichen Anziehdrehmomente können über Druckregulierung oder durch Veränderung der Vorspannung der Kupplungsfeder eingestellt werden.

478. Schaubild zur Auswahl der Drehschrauber

Die schräg verlaufenden Linien stellen die Einsatzbereiche der einzelnen Schraubertypen dar, die sich überschneiden. Im Bild 470 sind für Schrauben mit metrischem Regelgewinde nach DIN 13 die erforderlichen Anziehdrehmomente zusammengestellt. Diese Tabelle ist eine Ergänzung zu Bild 280. Bild 470 erfaßt die kleineren Schraubengrößen.

36.5. **Winkelschrauber**

Eine Variante der geraden Drehschrauber sind die Winkelschrauber. Durch Vorsetzen eines Winkelkopfes auf den geraden Schrauber erhält

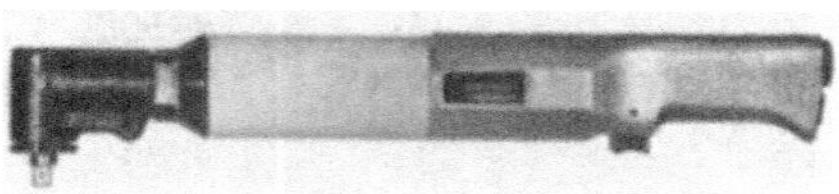

479. Winkelschrauber

man Werkzeuge, die zum Einsatz an schwer zugänglichen Stellen geeignet sind. Die Schraubleistungen reichen bis M 10 bei 5.6- und M 8 bei 8.8-Schrauben.

36.6. **Eckenschrauber**

Diese Art der Konstruktion ermöglicht, an besonders engen Stellen Schrauben und Muttern anzuziehen. Der Achsabstand von Abtriebs-

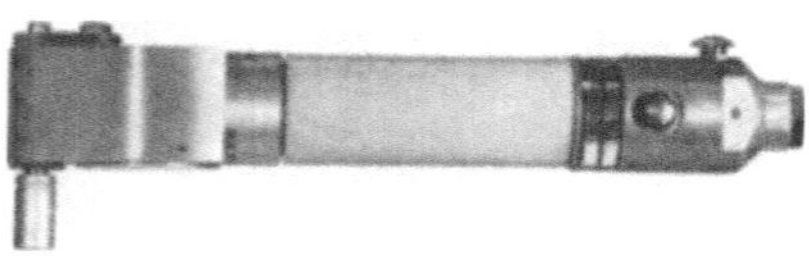

480. Eckenschrauber

spindelmitte bis zur Gehäuseaußenkante beträgt nur 11 mm. Diese Schrauber können auch mit Umkehrmotoren geliefert werden. Die Schraubleistungen reichen bis M 8 bei 5.6- und M 7 bei 8.8-Schrauben.

36.7. **Mutternspanner**

Mit dieser Ausführung können an schwer zugänglichen Stellen Schrauben und Muttern bis M 16 angezogen bzw. gelöst werden. Durch ein-

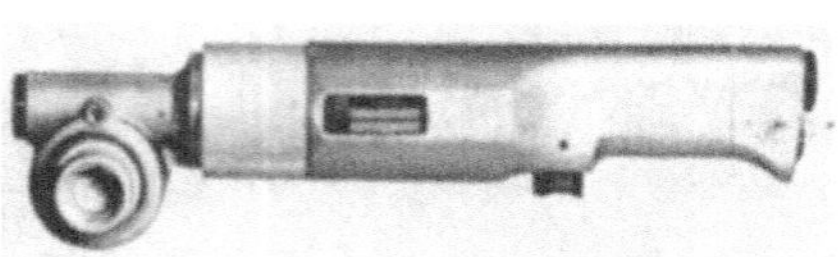

481. Mutternspanner

faches Umstecken der Einsätze im Mutternspanner drehen diese links bzw. rechts. Das erzeugte Drehmoment kann durch Nachziehen von Hand noch erhöht werden. Dabei muß der Drücker betätigt bleiben. Die Schraubleistungen reichen bis M 16 bei 5.6-Schrauben und M 12 bei 8.8.

36.8. Ratschenschrauber

Sie werden ebenfalls an räumlich sehr beengten Stellen eingesetzt. Das Drehmoment wird vom Lamellenmotor über ein Planetengetriebe auf ein Kurvengetriebe und weiter auf einen Stößel übertragen, der bei

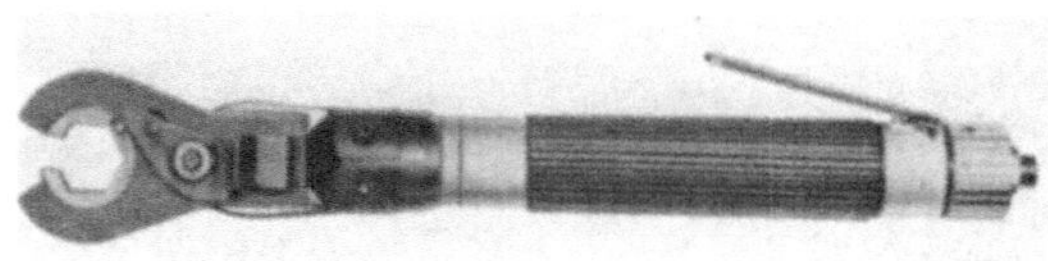

482.
Ratschenschrauber

jeder Hubbewegung den Sechskant- oder Vierkanteinsatz über eine Zahnsperre weiterdreht. Die Schlüsseleinsätze sind auswechselbar. Die Ratschenköpfe werden zur Anpassung an die räumlichen Gegebenheiten mit verschiedenen Längen geliefert. Für Rohr- und Leitungsverschraubungen stehen Köpfe mit offenem Maul zur Verfügung. Ratschenschrauber werden für Schrauben von etwa M 4 bis M 16 eingesetzt. Bei abgestellter Luftzufuhr kann von Hand nachgezogen und gelöst werden.

37. Blechscheren

Überall, wo Blech verarbeitet wird, werden mit diesen leichten und kleinen Druckluft-Blechscheren vorzügliche Schnittleistungen erreicht. Für einfache, gerade und Kurvenschnitte ist die Type 1, die mit Schneidtisch geliefert wird, am geeignetsten. Randschnitte dagegen schneidet man mit einem Schneidbügel, dessen Ausladung 75 mm beträgt, am besten (Bild 483).
Die Type 2 mit Handgriff ist die größte der hier beschriebenen Druckluftscheren. Hohe Schnittgeschwindigkeit und beste Kurvengängigkeit, erreicht durch sinnreiche Form des Schneidtisches und größere Hubzahl, zeichnen diese Maschine aus. Die Schneidleistungen reichen aus für 3,5 mm Stahlblech, 2 mm Nirostablech und 4,5 mm Aluminiumblech.

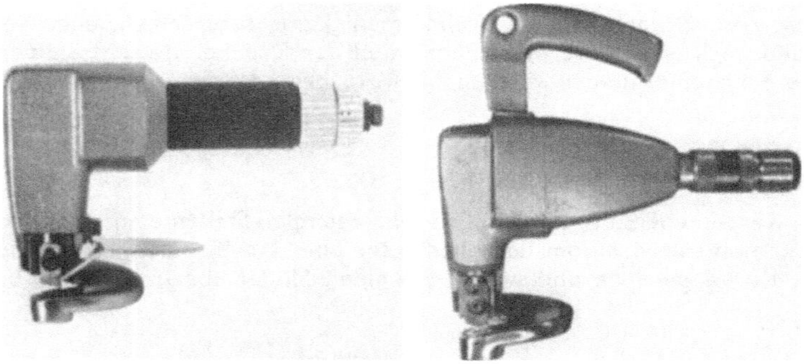

483. Zwei Blechscherentypen

38. Knabber

Innenschnitte und Trennarbeiten nach Anriß und Schablone sind in allen blechverarbeitenden Industrien schnell und wirtschaftlich mit diesen Druckluft-Knabbern auszuführen.

Gerade oder verformte Blechteile und handelsübliches Wellblech (Wellabstand mindestens 70 mm) werden mit der Type 1 geschnitten, deren Schnittrichtung in Maschinen-Längsachse liegt. Engwelliges Blech und kreisrunde Öffnungen lassen sich mit der Type 1 mit Schnittrichtung

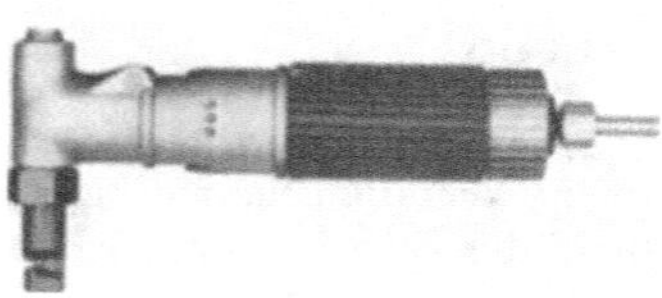

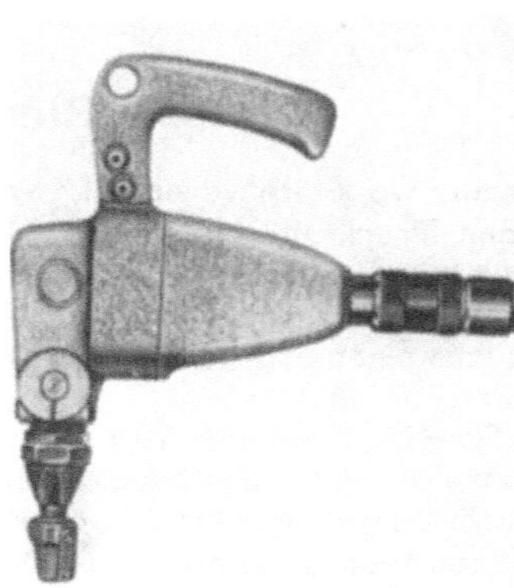

484. Zwei verschiedene Knabber

quer zur Maschinen-Längsachse schneiden. Für Innenschnitte ist mit diesem Knabber eine Bohrung von 18 bis 25 mm erforderlich. Beide Typen haben eine Schnittbreite (Schnittverlust) von nur 6 mm. Mit einem völlig neuen, zum Patent angemeldeten Prinzip, das bisher unerreichte Vorzüge aufweist, ist die Type 2 ausgerüstet. An dem Tragstift des allseitig schneidenden Hohlrundstempels ist die Matrize zentrisch aufgehängt. Die Stanzdrücke nimmt der Tragstift auf, der gleichzeitig eine einwandfreie konzentrische Führung der Schneidwerkzeuge ergibt. Der dadurch erzielte gratfreie, saubere Schnitt erfordert kein Nacharbeiten.

Auf die jeweilige Blechstärke ist der als Stempelführung ausgebildete Blechabstreifer einstellbar. Praktisch unbegrenzte Kurvengängigkeit mit möglicher Drehung des Knabbers während der Arbeit um 360° auf der Stelle wurde durch die zentrische Anordnung der Schnittwerkzeuge erreicht. Kleinste Radien bis 6,5 mm können dadurch ohne Schwierigkeiten geschnitten werden. Eine Anfangsbohrung von nur 13 mm genügt zum Ausknabbern von rechtwinkligen oder runden Ausschnitten nach Anriß oder Schablone. Mit vorher vom Tragstift abgezogener Matrize wird der Stempel des Knabbers in diese Bohrung eingeführt. Genauso einwandfrei schneidet die Maschine gekrümmte Flächen und Rohre bis zu einem Krümmungsradius von 30 mm. Die Flatterneigung des Bleches schaltet der verstellbare Blechabstreifer fast vollständig aus, so daß mit der Type 2 sehr gut nach Anriß geknabbert werden kann.

Erstmalig ist mit der vorliegenden Anordnung der Schnittwerkzeuge die Bearbeitung beliebiger und komplizierter Formen nach Schablone, die hierbei vom Hohlrundstempel abgetastet wird, möglich. 2,5 mm Stahlblech, 1,3 mm Nirastoblech und 3 mm Aluminiumblech können mit diesem Knabber geschnitten werden.

39. Einbauschrauber

Wie der Name bereits sagt, handelt es sich hierbei um keine handgeführten Werkzeuge. Auf die Verwendung wird im Abschnitt 39.3. eingegangen. Zunächst sei der Aufbau und die Wirkungsweise beschrieben.

Die gängigsten Einbauschrauber sind

1. Schrauber mit zentraler Spindel,
2. Schrauber mit versetzter Spindel.

39.1. Einbauschrauber mit zentraler Spindel

Über einen ventillosen Durchgang wird die Druckluft in einen Lamellenmotor geleitet. Je nach dem gewünschten Drehmoment an der Spindel werden Planetengetriebe dazwischengeschaltet. Für die meisten Anwendungsfälle reichen zwei Planetengetriebe nicht aus. Um bei geringsten Abmessungen und günstigem Luftverbrauch möglichst hohe Momente zu erreichen, wird ein drittes Planetengetriebe vorgeschaltet. Bild 486 zeigt einen Einbauschrauber im Schnitt.

39.2. Einbauschrauber mit versetzter Spindel

Der Aufbau und die Wirkungsweise sind wie beim Einbauschrauber mit zentraler Spindel.
Um aber einen möglichst geringen Achsabstand zwischen Abgangsspindelmitte und Gehäuseaußenkante zu erreichen, ist ein versetzter Abtrieb eingebaut. Hierdurch lassen sich sehr geringe Schraubenabstände erreichen (Bild 487).
Beide Arten von Einbauschraubern werden für die Drehrichtungen rechts oder links und auch umsteuerbar ausgeführt. Die Schraubleistungen reichen bis M 24 bei 5.6- und bis M 18 bei 8.8-Schraubenqualität.

39.3. Mehrfachschrauber

Die beschriebenen Einbauschrauber werden in Gruppen zu einem Mehrfachschrauber zusammengefaßt. Mehrfachschrauber können sowohl mit Schlagschraubern als auch mit Drehschraubern ausgerüstet sein.
Für Mehrfachschrauber gilt sinngemäß das unter Sondermaschinenbau mit Bohr- und Gewindeschneideinheiten in Abschnitt 52 Ausgeführte. Selbst für kleinere und mittlere Serien ist der Einsatz von Mehrfachschraubern lohnend. Es läßt sich leicht anhand einer Amortisationsrechnung die hohe Wirtschaftlichkeit des Einsatzes von Mehrfachschraubern überprüfen. Die Art der Sonderkonstruktion eines Mehrfachschraubers richtet sich nach den Stückzahlen, der Taktzeit und sonstigen Betriebsverhältnissen. Jeder Mehrfachschrauber ist eine speziell auf den Bedarfsfall zugeschnittene Sonderkonstruktion.

39.3.1. Arten von Mehrfachschraubern

Die Mehrfachschrauber können in zwei große Hauptgruppen eingeteilt werden, in

1. handgeführte Aggregate,
2. stationäre Anlagen.

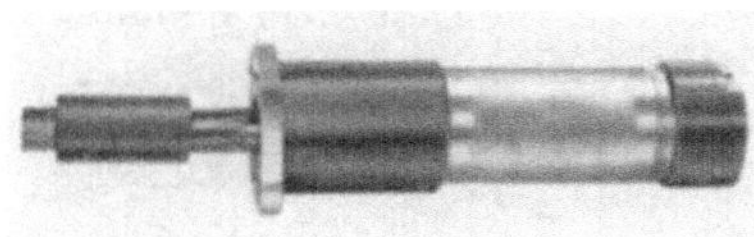

485. Einbauschrauber mit zentraler Spindel

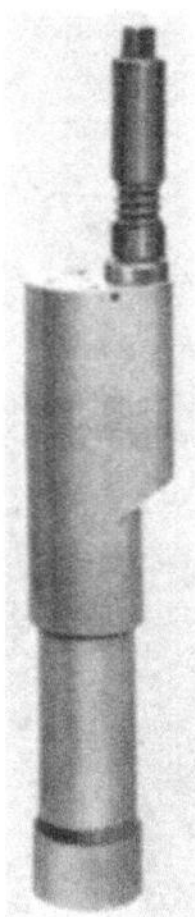

487. Einbauschrauber mit versetzter Spindel

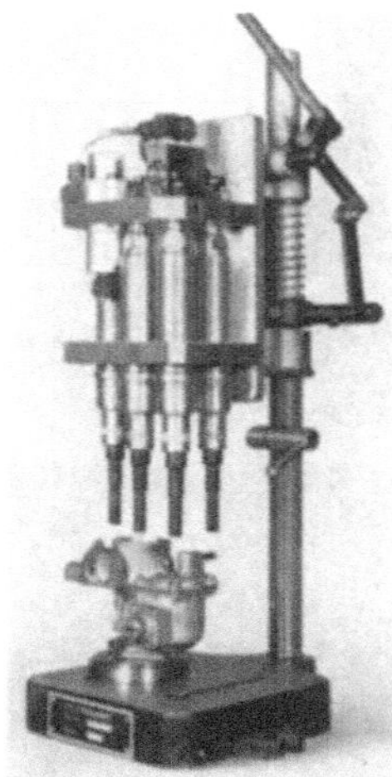

488. Handgeführter Mehrfachschrauber mit Ständer

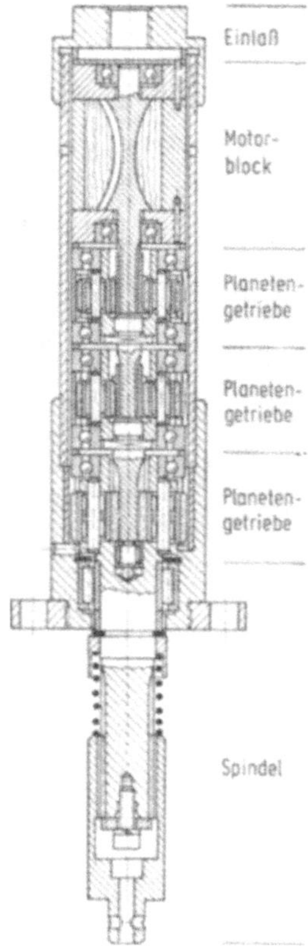

486. Aufbau eines Einbauschraubers

39.3.2. **Handgeführte Aggregate**

Die einfachste Form der Mehrfachschrauber sind Aggregate, bei welchen die einzelnen Einbauschrauber an einen Ständer montiert werden. Rückmomente, wie sie bei den handgeführten Werkzeugen vom Bedienenden aufzunehmen sind, treten bei Mehrfachschraubern nicht mehr auf (Bild 488).

Handgeführte Aggregate lassen sich auch senkrecht oder waagrecht aufhängen und werden je nach Größe und Art durch einen Federzug, Hubzylinder oder ein Gegengewicht im Gleichgewicht gehalten (Bild 489 und 490).

489. Montage von Kompressorzylinderköpfen mit handgeführtem Mehrfachschrauber

490. Handgeführter Mehrfachschrauber zieht 5 Radmuttern in einem Arbeitsgang an

Die einzelnen Einbauschrauber werden in der Regel über eine obere und untere Führungsplatte verbunden. Die Führungsplatte dient gleichzeitig als Zentrierung für das entsprechende Lochbild. Unter Lochbild wird die Aufteilung der einzelnen Gewinde verstanden. Die Mehrfachschrauber werden mit einer Verkleidung versehen, die mehrere Aufgaben erfüllt. In Verbindung mit besonderen Werkstoffen oder Anstrichen stellt sie einen wirksamen Schalldämpfer dar, der die Arbeitsgeräusche unter die Betriebsgeräusche senkt. Die Auspuffluft kann nicht störend auf den Bedienenden wirken, und die Verkleidung verhindert ein Verschmutzen. Der Verletzungsgefahr ist auf das wirksamste entgegengetreten. Die Betätigung der Mehrfachschrauber kann über Hand- oder Fußventile erfolgen.

Die Druckluftverteilung zu den einzelnen Einbauschraubern erfolgt meist auf zwei Arten. Entweder wird die obere Führungsplatte zugleich als Luftverteiler ausgebildet, oder die Luftzuführung wird unabhängig von der Führungsplatte vorgenommen. Zum Mehrfachschrauber führt nur ein Hauptzuführungsschlauch. In jedem Mehrfachschrauber ist ein Luftverteilersystem eingebaut. Die zugeleitete Druckluft steht vor einem vorgesteuerten Hauptventil, von welchem die einzelnen Einbauschrauber beaufschlagt werden. Je nach der Konstruktion geschieht die Betätigung über Be- oder Entlastung des Hauptventils.

39.3.3. **Stationäre Anlagen**

Die zweite Hauptgruppe der Mehrfachschrauber sind stationäre Anlagen. Der generelle Aufbau gleicht dem der handgeführten Mehr-

491. Sondermaschine zum Anziehen von Nippeln an Speichenrädern

fachschrauber. Zusätzlich kommen jedoch je nach Ausführungsart noch weitere Funktionen hinzu. Die gebräuchlichsten stationären Mehrfachschrauber sind Anlagen mit manueller oder automatischer Beschickung. Sie haben heute große Verbreitung in allen Industriebereichen gefunden. Eine weitere Variante sind Anlagen (Bild 492), welche in Takt- oder Transferstraßen eingebaut werden. Für Bewegungsabläufe kommen hier noch weitere Einrichtungen wie Führungen, Zylinder u. ä. hinzu.

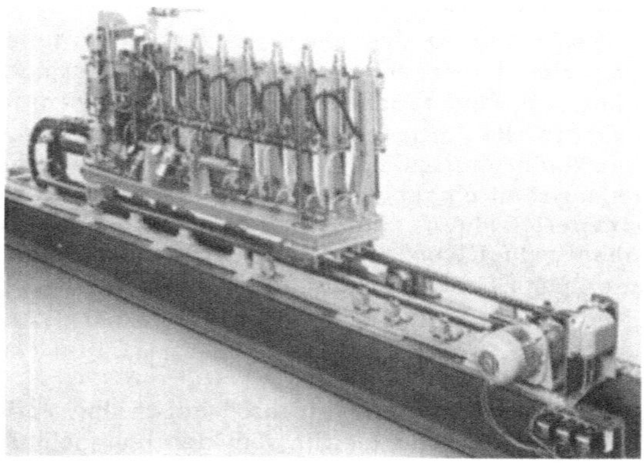

492. Automatische Druckluft-Montageanlage für kontinuierlich laufendes Pkw-Endmontageband

39.3.4. Drehmomenteinstellung und -regulierung bei Mehrfachschraubern

Einbauschrauber besitzen im Gegensatz zu Handdrehschraubern keine Kupplung, welche ihr Drehmoment begrenzt. Deshalb wird bei ihnen das Drehmoment durch Verstellen des Arbeitsdruckes reguliert. Die lineare Abhängigkeit zwischen Drehmoment und Betriebsdruck kommt dieser Reglungsart entgegen. Die Druckminderung erfolgt durch Reduzierventile, mit welchen eine sehr feine Einstellung möglich ist. Bei der Zusammenstellung der einzelnen Einbauschrauber zu Mehrfachschraubern müssen bereits die passenden Größen ausgewählt werden, damit jede Schraubstelle richtig angezogen wird.

Herstellungstoleranzen der Einbauschrauber, aber vor allem die unterschiedliche Qualität der Verschraubungen machen es erforderlich, jeden Einbauschrauber einzeln einzustellen. Über Schraubverbindungen wurde bereits im Abschnitt 19.10.1. ausführlich berichtet. Durch

Veränderung des Betriebsdruckes läßt sich eine Genauigkeit des Drehmomentes von $\pm$ 10% erreichen.
Für eine Einengung der Drehmomentenabweichung unter die vorgenannte Toleranz ist ein größerer Aufwand erforderlich.

39.3.4.1. **Drehstab**

Eine solche Maßnahme zur Einengung der Drehmomentenabweichung ist die Einrichtung mit zusätzlichem Drehstab. Ein so ausgerüsteter Einbauschrauber muß drehbar gelagert und mit einem Zahnsegment versehen sein. Parallel zum Einbauschrauber ist über dem Zahnsegment ein Drehstab angebracht. Beim Schraubvorgang versetzt dann das Rückdrehmoment den Einbauschrauber in eine gegenläufige Drehung, welche durch Spannen des Drehstabs begrenzt wird. Dieser kleine Drehwinkel wird über einen einstellbaren Anschlag auf Mikroschalter übertragen, welche Signallämpchen steuern. Eine gelbe Lampe leuchtet solange, bis das geforderte Drehmoment erreicht ist. Die Schaltung ist so eingerichtet, daß die Lampe erst erlischt, wenn alle Einbauschrauber das Soll-Drehmoment erreicht haben. Erlischt die Lampe nicht, so ist eine Beseitigung des Fehlers eventuell durch neue Einstellung erforderlich.
Eine rote Lampe leuchtet auf, wenn ein vorgegebenes Maximaldrehmoment überschritten wird. Eine oder mehrere Verschraubungen sind dann zu fest angezogen. Alle Verschraubungen liegen nur dann im richtigen Bereich, wenn weder die gelbe noch die rote Lampe, sondern eine grüne Lampe aufleuchtet.

39.3.4.2. **Mehrstufenverfahren**

Eine weitere Möglichkeit gibt das Mehrstufenverfahren, wobei das Anziehen der Verschraubung mit zwei verschiedenen Drücken erfolgt. Die Verschraubung wird mit geringem Betriebsdruck auf einen bestimmten Wert angezogen, bei dem der Setzvorgang in der Verschraubung stattfindet. Anschließend wird über eine zeit- oder druckabhängige Schalteinrichtung automatisch auf den zweiten vorgewählten Betriebsdruck umgeschaltet und die Verschraubung auf den Endwert angezogen. Die Umschaltung auf den höheren Druck kann erst dann erfolgen, wenn alle Einbauschrauber in der Niederdruckstufe ihre Funktion erfüllt haben.
Ein anderes Verfahren, eine bessere Gleichmäßigkeit der Drehmomente zu erreichen, ist es, im Anschluß an diesen Vorgang weitere Impulse mit dem hohen Druck in die Verschraubungen zu leiten.

Mit diesen beiden Methoden können Drehmomentenabweichungen, die nicht größer als $\pm$ 5% sind, erreicht werden.
Um ein schnelles und sicheres Einfädeln der Mehrfachschrauber in die Schrauben bzw. Muttern zu erreichen, werden die Abtriebsspindeln der Einbauschrauber federnd ausgeführt. Gleichzeitig können dadurch bestimmte Höhenunterschiede der einzelnen Verschraubungen ausgeglichen werden.
Liegen diese Unterschiede über 20 mm, so werden die einzelnen Einbauschrauber auf verschiedenen Höhen angebracht oder es wird mit Verlängerungen gearbeitet. Da die Schraubspindeln drehend auf die stehende Verschraubung geführt werden, kann nicht mit normalen Steckschlüsseln gearbeitet werden, sondern nur mit Spezialausführungen.

40. **Kleinmotoren bis 1 PS Leistung**

Druckluft-Lamellenmotoren sind universelle Antriebsaggregate. Durch ihre geringen Abmessungen und ihr geringes Leistungsgewicht lassen sich diese überall leicht einbauen. Sie sind stufenlos regelbar, nehmen

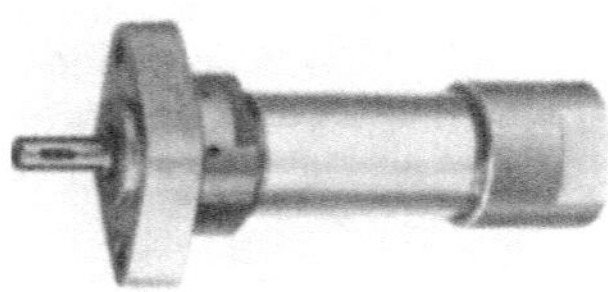

493. Druckluft-Einbaumotor

bei Überlastung keinen Schaden und können an explosionsgefährdeten Stellen eingesetzt werden. Die Motoren können durch Regelung der Druckluftzufuhr über einen weiten Drehzahlbereich gefahren werden. Alle Motoren werden für Links-, Rechtslauf oder umsteuerbar gebaut. Über Verwendung und Einsatzgebiete sowie Motoren mit höheren Leistungen ist bereits in Abschnitt 19.8. berichtet worden.
Die folgende Tabelle enthält eine Aufstellung der standardmäßig ausgeführten Motoren mit den dazugehörigen Leistungen, Drehzahlen und Drehmomenten. Auch die erforderlichen Schlauchstärken sind vermerkt. Die Drehzahlen und Drehmomente beziehen sich auf die angegebene Leistung, die bei einem Betriebsdruck von 6 atü erreicht wird.

Typ	Leistung [PS]	Drehzahl $[min^{-1}]$	Drehmoment [cm · kp]
Schlauch 6 mm l. W.			
M 20 – 11 000	0,2	11 000	1,3
M 20 – 2 800	0,2	2 800	5,3
M 20 – 1 500	0,2	1 500	9,5
M 20 – 700	0,2	700	22,0
M 20 – 350	0,2	350	38,0
M 20 – 200	0,2	200	69,0
MU 25 – 11 000	0,25	11 000	1,7
MU 25 – 2 800	0,25	2 800	7,0
MU 25 – 1 500	0,25	1 500	12,1
MU 25 – 700	0,25	700	29,0
MU 25 – 350	0,25	350	51,0
MU 25 – 200	0,25	200	90,0
M 35 – 11 000	0,35	11 000	2,3
M 35 – 2 800	0,35	2 800	9,5
M 35 – 1 500	0,35	1 500	16,5
M 35 – 700	0,35	700	39,0
M 35 – 350	0,35	350	69,0
M 35 – 200	0,35	200	120,0
Schlauch 8 mm l. W.			
M 50 – 12 000	0,53	12 000	3,2
M 50 – 3 000	0,53	3 000	12,7
M 50 – 2 200	0,53	2 200	17,3
M 50 – 1 800	0,53	1 800	21,0
M 50 – 1 400	0,53	1 400	27,0
M 50 – 1 000	0,53	1 000	38,0
M 50 – 900	0,53	900	42,0
M 50 – 550	0,53	550	70,0
M 50 – 320	0,53	320	120,0
Schlauch 10 mm l. W.			
M 75 – 11 000	0,75	11 000	5,0
M 75 – 2 800	0,75	2 800	19,0
M 75 – 2 200	0,75	2 200	24,4
M 75 – 1 800	0,75	1 800	30,0
M 75 – 1 300	0,75	1 300	41,0
M 75 – 1 000	0,75	1 000	54,0
M 75 – 750	0,75	750	72,0
M 75 – 500	0,75	500	108,0
M 75 – 300	0,75	300	180,0

41. Gewindeschneidmaschinen

Für jeden Arbeitsbereich kann in Bezug auf die erforderliche Leistung die am besten geeignete Maschine ausgewählt werden. Die Gewindeschneidmaschinen besitzen ein Wendegetriebe oder sind mit einem

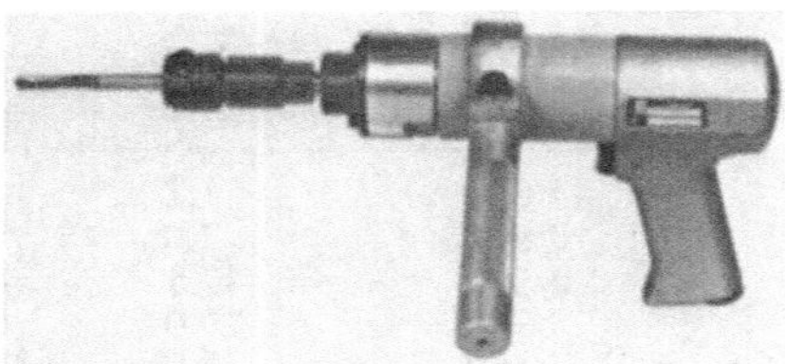

494. Gewindeschneidmaschine

Umkehrmotor ausgerüstet. Maschinen mit Pistolengriff können zusätzlich mit einem Seitengriff zur Aufnahme der Rückmomente versehen werden. Gewindeschneidmaschinen (Bild 494) haben eine besonders wirksame Geräuschdämpfung. Außer den Vorteilen, die sie als Glied eines Baukastensystems aufweisen, haben sie auch den Vorzug, in explosionsgefährdeten Räumen eingesetzt werden zu können.

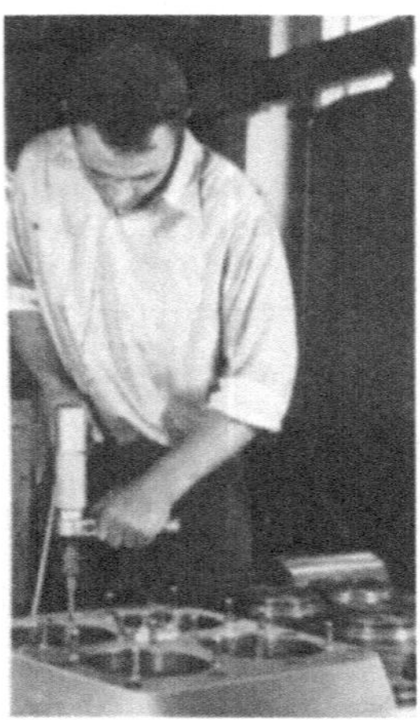

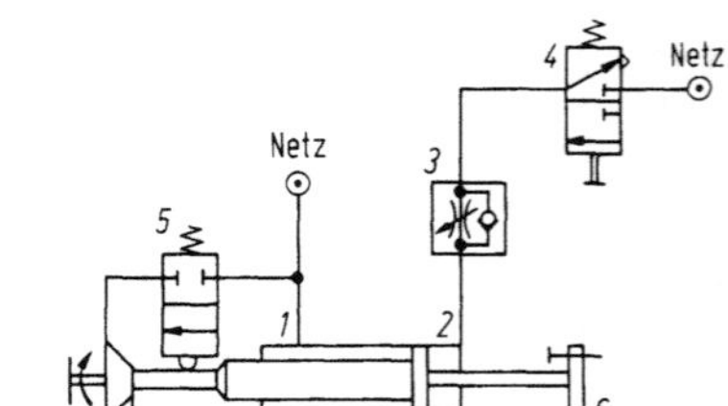

1 Luftanschluß
2 Luftanschluß
3 Drosselrückschlagventil
4 Dreiwegeventil
5 Motorabsperrschieber
6 Anschlag

496. Steuerschema einer Bohrvorschub- und Gewindeschneideinheit der Baureihe BV 8

495. Gewindeschneiden an einem Kompressorzylinderkopf

Technische Daten eines Gewindeschneiders bei 6 atü Betriebsdruck:

Typ G 14-6 P (Standardausführung)
Schneidleistung Stahl M 14
Schneidleistung Leichtmetall M 16
Leistung an der Spindel bei Vollast 0,68 PS
Leerlaufdrehzahl 600/1200 min^{-1} (Rechts-/Linkslauf)
Gewicht 2,2 kg
Schlauch lichte Weite 10 mm

Neben der Pistolengriff-Ausführung werden Gewindeschneider auch als gerades Modell (G 14-6) mit Knopfventil und als Einbaumaschine mit ventillosem Durchgang hergestellt. Alle Typen können mit 0,53 oder 0,83 PS Motorleistung und mit Drehzahlen zwischen 500 und 900 min^{-1} (jeweils um 100 min^{-1} abgestuft) geliefert werden. Einsatz bei höherem Druck als 6 atü ist möglich.

42. Bohrvorschub- und Gewindeschneideinheiten

42.1. Einführung

Druckluft-Bohrvorschub- und -Gewindeschneideinheiten gewinnen innerhalb planmäßiger Rationalisierungsprozesse bei der spanenden Bearbeitung steigend an Bedeutung. Obwohl noch nicht alle Einsatzgebiete erkannt sind, werden diese Einheiten bereits in vielen Branchen verwendet. In der Metall-, Holz- und Kunststoffbearbeitung verdrängen die leichten, raumsparenden Drucklufteinheiten die investitionsintensiven Säulenbohrmaschinen. Ihre Vorzüge sind, daß sie sich auch für ortsbewegliche Einrichtungen eignen. So werden laufend neue und zusätzliche Einsatzgebiete für Drucklufteinheiten erschlossen. Im Verhältnis zu ihren geringen Einbaumaßen haben sie eine beachtliche Leistung. So beträgt z. B. die größte Breite der Bohrvorschubeinheit BVK 16 nur 88 mm, die Bohrleistung reicht bis 18 mm in Stahl und bis 22 mm in Aluminium. Die Gewindeschneideinheit GV 8 ist 60 mm breit und schneidet Gewinde in Stahl bis M 8.

42.2. Aufbau der Bohrvorschub- und Gewindeschneideinheiten

Schematische Darstellung siehe Bild 496.

Die Vorschubeinheiten bestehen aus der hin- und hergehenden Pinole 7 (Bild 497) und dem feststehenden Steuerkörper *8*. Die Pinole ist durch Führungssteine *18* gegenüber dem Steuerkörper *8* gegen Verdrehen gesichert.

In der Pinole sind die Planetengetriebe *9* und der Motor *10* sowie ein Motorabsperrschieber *5* eingebaut. Bei Gewindeschneideinheiten kommt noch ein Umsteuerventil für den Motor hinzu. Der Steuerkörper hat bei halbautomatischen Einheiten zwei Luftanschlüsse, bei der vollautomatischen Maschine enthält er die zur Steuerung der Einheiten notwendigen Ventile.

42.3. Wirkungsweise

42.3.1. Halbautomatische Einheiten

Diese Einheiten (Baureihe BV 8) werden über zwei Anschlüsse gesteuert. Anschluß *1* ist für den Rücklauf und Motorluft, Anschluß *2* für die Vorschubluft (Bild 497). Die Druckluft für den Anschluß *1* wird

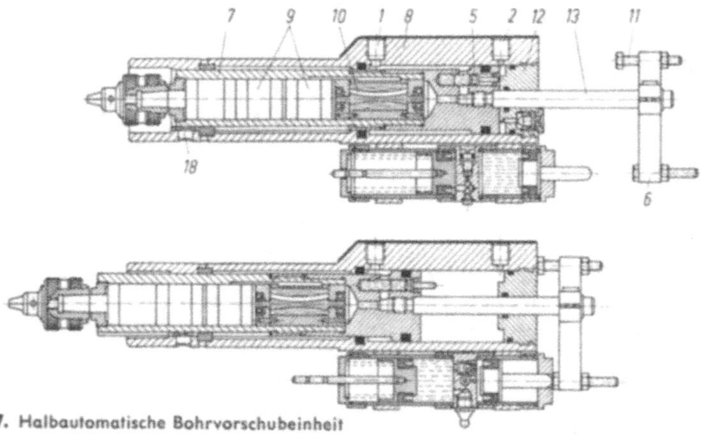

497. Halbautomatische Bohrvorschubeinheit

ungedrosselt zugeführt, während die Luft für den Vorschub über ein Drosselrückschlagventil geleitet wird. Die Steuerung der Einheit erfolgt über ein Drei-Wege-Ventil. Wird das Ventil betätigt, strömt die Luft hinter den Vorschubkolben und bewegt die Pinole nach vorn. Die Vorschubgeschwindigkeit wird am Drosselrückschlagventil eingestellt. Durch die Vorwärtsbewegung der Pinole wird der Motorabsperrschieber *5* geöffnet, und die über Anschluß *1* zugeführte Luft gelangt in den Motor. Ist die gewünschte Bohrtiefe, die am Anschlag *6* über die Stellschraube *11* eingestellt wird, erreicht, wird das Ventil entlastet und die am Anschluß *1* anstehende Luft schiebt die Pinole in die hintere Endlage zurück. Der Motorabsperrschieber *5* wird geschlossen. Die hinter dem Vorschubkolben stehende Luft wird über das Drosselrückschlagventil *3* und das Drei-Wege-Ventil *4*, welche im Steuerschema Bild 496 angedeutet sind, ausgeschoben.

42.3.2. Vollautomatische Einheiten

Bohrvorschubeinheiten der Baureihe BVA 8 (Bild 498) haben einen einzigen Luftanschluß am Steuerkörper. Die zugeführte Druckluft steht ungesteuert vor dem Rückhubkolben und ist gleichzeitig Motorluft. Die

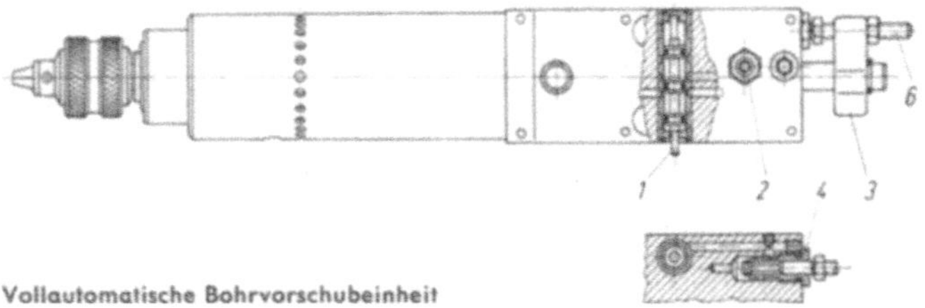

498. Vollautomatische Bohrvorschubeinheit

Vorschubluft wird abgezweigt und über das Umsteuerventil *1* gesteuert (Bild 499). Wird dieses betätigt, gelangt die Druckluft über ein Drosselrückschlagventil *2* hinter den Vorschubkolben und schiebt die Pinole vor. Bei Erreichen der am Anschlag *3* und der Stellschraube eingestellten Bohrtiefe betätigt die Stellschraube den Endschalter *4*, und ein Luftimpuls steuert das Umsteuerventil *1* um. Die hinter dem Vorschubkolben stehende Luft entspannt sich über das Drosselrückschlagventil und wird ausgeschoben. Die Pinole kehrt im Eilgang in die hintere Endlage zurück, wobei die Motorluft durch den Motorabsperrschieber *5* abgestellt wird. Das Ventil *1* kann sowohl von Hand als auch durch Fernbedienung betätigt werden.

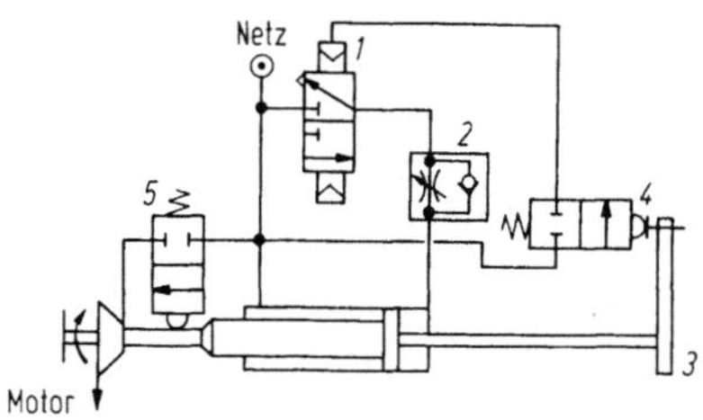

1 Umsteuerventil
2 Drosselrückschlagventil
3 Anschlag
4 Endschalter
5 Motorabsperrschieber

499. Steuerschema einer vollautomatischen Bohrvorschubeinheit der Baureihe BVA 8

42.3.3. Vollautomatische Einheit mit Drehzahlregler

Bild 500 zeigt ein Schnittbild, Aufbau und Wirkungsweise der Vorschubeinheiten BVK 16 mit eingebautem Regler *5*. Dieser begrenzt die Leerlaufdrehzahl und den Luftverbrauch, ohne die Leistungsspitze wesentlich zu beeinflussen.

Eine Gegenüberstellung der Motordaten des ungeregelten und des geregelten Motors zeigt den Vorteil des Reglers deutlich:

	Motor	ungeregelt	geregelt
Leistung	N (PS)	ca. 1,2	ca. 1,15
Luftverbrauch	Q_{leer} (m^3/min)	ca. 1,5	ca. 0,75
Drehzahl	n_{leer} (min^{-1})	ca. 14 400	ca. 10 200

Die Leistung bleibt nahezu unverändert, und der Leerlaufluftverbrauch sinkt um ca. 50%. Die Leerlaufdrehzahl liegt ca. 30% niedriger als bei Einheiten ohne Regler. Lamellenverschleiß und Getriebestandzeit werden dadurch günstig beeinflußt.

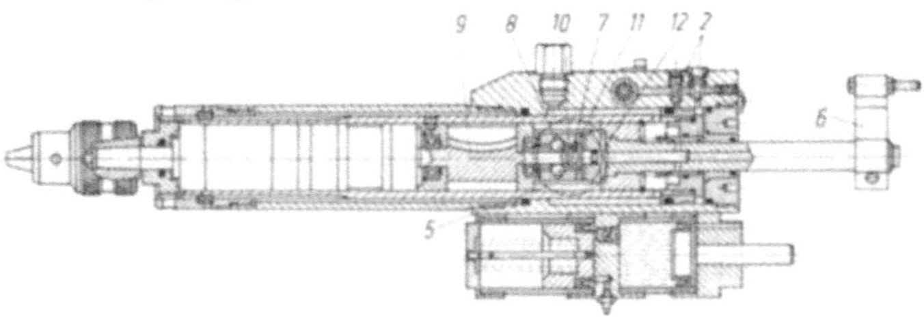

500. Vollautomatische Bohrvorschubeinheit mit Regler

Wie aus Bild 500 zu ersehen ist, ist der Reglerkäfig *7*, in dem vier Stahlkugeln *8* gehalten werden, formschlüssig mit dem Rotor *9* verbunden. Werden die Reglerkugeln *8* bei steigender Drehzahl infolge der Fliehkraft nach außen geschleudert, schieben sie den Laufring *10* über eine Schräge in Richtung Lufteinlaß. Über die Druckplatte *11* wird der Reglerkolben *12* gegen die Einlaßbohrung geschoben und der Einlaßquerschnitt verengt. Auf den Reglerkolben *12* wirkt die Kraft aus Luftdruck und Kreisfläche des Kolbens ($P = p \cdot F$). Halten sich die Kräfte aus Fliehkraft C_F der Kugeln und der auf den Reglerkolben wirkenden Kraft P das Gleichgewicht, ist die Leerlaufdrehzahl erreicht.

$$(C_F \cdot \tan \alpha = P = m \cdot r \cdot \omega^2 \cdot \tan \alpha = p \cdot F)$$

Fällt die Drehzahl des Motors infolge Belastung beim Bohren ab, verringert sich die Fliehkraft C_F, und der wirksame Einlaßquerschnitt vergrößert sich, so daß die volle Motorleistung abgenommen werden kann. Das Drosselrückschlagventil *2* in der Vorschubbohrung bewirkt, daß die Pinole zwar langsam, entsprechend der Einstellung an der Vorschubdrossel vorläuft, jedoch im Eilgang in die hintere Endlage zurückkehrt.

Das Steuerschema zeigt Bild 501.

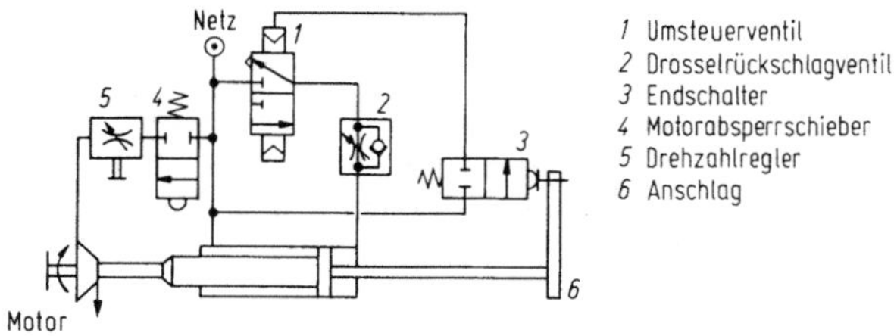

501. Steuerschema einer Bohrvorschubeinheit der Baureihe BVK 16

43. Vollautomatische Gewindeschneideinheiten

Der Aufbau der vollautomatischen Gewindeschneideinheiten entspricht im wesentlichen dem der vollautomatischen Bohrvorschubeinheiten. Statt des rechtslaufenden Motors ist jedoch ein Umkehrmotor und außerdem ein Vier-Wege-Ventil zur Steuerung des Motors eingebaut. Der Funktionsablauf läßt sich an Hand des Steuerschemas (Bild 502)

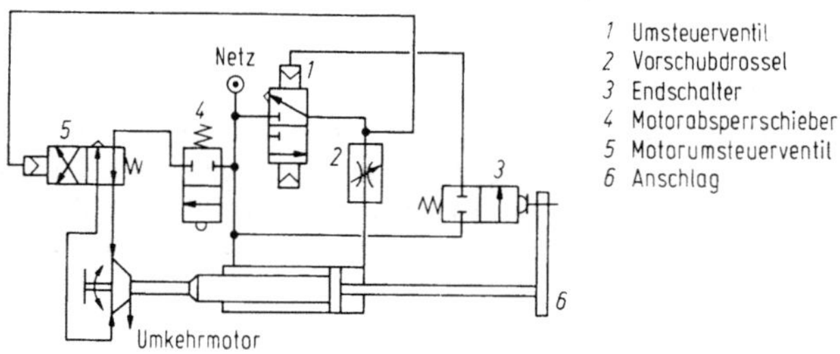

502. Steuerschema der vollautomatischen Gewindeschneideinheit GV 8

erläutern. Bei Betätigung des Umsteuerventils *1* gelangt die Druckluft über die Vorschubdrossel *2* hinter den Vorschubkolben; die Pinole bewegt sich nach vorn, und der Motorabsperrschieber *4* wird geöffnet. Gleichzeitig wird vor der Vorschubdrossel *2* Luft abgezweigt und zur Umsteuerung des federbelasteten Motorumsteuerventils *5* in Rechtslaufstellung benutzt. Der Gewindebohrer schneidet rechtsdrehend Gewinde. Nach Erreichen der am Anschlag *6* eingestellten Tiefe steuert der Endschalter *3* das Umsteuerventil *1* in Rücklaufstellung um; die Pinole läuft langsam zurück, entsprechend der Stellung der Vorschubdrossel *2*.

Durch die Umsteuerung von Ventil *1* wird das Motorumsteuerventil *5* entlastet und durch die Feder in Linkslaufstellung geschoben. Der Gewindebohrer schraubt sich linksdrehend aus dem geschnittenen Gewinde heraus.
Bei Erreichen der hinteren Endlage wird der Motorabsperrschieber *4* geschlossen, und der Arbeitsvorgang ist beendet. Die Einheiten können wahlweise mit Gewindeschneidfuttern bekannter Bauart oder mit Schnellwechselfuttern mit Längenausgleich und Sicherheitskupplung (bei Sacklöchern wichtig) ausgerüstet werden.

44. Bremsen für Vorschubeinheiten

Zweck einer Bremse ist es, die Vorschubgeschwindigkeit gleichmäßig herabzusetzen und so ein Fangen des Bohrers und damit seine Beschädigung oder Bruch beim Durchdringen der Bohrerspitze zu verhindern.
Hydraulische Bremsen werden auch benötigt, wenn beim Arbeiten mit dünnen Bohrern über die ganze Bohrtiefe gebremst werden muß oder wenn Bohrungen gerieben werden. Sacklöcher von ca. 4 mm Durchmesser an aufwärts können in der Regel ohne Bremse gebohrt werden.

44.1. Hydraulische Bremse

Die hydraulische Bremse wird meist seitlich am Steuerkörper so befestigt, daß eine am Anschlag der Bohrvorschubeinheit angebrachte Stellschraube auf den Kolben der Bremse auftrifft. Die Arbeitsweise der hydraulischen Bremse wird am Funktionsschema (Bild 503) deutlich.

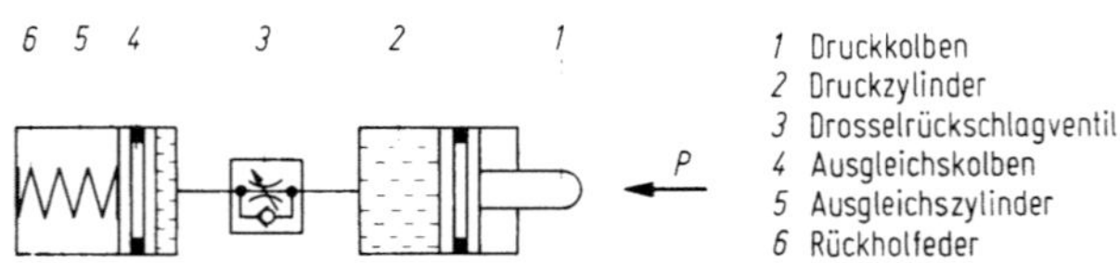

503. Funktionsschema einer hydraulischen Bremse

Wird der Druckkolben *1* mit der Vorschubkraft *P* beaufschlagt, verdrängt er das im Druckzylinder *2* befindliche Öl über ein einstellbares Drosselrückschlagventil *3* in den Ausgleichszylinder *5*.
Je nach Einstellung der Drosselschraube geschieht dies schneller oder langsamer. Der Ausgleichskolben *4* bewegt sich gegen die Rückhol-

feder *6*. Nach Entlastung des Kolbens *1* kehrt sich der Ölstrom unter Umgehung der Drossel um. Im Ausgleichszylinder *5* befindet sich genügend Raum für Reserveöl zum Leckageausgleich.

44.2. Tellerfederbremse

Sie wird nur dann verwendet, wenn der Bohrer bei Durchgangsbohrungen beim Durchbrechen abgefangen werden soll. Die Einstellung muß so erfolgen, daß die Bremse schon anspricht, bevor die Bohrerspitze durchbricht.

504. Bohrvorschubeinheit mit Tellerfederbremse

Der Einbau der Tellerfederbremse erfolgt durch Auswechseln des hinteren Deckels *12*, der Führungsstange *13* und des Anschlages *6* (Bild 497) gegen den Bausatz *1* (Bild 504). Mit der Rändelmutter *2* kann die Vorspannung des Federpaketes verändert werden.

45. Inbetriebnahme und Behandlung

45.1. Allgemeines

Die verschiedenen Bohrvorschubeinheiten können nur dann ihre maximale Leistung und ihre größte Wirtschaftlichkeit erreichen, wenn sie

1. unter Berücksichtigung aller Arbeitsbedingungen richtig ausgewählt werden. In Zweifelsfällen empfiehlt es sich daher immer, Bohrversuche mit verschiedenen Maschinen zu machen;
2. mit sauberer, aufbereiteter Luft in ausreichender Menge und mit geregeltem Druck (z. B. 6 atü) betrieben werden;
3. sorgfältig gewartet und gepflegt werden, d. h., daß auf ausreichende Schmierung der Planetengetriebe geachtet wird und die Lamellen im Motor nach ca. 300 Betriebsstunden erstmalig auf Verschleiß kontrolliert werden. Die festgestellte Abnutzung bestimmt den weiteren Überprüfungsturnus.

45.2. Einstellung

45.2.1. Einstellung der Bohrvorschubeinheit BV 8

Die Bohrvorschubeinheiten BV 8 (Bilder 496 und 497) werden z. B. am zylindrischen Teil des Steuerkörpers gespannt und mit Bohrer in die Arbeitsstellung gebracht. Dann wird das Drei-Wege-Ventil geöffnet und die Pinole über das Drosselrückschlagventil *3* (Bild 496) langsam auf die gewünschte Bohrtiefe ausgefahren. Ist diese erreicht, wird das Drosselrückschlagventil geschlossen, die Pinole bleibt stehen. Jetzt wird die Stellschraube *11* (Bild 497) am Anschlag so eingestellt, daß sie das Maschinengehäuse berührt. Damit ist die Bohrtiefe eingestellt.

Durch einige Versuchsbohrungen wird die für Bohrer und Material günstigste Vorschubgeschwindigkeit festgestellt, die am Drosselrückschlagventil *3* eingestellt wird. Beim Bohren von Sacklöchern kann, wie bereits erwähnt, auf den Einsatz einer Bremse verzichtet werden. Sollen jedoch Durchgangsbohrungen gebohrt werden, muß die Bremse so eingestellt werden, daß die Pinole kurz vor dem Durchbrechen der Querschneide des Bohrers abgefangen wird. Die Bremswirkung einer hydraulischen Bremse nimmt zu, wenn die Regelschraube nach rechts gedreht wird.

Beim Arbeiten mit der Tellerfederbremse muß entsprechend verfahren werden.

45.2.2. Einstellung der vollautomatischen Bohrvorschubeinheit BVA 8

Beim Einstellen der vollautomatischen Bohrvorschubeinheit BVA 8 gilt das vorher Gesagte mit dem Unterschied, daß die Regulierung der Vorschubgeschwindigkeit an der Drosselschraube *2* (Bild 498) vorgenommen wird, und die Stellschraube *6* so eingestellt wird, daß sie den eingebauten Endschalter *4* berührt, wenn die gewünschte Bohrtiefe erreicht ist.

45.2.3. Einstellung der Gewindeschneideinheit GV 8

Beim Gewinden mit der GV 8 (Bild 502) sind folgende Punkte zu beachten:

1. Die Einstellung der Schneidtiefe erfolgt über die Stellschraube am Anschlag. Läuft die Stellschraube auf den Endschalter *3* auf, so wird die Bewegung der Pinole und gleichzeitig die Drehrichtung des Motors umgekehrt.
   Die Tiefeneinstellung muß so geschehen, daß der Gewindebohrer mit einigen Gängen im geschnittenen Gewinde bleibt.

2. Die Regulierung des Vorschubes über die Drosselschraube ist von besonderer Wichtigkeit.
Die Vor- und Rückhubgeschwindigkeit muß so eingestellt werden, daß der Gewindebohrer keinen zu großen Druck bekommt und beim Rückhub nicht der letzte Gewindegang ausgerissen wird.
3. Beim Schneiden von kleinen Gewinden empfiehlt sich die Verwendung eines Gewindeschneidfutters mit federndem Längenausgleich. Damit wird das Ausreißen des letzten Gewindeganges wirksam verhindert.
4. Beim Schneiden von Sackgewinden muß ein Gewindeschneidfutter mit Sicherheitskupplung verwendet werden, damit ein Abbrechen des Gewindebohrers beim Auflaufen auf den Bohrungsgrund vermieden wird.
5. Auswahl der für den bearbeiteten Werkstoff günstigsten Kernlochbohrer und Gewindebohrer.

46. **Fernsteuerung vollautomatischer Vorschubeinheiten**

Maschinen der Baureihen BVA 8, GV 8 und BVK 16 können sowohl von Hand direkt an der Maschine als auch ferngesteuert werden. Für die Fernsteuerung sind zwei Beispiele aufgeführt, der Grundsteuerplan Bild 505 und das Beispiel Bild 506 mit fünf Einheiten. In Bild 505 bedeutet *1* eine der oben genannten Einheiten. *3* und *4* sind die Fernsteuer-

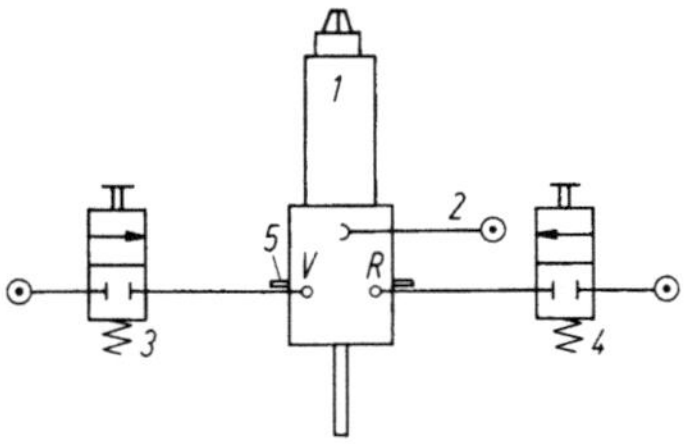

1 Einheit Typ BVA 8,..GV 8,..BVK 16
2 Druckluftnetzanschluß
3 3/2- oder Ein-Aus-Ventil für Vorlauf
4 3/2- oder Ein-Aus-Ventil für Notrücklauf
5 Handsteuerung

505. Grundsteuerplan einer ferngesteuerten Einheit

organe für Vor- und Rücklauf. In Bild 506 sind außer den Vorschubeinheiten *A* und *B* auch zwei Spannzylinder *C* dargestellt, welche zum Spannen des Werkstückes nötig sind. Die Funktion ist folgende: Die Einheiten *A* und *B* sollen gleichzeitig oder getrennt arbeiten, *A* und *B* sollen zusammen zurücklaufen (Notrücklauf). Das Werkstück wird mit

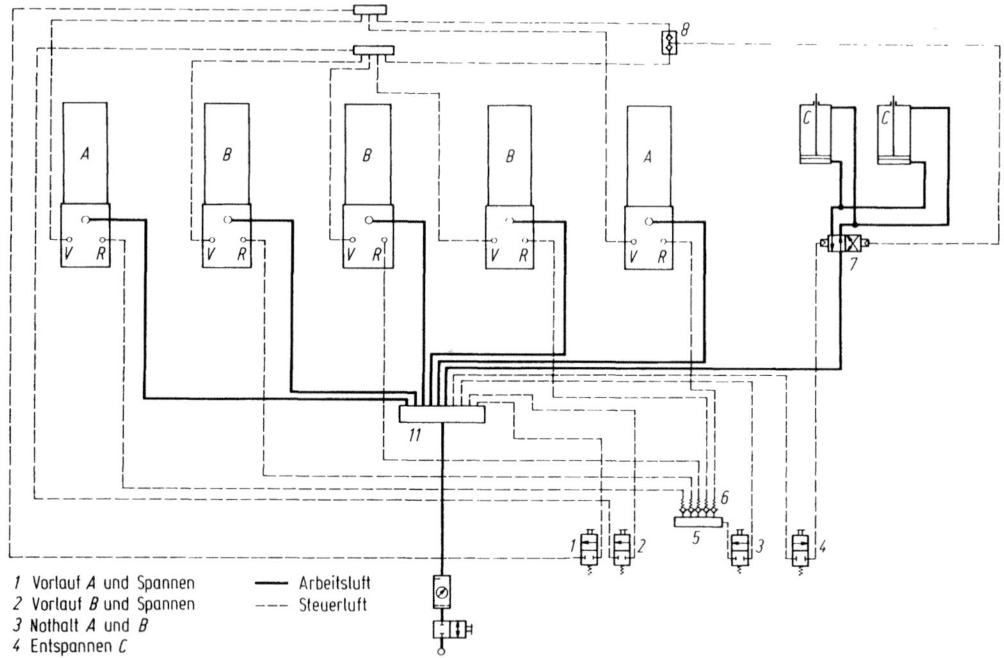

506. Beispiel einer Steuerung mit 5 Bohrvorschubeinheiten

den bereits erwähnten doppeltwirkenden Zylindern *C* gespannt. Werden die Ventile *1* und *2* gleichzeitig betätigt, arbeiten sowohl die Einheiten *A* als auch die Einheiten *B* zusammen. Die Spannzylinder *C* werden über das 4/2-Wege-Ventil *7* beaufschlagt. Wird das Ventil *1* betätigt, arbeiten die Einheiten *A* allein, gleichzeitig spannen die Spannzylinder *C*. Wird Ventil *2* betätigt, arbeiten die Einheiten *B* allein, während ebenfalls die Spannzylinder *C* spannen. Durch Betätigung von Ventil *3* erfolgt der Notrücklauf aller Einheiten (*A* und *B*), das Werkstück bleibt jedoch gespannt. Erst bei Betätigung von Ventil *4* geben die Spannzylinder das Werkstück frei.

Die gesamte Anlage hat einen einzigen Luftanschluß. Die Druckluft wird über Verteiler *11* verteilt. In die Rücklaufsteuerleitungen sind Rückschlagventile *6* eingebaut. Da die Einheiten nicht gleichzeitig den Bohrvorgang beenden, würde ohne Rückschlagventile die schnellste Maschine auch alle übrigen mit umsteuern. Das Doppelrückschlagventil *8* erlaubt es, die Spannzylinder über zwei verschiedene Ventile *1* oder *2* zu steuern.

47. Auswahl von Bohrvorschubeinheiten

47.1. Allgemeines

Bevor man sich mit den Leistungen der Bohrvorschubeinheiten beschäftigen kann, müssen Spiralbohrer und das zu bohrende Material betrachtet werden. Der Spiralbohrer ist ein hoch beanspruchtes Zerspanungswerkzeug. Die Schnittgeschwindigkeit ist an der äußeren Schneidenecke die größte, um zur Querschneide hin abzunehmen und schließlich in der Querschneidenmitte den Wert Null zu erreichen. Um gute Schnittverhältnisse und damit gute Leistungen zu erzielen, müssen Spiralwinkel, Freiwinkel und Nutenform den Anforderungen des zu bohrenden Werkstoffes gerecht werden. Hohe Bohrerstandzeiten, eine gute Bohrungsqualität und wirtschaftliche Ausnutzung von Bohrer und Bohrvorschubeinheit setzen voraus, daß die richtige Bohrerausführung für den einzelnen Bedarfsfall gewählt wurde. Die Bohrer werden aus legiertem Werkzeugstahl WS oder Hochleistungsschnellstahl HSS hergestellt.

Außerdem gibt es hartmetallbestückte und ganz aus Hartmetall bestehende Bohrer. Gewöhnlich werden Bohrer aus HSS eingesetzt. Sie zeichnen sich durch hohe Verschleißfestigkeit, Wärmebeständigkeit und Elastizität aus.

47.2. Bohrertypen

Die meisten Bohrarbeiten können mit einem Spiralbohrer der drei Grundtypen N, H und W ausgeführt werden (Bild 507).

N (Normaldrall)

Verwendung: langspanende Werkstoffe mittlerer bis hoher Festigkeit (sämtliche Stähle).

H (Langdrall)

Verwendung: kurzspanende Werkstoffe, wie Messing bis MS 58, Magnesiumlegierungen und harte Kunststoffe.

W (Kurzdrall)

Verwendung: langspanende Leichtmetalle, wie Aluminium, Silumin, weiches Hüttenkupfer und weiche Kunststoffe.

47.3. Anschliffe

Gebräuchliche Spiralbohrer-Spitzenanschliffe nach DIN 1412 (Bild 508).

Kegelmantelschliff:

Normalanschliff, zeichnet sich aus durch kräftige, gestützte Schneiden, gute Wärmeabführung und ruhiges Arbeiten. Älteste und auch heute noch am weitesten verbreitete Anschliff-Form.

Ausgespitzte Querschneide, Sonderanschliff *A*:

Verringerung des Vorschubdruckes, leichte Spanteilung, bessere Schnittverhältnisse. Besonders vorteilhaft bei schon abgenutzten Bohrern, weil hier die Querschneide wegen der zunehmenden stärkeren Kerndicke zu breit wird.

Ausgespitzte Querschneide mit korrigierter Hauptschneide, Sonderanschliff *B*:

Größere Keilwinkel. Geeignet für Hartgußbearbeitung und V2A-Bleche.

Kreuzanschliff, Sonderanschliff *C*:

Anstelle der sonst gerade verlaufenden Querschneide, die nicht zerspanen kann, treten zwei Nebenschneiden, die einen stumpfen Winkel zueinander bilden und bis zur Mitte des Bohrers zerspanen. Günstig für Bohrer mit dickem Kern. Verminderung des Vorschubdruckes und Spanteilung.

Doppelkegelmantelschliff, Sonderanschliff *D*:

Der unter 118° und 90° angeschliffene Spitzenanschliff bewirkt eine Verstärkung der Schneiden am Übergang zu den Fasen. Bessere Wärmeableitung an diesen exponierten Stellen, günstig beim Durchbohren spröder Werkstoffe. In der Praxis spricht man vom sogenannten Gußanschliff.

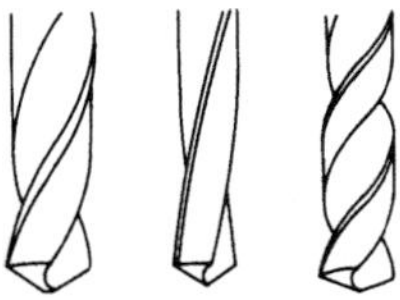

507. Bohrertypen

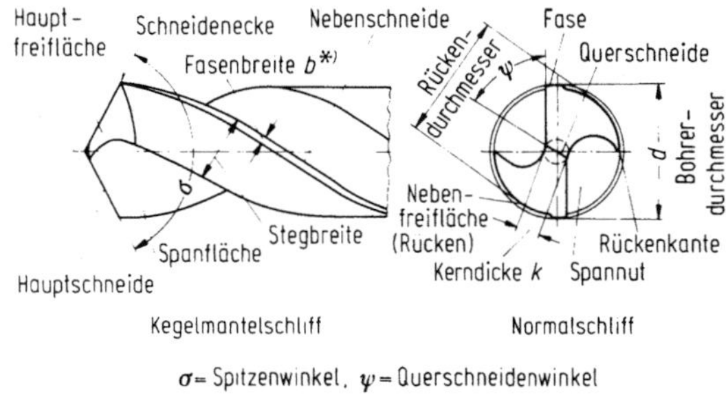

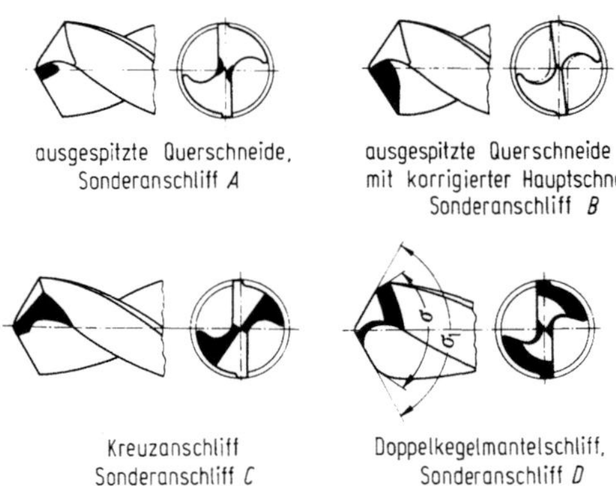

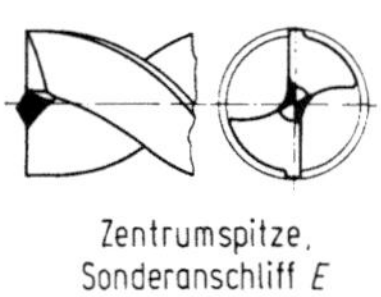

508. Gebräuchliche Spiralbohrer-Spitzenanschliffe nach DIN 1412

Zentrumspitze, Sonderanschliff *E*:

Gutes Zentrieren, keine Gratbildung beim Durchbohren sehr kurzer Bohrungen. Spitze und Schneidkanten sind jedoch empfindlich. Nur für dünne Bleche empfehlenswert.

47.4. **Schnittgeschwindigkeiten**

In der vorliegenden Tabelle 509 sind die Schnittgeschwindigkeiten für die wichtigsten Werkstoffe aufgeführt. Im Diagramm (Bild 510) sind die Schnittgeschwindigkeiten in Abhängigkeit von den Bohrerdurch-

Zu bohrender Werkstoff	Zugfestigkeit [kp/mm²]	Brinellhärte HB 30 [kp/mm²]	Werkzeugtyp	Anschliff	Spiralwinkel	Spitzenwinkel φ $\pm 3°$	Schnittgeschw. [m/min] V HSS	Kühlen[1] u. Schmieren	Bemerkungen
Stahl	bis 50		N		20–30	118	30–40	B-E o. Schn.	
	50–70						25–30	B-E o. Schn.	
	über 70						20–25	B-E o. Schn.	
Leg. Stahl	70–90						12–15	B-E o. Schn.	
	über 90						8–15		
Nichtrost. Stähle, Federbandstahl			N	A	20–30	130	5–10	B-E o. Schn.	
Grauguß		bis 200	N	D	18–25	118/90	18–25	tr. o. Dl.	
Hartguß		bis 350	N	D	18–15	118/90	5–15	Schn. o. Dl.	
Temperguß			N	D	18–15	118/90	18–25	B-E o. Dl.	
Leichtmetalle, langspanig			W		30–40	140	50–120	B-E	Aluminium
							50–80		Silumin
kurzspanig			H	B	12	118	150–300	tr. o. Dl.	Magnesiumlegierungen (Elektron)
Messing, spröde			H		12	118	65–100	tr. o. B-E	Spröde bis MS 58
			N		20–30	118	40–60	B-E	Zäh ab MS 60
Bronze (Rotguß-Lagerbronze)			N		20–30	118	20–40	B-E o. Schn.	Weiche Br.
							10–25	B-E o. Schn.	Zähharte Br.

509. Richtlinien für die Anwendung der Bohrertypen N, H und W und Richtwerte für Schnittgeschwindigkeiten

[1] B-E = Bohröl-Emulsion, Schn = Schneidöl, tr = trocken, Dl = Druckluft

messern und den Drehzahlen aufgetragen und mit den Schnittgeschwindigkeiten einige Ausführungen von Bohrvorschubeinheiten dargestellt. Dabei wurde von der Annahme ausgegangen, daß die Belastungsdreh-

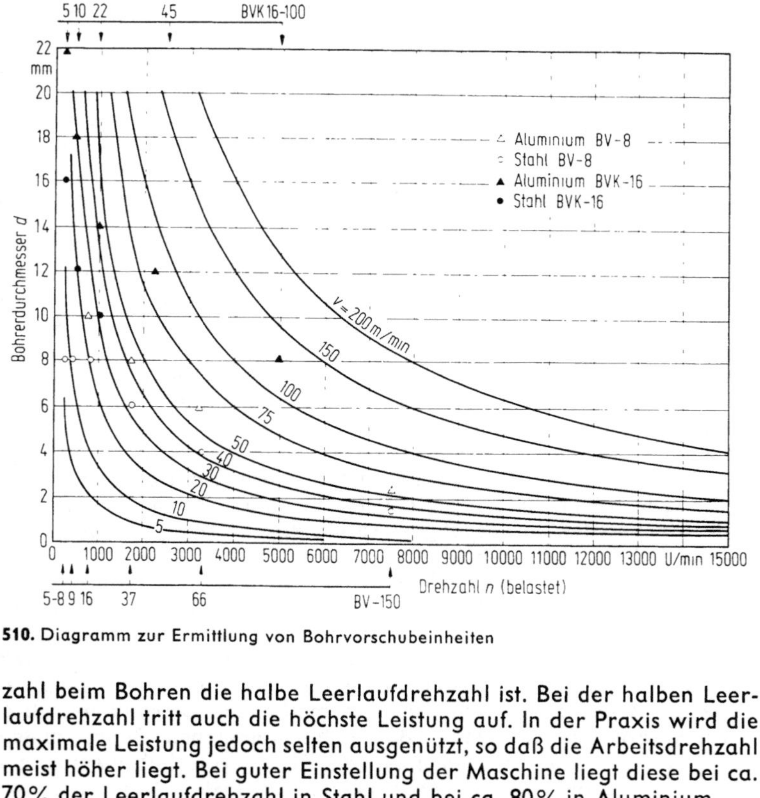

510. Diagramm zur Ermittlung von Bohrvorschubeinheiten

zahl beim Bohren die halbe Leerlaufdrehzahl ist. Bei der halben Leerlaufdrehzahl tritt auch die höchste Leistung auf. In der Praxis wird die maximale Leistung jedoch selten ausgenützt, so daß die Arbeitsdrehzahl meist höher liegt. Bei guter Einstellung der Maschine liegt diese bei ca. 70% der Leerlaufdrehzahl in Stahl und bei ca. 80% in Aluminium.

47.5. Besondere Eigenschaften pneumatischer Bohrvorschubeinheiten

Die pneumatischen Bohrvorschubeinheiten haben keinen Zwangsvorschub, wie dies z. B. bei vielen elektrischen Ständerbohrmaschinen der Fall ist. Kennzeichnend für den pneumatischen Betrieb ist ein tastend elastisches Vordringen des Bohrers in das Werkstück, das sich in Än-

derung der Vorschubgeschwindigkeit und Drehzahl bemerkbar macht[1]. Die Schnitt- und Vorschubgeschwindigkeiten unterliegen dem freien Spiel der Kräfte sowie dem Einfluß des veränderlichen Schneidenzustandes und des Werkstoffes.
In Bild 511 ist das Verhalten einer Bohrvorschubeinheit bei Bohrerverschleiß dargestellt.
Unter Berücksichtigung der Eigenschaften des Vorschub- und Antriebssystems lassen sich die Zusammenhänge zwischen den in Bild 511 dargestellten Kenngrößen während der Einsatzdauer eines Bohrers vom neuen Zustand bis zum völligen Stumpfwerden aufzeigen. Der Verschleiß beginnt sofort mit dem ersten Einsatz. Dadurch sinkt die Vorschubgeschwindigkeit langsamer, schließlich schneller bis auf den Wert Null bei Erreichen der Grenzbohrlänge.
Dieser Vorgang wird zunächst dadurch etwas gehemmt, daß die Drehzahl n und damit die Schnittgeschwindigkeit wegen verschleißbedingtem Nachlassen des Drehmomentes ansteigt. Gleichzeitig steigen die Vorschubkräfte P_v wegen geringerer Reaktionskräfte der Ölbremse bei verschleißbedingtem Nachlassen der Vorschubgeschwindigkeit V_v. Vorschubkraft P_v und Drehzahl n streben stetig einem Maximalwert zu, während das Drehmoment M_d abnimmt. Bei ganz stumpfen Schneiden besteht nur noch ein reines Reibmoment.
Maßgebend für die Wirtschaftlichkeit sind die Kosten pro Bohrlänge (K_{spez}) zwischen den Werkzeugwechseln. Werden die Bohrer zu früh gewechselt, fallen hohe Nachschleifkosten und Kosten für das Umrüsten an. Werden sie zu spät gewechselt, wird ab einer gewissen Lochtiefe zu viel Bohrzeit benötigt.
Die wirtschaftliche Standzeit liegt zwischen den beiden Grenzwerten. Ihr Wert läßt sich theoretisch nicht ermitteln. Er muß für jeden Einsatzfall durch Versuche bestimmt werden, damit er in die Werkzeugwechselpläne eingetragen werden kann. Die wirtschaftliche Standzeit bei den vollpneumatischen Einheiten ist vielfach höher als bei Zwangsvorschub, selbst dann, wenn sie pneumatischen Vorschub mit elektrischem Bohrantrieb haben. Bei vollpneumatischen Bohreinheiten erfolgt im Gegensatz zu Einheiten mit Zwangsvorschub niemals ein plötzlicher Zusammenbruch der Schneidfähigkeit. Sie läßt langsam nach und kann nicht zur Zerstörung, sondern nur zum endlichen Stillstand der Vorschubbewegung führen.
Die werkzeugschonende augenblickliche Verringerung der Zerspanungsleistung beim „Stumpfwerden" des Bohrers oder bei anderen auftretenden Bohrwiderständen wird dadurch erreicht, daß sich die Spindeldrehzahl — bedingt durch den Druckluftmotor — selbständig

[1] *Kosel, P.*, Vergleich verschiedener Bohrmaschinenantriebe, Werkstatt u. Technik 1962 H. 10.

verändert. Auf diese Weise stellt sich die Bohrvorschubeinheit automatisch auf die für jede Arbeitsbedingung günstigste Kombination der Werte für Schnittgeschwindigkeit und Vorschub ein. Die hohe, in Versuchsbohrungen nachgewiesene Leistung der Bohreinheiten wurde von den Benutzern im Betrieb bestätigt.

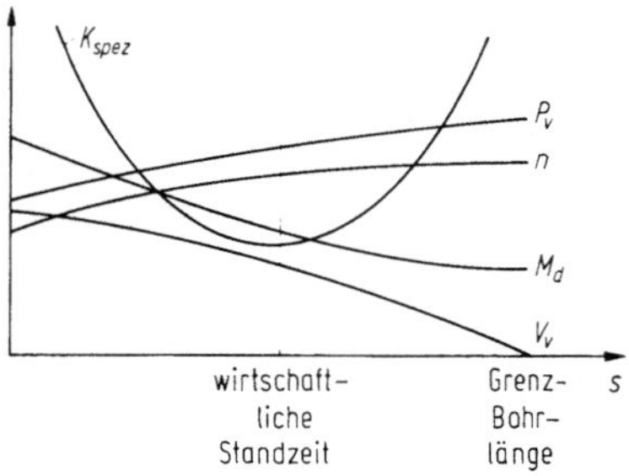

511. Verhalten einer Bohrvorschubeinheit bei Bohrerverschleiß

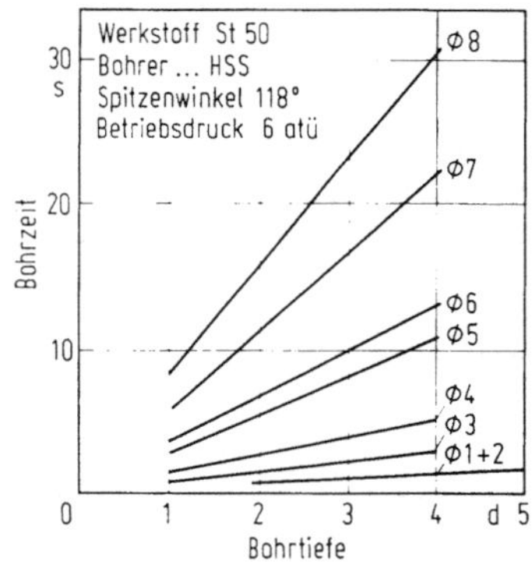

512. Bohrzeiten mit Bohrvorschubeinheit BVA 8—16. Bohren von Sacklöchern ohne Bremse unter Verwendung von Bohrwasser

47. 6. Auswahl

47.6.1. Bohrzeitermittlung

Hersteller geben in Kurventafeln die Daten bekannt, welche für die Ermittlung der Bohrzeit erforderlich sind.
Bild 512 zeigt ein Beispiel für die Bohrvorschubeinheiten BVA 8 bis 16. Die Bohrzeiten werden auf einem „Bohrstand", der später noch beschrieben wird, ermittelt. Bei den Messungen wird zuerst auf wirtschaftliches Bohren verzichtet. Mit jeder Drehzahlkombination werden in Abhängigkeit von verschiedenen Bohrern und Bohrtiefen die Bohrzeiten ermittelt. Die Bohrzeiten sind Mittelwerte aus einer Anzahl von Bohrungen. Bei den Untersuchungen wird auch die Grenzbohrtiefe ermittelt, das ist die Tiefe, bis zu welcher ohne Entspanung gebohrt werden kann. Untersuchungen werden breit angelegt, weil erfahrungsgemäß eine Bohrvorschubeinheit mit einer bestimmten Drehzahl für mehrere Bohrfälle eingesetzt wird.
Die Praxis lehrt, daß Bohrvorschubeinheiten, deren Drehzahl z. B. auf 6-mm-Bohrungen in Stahl ausgelegt ist, durchaus auch für 3-mm-Bohrungen in Stahl geeignet sein können.

47.6.2. **Bohrversuche für Anwender**

Die genaue Auswahl der geeignetsten Bohrvorschubeinheit kann ausschließlich nach Probebohrungen erfolgen. Nur dadurch läßt sich die optimale Lösung finden.

In Tabelle 513 sind die Daten aus einigen Bohrversuchen als Beispiel zusammengefaßt, welche für die angegebenen Fälle Bestlösungen darstellen. Bei den Versuchen wurden immer neu geschliffene Bohrer verwendet. Die Zeitangaben sind Mittelwerte aus einer Anzahl von Bohrungen. Die Praxis hat jedoch gezeigt, daß beim serienmäßigen Einsatz etwa 30% Zuschlag für die unvermeidliche Bohrerabstumpfung dazugerechnet werden sollte.

Maschinen-typ	Dreh-zahl n_{leer} [min⁻¹]	Bohrer ∅ [mm]	Bohrtiefe [mm]	Werk-stoff	Bohr-zeit [s]
BVA 8—16	1600	6	2 Durchgang	V2A	2,4—2,5
		7	7 Durchgang	C60	4,1—4,5
BVA 8—37	3700	5	10 Durchgang	GG	2
BVA 8—16	1600	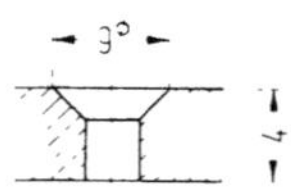	4	MS	3,5—4
	1600	7	4 Durchgang	V2A	2,7—3
	1600	8	17 Durchgang	GG	17—19
BVK 16—10	1000	9 10,5 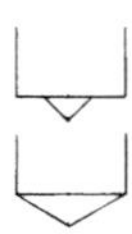	2 2 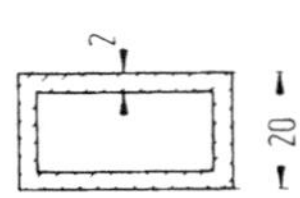	Stahl-rohr	5 12
BVA 8—16	1600	8	8	Om-nisit C 10	4,5

513. Einige durch Bohrversuche ermittelte Bestlösungen für spezielle Fälle. Betriebsdruck 6 atü, ohne Kühlung

47.6.3. **Bohrstand**

Die Untersuchungen der verschiedenen Bohrvorschubeinheiten und Drehzahlkombinationen werden auf einem Versuchsbohrstand durchgeführt (Bild 514).

514. Bohrstand für Bohrvorschubeinheiten

Folgende Kenngrößen werden dabei in Abhängigkeit von Bohrerdurchmesser, Bohrtiefe und Werkstoff gemessen:

1. Betriebsdruck während des Bohrens über Feinmeßmanometer,
2. Druckabfall über Feinmeßmanometer,
3. Belastungsdrehzahl über eine elektrische Einrichtung,
4. reine Bohrzeit über eine gesteuerte Stoppuhr.

Der Bohrvorschubeinheit sind je ein Öler, Feindruckregler und Filter vorgeschaltet. Bohrversuche werden je nach Bedarf mit und ohne Kühlung gefahren.

48. Reiben mit Bohrvorschubeinheiten

Bohrungen, welche besonders glatt und im Durchmesser fein toleriert sind, müssen nach dem Bohren weiter bearbeitet werden. Eine Methode ist das Reiben.
Die exakte Größe der mit einer Reibahle erzeugten Bohrung hängt von mehreren Faktoren ab:
Durchmesser des Werkzeuges, Werkstoff, Befestigung der Reibahle, Art des Kühlmittels, Starrheit der Maschine, Schnittgeschwindigkeit und Vorschub und Schliff der Reibahle.

Werkstoff und Festigkeit	Ausführung der Reibahle	Schnittgeschwindigkeit V = m/min	Vorschübe s = mm/Umdrehung bis 10 mm ∅	bis 20 mm ∅	über 20 mm ∅	Kühlung
Stahl bis 50 kp/mm²	Geradnutig oder Schäldrall[1]	10—12	0,1—0,2	0,3	0,4	Emulsion
50 bis 70 kp/mm²	Geradnutig oder Schäldrall	8—10	0,1—0,2	0,3	0,4	Emulsion
70 bis 90 kp/mm²	Geradnutig, evtl. m. Schälanschn.	4—8	0,1—0,2	0,3	0,4	Emulsion/ Schneidöl
über 90 kp/mm²	Geradnutig, evtl. m. Schälanschn.	4—6	0,1—0,2	0,3	0,4	Emulsion/ Schneidöl
Nichtrostende Stähle	Geradnutig oder Rechtsdrall	3—5	0,1—0,2	0,2—0,3	0,4	Schneidöl
Gußeisen bis 220 Br.	Geradnutig	8—10	0,2—0,3	0,4—0,5	0,5—0,6	Trocken/ Schneidöl
über 220 Br.	Geradnutig	4—6	0,2	0,3	0,4	Trocken/ Schneidöl
Aluminium	Schäldrall	15—20	bis 0,3	0,4	0,5—0,6	Trocken o. Emulsion
Magnesiumlegier. (Elektron)	Geradnutig	15—20	0,4	0,4	0,5—0,6	Trocken
Messing	Geradnutig	10—12	bis 0,3	0,4	0,5—0,6	Trocken o. Emulsion
Bronze	Geradnutig oder Rechtsdrall	3—8	0,1—0,2	0,2—0,3	0,4	Emulsion

Reichliches Kühlen beim Reiben vermeidet Aufbauschneiden und erzeugt eine saubere und glatte Lochwandung.

515. Richtwerte für Schnittgeschwindigkeiten, Vorschübe und Kühlung

[1] Beim Einsatz von Schälreibahlen kann die Schnittgeschwindigkeit und vor allem der Vorschub erhöht werden

Genau so wichtig ist, daß die Reibahle fluchtend zum vorgebohrten Loch läuft. Ohne Bohrbüchsen ist dies jedoch kaum exakt möglich.
Zur Information über die Schnittbedingungen beim Reiben sind Richtwerte in Tab. 515 angegeben.
Trotz dieser Richtwerte wird bei Auslegung einer Bohrvorschubeinheit, die zum Reiben verwendet werden soll, empfohlen, vor Verwendung Versuche unter Betriebsbedingungen vorzunehmen.

49. Innengewindeschneiden mit Gewindeschneideinheiten

49.1. Gewindebohrer

Mit Gewindeschneideinheiten kann nur mit Einschnittgewindebohrern[1] gearbeitet werden.
Verglichen mit der Arbeit anderer Schneidwerkzeuge, werden wohl an Gewindebohrer die größten Anforderungen gestellt. Deshalb ist ihre richtige Auswahl besonders wichtig. Für Werkstoffe bis 110 kp/mm² Festigkeit werden normalerweise geradegenutete Maschinengewindebohrer als Einschnittgewindebohrer DIN 371, Form B, verwendet (Bild 516a). Kurzspanende Werkstoffe werden im allgemeinen mit geradegenuteten Maschinengewindebohrern nach DIN 371/376 bearbeitet (Bild 516b).

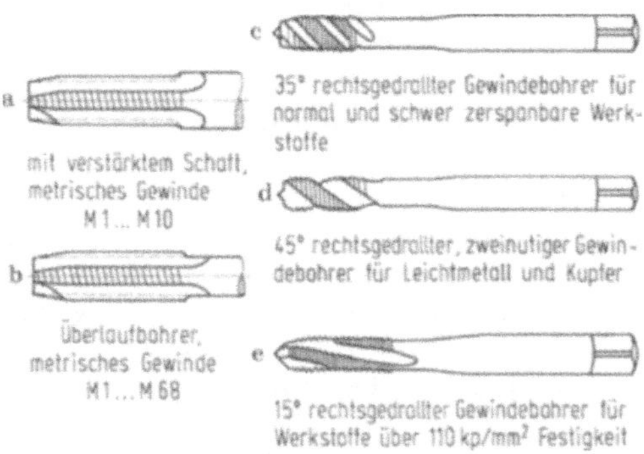

516. Maschinengewindebohrer

[1] Einschnittgewindebohrer schneiden das Gewinde in einem Arbeitsgang fertig, im Gegensatz zu Satzgewindebohrern, wie sie für das Handgewindeschneiden verwendet werden.

Für langspanende Werkstoffe werden vorzugsweise geradegenutete Maschinengewindebohrer mit Schälanschnitt verwendet. Der Spanwinkel am Schälanschnitt muß jeweils dem zu bearbeitenden Werkstoff angepaßt werden.

Gewindebohrer für Sacklöcher sind besonders ausgebildet. Die Aufnahme der Späne erfolgt am besten mit Rechtsdrallgewindebohrern, welche die Späne in Schaftrichtung fördern. Man unterscheidet bei diesen Sacklochgewindebohrern u. a.: 35° rechtsgedrallte Maschinengewindebohrer für normal und schwer zerspanbare Werkstoffe (Bild 516c), 45° rechtsgedrallte, zweinutige Maschinengewindebohrer für Leichtmetall und Kupfer (Bild 516d), 15° rechtsgedrallte Maschinengewindebohrer für Werkstoffe über 110 kp/mm² Festigkeit (Bild 516e). Um den Gewindeteil von Maschinengewindebohrern in den Baumaßen nach DIN 371 und DIN 376 bis zur Abmessung M 16 stabiler zu halten, fertigen die Hersteller Gewindebohrer mit kürzeren Gewindelängen. Diese sind besonders geeignet für hochfeste und zähe Werkstoffe.

Es gibt außerdem noch eine Vielzahl von Sondergewindebohrern, auf welche hier jedoch nicht näher eingegangen werden kann.

Beim Gewindebohren liegen in den einzelnen Betrieben meist soviel praktische Erfahrungen vor, daß ein Außenstehender kaum beraten kann.

In kleineren Betrieben werden jedoch meist nur Normalgewindebohrer verwendet. Für den Serienbetrieb lohnt es sich aber, zwischen Verbraucher und Hersteller die beste Form und Art des Gewindebohrers zu erproben und festzulegen. Trotz dieser Tatsachen sei im folgenden Abschnitt auf einige Zusammenhänge und Empfehlungen der Gewindebohrerhersteller eingegangen.

49.2. Gewindebohrer-Konstruktion

49.2.1. Nutenzahl

Das Drehmoment wird am stärksten beeinflußt durch die Aufteilung der zu zerspanenden Gewindequerschnitte auf die Anzahl der Schneiden, also durch die Nutenzahl. Es wird hier die Nutenzahl angegeben, welche nach jahrelangen Erfahrungen als richtig erkannt wurde.

Für Maschinengewindebohrer bis M 24 sind dreinutige Ausführungen am gebräuchlichsten, jedoch sind bis M 5 auch zweinutige üblich. Über M 24 werden meist vier- und mehrnutige Konstruktionen verwendet. Kurze Gewindebohrer werden bis M 24 fast nur dreinutig ausgeführt. Gewindebohrer für Rechtsgewinde stellt man entweder mit geraden Nuten oder mit Rechtsdrall unterschiedlicher Steigung her.

49.2.2. **Spanwinkel**

Der Spanwinkel muß dem zu schneidenden Werkstoff angepaßt sein. Bei langspanenden Werkstoffen setzt ein größerer Spanwinkel den Schnittwiderstand herab.
Kurzspanende Werkstoffe, die eine starke Verschleißwirkung auf die Schneiden ausüben, müssen jedoch mit Gewindebohrern mit kleinem Spanwinkel bearbeitet werden (Bild 517).
Folgende Spanwinkel sind üblich:

Werkstoff und Festigkeit	Spanwinkel
unlegierter Stahl bis 70 kp/mm²	10 — 13°
legierter Stahl 70 — 90 kp/mm²	9 — 12°
legierter Stahl über 90 kp/mm²	7 — 10°
nicht rostende Stähle	7 — 10°
Stahlguß bis GS 52	9 — 12°
Grauguß	0 — 3°
Temperguß	9 — 12°
Messing MS 58 und MS 60 / MS 63	0 — 3° 9 — 12°
Bronze, hart	3 — 5°
Titan	0 — 3°
Kupfer	15 — 20°
Aluminium	15 — 20°
Silumin	10 — 13°
Elektron	0 — 3°

517. Spanwinkel eines Gewindebohrers

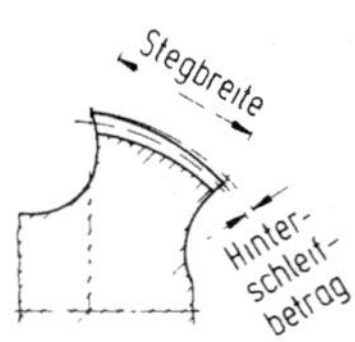

518. Hinterschliffener Steg eines Gewindebohrers

49.2.3. **Anschnitt**

Der kegelige, hinterschliffene Anschnitt des Gewindebohrers leistet die gesamte Zerspanungsarbeit. Der zylindrische Gewindeteil dient lediglich zur Führung.
Der Gewindebohrer-Anschnitt muß den Arbeitsbedingungen angepaßt werden. Beim Einschnitt-Gewindebohrer sollte er mindestens 3 bis

4 Gänge betragen. Für Einschnitt-Maschinengewindebohrer werden Anschnittformen A, B, C und D verwendet.

Form A (6 Gänge Anschnitt) für kurze Durchgangslöcher, nicht über 1·d

Form B (4 Gänge Anschnitt mit Schälanschnitt) für alle Durchgangslöcher

Form C (2 Gänge Anschnitt) für Sackbohrungen bis 1,5·d
Eine Anschnittlänge von 2 Gängen sollte nur, wenn unbedingt notwendig, angewandt und, wenn irgend möglich, statt dessen Form D vorgezogen werden.

Form D (4 Gänge Anschnitt ohne Schälanschnitt) für Sackbohrungen.

Der Anschnitt-Hinterschliff richtet sich im allgemeinen danach, ob in Durchgangs- oder Sackbohrungen geschnitten wird. Bild 518 macht deutlich, was Stegbreite und Hinterschliff bedeuten.

Richtwerte für Hinterschliff je mm Stegbreite:
Für Durchgangslöcher ca. 0,075 mm,
für Sackbohrungen ca. 0,05 mm.

49.2.4. **Schälanschnitt**

Maschinengewindebohrer mit Schälanschnitt sind zu verwenden

1. für Durchgangslöcher,
2. für Sackbohrungen, wenn die Kernlochbohrung entsprechend tiefer gebohrt ist.

Der Schälanschnitt fördert die Späne in Vorschubrichtung. Dadurch bleiben die Nuten frei, und die Kühlflüssigkeit hat ungehinderten Zugang zu den Schneiden (Bild 519).

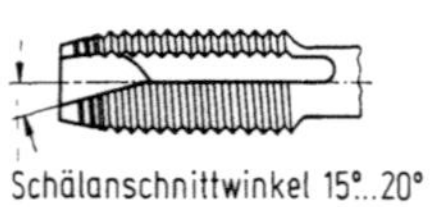

519. Schälanschnitt an einem Gewindebohrer

Ein korrekter Schälanschnitt ist nur auf einer Werkzeugschleifmaschine zu erreichen.

49.2.5. **Kernlochbohrung**

Dem Gewindekernloch kommt bei der Herstellung von Gewinden ganz besondere Bedeutung zu. Bohrerdurchmesser für die Herstellung metrischer Gewinde sind nach DIN 336, Bl. 1, genormt (Tab. 520), je-

Metrisches Gewinde

Gewinde-Nenn-⌀	Bohrer-⌀ DIN 13 alt	Bohrer-⌀ Metr. ISO-Gew.
M 3	2,5	2,5
M 3,5	2,9	2,9
M 4	3,3	3,3
M 4,5	—	3,8
M 5	4,2	4,2
M 6	5	5
M 7	6	6
M 8	6,7	6,8
M 9	7,7	7,8
M 10	8,4	8,5
M 11	9,4	9,5
M 12	10	10,2
M 14	11,8	12
M 16	13,8	14

Whitworth-Gewinde nach DIN 11

Gewinde-Nenn-⌀	Bohrer-⌀
5/32	3,2
3/16	3,6
7/32	4,5
1/4	5,1
5/16	6,5
3/8	7,9
7/16	9,25
1/2	10,5
5/8	13,5
3/4	16,5

Whitworth-Rohrgewinde nach DIN 259

Gewinde-Nenn-⌀	Bohrer-⌀
R 1/8	8,7
R 1/4	11,7
R 3/8	15,25

520. Bohrerdurchmesser für Gewinde-Kernlöcher (Auszug aus DIN 336)

doch sollen sie eher größer als kleiner gewählt werden. Besondere Beachtung der Größe der Kernlöcher verdient die Bearbeitung von Werkstoffen, die zum Vorquetschen neigen, wie z. B. Aluminiumlegierungen, nichtrostende Stähle, zähe Bronze. Bei diesen Werkstoffen müssen die Kernlöcher stets größer als normal gebohrt werden.

49.2.6. Arbeitsbedingungen

Der Gewindeteil des Gewindebohrers darf nie in einer Bohrbüchse geführt werden, weil durch die harte Büchse die feinen Gewindespitzen beschädigt würden.

Will man genaue Gewinde erhalten, muß das Werkstück entweder fest und unverrückbar eingespannt sein oder (bei leichten Teilen) sich selbst zentrieren. Eine weitere Möglichkeit ist, die Werkzeugspindel beweglich als Pendel aufgehängt auszuführen. Freier Schmiermittelzufluß und guter Späneablauf müssen stets gewährleistet sein.

Das Kühlmittel erfüllt zwei Aufgaben: Es kühlt, d. h., die Zerspanungswärme von Werkzeug und Werkstück wird abgeleitet, und gleichzeitig vermindert es die Reibung.

Auch die Schnittgeschwindigkeit beeinflußt die Genauigkeit des geschnittenen Gewindes. Bei zu hoher Drehzahl ist die Kühlwirkung nicht gut, und gleichzeitig leidet die Spanabführung. Bei auftretenden Schwierigkeiten sollte man deshalb immer zunächst einen Versuch mit niederer Schnittgeschwindigkeit durchführen. Die Tab. 521 gibt Richtwerte für Schnittgeschwindigkeit und Kühlung.

Werkstoff und Festigkeit	Schnitt-geschwin-digkeit [m/min]	Kühlung			
		Bohröl-Emulsion	Schneid-öl	trocken	Druck-luft
Unleg. Stahl bis 70 kp/mm²	5—10	×	×		
Leg. Stahl 70 bis 90 kp/mm²	5—10	×	×		
Leg. Stahl über 90 kp/mm²	3—5		×		
Nichtrostende Stähle	2—5		×		
Stahlguß bis GS-52	5—10	×	×		
Grauguß	8—12				×
Temperguß	10—12	×			
Messing (MS 58)	20—40		×	×	
(MS 60/MS 63)	10—20	×	×		
Bronze, hart	5—10	×	×		
Titan	2—4		×		
Kupfer	10—15	×			
Aluminium	20—25	×			
Silumin	15—20	×			
Elektron	30—40			×	×

521. Richtwerte für Schnittgeschwindigkeit und Kühlung

50. Ausgeführte Bohrvorschubeinheiten

Halbautomatische Ausführung: BV 8-Reihe (Bild 522)
Vollautomatische Ausführung: BVA 8-Reihe (Bild 523)
Vollautomatische Ausführung: BVK 16-Reihe (Bild 524)

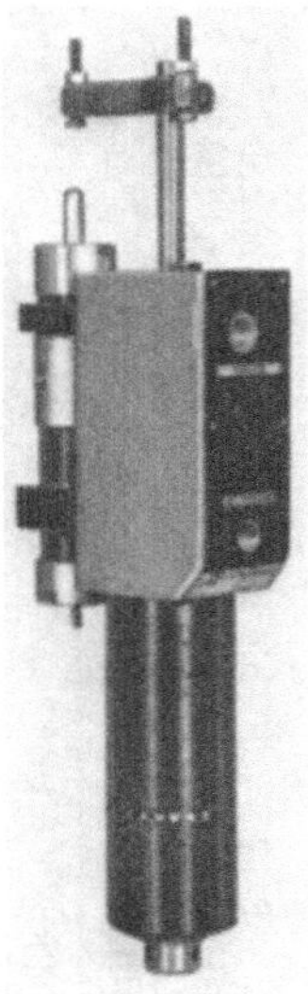

522. Halbautomatische Bohrvorschubeinheit BV 8

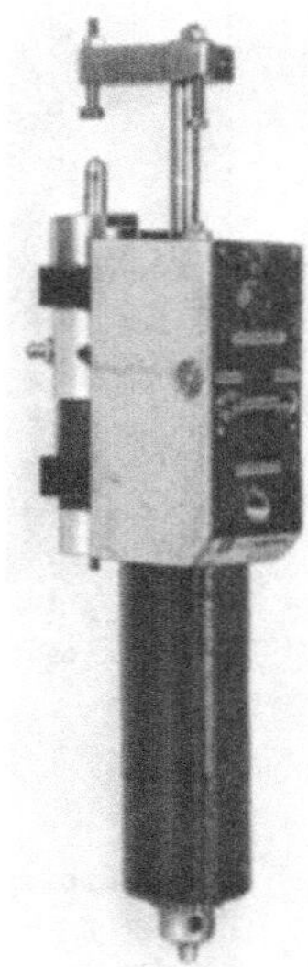

523. Vollautomatische Bohrvorschubeinheit BVA 8

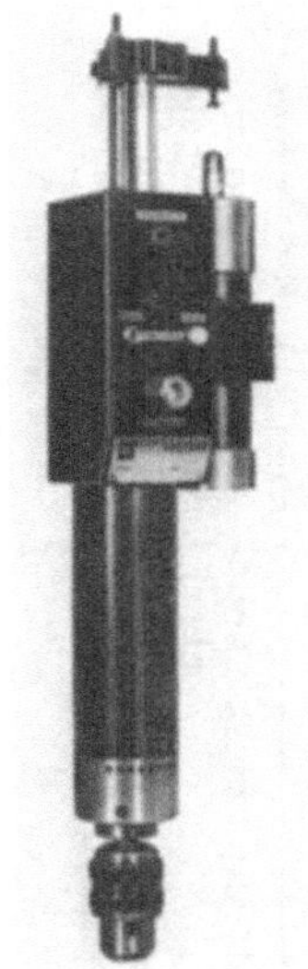

524. Vollautomatische Bohrvorschubeinheit BVK 16

50.1. Technische Daten

Leistungsangaben gültig bei einem Betriebsdruck von 6 atü (Tab. 525).

50.2. Einbaumaße der Bohrvorschubeinheiten

Aufbau, Wirkungsweise und Steuerung dieser Einheiten wurden bereits ausgiebig behandelt.

Die verschiedenen Drehzahlen (Schnittgeschwindigkeiten) werden durch einfaches Wechseln der Pinolen oder durch Umbau derselben mit Planetengetrieben erreicht.

Type	Motorleistung ca.	Drehzahl bei Vollast	Bohrleistung mm Stahl	Bohrleistung mm Alu	Bohrleistung mm Holz	Bohrfutter-spannbereich	Gesamtvorschub	Nutzb. Vorschub	Vorschubkraft, regelbar	Gewicht	Schlauch ⌀ l. W.
BV 8-270		13 500	—	—	10						
BV 8-150		7 500	1,5	2,5	—						
BV 8-66		3 300	4	6	—	bis			ca.	ca.	
BV 8-37	0,39 PS	1 850	6	8	—	8 mm	63 mm	53 mm	76 kg	4,25 kg	8 mm
BV 8-16		800	8	10	—				max.		
BV 8-9		450	8	—	—						
BV 8-5		250	8	—	—						
BVA 8-270		13 500	—	—	10						
BVA 8-150		7 500	1,5	2,5	—						
BVA 8-66		3 300	4	6	—	bis			ca.	ca.	
BVA 8-37	0,39 PS	1 850	6	10	—	8 mm	63 mm	55 mm	76 kg	4,25 kg	8 mm
BVA 8-16		800	8	—	—				max.		
BVA 8-9		450	8	—	—						
BVA 8-5		250	8	—	—						
BVK 16-100		5 000	—	8	26						
BVK 16-45		2 200	—	8-12	—	bis			ca.	ca.	
BVK 16-22	1,1 PS	1 100	6-10	10-14	—	16 mm	80 mm	72 mm	180 kg	23 kg	13 mm
BVK 16-10		480	8-12	12-18	—				max.		
BVK 16-5		240	12-18	16-22	—						

525. Technische Daten der Bohrvorschubeinheiten BV 8, BVA 8 und BVK 16

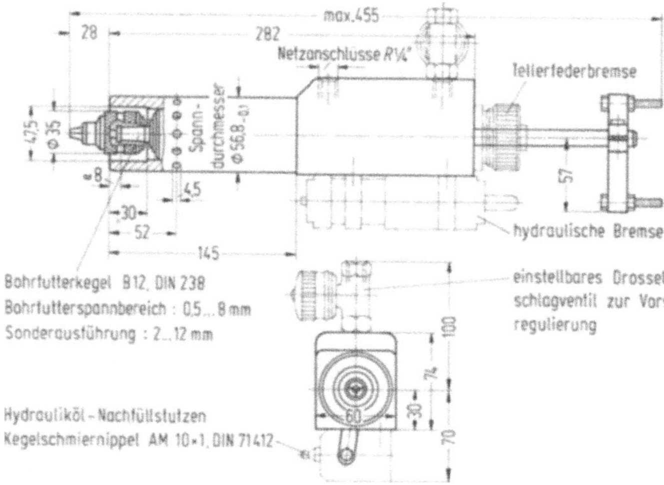

526. Einbaumaße der Typenreihe BV 8

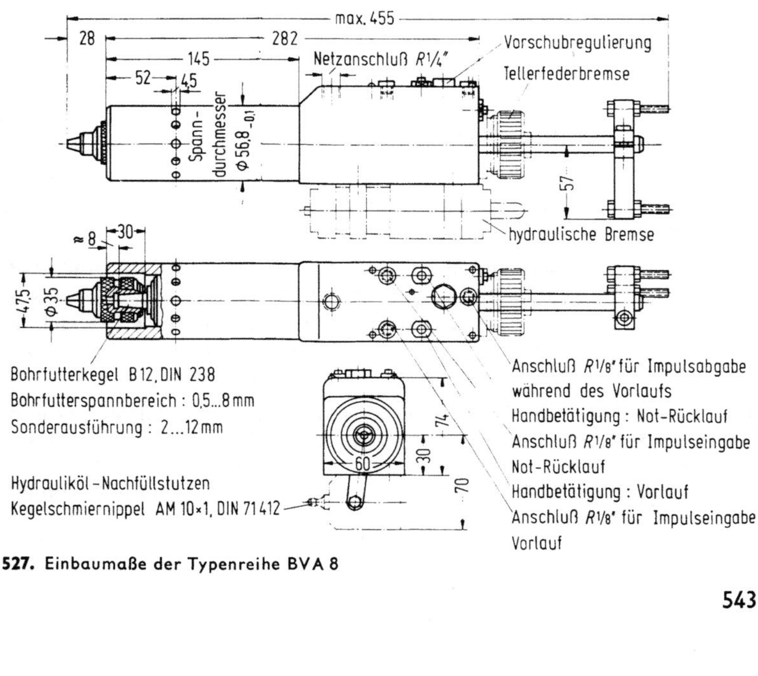

527. Einbaumaße der Typenreihe BVA 8

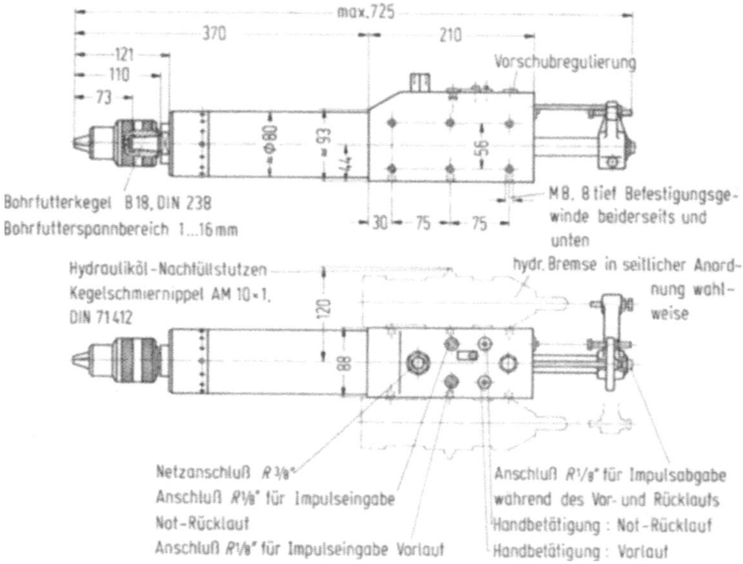

528. Einbaumaße der Typenreihe BVK 16

50.3. **Weitere Bohrvorschubeinheit**

Eine weitere typische Bohrvorschubeinheit ist in Bild 529 dargestellt. Sie unterscheidet sich von den bisher beschriebenen Einheiten in zwei wesentlichen Punkten:

1. Wegen der im Sondermaschinenbau meist beengten Platzverhältnisse ist die Einheit weitgehend zylindrisch gehalten.
2. Die Maschine ist mit einem Tandemkolbensystem für den Vorschub ausgerüstet, um trotz des geringen Außendurchmessers hohe Vorschubkräfte für das Bohren zur Verfügung zu haben.

Die Pinole ist ein Teil des Vorschubsystems und beinhaltet Motor- und Getriebeblockkombination. Der zweite Kolben der Tandemanordnung, welcher wahlweise für den Vorschub mit beaufschlagt werden kann, dient gleichzeitig als Rückhubkolben. Koaxial an die Einheit schließt sich eine über den gesamten Hub wirkende, einstellbare hydraulische Bremse an.

Die im Bild 529 dargestellte Bohrvorschubeinheit arbeitet halbautomatisch. Durch Anflanschen von Baukastenteilen kann sie auf vollautomatische Funktion umgestellt werden. Es ist dabei gleichgültig, ob mit oder ohne hydraulische Bremse gearbeitet wird. Weitere Teilegruppen aus dem Baukastensystem ermöglichen es, den Weg der Bremse in Eil- und Arbeitsweg zu unterteilen. Die typische Anwendung hierfür ist das Bohren von Profilen und Rohren.

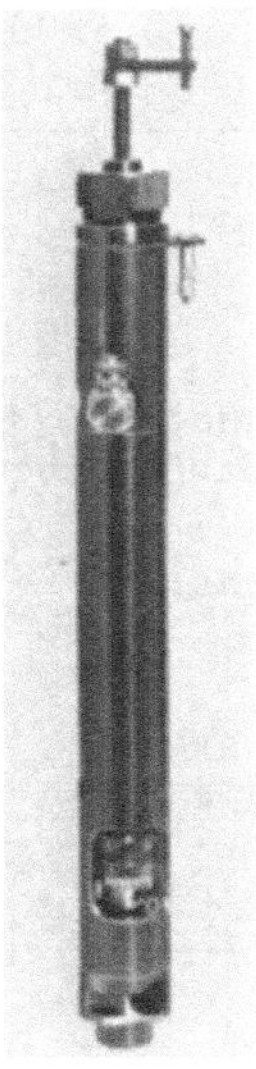

529. Bohrvorschubeinheit mit Tandemkolbensystem

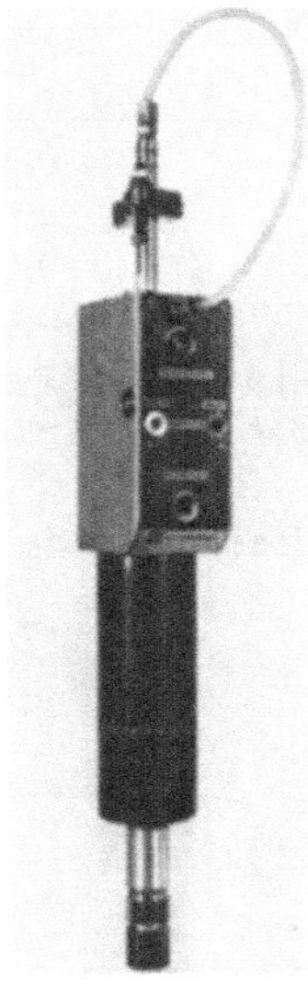

530. Vollautomatische Gewindeschneideinheit

Die Befestigungsmöglichkeiten für Bohrvorschub- und Gewindeschneideinheiten sind sehr vielfältig. Die häufigsten sind:

1. fester Einbau in Vorrichtungen durch Spannen am Außendurchmesser, Fußflansch oder Stirnflansch,
2. transportabler Einbau durch Bajonettverblockung oder Bajonettverblockung mit Bohrbuchsen.

51. Ausgeführte Gewindeschneideinheiten

Vollautomatische Ausführung: GV 8-Reihe (Bild 530).

51.1. Technische Daten

Leistungsangaben gültig bei einem Betriebsdruck von 6 atü

Type	Spindel-leistung [PS]	Leerlauf-drehzahl [min^{-1}]	Schneidleistung Stahl, Alu, Ms [mm]
GV 8 — 21	0,24	2 100	M 3
GV 8 — 9	0,18	900	M 5
GV 8 — 5	0,18	500	M 6
GV 8 — 3	0,18	300	M 8

Die verschiedenen Drehzahlen werden durch einfaches Wechseln der Pinolen oder durch Umbau derselben mit Planetengetrieben erreicht.

51.2. Einbaumaße der Gewindeschneideinheiten

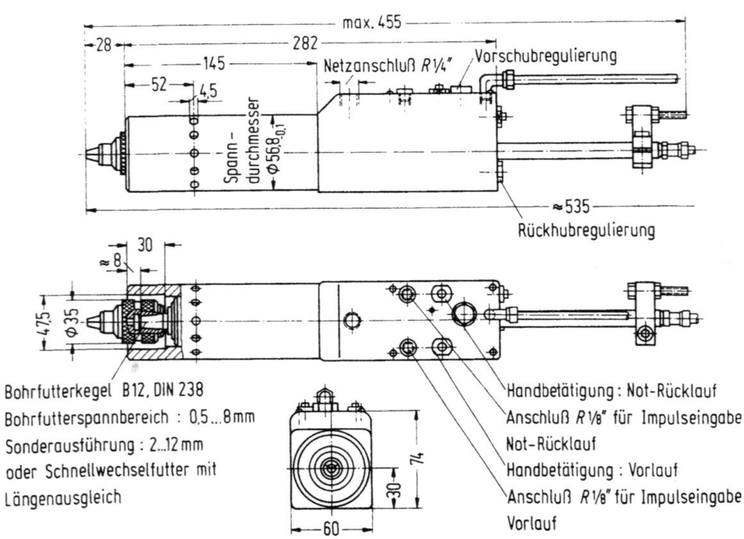

531. Einbaumaße der Typenreihe GV 8

52. Sondermaschinen

Ein noch weniger bekanntes Anwendungsgebiet ist die Kombination von Werkzeugmaschinen mit Drucklufteinheiten. Bei einer Vielzahl von mechanischen Bearbeitungen wird das Werkstück in einer Ruhelage festgehalten (z. B. beim Räumen), oder es führt, auf einer Werkzeugmaschine fixiert, eine geradlinige Bewegung (z. B. beim Fräsen) aus. Während dieser Hauptoperation lassen sich mit geringem Aufwand mit den Drucklufteinheiten Nebenoperationen durchführen.
Dadurch erreicht man mit einfachsten Mitteln eine sehr hohe Rationalisierung. Zum Beispiel führt eine Kombination von Bohreinheit und Werkzeugmaschine zur Verkürzung der Durchlaufzeiten. Es entfallen außerdem zusätzliche Vorrichtungen, Transportwege und Leerlaufzeiten, was sich letztlich auch in den Herstellkosten niederschlägt (Bilder 532, 533, 534 und 535).
Das Hauptanwendungsgebiet der Drucklufteinheiten liegt im Sondermaschinenbau. Auf diesem Gebiet ist die Verwendung von Drucklufteinheiten universell.
Sondermaschinen sind keineswegs nur für große Betriebe und hohe Stückzahlen interessant; selbst in kleinsten Betrieben mit kleinen und mittleren Stückzahlen stellen sie ihre Daseinsberechtigung laufend unter

533. Elektrodynamische Hochleistungs-Auswuchtmaschine. Handbetätigte Elektrobohrmaschine ersetzt durch Bohrvorschubeinheiten

532. Bohren an einem Kompressorzylinder

Beweis. Für jede Sondermaschine wird gewöhnlich ein Kostenvergleich angestellt, der die Rentabilität nachweist und die Amortisation den Anschaffungskosten gegenüberstellt. Gerade mit Sondermaschinen werden

534. Auswuchten von Kupplungshälften

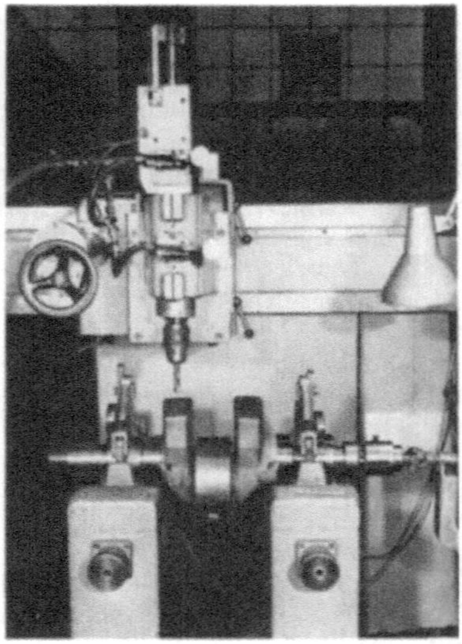

535. Auswuchten von Kurbelwellen

536. Vierfach-Bohrmaschine, handgesteuert, ohne Verkleidung

bei geringem Aufwand meist große Einsparungen erzielt. Kein Betrieb, der auch in der Zukunft bestehen will, kann es sich heute leisten, ohne solche Sondervorrichtungen zu produzieren. Der Anwender bestimmt selbst den Grad der Perfektion, mit welchem gearbeitet werden soll.

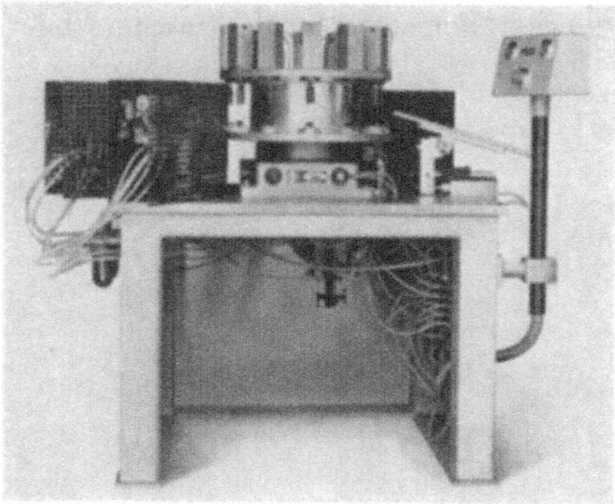

537. Fünffach-Rundtisch-Bohr- und Gewindeschneidmaschine, automatisch gesteuert durch Zeiteinstellung

538. Teilansicht der Bohr- und Gewindeschneidmaschine (siehe Bild 528)

539. Dreifach-Bohr- und Gewindeschneidmaschine als Nachbearbeitungseinheit zum Reiben und Gewindesäubern

Die Skala der Sondermaschinen reicht von solchen, die eine Operation durchführen, wobei das Werkstück von Hand eingelegt wird, bis zu jenen, in welchen bis 400 Drucklufteinheiten eingebaut sind, die vollautomatisch arbeiten.

Die Bilder 536 bis 539 zeigen einige Beispiele von Sondermaschinen. Es gibt kaum Werkstücke mit Bohrungen bzw. Gewinden (oder beides

zusammen), die nicht wirtschaftlicher mit einer Sondermaschine bearbeitet werden könnten.
Bild 540 zeigt, daß Sondermaschinen nicht nur mit drehenden, sondern auch mit schlagenden Werkzeugen gebaut werden können.

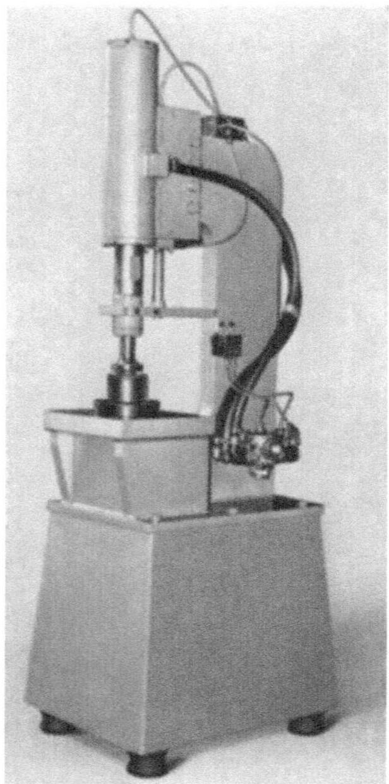

540. Automatischer Druckluftmörser zum Zerkleinern von Metallproben mit eingebautem Niethammer

Tabellenanhang

	Chem. Zeichen	Atomzahl	Molekulargewicht	Gaskonstante mkp/kg grd	Spez. Gewicht bei 0 °C und 760 mm QS	Spez. Wärme kcal/kg grd c_p	Spez. Wärme kcal/kg grd c_v	$\varkappa$	λ[1] kcal/grd mh	ν[1] m²/s	Kritische Daten Temp. C°	Kritische Daten Druck ata	Kritische Daten Wichte kp/l
Luft		2	29	29,27	1,293	0,24	0,171	1,402	0,0221	$15{,}6\cdot 10^{-6}$	−147,7	38,4	0,310
Sauerstoff	O_2	2	32	26,49	1,428	0,218	0,156	1,399	0,0204	$13{,}6\cdot 10^{-6}$	− 11,80	50,4	0,441
Stickstoff	N_2	2	28	30,26	1,299	0,248	0,177	1,40	0,0204	$13{,}4\cdot 10^{-6}$	−147,1	32,5	0,311
Wasserstoff	H_2	2	2	420,30	0,0899	3,403	2,417	1,409	0,149	$95\cdot 10^{-6}$	−239,9	13,3	0,031
Methan	CH_4	5	50,5	16,79	2,252	0,176	0,137	1,29	0,0259	$14{,}4\cdot 10^{-6}$	− 81,51	47,1	0,162
Äthan	C_2H_6	8	30	28,22	1,34	0,413	0,345	1,20	0,016	$6{,}5\cdot 10^{-6}$	32,1	50,4	0,213
Wasser, gasförmig	H_2O	3	36	47,05	—	0,46	0,35	1,30	0,0201	$10{,}9\cdot 10^{-6}$	37,4	225,5	0,304
Wasser, flüssig	H_2O	3	36	—	~ 1	1	1	—	0,475	1,771	Verdampfungswärme 590 kcal/kg[1]		

1. Stoffeigenschaften einiger Gase und der Luft

[1] 1 ata, 20 °C

Gas	Raum-gewicht[1] kp/m³	Kin. Zähigkeit[1] m²/s × 10⁶	Gaszusammensetzung Vol. %							R mkp/kg grd
			CO_2	CnHm	O_2	CO	H_2	CH_4	N_2	
Kokereigas	0,4468	28,25	1,7	2,1	6,0	6,0	57,5	24,0	7,8	77,8
Stadtgas	0,4919	27,08	3,3	1,4	0,6	38,0	51,3	29,6	10,0	7,1
Generatorgas	1,0023	17,10	4,8	0,5	0,3	26,4	17,2	2,6	48,2	35,1
Gichtgas	1,2052	14,51	8,7	—	—	32,8	1,5	0,2	56,8	30,1
Mischgas	0,5278	25,62	2,5	1,6	0,8	14,9	53,0	18,1	9,1	—
Luft	1,24	15,60	—	—	21,0	—	—	—	79,0	29,3

2. Zusammensetzung und Eigenschaften verschiedener technischer Gase

[1] 20 °C, 1 ata

°C = 0,555 · (°F − 32) = 1,25 · °R

°F = 1,8 · °C + 32 = 2,25 · °R + 32

°R = 0,8 · °C = 0,444 · (°F − 32)

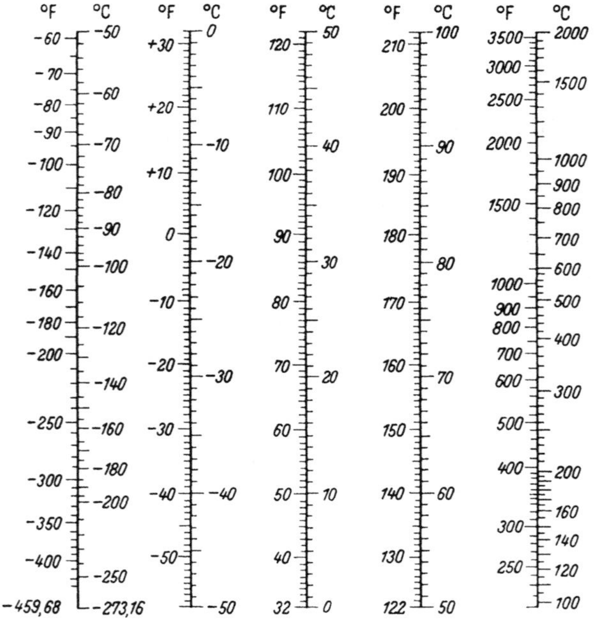

Absoluter Nullpunkt der Temperatur 0 °K = −273,16 °C = 0 °Ra = −459,68 °F

3. Gegenüberstellung der Temperaturskalen °F/°C

Einheit	oz	lb	short cwt	long cwt	p	kp	t
1 oz	1	0,0625	—	—	28,35	0,02835	—
1 lb	16	1	0,01	0,008929	453,6	0,4536	—
1 short cwt[1]	1600	100	1	0,8929	45 359	45,36	0,04536
1 long cwt[2]	1792	112	1,12	1	50 802	50,8	0,0508
1 p	0,03527	0,002205	—	—	1	0,001	—
1 kp	35,27	2,205	0,02205	0,01968	1000	1	0,001
1 t	—	2205	22,05	19,68	—	1000	1

4. Gewichte

Einheit	in	ft	yd	mm	m	km
1 in	1	0,08333	0,02778	25,4	0,0254	—
1 ft	12	1	0,3333	304,8	0,3048	—
1 yd	36	3	1	914,4	0,9144	—
1 mm	0,03937	$3,281 \cdot 10^{-3}$	$1,094 \cdot 10^{-3}$	1	0,001	10^{-6}
1 m	39,37	3,281	1,094	1000	1	0,001
1 km	39 370	3281	1094	10^6	1000	1

5. Längenmaße

Einheit	sq. in	sq. ft.	cm^2	m^2
1 sq. in	1	—	6,452	—
1 sq. ft	144	1	929	0,0929
1 cm^2	0,155	—	1	—
1 m^2	1550	10,76	10 000	1

6. Flächenmaße

Einheit	cu. in	cu. ft	US gallon	Imp. gallon	cm^3	dm^3 (l)	m^3
1 cu. in	1	—	—	—	16,39	0,01639	—
1 cu. ft	1728	1	7,481	6,229	—	28,32	0,02832
1 US-gallon	231	0,1337	1	0,8327	3785	3,785	—
1 Imp. gallon	277,4	0,1605	1,201	1	4546	4,546	—
1 cm^3	0,06102	—	—	—	1	0,001	—
1 dm^3	61,02	0,03531	0,2642	0,22	1000	1	0,001
1 m^3	61 023	35,31	264,2	220	—	1000	1

7. Raummaße

[1] (US) [2] (GB, US)

Leistung	mkp/s	PS	HP	kW	kcal/s	BTU/s
1 mkp/s	1	$13{,}33 \cdot 10^{-3}$	$13{,}15 \cdot 10^{-3}$	$9{,}807 \cdot 10^{-3}$	$2{,}344 \cdot 10^{-3}$	$9\,296 \cdot 10^{-3}$
1 PS	75	1	0,9863	0,7355	0,1758	0,6972
1 HP	76,04	1,014	1	0,7457	0,1782	0,7073
1 kW	102	1,36	1,341	1	0,239	0,9484
1 kcal/s	426,9	5,692	5,614	4,187	1	3,968
1 BTU/s	107,6	1,434	1,415	1,055	0,252	1

8. Leistungsmaße

Arbeit	ft. lb	mkp	PSh	HPh	kWh	kcal	BTU
1 ft. lb	1	0,1383	$0{,}5121 \cdot 10^{-6}$	$0{,}505 \cdot 10^{-6}$	$0{,}3768 \cdot 10^{-6}$	$0{,}324 \cdot 10^{-3}$	$1{,}286 \cdot 10^{-3}$
1 mkp	7,233	1	$3{,}704 \cdot 10^{-6}$	$3{,}563 \cdot 10^{-6}$	$2{,}725 \cdot 10^{-6}$	$2{,}344 \cdot 10^{-3}$	$9{,}301 \cdot 10^{-3}$
1 PSh	$1{,}953 \cdot 10^{6}$	$270 \cdot 10^{3}$	1	0,9863	0,7355	632,5	2510
1 HPh	$1{,}98 \cdot 10^{6}$	$273{,}8 \cdot 10^{3}$	1,014	1	0,7457	641,3	2545
1 kWh	$2{,}655 \cdot 10^{6}$	$367{,}1 \cdot 10^{3}$	1,36	1,341	1	860	3413
1 kcal	$3{,}087 \cdot 10^{3}$	426,9	$1{,}581 \cdot 10^{-3}$	$1{,}559 \cdot 10^{-3}$	$1{,}163 \cdot 10^{-3}$	1	3,968
1 BTU	778,6	107,6	$398{,}4 \cdot 10^{-6}$	$392{,}9 \cdot 10^{-6}$	$293 \cdot 10^{-6}$	0,252	1

9. Arbeitsmaße

Einheit	μb	mb	b	kp/m² = mm WS	kp/cm² = at	Torr = mm QS	Atm	lb/sq. ft	lb/sq. in	long ton/sq. in
1 μb = 1 dyn/cm²	1	0,001	—	0,0102	—	—	—	—	—	—
1 mb	1000	1	0,001	10,2	—	0,7501	—	2,089	0,0145	—
1 b (abs. Atmosphäre)	10^6	1000	1	10 197	1,02	750,1	0,9869	2089	14,5	0,006475
1 kp/m² = 1 mm WS bei 4 °C	98,07	—	—	1	0,0001	—	—	0,2048	—	—
1 kp/cm² = 1 at (techn. Atm.)	—	908,7	0,9807	10 000	1	735,6	0,9678	2048	14,22	—
1 Torr = 1 mm QS bei 0 °C	1333	1,333	—	13,6	0,00136	1	—	2,785	0,01934	—
1 Atm (physikal. Atmosphäre)	—	1013	1,013	10 332	1,033	760	1	2116	14,7	—
1 lb/sq. ft	478,8	0,4788	—	4,882	—	0,3591	—	1	—	—
1 lb/sq. in = 1 psi	68 948	68,95	0,0689	703,1	0,07031	51,71	0,068	144	1	—
1 long ton/sq. in (GB)	—	—	154,4	—	157,5	—	152,4	—	2240	1

10. Druck- und Spannungsmaße

Nennweite	Rohr	Flansch				Ansatz			Arbeitsleiste		Schrauben		
	Außen-⌀	⌀	Dicke	Lochkreis ⌀	Höhe	⌀	Dicke	Rundung	⌀	Höhe	Anzahl	Gewinde	⌀
NW	*a*	*D*	*b*	*k*	*h*	*m*	*s*	*r*	*g*	*f*			*l*
10	14 17,2	90	14	60	35	25 28	1,8	4	40	2	4	M 12	14
15	20 21,3	95	14	65	35	30 32	2	4	45	2	4	M 12	14
20	25 26,9	105	16	75	38	38 40	2,3	4	58	2	4	M 12	14
25	30 33,7	115	16	85	38	42 45	2,6	4	68	2	4	M 12	14
32	38 42,4	140	16	100	40	52 56	2,6	6	78	2	4	M 16	18
40	44,5 48,3	150	16	110	42	60 64	2,6	6	88	3	4	M 16	18
50	57 60,3	165	18	125	45	72 75	2,9	6	102	3	4	M 16	18
65	76,1	185	18	145	45	90	2,9	6	122	3	4	M 16	18
80	88,9	200	20	160	50	105	3,2	8	138	3	4	M 16	18
100	108 114,3	220	20	180	52	125 131	3,6	8	158	3	8	M 16	18
125	133 139,7	250	22	210	55	150 156	4	8	188	3	8	M 16	18
150	159 168,3	285	22	240	55	175 184	4,5	10	212	3	8	M 20	23
(175)	191 193,7	315	24	270	60	208 210	5,4	10	242	3	8	M 20	23
200	216 219,1	340	24	295	62	232 235	5,9	10	268	3	8	M 20	23
250	267 273	395	26	350	68	285 292	6,3	12	320	3	12	M 20	23
300	318 323,9	445	26	400	68	335 344	7,1	12	370	4	12	M 20	23
350	355,6 368	505	26	460	68	385	7,1	12	430	4	16	M 20	23
400	406,4 419	565	26	515	72	440	7,1	12	482	4	16	M 24	27
500	508 521	670	28	620	75	542	7,1	12	585	4	20	M 24	27
600	609,6 622	780	28	725	80	642	7,1	12	685	5	20	M 27	30
700	711,2 720	895	30	840	80	745	8	12	800	5	24	M 27	30
800	812,8 820	1015	32	950	90	850	8	12	905	5	24	M 30	33

11. Auswahl genormter Flansche NW 10 bis 800, ND 10 (nach DIN 2632)

Nennweite	Rohr	Flansch				Ansatz			Arbeitsleiste		Schrauben		
	Außen-Ø	Ø	Dicke	Lochkreis Ø	Höhe	Ø	Dicke	Rundung	Ø	Höhe	Anzahl	Gewinde	Ø
NW	*a*	*D*	*b*	*k*	*h*	*m*	*s*	*r*	*g*	*f*			*l*
10	14 17,2	90	14	60	35	25 28	1,8	4	40	2	4	M 12	14
15	20 21,3	95	14	65	35	30 32	2	4	45	2	4	M 12	14
20	25 26,9	105	16	75	38	38 40	2,3	4	58	2	4	M 12	14
25	30 33,7	115	16	85	38	42 45	2,6	4	68	2	4	M 12	14
32	38 42,4	140	16	100	40	52 56	2,6	6	78	2	4	M 16	18
40	44,5 48,3	150	16	110	42	60 64	2,6	6	88	3	4	M 16	18
50	57 60,3	165	18	125	45	72 75	2,9	6	102	3	4	M 16	18
65	76,1	185	18	145	45	90	2,9	6	122	3	4	M 16	18
80	88,9	200	20	160	50	105	3,2	8	138	3	8	M 16	18
100	108 114,3	220	20	180	52	125 131	3,6	8	158	3	8	M 16	18
125	133 139,7	250	22	210	55	150 156	4	8	188	3	8	M 16	18
150	159 168,3	285	22	240	55	175 184	4,5	10	212	3	8	M 20	23
(175)	191 193,7	315	24	270	60	208 210	5,4	10	242	3	8	M 20	23
200	216 219,1	340	24	295	62	232 235	5,9	10	268	3	12	M 20	23
250	267 273	405	26	355	70	285 292	6,3	12	320	3	12	M 24	27
300	318 323,9	460	28	410	78	338 344	7,1	12	378	4	12	M 24	27
350	355,6 368	520	30	470	82	390	8	12	438	4	16	M 24	27
400	406,4 419	580	32	525	85	445	8	12	490	4	16	M 27	30
500	508 521	715	34	650	90	548	8	12	610	4	20	M 30	33
600	609,6 622	840	36	770	95	652	8,8	12	725	5	20	M 33	36
700	711,2 720	910	36	840	100	755	8,8	12	795	5	24	M 33	36
800	812,8 820	1025	38	950	105	855	10	12	900	5	24	M 36	39

12. Auswahl genormter Flansche NW 10 bis 800, ND 16 (nach DIN 2633)

Nennweite NW	Außen-⌀ mm	Wanddicke mm	Gewicht kg/m
10	14	1,8	0,542
12	16	1,8	0,632
	17,2	1,8	0,688
15/16	20	2	0,890
	21,3	2	0,962
20	25	2	1,13
	26,9	2,3	1,41
25	30	2,6	1,77
	33,7	2,6	2,01
32	38	2,6	2,29
	42,4	2,6	2,57
40	44,5	2,6	2,70
	48,3	2,6	2,95
50	57	2,9	3,90
	60,3	2,9	4,14
65	76,1	2,9	5,28
80	88,9	3,2	6,81
100	108	3,6	9,33
	114,3	3,6	9,90
125	133	4	12,8
	139,7	4	13,5
150	159	4,5	17,1
	168,3	4,5	18,1
(175)	191	5,4	24,7
	193,7	5,4	25,0
200	216	6	31,1
	219,1	5,9	31,0
250	267	6,3	40,6
	273	6,3	41,6
300	318	7,5	57,4
	323,9	7,1	55,6
350	355,6	8	63,3
	368	8	70,8
400	406,4	8,8	85,9
	419	10	101
500	508	11	135
	521	11,5	144

13. Auswahl genormter Rohrdurchmesser NW 10-500, ND 40 (nach DIN 2450)

Rohr					Gewinde			Mindestlänge der Muffe
Nennweite		Außen-Ø	Wanddicke	Gewicht	Theoretischer Gewinde-Ø	Gangzahl auf 1″	Nutzbare Gewindelänge	
Zoll	mm	mm	mm	kg/m ≈	mm	Stck.	mm	mm
1/8	6	10,2	2,0	0,407	9,728	28	7,4	17
1/4	8	13,5	2,35	0,650	13,157	19	11,0	25
3/8	10	17,2	2,35	0,852	16,662	19	11,4	26
1/2	15	21,3	2,65	1,22	20,955	14	15,0	34
3/4	20	26,9	2,65	1,58	26,441	14	16,3	36
1	25	33,7	3,25	2,44	33,249	11	19,1	43
1 1/4	32	42,4	3,25	3,14	41,910	11	21,4	48
1 1/2	40	48,3	3,25	3,61	47,803	11	21,4	48
2	50	60,3	3,65	5,10	59,614	11	25,7	56
2 1/2	65	76,1	3,65	6,51	75,184	11	30,2	65
3	80	88,9	4,05	8,47	87,884	11	33,3	71
4	100	114,3	4,5	12,1	113,030	11	39,3	83
5	125	139,7	4,85	16,2	138,430	11	43,6	92
6	150	165,1	4,85	19,2	163,830	11	43,6	92

14. Auswahl genormter Zoll-Rohrdurchmesser (nach DIN 2440)

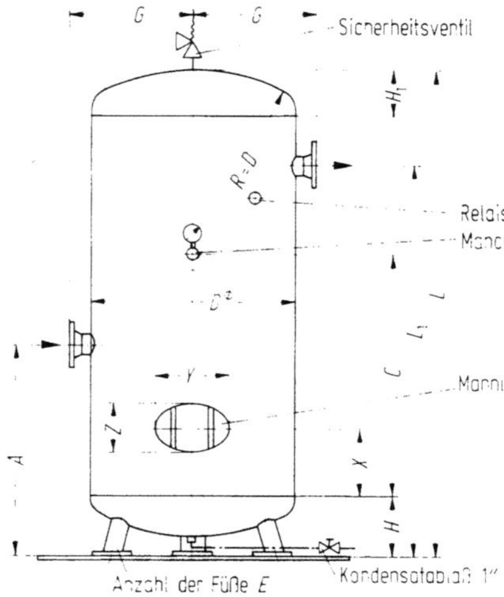

Inhalt m³	D	L	L_1	H	H_1	A	C	E	G	X	Y	Z	Gewicht kg ca.
0,5	650	1700	1350	250	150	600	900	3	425	300	150	100	160
1	800	2240	1860	280	180	850	1300	3	500	400	150	100	265
1,5	1000	2140	1720	325	220	900	1300	3	600	400	420	320	365
2	1200	2060	1560	360	250	950	1300	3	700	400	420	320	540
3	1200	2880	2330	360	250	1250	1600	3	700	400	420	320	730
4	1400	3000	2350	400	300	1300	1600	3	800	400	420	320	925
5	1400	3600	2900	400	300	1400	1600	3	800	400	420	320	1075
6	1600	3350	2500	450	350	1400	1600	3	900	400	420	320	1260
8	1600	4300	3150	450	350	1700	1600	3	900	400	420	320	1600
10	1800	4380	3190	490	390	1700	1600	4	1000	400	420	320	2050
12	1800	5050	3810	490	390	2100	1600	4	1000	400	420	320	2375
15	2000	5150	3870	540	430	2100	1600	4	1100	400	420	320	2700
20	2200	5850	4470	580	480	2300	1600	4	1200	400	420	320	3625

15. Maßtabelle für Druckluftbehälter in stehender Ausführung

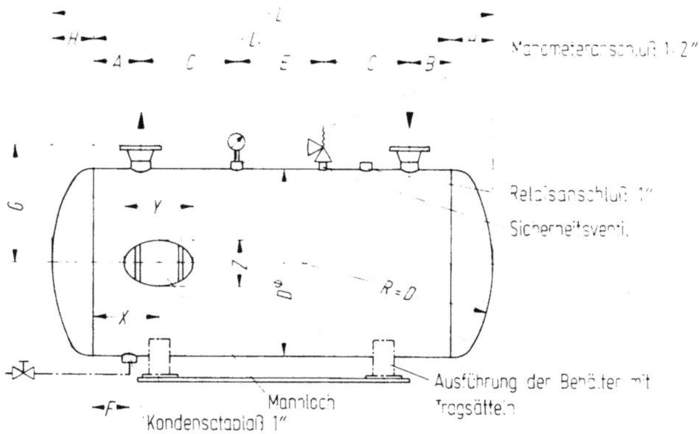

Inhalt m³	D	L	L1	H	A	B	C	E	F	G	X	Y	Z	Gewicht kg ca.
0,5	650	1600	1300	150	150	150	350	300	150	425	300	150	100	155
1	800	2140	1780	180	175	175	500	430	175	500	400	150	100	255
1,5	1000	2040	1600	220	175	175	425	400	175	600	400	420	320	355
2	1200	1950	1450	250	175	175	375	350	175	700	400	420	320	520
3	1200	2780	2280	250	265	265	600	550	200	700	400	420	320	710
4	1400	2900	2300	300	300	300	600	500	200	800	400	420	320	890
5	1400	3500	2900	300	375	375	750	650	200	800	400	420	320	1040
6	1600	3250	2550	350	400	400	600	550	200	900	400	420	320	1220
8	1600	4200	3500	350	400	400	925	850	200	900	400	420	320	1560
10	1800	4280	3500	390	400	400	900	900	200	1000	400	420	320	1990
12	1800	4950	4170	390	500	500	1100	970	200	1000	400	420	320	2300
15	2000	5060	4200	430	500	500	1100	1000	200	1100	400	420	320	2630
20	2200	5760	4800	480	550	550	1250	1200	200	1200	400	420	320	3530

16. Maßtabelle für Druckluftbehälter in liegender Ausführung

Tab. 17 siehe S. 564.

Zoll	0	1/16	1/8	/16	1/4	5/16	3/8	7/16	1/2	9/16	5/8	11/16	3/4	13/16	7/8	15/16
0	0,000	1,588	3,175	4,763	6,350	7,398	9,525	11,113	12,700	14,288	15,875	17,463	19,050	20,638	22,225	23,813
1	25,400	26,987	28,575	30,163	31,750	33,338	34,925	36,513	38,100	39,688	41,275	42,863	44,450	46,038	47,625	49,213
2	50,800	52,388	53,975	55,563	57,150	58,738	60,325	61,913	63,500	65,088	66,675	68,263	69,850	71,438	73,025	74,613
3	76,200	77,788	79,375	80,963	82,550	84,138	85,725	87,313	88,900	90,488	92,075	93,663	95,250	96,838	98,425	100,01
4	101,60	103,19	104,78	106,36	107,95	109,54	111,13	112,71	114,30	115,89	117,48	119,06	120,65	122,24	123,83	125,41
5	127,00	128,59	130,18	131,76	133,35	134,94	156,53	138,11	139,70	141,29	142,88	144,46	146,05	147,64	149,23	150,81
6	152,40	153,99	155,58	157,16	158,75	160,34	161,93	163,51	165,10	166,69	168,28	168,86	171,45	173,04	174,63	176,21
7	177,80	179,39	180,98	182,56	184,15	185,74	187,33	188,91	190,50	192,09	193,68	195,26	196,85	198,44	200,03	201,61
8	203,20	204,79	206,38	207,96	209,55	211,14	212,73	214,31	215,90	217,49	219,08	220,66	222,25	223,84	225,43	227,01
9	228,60	230,19	231,78	233,36	234,95	236,54	238,13	239,71	241,30	242,89	244,48	246,06	247,65	249,24	250,83	252,41
10	254,00	255,59	257,18	258,76	260,35	261,94	263,53	265,11	266,70	268,29	269,88	271,46	273,05	274,64	276,23	277,81
11	279,40	280,99	282,58	284,16	285,75	287,34	288,93	290,51	292,10	293,69	295,28	296,86	298,45	300,04	301,63	303,21
12	304,80	206,39	307,98	309,56	311,15	312,74	314,33	315,91	317,50	319,09	320,68	322,26	323,85	325,44	327,03	328,61
13	330,20	331,79	333,38	334,96	336,55	338,14	339,73	341,31	342,90	344,49	346,08	347,66	349,25	350,84	352,43	354,01
14	355,60	357,19	358,78	360,36	361,95	363,54	365,13	366,71	368,30	369,89	371,48	373,06	374,65	376,24	377,83	379,41
15	381,00	382,59	384,18	385,76	387,35	388,94	390,53	392,11	393,70	395,29	396,88	398,46	400,05	401,64	403,23	404,81
16	406,40	407,99	409,58	411,16	412,75	414,34	415,93	417,51	419,10	420,69	422,28	423,86	425,45	427,04	428,63	430,21
17	431,80	433,39	434,98	436,56	438,15	439,74	441,33	442,91	444,50	446,09	447,68	449,26	450,85	452,44	454,03	455,61
18	457,20	458,79	460,38	461,96	463,55	465,14	466,73	468,31	469,90	471,49	473,08	474,66	476,25	477,84	479,43	481,01
19	482,60	484,19	485,78	487,36	488,95	490,54	492,13	493,71	495,30	496,89	498,48	500,06	501,65	503,24	504,83	506,41
20	508,00	509,59	511,18	512,76	514,35	515,94	517,53	519,11	520,70	522,29	523,88	525,46	527,05	528,64	530,23	531,81
21	533,40	534,99	536,58	538,16	539,75	541,34	542,93	544,51	546,10	547,69	549,28	550,86	552,45	554,04	555,63	557,21
22	558,80	560,39	561,98	563,56	565,15	566,74	568,33	569,91	571,50	573,09	574,68	576,26	577,85	579,44	581,03	582,61
23	584,20	585,79	587,38	588,96	590,55	592,14	593,73	595,31	596,90	598,49	600,08	601,66	603,25	604,84	606,43	608,01
24	609,60	611,19	612,78	614,36	615,95	617,54	619,13	620,71	622,30	623,89	625,48	627,06	628,65	630,24	631,83	633,41
25	635,00	636,59	638,18	639,76	641,35	642,94	644,53	646,11	647,70	649,29	650,88	652,46	654,05	655,64	657,23	658,81
26	660,40	661,99	663,58	665,16	666,75	668,34	669,93	671,51	673,10	674,69	676,28	677,86	679,45	681,04	682,63	684,21
27	685,80	687,39	688,98	690,56	692,15	693,74	695,33	696,91	698,50	700,09	701,68	703,26	704,85	706,44	708,03	709,61
28	711,20	712,79	714,38	715,96	717,55	719,14	720,73	722,31	723,90	725,49	727,08	728,66	730,25	731,84	733,43	735,01
29	736,60	738,19	739,78	741,36	742,95	744,54	746,13	747,71	749,30	750,89	752,48	754,06	755,65	757,24	758,83	760,41

30	762,00	763,59	765,18	766,76	768,35	769,94	771,53	773,11	774,70	776,29	777,88	779,46	781,05	782,64	784,23	785,81
31	787,40	788,99	790,58	792,16	793,75	795,34	796,93	798,51	800,10	801,69	803,28	804,86	806,45	808,04	809,63	811,21
32	812,80	814,39	815,98	817,56	819,15	820,74	822,33	823,91	825,50	827,09	828,68	830,26	831,85	833,44	835,03	836,61
33	838,20	839,79	841,38	842,96	844,55	846,14	847,73	849,31	850,90	852,49	854,08	855,66	857,25	858,84	860,43	862,01
34	863,60	865,19	866,78	868,36	869,95	871,54	873,13	874,71	876,30	877,89	879,48	881,06	882,65	884,24	885,83	887,41
35	889,00	890,59	892,18	893,76	895,35	896,94	898,53	900,11	901,70	903,29	904,88	906,46	908,05	909,64	911,23	912,81
36	914,40	915,99	917,58	919,16	920,75	922,34	923,93	925,51	927,10	928,69	930,28	931,86	933,45	935,04	936,63	938,21
37	939,80	941,39	942,98	944,56	946,15	947,74	949,33	950,91	952,50	954,09	955,68	957,26	958,85	960,44	962,03	963,61
38	965,20	966,79	968,38	969,96	971,55	973,14	974,73	976,31	977,90	979,49	981,08	982,66	984,25	985,84	987,43	988,01
39	990,60	992,19	993,78	995,36	995,95	998,54	1000,1	1001,7	1003,3	1004,9	1006,5	1008,1	1009,7	1011,2	1012,8	1014,4
40	1016,0	1017,6	1019,2	1020,8	1022,4	1023,9	1025,5	1027,1	1028,7	1030,3	1031,9	1033,5	1035,1	1036,6	1038,2	1039,8
41	1041,4	1043,0	1044,6	1046,2	1047,8	1049,3	1050,9	1052,5	1054,1	1055,7	1057,3	1058,9	1060,5	1062,0	1063,6	1065,2
42	1066,8	1068,4	1070,0	1071,6	1073,2	1074,7	1076,3	1077,9	1079,5	1081,1	1082,7	1084,3	1085,9	1087,4	1089,0	1090,6
43	1092,2	1093,8	1095,4	1097,0	1098,6	1100,1	1101,7	1103,3	1104,9	1106,5	1108,1	1109,7	1111,3	1112,8	1114,4	1116,0
44	1117,6	1119,2	1120,8	1122,4	1124,0	1125,5	1127,1	1128,7	1130,3	1131,9	1133,5	1135,1	1136,7	1138,2	1139,8	1141,4
45	1143,0	1144,6	1146,2	1147,8	1149,4	1150,9	1152,5	1154,1	1155,7	1157,3	1158,9	1160,5	1162,1	1163,6	1165,2	1166,8
46	1168,4	1170,0	1171,6	1173,2	1174,8	1176,3	1177,9	1179,5	1181,1	1182,7	1184,3	1185,9	1187,5	1189,0	1190,6	1192,2
47	1193,8	1195,4	1197,0	1198,6	1200,2	1201,7	1203,3	1204,9	1206,5	1208,1	1209,7	1211,3	1212,9	1214,4	1216,0	1217,6
48	1219,2	1220,8	1222,4	1224,0	1225,6	1227,1	1228,7	1230,3	1231,9	1233,5	1235,1	1236,7	1238,3	1239,8	1241,4	1243,0
49	1244,6	1246,2	1247,8	1249,4	1251,0	1252,5	1254,1	1255,7	1257,3	1258,9	1260,5	1262,1	1263,7	1265,2	1266,8	1268,4
50	1270,0	1271,6	1273,2	1274,8	1276,4	1277,9	1279,5	1281,1	1282,7	1284,3	1285,9	1287,5	1289,1	1290,6	1292,2	1293,8
51	1295,4	1297,0	1298,6	1300,2	1301,8	1303,3	1304,9	1306,5	1308,1	1309,7	1311,3	1312,9	1314,5	1316,0	1317,6	1319,2
52	1320,8	1322,4	1324,0	1325,6	1327,2	1328,7	1330,3	1331,9	1333,5	1335,1	1336,7	1338,3	1339,9	1341,4	1343,0	1344,6
53	1346,2	1347,8	1349,4	1351,0	1352,6	1354,1	1355,7	1357,3	1358,9	1360,5	1362,1	1363,7	1365,3	1366,8	1368,4	1370,0
54	1371,6	1373,2	1374,8	1376,4	1378,0	1379,5	1381,1	1382,7	1384,3	1385,9	1387,5	1389,1	1390,7	1392,2	1393,8	1395,4

18. Umrechnung: Englische Zoll in mm

Leistung		Gleichstrom		Drehstrom					
				Käfigläufer			Schleifringläufer		
kW	PS	220	440	220	380	500	220	380	500
1	1,4	6,4	3,2	5,2	3	2,4	5,9	3,5	2,6
1,5	2	9,5	4,8	7,5	4,3	3,3	8,5	5	3,7
2	2,7	13	6,5	9,2	5,4	4,1	11	6	4,6
3	4	18	9	14	7,9	6	15	8,2	6,2
4	5,5	24	12	18	10,5	7,6	19	11	8,3
5	7	29	14,5	21	12,5	9	22	13	10
6	8	34	17	26	14,2	11	26	15	11,5
7	9,5	40	20	29	16,5	12,5	29	17	13
8	11	45	22,5	32	19	14	32	19	14
9	12	50	25	36	21	16	36	21	16
10	13,5	56	28	40	23	17,5	40	23	18
12	16,5	66	33	46	27	21	47	27	21
15	20	85	42,5	56	33	26	56	33	26
20	27	110	55	75	43	33	73	43	33
30	40	160	80	110	64	48	110	66	47
40	55	210	110	145	84	64	140	83	62
50	68	260	130	180	107	79	172	100	76
60	82	300	150	210	125	95	200	120	90
70	95	360	180	250	145	110	230	140	105
80	110	400	200	280	160	120	280	155	120
90	125	450	225	305	180	140	305	175	140
100	136	500	250	345	200	150	330	195	145

17. Nennströme von Elektromotoren in A, abhängig von der Leistung in kW und PS bei verschiedenen Spannungen in V

Dankwort

Eine Gemeinschaftsarbeit

Das hiermit der Öffentlichkeit vorgelegte Taschenbuch für Druckluftbetrieb ist eine Anthologie. Die profiliertesten Mitarbeiter unseres Hauses haben eine Redaktion gebildet, sich in der Materialsammlung und Aufbereitung auf einen großen Stab hauseigener und fremder Informanten gestützt und schließlich ein Buch vorgelegt, das als Gemeinschaftsarbeit anzusprechen ist.

Deshalb auch danken wir herzlich allen Helfern, Ratgebern, Kritikern und Materialzulieferern für ihre bereitwillige Mitwirkung und laden sie ein, den Weg dieses, auch ihres Taschenbuchs zu verfolgen, um zur rechten Zeit mit guten Argumenten und gesicherten Unterlagen an einer notwendig werdenden Neubearbeitung mitzuwirken.

Insbesondere haben uns die folgenden Firmen unterstützt:

Beton-Spritz-Maschinen GmbH, Frankfurt/M. (Bilder 304 bis 306)

Bielemeyer, Menden (Bild 400)

Chiron-Werke GmbH, Tuttlingen (Bild 29)

DEMAG A.G., Duisburg (Bilder 30 bis 32, 44, 45, 48 bis 55)

DEPRAG, Preßluftmaschinen Schulz K.G., Amberg/Opf. (Bilder 457, 465, 473, 477, 482, 483 und 484)

Dingler-Werke A.G., Zweibrücken (Bild 56)

DURMAG, Sprockhövel (Bild 321)

ESCHER WYSS GmbH, Lindau (Bild 70)

Filterwerk MANN & HUMMEL GmbH, Ludwigsburg (Bilder 60 und 61)

Günther & Co, Präzisionsfabrik, Frankfurt/M. (Tabellen 509, 515 und 521)

Hemscheidt, Wuppertal (Bild 336)

Hengst-Donaldson Luftfilter GmbH, Werne (Bild 65b)

Hörbiger & Co, Schöngau/Lech (Bilder 91, 94, 95 und 97)

Ingersoll Rand, Düsseldorf (Bild 378)

Werner Kaspari, Sondermaschinen für rationelle Fertigung, Battgen (Bilder 537 bis 540)

Knecht Filterwerk GmbH, Stuttgart-Bad Cannstatt (Bilder 58 und 62)

LANGYEAR, USA (Bild 325)

Metallgesellschaft A.G. (VDM), Frankfurt/M. (Bild 303)

REICHDRILL, USA (Bild 324)

August Rüggeberg, Marienheide/Bez. Köln (Bilder 243, 458, 459, 460 und 461)

Karl Schmidt, Luftfilterbau, Niedereisenhausen (Bilder 63 und 64)

Schumacher'sche Fabrik, Bietigheim/Württ. (Bild 81)

Eduard Spitznas, Maschinenfabrik GmbH, Langenberg (Bild 266)

TAMPELLA, Finnland (Bilder 387/1 und 387/2)

Eduard Wille, Wuppertal-Cronenberg (Bilder 280 bis 283 und 470)

Der Herausgeber

Sachverzeichnis

Bitte beachten Sie den kurzen Hinweis
auf unser Lieferprogramm
auf den folgenden Seiten

Aus Zuschriften der Leser vorausgegangener Auflagen des Druckluft-Taschenbuchs wissen wir, daß vor allem dem Praktiker neben den Abschnitten über Drucklufterzeugung und Druckluftanwendung einige wenige Seiten besonders wertvoll waren: die Übersichten über unser Lieferprogramm. Fand man hier doch in komprimierter Form eine Fülle von Maschinen und Geräten zusammengefaßt, über deren wichtigste Leistungsdaten man sich im Handumdrehen informieren konnte, die zu Vergleichen geeignet waren und bei Planungen und Anschaffungen oft als kleines „Nachschlagewerk" dienten. Das hat uns dazu bewogen, auch der 9. Auflage einen solchen tabellarischen Überblick anzufügen, der durch unser inzwischen erweitertes Lieferprogramm einen größeren Umfang angenommen hat. Die Leistungsangaben sind wiederum aufs Knappste reduziert, doch stehen interessierten Lesern gern ausführliche Druckschriften zur Verfügung. Auch auf die Möglichkeit einer unverbindlichen Fachberatung möchten wir hinweisen. Die Antwortkarte am Schluß des Buchs erleichtert und vereinfacht den Kontakt mit uns.

FMA POKORNY
6 Frankfurt (M) 90
Solmsstraße 2—26
Postfach 90 03 60
Telefon (0611) 7 90 11
Telex 04 111 72

Fahrbare luftgekühlte Kompressoren

Type	Liefermenge nach DIN 1945 bei 7 atü m³/min	Druckbereich von — bis atü	Verdichtung	Drehzahl U/min	Motorleistung PS
DV 15	1,5	1— 6	1-stufig	1800	14
DV 25	2,4	4— 7	2-stufig	1800	23,5
SDV 25[1]	2,4	4— 7	2-stufig	1800	23,5
EV 20	2,0	4—10	2-stufig	1500	20/25
SEV 20[1]	2,0	4—10	2-stufig	1500	20/25
DV 35	3,4	4—10	2-stufig	1700	34,5
SDV 35[1]	3,4	4—10	2-stufig	1700	34,5
EV 30	3,0	4—10	2-stufig	1500	30
SEV 30[1]	3,0	4—10	2-stufig	1500	30
DV 50	4,7	4— 7,5	2-stufig	1700	45,5
SDV 50[1]	4,7	4— 7,5	2-stufig	1700	45,5
EV 41	4,1	4—10	2-stufig	1500	40/48
SEV 41[1]	4,1	4— 8	2-stufig	1500	40
DW 70	6,9	4— 8	2-stufig	1800	72
SDW 70[1]	6,9	4— 8	2-stufig	1800	72
EW 60	5,9	4—10	2-stufig	1500	55/68
SEW 60[1]	5,9	4—10	2-stufig	1500	55/68
DW 80	8,1	4—10	2-stufig	1500	95
EW 80	8,1	4—10	2-stufig	1500	75/86
EW 90	9,5	4— 9	2-stufig	1500	90/102
DW 100	9,9	4— 8	2-stufig	1600	105
SDW 100[1]	9,9	4— 8	2-stufig	1600	105
DS 170	17,0	4— 8	1-stufig	2500	192

[1] Schallgedämpft
D = Dieselantrieb; E = Elektroantrieb.
Bis auf DS 170 (=Schraubenkompressor) sind alle Typen Kolbenkompressoren.

Ortsfeste und ortsbewegliche luftgekühlte Kompressoren

Type	Liefer-menge nach DIN 1945 m³/min	Druck-bereich von — bis atü	Verdich-tung	Drehzahl U/min	Leistungs-bedarf PS
VE 12[1]	1,5	1— 6	1-stufig	1500	8,7
VE 35[1]	4,1	1— 3,5	1-stufig	1500	21,5
VE 55[1]	5,3	1— 3	1-stufig	1500	27,3
VE 75[1]	7,6	1— 3	1-stufig	1500	44,0
WE 115[1]	11,4	1— 3	1-stufig	1500	64,0
VZ 20 H[2]	2,0	4—12	2-stufig	1500	17,8
VZ 30[2]	3,0	4—10	2-stufig	1500	25,0
VZ 41[2]	4,1	4—10	2-stufig	1500	34,1
WZ 60[2]	5,9	4—10	2-stufig	1500	50,4
WZ 72[2]	7,2	4—10	2-stufig	1500	63,5
WZ 80[2]	8,1	4—10	2-stufig	1500	69,0
WZ 90[2]	9,5	4— 9	2-stufig	1500	82,6
VZ 40 H[2]	4,0	4—12	2-stufig	1500	35,6
VD 15[3]	1,5	11—25	3-stufig	1500	19,7

[1] Liefermengenangaben bei 2,5 atü Betriebsdruck.
[2] Liefermengenangaben bei 7 atü Betriebsdruck.
[3] Liefermengenangaben bei 20 atü Betriebsdruck.

Nachverdichter

Type	Liefer-menge bezogen auf 1 ata m³/min	Vor-druck atü	End-druck atü	Verdich-tung	Drehzahl U/min	Leistungs-bedarf PS
VE 5 Z	8,3	4	7	1-stufig	1500	15,8
VE 6 Z	13,9	4	7	1-stufig	1500	27,9
VE 7 Z	22,1	4	7	1-stufig	1500	42,0
WE 8 Z	32,7	4	7	1-stufig	1500	63,4

Kompressoren zur Förderung staubförmiger Güter

Type	Liefer-menge nach DIN 1945 m³/min	Enddruck atü	Verdich-tung	Drehzahl U/min	Leistungs-bedarf PS
VE 35 KA	4,8	2,5	1-stufig	1800	25,2
VE 35 B	4,8	2,5	1-stufig	1800	25,2
VE 35 BR	4,8	2,5	1-stufig	1800	25,2
VE 35 DR	4,8	2,5	1-stufig	1800	25,2
VE 35 E	4,1	2,5	1-stufig	1500	21,5
VE 35 ER	4,1	2,5	1-stufig	1500	21,5
VE 55 E	5,3	2,5	1-stufig	1500	27,3
VE 55 ER	5,3	2,5	1-stufig	1500	27,3
VE 55 DR	6,3	2,5	1-stufig	1800	35,1
VE 64 KA	6,3	2,5	1-stufig	1800	35,1
VE 75 KA	7,6	2,5	1-stufig	1500	44,0
VE 75 E	7,6	2,5	1-stufig	1500	44,0
VE 75 ER	7,6	2,5	1-stufig	1500	44,0
WE 115 E	11,4	2,5	1-stufig	1500	64,0
WE 115 ER	11,4	2,5	1-stufig	1500	64,0
WE 115 DR	11,4	2,5	1-stufig	1500	64,0

Ortsfeste wassergekühlte, fundamentlose Kompressoren

Type	Liefer-menge nach DIN 1945 m³/min	Druck-bereich von — bis atü	Verdich-tung	Drehzahl U/min	Leistungs-bedarf PS
EN 105[1]	11,0	1—6	1-stufig	1000	52,1
EN 210[1]	22,1	1—6	1-stufig	1000	102,5

[1] Liefermengenangaben bei 2,5 atü.

Ortsfeste wassergekühlte, fundamentlose Kompressoren

Type	Liefermenge nach DIN 1945 m³/min	Druckbereich von — bis atü	Verdichtung	Drehzahl U/min	Leistungsbedarf PS
ZN 65[1]	6,8	4—15	2-stufig	1000	52,2
ZN 85[1]	8,3	4—15	2-stufig	1000	63,8
ZN 100[1]	10,6	4—15	2-stufig	1000	82,6
ZN 135[1]	13,7	4—15	2-stufig	1000	103,5
ZN 170[1]	17,0	4—15	2-stufig	1000	128,0
ZP 130[1,3]	12,5	4—14	2-stufig	1000	88,2
ZP 170[1,3]	17,2	4—14	2-stufig	1000	124,0
ZL 330[1]	32,6	4—10	2-stufig	1000	215,0
DN 25[2]	2,6	10—35	3-stufig	1000	31,5
DN 42[2]	4,3	10—35	3-stufig	1000	47,0
DN 84[2]	8,3	10—35	3-stufig	1000	92,8

[1] Liefermengenangaben bei 7 atü.
[2] Liefermengenangaben bei 20 atü.
[3] Trockenläufer.

Leichte Abbauhämmer

Type	Gewicht kg	Schlagzahl min^{-1}	Luftverbrauch m³/min
P 4	3,7	2200	0,33
P 7	6,7	1800	0,56
P 7K	6,8	1800	0,56
P 8	8,2	1640	0,85

Abbauhämmer

Type	Gewicht kg	Schlag- zahl min^{-1}	Luft- verbrauch m^3/min
P 11	11,0	1200	0,85
P 11 L	9,4	1200	0,85
P 12	12,2	940	0,85
P 12 L	10,6	940	0,85
P 13	13,6	740	0,85
P 13 L	12,0	740	0,85

L = Leichtmetallgriff.

Leichte Aufbruchhämmer

Type	Gewicht kg	Schlag- zahl min^{-1}	Luft- verbrauch m^3/min
P 12 S	14,0	940	0,85
P 13 S	15,5	740	0,85
PS 17 F	15,1	740	0,85
PS 17	16,9	740	0,85
P 22 B	21,5	1200	1,20

F = Faustgriff

Schwerer Aufbruchhammer

Type	Gewicht kg	Schlag- zahl min^{-1}	Luft- verbrauch m^3/min
P 33	33	920	1,35

Felsbrecher

Type	Gewicht kg	Schlagzahl bei 6 atü min^{-1}	Luftverbrauch bei 6 atü m^3/min
VR 2 A	276	370	2,7
VR 15 A	1 950	215	9,5
VR 40 A	4 660	130	13,2

Abbaumeißel

Type	Gewicht kg	Länge mm
VR 40 A	970	2 000
VR 2 A	20	600
VR 2 A	30	1 100
VR 15 A	220	1 000
VR 15 A	365	2 000

Spatenhämmer

Type	Gewicht kg	Schlagzahl min^{-1}	Luftverbrauch m^3/min
PS 10	9,85	1200	0,85
PS 11	10,6	940	0,85
PS 12 S	14,5	940	0,85
PS 12 T	16,0	940	0,85

Spundwandramme

Type	Gewicht kg	Schlagzahl min^{-1}	Luftverbrauch m^3/min
P 33 R	50,5	920	1,35

Rammhämmer

Type	Gewicht kg	Schlagzahl bei 6 atü min^{-1}	Luftverbrauch bei 6 atü m^3/min	Einsatzbereich für Rammgut bis kg
A 34 R	42[1]	750	2,0	50
VRO	74[1]	460	1,9	80
VROF	102	460	1,9	120
VR 2	245[2] 275[3]	370	2,3	150
VR 4	450—500	180	2,9	250
VR 10	1 000	145	5,0	500
VR 15	1 950	215	9,5	1 000 600[4]
VR 40	3 900	138	13,2	1 000—3 500

[1] Ohne Rammaufsatz. [2] Mit Bohlenführung und Rammaufsatz.
[3] Mit Freireiter. [4] Bei hohem Spitzenwiderstand.

Freifallramme

Type	Gewicht kg	Schlagzahl bei 6 atü min^{-1}	Luftverbrauch bei 6 atü m^3/min	Einsatzbereich für Rammgut bis kg
FR 220	310	55	1,6	250—300

Rammäkler

Type	Gewicht des Mäklers mit Grundausleger kg	Mäklerlänge m	Nutzlänge m	Maximal zulässiger statischer Zug am einfachen Seil kp
RM 0	1 450	9,2	7,0	5 500
RM 1	3 200/3 600	15,5/18,5	12,0/15,0	10 000/7 500

Ramm- und Ziehmäkler

Type	Gewicht des Mäklers mit Grundausleger kg	Mäklerlänge m	Nutzlänge m	Maximal zulässiger statischer Zug am 2-rolligen Seilblock kp
RZ 0	1 530	9,25	R 7,0 Z 6,5	7 500
RZ 1	3 400	15,3	R 12,0 Z 11,0	16 000
RZ 2	4 300	15,3/18,3	R 12,0/15,0 Z 11,0/14,0	25 000

Rammgerüste

Type	Gewicht mit Druckluftwinde kg	Gesamthöhe m
RG 1	740/800	6,5/7,6
RG 2	1330/1380	6,5/8,0

	Nutzhöhe m	Zugkraft[1] bei 5 atü mit Druckluftwinde kp	Für Rammgeräte
RG 1	4,3/6,0	800	VR0 F, VR 2
RG 2	5,0/6,5	800/800	VR 4, FR 220

[1] Bei Seilgeschwindigkeit von 0,2 m/s.

Brückenwagen

Type	Gewicht kg	Einsatz mit Rammgerüst	Rammhammer
UW 1 normal	1 020	RG 1 V	VRO F VR 2 VR 4
UW 1 L verlängert	1 170	RG 1 V	wie vor

Pfahlzieher

Type	Gewicht ohne Zange kg	Schlagzahl bei 6 atü min^{-1}	Luft-verbrauch bei 6 atü m^3/min	Ziehen von Rammgut bis kg
PZ 1	102	400	1,2	80
PZ 2	253	290—260	1,8	250
PZ 8	1 055	0—230	6	800
PZ 20	2 380	190—160	11	2 000
PZ 5	4 600	190—160	20	schwerste Profile

Stock- und Keillochhämmer

Type	Gewicht kg	Schlagzahl bei 5 atü min^{-1}	Luft-verbrauch bei 5 atü m^3/min
DK 71	9,0	1 730	0,78
DK 72	8,9	1 500	0,8
DK 73	8,7	1 730	0,78

Bohrhämmer

Type	Gewicht kg	Schlagzahl bei 5 atü min^{-1}	Luftverbrauch bei 5 atü m^3/min	Spülsystem
DB 11 LT	14,0	2 400	1,35	Luft
RD 11 L	10,8	2 680	1,35	Luft
RD 11 LT	11,3	2 680	1,35	Luft
DB 16 LT	16,5	2 280	1,8	Luft
RD 18 LT	18,2	2 340	2,2	Luft
RD 18 W	18,2	2 340	2,0	Wasser
DB 23 LT	23,5	2 350	3,8	Luft
BM 21 ZW	25,0	2 700	3,0	Wasser
BM 21 SW	21,5	2 700	3,0	Wasser
BM 21 ZL	21,8	2 700	3,2	Luft
BM 22 W	22,7	2 370	3,7	Wasser
BM 22 Sp	22,7	2 370	3,7	Wasser
BM 22 LS	22,7	2 370	4,2	Luft
BM 24 LS	24,5	2 400	4,5	Luft

Bohrstützen

Type	Gewicht kg	Länge, ein-gefahren mm	Vorschub mm	Andruck bei 5 atü kp
TR 92	17	1 320	1 325	332
TS 85	17	1 210	1 350	285
TST 3	15,0	1 200	1 350	130
TS 13	22,5	1 350	1 730	170
A 650	12	650	870	200
A 1100	22,5	1 100	1 730	200
VRS 70	19	1 580	1 160	170

Leichtbohrsäulen

Type	Gewicht kg	Länge, ein-gefahren mm	Vorschub mm
PHV 3	40	1 850	1 350
PHV 4	65	2 600	1 800

Kleinbohrwagen

Type	Gesamtgewicht kg	Bohrausrüstung
KBW 2 Fahrgestell FG 2	170	Bohrsäule DS 18, Bohrhammer BM 24 LS

Tiefbohrgerät, Luft

Type	Gewicht mit Bohrausrüstung kg	Bohrausrüstung
GBW 8 Fahrgestell BW 8	800	Vorschublafette KLL 35, Hammerbohrmaschine BM 60, BM 100, Drehmotor und Lochhammer LH 75 oder DH 85
WD 2 P	200	PHV 4 BM 22
WD 2	200	Lafette BM 22
WD 5 L	500	Vorschublafette ACHF 2,2 Drehmotor und Lochhammer DH 85
WD 10 L	1000	Vorschublafette ACHF 3,4 Drehmotor und Lochhammer DH 85

Raupenbohrwagen

Type	Gewicht mit Bohrausrüstung kg	Bohrausrüstung
RBW 25 Raupenfahrwerk RFW 25	2 500	Vorschublafette KHL 35, Drehmotor und Lochhammer LH 75 oder DH 85, Hammerbohrmaschine BM 100 R 2, BM 100
RBW 30 Raupenfahrwerk RFW 30	3 300	Vorschublafette KHL 35, Hammerbohrmaschine BM 60, BM 100, Drehmotor und Lochhammer LH 75 oder DH 85, BM 100 R 2
RBW 50 Raupenfahrwerk RFW 50 30 PS	5 000	Vorschublafette KHL 35, Hammerbohrmaschine BM 100 R 2

Lochhammer

Type	Gewicht kg	Schlagzahl bei 5 atü min^{-1}	Luftverbrauch bei 5 atü m^3/min	Spülsystem
LH 75	22,4	1 500	2,0 + 1,0 für Spülung	Luft
DH 85	22,4	bei 6 atü 1 390	3,1 gesamt	Luft

Hammerbohrmaschinen

Type	Gewicht kg	Schlagzahl bei 5 atü min^{-1}	Luft-verbrauch bei 5 atü m^3/min	Spül-system
BM 100	100	1550–1600	13,0	Luft
BM 100 R 2[1]	131	1530–1600	9,0	Luft oder Wasser
BM 60	76	2 000	11,5	Luft

[1] R 2 mit Zusatzrotation.

Vorschubmotoren

Type	Leistung PS	Luft-verbrauch bei 5 atü m^3/min	Vorschub- und Rück-zugskraft bei 5 atü kp
LVM 2,5[1]	2,5	0,6	500
AFM 4	4	2,0	900
HVM 5[2]	5,0	—	900

[1] Mit Luftvorschubmotor. [2] Mit Hydraulik-Vorschubmotor.

Lafetten

Type	Gewicht kg	Länge mm	Vorschub mm	Bohrausrüstung
KLL 35[1]	143	4 900	3 400	Hammerbohrmaschine BM 100, BM 100 R 2 oder BM 60 Lochhammer LH 75
KHL 35[2]	143	4 900	3 400	Hammerbohrmaschine BM 100, BM 100 R 2 oder Drehmotor und Lochhammer LH 75 oder DH 85
ACHF 2,2	100	2 900	2 200	Hammerbohrmaschine RD 70 oder Drehmotor und Lochhammer DH 85
ACHF 3,4	145	3 410	3 000	Hammerbohrmaschine BM 60, BM 100 oder Drehmotor und Lochhammer DH 85

[1] Mit Luftvorschubmotor. [2] Mit Hydraulik-Vorschubmotor.

Leitungsöler

Type	Gewicht kg	Für Luftdurchgang m^3/min	Ölinhalt l	Ölabgabe bei 5 atü l/h
DO 5	4,5	1,8 – 6	0,4	0,06–0,25
DO 10	6,0	1,8 – 6	1,1	0,06–0,25
DO 11	3,5	1,0 – 7,5	1,1	0,05–0,45
DO 30	24,5	5 –12	3,0	0,28–1,32
DOR 9	13,0	4 – 5	1,0	0,4 –0,8
AO 19	4	1,35– 2,2	1,3	0,04–0,65
AO 25	4,1	3,7 – 4,2	1,3	0,05–0,7

Verbrauchsangaben bei $t = 15°$ – 20 °C und einer Ölviskosität von 7,5 °E bei 50 °C.

Meißel- und Stemmhämmer für Gesteins- und Metallbearbeitung

Type	Gewicht kg	Schlagzahl min^{-1}	Luftverbrauch m^3/min	Für Stahlnieten ∅ bis mm	Für Leichtmetallnieten ∅ bis mm
S 3400	0,75	4000	0,2	2	3
S 3430	0,73	4000	0,3	3	4
S 3451	1,07	4000	0,3	3	4
S 3500	0,78	3400	0,3	4	4
S 3550	1,12	3400	0,3	4	4
H 180	1,3	4400	0,3	3	4
H 180a	1,2	4400	0,3	3	4
H 180c	1,2	3300	0,2	—	—
H 190	2,3	2700	0,35	4	6
P 4	3,7	2300	0,4	5	—
H 21e	3,5	2300	0,4	5[1]	—
H 22e	3,6	1950	0,4	6[1]	—
S 2200	4,8	3350	0,65	6[1] 9[2]	—
S 2210	5,3	2150	0,6	8[1] 12[2]	—

[1] Kalt. [2] Warm.

Meißel- und Stemmhämmer für Gesteins- und Metallbearbeitung

Type	Gewicht kg	Schlagzahl min^{-1}	Luftverbrauch m^3/min	Für Stahlnieten (warm) ∅ bis mm	Für Kesselnieten ∅ bis mm
S 2011	4,8	2500	0,55	10	—
S 2021	5,2	1850	0,55	12	10
S 2031	5,6	1450	0,55	16	14
S 2041	6,2	1200	0,60	18	16
S 2051	5,4	2500	0,55	10	—
S 2061	5,8	1850	0,55	12	10
S 2071	6,2	1450	0,55	16	14
S 2081	6,8	1200	0,60	18	16

Niet- und Eckniethämmer

Type	Gewicht kg	Schlag-zahl min^{-1}	Luft-verbrauch m^3/min	Für Stahl-baunieten ⌀ bis mm	Für Kessel-baunieten ⌀ bis mm
N 84 c	9,5	1400	0,9	24	22
N 82 c	11,0	1000	1,1	30	27
N 80 c	13,0	800	1,25	36	33
WH 36 e	8,0	1400	0,75	24	22
WH 36 s	7,8	1400	0,75	24	22
S 2810	6,5	1350	0,5	16	14
S 2830	7,2	1050	0,55	20	18
S 1920	1,02	3900	0,20	4	—

Entnietungshämmer

Type	Gewicht kg	Schlag-zahl min^{-1}	Luft-verbrauch m^3/min	Entnieten bis mm
N 80 Fc	14,3	800	1,25	27
S 1800	7,1	1350	0,55	13
S 1820	7,7	1050	0,55	16

Spantennieter

Type	Gewicht kg	Schlag-zahl min^{-1}	Luft-verbrauch m^3/min	Für Stahl-baunieten ⌀ bis mm
SP 80 c	16,5	800	1,25	33
SP 81 c	15,5	900	1,15	30
SP 82 c	14,5	1000	1,1	27
SP 83 c	13,5	1150	1,0	24
SP 84 c	13,	1400	0,9	22
SP 25 L	15,8	1700	1,0	25

Gegenhalter

Type	Gewicht kg	Für Stahl- u. Kesselbaunieten ∅ bis mm	Länge mm	Kleinster Achsabstand mm
S 4110	5	22	138	30
S 4130	9,5	27	245	32
S 4140	9	27	245	48
S 4150	11,5	33	250	56

Nietfeuer

Type	Gewicht kg	Luftverbrauch m^3/min
A 96	50,0	0,1

Stampfer

Type	Gewicht kg	Schlagzahl min^{-1}	Luftverbrauch m^3/min
S 5000	3,5	820	0,35
S 5100	3,7	720	0,38
S 5200	5,9	850	0,60
S 5300	8,2	680	0,65
S 5401	8,8	680	0,72
S 5500	10,0	550	0,84
S 5600	14,9	700	1,2

Kernausstoßhämmer

Type	Gewicht kg	Schlagzahl min^{-1}	Luftverbrauch m^3/min
S 5700	6,7	2000	0,65
S 5710	6,8	2000	0,65
P 40/1 K	9,7	1320	0,97

Rechtslaufende Bohrmaschinen

Type	Gewicht kg	Drehzahl bei Vollast min^{-1}	Luftverbrauch bei 6 atü m^3/min	Bohren in Stahl bis mm
D 1500[1]	3,8	800	0,8	15
D 1510[1]	3,8	800	0,8	18
D 1600[1]	7,0	650	1,3	19
D 1610[1]	9,8	260	1,3	26
D 1700[1]	9,2	360	1,6	23
D 1800[1]	9,8	190	1,3	30
D 1810[1]	12,5	300	1,9	32
B 330[2]	12,0	250	2,3	32
B 340[2]	13,5	130	2,3	50
B 340 H[2]	13,5	160	2,3	40

[1] Ohne Regler. [2] Mit Regler.

Rechtslaufende Bohrmaschinen ohne Regler
(P = mit Pistolengriff, H = Luftabführung nach hinten)

Type	Gewicht kg	Drehzahl im Leerlauf min^{-1}	Bohrfutterspannbereich mm
B 6-68	0,7	6800	0,5— 6
B 6-68 H	0,8	6800	0,5— 6
B 6-68 P	0,8	6800	0,5— 6
B 6-68 PH	0,8	6800	0,5— 6
B 6-42	0,7	4200	0,5— 6
B 6-42 H	0,8	4200	0,5— 6
B 6-42 P	0,8	4200	0,5— 6
B 6-42 PH	0,8	4200	0,5— 6
B 6-16	0,85	1650	0,5— 6
B 6-16 H	0,95	1650	0,5— 6
B 6-16 P	0,95	1650	0,5— 6
B 6-16 PH	0,95	1650	0,5— 6
B 6-9	0,85	930	0,5— 6
B 6-9 H	0,95	930	0,5— 6
B 6-9 P	0,95	930	0,5— 6
B 6-9 PH	0,95	930	0,5— 6
B 8-66	0,8	6600	0,5— 8
B 8-66 H	0,9	6600	0,5— 8
B 8-66 P	0,9	6600	0,5— 8
B 8-66 PH	0,9	6600	0,5— 8
B 8-37	0,8	3700	0,5— 8
B 8-37 H	0,9	3700	0,5— 8
B 8-37 P	0,9	3700	0,5— 8
B 8-37 PH	0,9	3700	0,5— 8
B 8-16 P	1,0	1600	0,5— 8
B 8-16 PH	1,0	1600	0,5— 8
B 10-50	1,6	5000	1—10
B 10-50 P	1,75	5000	1—10
B 10-32	1,6	3200	1—10
B 10-32 P	1,75	3200	1—10
B 10-18 P	2,3	1800	1—10
B 10-9 P	2,0	900	1—10
B 15-32 P	2,0	3200	3,5—13
B 15-24 P	2,4	2400	3,5—13
B 15-18 P	2,4	1800	3,5—13
B 15-9 P	2,4	900	3,5—13
B 15-6 P	2,7	600	3,5—13

Umsteuerbare Bohrmaschinen

Type	Gewicht kg	Drehzahl bei Vollast min^{-1}	Luftverbrauch bei 6 atü m^3/min	Bohren in Stahl bis mm
D 2400	7,8	650	1,3	18
D 2410	9,9	260	1,3	23
D 2500	13,1	300	1,9	32
U 330	12,0	250	2,3	32
U 340	13,6	130	2,3	50
RB 50 UM	23	140	2,6	60
RB 50 ULE	25	80	2,6	80
RB 80 U	38	45	2,6	90

Rechtslaufende Eckenbohrmaschinen

Type	Gewicht kg	Drehzahl bei Vollast min^{-1}	Luftverbrauch bei 6 atü m^3/min	Bohren in Stahl bis mm
D 3300[1]	2,9	500	0,6	15
D 3350[2]	8,3	320	1,6	23
D 3400[2]	11,7	260	2,1	32
D 3450[2]	13,9	200	2,2	50

[1] Ohne Regler. [2] Mit Regler.

Halbautomatische Bohrvorschubeinheiten

Type	Gewicht kg	Drehzahl im Leerlauf min^{-1}	Bohrfutterspannbereich mm	Nutzb. Vorschub mm	Vorschubkraft bei 6 atü max. kp
BV 8-270	4,25	27 000	0,5—8	55	74
BV 8-150	4,25	15 000	0,5—8	55	74
BV 8-66	4,25	6 600	0,5—8	55	74
BV 8-37	4,25	3 700	0,5—8	55	74
BV 8-16	4,25	1 600	0,5—8	55	74
BV 8-9	4,25	900	0,5—8	55	74
BV 8-5	4,25	500	0,5—8	55	74

Vollautomatische Bohrvorschubeinheiten

Type	Gewicht kg	Drehzahl im Leerlauf min^{-1}	Bohrfutterspannbereich mm	Nutzb. Vorschub mm	Vorschubkraft bei 6 atü max. kp
BVK 16-100	23	10 000	1–16	63	170
BVK 16-45	23	4 500	1–16	63	170
BVK 16-22	23	2 200	1–16	63	170
BVK 16-10	23	1 000	1–16	63	170
BVK 16-5	23	500	1–16	63	170
BVA 8-270	4,25	27 000	0,5–8	55	74
BVA 8-150	4,25	15 000	0,5–8	55	74
BVA 8-66	4,25	6 600	0,5–8	55	74
BVA 8-37	4,25	3 700	0,5–8	55	74
BVA 8-16	4,25	1 600	0,5–8	55	74
BVA 8-9	4,25	900	0,5–8	55	74
BVA 8-5	4,25	500	0,5–8	55	74

Vollautomatische Gewindeschneideinheiten

Type	Gewicht kg	Drehzahl im Leerlauf min^{-1}	Schneidleistung Stahl St 37 max. mm	Nutzbarer Vorschub mm
GVA 8-21	4,25	2100	3–4	37
GVA 8-9	4,25	900	5	37
GVA 8-5	4,25	500	7	37
GVA 8-3	4,25	300	8	37

Klein-Schleifmaschinen
(Luftabführung nach hinten)

Type	Gewicht kg	Drehzahl im Leerlauf min^{-1}
R 2 Z	0,9	22 000
R 2 ZH	1,0	22 000
R 5 Z[1]	1,9	17 000

[1] Mit Regler.

Standard-Schleifmaschinen

Type	Gewicht ohne Scheibe kg	Drehzahl im Leerlauf min^{-1}	Luftverbrauch bei Vollast m^3/min
D 4150	2,65	10 000	0,7
D 4160[1]	2,65	10 000	0,7
D 4200	3,0	7 500	1,0
D 4210	3,2	7 500	1,0
D 4260	5,8	5 600	1,2
D 4300	6,0	4 600	1,2
D 4310	6,5	6 750	1,4
D 4372	5,3	10 170	3,2
D 4271	4,3	15 280	2,2
D 4281	4,3	12 200	2,1
S 150/1 G	7,4	3 800	1,4
S 150/1 HG	7,4	5 700	1,5
S 200 G	7,8	2 800	1,5
S 200 HG	8,2	4 300	1,7

Type	Schleifscheibendurchmesser in mm		
	Keramische Bindung	Bakelit-Bindung	Faserstoff-Bindung
D 4150	60	bis 80	—
D 4160[1]	25	40	70
D 4200	80	—	—
D 4210	—	100	—
D 4260	100	—	—
D 4300	125	—	—
D 4310	—	125	—
D 4372	—	—	150
D 4271	—	—	100
D 4281	—	—	125
S 150/1 G	150	—	—
S 150/1 HG	—	150	—
S 200 G	200	—	—
S 200 HG	—	200	—

[1] Mit Spannzange. G = Geräuschgedämpft.

Hochleistungs-Schleifmaschinen

Type	Gewicht ohne Scheibe kg	Drehzahl im Leerlauf min^{-1}	Luftverbrauch bei Vollast m^3/min
D 4651	3,0	12 000	1,25
D 4710	5,7	8 600	1,9
D 4720	5,8	7 600	1,8
D 4730	6,5	7 600	1,8
D 4750	5,9	6 600	1,8
D 4760	5,3	6 600	1,8
D 4770	6,0	4 600	1,7
D 4802	6,2	6 500	3,2

Type	Schleifscheibendurchmesser in mm	
	Keramische Bindung	Faserstoff-Bindung
D 4651	—	130
D 4710	—	178
D 4720	—	200
D 4730	—	178[2]
D 4750	—	230
D 4760	120[1]	—
D 4770	225[3]	—
D 4802	—	230

[1] Bürstendurchmesser. [2] Vulkanfiberscheibe. [3] Filzteller mit Vulkanfiberscheibe.

Winkelschleifmaschinen

Type	Gewicht ohne Scheibe kg	Drehzahl im Leerlauf min^{-1}	Luftverbrauch bei Vollast m^3/min
D 4900	3,1	6 700	0,7
D 4950	3,0	6 700	0,7

Type	Schleifscheibendurchmesser in mm	
	Keramische Bindung	Bakelit-Bindung
D 4900	75	—
D 4950	—	100

Klein-Fräsmaschinen
(Luftabführung nach hinten)

Type	Gewicht kg	Drehzahl im Leerlauf min^{-1}
F 2 Z	0,9	28 000
F 2 ZH	1,0	28 000

Rechtslaufende Drehschrauber
(P = mit Pistolengriff, H = Luftabführung nach hinten)

Type	Gewicht	Drehzahl im Leerlauf	Anzieh-moment	Schraubleistung	
				mm ∅	
	kg	min^{-1}	cmkp	5.5	8.8
S 02-42	0,9	4 200	18	4	3,5
S 02-42 H	1,0	4 200	18	4	3,5
S 04-16	1,0	1 650	41	6	4
S 04-16 H	1,1	1 650	41	6	4
S 04-16 P	1,1	1 650	41	6	4
S 04-16 PH	1,1	1 650	41	6	4
S 08-9	1,0	930	73	7	5
S 08-9 H	1,1	930	73	7	5
S 08-9 P	1,1	930	73	7	5
S 08-9 PH	1,1	930	73	7	5
S 13-5	1,0	530	125	8	6
S 13-5 H	1,1	530	125	8	6
S 13-5 P	1,1	530	125	8	6
S 13-5 PH	1,1	530	125	8	6
S 07-16 P	1,2	1 600	57	6	5
S 11-9 P	1,2	920	110	8	5
S 11-9 PH	1,3	920	110	8	5
S 34-6 P	2,1	600	340	12	8

Rechtslaufende Drehschrauber (P = mit Pistolengriff)

Type	Gewicht	Drehzahl im Leerlauf	Anzieh-moment	Schraubleistung	
				mm ∅	
	kg	min^{-1}	cmkp	5.5	8.8
Ohne einstellbare Kupplung					
SO 02-42	0,9	4 200	18	4	3,5
SO 14-8 P	2,0	900	134	8	7

Umsteuerbare Drehschrauber
(P = mit Pistolengriff, H + K = Luftabführung nach hinten)

Type	Gewicht	Drehzahl im Leerlauf	Anzieh-moment	Schraub-leistung	
				mm ∅	
	kg	min^{-1}	cmkp	5.5	8.8
SU 03-21	1,0	2 100	28	4	3,5
SU 03-21 H	1,1	2 100	28	4	3,5
SU 06-9	1,1	900	57	6	5
SU 06-9 H	1,2	900	57	6	5
SU 06-9 PK	1,3	900	57	6	5
SU 10-6	1,1	500	100	7	6
SU 10-6 H	1,2	500	100	7	6
SU 10-6 PK	1,3	500	100	7	6
SU 18-3	1,1	320	180	8	7
SU 18-3 H	1,2	320	180	8	7
SU 18-3 PK	1,3	320	180	8	7

Schlagschrauber

Type	Gewicht kg	Luft-verbrauch m^3/min	Für Schrauben bis
A 20	1,85	0,3	M 5 – M 10
A 21[1]	1,85	0,3	M 5 – M 10
A 22	1,55	0,3	M 5 – M 10
A 23[1]	1,55	0,3	M 5 – M 10
A 25	1,9	0,3	M 6 – M 12
A 26[1]	1,9	0,3	M 6 – M 12
A 27	1,6	0,3	M 6 – M 12
A 28[1]	1,6	0,3	M 6 – M 12
A 33	1,85	0,3	M 5 – M 10
A 34	1,55	0,3	M 5 – M 10
A 40[2]	2,1	0,3	M 4 – M 10
A 41[2]	2,1	0,3	M 4 – M 10
A 45	2,5	0,5	M 16

[1] Mit Schnellwechselfutter. [2] Winkelschrauber.

Schlagschrauber

Type	Gewicht kg	Luft-verbrauch m³/min	Für Schrauben bis
A 45 S[1]	2,5	0,5	M 16
A 46	2,5	0,5	M 16
A 50	6,7	0,9	M 24
A 51	5,7	0,9	M 24
A 55	11,6	1,5	M 33
A 65	14,0	1,6	M 56
A 70	33,0	1,8	M 76
A 80	47,0	2,2	M 110

[1] Mit Schnellwechselfutter.

Eckschlagschrauber

Type	Gewicht kg	Luft-verbrauch m³/min	Für Schrauben bis
A 59	12,0	1,5	M 33

Kesselsteinklopfer

Type	Gewicht kg	Schlag-zahl min^{-1}	Luft-verbrauch m³/min	Anzahl der Kolben	Höhe mit Normal-kolben mm
S 4200	2,5	6000	0,2	1	90
S 4210	2,5	6000	0,2	1	90
S 4290	5,4	6000	0,5	3	130
S 4300	4,9	6000	0,6	5	105

Blechscheren

Type	Gewicht kg	Messerhübe min^{-1}	Luftverbrauch bei Vollast m^3/min	Maximale Blechstärke Stahlblech mm
D 8200	2,0	1 800	0,4	2,0
D 8321	3,8	3 000	0,9	3,5

Knabber

Type	Gewicht kg	Messerhübe min^{-1}	Luftverbrauch bei Vollast m^3/min	Maximale Blechstärke Stahlblech mm
D 8250	1,5	1 100	0,4	1,2
D 8260	1,5	1 100	0,4	1,2
D 8381	3,8	1 800	0,9	2,5

Aluminium- und Kunststoffsägen

Type	Gewicht kg	Drehzahl im Leerlauf min^{-1}	Luftverbrauch bei Vollast m^3/min	Max. Plattenstärke Alu mm
D 8600	3,9	6 000	0,9	15
D 8622	9,4	4 500	2,7	40

Puderhammer

Type	Gewicht kg	Schlagzahl min^{-1}	Luftverbrauch m^3/min
PH 20d	4,3	4800	0,30

Umsteuerbare Motoren

Type	Gewicht kg	Drehzahl bei Vollast min^{-1}	Dreh-moment bei Vollast cmkp	Leistung bei Vollast PS
MU 25-11000	0,6	11 000	1,7	0,25
MU 25-2800	0,6	2 800	7,0	0,25
MU 25-1500	0,6	1 500	12,1	0,25
MU 25-700	0,75	700	29,0	0,25
MU 25-350	0,75	350	51,0	0,25
MU 25-200	0,75	200	90,0	0,25

Rechtslaufende Motoren

M 20-11000	0,6	11 000	1,3	0,2
M 20-2800	0,6	2 800	5,3	0,2
M 20-1500	0,6	1 500	9,5	0,2
M 20-700	0,75	700	22,0	0,2
M 20-350	0,75	350	38,0	0,2
M 20-200	0,75	200	69,0	0,2
M 35-11000	0,6	11 000	2,3	0,35
M 35-2800	0,6	2 800	9,5	0,35
M 35-1500	0,6	1 500	16,5	0,35
M 35-700	0,75	700	39,0	0,35
M 35-350	0,75	350	69,0	0,35
M 35-200	0,75	200	120,0	0,35
M 50-12000	1,4	12 000	3,2	0,53
M 50-3000	1,4	3 000	12,7	0,53
M 50-2200	1,4	2 200	17,3	0,53
M 50-1800	1,4	1 800	21,0	0,53
M 50-1400	2,0	1 400	27,0	0,53
M 50-1000	2,0	1 000	39,0	0,53
M 50-900	2,0	900	42,0	0,53
M 50-550	1.7	550	70.0	0.53
M 50-320	1,7	320	120,0	0,53
M 75-11000	1,4	11 000	5,0	0,75
M 75-2800	1,4	2 800	19,0	0,75
M 75-2200	1,4	2 200	24,4	0,75
M 75-1800	1,4	1 800	30,0	0,75
M 75-1300	2,0	1 300	41,0	0,75
M 75-1000	2,0	1 000	54,0	0,75
M 75-750	2,0	750	72,0	0,75
M 75-500	1,7	500	108,0	0,75
M 75-300	1,7	300	180,0	0,75

Umsteuerbare Motoren ohne Regler

Type	Gewicht kg	Drehzahl bei Vollast min^{-1}	Luft-verbrauch m^3/min	Dreh-moment mkp	Leistung PS
MU 100/2800	2,1	2800	1,0	0,26	1,0
MU 100/10000	2,0	10000	1,0	0,072	1,0
MU 200/50	10,8	35–55	1,9	36,0–23,0	1,8
MU 200/75	10,8	60–90	1,9	22,6–15,1	1,9
MU 200/125	10,8	100–150	1,9	14,3– 9,5	2,0
MU 200/250	10,8	200–300	1,9	7,5– 5,0	2,0
MU 200/500	10,8	400–600	1,9	3,5– 2,4	2,0
MU 200/750	10,8	600–900	1,9	2,4– 1,6	2,0
MU 200/1400	5,2	900–1400	1,9	1,6– 1,0	2,0
MU 200/3000	5,2	2400–3600	1,9	0,6– 0,4	2,0
MU 300/75	16,0	60–90	2,7	35,8–23,8	3,0
MU 300/125	16,0	100–150	2,7	21,5–14,3	3,0
MU 300/250	16,0	200–300	2,7	10,7– 7,1	3,0
MU 300/500	16,0	400–600	2,7	5,3– 3,5	3,0
MU 300/750	16,0	600–900	2,7	3,5– 2,3	3,0
MU 300/1400	11,0	1100–1700	2,7	1,95– 1,26	3,0
MU 300/2800	11,0	2250–3350	2,7	0,95– 0,64	3,0
MU 400/125	17,0	100–150	3,6	28,6–19,1	4,0
MU 400/250	17,0	200–300	3,6	14,3– 9,5	4,0
MU 400/500	17,0	400–600	3,6	7,1– 4,7	4,0
MU 400/750	17,0	600–900	3,6	4,7– 3,1	4,0
MU 400/1400	12,0	1100–1700	3,6	2,6– 1,6	4,0
MU 400/2800	12,0	2250–3350	3,6	1,2– 0,85	4,0
MU 600/250	18,0	200–300	4,7	20,0–14,0	6,0
MU 600/500	18,0	400–600	4,7	10,0– 6,5	6,0
MU 600/750	18,0	600–900	4,7	6,7– 4,45	6,0
MU 600/1400	13,0	1100–1600	4,7	3,7– 2,6	6,0
MU 600/2800	13,0	2000–3000	4,7	2,1– 1,35	6,0

Federzüge

Type	Gewicht kg	Tragkraft kg	Seilauszug mm
S 8500	0,5	bis 0,5	1 000
S 8510	0,5	0,5— 1,0	1 000
S 8520	0,5	0,5— 1,5	1 000
S 8530	1,5	1,0— 2,5	1 900
S 8540	1,6	2,5— 5,0	1 900
S 8550	1,6	5,0— 7,5	1 900
S 8560	1,7	7,5—10,0	1 900

Hydromente

Type	Max. Kraft Mp	Max. Arbeitsweg mm	Gesamtweg mm	Max. zulässiger Betriebsdruck atü	Gewicht kg
50 010	2,5	5,0	32	100	1,9
50 030	6,3	7,0	50	100	5,3
50 040	10,0	10,0	63	100	11,0
50 050	16,0	14,0	80	100	23,0
50 060	25,0	20,0	100	100	42,0
50 070	40,0	28,0	125	100	81,0
50 080	63,0	35,0	160	100	175,0
50 090	100,0	40,0	200	100	350,0

Hubeinheiten

Type	Wege mm	Kraft pro kp/cm² Zufluß-druck Vorlauf/Rücklauf kp	Gewicht kg
55 000	25	3,1/ 2,4	0,9
55 100	63	3,1/ 2,4	1,1
55 200	160	3,1/ 2,4	1,7
55 010	40	8,0/ 6,0	2,3
55 110	100	8,0/ 6,0	2,8
55 210	250	8,0/ 6,0	4,1
55 020	63	19,6/14,7	8,0
55 120	160	19,6/14,7	10,0
55 220	160	19,6/14,7	14,8
55 030	100	50,3/37,7	34,5
55 130	250	50,3/37,7	34,5
55 230	630	50,3/37,7	52,0

Maximal zulässiger Zuflußdruck 100 kp/cm².

Elektro-Hydro-Antriebe

Type	Förder-strom l/min	Betriebs-druck min.-max. kp/cm²	Antriebs-leistung kW	Drehzahl min^{-1}	Gewicht kg
60 010	1,6	10—100	0,37	1 410	22
60 220	6	20—100	1,5	1 440	107
60 240	10	20—100	2,2	1 440	113
60 260	24	20—100	5,5	1 450	197
60 270	40	20—100	7,5	1 450	208
60 280	61	20—100	11,0	1 455	300
60 290	106	20—100	18,5	1 460	510
60 510	160	20—100	30,0	1 460	750

2-Säulen-Pressen für Hydromente

Type	Mit Hydroment	Gesamt-hub mm	Gewicht kg
67040-01-5	50040-00-5	63	163
67050-01-5	50050-00-5	80	248
67060-01-5	50060-00-5	100	489
67070-01-5	50070-00-5	125	935
67080-01-5	50080-00-5	160	1 671
67090-01-5	50090-00-5	200	2 300

Stationäre Nietmaschinen

Type	Max.Kraft Mp	Ausladung mm	Gewicht kg
67480-30-5	6,3	630	545
67480-35-5	6,3	630	550
67480-40-5	10	630	550
67480-45-5	10	630	555
67480-50-5	16	630	565
67480-55-5	16	630	570
67490-30-5	6,3	1 000	940
67490-35-5	6,3	1 000	945
67490-40-5	10	1 000	945
67490-45-5	10	1 000	950
67490-50-5	16	1 000	965
67490-55-5	16	1 000	965

Hydraulische Vorschubgeräte

Type	Vorschub-länge mm	Gewicht kg
63010-00-5[1]	1 ... 40	3,1
63030-01-5[1]	1 ... 100	17,5
63130-00-5[2]	1 ... 100	17,5
63040-00-5[1]	1 ... 100	25
63140-00-5[2]	1 ... 100	25
63050-00-5[1]	1 ... 250	40
63150-00-5[2]	1 ... 250	40
63060-00-5[1]	1 ... 250	55
63160-00-5[2]	1 ... 250	55

[1] Schiebend. [2] Ziehend.

GPSR Compliance

The European Union's (EU) General Product Safety Regulation (GPSR) is a set of rules that requires consumer products to be safe and our obligations to ensure this.

If you have any concerns about our products, you can contact us on ProductSafety@springernature.com

In case Publisher is established outside the EU, the EU authorized representative is:

Springer Nature Customer Service Center GmbH
Europaplatz 3
69115 Heidelberg, Germany

Batch number: 10620171

Printed by Printforce, the Netherlands